Application Technologies of Advanced Materials in China:
Annual Report (2022)

中国新材料技术应用报告

中国工程院化工、冶金与材料工程学部
中　国　材　料　研　究　学　会
组织编写

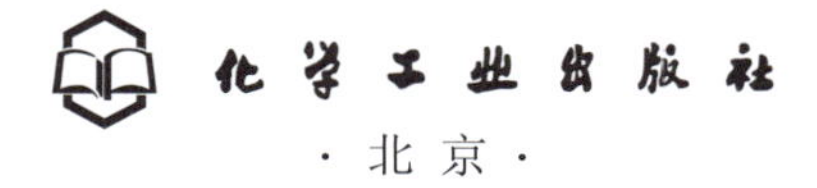

· 北 京 ·

内容简介

本书结合当前我国各行业对新材料的应用与需求情况，重点关注我国重点领域新材料的先进生产技术与应用情况、存在问题与发展趋势。报告分为四个主题板块：总论、关键领域的应用、关键新材料的应用、资源综合利用。主要介绍了新材料标准化、石油管材及装备材料、汽车轻量化材料、高性能钙钛矿光伏与探测材料、新型通信光纤、显示材料、有机高分子防火阻燃材料、海洋防污材料、工业烟气脱硝脱硫材料、高强高韧铝合金等各类新材料的特性、应用与先进技术，指出当前的技术难题，为未来我国新材料领域的技术突破指明方向。报告关注当前的资源综合利用，重点阐明了战略性稀贵金属材料资源利用、盐湖资源综合利用、废锂电池材料的绿色回收与资源化循环利用、大宗工业固废综合利用等。

书中对新材料产业各领域的详细解读，为未来我国新材料领域的技术突破指明了方向，将为新材料领域研发人员、技术人员、产业界人士提供有益的参考。

图书在版编目（CIP）数据

中国新材料技术应用报告. 2022 / 中国工程院化工、冶金与材料工程学部，中国材料研究学会组织编写. —北京：化学工业出版社，2023.7

ISBN 978-7-122-43630-6

Ⅰ. ①中… Ⅱ. ①中… ②中… Ⅲ. ①材料科学-研究报告-中国-2022 Ⅳ. ①TB3

中国国家版本馆CIP数据核字（2023）第104306号

责任编辑：刘丽宏　　文字编辑：林　丹
责任校对：张茜越　　装帧设计：王晓宇

出版发行：化学工业出版社（北京市东城区青年湖南街13号　邮政编码100011）
印　　装：北京瑞禾彩色印刷有限公司
787mm×1092mm　1/16　印张27　字数620千字　2023年10月北京第1版第1次印刷

购书咨询：010-64518888　　售后服务：010-64518899
网　　址：http://www.cip.com.cn
凡购买本书，如有缺损质量问题，本社销售中心负责调换。

定　　价：268.00元

《中国新材料技术应用报告（2022）》

编 委 会

总序

当今，面对更趋复杂严峻的国际环境和战略格局，关键战略性新兴材料日益成为我国产业链安全的重大风险领域，也是我国迈向高水平科技自立自强的关键所在。关键战略性新兴材料包括高端装备特种合金、高性能纤维及复合材料、新能源材料、新型半导体材料、高性能分离膜材料、新一代生物医用材料以及生物基材料等，它们涉及航空航天、国防军工、信息技术、海洋工程、轨道交通、节能环保、生命健康等重大战略领域。

《中国新材料研究前沿报告》《中国新材料产业发展报告》《中国新材料技术应用报告》《中国新材料科学普及报告——走近前沿新材料》系列新材料品牌战略咨询报告与科学普及图书由中国工程院化工、冶金与材料工程学部、中国材料研究学会共同组织编写，由中国材料研究学会新材料发展战略研究院组织实施。以上四本报告秉承“材料强国”的产业发展使命，立足于新材料全产业链发展，涉及研究前沿、产业发展、技术应用和科学普及四大维度，每年面向社会公开出版。其中，《中国新材料研究前沿报告》的主要任务是关注对行业发展可能产生重大影响的原创技术、关键战略材料领域基础研究进展和新材料创新能力建设，梳理出发展过程中面临的问题，并提出应对策略和指导性发展建议；《中国新材料产业发展报告》的主要任务是关注先进基础材料、关键战略材料和前沿新材料的产业化问题和行业支撑保障能力的建设问题，提出发展思路和解决方案；《中国新材料技术应用报告》主要侧重于关注新材料在基础工业领域、关键战略产业领域和新兴产业领域中应用化、集成化问题以及新材料应用体系建设问题，提出解决方案和政策建议；《中国新材料科学普及报告——走近前沿新材料》旨在将新材料领域不断涌现的新概念、新技术、新知识、新理论以科普的方式向广大科技工作者、青年学生、机关干部普及，使新材料更快、更好地服务于经济建设。以上四

部著作的编写以国家重大需求为导向，以重点领域为着眼点开展工作，对涉及的具体行业，原则上每隔2～4年进行循环发布，这期间的动态调研与研究将持续密切关注行业新动向、新业势、新模式，及时向广大读者报告新进展、新趋势、新问题和新建议。

2022年，新材料领域的战略地位更加重要，相关产业布局持续加码。在信息技术的驱动下，新材料研发与创新的发展不断加速；材料微观结构与宏观性能之间的基础理论取得突破，结合极限条件下制备加工技术的进步，推动新型高性能材料不断涌现，助力新功能器件向高品质方向发展。本期公开出版的四部咨询报告分别是《中国新材料研究前沿报告（2022）》《中国新材料产业发展报告（2022）》《中国新材料技术应用报告（2022）》《中国新材料科学普及报告（2022）——走近前沿新材料4》，这四部著作得到了中国工程院重大咨询项目《关键战略材料研发与产业发展路径研究》《新材料前沿技术及科普发展战略研究》《新材料研发与产业强国战略研究》和《先进材料工程科技未来20年发展战略研究》等的支持。在此，我们对今年参与这项工作的专家们的辛苦工作致以诚挚的谢意！希望我们不断总结经验，不断提升战略研究水平，更加有力地为中国新材料发展做好战略保障与支持。

以上四部著作可以服务于我国广大材料科技工作者、工程技术人员、青年学生、政府相关部门人员，对于书中存在的不足之处，望社会各界人士不吝批评指正，我们期望每年为读者提供内容更加充实、新颖的高质量、高水平图书。

前言

《中国新材料技术应用报告（2022）》（以下简称《报告》）是在中国材料研究学会承担完成中国工程院重大战略咨询项目“关键战略材料研发与产业发展路径研究”所取得的研究成果的基础上而完成的专题研究报告之一，也是中国材料研究学会品牌系列出版物之一。

《报告》旨在探究关键战略材料的工业融合模式，构筑新材料智能化、标准化、定制化应用体系建设，围绕新材料产业标准化体系、关键领域应用、关键新材料应用以及资源综合利用四大维度进行研究和论述，其中关键领域的应用包括石油管材及装备材料、汽车轻量化材料、高性能钙钛矿光伏与探测材料、新型通信光纤与显示材料等重点方向；关键材料的应用包括高强高韧铝合金、新型半导体光电材料、多功能磁性材料、高性能碳纤维、人工骨修复材料等战略性新兴材料；资源综合利用涉及战略性稀贵金属材料、废锂电池材料的绿色回收与资源化循环利用、盐湖资源及大宗工业固废资源等重大战略领域，以期提升新材料产业的高端化、智能化、绿色化水平。

参与《报告》编写的人员都是来自材料技术应用和产业化第一线的专家、学者、教授和产业界人士，他们对各自领域内新材料的国内外现状、发展趋势、关键技术、市场需求有着全面的了解，他们的深入论述和分析使读者能够对我国当前新材料应用技术发展的现状和特点、主要问题以及对策和建议等有较为全面地了解。

新材料应用场景广阔、日新月异，加之本《报告》编写时间仓促、水平所限，难免有疏漏之处，我谨代表编委会，诚挚欢迎广大读者提出宝贵意见。同时，对为本《报告》撰写专题报告的所有专家和作者及全体工作人员表示真诚的感谢！特别感谢参与本书编写的所有作者与组织：

第 1 章　王海舟　王　洋　王　矛

第 2 章　崔素萍　孟令钦

第 3 章　冯　春　冯耀荣

第 4 章　曾小勤　李德江　胡　波

第 5 章　张文华　郑霄家　刘生忠

第 6 章　刘文军　邢笑伟　杨　旸

第 7 章　伍媛婷　张新孟　刘晓旭

第 8 章　付　腾　王　芳　赵海波

第 9 章　谢庆宜　马春风　张广照

第 10 章　巨安奇　廖耀祖　朱美芳

第 11 章　熊柏青　张永安　闫宏伟

第 12 章　侯仰龙　马振辉　王衔人

第 13 章　常　江　陈世萱　杨　晨

第 14 章　张　勇

第 15 章　陈弘达　程传同　毛旭瑞

第 16 章　张立群　吴卫东　张继川　王　朝

第 17 章　陈家林　赵云昆　闻　明　王怀国

第 18 章　铁生年　铁　健　蒋自鹏　柳　馨

第 19 章　李　丽　林　娇　陈人杰　吴　锋

第 20 章　赵庆朝　李　勇　李学亮

希望本书的出版能够为有关部门的管理人员、从事新材料技术应用和产业化的科技工作者以及产业界人士提供重要参考。

谢建新

目
CONTENTS
录

2022

第一篇　总论

第1章

新材料产业标准化体系的发展

王海舟　王　洋　王　矛

融入了当代众多学科先进成果的新材料产业在新一轮科技革命和产业变革中扮演着重要角色，它是支撑国民经济发展的基础产业，对于发展其他各类高技术产业具有举足轻重的作用。“十二五”以来，伴随新一代信息技术、新能源、高端装备制造等应用领域的快速发展和材料基础研究及技术创新的稳步推进，我国新材料产业稳步向前，材料技术领域研发面临新突破，新材料和新物质结构不断涌现，保持着良好的发展势头。2020 年我国新材料产业规模达 5.3 万亿元，预计在 2025 年产业总产值将达到 10 万亿元规模。到 2035 年，我国新材料产业总产值、总体实力将跃居全球前列，产业规模适度，产业结构和空间布局合理，能满足国民经济发展和国防军工建设需要，能支撑战略性新兴产业的发展；产业质量效益高，产业发展水平处于国际产业价值链中高端，产品在国际市场具有竞争优势；在关键重点领域拥有一批综合实力强的跨国公司、龙头企业；能够整合利用全球资源，具有较强的产业国际伸缩能力；产业绿色化、低碳化、智能化发展水平高，资源环境友好，可持续发展能力强；政策体系完备，标准、测试 - 表征 - 评价、知识产权等支撑体系健全，形成良好的产业发展生态。

标准化对新材料产业具有重要的推动和支撑作用。需要通过标准执行提高质量红线，淘汰落后产能，推动我国新材料产业转型升级；行业全产业链的建设，新材料产业与信息化产业、现代服务业的深度融合需要标准化工作予以推动和规范；标准化是保护和推广科研成果和新兴技术的重要手段；全球经济一体化的趋势下，国际贸易国际竞争愈发激烈，需要国际标准化工作开拓国际市场，争取国际话语权。因此，开展新材料标准化工作，对推动和支撑我国新材料产业高质量发展具有重要的意义。

1.1 新材料标准化现状概述

新材料按材料性能可分为结构材料和功能材料。结构材料主要是利用材料的力学和理化性能，以满足高强度、高刚度、高硬度、耐高温、耐磨、耐蚀、抗辐照等性能要求；功能材料主要是利用材料具有的电、磁、声、光、热等效应，以实现某种功能，如半导体材料、磁性材料、光敏材料、热敏材料、隐身材料以及制造原子弹和氢弹的核材料等。2017年1月，《新材料产业发展指南》正式发布，这是落实《中国制造2025》的重要文件，是“十三五”期间指导我国新材料产业发展的顶层设计，也是“十四五”期间我国新材料产业的发展方向。《新材料产业发展指南》中提出了三大重点方向，即先进基础材料、关键战略材料和前沿新材料。后期工信部历年发布的《重点新材料首批次应用示范指导目录》均以三大方向为主要分类依据，下文将从以上方向分别介绍新材料各领域标准化的现状。

（1）先进基础材料 先进基础材料主要包括先进钢铁材料、先进有色金属材料、先进化工材料和先进无机非金属材料等领域。

钢铁材料领域紧密围绕《中国制造2025》和战略性新兴产业发展亟需，以满足重大装备和重大工程需求为目标，重点围绕高强汽车用钢、超超临界锅炉用钢、核电用钢、耐低温钢、油船用耐腐蚀钢、高温合金、耐蚀合金、高磁感取向硅钢、高速车轮用钢、建筑桥梁用高强钢筋、节镍型高性能不锈钢、非晶合金、薄层石墨材料以及耐高温、抗疲劳、高强韧、超长寿命轴承钢、齿轮钢、模具钢等领域开展了近200项新材料标准的研制，有效保证了先进新材料的推广应用，促进了企业的转型升级。

根据国家节能减排、综合利用、清洁生产、绿色制造等相关产业政策的要求，遵从源头化、减量化、资源化的原则，建立了科学完善的标准体系，推动了节能减排新技术、新工艺的应用，为钢铁工业实现绿色发展提供了标准支撑。

加强了对冶金固体废物资源综合利用标准研究及系列标准研制工作，推动综合利用新技术的应用，最大限度降低冶金固废堆放，减少对环境污染，推动了钢渣、尾矿渣、高炉渣、粉尘污泥等的循环利用。

从能耗限额、能效评估、污废水处理回用、海水淡化、监测与管理等角度加大标准的研制，形成涵盖节能技术、节能监测与管理、能源消耗限额、能源管理和审计、取水定额标准、污废水处理及回用等方面的标准体系。

加大了绿色工厂、绿色设计产品、绿色企业等领域标准研制。初步构建了涵盖综合基础、绿色产品、绿色工厂、绿色企业、绿色园区、绿色供应链和绿色评价与服务等方面的标准体系。

有色金属材料的标准化工作在“十三五”期间取得了重大进展，在高温合金、原料冶炼、绿色制造标准化等方面进行了大量工作，有色金属领域国际标准化工作取得重要突破，正在牵头制定14项国际标准，涵盖铝、铜、钛、镍合金、精矿及原材料和稀土材料等多个领域。

根据《中国制造2025》《新材料产业发展指南》以及其他新材料推动计划的指示，有色金属材料下一步标准化工作集中围绕高性能轻合金材料（重点包括大规格铝合金预拉伸厚板、航空、航天、汽车用高性能铝合金/铝板，镁合金锭、大幅度高性能宽幅镁合金卷板，大尺寸钛合金铸件、高温、高强韧钛合金管棒材）、功能元器件用有色金属关键配套材料（包括高频微波覆铜板、极薄铜箔，高性能铜合金等材料）展开布局，加强通用基础技术标准研究，加强高端材料技术工艺标准研制，加强绿色标准工作，进一步加强国际标准的制定和推动工作。

化工新材料是国家重点扶持的低碳经济领域新兴产业之一。化工新材料标准体系建设目前取得了一定成效，但仍存在诸多缺陷，例如基础共性技术标准缺失，支撑新材料研究技术薄弱，标准国际化程度有待提高等。未来工作应针对高性能树脂材料、高性能橡胶材料、膜材料、电子化学材料等领域进行布局；重点围绕制定光学功能薄膜成套标准，完善功能性膜材料配套标准，制定离子交换树脂系列标准，制定双极膜、中空纤维膜及组件标准，制定生物基材料技术研究标准，以及制定膜材料试验方法等专用标准等展开工作，全面进行基础标准补全完善和高端材料标准研究突破。此外，由于化工材料覆盖的行业范围广、多交叉，化工标准管理组织体系也需要进一步优化。

先进无机非金属材料目前重点聚焦电光陶瓷、压电陶瓷、碳化硅陶瓷等先进陶瓷，微晶玻璃、高纯石英玻璃及专用原料，闪烁晶体、激光晶体等产品标准的研制工作，并加快材料杂质检测、试验方法等配套标准制修订步伐，强化配套标准研制工作。

（2）关键战略材料 关键战略材料主要包括高性能纤维及复合材料、稀土功能材料、先进半导体材料和新能源材料等。在《新材料产业标准化工作三年计划》中，对相关关键战略材料的标准化工作布局如下：

积极推动高纯金属及靶材、稀贵金属、储能材料、新型半导体材料、新一代非晶材料、精细合金等重点标准制修订工作，成套、成体系制定并发布稀土永磁、发光等功能材料标准，抓紧研制材料性能测试、成分分析、标准样品等基础和方法标准。

制定发布丁基橡胶等特种橡胶及专用助剂、聚酰胺等工程塑料及制品、电池隔膜、光学功能薄膜、特种分离膜及组件、环境友好型涂料以及功能性化学品等一批重点先进高分子材料产品标准，完成测定方法、通用技术条件、应用规范等配套标准制修订。

制定完善碳纤维、玄武岩纤维等高性能纤维标准，加快制定发布纤维增强复合材料相关标准，积极研制树脂基、陶瓷基复合材料制品标准，研究复合材料分类方法标准、性能测试标准、专用原料标准等配套标准。

（3）前沿新材料 前沿新材料目前大多还处在研发阶段，并未实现大范围应用。前沿新材料标准化工作目前主要聚焦前沿领域标准预研究工作，协调、优化关键技术指标，重点围绕纳米粉体材料、石墨烯、超导材料及原料、生物材料及制品、智能材料等产品，推进重点新材料标准研制工作，提出重点标准研制计划，开展标准预研究，紧密跟踪国际新材料技术标准发展趋势，提前做好标准布局。

1.2 新材料产业发展对标准化的需求

（1）新材料产业高质量发展对标准化的需求 提高新材料产业质量和效益，实现新材料产业高质量发展，需要充分发挥标准化的作用。“标准决定质量，有什么样的标准就有什么样的质量，只有高标准才有高质量。”标准一方面需要发挥“保基本，筑底线”的作用，通过制定和实施严格的“红线”标准，形成质量的硬约束，淘汰落后产能，倒逼产业转型升级；另一方面需要以标准化工作为基础，发挥质量技术基础的协调作用，建立良好的市场信用机制，引导实现“优质优价”的市场竞争环境，激发企业质量提升转型升级的内生动力。

（2）新材料全产业链建设对标准化的需求 当前，我国新材料产业发展虽然取得了一定成果，但在全产业链中仍处于“制造—加工—组装”的中游环节，技术含量和利润率相对较低。为进一步推进全产业链建设，在整个产业链利润分配中向上下游转移，标准化工作应对产业链的形成、经营、发展、技术指标进行分析，推荐能够贯穿产业链起始一体化使用的标准，实现产业链上下游标准的协调统一，并根据产业链的优化升级提供对应的标准升级方案；同时，产品在设计、制造、使用、回收及再利用等过程中，需要产品全生命周期标准的指导，涵盖产品质量、产品生产工艺和产品服役。

（3）科技发展对标准化的需求 新材料产业科技创新发展日新月异，科研成果不断涌现，对标准化的支撑和引领作用提出了更高要求。当前，新材料产业重点领域标准供给能力不足，技术标准与科技、产业结合不够紧密，市场主体开展技术标准研制的动力不足、能力不强，标准化工作机制有待完善；技术标准在推动科技创新成果产业化，以及提升我国产业国际竞争力等方面的支撑和引领作用没有充分显现，技术标准的质量效益亟待提升。为了充分发挥标准化的支撑引领作用，增强技术标准创新能力、增加标准有效供给、提升技术标准创新服务水平，迫切需要加强技术标准战略实施的顶层设计和统筹协调，创新工作机制和模式，健全技术创新与标准化互动支撑机制，形成技术创新与标准研制同步的工作机制，及时将先进技术转化为标准。

科学技术的发展瞬息万变，要求标准化工作具有更高的前瞻性和预见性。随着科学技术突飞猛进地发展，颠覆性技术不断涌现。为加速市场竞争，重塑世界竞争格局，改变国家力量对比，创新驱动成为许多国家谋求竞争优势的核心战略。在新材料产业等新兴技术领域的标准化在世界各国及国际标准化活动中占有的位置愈发突出，其特点是强调标准化在新技术研究开发阶段的早期介入，以促进新技术和潜在工业的发展。这对标准化活动提出了新的需求：需要标准化工作提前锁定并跟踪先进的、重点的、有产业转化价值和市场潜力的新材料研发领域重大项目，提前与相关科研工作协调，了解项目进展，明确其标准化需求，对其进行技术标准化潜在价值分析，提前形成标准化工作方案，从而提前形成新材料产业标准化工作的布局和规划。

（4）国际化发展对标准化的需求 全球力量格局多极化发展，世界各国和地区对新一轮科技产业革命及人才的竞争更加激烈，贸易摩擦也将加剧。在国际贸易和国际竞争中，产品和服务质量、科技水平、品牌国际影响力、知识产权等关键要素直接决定了我国产品和服务的国际竞争力和认可度。与此同时，技术发展使标准成为国际技术壁垒之一，标准布局成为国际产业竞争的重要手段。

这需要标准化工作必须站在国家战略和全局的高度，科学判断技术发展趋势和产业发展需要，加强标准化战略布局和系统谋划，明确发展目标，确定发展领域，突出重点任务，综合运用标准化手段，以关键技术和重点领域应用标准研制为切入点，统筹推进标准化工作。

因此，我国需要积极参与新材料国际标准化工作，在优势和重点领域提前布局，开展关键技术和共性基础标准研制，快速实现“技术专利化、专利标准化、标准产业化、标准国际化”，积极参与制定国际标准，将我国先进新材料产业标准转化为国际标准在国际贸易中使用，保障我国在公平的条件下参与国际贸易，推动我国优势技术和标准的国际化应用，加快推进产业链、创新链、价值链全球配置，全面提升战略性新兴产业的发展能力。

在我国优势材料领域，要分析国际标准体系完善程度，鼓励标准化技术组织和国内技术对口单位，在重要战略领域积极组织相关技术研发机构，主导提出或参与国家标准、行业标准、国际标准研制工作，通过标准提升产业竞争优势；需要培育优质团体标准化组织，在重点领域完善国际标准化布局，与国际标准化组织积极合作交流，积极输出中国提案，主导国际标准及区域联盟标准的制定，提高我国新材料标准的国际认可度，使我国重点领域的国际标准化工作由参与逐步转向主导。

1.3 新材料标准化工作的问题和挑战

（1）新材料标准化工作内部存在的问题 产业质量是建设制造强国的灵魂和生命线，标准作为产业质量基础的核心要素，对于推动我国新材料产业高质量发展起着关键性的作用。然而，目前我国新材料产业标准化工作相对滞后于产业发展战略推进，主要体现在：

一是标准整体水平不高，无法满足新材料产业快速发展的市场化需求。我国材料标准体系错综复杂，多种体系各自为战，导致现阶段标准工作多从基础材料应用需求角度开展，严重模糊了迫切需要标准化工作支撑的关键新材料的标准需求，对于快速发展的新材料产业而言，现行国家技术标准体系体系结构不够清晰，政府主导制定的标准无法满足新技术快速与新材料产业结合产生的标准化需求，而反映市场需求的团体标准仍需进一步培育。作为标准市场化的具体体现，团体标准水平存在参差不齐现象；高质量的团体标准数量较少、被采纳实施的程度偏低；随着新业态和新技术的不断涌现，团体标准覆盖的行业领域出现盲区。政府职能需从主导制定标准转换为规范引导市场标准，政府提供优惠的政策支持，如人才、税收、资金、技术、信息和及时制定新领域的政策法规，形成良好生态环境。

二是对新兴技术与新材料产业结合的标准需求的提前布局与规划不足，在促进技术创新方面存在短板。我国还未建立技术准确度和科技创新需求标准化评价体系，不能有针对性地促进供求衔接和提高不同阶段、不同环节科技创新和制度创新的供给质量。还需通过新型研发机构建设引导企业同高校和科研院所加强合作，更好地带动人才、知识、技术、资本等创新要素跨区域跨行业组合，更有效地连接新材料产业基础前沿研究、技术产品开发、工程化和产业化，形成产学研用协同创新的新格局。

三是支撑中国制造“走出去”的标准不足。世界产业格局正在发生深刻变化，围绕技术路线主导权、价值链分工、产业生态的竞争日益激烈，对新材料产业发展提出了新的任务和要求，要加速战略布局，抢占未来发展主导权。在中国制造“走出去”过程中，标准化起到了巨大的支撑作用。如果我国现在还不重视在新材料产业等新兴技术领域国际标准的制定权，未来我国的发展将在国内外市场上受制于人。

（2）新材料标准化工作外部面临的挑战 当前，新材料逐渐成为世界大国角逐的重点，各国纷纷在新材料领域制定出台相应的规划，竭力抢占新材料产业的制高点。从全球新材料发展现状来看，呈现出前景广阔、竞争巨大的特点。21世纪以来，以欧美为首的西方国家较早意识到新材料产业的重要性，提前出台计划布局新材料领域，推动新材料研发模式不断变革，占据了世界领先地位。在西方国家的推动下，全球新材料产业发展不均衡，逐渐形成了三级梯队的竞争格局。对于新材料产业标准化工作而言，迫切需要建立统筹规划、系统布局、科学设计、实践可行的新材料产业标准体系，支撑我国新材料产业高质量发展。现今，我国材料标准体系仍以传统材料标准为主，新材料产业标准体系尚未建立，关键标准前期研究、技术攻关相对不足，标准制定所需的工艺参数、材料性能等基础数据缺乏。以我国技术和标准为基础的新材料国际标准未取得突破，被动跟踪国际标准和国外先进标准的情况比较突出，难以满足新材料国际经济技术交流合作需求。为促进新材料产业发展，加快我国新材料产业标准体系建设工作迫在眉睫。

1.4 未来发展

（1）新材料标准化工作展望 为引导新材料产业健康有序发展，需要统筹规划建设新材料标准体系，在关键领域布局一批新材料“领航”标准；做好产业链上下游标准体系的衔接与协调，提高材料标准的通用性；加快转化重要国际标准，积极引进国际标准和国外先进标准，不断提升新材料产业国际竞争力。争取到2035年，我国自主制定的高水平新材料标准覆盖新材料领域90%以上，科研、标准、产业同步推进的新机制新模式趋于成熟；建设一批新材料产业标准化试点示范企业和园区，促进新材料标准有效实施和广泛应用；以我为主的新材料国际标准提案数量显著提升，助力新材料品种进入全球高端供应链。

① 构建新材料产业标准顶层设计 适应新一轮新材料技术和产业快速变革的发展态势，加快构建由先进基础材料、关键战略材料、前沿新材料三个标准子体系构成的新材料产业标准体系。

② 布局一批新材料“领航”标准 把握新材料与标准融合发展趋势，加强颠覆性技术、前瞻性技术标准研究与应用创新，制定重点品种发展指南，集中力量开展系统攻关，形成一批标志性前沿新材料标准创新成果与典型应用，抢占未来新材料标准化竞争制高点。

着重研制碳纤维及其复合材料、高温合金、高端装备用特种合金、先进半导体材料、新型显示材料、稀土新材料、石墨烯等新材料标准。加快制定新一代信息技术产业用材料、高档数控机床和机器人材料、航空航天装备材料、海洋工程装备及高技术船舶用材料、先进轨道交通装备材料、节能与新能源汽车材料系列标准，加快电力装备材料、农机装备材料、生物医药及高性能医疗器械材料、节能环保材料标准制定步伐。

③ 优化新材料标准供给结构 支持新材料领域的社会团体制定严于国家标准、行业标准的团体标准，增加标准有效供给，满足市场和创新需求。选择技术创新能力强、市场化程度高、具有国际视野的社会团体开展团体标准试点，研制一批“领航”团体标准，引领技术创

新、产业发展和国际合作。鼓励新材料研发生产企业开展对标达标活动，制定和实施严于国家标准、行业标准的企业标准，积极参与行业标准、国家标准及国际标准的制修订工作，承担国际标准化组织专业技术委员会工作。

④ 探索新材料标准制定机制创新　开展材料标准分类、命名方式以及技术指标、要素、结构框架等研究，推动材料标准界面、内容更加符合使用方的需求。开展材料试验大数据分析，建立新材料牌号标准库，形成符合我国国情的新材料牌号和指标体系。加大指导性技术文件、数据库标准等新型标准供给，提高标准的技术适应性。探索设立标准技术指标分级，合理加大技术领先企业在标准制定中的话语权，提高推荐性标准的引领性。针对新材料产业的新特征，探索建立标准立项和批准发布的“直通车”机制，提高标准的市场灵活性。开展新材料与标准测量比对活动，验证新材料测量方法的普适性和可操作性，推动比对结果向国际标准转化，提出高质量的国际标准提案。在材料基因组工程研发中，推动高通量材料计算与设计、高通量材料制备与表征标准化，建设新材料基因组技术标准示范平台，探索拟定基因图谱中的理论性标准，指导创制新材料。

⑤ 推进新材料标准制定与科技创新、产业发展协同　将标准化列入新材料产业重点工程、重大项目考核验收指标，鼓励企业及时将创新成果转化为标准。结合新材料制造业创新中心建设，开展先导性、创新性技术标准研制、应用与国际化等工作，促进创新成果的转化应用。依托重点企业、高校、产业集聚区，建设新材料领域国家技术标准创新基地，促进科技、标准和产业发展一体化推进。加强材料标准与下游装备制造、新一代信息技术、工程建设等行业设计规范以及相关材料应用手册衔接配套。加强新材料计量、标准、检验检测、认证认可信息共享和业务协同，推行“计量 - 标准 - 检验检测 - 认证认可”一站式服务，开展新材料标准样品的研制，为新材料产业发展提供坚实的质量技术基础设施。

⑥ 建立新材料评价标准体系　建立新材料技术成熟度划分标准评价体系，组织实施《新材料技术成熟度等级划分及定义》国家标准，围绕《中国制造 2025》《新材料产业发展指南》中的重点品种制定系列技术成熟度评价标准和评价程序，对重点企业开展评价试点工作，为推进产业结构调整与优化升级提供科学的评价依据。以建设和完善中国的材料与试验评价标准体系为目标，从应用维度开展材料指标、试验、评价等方面的标准化工作。围绕材料生产全流程质量控制、面向应用需求的基本质量性能指标以及材料服役全寿命周期，建立新材料试验评价标准体系，推动实现新材料的性能符合性、材料试验结果有效性和材料服役性能适用性评价标准化。

⑦ 推动新材料标准国际合作　开展美国、日本、欧洲、俄罗斯等新材料技术领先国家及地区标准化动态研究，及时将研究成果纳入新材料标准化和科技、产业发展政策。与英国、美国、德国、法国等国家加强交流，制定标准化合作路线图，开展标准比对和适用性分析工作，推动石墨烯等标准、产品认证与标识互认，共同提出国际标准提案，促进标准体系相互兼容。推动新材料国家标准中、英文版同步制定。鼓励各部门结合经贸往来、项目合作等方面“走出去”需求，加快将所涉新材料产品、检测、管理等标准翻译成外文。探索在“一带一路”沿线国家建立新材料产业标准化示范园，帮助建立新材料产业标准体系，提供标准化

信息服务，推动新材料国际产能合作。

（2）建设新材料产业标准体系 新材料产业标准体系由先进基础材料、关键战略材料、前沿新材料等三个标准子体系构成（图 1-1）。先进基础材料标准子体系是对传统原材料标准体系的升级，包括先进钢铁材料、先进有色金属材料、先进化工材料、先进建筑材料、先进轻纺材料等标准子体系。关键战略材料标准子体系着眼于提升新材料保障能力，围绕新一代信息技术、高端装备制造等产业重大需求，重点建立高端装备用特种合金、高性能纤维及复合材料、半导体材料和新型显示材料、新能源材料和生物医用材料等标准。前沿新材料标准子体系聚焦石墨烯、增材制造材料、超材料和极端环境材料等先导产业技术开展标准布局，规划未来发展格局和路径。

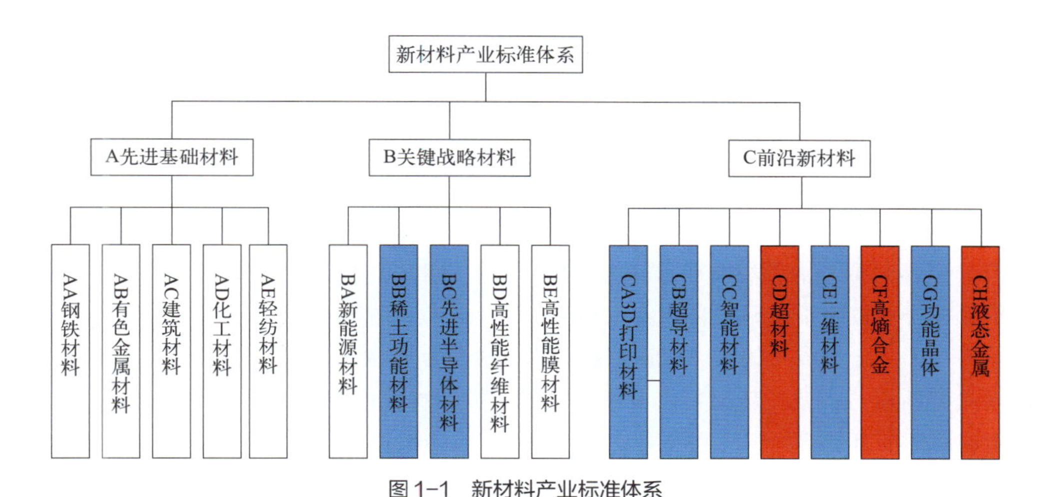

图 1-1 新材料产业标准体系

白色：代表标准化已有一定基础，未来要重点提升能力水平的领域；蓝色：代表标准化起步阶段，未来要大力发展的领域；红色：代表目前标准化基本是空白，需要提前布局的领域

① 先进基础材料 + 高性能纤维材料、膜材料 2035 年，先进基础材料标准整体水平应达到国际先进水平；从产业链维度出发，与产业发展相协调的先进基础材料标准体系基本成型，相关数据平台设施建设基本完善；新材料技术成熟度划分标准评价体系建设完成。

加强基础理论、共性技术研究等基础性工作，夯实先进基础材料领域标准基础能力。围绕产业发展重点，聚焦制造业重要产品和重大工程需求，在基础零部件用钢、高性能海洋工程用钢等先进钢铁材料，高强铝合金、高强韧钛合金、镁合金等先进有色金属材料，高端聚烯烃、特种合成橡胶及工程塑料等先进化工材料，先进建筑材料，先进轻纺材料等重点领域，加快关键技术标准制修订，推动先进基础材料领域标准水平的整体提升。

建立以产业集聚区和龙头骨干企业为主体，高校、科研院所和产业链相关主机企业联合参加的标准化联盟，推进技术创新与标准研制有效结合，将科技成果及时转化为标准；建设一批新材料产业标准化试点示范企业和园区，在冶金、机械、化工、建材、轻纺、航空航天、节能环保等领域开展新材料标准验证检验检测试点，开展标准基础研究和试验验证，加强相关设计方法、检测试验、可靠性验证等原始数据积累，支撑国家工业基础数据库建设，并面向全社会提供服务。

选取高性能钢、高强度合金等重点领域工业基础材料，针对产品性能、工艺稳定性和服役情况开展评价示范项目，探索从产业链维度建设以评价为牵引的标准体系；加强先进基础材料领域产业链上下游相关标准化联动，系统解决设计、材料、工艺、检测与应用标准的衔接问题，协同推进工业基础领域标准化，从产业链维度，建设以评价为导引的标准体系；建设评价、表征、标准一体化服务平台，为先进基础材料的发展配套质量、技术、基础等全方位支撑。

建立新材料技术成熟度划分标准评价体系，从应用维度开展材料指标、试验、评价等方面的标准化工作。围绕材料生产全流程质量控制、面向应用需求的基本质量性能指标以及材料服役全寿命周期，建立新材料试验评价标准体系，推动实现新材料的性能符合性、材料试验结果有效性和材料服役性能适用性评价标准化。

② 关键战略材料 + 石墨烯、3D 打印材料等前沿新材料　重点针对稀土功能材料、先进半导体材料、超导材料、智能材料、3D 打印材料和石墨烯等关键战略材料和前沿新材料，研究建立系统、协调、开放的，能有效支撑产业发展的标准体系；在材料领域关键技术层面加强技术标准研制，提升产业标准化水平；关键材料领域整体国际标准化能力显著提升；到 2035 年，基本形成重点领域发展急需的、具有创新成果和国际水平的重要技术标准体系；关键材料领域产业链上下游标准体系实现衔接与协调，提高材料标准的通用性；提升关键材料保障能力，形成一批成熟的国家级新材料技术标准创新基地，形成科研、标准、产业同步推进的新机制新模式；依托新材料产业集群形成一批新材料产业标准化试点示范企业和园区，促进新材料标准有效实施和广泛应用。

推进组建石墨烯等一批新产业标准化技术委员会，为新材料创新发展提供人力资源保障。结合新材料测试评价平台建设，建立新材料综合性能评价指标体系与评价准则，形成标准，开展新材料标准测试评价工作，为研制新材料标准提供实验验证依据。结合新材料参数库平台建设，建立新材料标准参数库平台，整合梳理已有数据资源、制定标准数据采集和共享制度，建立一批材料标准数据库及工艺参数库、工艺知识库。结合新材料资源共享平台建设，建立新材料标准资源共享平台，推动新材料研发机构、生产企业和计量测试服务机构分享资源，提供测试、认证及选材推荐，政策发布与解读、行业运行形势分析，骨干企业、重点项目及实施主体信息查询等公共服务。

做好对新材料领域新理论、新技术、新方法的分析研判，加快对新材料技术标准的前瞻性研究；建立新材料创新研发成果标准化“直通车”机制，缩短标准化所需周期。开展新材料标准化创新服务机制研究，打造“科技、专利、标准”同步研发的新模式，推动标准供给、企业需求、解决方案多方对接，保证标准的科学性、先进性和时效性；形成畅通、有效的标准实施反馈机制。密切结合技术实践，建立重点领域标准实施反馈平台，及时获取标准应用中存在的不足以及实际需求，来修订完善已有标准和制定新的标准，形成良性循环发展机制，保障标准的有效性和实用性。

选取行业龙头和研发技术水平领先的企业，培养一批兼具技术能力和标准化能力的新材料标准研制团体，加强高水平新材料标准的供给和市场化。支持新材料领域的社会团体制定严于国家标准、行业标准的团体标准，增加标准有效供给，满足市场和创新需求。

大力推行标准化教育，通过对标准知识的传达，开展标准编写、标准制修订、标准体系搭建规范培训、标准研讨会议等，提高标准化人才的综合素质以及培养新人才，为我国新材料标准体系的建设、完善和实施提供技术服务；加强新材料国际技术和标准化活动交流，培育关键战略材料国际标准化人才，推动标准“走出去”和国际标准化工作。

推进新材料产业质量基础协同互动作用，推进新材料标准在产业化评价示范项目中应用，为推进新材料技术创新和产业发展提供标准化支撑。

③ 超材料、高熵合金等前沿新材料　加快建设前沿新材料标准体系。发挥好国家新材料产业发展战略咨询委员会的作用，加强统筹规划和协调管理新材料领域的国内外标准化工作，做好对新材料领域新理论、新技术、新方法的分析研判，加快对新材料技术标准的前瞻性研究。针对超材料、高熵合金和液态金属等前沿新材料，紧跟科研和产业进程，组织国内新材料领域生产企业、使用部门和科研单位开展产业技术交流，探索建立标准体系框架，加强术语定义、基础方法标准的研制，为标准同步支撑产业发展奠定基础，形成系统、协调、科学、先进的超材料、高熵合金和液态金属等前沿新材料标准体系，紧跟产业需求，加强关键领域的技术标准、产品标准和检测标准研制，争取达到国际领先水平。加强与国外的前沿新材料技术的交流工作，在具有技术优势的新材料领域迅速提升国际影响力，力争牵头和参与前沿新材料国际标准的制定工作。

（3）构建基于产业链维度的新材料产业标准体系　提升制造业产业链、供应链稳定性，“补链”“稳链”“强链”“控链”是我国制造业一段时期内发展的重点方向。这要求标准化工作也要支撑制造业产业链能力的提升，因此，在现有标准体系的基础之上，应从产业链维度，建设能够满足产业需求、支撑制造业高质量发展的标准体系。

从产业链维度建设标准体系，是对现有标准体系的重新梳理和整合。制造业覆盖范围大、领域广，涉及行业门类众多，在目前的标准体系中，制造业所涉及领域的标准体系结构仍然是以行业为主线的标准体系结构。由于行业间难免存在着一定的交集，这就造成了行业间同类标准具有一定的趋同性，市场在使用标准时存在一定的不统一。随着新型标准体系的提出，能够以市场需求为导向，以标准实施为抓手，梳理整合制造业不同领域、不同行业间同类产品或方法的标准，围绕同一需求形成系列化的标准体系，以便于市场区分、比对和使用。另外，新型标准体系注重服务于产业链的发展，在现有标准体系的基础之上，能够系统整合产业链上下游对标准的需求，形成覆盖产业链、满足产业链发展需求的标准体系，一方面通过标准体系建设支撑产业发展，另一方面在产业发展过程中自然推进标准实施。

为全面健全、加强新材料产业链各环节标准，通过标准工作推动新材料产业“稳链、补链、强链、控链”，在新材料产业拟通过质量评价牵引的方式，联合产业链上下游，系统梳理研发、生产、使用、测试、回收等各产业链环节标准，最终形成基于产品的产业链维度“事实”标准体系（图 1-2），以产业链各环节为维度进行标准管理工作，识别产业链中标准缺失、薄弱环节，有针对性地进行补强，从而实现各环节标准自主可控的目的，支撑材料全产业链建设和升级。

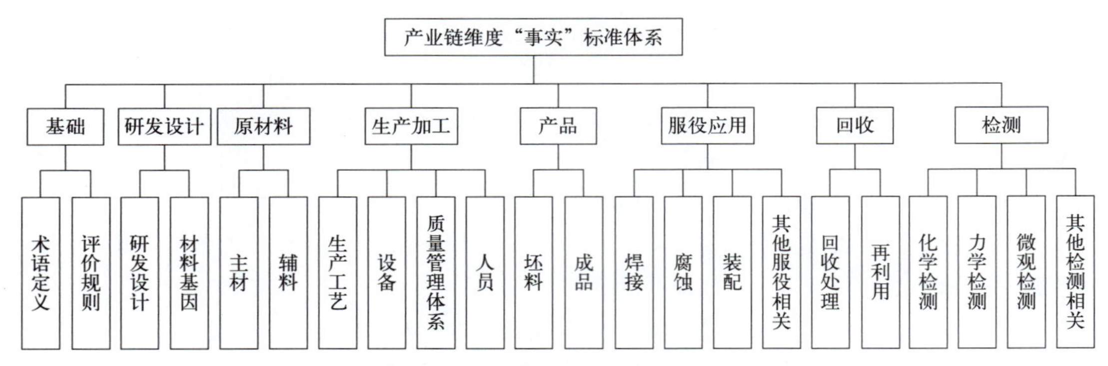

图 1-2　产业链维度“事实”标准体系示意图

与传统标准体系、工作机制和管理模式相比，产业链维度“事实”标准体系具有以下优势：

① 系统性　新型标准体系从产业链维度，跨行业、协调上下游地梳理整合标准形成体系，实现标准对产业链全覆盖，在现有以标准制定为主体的标准体系下，从标准实施应用角度，从新材料产业链的维度对标准重新进行梳理、整合，从新材料产业链维度对产业进行标准能力强化，通过对产业标准薄弱环节进行标准补齐增强，完善现有标准体系，提升我国制造业标准体系自主化能力。同时，将创新、绿色制造等作为产业链的一部分融入其中，完善形成系统的标准体系。

② 实用性　新型标准体系强调标准的应用实施，是从市场需求引导标准制修订的实际出发，将产业链上下游的标准形成关联，将点状的标准连接成线、联结成网，形成事实标准体系网，支撑产业链高质量发展，并通过与信息化和大数据技术融合，结合市场需求和使用情况对标准进行统计、分析和评价，加强标准的适用性。

③ 协调性　创新的标准体系与其他质量基础设施要素间是紧密协调互动的。联系产业链上下游的标准体系，需要由涵盖全产业链的质量认证评价作为引导，标准作为质量认证评价的基础，通过质量认证评价活动反映市场需求，激发企业质量提升的内生动力，建立质量信任。将全产业链联系在一起，能够发挥出更大的质量基础设施效能。

以 C91 钢案例作为产业链维度标准体系建设示范，在构建产品标准体系过程中梳理全产业链各环节标准，查漏补缺，低标提标。首先从原材料、生产制造、产品类型、应用及报废回收进行标准梳理，其次针对产品的质量评价涉及的每一项评价指标、检验检测标准进行梳理，建立覆盖全产业链的 C91 钢标准体系。

基于 C91 钢全产业链维度，将 C91 钢标准体系分为以下 7 个子标准体系（图 1-3）：基础标准体系；原材料标准体系；生产制造标准体系；产品标准体系；应用标准体系；回收标准体系；检验检测标准体系。

在标准梳理过程中，发现产业链关键节点标准存在以下问题：

① 虽然有 C91 钢无缝钢管产品标准，但缺少 C91 钢管附件标准，不利于 C91 钢在电站的推广应用。

② 通过对 C91 钢全产业链标准梳理发现回收环节标准相对缺失，从国家“双碳”排放政策和国际节能减排的角度，应尽快建立 C91 钢报废回收的标准，完善产业链标准体系，落实

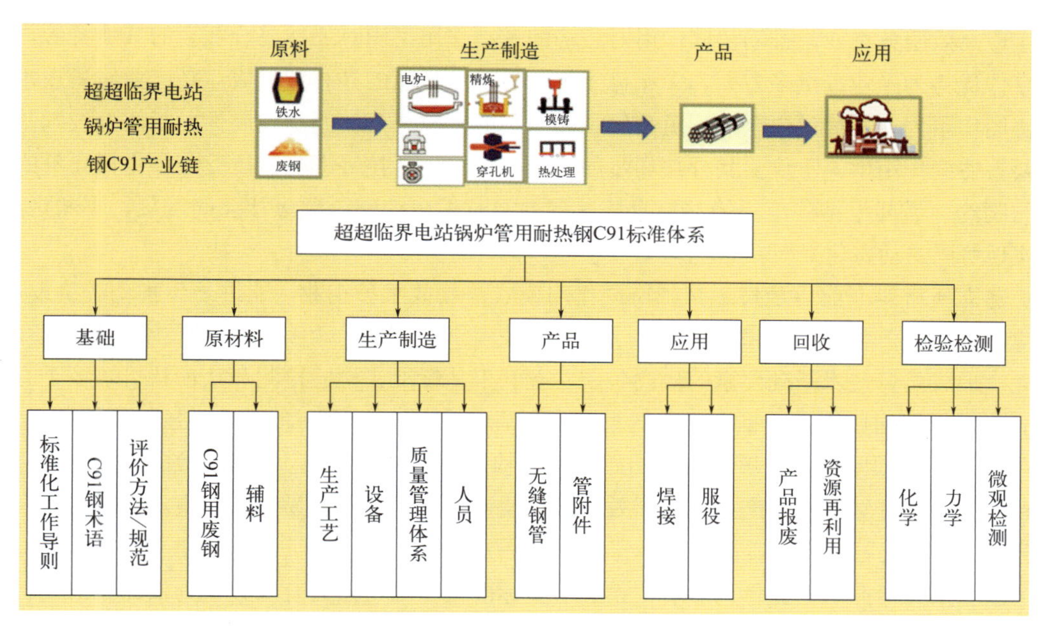

图1-3 基于产业链维度的超超临界电站用 C91 钢标准体系设计

国家“双碳”排放政策和节能减排的要求。

③ 通过对产品标准的梳理，发现现行 GB/T 5310 和 ASME SA-335/SA-335M 两个标准对 C91 钢的规定比较宽泛，使得 C91 产品质量参差不齐。基于高质量产品的需求，需要补充制定承压设备用 10Cr9Mo1VNbNG 无缝钢管标准，在国标和 ASME 标准基础上增加生产制造工艺、非金属夹杂、显微组织、晶粒度、改进化学成分的要求，同时增加高温拉伸要求，并扩大材料使用温度范围。通过新标准的修订，将有效提高产品质量和稳定性。

④ 在评价方法和规范方面，国内普遍采用美国 ASME 锅炉压力容器标准规范，为健全完善我国自主标准体系，避免在标准、评价方面“受制于人”，应对我国 C91 钢的评价方法和规则进行补全。

⑤ 通过对国内 C91 钢的调研发现：企业正常生产工艺和焊接标准无法满足 C91 钢产品高质量、高稳定性的要求，在弯管、热成型、焊接、焊后热处理等工艺中仍存在质量问题。后续应对生产工艺标准进行“提标”。

（4）构建新材料产业质量基础协同体系 产业质量技术基础要素在协同互动中充分体现了自身鲜明的特点。一是整体性，指一个整体的各个部分间能彼此有机地、协调地运作，以发挥整体效益，达到整体化的目的。产业质量基础设施各要素资源有效协同，彼此间按照业务模式和服务管理思想合理地紧密联系，并形成有机整体，能够产生比单一要素更大的效能，以此来共同服务于企业。二是协作性，指通过多角度、强深度的协同合作，储备大量且充分的知识、人才、平台等服务资源，最终达到效益最优目标。在产业质量技术基础要素协同互动中，各要素通过相互间通力合作，合理运用彼此间联系，可高效支撑产业质量，同时实现降低成本、提高效率等协同效应，提升区域质量效益，推动经济发展。三是共有性，各个主体通过共享资源来实现整体配置协同，不仅可以通过实体服务站或信息平台进行信息查询，以实现高效服务企业，推动协同作用对经济的推动作用，同时还能整合社会的其他资源，发挥整体优势为企业提供多方面、多元化支持。实现信息间的共有和集成，是产业质量技术基础协同作用为企业提供更全面、更高质量的服务的重要基础。四是发展性，指质量技术基础各要素协同作用中，不仅受到外部环境如政治、经济、科技等影响，还受到各主体自身的影响与制约。需要根据外部环境与自身情况变动及时做出调整，顺应社会的发展，不断进化，以实现协同的动态化平衡。

建立新材料产业质量技术基础协同作用模式，高效服务企业，能进一步推动经济发展，支撑产业转型升级。从关键性材料到先进性工艺生产的流程，始终有质量技术基础的参与，因此，形成质量技术基础要素的协同效应，有利于从标准、检验检测和认证认可等多个方面共同促进经济提质增效，推动产业转型升级。质量是制造业的生命和制造强国的关键内核，产业的发展必须坚持走以质取胜的道路。检验检测保障质量提高，同时通过促进产业发展、推动产业转型升级服务使产业提质增效升级；质量评价是国际贸易绿色通道的基础和实现转型升级的重要途径，支撑质量安全提升，促进提质增效升级。

以“系列专业质量评价为导引，系列事实标准为基础，系列有效数据为依托”的新材料质量技术基础设施的建设和运行，是对质量技术基础要素协同互动共同支撑新材料产业质量提升的运作模式的一次重要研究和探索。构建全产业链—全流程—全生命周期—全域（四全）系统全覆盖的标准化评价体系，遵循研究设计合理性—生产工艺稳定性—产品质量符合性—服役性能适用性（四性）标准化评价技术路线，实施系列专业质量评价为导引—系列事实标准为基础—系列有效数据为依托（三系列）全要素映射式专业标准化评价，以产业全链条标准化评价作为创新链载体，是推进科技创新成果全面转化、系列事实标准迭代更新、全域数据链的有效保障，形成创新链驱动、标准化链牵引、有效数据链依托、产业链升级，四链协同推动产业高质量创新发展。

参考文献

作者简介

王海舟，中国工程院院士，中国钢研科技集团教授，中实国金国际实验室能力验证研究中心主任。主要从事材料基因组工程高通量原位统计映射表征研究以及分析测试体系的建立与完善。提出原位统计分布分析表征新概念，实现了材料大尺度范围内成分及状态分布的定量表征。由其牵头发明的“金属原位统计分布分析技术”获国家技术发明奖二等奖；组织建立的高温合金痕量元素分析体系，重点解决了低熔点痕量元素分析的问题，获国家科学技术进步二等奖。

王洋，长期从事 CSTM 材料与试验标准化体系研究及建设工作，作为执笔人参加《国家标准化战略纲要》编写工作。2018 年至今，作为主要执笔人先后参加“中国标准 2035”制造业标准化体系战略研究项目，“新材料强国 2035”评价、表征、标准平台建设战略研究项目，高速列车轮对产品产业化质量评价战略研究项目，高速列车车轮车轴产品质量评价战略研究项目，支撑制造业高质量发展的创新型标准体系研究课题，新材料产业质量基础能力提升研究课题，新材料产业质量技术基础能力研究课

题，形成中国工程院战略咨询报告 7 篇、院士建议 1 份。

王矛，任职于中关村材料试验技术联盟。长期从事材料质量评价、标准化、认证认可、低碳发展等方面工作，探索以专业化质量评价助力材料国产化、产业化、市场化、绿色化，助力材料产业高质量发展的模式，在高铁列车、火电机组、石油化工、稀土、建材等多领域开展评价示范工作；自 2019 年起，作为主要执笔人参与“中国标准 2035”战略研究、“新材料强国 2035”战略研究、产业基础能力提升、高速列车等系列课题研究工作；作为制造业组编委参与编制《支撑高质量发展标准体系战略研究》一书；参与《国家标准化发展纲要》编写工作。

2022

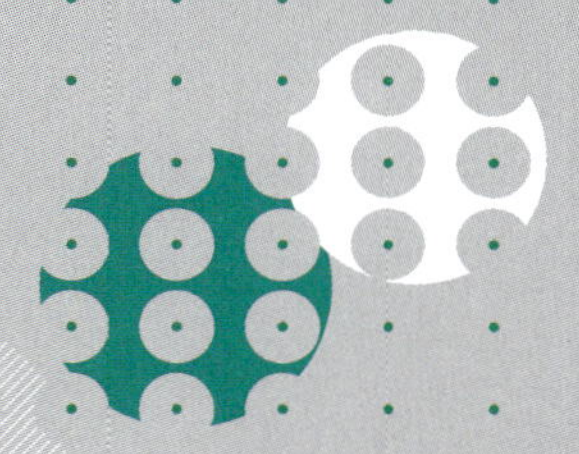

第二篇

关键领域的应用

第2章

工业烟气脱硝脱硫新材料

崔素萍　孟令钦

2.1 烟气处理材料领域的发展概述

化石燃料燃烧和生物质燃烧排放的氮氧化物 (NO_x: $NO+NO_2$）和二氧化硫（SO_2）被认为是大气污染物的主要来源，对大气层有显著影响，成为温室效应、酸雨、光化学烟雾和PM2.5 的主要原因。同时会对人体产生严重危害，刺激肺部，造成呼吸道疾病。

“十三五”时期，我国的氮氧化物排放总量累计下降了 19.7%，二氧化硫排放总量累计下降 18.55%。“十四五”规划中我国设置了排放总量限制指标，其中明确提出：加强移动源和工业窑炉治理，推进挥发性有机物源头替代、过程控制、末端治理，继续削减两项污染物排放总量。参考其与 PM2.5 浓度下降呈基本持平的态势，将“十四五”时期氮氧化物总量下降目标值均设定为 10% 以上，二氧化硫保持现阶段排放。氮氧化物是空气中 PM2.5、O_3 的主要前体物，在高温高辐射的夏季容易反应生成 O_3，在低温高湿的冬季容易反应生成 PM2.5。设置该指标，有利于推动 PM2.5 和 O_3 实现协同控制。

随着社会的不断发展，工业各行业和移动源的生产技术和生产要求也在不断提高，向着绿色方向发展。目前大多数行业已推出相应的大气污染物排放国家标准，绝大多数企业牵涉的控制指标有“颗粒物、二氧化硫、氮氧化物、氨”四项。实际上，国家标准为最低标准，并不是足够严格的，虽多数企业可以实现排放控制要求，但是整体上来看，大气污染物排放量仍旧处于一个相对高的水平，所产生的环境污染问题和环保压力仍然巨大，制造工艺和减排水平有待进一步提高，同时，污染物的治理水平和工艺水平参差不齐，污染物产生的环节多、排放量大，仍然需要通过提高污染物治理水平和工艺来适应更高层次的环保要求。随着我国环保治理标准越来越严格，以及各个地方排放标准和法律法规的不断收紧，工业各行业在解决环保问题和达标排放方面仍然有很大的进步空间。

2.2 烟气脱硝典型新材料

2.2.1 脱硝材料研究现状

目前，NO_x 的脱除主要采用的是选择性催化还原 (selective catalytic reduction，SCR）技术和选择性非催化还原（selective non-catalytic reduction, SNCR）技术。SCR 技术是指在催化剂的作用下，利用还原剂选择性地将烟气中的 NO_x 还原，得到 N_2 和 H_2O。目前，使用氨作为还原剂的 SCR 工艺已商业化应用于固定源燃烧单元，与 SNCR 或燃烧控制技术相比，具有更高的 NO_x 去除效率。仅在美国，就已经实施了 1000 多个 SCR 系统，以减少来自工业锅炉、工艺加热器、钢铁厂、化工厂等的 NO_x。

根据还原剂的不同，SCR 技术可以分为碳氢化合物选择性催化还原（HC-SCR）技术和氨选择性催化还原（NH_3-SCR）技术。HC-SCR 技术的设计理念是以车载燃油作为还原剂（如丙烷）的来源，通过催化剂作用使碳氢组分与 NO_x 发生选择性氧化还原反应，主要采用 Ag/Al_2O_3 等作为催化剂，但存在 NO_x 净化效率偏低、活性温度窗口窄和催化剂容易积炭等缺点，尚未达到大规模实际应用的要求。氨选择性催化还原（NH_3-SCR，主要反应为 $4NO+4NH_3+O_2 \longrightarrow 4N_2+6H_2O$）是目前广泛应用的脱硝技术，可以使用液氨或者尿素作为 NH_3 源。由于高效率、低成本的特征，其已成为固定源和移动源最主要的脱硝技术。

NH_3-SCR 过程主要包含以下反应：

$$4NO+4NH_3+O_2 \longrightarrow 4N_2+6H_2O \tag{2-1}$$

$$2NO_2+4NH_3+O_2 \longrightarrow 3N_2+6H_2O \tag{2-2}$$

$$4NH_3+2NO+2NO_2 \longrightarrow 4N_2+6H_2O \tag{2-3}$$

$$6NO+4NH_3 \longrightarrow 5N_2+6H_2O \tag{2-4}$$

$$6NO_2+8NH_3 \longrightarrow 7N_2+12H_2O \tag{2-5}$$

其中反应（2-1）是当 NO 和 NH_3 具有相同含量的时候，被称为“标准 SCR”反应。而反应（2-3）被称为“快速 SCR”反应，在 200℃以上，其反应速率更快，可达反应（2-1）的 10 倍。其中催化剂是 SCR 技术能高效、选择性地将 NO_x 转化为 N_2 的核心。其性能和稳定性直接影响到该技术在工业领域的大规模应用。当前国内外研究的重点主要有贵金属型、金属氧化物型、分子筛基、碳基等几类催化剂，主要是含有不同活性组分的负载型与非负载型催化剂。

钒钛基催化剂是应用最广泛的固定源脱硝 NH_3-SCR 催化剂之一，其在 150 ～ 475℃表现出 80% 以上的脱硝活性，但此类催化剂容易被烟气中的 SO_2 毒化。此外，钒类催化剂具有生物毒性，因此该类催化剂无法适应越来越严格的环保要求，欧美等一些发达国家已陆续禁止在移动源脱硝体系中使用钒钛基催化剂。选择合适的催化材料可以有效降低 SCR 反应的氧化还原反应的活化能，改变反应路径，加快反应速度，提高氮氧化物脱除效率，同时高选择性的催化材料还可以降低由氨氧化等因素生成的副产物，减少二次污染，因此根据实际需要研究开发低温高效的催化材料势在必行。

SNCR 技术指在脱除氮氧化物时，将还原剂（如氨或尿素等）在较高的反应温度（900 ～ 1100℃）且不存在脱硝催化材料的环境中喷入烟气中，使其与氮氧化物反应生成无毒害的 N_2 和 H_2O。该方法主要应用于水泥工业的窑炉中，优势为系统简单，一次性投资少，维护成本较低，施工的周期短，仅需要加装还原剂的喷入装置即可，但存在 NO_x 去除效率低，氨逃逸量较大形成二次污染等明显的缺点，同时常常会发生副反应生成 $(NH_4)_2SO_4$ 和 NH_4HSO_4，堵塞和腐蚀下游设备。随着我国环保部门对于水泥工业窑炉氮氧化物排放标准的日益收紧，现有的 SNCR 技术已经很难达到水泥工业氮氧化物的治理需求，因此适用于 SNCR 技术的中高温脱硝材料也成为现在研究的一大方向。

2.2.2 金属氧化物催化剂

2.2.2.1 VO_x 基催化剂

尽管 V_2O_5-WO_3(MoO_3)/TiO_2 催化剂已经商业化用于热电厂，但仍然存在一些问题，例如操作温度窗口窄，容易造成 SO_2 中毒，以及高温下易形成 N_2O。此外，V_2O_5-WO_3(MoO_3)/TiO_2 催化剂的热稳定性具有挑战性，高温会导致 TiO_2 的烧结以及从锐钛矿到非活性金红石相的相变，同时导致 V 和 W 物质的偏析甚至挥发，这使 VO_x 在高温脱硝中容易失活。VO_x 基催化剂的这些缺点极大地限制了其在脱硝过程中的更广泛应用。因此，许多努力都致力于通过 V_2O_5 的改性 / 掺杂来克服这些缺点。通过修饰 / 掺杂、调节 TiO_2 载体的孔结构和晶面、优化制备方法等，改善 VO_x 基催化剂的活性。

（1）修饰 / 掺杂作用 Ce 改性可以提高 V_2O_5/TiO_2 催化剂的 SCR 活性，其中 $V^{4+}+Ce^{4+} \longleftrightarrow V^{5+}+Ce^{3+}$ 的氧化还原循环以及 NO_2 和单齿硝酸盐物种的形成是使其具有较高活性的原因。Sb 改性 V_2O_5/TiO_2 是具有更高的 SO_2 耐受性的 V_2O_5/TiO_2。Ce 和 Sb 共修饰的 V_2O_5/TiO_2 催化剂在 220 ～ 450℃表现出超过 90% 的 NO_x 转化率和良好的 SO_2/H_2O 耐受性，因为它具有高酸度、强 NO 吸附和还原 SO_2 的吸附能力。二氧化钛中的 S 和 N 共构化或 Sn 改性修饰提高 V_2O_5/TiO_2 催化剂的 SCR 活性，因为钒氧化物和钨氧化物高度分散，会有更多的活性氧和更多的酸位点。此外，通过 SiO_2 对 WO_3-TiO_2 载体改性可以提高 V_2O_5-WO_3/TiO_2 催化剂的耐水热老化性能，这主要是 SiO_2 的添加抑制了 TiO_2 的微晶生长尺寸和催化剂比表面积的收缩，进而抑制了 TiO_2 从锐钛矿结构向金红石相的相变。

（2）载体结构作用 研究发现，微孔 TiO_2 负载的 VO_x 催化剂与商用 TiO_2（DT-51）相比具有更好的 N_2 选择性，微孔 TiO_2 可以抑制块状 V_2O_5 物质的形成，从而抑制了 N_2O 的形成。此外，微孔 TiO_2 负载 VO_x 催化剂表现出比中孔 TiO_2(DT-51）负载更好的分散度，而与前者高度分散的 VO_x 物种的 V—O 键相比，后者块状的 VO_x 物种的 V—O—V 键更利于 SO_2 的氧化，这会降低催化剂整体的催化性能。三钛酸纳米管（TANs）和二氧化钛纳米管（TNTs）因其特有的一维孔结构和丰富的酸度而备受关注。V_2O_5-WO_3/TANs 显示出比 V_2O_5-WO_3/TiO_2 催化剂更高的活性，当 V_2O_5 负载在 WO_3 改性的 TANs 上时，由于钛酸相（$H_2Ti_3O_7$）的存在，

VO_x 基催化剂的氧化还原特性和表面酸度得到增强。此外，由于 TNTs 的多壁结构和丰富的 Lewis 酸性位点，Al_2O_3 改性的 TANs 增强了 VO_x 基催化剂的活性，同时，TNTs 还可以抑制 VO_x 在高温下的烧结，从而表现出稳定的 SCR 性能和高的 N_2 选择性。

（3）优化制备方法 通过实验已经证实，证明水合表面 VO_x 物种的配位是热力学控制的，不能由特定的 V 前体控制。通过使用 V- 草酸盐、偏钒酸铵、$VOCl_3$、V- 醇盐，以及 V_2O_5 晶体在 TiO_2 表面的热扩散，都在表面显示出了相同的氧化钒物质。而通过将微晶 V_2O_5 颗粒直接覆盖在 TiO_2 载体表面，发现这种方法制备的氧化钒聚合体比氧化钒单体具有更高的 SCR 活性，这主要是氧化钒聚合体具有较高的反应性，可以使 NH_3 更快还原和使气态氧更快再氧化。同时氧化钒聚合体还表现出更强的耐碱性，与之相比，单体氧化钒更容易与 K 结合产生惰性物质，从而使催化剂严重失活。

2.2.2.2 MnO_x 基催化剂

Mn 由于其特殊的价层电子构型（$3d^5 4s^2$），元素价态的变化范围较广，存在 +2、+3、+4、+5、+6、+7 以及一些非整数的价位，发生氧化还原反应的过程当中不同价态之间可以相互转化，从而产生不同的氧化还原特性促进催化反应的进行。由于活性组分 Mn 活化反应气体所需的活化能较低，因此在低温条件下具有优异的催化活性。

以锰的氧化物作为脱硝催化材料的研究较早，20 世纪末期 Kapteijn 等探究了不同价态的锰氧化物在 110 ～ 300℃的 SCR 催化活性，他们将不同价态的锰氧化物比表面积进行归一化处理后得出 175℃条件下不同锰氧化物的脱硝催化活性的顺序为 $MnO_2 > Mn_5O_8 > Mn_2O_3 > Mn_3O_4$，脱硝活性与 N_2 的选择性顺序并不一致，研究认为不同价态的锰氧化物的不同比表面积对反应活性存在影响，但并非决定性因素，Mn_2O_3 的选择性最佳，随反应温度的升高，各价态的锰氧化物 N_2 的选择性都有所降低。除此之外，不同锰氧化物的晶体类型、电子构型和表面形貌等因素也是人们探究的重点所在，Tang 等分析对比了 α-Mn_2O_3 和 β-MnO_2 的脱硝催化活性，β-MnO_2 比 α-Mn_2O_3 具有更佳的脱硝催化活性，然而其 N_2 的选择性却相对较差，生成的副产物 N_2O 含量较高，同时反应结束后体系内剩余的较少量 NH_3 表明选择性不高的原因主要是 β-MnO_2 对 NH_3 的活化程度较高，脱除 N—H 键中的 H 程度加深，留下的 N 原子与 NO 反应生成 N_2O。通过水热法制备了不同表面形貌（管状、棒状和颗粒状）的二氧化锰纳米催化材料，表征发现不同形貌中纳米棒状的二氧化锰表面活性位点分散程度最高，酸性位点的活性最佳，轨道能级较低的 Mn 原子与周围活性位点的协同作用促进了反应气体的吸附与活化，因此展现出优异的氧化还原能力，低温脱硝活性最好。

然而，纯 MnO_x 催化剂存在工作温度窗口窄、高温下 N_2 选择性差和 SO_2 耐受性低等问题，限制了它们的实际应用。通过与其他过渡 / 稀土金属氧化物形成混合氧化物或固溶体，调节 MnO_x 的特定纳米结构、形貌、晶面和孔结构，以及合成金属 - 有机框架 (MOF）衍生的催化剂，利用其均匀组成和活性组分的高度分散，可以实现更高的反应活性和更稳定的反应条件。

（1）改性 / 掺杂作用 MnO_x 基催化剂的催化活性主要取决于比表面积、MnO_x 的分散度、Mn 氧化态、表面活性氧、表面酸度等。单组分无负载 MnO_x 催化剂一般表现出较窄的工作温度窗口并且总是遭受严重的 SO_2 中毒。为了拓宽 MnO_x 催化剂的活性温度窗口，人们做出了很多的努力，通过改性 / 掺杂其他过渡金属或稀土金属氧化物来改善催化剂的氧化还原和酸度性能。表 2-1 列出了一些用于 SCR 反应的过渡 / 稀土金属氧化物改性 MnO_x 基复合氧化物的代表性催化剂，锰系复合金属氧化物催化剂往往是以锰氧化物作为主体结构，通过不同方法在催化材料合成过程中掺入其他元素形成复合金属氧化物，由于要形成固溶体，根据相似相容原理，掺杂元素常常选择锰的同周期或者同主族的元素，其质子数相近，原子尺寸也类似。复合金属氧化物的形成会影响材料的结构和表面原有的元素价态分布情况，抑制锰氧化物晶体的生长，促进材料表面氧缺陷的形成，从而对其催化活性产生不同程度的影响。

表 2-1　用于 SCR 反应的过渡 / 稀土金属氧化物改性 MnO_x 基复合氧化物的代表性催化剂

催化剂	制备方法	反应条件	NO 转化及活性温度窗口
Mn-Ce	表面活性剂模板法	$[NO]=[NH_3]=500ppm,[O_2]=5\%,GHSV=64000h^{-1}$	约 100%（100 ～ 250℃）
Mn-Co	一步烧结法	$[NO]=[NH_3]=1000ppm,[O_2]=5\%,GHSV=30000h^{-1}$	约 100%（150 ～ 300℃）
Sm-Mn	共沉淀法	$[NO]=[NH_3]=500ppm,[O_2]=5\%,GHSV=48600h^{-1}$	约 100%（75 ～ 200℃）
Mn-Eu	共沉淀法	$[NO]=[NH_3]=600ppm,[O_2]=5\%,GHSV=108000h^{-1}$	约 100%（150 ～ 400℃）
Cu-Mn	共沉淀法	$[NO]=[NH_3]=500ppm,[O_2]=5\%,GHSV=30000h^{-1}$	＞ 90%（50 ～ 250℃）
Ni-Mn	共沉淀法	$[NO]=[NH_3]=500ppm,[O_2]=5\%,GHSV=64000h^{-1}$	约 100%（120 ～ 240℃）
Fe-Mn	柠檬酸辅助	$[NO]=[NH_3]=1000ppm,[O_2]=3\%,GHSV=30000h^{-1}$	约 100%（140 ～ 220℃）
Mn-Zr	柠檬酸辅助	$[NO]=[NH_3]=1000ppm,[O_2]=3\%,GHSV=30000h^{-1}$	约 100%（100 ～ 180℃）
Cr-Mn	柠檬酸辅助	$[NO]=[NH_3]=1000ppm,[O_2]=3\%,GHSV=30000h^{-1}$	约 100%（140 ～ 220℃）
Mn-Nb	均匀沉淀	$[NO]=[NH_3]=500ppm,[O_2]=5\%,GHSV=50000h^{-1}$	>90%（120 ～ 210℃）
V-Mn	溶胶 - 凝胶法	$[NO]=[NH_3]=500ppm,[O_2]=5\%,GHSV=50000h^{-1}$	＞ 90%（120 ～ 240℃）

CeO_2 具有优异的储氧和氧化还原性能，因此作为 MnO_x 基催化剂的促进剂而被广泛研究。Mn-Ce 氧化物催化剂促进了 NH_3/NO_x 的吸附和 NH_2/NO_2 活性中间体的形成。MnO_x 主要负责将 NO 氧化成硝酸盐或亚硝酸盐，而在 CeO_2 上可以形成大量的亚硝酸盐物种。Co、Sm、Eu 可以增加 Mn^{4+} 物种并产生更多的表面吸附氧物种和表面酸性位点。Mn-Eu 氧化物显示出较宽的温度窗口 (150 ～ 400℃），NO 转化率接近 100%。Cu 可以促进非晶 MnO_x 的形成，并发生 $Cu^{2+}+Mn^{3+} \longleftrightarrow Cu^{+}+Mn^{4+}$ 的氧化还原反应，促进 NO 在较低温度下氧化成 NO_2。此外，Ni、Fe、W 改性可以提高 MnO_x 基催化剂表面酸度，同时产生 $Mn^{3+}+Ni^{3+} \longleftrightarrow Mn^{4+}+Ni^{2+}$、$Fe^{3+}+Mn^{3+} \longleftrightarrow Fe^{2+}+Mn^{4+}$、$W^{5+}+Mn^{4+} \longleftrightarrow W^{6+}+Mn^{3+}$ 的氧化还原循环，三元金属氧化物催化剂相互协同还可以产生双氧化还原循环。通过金属离子的改性掺杂，显著改善了电子转移，促进了 NO/NH_3 的吸附 / 活化，并通过氧化还原循环，进一步增强了氧化还原性能。

可以总结，与过渡金属或稀土金属氧化物形成锰基混合氧化物可以从以下几个方面改善脱硝活性和反应温度窗口：

① 提高 MnO_x 的分散性和还原性；

② 增强催化剂的酸性；

③ 增加活性 Mn^{4+} 和活性氧物质；

④ 通过单 / 双氧化还原环促进电子转移。

MnO_x 基混合氧化物催化剂上 N_2O 的形成可以通过降低 MnO_x 的氧化能力和抑制 NH 物种的形成来抑制。此外，促进 NH_2 物种从强氧化 MnO_x 位点到弱氧化位点的转移是可行的，这可以抑制 NH_2 向 NH 的转化。MnO_x 基混合氧化物的 SO_x 耐受性可以通过抑制 SO_2 的吸附 / 氧化和提高活性 NO_x/NH_x 物种的吸附以及硫酸盐物种的共存使 SCR 反应正常进行来提高。

（2）MnO_x 构型作用 不同锰氧化物的晶体类型、电子构型和表面形貌等因素也是人们探究的重点，β-MnO_2 比 α-Mn_2O_3 具有更佳的脱硝催化活性，然而其 N_2 的选择性却相对较差，生成的副产物 N_2O 含量较高，同时反应结束后体系内剩余的较少量 NH_3 表面选择性不高。

（3）载体作用 为了改善 MnO_x 催化剂的氧化还原 / 酸性性能，负载型 MnO_x 混合氧化物被广泛研究，因为它具有很强的金属 - 载体相互作用，增加了 MnO_x 的分散性并增强了活性组分之间的电子转移。目前，TiO_2、CeO_2、Al_2O_3、天然黏土、碳材料等已被用于负载 Mn 基氧化物。二氧化钛由于活性组分的高分散性和良好的抗 SO_2 性能，被作为商业载体得到了最广泛的研究。通过 TiO_2 负载 MnO_x 催化剂备受关注，通过改性掺杂活性金属离子，可以实现 MnO_x/TiO_2 催化剂工作温度窗口的拓宽以及对 SO_2 的耐受性。Fe 改性阳离子大大提高了 MnO_x 的分散性，增强了电子感应效应，有助于 Mn/TiO_2 的 SCR 活性。Eu 掺杂 Mn/TiO_2 表现出更好的 SO_2 耐受性。Mn-Ce-V-W/TiO_2 通过四元活性成分的协同作用，显示出 150 ～ 400℃ 的宽温度窗口，NO 转化率超过 90%。

Al_2O_3 因其高比表面积、中等酸度和耐高温惰性而被用作 SCR 的载体。在 MnO_x/Al_2O_3 催化剂上，吸附在路易斯酸位点（Mn^{3+}）上的 NH_3 物种在低温下具有活性，而在布朗斯台德酸位点上形成的 NH_4^+ 不活泼。双齿硝酸盐在低温（低于 500K）下无活性，但在较高温度下有活性。而一些天然矿物，如凹凸棒石和蒙脱石，已被开发作为 SCR 反应的载体。通过对不同金属离子（Mn、Co、Cu、Fe、V）的改性进行调节，提高了层状结构和表面电荷，增强了 SO_2/H_2O 的耐受性和整体 SCR 活性。

活性炭（AC）、活性碳纤维（ACF）和碳纳米管 (CNT）等碳材料因其高比表面积和大孔体积而成为脱硝催化剂的载体。表面丰富的含氧基团提供了大量可以负载 MnO_x 的位点，并进一步促进了活性组分的分散程度，增加了暴露在催化材料表面的活性位点数量。与传统载体材料相比，特定结构的合理设计可以明显提高 MnO_x 基催化剂的 SCR 脱硝活性，以及水热稳定性和 SO_2 耐受性。值得注意的是，在 O_2 存在的情况下，碳材料负载型催化剂的高温热稳定性是其实际应用中不可忽视的主要问题。由于碳材料负载型催化剂具有良好的低温活性，因此可以在改善低温 SCR 工艺的 SO_2、碱、重金属、HCl 抗性方面做出更多努力。

2.2.2.3 CeO_2 基催化剂

CeO_2 基催化剂由于具有高氧储存 / 释放能力和优异的氧化还原性能而被广泛研究。然而，CeO_2 的表面酸性较弱，导致纯 CeO_2 催化剂的活性较差。因此，人们做出了广泛的努力，通过酸预处理、硫酸化或酸性促进剂改性来提高 CeO_2 基催化剂的酸度。为了进一步提高 CeO_2

基催化剂的氧化还原和酸性，构建三元氧化物催化剂，调控催化剂的孔结构和形貌，通过调控晶面和修饰设计逆向催化剂。由于 CeO_2 容易硫酸盐化，提高 CeO_2 基催化剂的 SO_2 耐受性是一个棘手的问题。目前，它可以通过抑制 SO_2 吸附 / 氧化或通过添加功能促进剂创建额外的牺牲位点来减轻 CeO_2 的硫酸化。

尽管 CeO_2 基催化剂的温度窗口和耐碱性能通过改性 / 掺杂和调整形貌 / 晶面来改善，但由于其对 SO_2 的耐受性不理想，因此在实际应用中具有挑战性。未来的研究工作可以集中在抑制 $Ce_2(SO_4)_3/Ce(SO_4)_2$ 的生成和促进 $NH_4HSO_4/(NH_4)_2SO_4$ 的分解上。由于 CeO_2 容易被硫酸化，需要构造有效的保护壳抑制 SO_2 在 CeO_2 基催化剂上的吸附。此外，它允许 SCR 反应通过不同的反应途径进行：通过添加在 SO_2 存在下与硫酸化 CeO_2 协同作用的其他活性组分。另一方面，建议构建一些具有适当亲电或亲核基团的介孔结构，可以削弱 $NH_4^+—SO_4^{2-}/HSO_4^{2-}$ 的结合强度，从而促进 $NH_4HSO_4/(NH_4)_2SO_4$ 的分解。

2.2.2.4 Fe_2O_3 基催化剂

Fe_2O_3 基催化剂由于具有环境友好特性、突出的热稳定性、良好的中高 SCR 活性、令人满意的 N_2 选择性和优异的高温下 SO_2 耐受活性，一直被探索用于 NH_3-SCR 反应（> 300℃）。然而，纯 Fe_2O_3 催化剂的温度窗口很窄，尤其是低温活性不能满足。因此，大部分研究工作集中在调节晶面和纳米结构，同时通过改性或掺杂提高热稳定性以及酸度和氧化还原性能。

2.2.3 金属负载型分子筛催化剂

自 1986 年 Iwamoto 等发现 Cu/ZSM-5 在 NH_3-SCR 反应中具有良好的催化活性以来，由于具有较宽的活性温度窗口（200 ～ 600℃）、较高的催化活性和水热稳定性，金属负载型分子筛催化剂受到广泛关注。此类催化剂分子筛载体规则、稳定的骨架结构和较高的比表面积，赋予了其较高的热和水热稳定性，并确保了活性金属的高度分散，以及反应物和产物的高效扩散，促进反应的迅速进行。此外，分子筛上往往具有丰富的表面酸性位点，在 NH_3-SCR 反应中，不仅能起到吸附和活化 NH_3 的作用，还能通过静电平衡作用锚定活性金属正离子，从而提高活性金属离子的稳定性。同时，由于静电稳定作用，分子筛上活性金属的负载量和分布，还可以通过高效匹配分子筛载体的硅铝比（硅铝分子筛中）或 Si 含量（硅铝磷分子筛中），以及金属物种的负载量来进行调控，从而进一步改善催化剂的活性和水热稳定性。因此，金属负载型分子筛催化剂成为 NH_3-SCR 脱硝领域的重要研究内容。

大量研究表明，由于能高效活化 NO、催化氧化还原循环，并具有较宽的氧化还原活性温度窗口，Cu 和 Fe 负载的分子筛催化剂是 NH_3-SCR 领域的研究热点。由于氧化还原性能的差异，Cu 基分子筛催化剂的最佳 NH_3-SCR 温度窗口为 150 ～ 300℃，超过 300℃，容易导致氨氧化副反应的发生，使得 NH_3-SCR 催化活性下降。与 Cu 基分子筛相比，Fe 基分子筛具有更高的还原温度，此外 Fe 物种能促进 N_2O 副产物的分解，因此，后者具有明显的中高温 NH_3-SCR 催化优势，其最佳温度窗口为 250 ～ 500℃。

2.2.3.1 Fe基分子筛催化剂

Fe基分子筛催化剂通常在中高温下具有活性。自从20世纪90年代Fe/ZSM-5分子筛被首次开发为NH_3-SCR催化剂，该催化剂在较宽的温度窗口（250～550℃）表现出近100%的NO_x转化率。但是由于铁物种的氧化还原起活温度高，催化剂在250℃以下活性较低，此外，催化剂在高温水热条件下容易水热失活，这两个关键因素限制了其大规模的应用。

为了提高低温活性，研究者进行了大量的尝试，主要集中于通过构建特定的核壳结构和通过改性/掺杂增强氧化还原循环来促进“快速SCR”反应。Fe基分子筛催化剂的水热稳定性和SO_2耐受性可以通过构建有效的核壳结构来提高，而具有不同拓扑结构的分子筛被筛选来获取具有优异水热稳定性和抗烃焦化性的Fe基分子筛。

（1）核壳结构作用 为了提高铁基沸石催化剂的低温活性，许多工作集中于促进“快速SCR”反应。构建核壳结构催化剂是一种有效的策略。NH_3和NO在含沸石核壳催化剂上的吸附活化过程会受到壳材料的组成、孔结构和厚度的影响。一些微孔沸石（SAPO和SSZ-13）不适合作为壳材料，因为扩散阻力限制了反应物与核壳催化剂核上活性位点的接触与反应，因此一些薄的介孔材料被选为壳材料，有利于反应物分子的扩散。通过将纳米TiO_2薄膜作为壳包裹在Fe-BEA催化剂上，可以显著改善SCR反应活性和条件。与Fe-BEA催化剂相比，介孔TiO_2可以将NO氧化为NO_2，从而促进“快速SCR”反应。此外，介孔壳层的存在还可以避免颗粒物沉积阻塞活性铁位点，并抑制活性金属氧化物颗粒在高温下的聚集。

（2）改性作用 通过Cu改性/掺杂可有效拓宽Fe基分子筛催化剂的温度窗口。通过离子交换法制备的Cu-Fe/ZSM-5催化剂，表现出更高的NO_x转化率，适量Cu的引入可以提高低温SCR活性并且不破坏Fe/ZSM-5的高温活性。高度分散的Fe-Cu纳米复合材料提高了氧化还原能力和酸度，从而提高了活性。Fe和Cu的离子交换顺序对所得金属物种的分散和配位环境具有重要影响，这可能导致不同的活性。Cu和Fe的协同作用提高了Cu^{2+}与Cu^+和Fe^{3+}与Fe^{2+}的转化效率。位于交换位点的孤立Cu^{2+}和Fe^{3+}离子是低温活性物质，而FeO_x团簇物质负责高温活性。尽管Cu改性可以提高Fe基催化剂的低温活性，但水热稳定性仍不理想，急需通过其他过渡金属或稀土金属元素改性来提高Fe基分子筛的水热稳定性。

（3）拓扑作用 表2-2列出了一些常见的SCR典型的Fe基分子筛催化剂，现阶段有许多Fe基分子筛被广泛研究，尤其是ZSM-5、BEA、MOR等。研究发现，不同结构的分子筛具有不同的SCR脱硝活性，Iwasaki等发现SCR活性按以下顺序增加：Fe-MOR ＜ Fe-LTL ＜ Fe-FER ＜ Fe-MFI ＜ Fe-BEA，这可能和Si/Al有关。水热老化后所有催化剂的活性均降低，活性顺序为Fe-MOR<Fe-LTL ＜ Fe-FER ＜ Fe-BEA ＜ Fe-MFI。老化劣化的程度不仅因沸石结构不同而不同，而且因同一沸石结构中的Si/Al而异。为了提高Fe基分子筛的低温活性，可以利用稀土金属或过渡金属对其进行改性，有望探索具有新型拓扑结构的沸石催化剂，以提高高温的水热稳定性。

表 2-2 常见的 SCR 典型的 Fe 基分子筛催化剂

催化剂	制备方法	反应条件	NO 转化及活性温度窗口
Fe-ZSM-5	离子交换法	$[NO]=[NH_3]=500ppm,[O_2]=5\%,GHSV=16000h^{-1}$	＞60%（400～500℃）
Fe-ZSM-5	化学气相沉积法	$[NO]=[NH_3]=1000ppm,[O_2]=8\%,GHSV=210000mL\cdot g^{-1}\cdot h^{-1}$	＞80%（250～500℃）
Fe-BEA	离子交换法	$[NO]=[NH_3]=500ppm,[O_2]=5\%,GHSV=16000h^{-1}$	约 100%（300～500℃）
Fe-BEA	化学气相沉积法	$[NO]=[NH_3]=1000ppm,[O_2]=8\%,GHSV=210000mL\cdot g^{-1}\cdot h^{-1}$	＞80%（250～500℃）
Fe-MOR	离子交换法	$[NO]=[NH_3]=500ppm,[O_2]=5\%,GHSV=16000h^{-1}$	＞80%（300～500℃）
Fe-SSZ-13	离子交换法	$[NO]=[NH_3]=350ppm,[O_2]=14\%,2.5\%volH_2O,GHSV=200000h^{-1}$	＞80%（320～500℃）
Fe-SSZ-39	一锅水热法	$[NO]50ppm=[NH_3]=60ppm,[O_2]=10\%,10\%volH_2O,GHSV=450000mL\cdot g^{-1}\cdot h^{-1}$	＞90%（350～550℃）

结合以上分析，铁基分子筛催化剂研发方向为：

① 选择具有合适拓扑结构的分子筛载体，从而优化活性金属物种的分布，并增加其稳定性，进而拓宽催化剂的 NH_3-SCR 温度窗口和水热稳定性；

② 改进催化剂的制备方法，如采用一锅法等方法优化活性铁物种的分布；

③ 改良现有催化剂，如引入第二种阳离子（Cu 或 Mn），以提高其低温活性和水热稳定性等。

2.2.3.2 Cu 基分子筛催化剂

铜基和铁基分子筛在 NH_3-SCR 反应中都有很高的选择性与活性，但化学性质与催化性能却有很大不同：

① Fe 与 NO 形成强配合物且与氨形成弱配合物，而 Cu 与 NO、NH_3 的配位强弱顺序相反；

② Fe 具有亲氧性，与含铁分子筛中的骨架氧原子配位且可以牢固结合在骨架上，而 Cu 则被分子筛上吸附的 NH_3“溶剂化”，在分子筛孔道内容易流动和迁移。

与 Fe- 沸石催化剂相比，Cu- 沸石催化剂在低温（＜300℃）下具有更好的活性。然而，Cu- 沸石的高温活性和水热稳定性仍不令人满意。因此，人们在优化 Cu- 沸石催化剂的制备方法方面做出了大量努力，这影响了 Cu 物种的分散状态和水热稳定性。此外，Cu- 沸石催化剂的水热稳定性和 SO_2 耐受性可以通过改性 / 掺杂其他阳离子或探索具有优化拓扑结构的新型沸石催化剂来提高。

目前，商用 Cu 基分子筛催化剂的重要缺点是高温下的低活性及低水热稳定性，为此科研人员相继开发出了多种铜基分子筛催化剂。通过研究优化拓扑结构，新型沸石催化剂可以具备出色的操作窗口和水热稳定性。表 2-3 列出了用于 SCR 反应的典型 Cu 基分子筛催化剂。

表 2-3 常见的 SCR 典型 Cu 基分子筛催化剂

催化剂	制备方法	反应条件	NO 转化及温度窗口
Cu-SAPO-34	离子交换法	$[NO]=[NH_3]=500ppm$，$[O_2]=5\%$，$GHSV=600000h^{-1}$	>80%（260 ～ 440℃）
Cu-SSZ-13	离子交换法	$[NO]=[NH_3]=500ppm$，$[O_2]=5\%$，$GHSV=400000h^{-1}$	>90%（210 ～ 550℃）
Cu-ZSM-5	离子交换法	$[NO]=[NH_3]=750ppm$，$[O_2]=9.5\%$，$GHSV=900000h^{-1}$	>70%（235 ～ 400℃）
Cu-BEA	离子交换法	$[NO]=[NH_3]=750ppm$，$[O_2]=9.5\%$，$GHSV=90000h^{-1}$	>70%（280 ～ 520℃）
Cu-SSZ-39	离子交换法	$[NO]=[NH_3]=500ppm$，$[O_2]=7\%$，$GHSV=270000mL\cdot g^{-1}\cdot h^{-1}$	>90%（220 ～ 550℃）
Cu-SSZ-16	离子交换法	500ppmNO，500ppmNH_3，10%O_2，balance of N_2，$GHSV=42500h^{-1}$	>90%（200 ～ 550℃）

由于小孔分子筛具有更大的骨架原子密度，且小孔口能抑制分子筛脱铝和活性 Cu 物种的迁移，目前大量的研究集中在小孔分子筛催化剂的制备上。但 Lee 等对比了具有大孔结构的 Cu-UZM-35、Cu-ZSM-5、Cu-BEA 和小孔型 Cu-SSZ-13 分子筛在 NH_3-SCR 反应中的催化活性，发现具有十元环和十二元环大孔结构的 Cu-UZM-35 上独立 Cu^{2+} 物种含量较高，其脱硝性能与 Cu-SSZ-13 接近。进一步研究发现，由于 Cu-UZM-35 分子筛上铜物种与分子筛骨架作用更强，其在 750℃水热老化后仍保留了较高的脱硝活性和较宽的温度窗口，是一种具有应用潜力的大孔型分子筛催化剂。此研究表明，拥有十二元环的大孔分子筛 Cu-UZM-35 具有与小孔型 Cu-SSZ-13 相匹敌的脱硝活性与水热稳定性，因此开发高效脱硝催化剂并不严格局限于小孔径分子筛催化剂。

目前，研究者已发现多种高效的 Cu 或 Fe 改性 NH_3-SCR 分子筛催化剂，如 Cu-SSZ-13、Fe-SSZ-13、Fe-BEA、Cu-SAPO-34 等。通过详细调变催化剂上金属物种的含量、分布、分子筛载体的种类等，研究者相继开发出了具有工业潜力的 Cu-ZSM-5、Fe-BEA、Cu-SSZ-13 催化剂。目前，小孔型 Cu-SSZ-13 由于具有宽温度窗口、高 NH_3-SCR 活性和水热稳定性，已在欧美成功应用于柴油车尾气脱除，但其仍存在高温活性差、水热稳定性差和耐硫性能不佳等问题。因此，开发具有宽温度窗口、高水热稳定性的金属负载型分子筛催化剂是 NH_3-SCR 催化剂研发亟待解决的首要问题。

2.2.3.3 其他金属基分子筛催化剂

Mn 基 ZSM-5 催化剂引起广泛关注。由于良好分散的 MnO_2 和高 NH_3 吸附容量，Mn-Fe/ZSM-5 催化剂显示出优异的低温 SCR 活性和 N_2 选择性。同时，与 Cu-ZSM-5 和 Cu 基商业催化剂相比，该催化剂表现出更强的 C_3H_6/SO_2 耐受性。此外，适量的弱酸性中心、高浓度的表面 Mn 和表面不稳定氧基团的存在有助于提高 Mn 基分子筛催化剂的低温活性。

除了 Mn 基沸石催化剂外，Ce、V 和 Co 离子交换沸石催化剂也已被探索用于 NH_3-SCR 反应。据报道，Ce-ZSM-5 在 350 ～ 500℃表现出超过 80% 的 NO_x 转化率。Ce-ZSM-5 可以在 500℃下实现 70% 的 NO_x 转化率，但在运行过程中容易发生失活。通过将 Mn 分散负载在

Ce-SAPO-34 上，催化剂显示出高的低温活性和良好的 SO_2/H_2O 耐受性，这是因为 Ce 可以抑制 NH_4HSO_4 在催化剂表面的沉积，并优先与 SO_2 反应以保护 Mn 位点。Baran 等通过两步合成法开发了 V-SiBEA 催化剂，该方法包括将 TEABEA 沸石脱铝以获得 SiBEA 载体，然后与 V 前体进行离子交换。最佳的 V-SiBEA 催化剂在 500℃时表现出最高 60% 的 NO 转化率。同样，Baran 等用同样的方法合成了 Co-SiBEA 催化剂。分离的单核 Co（Ⅱ）被证明是活性物质，而框架和框架外 Co（Ⅱ）的混合物是无活性的。

尽管可以通过改进或优化制备方法来改善 Mn 基，Ce、V 或 Co 离子交换沸石催化剂的温度窗口，但温度窗口仍然比 Fe 或 Cu- 沸石催化剂窄得多。因此，沸石催化剂的研究重点仍集中在铁基或铜基沸石催化剂上。迄今为止，离子交换沸石催化剂的高温水热稳定性仍不尽如人意，是亟待解决的问题。

2.2.4 固废制备脱硝新材料

针对当前 NO_x 去除技术以及工业废弃物循环再利用技术存在的问题，在两种技术的基础上，大量学者开始研制新型高效环保的脱硝材料，其中不少将工业废渣、农业废渣进行改性制备脱硝材料，实现废弃物的进一步资源化利用，化害为利、变废为宝。

2.2.4.1 煤气化渣

韩芳利用废弃的煤气化渣作为载体，负载不同金属氧化物作为活性成分，制备出性能优异的 SCR 催化剂。研究表明，在 240℃时 NO 转化率高达 95%。沈伯雄等用不同方式改性后的热解渣替代 TiO_2 作为载体，将 Mn-Ce 氧化物负载在表面，制备低温 SCR 脱硝催化剂，在 280℃下实现 64.5% 的 NO_x 去除率。韩晓宁对脱硝性能较差的高灰粗渣进行改性优化，分析改性后组成、结构对脱硝性能的影响，明确煤气化渣脱硝机理。用碱溶液处理高灰粗渣，硅氧四面聚合度降低，有利于 NO 的表面吸附。经 KOH 溶液处理的高灰粗渣，中间体 Fe^{3+} NO^- 的生成向温度升高的方向移动，高温脱硝反应中 Fe^{3+} 与 Fe^{2+} 之间的转化效率提高；在氧气浓度为 1%、温度为 1000℃时，NO 转化率提高约 28%。

2.2.4.2 赤泥

赤泥作为催化剂用于气体水体净化、催化加氢等领域的研究是近年来进行赤泥综合利用的热点问题，但将赤泥作为铁基脱硝催化剂用于 SCR 反应的相关研究报道较少。2012 年，Sankarsan 等在柴油机等离子体放电法尾气处理中的研究确认了将赤泥作为脱硝催化剂可以促进 NO_x 脱除率的提高，由此，赤泥脱硝催化剂引起了研究者的注意。国内的赵红艳采用溶解碱沉淀的方式活化赤泥，并负载 Mn、Ce 用于 SCR 脱硝反应，发现催化剂制备过程可以大幅提高比表面积，优化孔道，溶解用酸对赤泥的表面特性影响不大，而沉淀用碱种类对催化剂的比表面积影响较大，推荐碱沉淀过程优先采用氨水，较其他碱类可以提高比表面积。Mn/ARM 低温脱硝效果好于 Ce/ARM，但选择性较差。Ce 的负载有助于增强催化剂表面酸性，提高催化效率。丁凯、吴惊坤等系统研究了酸洗、脱碱赤泥的活化方法，认为采用 HNO_3 酸洗结合高温煅烧更适合赤泥催化剂的活化过程。通过 Ce、Zr 等助剂的掺杂可以降低赤泥中 Fe_2O_3 的结晶度，组分的掺杂量存在一个最佳负载量，Ce 助剂掺杂可大幅提高催化剂表面酸性位的含量，是促进 Ce/ARM 催化剂活性的主要因素。采用的酸洗脱碱的活化方法相比上述酸溶解＋碱沉淀的脱碱方法更为简单，为活化赤泥提供了新的思路。

2.2.4.3 粉煤灰

目前，在能源危机与环境保护的双重压力下，粉煤灰的高附加值利用受到越来越多国内外研究学者的广泛关注。粉煤灰合成的分子筛种类主要有 A 型、X 型、P 型、Y 型，合成工艺主要有一步水热法、两步水热法、超声 / 微波辅助加热法、有 / 无模板剂法、碱熔融法和无溶剂法等，目前的研究热点主要集中在如何降低制备成本和提高分子筛产率。

Duan 等通过共沉淀法制备了 Mn0.15Fe0.05/FA 催化剂，在宽的温度范围（130 ～ 300℃）表现出高的 NH_3-SCR 活性；Li 等利用粉煤灰低成本合成了 SBA-15，并负载 Fe-Mn 离子，在 150 ～ 200℃实现 90% 的 NO_x 转化率；Ściubidło 等通过聚乙二醇改性制备了 Na-X、SBA-15、MCM-41 沸石，发现 Na-X 对 NO_2 吸附活性最高，高达 44.7mg · g^{-1}，具有良好的吸附前景。改性后粉煤灰孔容和比表面积大，热稳定性好，可以多次加热吸脱附后保持吸附能力稳定。此外，通过优化合成和改性可以丰富粉煤灰表面孔道结构和吸附位点，从而提高对气体的吸附和催化。改性粉煤灰作为一种具有应用前景的烟气脱硝吸附剂，在气体吸附净化方面的研究较多，但工业应用较少，为了推进改性粉煤灰的工业化生产，应加快推进粉煤灰的规模化制备与工程化应用。

2.3 烟气脱硫典型新材料

SO_2 气体是造成大气污染的主要因素之一，主要来源为含硫燃料的燃烧、含硫矿石的冶炼及化工等工业生产中排放的废气。工业生产中燃煤排放的烟气中 SO_2 含量约为 93%，煤燃烧释放至大气中的烟气是 SO_2 主要来源。

由 SO_2 产生的二次污染物硫酸盐、有机酸盐和酸雨等严重危害自然环境和人类健康。尤其是酸雨，对社会、经济和环境造成了严重影响，会导致区域水系统、土壤森林系统的酸化，严重破坏生态系统，还会对建筑物材料进行腐蚀破坏。SO_2 的排放还会加重雾霾天气，严重影响人们的身体健康。

尽管我国大力支持新能源的发展和利用，但很长时间内，煤炭能源还将是工业生产的主要能源。为督促节能减排，从“十一五”期间已经全面开启 SO_2 减排工作，减排成果显著，截至 2015 年年末，SO_2 的排放总量较 2010 年减少 10%。到 2018 年，SO_2 排放降至 1651.6 万吨。近些年，SO_2 排放量在逐年递减，但整体排放量仍很大。因此，研究如何有效控制 SO_2 排放并回收利用有重要意义。

2.3.1 工业固废脱硫新材料

2.3.1.1 白泥

白泥有很强的碱性，这是其脱硫能力强的主要原因。郝翊翔等提出利用白泥制备碳酸钙。

尝试采用氯化铵法及碳化法对白泥处理制得较纯的碳酸钙，并且分别得到了两种方法的最佳制备条件。王相凤等比较了白泥和传统的石灰石 - 石膏法，发现两者脱硫效果接近，在 pH 为 10 左右时白泥的脱硫效果高出 1%。王伟等分析了白泥的微观形貌，发现白泥为无晶型的板块状，结构疏松，孔隙率高，比表面积大，相同条件下白泥比石灰粉脱硫率高 1% ～ 2.5%。

尽管白泥具有一定的脱硫能力，但是在应用中也有需要解决的问题。林耿锋结合实际运用总结了白泥利用过程中存在的问题：① pH 控制难度大以导致设备结垢；②白泥由于杂质多，投入量大时会限制脱水效果并结垢。因此需严格控制白泥的使用量与杂质含量。当前大部分研究集中于湿法脱硫，但湿法脱硫排出的废酸废水及对设备的腐蚀仍然有不小的问题，未来白泥脱硫剂的发展重点可能为脱硫产物的利用和干法脱硫。

2.3.1.2 赤泥

赤泥是生产氧化铝过程中产生的工业碱性废渣。我国是氧化铝生产大国，每生产 1t 氧化铝会伴随产生 1.5t 赤泥，据统计中国每年赤泥排放量高达上亿吨，累积赤泥堆存量超过 3.5 亿吨。其中最多的赤泥为拜耳法赤泥，其矿物成分主要为硅酸二钙、水化石榴石、水化铝酸三钙、含水硅酸钙、钙霞石、赤铁矿等，其内含大量碱性金属氧化物，导致赤泥 pH 值即使稀释 10 倍后依然保持 11 以上，主要离子为 K^+、Na^+、Ca^{2+}、Mg^{2+}、Al^{3+}、OH^-、Cl^- 等，极高的 pH 值导致赤泥在很多领域的持续利用弊端，但赋予了其吸附酸性气体的天然属性。

贾帅动等研究了赤泥脱硫的可行性，指出：赤泥粒径小；比表面积大；碱性氧化物比重大。其脱硫效率在 60% ～ 80%，相比于碳酸钙，赤泥活性更高，因此备受烟气脱硫行业关注。位朋等使用赤泥进行烟气脱硫，验证了赤泥吸收 SO_2 具有高效、工艺简单、操作方便等优点。刘伟等经实验发现，当钙硫比为 2.6 左右、温度为 950℃时，脱硫剂的活性最高，脱硫效果最高可达 75%。竹涛、贾帅动等用赤泥进行湿法烟气脱硫，都得到了 90% 以上的脱硫效果。

赤泥含有一定的水分且有板结现象，无法直接用于干法脱硫，需经过烘干球磨等方法，也可通过化学处理、热处理、催化剂等措施提高其脱硫效率。因此，与白泥相同，赤泥多用于湿法脱硫，干法脱硫的应用有待开展。

2.3.1.3 电石渣

电石渣主要成分为 $Ca(OH)_2$，与熟石灰的成分接近。因此，电石渣可以替代熟石灰 / 石灰石来进行湿法烟气脱硫。采用电石渣替代熟石灰 / 石灰石进行湿法烟气脱硫，SO_2 的排放并未受到显著影响，浆液使用量更低，降低了电厂电耗，显著提升了经济性 。

韩敏通过对电石渣物理性质、消溶特性及脱硫机理的分析，说明了电石渣应用的可行性。Wu 等对比固定床反应器中电石渣和石灰石对 SO_2 的吸附能力，发现电石渣脱硫效率更高。余世清等认为电石渣中的可溶性 SiO_2 和 $Ca(OH)_2$ 经水合过程生成 $CaSiO_3$，使得脱硫剂的脱硫速率和硫容也随之增大。而赵建立等却认为电石渣中参与脱硫反应的主要物质为钙基化合物，SiO_2、Al_2O_3、Fe_2O_3 等并不参与脱硫反应。林发尧将电石渣应用到生产线实际脱硫应用中，得出：使用电石渣做脱硫剂，脱硫率达 84% 并且产物对水泥熟料无影响。Wang 等将电石渣与煤粉混合，电石渣的存在不但降低了 SO_2 的排放，并且降低了氮氧化物的排放。Wu

等通过实验证明：与石灰石相比，电石渣在同时吸附 CO_2/SO_2 时具有较高的 SO_2 吸附能力和相似的 CO_2 吸附能力。徐宏建认为电石渣浆液缓冲能力差，需要加入添加剂增强缓冲能力，选择 $C_6H_7O_8$、$H_2C_2O_4$、$C_4H_6O_6$ 作为添加剂，实验发现脱硫效果依次为 $C_6H_7O_8 > H_2C_2O_4 > C_4H_6O_6$。电石渣与石灰石的烟气脱硫反应机理基本一致，其脱硫性能受温度影响比较大。但是应用中应注意，电石渣杂质多、水分多、黏度大易堵塞下料口、结壁，碱性高易腐蚀设备，使用前需控制用量及水分。

2.3.1.4 煤基固废物

粉煤灰是煤炭燃烧过程中产生的固废，主要含有 SiO_2、Al_2O_3、Fe_2O_3 和 CaO，与 $Ca(OH)_2$ 和水反应生成水化硅酸钙（C-S-H）和铝酸钙，具有较大的比表面积，有利于吸附。在相同的溶液 pH 值下，粉煤灰比 $Ca(OH)_2$ 活性更高，有利于湿法脱除 SO_2。粉煤灰和 $Ca(OH)_2$、$CaCO_3$ 等进行复合，有利于激发粉煤灰的活性，对 SO_2 的脱除有利。

粉煤灰能够脱除 SO_2 不仅得益于氧化钙的存在，更主要的原因是其火山灰反应，生成水化硅酸钙等水化产物，呈网状结构，具有大比表面积、高持水性等优点，从而能够起到脱硫作用。

磷尾矿是磷矿开采和选矿过程中产生的固体废弃物，含有大量的白云石［$CaMg(CO_3)_2$］，能够有效吸收烟道气中的 SO_2。此外，矿浆中的 Mg^{2+}、Mn^{2+} 和 Fe^{3+} 等金属阳离子可以加速 S（Ⅳ）的催化氧化，从而促进脱硫。

钢渣中大量的碱性物质和硅酸盐、铝硅酸盐等凝胶活性物质，均可用于烟气中酸性气体的吸收。于同川等利用 CaO、MgO、Fe_2O_3、Al_2O_3 和 SiO_2 来模拟钢渣成分，发现上述氧化物对脱硫效果均具有促进作用，Fe_2O_3 和 Al_2O_3 对钢渣脱硫具有协同作用。

2.3.2 废弃混凝土

大量研究也证明了硅酸钙水合物是烟气脱硫中的高效试剂。硅酸盐比石灰有更高的比表面积，能够达到较高的碱度转化存在于固体表面。总的发现是硅酸盐吸附剂对 SO_2 的反应性始终比典型的工业吸附剂熟石灰强。C-S-H 凝胶是由粉煤灰或钢渣中的二氧化硅与氢氧化钙在颗粒表面发生反应而制备的。这些脱硫剂的脱硫活性可以归因于这些组分。在硅酸盐水泥的水化过程中还产生了水化硅酸钙和氢氧化钙。因此，混凝土中的水化水泥部分具有作为脱硫吸附剂的潜力。

废弃混凝土除大量的骨料可用作再生骨料外，骨料表面包覆的水泥浆体也可再生利用。水泥水化产物的主要成分有水化硅酸钙、氢氧化钙及钙钒石等，钙含量高及碱性强的优点使其可用作烟气脱硫剂。若将水泥水化产物用于水泥窑脱硫，可替代钙基脱硫剂 CaO、$Ca(OH)_2$，节约成本的同时不会对水泥的生产过程产生较大影响。

已有学者研究了废弃混凝土用作脱硫剂的效果。Iizuka 等以废弃混凝土中回收的废弃水泥为研究对象，研究了提取的吸附剂的脱硫性能，发现高温下有优异的脱硫性能。刘东升等对建筑垃圾中回收的硬化水泥砂浆（HCM）的脱硫性能做了研究，研究了废弃水泥颗粒的回收手段以及其对烟气中 SO_2 的吸附性能，发现经破碎—筛分—热处理—二次筛分得到的高碱性 HCM 料浆能完全吸附烟气中的 SO_2，热处理能够进一步剥离骨料表面的水泥水化产物，且对其能起一定的激活作用。

水泥的水化产物包括C-S-H、钙钒石、$Ca(OH)_2$ 以及一些未水化的水泥颗粒，其中C-S-H占水化产物的 60% 左右。水泥水化产物也能在脱硫中起到很好的效果，可能会优于粉煤灰的脱硫效果。不论是粉煤灰与 $Ca(OH)_2$ 发生火山灰反应生成水化硅酸钙及其他水化产物，还是用矿渣等制备的硅酸钙吸附剂，它们用于脱硫的主要原理都是基于水化产物的高比表面积以及高碱度，对酸性气体 SO_2 进行脱除处理。因此，研究水泥水化产物中水化硅酸钙、氢氧化钙及其复合作用对脱硫的影响具有较大价值，且对废弃混凝土的循环利用起到了一定的指示作用。

2.3.3 亚砜类化合物

牛宗景采用亚砜类催化剂和配套的催化剂分离再生系统，实现了 NO_x 和 SO_2 在一个吸收塔内一体化完成。通过脱硫脱硝一体化装置来进行实验，实验结果表明脱硝率高达 90%，脱硫率高达 99% 以上，相比于传统脱硫脱硝工艺，运营成本至少可以节省 20%。李炼等按一定的比例将二甲基亚砜和N - 甲基二乙醇胺配制成复合胺砜溶液，同时对氮氧化物、二氧化硫和二氧化碳进行脱除实验。当烟气的流量为 1L/min、反应温度为 40℃时，SO_2 的脱除率为 100%，NO_2 的脱除率近 100%，CO_2 的脱除率为 80.5%，且溶液初始 pH 值越高，对气体组分的脱除率越高。董仕宏等利用含硫油品或含硫油品的酸洗液中含有的大量硫化物，如硫醇、噻吩、硫醚等，在氧化剂和催化剂的作用下，生成亚砜化合物。此亚砜化合物降低了脱硫脱硝的药剂成本，难溶于水，可以从最终产物中分离后循环使用。此外，将含硫油品中的含硫有机物综合利用，增加了其附加值，同时利用后的油品中含硫极少，在使用时造成的大气污染减少。韩笑等以氨水、臭氧和亚砜溶液为脱硫脱硝剂，在同一塔内同时实现脱硫、脱硝和二次除尘，产生的硫酸铵及硝酸铵化肥直接进入现有的硫铵系统，故无二次污染，实现了生产的连续、稳定运行。系统的脱硝率显著提升，增幅大于 20%，最终增长至 90% 以上。熊英莹等对亚砜类化合物脱硫脱硝一体化技术进行了研究。当烟气温度在 150℃左右时，亚砜类化合物能有效去除 SO_2、NO_x 和单质汞；通过调节体系 pH 值，脱汞率高达 95%；当 pH 小于 4 时，脱硫率低于 60%，当溶液 pH 大于 6.3 时，脱硫率大于 99.5%。Shi 等以四甘醇、二甲基亚砜的二元体系对 SO_2 进行吸附、解吸。SO_2 吸收过程是可逆的，溶剂可以重复使用，而不会明显降低吸收能力，并且同源 SO_2 吸收效率接近 98.7%。Zhao 等进行了二甲基亚砜（DMSO）+ 乙二醇（EG）吸收 SO_2 的研究，EG-DMSO 混合物显示出更强的 SO_2 溶解度。同时，证实 EG-DMSO 混合物（w=30%）可以用作有效吸收溶液，混合物中 SO_2 的相应解吸效率达到 97%。此外，SO_2 吸收运行平稳，在连续五次吸收 - 解吸循环后，未观察到 SO_2 吸收的显著下降，说明该二元体系可达到再生利用的目的，避免资源浪费，节省成本，而且为工业脱硫提供了参考依据。Luo 等研究了由甲基二乙醇胺（MDEA）和二甲基亚砜（DMSO）组成的 MDEA-DMSO 水溶液进行半间歇吸收，实现了对 SO_2、NO_x 的同时吸收。实验结果表明，在所有实验条件下，脱硫效率均为 100%，NO_2 吸收效率均在 98% 以上。

5mol/L MDEA+2.5mol/L 二甲基亚砜溶液表现出最佳的吸收性能，SO_2、NO_2、NO 的吸收效率分别为 100%、100%、97.4%。

2.3.4 炭法脱硫剂

由于活性炭材料具有很大的比表面积，发达的孔隙结构，因此具有较高的吸收 SO_2 的效率。德国鲁奇、日本日立以及中国大连化学物理所的烟气脱硫工艺都取得了很高的脱硫效率。同时，活性炭脱硫技术不需要随时向系统中加入脱硫剂，脱硫剂消耗少，运行费用低；脱硫产物能以浓硫酸、硫酸、硫黄等多种方式回收利用，可适应不同的市场需求，使用设备相对较少，工艺流程相对简单。因此，炭法脱硫技术被认为是极具前景的烟气脱硫技术，已成为各国竞相研究开发的重要技术。

由四川大学国家烟气脱硫工程技术研究中心自“七五”期间就开始在多项国家自然科学基金、国家科技攻关项目基础上开发的炭法烟气脱硫技术——新型催化法烟气脱硫技术，于 2007 年应用于南海烟气脱硫示范工程，并取得了良好的效果。自 2007 年以后，该中心根据工业化应用的数据对脱硫工艺进行了多方面的改进。2009 年，其与成都国化环保科技有限公司合作，在硫酸行业进行推广，并于 2010 年开始湖北黄石硫酸尾气项目的建设。其后该中心又陆续承接了河南济源金利冶炼有限公司还原炉、烟化炉烟气脱硫工程，湖北钟祥市春祥化工硫酸尾气处理工程，中化重庆涪陵化工有限公司 120 万吨 / 年硫酸尾气治理技改工程等。各工程脱硫效率达到 90% 以上，且运行稳定。

2.4 烟气处理新材料未来发展建议

“十四五”时期，随着新一轮环境治理的深入发展，人们对于工业烟气减排的重视程度持续增加。高活性、宽温度窗口、环境耐受性强、绿色经济的烟气处理新材料成为国内外研发和应用的重点，同时在开发更接近实际工业应用的更有前景的催化方面存在突破潜力。

目前，大多数燃煤电厂采用高温 SCR 系统，即 SCR 装置安装在电沉淀和脱硫装置之前。这种布局要求脱硝催化剂具有高温活性以及强 SO^{2-}、碱金属、重金属的耐受性。作为一种新兴的工艺流程，在电沉淀和脱硫装置之后建立 SCR 装置，逐步发展低温 SCR 系统，以尽量减少粉尘中 SO_2 和有毒金属的毒害作用。低温 SCR 系统需要高效的低温催化剂和适度的 SO_2 和有毒金属耐受性。对于水泥生产，由于烟气温度较高，成分复杂，大多仍采用 SNCR 系统，但存在氨逃逸问题，存在脱硝效率较低、易造成二次污染的问题。相应地，需要具有适应高温环境以及 SO_2 耐受性强的催化剂，才能满足特定的 NO_x 排放标准。

基于以上实际需求，固定源脱硝的未来研究方向可分为高温工艺和低温工艺。在高温工艺方面，V_2O_5 基催化剂对 SO_2 的耐受性比较令人满意，但提高对碱 / 重金属的耐受性势在必行。CeO_2 或 Fe_2O_3 基催化剂的 SO_2 耐受性可以通过改性阳离子或控制形态 / 结构提高，然而，碱 / 重金属耐受性仍然不令人满意。负载型 $FeSO_4/CuSO_4$ 催化剂具有令人满意的高温 SO_2 耐受性，可在提高碱/重金属耐受性方面做出更多努力。与高温工艺相比，低温工艺由于多重中毒的影响，对 SCR 催化剂的要求更为苛刻。限制低温催化剂实际应用的最大障碍是低温下 SO_2 中毒作用更加严重，催化剂更容易失活，因为形成的 NH_4HSO_4/（NH_4）$_2SO_4$ 更难分解。Mn 基催化剂是很有前途的低温催化剂，但其多重中毒耐受性和 N_2 选择性仍不尽如人意。除 Mn 基催化剂外，一些 CeO_2、Fe_2O_3 基催化剂和钒酸盐催化剂如 $CeVO_4$ 和 $FeVO_4$ 也表现出良好的低温活性，这些催化剂的多重中毒耐受性应引起更多关注。目前，同时提高对 SO_2、H_2O、碱/重金属的抵抗力的研究还不够成熟。由于实际应用中的环境更加恶劣，因此开发具有较强抗多重中毒能力的稳健催化剂具有重要意义。

对于烟气脱硫技术，湿法烟气脱硫反应速率快，脱硫效率高，但投资及运行费用较高，处理系统复杂，存在水污染问题，处理后的烟气温度降低，为了防止烟囱附近形成雨雾，需对烟气进行再加热。半干法和干法等工艺与湿法工艺相比，具有系统简单、投资费用低、运行费用低及占地面积小等优点，并且随着科学技术的发展，半干法和干法工艺的脱硫效率有了明显提高，同时更符合可持续发展的要求。

一些新型烟气脱硫技术的开发，也对 SO_2 去除提供了更广阔的前景，但现阶段大多仍处于研究阶段，难以实现工业领域的广泛应用。为了顺应碳达峰和碳中和的要求，新型脱硫技术在我国电力、水泥和钢铁行业将具有广阔的发展前景，可以形成巨大的市场，是未来研究开发的重要方向。

同时应当注意到工业固体废弃物作为潜在烟气处理材料的广阔前景。工业固废具有与脱硝材料相似的化学组成，同时含有许多过渡或稀土金属离子，经过一定的改性和合成处理，可以实现固废的协同处理和资源化利用，同时是低成本、大规模、绿色制备烟气处理材料的一个重要方向。

参考文献

作者简介

崔素萍，北京工业大学材料与制造学部副主任、教授、博士生导师，材料科学与工程国家一流专业、一级学科博士点负责人，主要研究高性能水泥材料及其制备过程污染控制材料，主持完成国家科技支撑计划项目、973 课题专项和北京重点基金等。成果 2 次获得国家科技进步二等奖以及获得省部级科技奖励 9 项，国家级教学成果二等奖 1 项，参与制定标准 5 项。被评为全国建材行业优秀科技工作者、突出贡献中青年专家、北京学者、国务院政府特殊津贴专家等，入选国家百千万人才工程。

第3章

石油管材及装备材料

冯　春　冯耀荣

石油管材及装备材料属于石油工程材料范畴，主要以油气钻采机械、钻采管柱、输送管道、储运及炼化设备等石油天然气工业重大装备和重要设施用关键材料为典型代表。先进石油管材及装备材料是开发油气资源、提高能源自给率的重要基础，其服役性能与质量对于促进油气工业技术进步、保障国家能源安全和国民经济发展具有极其重要的作用。

石油管材及装备材料，按其重要性和用量，主要以碳钢及低合金钢、中高合金钢、不锈钢、铁镍基和镍基耐蚀合金、铝合金和钛合金等金属结构材料，聚乙烯高分子材料、玻璃纤维增强复合材料、气凝胶复合隔热材料等非金属结构材料，防腐、耐磨等表面工程材料为主。石油天然气钻采、管输、炼化等属高危行业，石油管材及装备的服役条件主要包含载荷条件和环境介质条件，总体具有热 - 力 - 化多场耦合、复杂恶劣且多变的特征。没有高性能材料作为保障，油气资源勘探开发将受到很大制约。以钻采用管材（油井管）为例，当前油气钻采井下通道（井眼）建立及资源采收通道（管柱）形成主要依靠油井管，国内年均消耗约350万吨，以钻杆、油套管等管材产品为主。油井管通过螺纹连接构成数千米长的管柱系统，其材料服役性能直接决定了油气井的生产能力和服役寿命。随油气钻采向海洋、深层、非常规等方向发展，钻采管材在服役中将承受拉、压、弯、扭等复杂高动载条件，以及高温（至380℃以上）、高压（地层压力高至140MPa以上）、高腐蚀（H_2S 分压高至5MPa以上，CO_2 分压高至5MPa以上，地层水矿化度高至 2×10^4ppm[1] 以上且富含溶解氧、硫化物、二氧化碳、细菌及作业措施注入的各类强酸 / 碱性气体和液体）等环境介质和载荷的耦合及交互作用，及井下外部地层多变性和不确定性影响等，管材服役条件苛刻且复杂多变。受材料技术发展限制等因素制约，钻采管材变形、断裂、腐蚀穿孔、密封泄漏等失效事故多发，造成了油气井报废、设备损毁、人员伤亡、环境污染、生产停滞等重大事故后果。例如，2017年我国西部某油气田高压气井因套管应力腐蚀断裂失效造成直接经济损失1亿元以上，严重影响了油

[1] $1ppm=10^{-6}$。

气田安全生产和增产增效。

管道运输是石油和天然气一种经济、安全的输送方式。油气管道按其使用场景可分为长输管道和地面集输管线等，一般由管材通过焊接或螺纹连接等方式形成。油气输送管材年需求量波动较大，国内年均消耗约200万吨。随着边际油气田、极低油气田、海上油气田和酸性油气田等油气工程建设的深入，油气管道面临冻土、洋流波动、滑坡、泥石流、大落差和移动地层、地震等非稳态服役环境，以及高压输送和低温、大位移、交变温度及载荷、外部土壤腐蚀和内部流体介质腐蚀等复杂服役条件。油气输送管道的失效事故多是灾难性的。

石油钻采机械主要包括石油钻机、采油树、管汇、压裂泵、防喷器、井口装置等。钻机是最主要的石油钻采机械产品，其主要作用是支撑钻修井作业，为管柱和工具的下入提升及旋转、泥浆循环等的提供动力。受其建造载荷、功能载荷、环境载荷及偶然载荷、腐蚀环境等服役条件影响，钻机构件的失效形式主要有提升系统的大钩和吊环吊卡冲击磨损疲劳断裂、井架底座过载变形、旋转系统的齿轮轴承磨损过载断裂、循环系统的泵阀磨损冲蚀刺漏和曲轴疲劳断裂等。

采油树、防喷器、井口装置等井控装备是钻采作业过程中控制井下压力、油气流量，以及支撑措施作业、关闭井口、防止井喷事故等的重要载体。高压、高腐蚀及高失效后果是其重要的服役条件和特征，其失效形式主要有密封件的老化及高温损伤变形与腐蚀密封泄漏、闸阀板与阀杆的点蚀及应力腐蚀断裂、阀板与阀座的冲蚀磨损等。

以钻采机械、钻采管柱、输送管道等为代表的油气钻采输送装备是支撑油气资源勘探开发、管道输送及储运等的重要基础。石油工业大量使用油气钻采输送装备材料，具有成本高、事故多、影响大等特点。石油工业中安全事故90%以上与钻采输送装备材料有关，其制造能力是国家油气能源供应保障技术水平的重要标志。随着我国浅层油气资源日趋枯竭，海洋、深层、非常规等苛刻环境油气资源开发成为能源接替的重要战略领域。研发与应用高性能油气钻采、输送装备材料，对于提高国家油气自给率和装备材料行业制造水平具有十分重大的战略意义。

3.1 石油管材及装备材料科技进展

石油天然气工业的规模化发展与管材及装备材料的性能提升、成本降低等有极为密切的关系，新材料与新技术的研发及应用推动了钻采、管输等油气工程建设从陆上浅层环境向深层、深海、非常规等苛刻环境的不断发展。

（1）油气钻采用API全系列和高强韧耐蚀非API油井管 20世纪90年代，我国采用API（美国石油学会）标准油井管的国产率不足10%，管材长期大量依赖进口。国内管材主体制造成套工艺技术不健全、产品品种少、性能低、供应链不健全，难以满足石油勘探开发需求。经过30余年的不懈努力，我国建立了油井管国产化理论技术体系（图3-1），形成了“石油管工程”新学科领域，攻克了超纯净钢冶炼、三辊高精度高效连轧、高均匀性热处理、特殊材料新钢种设计、成分-组织-性能-工艺综合调控、特殊螺纹连接设计与加工等成套制造等关键技术，支撑和引领了我国油井管装备制造业的技术发展。

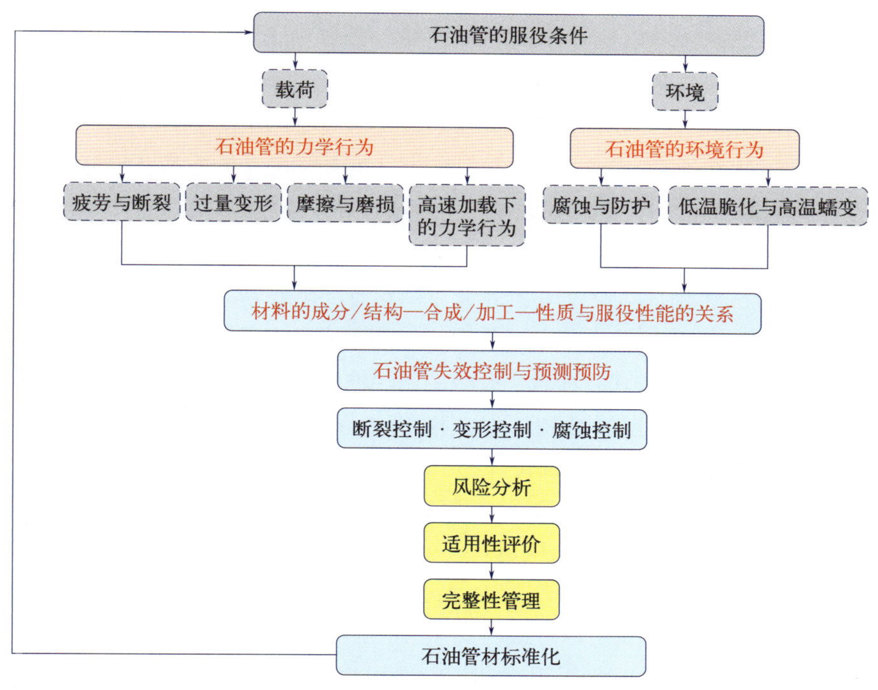

图 3-1　油井管国产化理论技术体系

我国首次提出“非晶态腐蚀产物膜控制”理论，开发出 36MnCrVNbN、20Cr3MoCuNi、1Cr13NiMo 等新钢种，解决了不同 CO_2 环境经济合理选材问题，填补了国内外空白；运用“电子空位数”理论，攻克了奥氏体合金有害相析出控制难题，解决了我国高酸性气田开发用镍基合金材料“卡脖子”问题；通过析出相控制、细晶强化、合理的强塑韧匹配合金设计，开发出 20CrMoNbTiB、28CrMoTi、30CrMoNbTi、20MnMoTi、25CrMoV 等新钢种，开发了高抗硫、高强高韧、高强抗挤毁、耐热油井管等新产品，技术指标国际领先，其中 C110 抗硫油套管硬度比国际同行降低 2 ～ 3（HRC），140 ～ 155ksi 高强油井管横向冲击韧性达到 10% 屈服强度要求，160ksi 超高强度抗挤套管晶粒度由常规套管 7 ～ 8 级细化到 10 级以上，抗挤强度超出 API 标准 50% 以上。

我国研发了油井管制造关键装备及成套工艺技术体系，形成具备覆盖 API 油井管全系列的国内自主生产能力，开发出 10 大类 60 余种油井管产品，油井管国产化率由 1990 年之前的不足 10% 提高至 98% 以上。该体系显著提升了我国能源装备制造业的技术水平和自主制造能力，满足了我国大庆 4000 万吨油气稳产、长庆 6000 万吨上产等重点油气田建设的用管需求，有力支撑了我国国民经济的发展和健康平稳运行。

我国自主开发了高合金管材超高纯净度、夹杂物和偏析控制等核心工艺技术，有害析出相控制在 0.3% 以下，远高于 1% 的标准要求，确保了耐腐蚀性能要求；开发了低合金油井管超高纯净钢冶炼和低缺陷管坯连铸技术，有害元素 S、P、O 含量分别达到 7ppm、56ppm、14ppm，远优于国际上同类产品；开发了高抗挤套管专用轧制孔型，高抗挤套管壁厚精度达

到 ±（5% ～ 7%），较 API 标准要求提高 40% 以上；开发了 258PQF、460PQF 和 508PQF 等大口径三辊连轧机组以及 488mm 和 554mm 轧管孔型，生产效率提高了 23%；开发了轧管工艺及配套工模具，毛管扩径率达到 45% 以上，轧制生产效率提高 30% 以上；自主开发出新一代钢管离线控制冷却装备，可实现冷却分级自动控制，大幅提升冷却均匀性和冷却强度，产品淬火硬度提升 8% 以上，整管强度均匀性波动不大于 25MPa。

我国开发了系列化的特殊螺纹连接油套管等非 API 高端油井管产品及配套技术，基于金属密封强度设计与结构优化，开发出 10 大类气密封特殊螺纹连接及耐腐蚀的非 API 油井管产品，发明了 50 多个油井管产品新钢种，解决了高强韧耐蚀非 API 油井管高纯净度、低偏析、高尺寸精度、窄幅轧制性能控制等制造关键技术难题。这推动了我国油井管由以依赖美国 API 产品为主，向以自主研发的非 API 产品为主的变革性转型，满足了我国塔里木 3000 万吨油气上产、西南 300 亿方天然气示范工程建设需求，打破了高端油井管产品的国际垄断和技术封锁，部分非 API 产品已在全球 50 余个主要国家实现出口，有力提升了我国重大装备产品的国际竞争力。

（2）油气管道用 X80 管线钢及钢管 为了满足石油天然气特别是天然气大输量长距离输送需求，提高管道输送效率与经济性，大口径、高压力成为油气管道的重要发展方向，因而促进了高钢级管线钢及钢管的研发与应用。

自从 1985 年德国瓦卢瑞克曼内斯曼钢管公司（今欧洲钢管公司）研发生产的 X80 管线钢及钢管在 Ruhr Gas/Megal Ⅱ项目首次应用至今，X80 管线钢及钢管的发展已有近 40 年的历史。Ruhr Gas 在 1992—1993 年采用欧洲钢管公司生产的 X80 直缝埋弧焊钢管分别建成了两条管径 1220mm、壁厚 18.3mm 与 19.4mm、输送压力 10MPa 的天然气输送管道，长度约 250km，标志着 X80 管线钢及其直缝埋弧焊钢管技术基本成熟。加拿大 TransCanada 公司是高钢级管线钢及钢管应用的推进者，建成多条 X80 高压输气管道，甚至将 X80 列为新建管道的首选钢级。美国 2004 年建成的 Cheyenne Plains 管道是国际上 X80 管线钢及其螺旋埋弧焊管成功应用的范例，其规格为管径 914mm，壁厚 11.74mm 与 16.94mm，长度 608km。俄罗斯巴甫年科沃 - 乌恰管道长度 1106km，包括两条并行敷设的管径 1420mm 管道，设计压力 11.8MPa，管材钢级 K65（相当于 X80），壁厚 23.0mm、27.7mm 及 33.4mm，分别于 2013 年和 2017 年建成投产，标志着 X80 管线钢及钢管研发与应用进入新的发展阶段。迄今为止，国外已建成 X80 管道长度约 8000km。

受冶金、制管等技术水平限制，X70 及以上钢级管材制造技术以前主要由欧美、日本等掌握。我国从 2000 年开始进行 X80 管线钢及钢管的应用基础研究与技术开发工作，在中国石油天然气集团公司的组织下，先后开展了高钢级管线钢应用基础研究、X80 热轧板卷与宽厚板研制、焊管与管件开发、焊材研制、现场焊接技术研究，以及 X80 管线钢在大口径、高压力、大输量长输天然气管道的应用研究。通过 20 余年持续科研攻关，我国建立了高强度钢管及管件国产化技术体系，攻克了 X80 管材成分 - 组织 - 性能 - 工艺综合调控技术，突破了 X80 高钢级管线钢和钢管组织分析鉴别、强度测试与检验评价方法、屈强比、应变时效、止裂韧性预测、全尺寸气体爆破试验、大变形钢管技术指标、大口径感应加热弯管制造、大口径三通制造及热处理等三十多项关键和瓶颈技术。

基于上述研究工作，2005 年在西气东输——陕京二线联络线（冀宁联络线）进行了

X80 管线钢管首次工程应用段的敷设，随后又建设了以 X80 管线钢管为主的西气东输二线（2008—2012 年）、西气东输三线（2012—2014 年）、中亚 C 线（2013—2014 年）、陕京四线（2016—2017 年）、中缅输气管道（2010—2014 年）及中俄东线（2017 年至今）等重要管道工程。目前，我国建设的 X80 管道管径 1016 ～ 1422mm，壁厚 15.3 ～ 30.8mm，总里程约 17000km，约是国外 X80 管道总长度的 2 倍。我国是世界上生产、应用 X80 管材最多的国家，X80 管材也成为我国大输量、高压力输气管道的首选钢级，X80 管材生产及管道建设技术进入国际领跑者行列。

通过西气东输一线、西气东输二线、中俄东线项目的顺利实施，我国主要的管道用钢强度先后升至 X70、X80，口径先后达到 1016mm、1219mm、1422mm，单管年输量先后达到 120 亿方、300 亿方、380 亿方。这有效保障了能源供给，推动了我国能源结构优化和节能减排，惠及沿线数亿人口，有力支撑了我国国民经济的发展和健康平稳运行。

（3）油气管道工程用弯管及管件 管道工程建设过程中，为了满足输送介质分流、变向和缓解、改善苛刻负荷下管道系统内干线钢管所承受的异常外来负荷的要求，干线、站场及阀室管道铺设中往往需要大量的强韧性和可焊性相匹配的弯管、三通等管道结构件。由于管道结构件的结构特殊，其所受载荷比干线管所受载荷更加苛刻，是整个管道中最为薄弱的环节之一。

我国弯管、管件制造业技术主要随着电力、化工等能源工业的进步而发展。受管件服役工况的约束，管件选材以普通碳钢（10#、20#、A3、20G、16Mn）、耐热合金钢（12CrMoV、10CrMo9-10）及不锈钢（1Cr18Ni9Ti、0Cr18Ni9、00Cr19Ni10、304L、316L）等为主。上述系列材料管件的加工技术及生产有着较好的基础，尽管已有的国家、行业标准等产品规范不是十分完善，但由于这些非油气管道工程用管件综合技术品质要求较低，国内管件企业借助多年的生产经验积累，基本可满足电力、化工等行业工程建设需要。

大口径、高强韧性和良好的施工现场可焊性是石油天然气管道工程用管道结构件与电力等其他应用领域管道结构件的主要区别。管线钢材料技术的不断进步驱动着油气管道工程用弯管、管件的选材及制造技术发展。由于国内机械制造业整体技术落后等原因，我国的油气管道结构件制造技术落后于长输管道用钢技术发展水平。国内完工的多条管道试压阶段频频发生弯管、管件部位泄漏事故，不仅延误了工期，造成了巨大的工程经济损失，而且也造成了不良的社会影响。由此可见，管件制造公司在管件工艺技术研究及质量控制方面存在不足，产品尚不能完全满足石油天然气管道工程设计的需要。

目前，国内生产设备加工能力、自动化程度、技术先进性等方面整体落后于国际一流水平，工艺、品质及生产管理等尚待完善，尤其是保证高强度管件及其焊缝的韧性指标匹配。通过一系列科技攻关，我国大口径高钢级弯管和管件取得了显著进步。随着 X 系列管线钢及钢管的最新研究成果在许多已建或正在建设的石油天然气管道工程上的推广应用，管道系统对管件的质量可靠性提出了十分严格的要求。现阶段，TE485 和 TE555 强度级别的壁厚 44 ～ 52mm 的三通产品相继成功开发，化解了困扰重大长输管道工程建设的瓶颈问题，满足了工程建设的迫切需求，也使国内大直径三通制造技术达到了国际管件制造行业的先进水平。

高强度管件所选材料与各管件公司的生产装备、工艺技术都有较紧密的依赖关系，材料和生产工艺的有机结合是高强度三通、弯头等管件生产的基本特点。多年来，国外管件公司在高强度管件选材、工艺技术开发方面已形成了一整套严密、可行的技术控制体系。

焊接是管件与管道连接的主要方式之一。一般在失稳状况下，由于受环焊缝止裂作用限制，裂纹可扩展的尺寸较小，在管件设计时一般只需考虑所选材料的抗裂纹萌生能力。国内在进行西气东输——陕京复线工程用管件设计时，严格把控夏比冲击功和夏比冲击断口剪切面积两个关键指标以保证所选材料满足使用要求。但大多数国产管件夏比冲击功与断口剪切面积无法同时达标。往往夏比冲击功满足要求，甚至有很大的余量，但断口剪切面积检测值却达不到要求。国内学者利用热模拟试验方法对高强度管件材料夏比冲击功与断口剪切面积相关性进行了系统研究，通过 850 ～ 1150℃热处理温度下对 X80 感应加热弯管用钢组织进行调控，其夏比冲击功和断口剪切面积均满足长输油气管道工程建设相关标准要求。

长输油气管道低温站场用 X80 钢级直缝埋弧焊管焊接接头在回火热处理后，焊缝中细小的针状铁素体板条发生合并粗化，导致焊缝低温韧性显著降低，存在脆断风险。国内学者选用整体热煨制方式，采用“淬火＋回火”热处理手段，制备了感应加热弯管。

低温站场弯管焊缝存在脆断问题。针对油气输送用 X80 钢级直缝埋弧焊管焊接接头在回火热处理后，焊缝金属夏比冲击韧性存在明显回火变脆的现象，对多丝单道焊和单丝多道焊的直缝埋弧焊管焊接接头进行了焊后箱式炉热模拟研究，并选用整体热煨制方式，试制了感应加热弯管，有效抑制了焊缝夏比冲击韧性随回火加热温度的递增而恶化的趋势，满足了 −45℃低温条件下中俄东线低温管道工程设计要求。

（4）油气钻采装备用高强结构钢 以钻机为主的钻采机械因其结构复杂、构件功能性差异大且种类繁多，对其核心部件的关键材料可靠性要求高。低合金高强钢能够满足工程上各种结构要求，在油气装备、工程建设、交通运输、压力容器等领域具有广泛的应用。油气钻采装备的制造过程中，钢铁材料约占钻采装备用料的 90% 以上，其材质性能直接决定了油气钻采装备的使用寿命和服役性能。研发与应用高性能结构钢材料，提升设备服役性能，有效减少装备制造材料用量，是实现油气装备制造业更新换代和降本增效的重要途径。

发达国家油气装备的轻量化水平普遍较国内高，油气装备设计制造过程中使用了许多屈服强度大于 420MPa 的结构钢材料，装备设计更加紧凑，规模更小，安装和运移更加方便。目前我国钻采装备制造过程中应用较多的低合金结构钢主要为 Q235、Q345 及 Q420 等强度相对较低的钢种，由于钢材强度较低，通常采用增大构件的结构尺寸的方法，以保证装备构件的服役安全，从而使得装备重量大幅度增加。随着冶炼技术和装备设计制造技术的进步，未来将会有更多的低合金高强结构钢应用在油气钻采装备制造中。Q460、Q500 及 Q690 等高强度结构钢作为主体材料可以显著优化装备结构设计，减少钢材用量，提升构件对变形的吸收能力，具有广阔的应用前景。

井架底座作为石油钻机的核心装备构件之一，也是最主要的重量构件。井架底座主体材料既要有较高的强度指标，又要有良好的塑性、韧性和焊接性。Q550 和 Q690 是国内两种典型低合金高强度钢板材料。国内热机械轧制生产制造技术较为成熟，生产的 Q550 和 Q690 高强度钢板材料性能高于国家标准要求，非金属夹杂物含量较少，主体组织均为下贝氏体组织，材料具有良好的塑性和韧性，焊接成形良好，可以适应钻机井架底座设计制造要求。将钻机设计与钢板材料选择有机结合，可减轻钻机重量，保障钻机整体服役安全，推动我国钻机制造技术进步。

大钩是钻修井作业中必不可少的起重设备，承受钻机起升系统和管柱的自重，以及遇阻遇卡处理事故时的冲击力，同时在低温作业环境下抵抗冲击。大钩以铬镍钼系低碳合金钢为主要制造材质，因零件形状特殊，采用锻造成形工艺制作难度很大，国内外普遍青睐于重力浇铸的方法，具有成本低、质量轻、生产周期短等优点。

过去，因铸件内部微裂纹、组织疏松等缺陷控制不佳，大钩系统构件不合格率高达50%以上。我国研究人员基于对厚大截面铸钢件内部缺陷的分析，通过全程保护浇铸等纯净钢工艺以及冒口结构优化设计等手段，显著改善了铸件内部缺陷问题。大钩包含多个形状复杂和截面尺寸相差较大的零件，不同零件淬透性差异较大，整个系统存在组织性能严重不均等问题。国内学者通过优化大钩等效圆尺寸，采用880～900℃高温淬火、650℃保温5～9min/mm回火的调质处理，改善了铸件合金元素均匀度；通过细小、弥散的碳化物颗粒强化手段，获得了综合力学性能优异的大钩。

（5）水下油气生产系统关键材料 我国南海、东海以及渤海湾等海域蕴藏着丰富的油气资源，海上石油资源量约为240亿吨，天然气资源量约20万亿立方米，海洋油气勘探开采潜力巨大。海洋石油装备是我国海洋石油开发的重要保障，而我国海洋石油开发技术和装备整体还处于世界第三阵营，落后于欧美（第一阵营）、韩国和新加坡（第二阵营），存在自主创新能力不足，关键核心装备材料研发滞后，基础与应用基础研究薄弱等问题。这已经成为制约我国海洋油气资源当前和今后深入发展的瓶颈问题。海洋石油装备长期服役于风、浪、流、蚀等恶劣环境，材料设计要求少维护或免维护，高性能材料决定了海洋石油装备的服役性能和寿命。

2013年中国工程院先后启动了“中国海洋工程材料研发现状及发展战略初步研究”“中国海洋工程中关键材料发展战略研究”咨询项目，两个项目的海洋石油装备与材料组由李鹤林院士担任组长，形成了《海洋石油装备与材料》等成果，为我国海洋石油装备材料体系化发展奠定了基础。

在我国海洋油气田生产、装备制造及科研等单位的共同努力下，海洋石油装备取得了长足的进步，绝大多数已实现国产化，特别是海洋石油981深水半潜式钻井平台等海洋石油装备的国产化有力支撑了我国海洋石油工业的发展。但与发达国家相比，我国当前在水下钻采装备关键核心材料等高端海洋石油装备材料方面还存在差距，产业化应用以进口材料为主，基础与应用基础研究处于起步阶段。虽然在国家“863计划”等支持下，部分石油装备厂家（如宝石机械、美钻、神开、江钻、荣昌、道森等）正在开展钻采装备研究并研制出样机，但核心材料优选评价与工艺研究未见公开报道、成分设计照搬国外、标准体系缺失、实物性能验证方法不完善、性能数据匮乏，国产样机尚未实现规模化海试与现场应用。这与国外水下钻采装备材料范围宽泛、加工工艺成熟、质量管控严格、性能评价与验证针对性强、数据积累丰富、研究透彻、发展迅速相比，差距较大。

隔水管方面，国外已能成熟应用深水主管材料X80管线钢，并向X100、X120超高强度钢及铝合金、钛合金方向发展，而国内当前集中精力研究的是X80管线钢；辅助管线以AISI 4130等美国钢种为主，国内尚未建立完善的材料标准。

国外水下防喷器本体材料除执行 API 16A 规范外，均有自主的用钢规范，主要以 AISI 4130、AISI 4340、AISI 8630、F22 等钢种为主，美国 Shaffer 公司等在技术和市场上处于垄断地位。国内水下防喷器研究长期不前，低压防喷器本体材料以陆上用 25CrNiMo 为主，超高压本体材料仿制 F22 材料，未形成系统用钢规范。

水下井口是海洋钻采作业的关键设备，其设计、生产制造技术长期掌握在美国和挪威等少数几个发达国家手中。国外的水下井口头选材范围比较宽，主要有低合金钢、不锈钢、镍合金等，主体材料以 AISI 4130、AISI 8630 为代表。当前国内主要采用用于陆地的 30CrMo 钢作为水下井口头主体材料，而深水水下井口头主要以进口为主，相关国产化配套材料研究处于缺失状态。

采油树方面，截至目前，全球已有超过 3600 套水下采油树应用于 250 多个油田项目开发中。美国 FMC、Cameron 及挪威 Aker 占有 90% 以上份额。我国采油树研制刚起步，其设计、制造、安装基本由外国公司主导。水下采油树本体典型材料主要采用 AISI 4130、AISI 8630、F22 或 F22V 等低合金钢，410SS、F6NM、316SS、316L、17-4PH、2205、2507 等不锈钢，625、718、925、725、K500 等镍基合金，以及 R56400 等钛合金。上述典型材料全部是国外牌号，国内尚无可替代的国产牌号。

水下阀门材料类型繁多，主要生产商是美国的 Cameron、FMC 等。我国水下阀门基本依赖进口，国产样机核心材料亦照搬国外或直接进口，500m 以上深度的深水阀门国内空白。

（6）LNG 储罐低温用钢 LNG 储罐材料在低温运输环境下必须具备较高的强度、良好的延伸塑性、较小的膨胀系数和一定的低温冲击韧性等综合性能。在 –196℃低温环境下，可用金属材料有高锰奥氏体钢、Ni36 因瓦合金、5××× 系铝合金、9%Ni 钢等。其中，高锰奥氏体钢仍未解决安全验证问题，Ni36 因瓦合金成本高昂难以推广，5××× 系铝合金多用于储罐顶部。9%Ni 钢是 LNG 储罐以及相关行业中的关键材料，广泛应用于液氮、液化天然气等低温储罐的建造工程中。

迄今为止，国外学者已对 9%Ni 钢的强韧化机制等做了大量的探索和研究，实现了工业化生产，而国内亦完成了 9%Ni 钢的国产化试制并实现了商业化生产。从 20 世纪末开始进口 9%Ni 钢到现在，通过国内科研院所、制造企业数十年研究开发，我国已有多个厂家具备工业生产 9%Ni 钢能力，其产品在深冷压力容器制造中大量使用。但 LNG 船用低温钢生产复杂，低温韧性把控较难。9%Ni 常用的热处理工艺有双正火处理（即 NNT 处理）和调质处理（即 QT 处理）。QT 处理的钢板因低温韧性优于 NNT 处理的钢板而得到了广泛应用。随着对低温韧性要求的不断提高，研究人员提出亚温淬火处理（IHT），即在调质的基础上在回火前进行 $\alpha+\gamma$ 双相区处理，有效细化晶粒，减小钢板热处理变形，并在回火后生成逆转变奥氏体，提高了材料低温韧性和抗回火脆性。

逆转变奥氏体从多个维度影响 9%Ni 钢的低温韧性，包括其数量、分布、形态、渗碳体的析出、晶粒大小以及最终热处理制度等。国内学者研究了亚温淬火工艺中淬火加热温度、两相区淬火温度、回火温度等参数对试制的国产 9%Ni 钢组织的影响，采用“800℃淬火 +680℃淬火 +580℃回火”热处理，通过控制亚温淬火保温时间，避免元素偏聚引起带状组织出现，获得了 4 倍于传统工艺的弥散逆转变奥氏体，进一步改善了国产 9%Ni 钢的力学性能。

（7）钻采管材用高强耐蚀铝/钛合金 随着我国浅层油气资源日趋枯竭，深层油气、海洋可燃冰等苛刻环境资源开发成为能源接替的重要战略领域，当前苛刻环境能源井钻采管材质量和服役性能直接决定了能源井的可钻采深度和寿命。以铝合金、钛合金等为代表的高强度低密度油气井管材具有比强度高，耐 H_2S、CO_2 腐蚀，疲劳寿命高，加工性能及低温塑韧性好等优点，对于解决复杂工况条件下的深井、超深井、水平井、大位移井、含硫井、海洋石油钻井等问题具有广泛的应用前景。例如，相较 G105ksi 钢制钻杆，典型多取向 α 集束组织 T105ksi 钛合金钻杆的同井深轴向载荷降低 40% 以上，可钻深度和安全余量提升 30% 以上，硫化氢应力腐蚀敏感性降低 80% 以上。

铝合金钻杆按结构主要分为钢接头铝合金钻杆和整体式铝合金钻杆。按其强度级别及服役工况环境，可分为高强度、超高强度、耐高温、耐腐蚀四个类别，材料主要在 D16T（AA2024）、1953T1（AA7075）、AK4-1T1（AA2618）、1980T1 等牌号合金基础上优化。苏联自 20 世纪 50 年代末期开始探索研究油气井用铝合金管材，90 年代初采用铝合金钻杆钻成了陆上垂深最大的超深井（SG-3 井，12262m）。其在不断完善与丰富相关技术基础上，开发出铝合金钻杆、油管、套管与配套工具及其设计与使用技术等。1991 年，苏联 70% ～ 80% 的深层油气井使用铝合金钻杆钻进。2009 年，俄罗斯在役铝合金钻杆约 100 万米。2009 年以后，美国铝业公司专门成立油气资源事业部推广铝合金钻杆技术，主要应用于丛式井、页岩气水平井、海洋平台等快速钻井领域。

我国铝合金技术起步晚，但发展迅速。工程材料研究院通过自主设计 2000 系铝合金钻杆成分及配套热处理工艺，结合实验室模拟及实物验证评价等方法，系统地进行了力学性能、组织演变规律、疲劳性能及耐腐蚀性能等研究，开发了 460MPa 级（A55）铝合金钻杆管体材料，制定了首份铝合金钻杆全尺寸实物评价方法，并完成了实物拉伸、内压、挤毁等验证试验，于 2013 年在中国石油塔里木油田成功下井应用；通过进一步优化设计，在实验室陆续获得了强度级别分别为 550MPa（A80）、700MPa（A90）的超高强度铝合金钻杆管体材料。至今，中国石油塔里木油田使用高强度铝合金钻杆完成了多口井的作业，解决了大量现场工程应用难题，积累了宝贵的铝合金钻杆选材设计、评价、使用及维护经验。在科学研究和工程实践基础上，我国形成了 GB/T 20659—2017《石油天然气工业铝合金钻杆》、GB/T 37262—2018《石油天然气工业铝合金钻杆螺纹连接测量》、GB/T 37265—2018《石油天然气工业含铝合金钻杆的钻柱设计及操作极限》等国家标准。

钛合金钻杆按结构可分为钢制接头钛合金钻杆和全钛合金钻杆。受国内技术发展水平及国际发达国家技术保护限制，钛合金钻杆属于高端先进技术管材产品，国内外尚无已公布的核心技术可供参考。

自 20 世纪 80 年代起，国外以北美、欧洲和日本为代表，开展了能源钻采用高性能钛合金管材研发工作。例如，美国 RMI（RTI）、钛金属、日本钛科等钛材制造公司，美国格兰特、日本住友金属等钛管加工企业，美国雪弗龙、壳牌等石油公司，美国贝克休斯等油田服务公司，以及美国西南研究院、应力工程公司和加拿大 C-Fer 等应用研究与性能评价机构，形成了完备的管材设计、制造、评价和关键应用技术体系，涉及的钛合金装备主要有钻杆、套管、油管、井下工具管、连续管、隔水管、钻井立管等。上述机构在高性能钛合金钻采管材制造技术及应用方面基本代表了世界先进水平和技术发展方向。目前，国外能源钻采工程中应用的钛合金管材最高强度级别为930MPa；纵向冲击功最高50J；外径/厚度/长度最大分别为ϕ406mm/16.5mm/12m。通过在部分钛合金中加入稀有元素等对钛合金的耐腐蚀性能进行提升，并采用热旋转+压力穿孔管材轧制工艺，成功研制出的高强度钛合金套管、油管、连续管和海洋钻井隔水管等产品已在多个油气井及钻井项目中成功应用。

与国外钛合金钻杆先进技术水平相比，国内钻采工程中应用的钛合金钻采管材，最高强度级别仅为760MPa，纵向冲击功最高41J，外径/厚度/长度最大分别为ϕ244mm/12mm/10m。2020年3月钛合金套管首次在我国海域天然气水合物试采中成功应用。以工程材料研究院等单位为代表，成功完成了国内首次钛合金钻杆和套管的工程示范应用，并在前期研制且已工程化应用的TA15X钛合金基础上，得到了性能优异的多取向α集束双态组织，进一步开发了930MPa级钛合金钻杆用管材及制造方法，正在进行工业化试制。国家标准GB/T 41343—2022《石油天然气工业钛合金钻杆》于2022年7月开始实施。

（8）注水井油管表面涂覆用石墨烯涂层 随着油田开发进入中后期，注水井管柱损坏问题日益严重，已成为困扰石油工业后期开采的一大难题。其中环境介质腐蚀造成的油管表面损伤失效是注水井管柱损坏最主要的方式。注水井油管内涂层是当前油田重要的经济型防腐手段，我国注水井用油管内涂层年均用量达到1000万米以上。因此，保证内涂层的防腐质量对于油田高效开发具有重要意义。

我国当前高端油管内涂层涂料和树脂基料仍然以进口为主，成本高、供货周期长、易受"卡脖子"限制，特别是在部分兼具耐高温高压、耐硫化氢、耐磨损、耐油浸等综合性能的高端重防腐涂料研发方面尚处于起步阶段，欧美等先进国家在此方面处于技术垄断地位。国内自主研发的内涂层产品，大多存在耐温性不佳（小于80℃）、强韧性差、耐油品相溶性和耐磨性差、质量不稳定等突出问题。

我国当前在石墨烯材料工业化应用研究方面处于世界领先地位。石墨烯是全部由碳原子构成的具有化学稳定性和热稳定性的片状纳米材料，可作为涂层的增强材料，主要以纳米填料的形式均匀分散在有机涂层中，从而提高涂层的耐腐蚀性、耐磨性和强韧性。近年来，基于石墨烯的防腐应用研究主要集中在纯石墨烯防腐涂层和石墨烯增强防腐涂层。考虑注水井有关涂层技术性能要求，选定以油气井管材涂层防腐中用量最大的环氧树脂为成膜物质，以通过研究筛选出的还原氧化石墨烯为添加剂，通过超声分散、液体共混等方法制得石墨烯增强环氧树脂涂料，利用常规双组分化学固化方法及空气喷涂加高温固化涂装工艺，制得石墨烯增强环氧涂层，在实验室完成了其厚度、耐磨性、结合力以及耐高温高压腐蚀等性能测试。国内研制的TG110型石墨烯改性涂层油管，在长庆油田采油二厂西峰油区西90区块圆满完成首次下井试验，并于2022年7月取出部分试验管进行评价，防腐效果显著，为解决注水井管柱因环境介质腐蚀造成油管表面损伤失效问题提供了新的解决方案。

（9）石油专用管气密封特殊螺纹及超弹性应变密封螺纹接头 管柱螺纹泄漏是石油天然气井井筒环空带压的原因之一，高温高压气田普遍大量使用特殊螺纹油管，接头密封性要求极高。石油专用管接头最常用的密封技术是金属对金属径向接触密封，一般采用接触压应力设计法进行设计，在密封面上形成并保持足够及合理的压应力分布。国内通过有限元仿真模

拟与全尺寸实物试验验证，提出了基于密封接触强度的密封失效准则，建立了基于螺纹密封判据的特殊螺纹接头密封性评估与优化设计技术，研发试制的高性能气密封 / 抗扭特殊螺纹一次性通过 API 5C5—2017 Ⅳ级试验评估，形成了高、中、低压油气井用经济型高性能特殊螺纹接头油套管产品及其适用性评价技术，成果在中国石油等企业转化，与普通特殊扣相比，综合成本下降 20% 以上。

基于应力设计方法的螺纹密封面必须保持足够光滑才能确保密封性。但因制造技术限制，密封面直径、粗糙度、不圆度有超差风险，同时在油套管下井过程中，管柱振动也会导致螺纹松动，所以即使密封接触压力设计符合设计要求，仍然可能存在小的泄漏通道。针对该问题，工程材料研究院学者提出将弹性应变设计作为应力设计方法的补充，即密封面的弹性应变量应大于已经存在或将来可能出现的泄漏通道。应按此理论对现用特殊螺纹进行优化改进，同时研制新一代特殊螺纹。以 P110 钢级套管为例，为确保密封性，密封材料弹性应变量至少大于 0.3%，甚至更大，超过 2.1%。现用油套管钢材无法满足弹性应变条件，为此优选了超弹性形状记忆合金（SMA）材料实现石油专用管接头密封结构。可以应用堆焊、喷涂、电镀、3D 打印等增材制造技术将超弹性 SMA 覆合在石油专用管接头密封结构表面，也可制成密封圈放置于对应密封位置。该方法设计的密封环超弹性应变密封套管成功通过了 API RP 5C5 规定的 CAL Ⅲ & Ⅳ级 B 系列密封试验，有望进一步提高气井管柱和井口管件密封性。

（10）非金属及其复合材料应用 随着能源采收条件愈加苛刻，复杂工况和特殊服役环境用石油管材及装备的使用对先进和特殊专用材料成分、组织、性能、工艺的研究提出了强烈需求。工程材料研究院针对油气田地面和长输管道、海洋非金属复合管新材料及应用方面的技术难题，依托国家“863 计划”和中国石油课题进行了系统研究，提出了油气田用非金属管材的关键技术指标和质量性能评价方法，制定了系列标准，形成油气田用非金属管选材与质量控制评价技术体系。攻克了非金属材料复合管的选材、结构设计、制备工艺、关键性能测试评价等技术难题，制备了适用于水深 500m 的海洋非金属材料复合管。研发了包括内层钢管、过渡层、复合材料增强层及外保护层四层结构的复合材料增强管线钢管，制备了玻璃纤维复合材料增强 X80 OD1219mm 管线钢管，爆破压力由 23MPa 提高至 37MPa。攻克了非金属特殊螺纹接头设计难题，针对玻璃钢管螺纹提出研发 API 改进型螺纹和设计螺纹管端切头专用工具，以提高螺纹啮合长度，控制紧密距；针对 DN250 大口径玻璃钢管螺纹，提出控制螺纹啮合长度和 O 形圈压下量的特殊螺纹结构。提出了抗硫非金属管关键技术指标和选材评价方法，建立了非金属材料气体渗透性检测及控制方法，形成含硫油气环境中的介质适应性评价技术，研发出抗硫非金属复合管新产品。

（11）双金属复合管开发及应用 随着天然气开发战略的深入，油气腐蚀环境日趋苛刻，集输管网腐蚀泄漏事故频发，解决管道腐蚀问题、确保运行安全成为保障国家能源供应的重要一环。双金属复合管被普遍认为是解决集输管网腐蚀问题的有效举措，但在推广应用过程中暴露了产品性能不稳定和应用技术不成熟的问题。我国科研单位通过十余年持续攻关，创建了液压复合理论体系，开发了全管体均匀变形的成形方法；开发了液压成形复合装备，研发了全管体性能可控的复合管产品；建立了产品质量控制标准体系，开发了面向用户的适用性评估技术；开发了门类齐全的对接焊接工艺，建立了焊接工艺评定方法。由此形成了新一代复合管产品及应用技术，成功实现了产品和应用技术升级换代。研发的复合管产品应用里程达到450余千米，开发的应用技术有效提升了管道本质安全水平。

（12）失效分析及预防新技术、新方法 在我国石油工业的发展历程中，许多重大工程技术问题的解决都与油气装备的失效分析密切相关。我国油气钻采输送装备失效分析领域的权威机构和技术中心以工程材料研究院等单位为主，自2004年以来，针对我国西气东输气源井和管输工程建设中因管材及装备失效造成的设备损毁、人员伤亡、生产停滞、环境污染以及新技术与新材料推广受限等重大问题，开发了断口诊断、裂纹诊断、痕迹诊断等失效分析关键技术，提出失效预防建议和措施1500余项，形成各类技术标准120余项，显著减轻了塔里木牙哈、迪那，四川普光等气田的钻采管材腐蚀疲劳断裂、密封泄漏等失效问题，有力支撑了塔里木、西南等重点油气田和西气东输一线工程、二线工程及三线工程等重大工程建设，全面提升了我国油气钻采输送领域API标准管材的设计、制造、评价及工程应用等国产化能力和水平。

① 石油管材及装备失效诊断及预测技术方面。在工程材料研究院已完成的2000余项国家重大工程/重点油气田失效分析案例基础上，建立了失效断口与裂纹宏/微观形貌分析，服役力学及环境损伤痕迹显现、提取，失效残样环境腐蚀和磨损特征表征及失效机理映射等诊断技术和方法。从断裂、疲劳、损伤力学出发，构建了关键构件腐蚀、冲蚀、高温、疲劳、磨损等损伤定量分析表征平台，基于室内加速实验和有限元仿真获得了关键因素与材料服役损伤过程特征的定量关系，结合服役损伤过程材料组织形貌演变、力学性能衰减和裂纹萌生-扩展规律，建立了管材服役损伤定量分析方法和失效预测技术。

② 抗失效管材系统仿真优化设计与验证评价技术方面。基于全尺寸管材服役力学行为仿真分析，建立了页岩气套管大体积压裂失效机理、超深井油套管屈曲变形失效机理、高压管汇疲劳机制与寿命预测等多项理论和机理模型，结合服役性能模拟验证方法，实现管材实物服役工况适用性模拟验证评价，进而建立了管材系统完整性评价与分析技术，形成了基于在役检测数据的油套管柱/压裂管汇完整性评价与失效预警系统等多项成果。

③ 抗失效材料优选及工程应用技术方面。针对塔里木深层等三超油气井的超高温、高压及高腐蚀工况，在大量油管失效分析基础上，优选出超级13Cr特殊螺纹气密封油套管材及其配套质量管控与适用性评价方法，建立了油管柱失效预警系统，构建了三超气井油井管柱完整性技术；针对川渝盆地等高温高压及高含硫工况，获得了不同材质完井管柱的实物力学承载极限与抗冲蚀、抗开裂等环境承载极限数据，建立了管柱材质优选图版；针对我国低压低渗油气田注水/注驱管材失效控制问题，系统查明了管材腐蚀、变形失效机理，形成了低渗透油气田经济性管材优选与评价技术；在前期技术成果基础上，为解决复杂工程不确定因素导致的管柱及地面管线失效问题，明确管材服役综合极限状态，建立了考虑管材性能、损伤状态及载荷环境等工程不确定性的苛刻油气田管材可靠性分析方法，提升了我国油气田管材质量与完整性管理水平。

④ 油气管材及装备的数字化与智能化融合应用技术方面。开展了油气管材及装备失效分析大数据智能应用平台（IPFA）建设，搭建集失效数据管理、失效智能诊断、失效预测预警于一体的油气管材及装备失效智能大数据应用平台（图3-2）；开展制造、服役、失效案例集

等阶段各类型数据采集工作，结合图像处理识别技术、智能标注、管材失效控制及智能诊断算法，建立管材失效大数据库并进行数据深度挖掘。针对失效事故文本数据，融合 Python 工具包、EasyDL 标注工具及专家经验等，建立了文本数据集的构建和预处理方法，并通过“联合式”方法建立命名实体识别模型进行文档中的实体和关系提取，构建石油管材失效事故文本知识图谱，并在此基础上构建基于神经网络的推理系统，可用于对大量“沉睡”失效文本数据进行数据挖掘和失效原因推理；针对失效影像数据，基于图像配准原理，初步建立了失效宏观影像采集规范，基于图像增广技术及深度学习理论，建立了融合特征金字塔池化的残差神经网络等模型算法，构建管材失效影像及文本数据识别与分类系统；通过结构件精细建模技术，实现了对管材及装备失效过程的力学分析与仿真模拟重现，以及失效大数据的可视化。目前，已完成 IPFA 一期建设并具备上线运行能力。

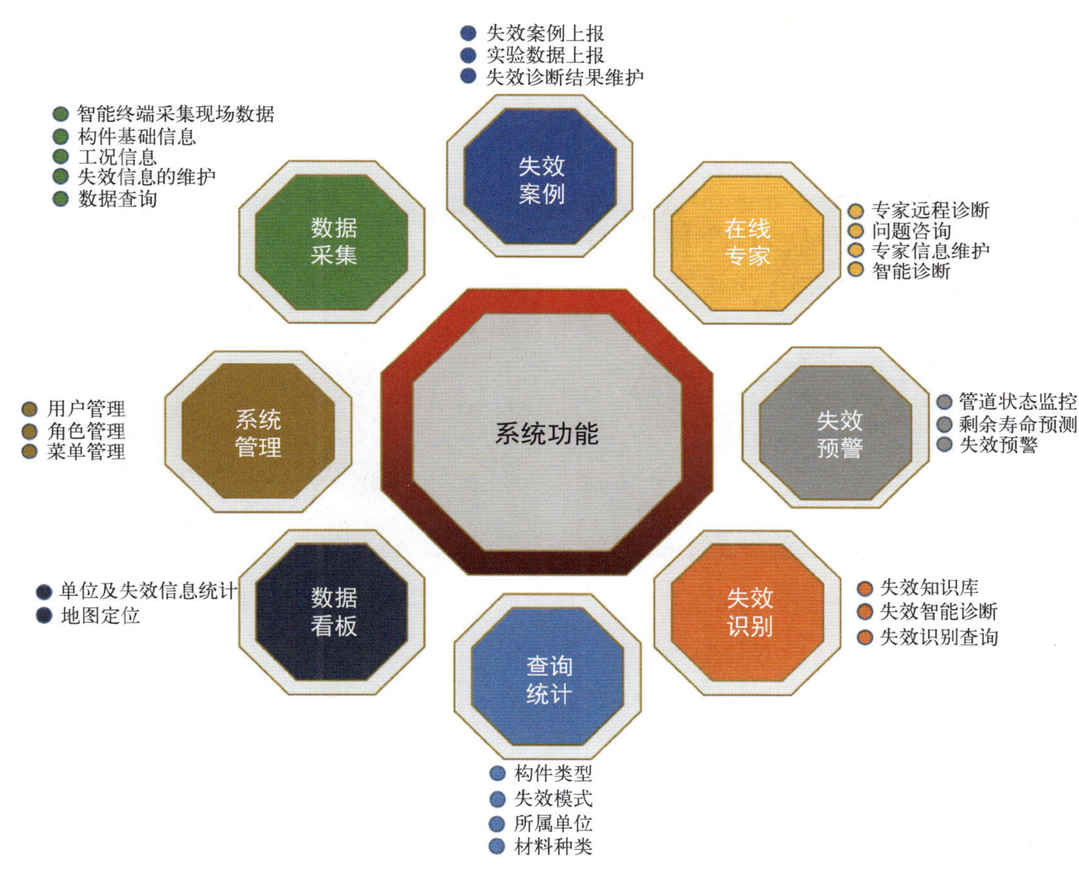

图 3-2　油气管材及装备失效智能大数据应用平台

（13）增材制造技术　增材制造技术是一种实现零件成形的先进制造技术，随着技术的不断发展，应用越来越广。目前，增材制造技术在石油装备的维修、制造过程中的应用取得了一些进展。

胎体 PDC 钻头的模具制造是增材制造技术在石油井下工具产品制造过程中模具方面的典型应用。国内在胎体 PDC 钻头模具制作过程中探索应用了不同的增材制造技术。SLA 是立体光固化成型技术，已在 PDC 钻头模具制造中应用多年，解决了复杂结构 PDC 钻头生产制造的难题，提高了胎体 PDC 钻头的制造精度及生产效率。但 SLA 技术中使用的光敏树脂有轻微毒性，且该技术制模需二次翻转。SLS 是选择性激光烧结技术，常用于粉末状材料成型，以树脂砂为材料烧结成型的模具，可以直接装入石墨壳体中用于 PDC 钻头的浇铸，减少了模型翻制过程中人为不确定因素对模型质量的影响。

激光熔覆技术利用激光束为热源将合金粉末熔化，在基体合金表面形成一种冶金结合表面涂层，是一种复杂的物理、化学冶金过程。该技术已经广泛应用在无磁钻铤、无磁加重钻杆、无磁稳定器等无磁钻具的修复、强化。激光熔覆技术目前已经形成了比较完备的熔覆材料体系，激光熔覆工艺库也在不断完善之中，这些研究成果对激光熔覆技术在井下工具的拓展应用上具有重要的指导意义。

3D 打印在石油天然气装备领域的应用正在不断拓宽，已经有多种技术可以用于金属零部件 3D 打印，例如选择性激光熔融（SLM）、电子束熔丝沉积（EBF）、电子束选区熔化成形（EBM）、电弧增材制造技术（WAAM）等。工程材料研究院已成功将 3D 打印技术应用于大钩、三通、管件等金属零部件的生产制造（图 3-3）。

图 3-3　3D 打印大规格三通

3.2 先进石油管材及装备对新材料的战略需求、存在问题与挑战

当前，全球新一轮科技革命和产业变革突飞猛进，新一代能源、新材料、信息通信等技术不断突破，并与先进制造技术加速融合，为能源装备制造业高端化、智能化、绿色化发展提供了历史机遇。同时，世界处于百年未有之大变局，国际环境日趋复杂，世界各主要国家近年来纷纷将油气装备材料科技创新视为保障能源安全、推动能源转型的重要突破口，大国战略博弈进一步聚焦装备材料，力图抢占全球新一轮产业竞争制高点。

例如，美国“先进制造业领导力战略”及“未来工业材料计划”、德国“国家工业战略 2030”、日本“社会 5.0”等均以重振制造业为核心。依托美国能源部建设的阿莫斯、橡树岭等 10 个美国国家实验室中有 6 个实验室涉及油气装备材料领域；近期又设立了美国能源部关键装备材料创新中心，开展油气装备材料设计、制造、评价及工程应用等全产业链及全生命周期研究，旨在满足美国油气资源开发对重大装备材料的需求。

受政策驱动，深层、深海、非常规油气开发，高压大输量油气输送等领域诸多新兴技术取得重大突破，引领油气装备材料技术创新呈现出新动向、新趋势。

一是特超深井钻机、深海采油树及耐腐蚀管柱等深层、深海油气钻采重大机械装备技术是引领全球油气能源勘探开发的重要保障，受到各主要国家的高度重视。美、欧等积极发展包括特超深井钻机、深海采油树及耐腐蚀管柱等新一代高性能、长寿命、智能化的深层油气和深海油气钻采重大装备材料。

二是页岩油气革命推动了非常规油气技术发展，拓展了油气装备材料发展新空间，成为全球油气装备材料制造技术争夺的重要方向。美国从 20 世纪 70 年代开始布局页岩油气技术攻关，经过数十年的持续探索，成功发展了水平井分段大体积高压压裂等系统化的技术，形成的大体积高压压裂泵、高压管汇、抗变形管柱等高端油气钻采装备材料，支撑美国油气自给率持续提升。非常规油气装备材料技术已成为世界各国竞争的焦点。

三是高压油气输送管道技术在保障能源供应安全、推动能源绿色低碳发展和结构转型大形势下，成为各国装备技术革新和水平提升的标志性方向。国际上从 20 世纪 80 年代开始研发 X100 级别高等级油气输送钢管材料，积极发展了大输量、高强度、智能化的高压油气管道输送装备技术，开展了多个试验段和示范管线建设。

我国已连续多年成为世界上仅次于美国的油气能源消费国。但与美国油气资源丰富、装备产业基础完善、可以满足自给相比，我国油气资源禀赋差，油气装备产业基础相对薄弱。我国油气资源向深海、深层及非常规等苛刻环境方向发展，对油气装备提出了更高的要求，对装备材料科技创新的需求比以往任何时候都更为迫切。

经过前两个五年规划期，我国初步建立了油气钻采输送装备材料“产 - 学 - 研 - 用”的科技创新体系平台，按照集中攻关一批、示范试验一批、应用推广一批“三个一批”的思路，推动油气钻采输送装备技术取得重要阶段性进展，有力支撑了重大油气开发与管道输送工程建设，对保障能源安全、促进产业转型升级发挥了重要作用。12000m 超深井钻机、7000m 自动化钻机、600kN 海洋全液压钻机、油气长输用 X80 高等级管线钢管、API（美国石油协会）全系列油井管等核心装备和材料实现国产化，有力支撑了海洋油气勘探开发、塔里木深层油气开发、国家级页岩气开发、西气东输及中俄东线等国家油气战略通道建设。

然而，与世界能源科技强国相比，与保障国家能源安全、引领能源革命、实现制造强国的要求相比，与当前我国油气发展日趋苛刻的工况需求相比，我国在油气钻采输送装备材料领域技术水平还存在明显不足，突出表现为以下方面：

一是深海、深层、非常规油气钻采国家重大油气工程建设亟需的采油树、防喷器等全系列深水钻采装备、海洋全液压钻机、页岩气高压管汇、深层油气耐腐蚀管柱等核心钻采装备长期依赖进口，国内产业供应链短缺。存在基于服役性能和可靠性设计制造等理论尚未突破、核心材料和关键构件的成套制造工艺技术尚未攻克、装备工业化设计难、自主研制能力不完备等重大科技问题。

二是面向国际前沿的先进钻采输送装备选材设计制造原创性研发少，共性技术尚存短板。存在 15000m 特超深井及智能钻机、X90/X100 超高强度管线钢管、非金属 / 双金属复合集输管、高比强度钛合金 / 铝合金钻采管材等先进钻采输送装备材料在极端工况复杂环境的服役行为及服役性能调控等理论、技术尚不完善，先进装备核心构件及关键材料设计制造技术不成熟，自主创新能力不强，产业基础大而不强，原创性、颠覆性技术少，尚不足以引领行业科技进步等重大科技问题。

三是钻采输送装备材料服役安全应用基础理论及质量保障技术基础尚不完善。在役高压油气管道、钻采机械及管柱等核心装备材料服役性能、退化机制等理论尚未全面厘清，失效事故多影响大、安全运行维护难；高端钻采输送装备的检验、检测、计量、认证等关键技术尚存短板，部分产品质量稳定性差；缺乏整机及全尺寸服役性能试验评价技术及平台，存在有而不敢用的问题；标准认证体系依赖美国 API 等制约着油气开发、高端装备产业发展和国际竞争力等重大科技问题。

3.3 未来发展展望

① 针对工况愈发复杂的油气田钻采集输等服役安全需求，基于管材及装备材料的承载能力、服役力学条件和环境条件，融合仿真与可视化表征技术、材料基因组技术，利用失效模拟重现技术、高通量材料热处理装备及性能表征方法，系统厘清我国“两深一非”典型苛刻环境下管材及装备材料失效原因和机理，借助完整性仿真分析、人工智能手段，结合材料学理论，实现抗损伤石油管及装备材料的高效设计、选用与验证。

② 研发与应用高承载、轻量化、安全可靠及智能化油气钻采机械制造成套技术，突破特超深井及海洋全液压钻机结构优化、关键材料研发、关键构件加工制备工艺提升、运动设备智能感知协同控制等技术难题，解决深海钻采装备核心耐蚀材料系统化设计及产品工程化应用瓶颈问题，开发 140MPa 以上高压管汇、5000 水马力以上压裂泵；研发及应用高压油气输送管及复杂工况油井管等高端管材制造技术，突破大输量 X100 钢管材料成分 - 组织 - 性能 - 工艺综合调控及焊接工艺关键技术，设计制造耐高温老化非金属集输管材，开展双金属复合管界面控制理论研究，攻克冶金复合双金属复合管制造成套工艺等技术难题，开发 160ksi、170ksi 超高强韧套管及 380MPa 级耐热铝合金油管、930MPa 级钛合金抗疲劳钻杆等，工业化生产高抗挤、高伸长率、高密封性能抗套损新型套管，研究特殊螺纹接头耐腐蚀油管密封与连接机理，解决耐腐蚀油管热机械控制加工制备工艺等关键技术，推广应用耐腐蚀、耐磨、防垢石墨烯改性涂层等表面功能化材料。

③ 突破油气钻采输送装备材料服役安全应用基础理论和质量基础技术，进一步完善石油钻采输送装备选材、评价标准及认证体系。钻采装备监测维护向稳定性强、集成度高、数据处理效率高、适用场景丰富、全生命周期智能预警及故障精准诊断等方面发展，钻采管柱失效控制向苛刻工况管柱服役行为高效评价、智能监检测、完整性仿真分析、失效预警及智能诊断等失效控制前沿技术发展，油气钻采输送装备质量技术则着重发展装备全生命周期质量

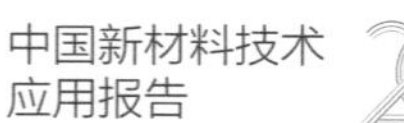

控制基础理论、智慧化石油钻采输送装备服役性能验证评价平台，形成完备的石油钻采输送装备材料检验检测、实物模拟评价及计量等质量技术基础技术体系，建立我国自主的产品标准和认证体系。

参考文献

作者简介

冯春，工学博士，教授级高级工程师，国家重点研发计划项目“苛刻环境能源钻采用高性能钛合金管材研发及应用”项目负责人，孙越崎青年科技奖获得者，陕西省中青年科技创新领军人才。长期从事油井管失效分析、材料强韧化及服役行为研究。主持国家、省部级等项目 10 余项。获得 10 余项省部级科技成果奖励。发表论文 80 余篇，出版《油气井管材——新材料、新工艺与新技术》著作 1 部，授权国家发明专利 30 余件、国际专利 3 件，起草国家及行业标准 8 项。兼任西安交通大学、石油大学硕士生导师，《石油学报》《金属热处理》编委，中国材料研究学会理事，中国机械工程学会热处理学会理事，中国油气井管材与管柱技术创新战略联盟副秘书长，国家科技专家库评审专家等。

冯耀荣，工学博士，教授级高级工程师，国务院政府特殊津贴专家，陕西省有突出贡献专家，中国石油集团杰出科技工作者，孙越崎能源大奖获得者，毕业于西安交通大学材料学专业。长期从事石油管材与装备失效分析及预防、材料服役行为与结构安全研究及重大工程技术支持工作。获得国家科技进步奖一等奖 1 项、二等奖 1 项，省部级及社会力量特等奖和一等奖 13 项。出版著作和研究文集 10 余部，发表论文 300 余篇，其中 SCI 收录 90 篇。授权发明专利 76 件，其中第一发明人专利 16 件。

第4章

汽车轻量化材料

曾小勤　李德江　胡　波

4.1 汽车轻量化材料与技术发展概述

汽车轻量化是指在保证汽车使用性能的前提下降低汽车整装质量，从而降低能源损耗、减少污染物排放以及提高整车机动性。在石油资源短缺和环境保护的双重压力下，汽车轻量化俨然成为节能减排、绿色可持续发展的重要抓手。根据中国汽车工业协会报告，仅2021年中国乘用车销量达2627万辆。如图4-1所示，中国机动车和汽车保有量都在逐年递增，其中汽车保有量从2016年的1.94亿辆增加到2022年11月的3.15亿辆，已经超越美国居全球首位。2022年，我国新能源汽车保有量超过1000万辆，约占全球的50%。如图4-2

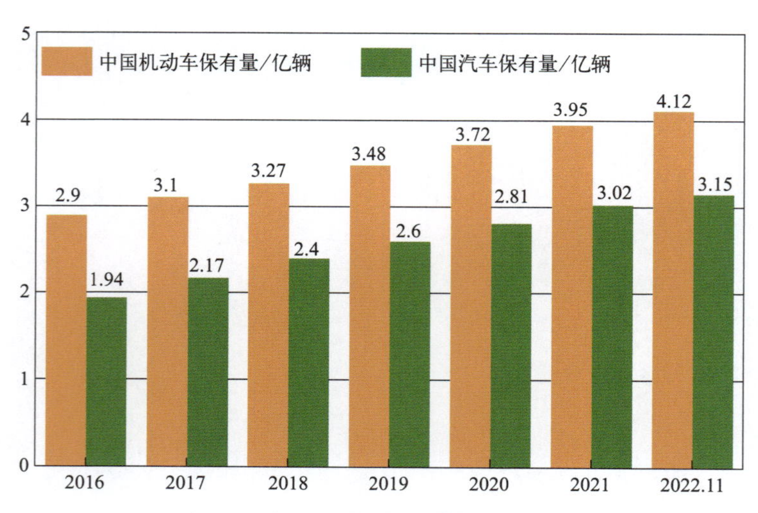

图4-1　中国机动车及汽车保有量逐年递增

所示，新能源汽车保有量在汽车中的占比从 2016 年的 0.47% 增加到 2022 年 11 月的 3.18%。此外，我国新能源汽车发展极其迅猛，如图 4-3 所示，其产、销量已分别从 2016 年的 52 万辆和 51 万辆增加到 2022 年（前 10 个月）的 549 万辆和 528 万辆。根据乘用车市场信息联席会的最新数据，2022 年 7—8 月，中国占全球新能源汽车销售份额约 70%。中国汽车体量如此庞大，若能在大多数汽车上实现轻量化，将带来不可估量的效益。研究指出，传统燃油汽车每减少 50kg，每 100km 油耗可降低 0.15 ～ 0.3L，以 8L/100km 为标准，可降低油耗 4% ～ 8%，二氧化碳排放可减少 6 ～ 14g/km；而新能源汽车方面，质量若减少 20%，续航里程将提升 10% ～ 12%，以总质量 2000kg、续航 400km 的新能源汽车为计算基准，汽车总质量若减少 400kg，续航里程提升 40km。

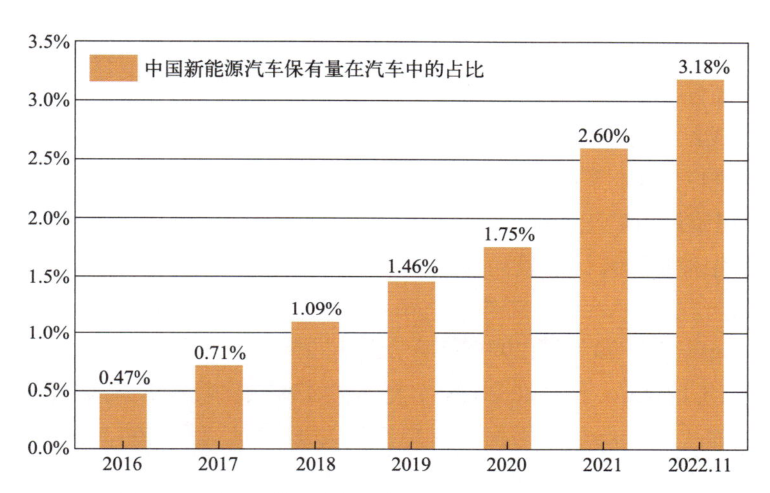

图 4-2　中国新能源汽车保有量在汽车中的占比逐年递增

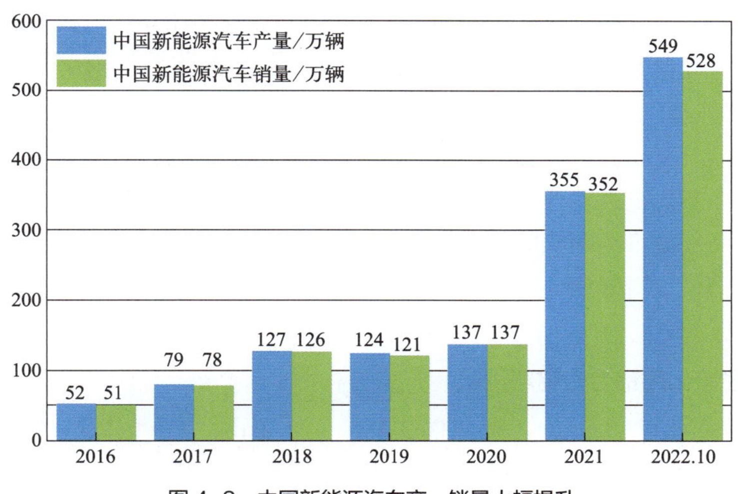

图 4-3　中国新能源汽车产、销量大幅提升

轻量化效益针对单一车辆而言可能不起眼，但集零为整后对于我国的可持续发展以及国民经济的温和复苏大有裨益。此外，汽车轻量化对于整车的驾驶性能（如加速、制动性能）有积极作用，提高操控性和驾乘体验感（优化转向性能，降低噪声和振动等），还可减少碰

撞惯性力，提高安全性。因此，车用轻量化材料的开发与应用俨然成为未来汽车行业研究与发展的重中之重。相对于传统汽车用钢铁材料而言，目前常用汽车轻量化材料主要包括铝合金、镁合金以及复合材料。

4.1.1 汽车轻量化用铝合金材料的发展现状

作为第三丰富的地壳元素（8.3%），铝因高比强度、高耐腐蚀性以及低成本等特点，已成为现代社会中第二大广泛使用的金属。交通运输行业（航空航天、铁路、汽车和船舶）消费了全球约 1/3 的铝。随着镁合金、碳纤维等多种轻量化材料的出现，铝合金以其优异的性能与较低的价格、良好的可回收性等脱颖而出，成为当前最具竞争力的汽车轻量化材料之一。铝的密度约为钢的 1/3，铝合金的比强度比高强度钢高约 50%，每 1kg 铝可取代 2kg 钢材。成本方面而言，高强度钢 - 铝合金 - 镁合金 - 碳纤维的成本递增。铝合金价格尽管比钢高约 150%，但远低于碳纤维等复合材料；而镁合金价格虽与铝合金相近，但其应用成熟度远低于铝合金。虽然其他轻量化材料的某些指标优于铝合金，但铝合金的各项指标较为均衡，这使得其成为现阶段应用最为广泛的汽车轻量化材料。

铝合金因具有高导热特性而最初应用于汽车热交换器部件上，而后在发动机缸体、汽车轮毂以及发动机气缸、活塞等部件上有所应用。在北美地区，2020 年，平均每辆汽车的用铝量在 208kg 左右，预计到 2030 年将会达到 258kg。在欧洲地区，2019 年，平均每辆汽车的用铝量约 179kg，预计在 2025 年将达到 199kg。我国在汽车上使用铝合金的比例还比较低，目前我国平均每辆乘用车用铝量仅为 130kg。国内汽车用铝合金研究起步也较晚，大多是针对国外已有牌号进行合金化研究和工艺改进，尚未形成完整的自主体系。上汽通用集团旗下的别克、凯迪拉克以及一汽大众旗下奥迪部分车型较早采用铝合金板材，随后，华晨宝马、长安福特、东风雪铁龙等品牌也陆续跟进。上汽荣威 950 和领克 01 等是较早大面积采用铝合金的国产自主品牌车型。新能源汽车相比于燃油车虽然省去了动力总成中的气缸、缸盖、活塞以及传动系统和变速器中的阀体、离合器、分动器、驱动轴等用铝部件，但其电池外壳、电驱动系统壳体、车身、底盘结构件等需要额外用铝约 163kg。与燃油车相比，新能源汽车单车用铝量更高，平均每辆纯电动汽车比燃油车多用铝 101kg。国内外新能源汽车销量的快速攀升，将带动铝合金用量大幅增长。根据我国及欧美的单车用铝量测算，到 2025 年，我国和全球的车用铝合金市场规模将分别达到 3963 亿元和 11520 亿元。

4.1.1.1 汽车轻量化用铝合金材料种类

纯铝密度较低（2700kg/m^3）、弹性模量中等（70GPa）、电导率较高（64.5%IACS）、塑性好（50%），但其强度较低，故主要应用于对强度要求不高的产品，如装饰板、热交换器、电缆等。为了提高纯铝的综合性能，通常向纯铝中加入一种或多种合金元素，称为铝合金。铜、镁、硅、锌、锰、锂等是常用的合金元素，新国标 GB/T 3880.0—2006 根据添加元素的种类和含量将铝合金分为不同的牌号。

（1）1××× 系列 1××× 系列铝合金（如 1050、1100 和 1200）的纯铝含量超过

99%，具有极佳的导热性，通常在发动机舱内和排气管附近起到散热作用。

（2）2××× 系列 2××× 系列铝合金是 Al-Cu 合金。2014、2017、2024 和 2219 等牌号的铝合金锻造性良好、抗疲劳性能优异且低温、高温强度优越，常用于制造发动机活塞、连杆和齿轮等。2××× 系列铝合金属于可进行热处理强化的合金，但因其强化相 Al_2CuMg 相在时效过程中激活能较低，形核困难，当进行低温短时人工时效时，屈服强度会略有降低，限制了其在车身上的应用。目前仅有 2036、2022 和 2008 等牌号铝合金部分用于制造车身外覆盖件。

（3）3××× 系列 3××× 系列铝合金是 Al-Mn 合金，3003、3004 和 3105 等牌号铝合金具有优异的耐腐蚀性和优良的可加工性，常用于制造油液管路、散热器和挡泥板等。

（4）4××× 系列 应用于汽车的 4××× 系列铝合金，其硅含量在 4.5% ～ 6.0%，属于亚共晶 Al-Si 合金。因其热膨胀系数小、高温强度高和高温耐腐蚀性良好，被广泛用于制造发动机活塞。

（5）5××× 系列 5××× 系列铝合金是 Al-Mg 合金。5××× 系列铝合金板具有良好的耐腐蚀性、焊接性和可加工性，通常在退火后进行冲压成型。该系列铝合金对工艺要求较为苛刻，若轧制和退火工艺不合理，则易出现明显的吕德斯带和橘皮组织缺陷而影响表面质量。另外，该系列铝合金的强度相对较低，虽然冲压可使其产生一定程度的加工硬化，但在随后的烤漆处理过程中又会发生一定程度的软化。因此，5××× 系列铝合金不适合用于对强度和表面质量要求较高的覆盖件外板上，而常用于具有复杂形状、对表面质量要求不高的覆盖件内板上，常用的牌号有 5754、5182 和 5052 等。

（6）6××× 系列 镁和硅是 6××× 系列铝合金的主要合金元素，通常还添加少量铜和锰元素作为微量合金元素。该系列铝合金属于可热处理强化铝合金，强度适中，成形性略低于 2××× 系列及 5××× 系列，耐腐蚀性好，易着色，综合性能优良。T4 态（固溶淬火 + 自然时效）屈服强度较低，适合冲压成形；经涂装烘烤之后，其强度会明显提高，这为制造车身零部件提供了良好的冲压成形性能和成形后的使用性能。得益于 6××× 系列铝合金优异的综合性能，目前主要采用 6××× 系列铝合金制备车身板材，例如行李箱盖、车盖、车门外覆盖件等。在欧洲广泛采用的是 6016 铝合金，在北美主要用强度更高的 6111 铝合金、耐腐蚀性好的 6022 铝合金等。

（7）7××× 系列 7××× 系列铝合金主要含有锌和镁两种合金元素，属于可热处理强化铝合金，具有良好的热变形性能。该系列合金淬火温度区间较宽，在特定热处理工艺下可获得优异的强度和良好的耐腐蚀性。铝合金挤压件的抗冲击强度与钢结构件接近，能够有效地分散并吸收碰撞冲击能量，这有利于保护乘员安全。因此主机厂主要采用 7××× 系列铝合金制造安全保险和防冲撞部件。目前用于汽车保险杠的型材主要有 7021、7029 和 7129 等牌号铝合金。

4.1.1.2 汽车轻量化用铝合金的成形方式及应用场景

汽车用铝合金包括变形铝合金和铸造铝合金，其中汽车用铸造铝合金约占 77%，汽车用变形铝合金包括约 10% 的轧制板材、10% 的挤压型材以及 3% 的锻压件。铸造铝合金流动性好，具有良好的填充性，但塑性较差，故通常采用砂型、压铸等铸造方法制备具有复杂形状的汽车零件。铝合金铸件质量相对稳定且易批量生产，目前被广泛用于生产发动机缸体、发动机悬置以及轮毂等零部件。变形铝合金根据合金元素及合金元素含量的不同又分为非热处理强化铝合金和可热处理强化铝合金。其中，非热处理强化铝合金无法通过热处理提高合金强度，而只能通过铸造之后的冷加工变形来提高其力学性能；而可热处理强化铝合金则可通过固溶时效等热处理手段来提高其力学性能。变形铝合金是铸锭经挤压、锻造或轧制等压力加工方式形成的铝材，其组织致密，性能均匀，多用于制造汽车覆盖件、车身骨架以及主要结构件等。铝合金在汽车上主要应用于车身、底盘、电器以及动力总成四大关键系统中，下面分别从这四个方面的应用进行简单的介绍。

（1）汽车车身 汽车车身质量约占汽车总质量的 1/3，故车身减重在汽车轻量化中起着关键作用。车身包括框架结构和覆盖件，覆盖件又包括覆盖件外板和覆盖件内板。其中覆盖件外板是人们较为关心的外观件，因而对其表面质量提出了更高的要求。可热处理强化的 6××× 系列铝合金成形性佳、强韧性好，还兼顾良好的喷漆烘烤硬化特性，是覆盖件外板的首选铝合金材料。为了打造独家品牌，一些汽车制造商也会与材料供应商共同开发颇具特色的铝合金覆盖件外板，比如捷豹路虎曾和诺贝丽斯共同开发了 AC-170PX 铝合金，该款铝合金在热处理之后拥有良好的卷边特性。相比于覆盖件外板，覆盖件内板更加注重强度、连接性以及变形能力，故通常采用综合性能优异的 5××× 系列铝合金来制造覆盖件内板，其中 5754 和 5182 是制造覆盖件内板较为常用的两种铝合金材料。车体框架结构是主要承力件，故其对材料的刚性和抗扭性能要求较高。在汽车空间框架结构中，一般现有的铝材即可满足要求，棒材一般可用 5056、5152、5182 等。以路虎揽胜为例，它使用了全铝无骨架车身结构，比钢车身减重 39%，使整车质量减少最多可达 420kg。全白车身总质量为 379kg，它包含了铝合金冲压件（按数量统计占 88%），铝合金铸造件（5%），铝合金挤压件（3%）以及其他一些部件（4%）。和之前的钢结构相比，部件数量可缩减为 263 件，整体减少 29%。

（2）汽车底盘 底盘系统承载着传动、转向和制动等功能，直接决定汽车的操作性和舒适性，是汽车三大件之一。目前铝合金在轮辋、转向节等汽车底盘零部件中逐步取代传统的铸铁材料，有效降低了汽车底盘质量，进一步增加了汽车机动性。其中铝合金轮辋相比于钢制轮辋具有优异的散热能力，可有效降低汽车热载荷从而提高安全性。目前大多数采用的是铸造铝合金轮辋，多应用于普通乘用车和轻型卡车；而质量更佳的锻造铝合金轮辋则因成本较高而应用受限，大多只应用于价格昂贵的高端车型。转向节起着控制车辆方向的作用，需要其具有良好的耐冲击性能，例如 6061 锻造铝合金可用于制备转向节。

（3）汽车电器 目前整车电控系统大多趋于集成化，因而急需结构紧凑且抗干扰能力强的控制器壳体来进行集成。经过大量探索发现，铝合金控制器壳体因质轻、热导率高和抗干扰能力强脱颖而出，相比于传统钢制件而言，其不但在防腐、散热以及抗干扰方面有所提高，还可减重 18.2%。汽车热交换器因常在冷热交替、周期性振动以及风雨侵蚀等恶劣环境中工作而要求其对应材料具备更优异的耐腐蚀、散热以及耐振动等性能，这也使得综合性能优异的铝合金成为其首选材料。目前欧美等发达国家生产的汽车散热器以及空调冷凝器等已经实现“以铝代钢”，而我国也开发出了汽车热交换器用铝合金复合材料。为了进一步提高铝合金的散热性能，部分厂商也在尝试研究并使用泡沫铝合金材料。

（4）动力总成 发动机缸体和变速箱壳体等动力总成系统零部件因在高温高压和反复冲击的环境中工作而要求其对应材料具备耐高温、耐冲击以及抗疲劳等性能，故通常情况下采用热处理来提高铝制发动机缸体的疲劳性能。此外，也可通过热喷涂来减小缸体与活塞的摩擦、增加缸体内壁强度并有效增加寿命。目前奇瑞、日产等企业均生产了铝合金发动机缸体，并获得了较好的反响。

4.1.2 汽车轻量化用镁合金材料的发展现状

镁合金作为最轻的金属结构材料，越来越受到汽车行业的关注，其密度仅为铝的 2/3，钢的 1/4。我国是镁产业大国，截至 2021 年，我国原镁产能为 137.61 万吨，产量达到 94.88 万吨，占世界镁产量的 80%。我国镁合金生产加工技术日益成熟，截至 2021 年我国镁合金产量达到 36.05 万吨，同比增长 5.35%。从镁合金的需求来看，70% 的镁合金用于汽车行业，汽车领域是镁合金未来的主要发展方向。

4.1.2.1 汽车轻量化用镁合金材料种类

镁合金具有良好的结构特性和功能特性。汽车轻量化镁合金根据结构特性可分为高性能铸造镁合金和高性能变形镁合金；按功能特性可分为高耐腐蚀镁合金、高阻尼镁合金、储能镁合金、高导热镁合金和电磁屏蔽镁合金。结构功能一体化，是汽车轻量化镁合金追寻的目标。

（1）高性能铸造镁合金 低成本是汽车产业不可避免的话题，铸造镁合金是目前成本最低、成形效率高的镁合金体系之一，以替代商用铝合金为导向，实现轻量化目标。铸造镁合金以 Mg-Al 系与 Mg-RE 系为主，除此之外还有 Mg-Zn 系。以 Mg-Al 系铸造镁合金为代表的牌号有 AZ91D、AM60、AM50 和 AE44 等。Mg-Al 系铸造镁合金具有出色的成形性、良好的强度，主要适用于压力铸造，其中 AZ91D 广泛应用于汽车座椅、变速箱壳体、仪表盘等部件，其屈服强度可达 140 ～ 150MPa，伸长率可达 3% ～ 5%，能成功替代部分 Al-Si 系合金。AE44、AM60、AM50 拥有良好的韧性，可应用于抗冲击载荷、安全系数要求较高的零部件，如车门。Mg-RE 系铸造镁合金有 VW63K、VW83K、VW103K、WE54、WE43 和 EA42 等。Mg-RE 系铸造镁合金不仅可采用压力铸造，也可采用砂型铸造、挤压铸造等其他铸造工艺成形，经 T6 处理后屈服强度可超过 300MPa，抗拉强度超过 400MPa。不过 Mg-RE 系铸造镁合金成本较高，汽车上应用面积较小。Mg-Zn 系镁合金由于其结晶温度区间较宽，不适合压力铸造，但可以用于挤压铸造，通过挤压铸造可显著减少铸造缺陷，再配合时效处理，能获得理想的力学性能。

（2）高性能变形镁合金 进入 21 世纪，航空航天、高速列车以及新能源汽车等领域快速发展，传统商业铸造镁合金的强度与塑性仍较低，限制了其在轻量化领域的应用。与铸造镁合金相比，变形镁合金具有更优良的综合性能，在要求高性能轻量化材料的领域表现出巨大的发展潜力。相比于铸造铝合金，变形镁合金在镁制品中的总产量占比还较低，截至 2015 年仅为 5% 左右，主要原因有：镁合金的铸造效率较低，镁合金的变形速率通常小于 30mm/min，相比于铝合金慢了 5 ～ 10 倍；镁合金变形不均匀，持续塑性成形难度大，挤压效率不高、成品率低，限制了其在汽车骨架等大型结构件上的应用。针对以上因素，近年来研究开发了一系列先进的镁合金加工工艺。如 AZ31 镁合金经差速挤压后屈服强度可达 200MPa，抗拉强度超过 350MPa，伸长率达到 20%，综合性能优越。通过异步轧制、衬板轧制、复合板轧制、在线加热轧制等新型轧制方式，能够使镁合金板材的综合成材率提高 10% 以上，大大提高了成形性能。轧制 AZ31B 板材，屈服强度和抗拉强度分别可达 200 ～ 230MPa、300 ～ 350MPa，伸长率超过 20%，展现出很好的综合力学性能。锻造则适用于加工结构件，在汽车领域应用广泛。锻造镁合金主要包括 AZ31、AZ61、AZ80 等 Mg-Al 系镁合金，ZK60、ZK61 等 Mg-Zn 系镁合金，以及 WE43、GW83K 等 Mg-RE 系镁合金。经锻造后，镁合金综合力学性能显著提升。如 WE43 镁合金通过合适的锻造工艺屈服强度可达 340MPa 以上，抗拉强度超过 380MPa，伸长率超过 20%，综合力学性能优越。AZ80 镁合金通过模锻可一次性成形汽车轮毂，大气和盐水环境中疲劳性能良好；减振性能相比于铝合金轮毂高出约 30 倍，同时由于其轻量化的特性，综合节油率可达 16%；平均抗拉强度则由铸态时 245MPa 提升至 335MPa，伸长率达到约 13%，综合力学性能提升显著。

（3）高耐腐蚀镁合金 较差的耐腐蚀性能是限制镁合金在工业生产中推广应用的一大瓶颈。镁合金由于其较低的电极电位，缺少防护性能的腐蚀产物膜层以及其特有的在腐蚀过程中产生的大量氢气，对于高耐腐蚀镁合金的设计发展造成了很大困扰。当下针对镁合金腐蚀性能的提高主要通过抑制第二相或纯净化的办法来实现。有研究表明，在 AZ 系列镁合金中加入 Nd，能够有效降低第二相与基体之间的电位差，使得腐蚀驱动力减少，达到提高合金耐腐蚀性能的目的。通过加入微量 Ca 元素，降低合金中 Fe 的含量，通过纯净化实现高耐腐蚀镁合金也是一个行之有效的方法。此外，上海交通大学最近的研究工作表明，通过形成致密耐腐蚀的腐蚀产物膜层也能够提高镁合金的耐腐蚀性能，基于此得到的 Mg-Y-Al 镁合金其腐蚀速率比高纯镁降低了一个数量级。

（4）高阻尼镁合金 高阻尼特性对镁合金减振降噪显得尤为重要。通过调控固溶原子和第二相能有效兼顾阻尼特性与力学性能。例如 Mg-Li-Al 镁合金比阻尼容量低至 0.02 时，能兼顾 248MPa 的屈服强度。

（5）储能镁合金 针对当前新型氢燃料汽车电池的需求，上海交通大学近期通过成分设计高效制备了新型镁基储氢材料，并探究了其吸放氢原理，制备的镁基储能合金具有高体积储氢密度、安全的工作温度、便捷的储放氢过程以及优良的循环利用性能，对新能源汽车用储氢材料的可持续发展提供了建议和指导。

（6）高导热镁合金 面向汽车的大功率器件的精密集成化，需要兼顾镁合金的力学性能与导热性能。通过调控固溶原子与第二相，可实现压铸条件下屈服强度大于 140MPa、热导率大于 120W/（m · K）的高导热镁合金，亦可开发屈服强度大于 300MPa，热导率大于 140W/（m · K）的变形镁合金。

（7）电磁屏蔽镁合金 汽车上装备日益精密复杂的电子元器件易遭受严重的电磁干扰，开发具有优异电磁屏蔽效能的镁合金是解决电磁干扰问题的主要方向。研究合金元素、加工工艺与电磁屏蔽性能之间的关系，可开发出抗拉强度大于 300MPa、电磁屏蔽效能大于 85dB 的电磁屏蔽镁合金。

4.1.2.2 汽车轻量化用镁合金的成形方式及应用场景

（1）成形方式

① 高压压铸成形　镁合金的成形工艺较多，但主要还是以高压压铸为主。汽车零部件以复杂结构件、薄壁件居多，高压压铸可适应这种部件特点，且成本低廉、生产周期短，取代了由大量冲压件和焊接件制成的结构件。采用高压压铸生产的零部件轮廓清晰，成本低，铸件壁厚可低于 0.5mm，组织致密，并结合真空辅助技术，真空度可在 1.5s 内抽至 50mbar，排出型腔内多余的气体，显著提升铸件强度和伸长率。

② 挤压铸造成形　传统铸造方法会不可避免产生缩松、气孔等缺陷，然而挤压铸造在传统方法基础上通过低速高压给正在凝固的金属液施加一定微小的塑性变形，得到的铸件致密度高、尺寸精度高、力学性能优良，在汽车转向节、三角臂、悬置支架等对力学性能要求较高的部件上有诸多应用。

③ 半固态触变成形　半固态触变成形工艺首先将金属坯料升温到半固态温度区间内合适的温度并发生组织转变，使金属坯料获得一定的固相率和整体均匀的温度场，从而具有触变特性，然后将半固态坯料送入压室，利用压铸、挤压铸造等方式进行成形。半固态压铸与传统压铸相比，气孔率更低，强韧性更高，可进行进一步热处理，不仅可以获得组织致密、凝固收缩小、成形温度低的铸件，还有环保、操作安全的特点，适合形状复杂、致密度高、薄壁和高性能零件的生产。不足的是，尺寸较大的半固态坯料制备与二次加热成本高；缺乏高精度大型设备，阻碍了该工艺在大型铸件上的推广应用。

④ 塑性变形成形　虽然铸造工艺有着不可替代的成形优点，但是也存在一定的局限性，例如铸造工艺成形后的零部件容易产生孔洞缺陷，影响成品率，难以满足承力结构件的强度要求，因此阻碍了镁合金的应用。而采用锻造、冲压、挤压、轧制等变形工艺，可以有效解决上述问题。锻造是塑性变形的主要成形工艺之一。轮毂作为汽车重要的安全结构件，对材料的强度和韧性要求尤为苛刻。AZ80 和 ZK61 等镁合金一般作为首选材料，经锻造后组织均匀、致密，有利于轮毂成形。之后进一步通过旋压、精加工成形。镁合金轮毂成形工艺引起了世界各国的广泛关注。通用、现代、雪铁龙、法拉利、保时捷、宝马、奥迪、奔驰等部分车型可以供顾客自主选择镁合金轮毂。冲压成形工艺主要包括拉伸、弯曲、翻边、缩口、扩口及胀形几方面。镁合金一般在 150℃以上进行冲压，适当提升温度有利于提高拉伸比，在 225℃冲压拉伸比超过 3.0，超过铝合金和低碳钢。德国大众已成功开发适用于镁合金覆盖件的热冲压技术。

（2）应用场景　镁合金在汽车上的应用日益增多，如图 4-4 所示。我国从最初上汽大众汽车的变速箱壳体，发展成现在的大型复杂结构件（方向盘、仪表盘、座架、轮毂、气缸盖、离合器箱、气缸体、变速箱、低曲轴箱、进气歧管、进气系统、转向链支撑、油泵体、凸轮轴传动链箱、齿轮控制壳体、支架等）。合金钢变速箱壳体替换成镁合金，减重效果能超过 28%。而其他大型复杂结构件，例如阀门开关，减重效果能超过 60%，汽车座椅支架减重效果超过 64%，后车厢门减重效果超过 42%，轮毂减重效果超过 33%。表 4-1 总结了典型镁合金汽车零部件。

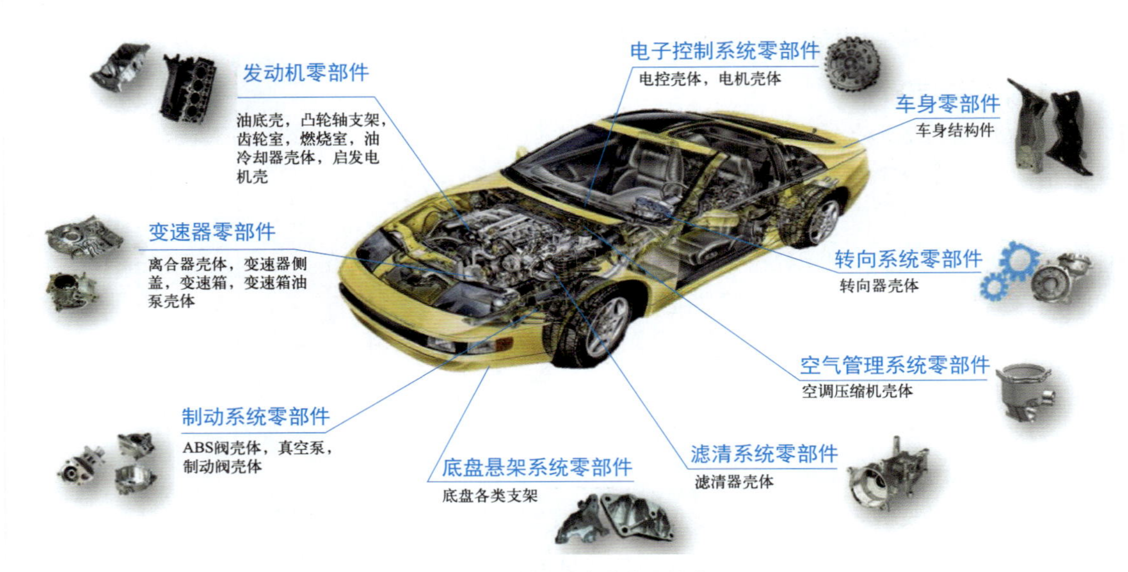

图 4-4　镁合金在汽车上的应用

表 4-1　典型镁合金汽车零部件

零部件	成形工艺	合金	企业
轮毂	锻造	AZ80	日本锻荣舍株式会社
发动机罩	冲压	—	德国大众
底盘支架	压铸	AE44	美国通用
悬置支架	压铸	AZ91D	美国通用
方向盘	压铸	AM60B	日本本田 / 丰田
变速箱壳体	压铸	AZ91D	德国大众
发动机缸体	压铸	Mg-Al 系	德国宝马
直角承梁	压铸	AM60B	美国通用
仪表盘骨架	压铸	AM60B	德国宝马
座椅骨架	压铸	AM20	德国奔驰
踏板托架	压铸	AM50	美国福特
油底壳	压铸	AE44	重庆长安
发动机油管	压铸	AE44	日本本田
进气歧管	压铸	AZ91D	德国宝马
变速箱壳体	压铸	AS31	德国奔驰
底盘吊架	压铸	AE44	上汽通用
前置支架支撑组件	半固态	—	美国福特
座椅骨架	压铸	AM50+RE	中国一汽

4.1.3 汽车轻量化用复合材料的发展现状

复合材料是指通过适当工艺方法，在基体中引入一种或多种高性能增强相而形成的性能优于基体的材料。复合材料质量轻、强度刚度大、模量高、抗冲击性强、耐磨性强、阻尼性能好，成为新型车用轻量化材料的研究热点。据统计，预计2020—2025年全球复合材料市场平均增长幅度为6%，到2025年达到约1248亿美元的市场规模。其中，复合材料在交通运输领域需求较大，占总量的24%。因此，面向汽车行业对绿色、轻量化材料的巨大需求，新型复合材料为应对汽车轻量化产业的高速发展、低成本竞争起到了支撑作用。复合材料质量轻，可显著减轻车身重量，降低能源消耗从而减少尾气排放，完美契合了当今碳达峰和碳中和的时代背景。此外，复合材料比强度高、比刚度高、弹性模量高，相比于镁、铝等轻合金，其模量更加优异，更高的比强度、比刚度使得结构材料的用量相对减少，结合其优异的轻质特性，汽车轻量化用复合材料发展及应用潜力巨大。此外，复合材料各项功能特性优异、灵活度高，可通过调节增强相的种类及体积分数，实现靶性能的显著提高和综合权衡，实现车用轻量化材料的结构功能一体化的应用。

鉴于复合材料的诸多优势，车用复合材料的发展与应用正逐步完成从简单非结构件到复杂结构件的转型，其应用范围已从少数零件发展到整车（如底盘、车身、车门、内外饰等）。轻量化、减重减排趋势极大推动了纤维增强复合材料在汽车行业的快速发展。汽车轻量化复合材料以纤维增强树脂基复合材料为主，强化纤维主要包括玻璃纤维、碳纤维、玄武岩纤维等，其具体应用如表4-2所示。强化纤维决定了复合材料的整体性质，如在力学性能层面，强化纤维为承担载荷的主力军，而基体则起到了传递并分散载荷的作用。

表4-2　汽车轻量化复合材料种类及应用

汽车轻量化用复合材料种类	应用
玻璃纤维增强复合材料	进气歧管、汽车前端模块、车门内衬板模块、座椅骨架、发动机保护罩、后桥传动梁、底盘
碳纤维增强复合材料	车身、底盘、A/B/C/D柱、发动机盖、后备厢盖、前端框架保险杠骨架、翼子板、传动轴、轮毂、刹车片、板簧
玄武岩纤维增强复合材料	车用蜂窝内饰板、汽车导流罩、压缩天然气气瓶

（1）玻璃纤维增强复合材料及应用场景　玻璃纤维是以石英砂、氧化铝、石灰石、叶蜡石等为原料，经池窑拉丝法、连续纤维拉丝法及定长纤维拉丝法等成形方法制成的无机非金属纤维增强材料。其具有强度高、模量大、相对密度小、耐热耐腐蚀性好、种类繁多、成本低等优势。玻璃纤维复合材料是以玻璃纤维及其制品（纱、布、毡等）为主要增强相，以树脂等作为基体，通过适当工艺（缠绕、拉挤等）合成的复合材料。玻璃纤维增强复合材料在保持基体材料特性的同时，继承了玻璃纤维质量轻、强度高、模量高、耐热耐腐蚀性强、成本低的特点，同时兼具介电性能好、灵活度高的特点，再加上玻璃纤维生产技术成熟、细分品类众多，广泛应用于轨道交通及航空航天等领域。玻璃纤维在汽车领域应用广泛，距今已有约70年的历史。玻璃纤维增强复合材料在汽车行业应用广泛，如进气歧管、汽车前端模块、车门内衬板模块（长玻纤增强聚丙烯复合材料）等。其生产成形方法多样，主要可以分为手糊成形、喷射成形、模压成形、注塑成形、真空辅助成形、缠绕成形、拉挤成形等，目前应用较为广泛的方法是模压成形法。

玻璃纤维增强复合材料按基体性质不同可分为玻璃纤维增强热固性和热塑性复合材料。其中，环氧树脂、聚酯树脂是颇具代表性的热固性树脂基体。片状模塑料是以热固性树脂为主要原料，加入增稠剂、低收缩剂、脱模剂、填充剂等助剂，以玻璃纤维增强的片状原料。片状模塑料由于质量轻、比强度高、生产自动化程度高、成形温度低、成形压力低、表面光洁程度高、复杂制品可一次成形等特性，是代表性的玻璃纤维增强热固性复合材料。自 20 世纪 60 年代德国拜耳公司实现片状模塑料工业化量产以来，片状模塑料在汽车轻量化领域飞速发展，依靠树脂传递闭合模压、片状模压等成形工艺，实现了其在汽车的车门、保险杠等部件上的应用。但在片状模塑料服役过程中，片状模塑料绝对强度较低、耐老化性能差、制品收缩率高等缺点以及在其制成的汽车部件电泳和涂装时的起泡、油漆空鼓、废气废料回收难等问题，使之愈发难以满足新型产品的服役性能要求。玻璃纤维增强热塑性复合材料具备密度低、强度高，兼具阻燃、隔热、耐候、抗冲击、减振等特性，生产效率高，并且其相较于玻璃纤维增强热固性复合材料最大的优势是可多次加热使用，即可回收和循环利用。玻璃纤维增强热塑性复合材料的应用愈加广泛，甚至可以部分取代钢、铝用于结构件，达到轻量化减重效果。玻璃纤维增强热塑性复合材料的产业化应用实现于 1972 年，将玻璃纤维制品玻纤毡增强热塑性材料应用于座椅骨架、发动机保护罩上。

根据玻璃纤维的长度可将之划分为长玻璃纤维和短玻璃纤维。短玻璃纤维占据目前大部分的汽车行业市场份额。而长玻璃纤维的长径比比短玻璃纤维大一个数量级，可以显著提升复合材料增强相的相对体积分数，根据复合材料强化法则，选择适当工艺（模压成形工艺和造粒工艺），在保证纤维分布均匀的条件下，可大幅提高强化效率。此外，长玻璃纤维还可在热塑性基体中构成三维网络结构，进一步优化其综合力学性能。长玻纤增强热塑性复合材料首先由美国聚合物复合材料公司提出并制备，其后，优异的轻质特性及出色的服役性能使长玻璃纤维增强热塑性复合材料在众多材料中脱颖而出，其已被德国大众、美国通用和日本日产、马自达等车企应用于后车门挡板、发动机下底护板、仪表板支架、控电盒、导流板等汽车部件上（图 4-5）。20 世纪 80 年代，美国杜邦公司将长玻璃纤维增强热塑性复合材料应用于汽车机械传动和底盘构件，该复合材料强度高、刚性好，兼具耐热耐候性和尺寸稳定性。德国巴斯夫公司则将表现出更优异力学性能的长玻璃纤维增强尼龙材料应用在奔驰 S 级轿车的后桥传动梁上。

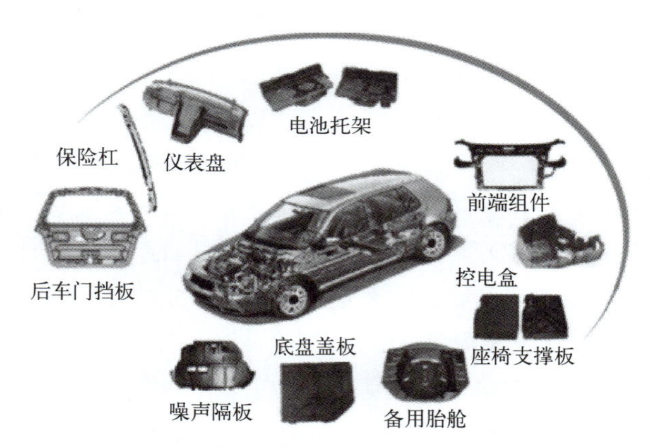

图 4-5　长玻纤增强热塑性复合材料在汽车中的应用

长玻纤增强热塑性复合材料的环保特性及出色性能引起了国内学术界及工业界的高度重视。过去十多年来，我国热塑性复合材料产量增速为 9.05%，与之相比，热固性复合材料仅为 1.6%。过去三十年来（截至 2021 年），我国玻璃纤维增强热塑性复合材料产量由 8 万吨持续提升至 274 万吨。玻璃纤维增强热塑性复合材料产量的快速增长与其在汽车轻量化领域的广泛应用密不可分。我国玻纤企业，以中国巨石股份有限公司为代表，已成为全球领先的玻纤龙头，其产能领跑全球，十年净利润复合增速 35.34%，2021 年营收和净利润同比大幅增长，实现营业收入 197.07 亿元，同比增长 68.92%，代表产品包含玻璃纤维编织制品、热塑性塑料用玻璃纤维产品等。此外，金发科技股份有限公司生产的长玻璃纤维增强热塑性复合材料产量高达 2 万吨 / 年，位居国内第一，其代表产品具有密度小、刚性大、尺寸稳定性好等特点，已在上汽、长安、奇瑞部分车型的汽车前舱盖内板及前端模块等部件实现产业化应用。

从热固性材料到热塑性材料、从短玻纤增强到长玻纤增强，玻璃纤维增强复合材料在汽车轻量化领域的发展日益加快，其制备及成形技术也愈发成熟，未来其将朝着兼具优异服役性能与环保性的长玻璃纤维增强热塑性复合材料发展。

（2）碳纤维增强复合材料及应用场景 碳纤维是含碳量超过 90% 的高强度高模量强化纤维。其除了具有优异的力学性能外，还具有耐热耐腐蚀性优异和化学稳定性好等特点，是一种出色的复合材料增强相。碳纤维增强复合材料是指以碳纤维为增强体，以树脂、金属及陶瓷等为基体，经一定工艺成形的复合材料。碳纤维增强复合材料质量轻、比强度比刚度高、尺寸稳定性好、耐热耐蚀性优异、耐老化性好、阻尼性能好、导电导热性能优异、设计灵活度大，常应用于航空航天、国防军工及轨道交通行业。优异的轻质性和高强度完美契合了汽车轻量化的发展趋势，是汽车轻量化领域最前沿且最具发展潜力的材料。碳纤维增强复合材料最突出的性质有两个方面，其一是其优异的轻质性。碳纤维复合材料的密度远小于传统汽车用钢，甚至低于镁、铝等轻合金，可使汽车有效减重最高达 60%，一方面可提高燃料效率，另一方面可优化车辆的动力学性能。其二是强度高，其强度可达钢的 7 ～ 9 倍，玻璃纤维的 1.5 ～ 3 倍，故被誉为汽车轻量化的“王者之材”。碳纤维增强复合材料的成形工艺主要包括拉挤、编织、缠绕、树脂传递模塑成形、纤维自动铺放成形、热压成形、3D 打印成形等。各成形工艺方法各有特点，可针对碳纤维复合材料的服役性能、成本、生产效率等的要求灵活选择。车用碳纤维复合材料大部分是碳纤维增强树脂基复合材料，可用于制造汽车车身、底盘及内外饰等部件。碳纤维增强复合材料最早应用于顶级赛车中，但鉴于其优异的特性以及车用碳纤维生产工艺的发展与成熟，商用轿车及货车中也愈发能见到其身影，其应用范围遍及主次承载车身结构件、非承载结构件、内外饰等。具体包括高强结构件（A/B/C/D 柱、车身及加强筋、底盘、发动机盖、后备厢盖、前端框架和保险杠骨架翼子板等）、传动轴、轮毂、刹车片、板簧等。

高强结构件是车用碳纤维复合材料的应用热点。自 1992 年美国通用汽车公司将碳纤维复合材料用于超轻概念车的车身和底盘结构件起（减重 68%），碳纤维复合材料的研究与应用日益广泛，其往往在大幅减重的同时，优化汽车的服役性能。从量产的角度而言，德国宝马公司通过产业统筹和产能调配控制成本，率先实现碳纤维在量产车上的大规模、高质量应用。其旗下的 i3 轿车约使用 200 ～ 300kg 碳纤维复合材料，减重 250 ～ 350kg 的同时大幅度提升了车辆续航里程和驾驶性能，此外，旗下生产的 7 系高端轿车，其外壳搭载了碳纤维增强复合材料，减轻质量的同时提高了整车安全性和耐久性。日本三菱丽阳公司将碳纤维增强复合材料应用于其标志性跑车 GT-R 的后备厢门，其质量仅为原铝制品的 50%，同时改善了部件刚性和汽车驾驶的安全性。日本斯巴鲁公司将碳纤维复合材料应用于车顶，相比原钢车顶减重 80%。意大利兰博基尼公司生产的 Gallardo 车型的车身和内饰创新性地大范围采用碳纤维增强复合材料，车身净重仅为 1340kg，相比上一系列整车轻 70kg。德国大众公司旗下奥迪 A8 轿车的新型碳纤维复合材料后围板，在实现减重 50% 的同时，还将扭转刚度提高了 24%。

除高强结构件外，碳纤维传动轴、轮毂、刹车片亦为研发重点。碳纤维增强复合材料传动轴在具有良好的传动能力、导向能力、耐疲劳性能的同时，兼具优异的轻质性（可将其重量减半），重量和直径相等条件下，碳纤维复合材料传动轴的扭矩可达钢材的 170%。日本丰田汽车公司开发的碳纤维传动轴不仅重量减半，且传动效率更高。日本东丽集团开发的碳纤维汽车传动轴已广泛搭载于阿斯顿·马丁、奔驰等高端汽车品牌车型中，而英国 GNK 公司研发的碳纤维传动轴则应用于奥迪 A4 等车型。汽车轮毂是汽车传动系统和承载部件的重要组成部分，其特殊的服役条件要求材料具有较好的耐久性、耐热耐候性、阻尼性和高导热性。碳纤维复合材料由于其出色的特性，作为原材料制造的轮毂不仅可以完美契合轮毂的服役要求，在车辆轻量化减重、结构稳定性、整体成形性、设计感等方面更具优势。全球首款工业化量产的碳纤维增强复合材料轮毂由澳大利亚 Carbon Revolution 公司研发，已应用于保时捷 911 车型和福特旗下的跑车 GT350R，较之于铝合金而言轻 40% ～ 50%。瑞典科尼赛克汽车公司为旗下 Agera R 型超跑搭载了世界上首款中空、单片式碳纤维增强复合材料轮毂，在保证了服役性能的同时使质量减轻约 20kg。类似地，德国保时捷、宝马公司同样也在碳纤维增强复合材料轮毂方面实现了量产技术及轻量化、服役性能上的突破。我国徐州超飞航空科技有限公司于 2018 年实现碳纤维增强复合材料轮毂的工业化生产，是目前亚洲地区唯一能够批量化生产单片式全碳纤维轮毂的企业。碳纤维增强复合材料制造的刹车片也是其在汽车领域的代表产品之一，在确保轻质高强的同时，还具有制动性能好、磨损率低、噪声低、不易老化、耐热耐候性好、绿色环保等特点，在 2000℃以下时随温度升高其强度不会有明显降低，并且摩擦因数不会显著下降，被大量应用于赛车刹车片中。德国西格里公司生产的碳纤维陶瓷制动装置，目前已应用于保时捷高端车型。

较之于发达国家，我国的碳纤维增强复合材料产业起步较晚，但近年来，随着汽车轻量化及双碳目标的提出以及碳纤维生产技术的成熟，国内车企及科研机构加强了对碳纤维增强复合材料的研究，实现了部分具有自主知识产权的碳纤维增强复合材料的开发，拓展了其在我国汽车行业的应用。2014 年，奇瑞公司与中国科学院联合，通过优化复合材料成分、结构件设计、快速成型工艺，研发了混合动力汽车艾瑞泽 7，是国内首款采用碳纤维增强复合材料制作车身的量产车型，车身质量低至 218kg（较老款轻 48%），实现了车身减重 - 性能优化的双重目标。江苏奥新新能源汽车有限公司生产的新能源汽车 E25A 车身客舱采用全碳纤维制造，减重达 50%。类似地，北京汽车公司自 2016 年以来将研发的碳纤维增强复合材料应用于发动机罩、车身功能件等，实现了减重 50%。中国长安公司于 2020 年成功下线自主研制的碳纤维 / 铝合金混合结构车身。蔚来公司旗下的 ES6 型电动汽车的后地板、座椅板与后地板横梁总成均采用碳纤维增强复合材料制造，减重的同时提高了车辆的安全性和整体耐久性。上述成果为碳纤维增强复合材料在我国汽车轻量化材料领域的发展夯实了基础。

（3）玄武岩纤维增强复合材料 玄武岩是一种主要成分为 SiO_2 和 Al_2O_3 的火山岩，具有天然的化学稳定性和丰富的地壳储量。以玄武岩为原料，经高温熔融后通过铂铑合金拉丝漏板拉制，可获得连续的玄武岩纤维。目前的玄武岩纤维制品主要有短纤维、长纤维、连续纤维和纤维布等（如图 4-6 所示）。玄武岩纤维资源丰富、成本较低，生产工艺简单，过程中产生的废弃物少，产品废弃后可直接降解，对环境无危害，被誉为 21 世纪节能环保、可持续发展的新材料，无污染的“绿色工业材料”；同时，玄武岩纤维在强度、耐高低温、耐碱耐酸、隔热隔音、阻燃绝缘和抗紫外线等方面表现出色。因此，玄武岩纤维相较于玻璃纤维而言，是一种更加绿色（可降解）、环保（对环境无污染）且综合性能优异的材料。玄武岩纤维的力学性能介于玻璃纤维与碳纤维之间，且具有最优异的耐热性能。相比较昂贵的碳纤维来说，其具有较高的性价比，是近年来国内外企业着力发展并已实现量产的纤维增强材料。

图 4-6　玄武岩纤维制品

密度低、耐热性好、化学稳定性高、成形加工性能优异、成本低的热塑性聚丙烯是五大通用合成树脂中应用增长速度最快的品种，但聚丙烯在低温下较脆，易断裂失效。将玄武岩纤维作为复合材料增强相，通过制备工艺的研发及创新，将其强度高、热稳定性好、耐腐蚀、绿色环保等优点与聚丙烯良好的加工性能相结合，既可以改善聚丙烯低温较脆、收缩率大等缺点，又可获得高强度、大刚度、高性价比和环保型特征的轻质复合材料。其与玻璃纤维 / 聚丙烯复合材料相比，力学强度更高，与碳纤维 / 聚丙烯复合材料相比，成本更低。其在汽车轻量化领域的代表性产品包括玄武岩长纤维增强聚丙烯内饰板（车用蜂窝板材）、外饰件（汽车导流罩）、压缩天然气气瓶等。玄武岩纤维增强复合材料的高性价比使其在汽车轻量化领域享有一席之地，在双碳背景下，绿色环保的玄武岩纤维增强复合材料的研究与发展对推进现代化工业的绿色进程大有裨益。

4.2 汽车轻量化对新材料的战略需求

我国《节能和新能源汽车技术路线图》提出，至 2030 年，要实现整车比 2015 年减重 35%，节能减排需求迫在眉睫。《新能源汽车产业发展规划（2021—2035 年）》中提出，要加强新材料技术的布局，大力支持轻量化材料研发，以支撑新能源汽车的健康高速发展。中国汽车工程学会主导修订的《节能与新能源汽车技术路线图 2.0》指出，汽车轻量化领域以完善高强度钢应用体系为重点，中期以形成轻质合金应用体系为方向，远期以形成多材料混合应用体系为目标，其中，铝合金、镁合金以及复合材料在多材料混合应用体系中扮演关键性角色。对于轻量化系数总体目标，要求 2025 年 /2030 年 /2035 年燃油乘用车轻量化系数分别降低 10%/18%/25%，纯电动乘用车轻量化系数分别降低 15%/25%/35%。在如此强烈的轻量化需求下，汽车零部件对相应铝合金、镁合金以及复合材料等轻量化材料提出了更为严苛的要求，重点是如何在维持现有性能的前提下实现减重。

4.2.1 汽车轻量化对新型铝合金的战略需求

铝合金主要应用于汽车车身、汽车底盘、汽车电器以及动力总成等部件中，因而汽车轻量化对新型铝合金的战略需求也将因各个部件对性能要求的不同而改变。

（1）新型高强度铝合金材料 现有铝合金材料相比于高强度钢而言，在强度方面仍处于劣势，故在车身结构件以及底盘等承力件方面仍然无法大面积取代高强度钢。根据中国产业信息网统计，2020 年我国生产的副车架和控制臂的铝合金渗透率分别为 8% 和 15%；而北美汽车市场中铝合金控制臂的渗透率在 2012 年就达到了 40%。国内预计副车架和控制臂的铝合金渗透率在 2025 年分别达到 25% 和 30%，而有此提升的基础是开发出新型高强度铝合金材料来替代高强度钢。此外，目前铝合金在燃油车的车身结构件的渗透率仅为 3%，在纯电动车上也仅为 8%，故汽车轻量化对新型高强度铝合金的需求十分迫切，铝合金在替代高强度钢方面仍有相当一段路要走。

（2）新型一体化压铸铝合金材料 2020 年 9 月，特斯拉宣布 Model Y 将采用一体化压铸技术制备后地板，这在 Model 3 的基础上将减少 79 个零部件，制造成本也降低 40%。特斯拉还宣布下一步将采用几个大型压铸件来替代 370 个零件组成的下车体总成，进一步降低质量和成本，并提高制造效率。一体化压铸是一次制造工艺技术革新，不仅可以提高效率，还可降低生产、人工、场地等成本，但一体化压铸也对铝合金材料提出了更高的要求。一体化压铸铝合金材料需要具备良好的综合性能，包括优异的铸造性能、铸造下的高强韧特性、良好的连接性、较高的杂质包容度等。考虑到一体化压铸件复杂的形状，流动性是其对应铝合金材料考虑的首要问题；此外，一体化压铸结构件还要求较高的强度。目前常用的压铸铝合金材料为 Al-Si、Al-Mg 以及 Al-Mg-Si 系，Al-Si 系流动性好而强度欠佳，Al-Mg-Si 系强度高而流动性稍差，而 Al-Mg 系强度和流动性均不是特别出众。故目前常用于一体化压铸的 Al-Si 系材料虽然适合复杂形状的零部件制备，但仍无法用于制备关键结构件。随着一体化压铸的深入应用，对兼顾良好流动性以及高强韧性的新型一体化压铸铝合金材料的需求也更加迫切。

（3）电磁屏蔽型铝合金材料 铝合金材料在汽车电器方面的应用虽然相比导热、导电性差的钢铁更有优势，但是电磁屏蔽能力一般仍是限制其应用的瓶颈问题。汽车电器集成化的高速发展对铝合金零部件抗电磁干扰的能力提出了更高的要求。

（4）高强高导热铝合金材料 虽然纯铝具有较高的热导率，但合金化之后铝合金的热导率往往较低，很难满足电池包壳体等汽车电器壳体对高导热的要求。此外，部分壳体件仍要求一定的强度以支撑电池等部件。市面上多数铝合金材料的高强度和高导热不可兼得，故需要开发出兼顾高强和高导热的结构功能一体化铝合金材料。

（5）新型耐腐蚀铝合金材料 汽车用液冷板等部件因长期与液体接触，故要求对应的铝合金材料具有优异的耐腐蚀性能，这也是液冷板常采用高耐蚀的 Al-Mn 系铝合金材料的原因。但是，随着新能源汽车对续航里程的要求逐渐增加，电池包也越来越重，故还要求液冷板等部件兼顾一定的强度。开发兼顾强度的新型耐腐蚀铝合金材料将进一步促进新能源汽车的发展。

4.2.2 汽车轻量化对新型镁合金的战略需求

（1）高性能轻稀土镁合金结构材料 由于稀土元素独特的核外电子排布方式，在传统镁合金中添加稀土元素能显著改善其强度、韧性、耐腐蚀性、抗蠕变特性。我国稀土资源丰富，稀土母合金开采技术成熟，产业体系完整，市场潜力巨大。轻稀土具备一定的价格优势，相比于价格昂贵的重稀土，能使广大消费者接受。发明高性能低成本的轻稀土镁合金，并开发相应的高致密度压铸技术，将推动镁合金在汽车零部件上的应用。预计到 2035 年，其替代普通镁合金材料的比例达到 30%。

（2）高强高导热镁合金新材料 汽车内部大功率大密度的元器件不断发展，快速有效的散热是保证元器件稳定工作的前提。传统的高导热金属如 Ag、Cu，由于密度太大、价格高，难以满足实际应用要求。因此，高强高导热镁合金材料是满足应用需求的潜在材料之一，热导率大于 130W/（m·K）的高强高导热镁合金材料及其零部件的制备加工技术是该领域发展的主要方向之一。预计到 2035 年，其替代同类普通高导热合金材料的使用量将超过 30%，替代汽车内部大量元器件壳体，以满足散热需求。

（3）高强高耐腐蚀镁合金新材料 镁的低电极电位造就了其易腐蚀的特点，极大限制了镁合金在汽车领域应用，未来开发高强高耐腐蚀镁合金成为迫切需求，主要体现在：高强高耐腐蚀镁合金研发、镁合金防腐技术开发、镁合金表面处理设备开发。预计到 2035 年，其替代传统耐腐蚀镁合金材料的比例将达到 30%，替代大部分耐磨、恶劣工况下工作的汽车零部件。

4.2.3 汽车轻量化对新型复合材料的战略需求

（1）轻质高性能金属基复合材料 现有铝基和镁基复合材料，大多采用 Al_2O_3、SiC 等相对密度较大的增强相颗粒，在提升材料强度的同时也增加了复合材料的相对密度，损失了一部分轻量化优势。因此，汽车轻量化也对相对密度更小、强度更高的金属基复合材料有着明显的战略需求。综合协同汽车轻量化复合材料增强相的工艺—组织—性能，在保证其轻量化特性的同时，继续优化其服役性能，实现复合材料性能的高效率强化。

（2）高强韧性耐热、耐蚀、耐候性塑料基复合材料 相比于金属基复合材料，塑料基复合材料的突出优势在于质轻。但目前多数汽车用塑料基复合材料的强韧性、耐热、耐蚀、耐候性相比于金属基复合材料来说还有较大差距。因此，为了促进汽车的进一步轻量化，开发具有高强韧性、耐热、耐蚀、耐候性优异的新型高性能长纤维热塑性复合材料也将成为下一阶段的发展方向。

（3）环境友好型塑料基复合材料 塑料基复合材料的突出问题是污染环境，这是因为大多数塑料基复合材料难以回收。故促进汽车轻量化复合材料基体由不可回收的热固性基体到可回收、可多次利用的热塑性基体的转型将是汽车轻量化发展的新方向。

（4）一体化成形金属基复合材料 相比于铝、镁合金等金属材料而言，含有增强相的金属基复合材料因流动性降低而更难一体化成形，这在很大程度上限制了金属基复合材料在汽车上的应用。加快开发可一体化成形的金属基复合材料，实现汽车轻量化复合材料的一体化成形技术自主创新，突破技术瓶颈，在保证增强相均匀分布的前提下，实现多零件的一体化成形整合，也是适应汽车轻量化向高性能、高集成方向发展的关键。

4.3 汽车轻量化材料面临的问题与挑战

汽车轻量化的高速发展也对相应的轻量化用铝、镁合金以及复合材料提出了更高的要求，这使得目前轻量化材料面临着一些瓶颈问题，比如材料开发问题、高成本问题、成形问题以及回收问题等。

4.3.1 高性能材料的开发问题

（1）轻质高强铝、镁合金开发问题 在汽车上实现"以铝代钢"和"以镁代钢"的初衷就是在保持力学性能的同时实现轻量化，但相比于高强钢等材料而言，铝、镁合金在绝对强度上不占优势，仍然难以替代某些关键钢制承力结构件，这在某种程度上限制了铝、镁合金的应用。目前铝、镁合金大多只能替代对强度要求不高的结构件或非承力件，故如何开发更高强度且可应用于汽车零部件上的铝、镁合金成为当前汽车轻量化面临的一个难题。

（2）结构功能一体化铝、镁合金开发问题 汽车的高速发展不仅要求铝、镁合金等轻量化材料具备优异的力学性能以替代钢制结构件，还要求其兼具一定的功能性以适应、更高的需求，因而催生出一批结构功能一体化铝、镁合金材料，包括高强高导热铝、镁合金，以及高强、高耐蚀铝、镁合金等兼顾力学性能和功能性的材料。但这类材料开发的问题在于材料的结构特性与功能特性存在一定的矛盾。一般提高强度需要通过合金化来实现，但合金化后材料的热导率等功能特性往往会大幅下降。故通常强度越高，其功能性可能就越弱。例如，压铸AZ91D有着理想的屈服强度，但其热导率却不尽如人意，仅有53W/（m·K），难以满足零部件散热需求。为此，上海交通大学曾采用成本可控的轻稀土La、Ce开发出了强度超过140MPa、热导率为120W/（m·K）的高强高导热压铸镁合金以解决该难题。总的来说，如何克服力学性能与功能特性之间的矛盾，是结构功能一体化铝、镁合金材料面临并需要解决的难题。

（3）高性能复合材料的稳定性问题 增强相的不均匀分布易使复合材料的性能不稳定，特别是对于短纤维增强复合材料而言，该问题尤为突出。确保复合材料零部件质量的稳定一致，要求对其成形工艺的全过程严格把控。此外，复合材料的界面结合也是影响其性能稳定性的关键。基体和增强相之间的界面结合决定了复合材料的服役性能。而现阶段，性能更为出色的基体和增强相的优选是目前大多数科研及产业化的研究重点，但二者核心的界面问题却往往被忽略。

4.3.2 轻量化材料的高成本问题

（1）轻量化镁合金的高成本问题　目前汽车轻量化镁合金零部件还面临着成本高的难题。在追求汽车轻量化的同时不能忽视零部件的性价比，而零部件的性价比由轻量化材料的价格、成形难易程度、加工成本等决定。例如，稀土元素能给镁合金带来一系列的优异性能，例如阻燃、高导热、耐腐蚀、抗蠕变等特性，但是稀土尤其是 Nd、Gd 等昂贵的价格，难以让消费者接受。如表 4-3 所示，轻量化材料相比于钢来说成本仍然较高（PCI 是材料性能成本指数，是相对于材料力学性能、物理性能的成本量，值越大成本越高）。因此，开发材料一般选用成本低廉的合金元素，比如在镁合金中尽量选择 Al、Zn、Ca、La、Ce 等廉价元素。即便要添加昂贵的合金元素，也尽量控制在较低含量范围内。其次，应该优化镁合金零部件生产工厂，当前国内镁企业小而分散，各自为战，造成人力物力的浪费，生产周期长。应该集中大型企业集团，并配置大型、高速、自动化、智能化的工艺装备，为生产镁合金零部件提供先进的集中熔化、熔体净化、智能成形等先进工艺技术，从而降低材料生产的成本。

表 4-3　不同材料与钢材料相比的性能成本指数

材料	钢	铝	塑料	镁
单位质量成本率	1	3.36	6.14	5.91
单位体积成本率	1	1.17	0.83	1.33
相同刚度的 PCI	1	1.67	3.74	2.22
相同强度的 PCI	1	1.13	1.61	1.49

（2）高性能增强纤维的高成本问题　碳纤维作为复合材料增强相性能优异，但其技术壁垒和门槛高、生产工艺复杂、加工制造成本高，目前多用于对性能有高要求的高端车型，而在我国民用产品领域的大规模应用仍任重道远。

4.3.3 汽车用轻量化零部件的成形问题

（1）铝、镁合金的一体化压铸成形问题　压铸作为成本最低、效率最高、尺寸精度最佳的成形工艺之一，广泛应用于汽车零部件。然而，压铸工艺也存在一些局限性，例如不可避免的卷气会增加产品报废率，承力结构件还有一定的失效风险，并且，这些常规的压铸合金难以紧跟汽车功能的更新换代。而拥有出色功能特性（例如高导热、高阻尼、高电磁屏蔽、高耐腐蚀）的铝、镁合金材料并不一定适用于压铸成形，问题在于这些合金流动性差、熔体夹杂物多、热裂倾向性高。这便需要从工艺角度尽可能改善合金成形性，例如采用熔体净化、高真空压铸、优化模具结构、搭建智能化压铸岛等措施。

（2）汽车轻量化用镁合金难塑性变形的问题 镁的晶体结构为密排六方，室温下只有基面滑移开动，塑性成形能力差，加工成本较高，因此相比铸造工艺，没有得到广泛应用。塑性成形技术在汽车上的应用更是处于初步阶段，变形镁合金无法胜任各种复杂的结构件，对变形镁合金的变形机制理解还不够深入。针对以上问题，可从以下几点考虑：尽管镁合金室温塑性低，塑性成形能力差，但适当提高温度可以激活非基面滑移；通过添加固溶原子增加基面滑移阻力，并减小基面滑移和非基面滑移的临界分切应力差异，从而实现协同提升强度和塑性；通过增大变形度而细化晶粒。

（3）汽车用复合材料难成形问题 复合材料多相特性决定了复合材料生产工艺时间长、生产技术要求高的瓶颈。另外，增强相的分布不均匀性也会显著影响其服役性能，这更对先进成形工艺提出了严格的要求。现有的碳纤维复合材料成形技术生产效率普遍偏低，难以适应当前汽车轻量化领域的快速发展。此外，许多汽车用金属基复合材料因多采用铸造方法而要求较高的流动性，而复合材料因增强相等固体颗粒的存在会显著降低金属的流动性，故金属基复合材料的成形会比一般的铝、镁合金更困难。

4.3.4 轻量化材料的回收问题

目前绝大多数纤维增强复材为玻璃纤维增强复材（占比约 90%），虽然各国正积极推进其回收利用技术，如粉碎回填法、焚烧能量回收法和纤维分离法等，但回收效果并不理想，目前尚无玻璃纤维复合材料批量回收利用的成熟案例，仍存在回收利用困难的问题。同样地，碳纤维也存在回收利用困难的问题。而铝、镁合金的回收则面临杂质元素难以去除以及元素易烧损等问题，极大限制了回收。

4.4 汽车轻量化材料的未来发展方向

汽车轻量化材料的发展需要关注到材料的整个生命周期，包括材料开发、零件成形、零件维修、材料回收等各方面，此外，还需要尤其关注“产学研”的联动，避免高校研发与生产应用脱节。

4.4.1 继续开发高性能、结构功能一体化的轻量化材料

减重是汽车轻量化的目标，而保证性能则是汽车轻量化的底线。目前铝、镁合金等轻量化材料在汽车关键承力结构件中的渗透率较低，究其原因多是材料强度无法满足要求。故要想对汽车实现进一步减重，则需要开发出可替代钢制结构件的轻质材料。此外，随着新能源汽车的迅猛发展，汽车行业对结构功能一体化材料的需求也愈发迫切。新能源汽车的热管理系统对壳体材料的散热性能提出了更高要求，这也是保障安全的关键。而对于与液体、大气等环境接触的零件而言，还要求材料具有优异的耐腐蚀性能，比如与冷却液接触的液冷板。故未来汽车轻量化材料将向着结构功能一体化方向发展。预计到 2035 年，结构功能一体化的

高强高导热、高强耐腐蚀铝、镁合金将替代传统材料的三分之一。

4.4.2 继续发展一体化压铸成形工艺

铝、镁合金相比于传统钢铁材料而言，除了轻以外，还具有可压铸的优异特性。目前汽车用铝合金中将近 80% 是压铸件，而汽车用镁合金中的压铸件比例则占到了惊人的 95%，这得益于压铸具有高效率、高精度、低成本、可集成等优势。继特斯拉推广一体化压铸之后，蔚来、小鹏、高合、小康、大众、沃尔沃以及长安等整车厂都已在一体化压铸方面布局。虽然一体化压铸具有诸多优势，但仍有不足之处需要继续完善。比如，相比于锻件等变形件而言，压铸件在力学性能上不占优势，这主要是因为压铸件的组织存在偏析和粗大等问题。此外，压铸件中难免出现气孔、缩松等空洞类缺陷，还可能出现热裂等致命性缺陷，这极大地降低了铸件致密度，进而影响零件的合格率以及服役寿命。故在一体化压铸的大趋势下，未来将着力发展低偏析、高致密度的压铸技术，通过结合熔体净化、高压压铸、高真空压铸、模具热平衡等手段来实现高致密度、高性能铸件的制备。

4.4.3 建立轻量化材料及制备工艺标准数据库

全世界的铝合金牌号有三百多种，还包括许多不同的热处理状态，专业人士可以根据需求进行选择，但对于某些企业人员而言，了解并熟练运用这些合金繁琐且困难。因此，标准化、数据化以及集成化是未来发展的趋势。在轻量化零部件的制备过程中，如何调控合金成分、如何选择制备工艺都需要一定的数据支撑和指导。此外，现有数据过于零散，从业者大多从参考文献中查阅相关数据，很难快速进行横向比较和选择。故将诸多轻量化材料及制备工艺集成为数据库以便于从业者查阅则是未来发展的重要方向。相比于铝合金而言，镁合金和复合材料的牌号更少，数据更加零散。此外，许多材料标准制定较早，很难跟上如今的发展变化，故需要根据汽车轻量化的发展需求制定相应的标准。同时，为了促进汽车轻量化的发展，也需要针对汽车轻量化建立对应的数据库。这便于从业者查阅汽车特定零部件对强度、塑性、导热、腐蚀等性能的要求，并了解可用于制备该零件的材料以及相应的制备工艺，降低材料制备到应用的技术壁垒，加速汽车轻量化的发展。

4.4.4 加强“产学研”联动，加速轻量化材料应用

近年来，世界各国研发的轻量化材料可谓精彩纷呈，一种又一种新型材料出现在大众视野中。但这些材料中相当大的一部分停留于高校实验室，而未能走向实际的企业生产。一方面，高校在开发新材料时旨在追求更高的强度、更突出的性能，而忽略了材料实际应用的能力。比如许多高性能的铝、镁合金因成本过高而无法落地，许多材料并没有实际的生产工艺与之匹配。另一方面，高校、企业和科研机构之间存在信息壁垒，实际生产的企业很难掌握最新的材料，这也使得一些优异的轻量化材料会延迟甚至无法应用。随着汽车产业的发展，刺激和带动了轻量化材料的发展。以镁合金为例，目前一些地区已经形成了不同产品种类和

规模的镁合金产业群体：

① 长三角地区：上海交通大学轻金属精密成形国家工程研究中心主要研发新型镁合金及其精密成形技术，协同长三角地区一批镁合金企业快速发展，主要地点是上海、苏州、昆山、安徽等。

② 西南地区：以重庆镁业、重庆大学为首，主要制造镁合金轻型汽车、方向盘等汽车零部件。

③ 西北地区：以建设“中国镁谷、世界镁都”为目标的陕西省榆林市府谷县、坐落于青海盐湖的青海盐湖工业股份有限公司。

④ 东北地区：辽宁地区主要从事氧化镁及镁矿开发；吉林长春一汽铸造有限公司主要生产轿车方向盘和大马力柴油机气缸罩盖等汽车用镁合金压铸件。

这些科研团队和产业群体的兴起是汽车轻量化发展的基础，未来应进一步加强科研团队和产业群体之间的联动，高校和科研机构为企业提供最新的材料信息，而企业也为高校和科研机构提供实际生产的性能诉求，从而避免高校和科研机构研发的高性能材料徒有性能而无法应用，也避免企业更新迭代跟不上潮流。

4.4.5 打造轻量化材料产业链

目前绝大多数汽车轻量化材料都在关注材料研发和零件成形，而未重视零件后期的维修、报废回收等问题，事实上这是部分轻量化材料应用整体成本偏高的原因之一。铝合金是应用较为成熟的轻量化材料，从材料研发、零件生产，到零件维修和报废回收等产业链都相对成熟。但和钢铁材料相比，铝合金也存在焊接困难、维修成本偏高等问题。相比于铝合金而言，汽车用镁合金产业链则不够完善。以上海交通大学为代表的高校研发机构对镁合金材料的开发投入较大，产出也很高，但大多镁合金都应用于航空航天领域，而在对成本控制严格的汽车产业则应用程度不高。相比于铝合金而言，镁合金价格虽较高，但若有大批量的需求为牵引，再加上我国是镁资源大国，也是镁生产大国，其最终的价格必将降低。镁合金应用困难，关键与零件生产、零件维修以及废镁回收等相关产业不成熟有关。目前镁合金材料开发和零件生产相对稳定，而镁零件维修和废镁回收等产业则急需打造。成本是汽车轻量化发展考量的关键因素，故未来汽车轻量化材料的发展必须打造出完整的生产链，批量化生产轻量化零部件，保障轻量化零部件制备、服役和报废的全流程，从而降低轻量化零部件的应用成本。

参考文献

作者简介

曾小勤，教授，博士生导师，国家杰青，科技部重点研发专项专家，上海交通大学科研院院长，上海镁材料及应用工程中心主任，轻合金精密成形国家工程中心副主任，中国材料研究学会理事，中国有色金属学会常务理事等。主要研究方向为先进镁合金设计与加工，致力于研究镁的氧化燃烧、强韧化和耐腐蚀合金设计等基础科学问题，基于“多元微合金化阻燃”“稀土时效析出相强化”与“高通量电化学腐蚀计算”等研究思路，深入研究和发展了阻燃镁合金、高强度镁合金与不锈镁合金多种高性能镁合金材料，并将基础理论研究成果转化到实际应用，形成了研究特色并取得了明显的经济效益。主持自然科学重点基金、科技部支撑计划和重点研发计划等项目 60 余项。获国家科技进步二等奖 1 次、教育部技术发明二等奖 1 次和上海市技术发明一等奖 2 次。

李德江，上海交通大学研究员，博士生导师，全国镁合金青年工作委员会常务委员，全国铸造标准化技术委员会压铸分委会委员。致力于结构功能一体化轻合金材料、高致密度成形技术开发。承担国家自然科学基金、“十四五”国家重点研发计划项目课题、两机专项课题、省部级重大专项课题等国家和省部级科研项目以及包括华为、日立、通用汽车、上汽集团等国内外知名企业合作开发科研项目 20 余项。发表论文 100 余篇，授权发明专利 20 余项。获得中国有色金属工业技术发明一等奖 1 次，中国汽车轻量化设计二等奖 1 次。

胡波，上海交通大学轻合金精密成形国家工程研究中心博士后。研究方向涉及轻合金火灾行为、轻合金铸造缺陷调控以及结构功能一体化材料设计等。曾参与国家科技重大专项、国家重点研发计划、内蒙古“科技兴蒙”专项、华为校企合作等项目。第一作者发表学术论文 14 篇，申请发明专利 8 项。研究生期间曾获 2019 年中国航天科技 CASC 一等奖学金，2020 年度第五届“草原狼煤粉杯”铸造专业优秀论文一等奖，2021 年度博士研究生国家奖学金，2022 年度上海交通大学研究生优秀奖学金以及 2022 年度第八届中国国际“互联网 +”大学生创新创业大赛国赛银奖。

第5章

高性能钙钛矿光伏与探测材料

张文华　郑霄家　刘生忠

5.1 钙钛矿领域研究背景简介

5.1.1 金属卤化物钙钛矿材料

金属卤化物钙钛矿材料是指具有 ABX_3 结构的一类化合物，其中，A 位为 $CH_3NH_3^+$（MA^+）、$NH_2CH{=}NH_2^+$（FA^+）、$CH_3CH_2NH_3^+$（EA^+）和 Cs^+ 等阳离子；B 位为 Pb^{2+} 和 Sn^{2+} 等阳离子；X 位为 I^-、Br^- 和 Cl^- 等卤族阴离子。以 B 位金属离子作为核心，与周围 6 个 X 离子配位形成 BX_6 八面体结构，八面体通过共用卤素顶点，形成三维骨架结构；另外，A 位阳离子填充八面体空隙，起到电价平衡作用。图 5-1 为立方钙钛矿的结构示意图。

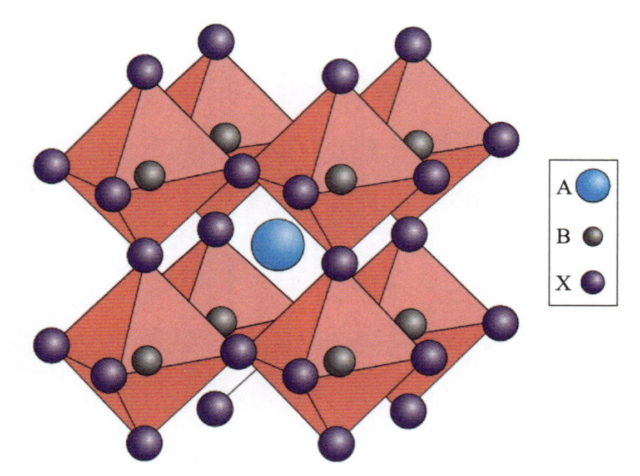

图 5-1　立方钙钛矿结构示意图，其中：A 代表 MA^+ 等阳离子，B 代表 Pb^{2+}、Sn^{2+} 等八面体中心阳离子，X 代表 I^-、Br^- 等卤族阴离子

钙钛矿结构的稳定存在，必须同时满足 2 个基本条件，即八面体因子和钙钛矿结构容忍因子处于合理的范围。其中，八面体因子范围 $0.414 \leqslant \mu \leqslant 0.592$，有

$$\mu = \frac{r_B}{r_X} \tag{5-1}$$

容忍因子（t）的范围为 $0.813 \leqslant t \leqslant 1.107$，有

$$t = r_A + \frac{r_B}{\sqrt{2}(r_B + r_X)} \tag{5-2}$$

式中，r_A、r_B、r_X 分别为 A、B、X 的离子半径。

当 A、B 位置替换为半径较大的阳离子时，BX_6 八面体连接方式发生变化，导致理想立方钙钛矿结构发生变化，形成如图 5-2 所示低维（2D ～ 0D）钙钛矿材料。钙钛矿微观结构的可调性对其光电性质及稳定性存在显著影响，为获取高性能、高稳定光电器件提供了丰富的材料基础，在光伏发电、射线探测等领域取得了举世瞩目的成果，展现出巨大的应用潜力。

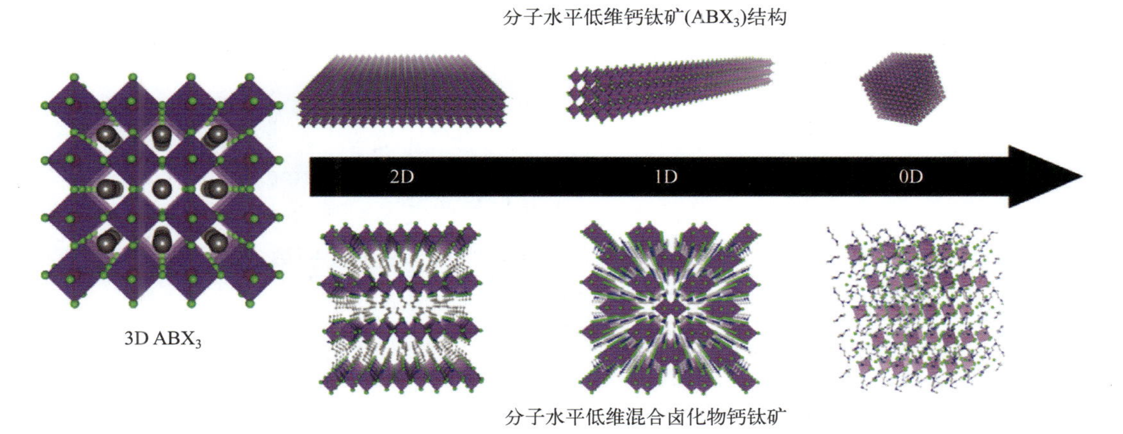

图 5-2　不同维度卤化物钙钛矿的分子结构

5.1.2 钙钛矿电池

卤化物钙钛矿材料的一个显著特点是光吸收范围能够通过化学组成的变化进行大范围的调节，实现紫外光 - 可见光 - 近红外光谱范围的吸收，带隙在 $1.1\text{eV} \leqslant E_g \leqslant 2.9\text{eV}$ 范围内易于调节（图 5-3）；同时，它们的光吸收系数大（约 10^5cm^{-1}），缺陷容忍度高，载流子寿命长（约 1μs），扩散长度大（> 2μm），是理想的光伏电池材料。钙钛矿电池所需原料丰富，且可通过简单的溶液法制备，成本优势显著。目前，钙钛矿电池最高效率已经突破 25.7%，优于碲化镉和铜铟镓硒等薄膜电池，接近单晶硅电池的最高纪录。基于以上突出优势，钙钛矿电池在分布式光伏、移动电子设备、弱光环境等领域具有广阔的应用前景。但目前钙钛矿电池的商业化应用还存在诸多问题和挑战，如大面积均匀薄膜的制备、水氧光电外界条件下的稳定性以及缺乏统一的行业标准等。

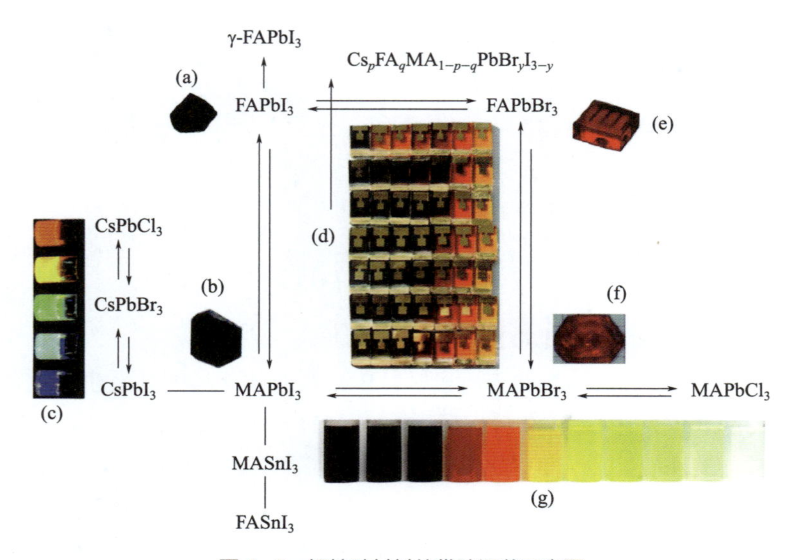

图 5-3　钙钛矿材料的带隙调节示意图

5.1.3 钙钛矿半导体 X 射线探测器

钙钛矿半导体 X 射线探测器的基本结构如图 5-4 所示，其工作原理为半导体材料将 X 射线转化为可读取的电信号，进而实现被检测物体的像素化成像，在医疗影像、无损检测、安全检查等领域应用广泛。提升探测器的检测灵敏度可以降低 X 射线的使用剂量，减少检测过程带来的人体健康损害。钙钛矿材料光电性质优异，得益于高原子序数（Z）、大密度，其对射线的衰减能力强，为 X 射线探测材料体系的拓展带来了新的机遇。目前，基于钙钛矿材料的 X 射线探测器的灵敏度远优于商业化 a-Se 探测器，进展引人瞩目。当前钙钛矿 X 射线探测器的研究尚处于初期阶段，主要围绕新材料开发、探测性能评估、像素化器件制备探索等方面开展。

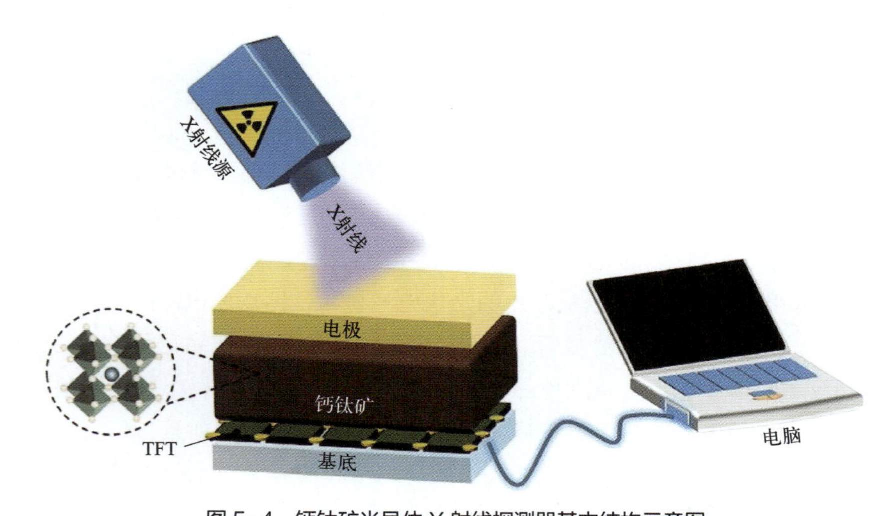

图 5-4　钙钛矿半导体 X 射线探测器基本结构示意图

5.2 钙钛矿领域研究进展及前沿动态

5.2.1 钙钛矿电池的研究进展

2009 年，日本 Miyasaka 等首次将 $CH_3NH_3PbBr_3$ 和 $CH_3NH_3PbI_3$ 钙钛矿材料作为敏化剂组装了基于液体电解质的敏化电池，获得了 3.8% 的光电［转换］效率。但因为钙钛矿材料在电解液中的高溶解性，电池的稳定性很差。为解决液态敏化电池稳定性问题，2012 年 10 月，韩国科学家 Park 等首次报道了固态敏化电池，获得了 9.7% 的光电效率；同年 11 月，英国科学家 Snaith 报道了基于介观 Al_2O_3 结构的非敏化模式的电池，获得了 10.9% 的光电效率。2013 年 5 月，Snaith 等使用双源共蒸法制备出均匀的高质量钙钛矿薄膜，实现了钙钛矿薄膜对基底的全覆盖（图 5-5），制备出光电效率 15.4% 的平面薄膜结构的钙钛矿太阳能电池，证实了钙钛矿材料既可以作为敏化电池，又可以作为半导体薄膜结构电池获得高效光伏器件的特性，这在光伏科学领域是非常独特的性质，钙钛矿电池的研究此后获得了高度的关注，得到了飞速的发展，目前已经进入工程化应用关键技术研发的阶段，有望在光伏应用领域取得革命性的进展。

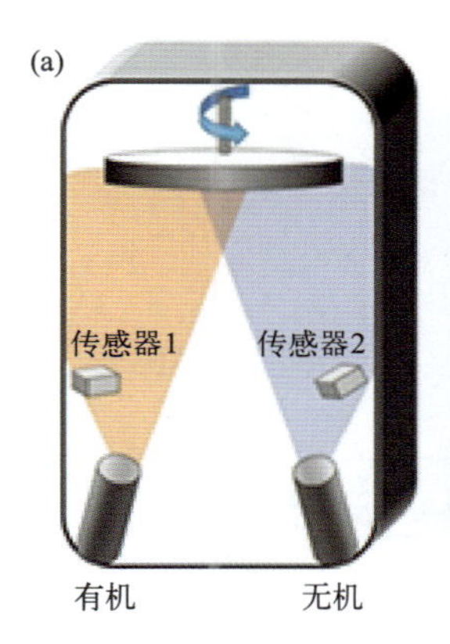

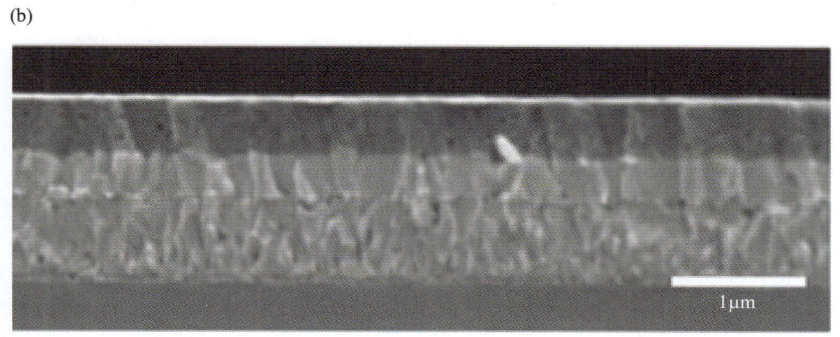

图 5-5 （a）双源真空蒸镀示意图；（b）双源共蒸法制备钙钛矿薄膜截面图

按照入射光的方向分类，钙钛矿电池主要分为 n-i-p 正式结构和 p-i-n 反式结构，进而又可细分为介观正式结构、平面正式结构、平面反式结构和介观反式结构（图 5-6），另外还有基于碳电极的无空穴传输层结构电池等。在 n-i-p 正式电池中，电子传输层材料主要为 SnO_2/TiO_2 等，空穴传输材料主要为 Spiro-MeTAD 或其他有机半导体材料。这类结构电池的界面接触优异，容易获得很高的光电转换效率，并多次创造世界效率指标。2013 年 7 月，瑞士 Grätzel 教授等在 *Nature* 上首次刊发了两步法制备钙钛矿太阳能电池，基于 $MAPbI_3$ 体系，以介孔 TiO_2 作基底，制备的电池器件获得了 15.0% 的当时最高光电效率；同年 9 月，Snaith 等在 *Nature* 上首次刊发了使用双源共蒸法制备钙钛矿吸光层，获得了 15.4% 的创纪录光电效率；其后，钙钛矿太阳能电池 n-i-p 型器件的器件结构和制备方法经历了逐步优化过程，如韩国蔚山科技所的 Seok 等于 2021 年在 *Nature* 上发表了通过富 Cl^- 离子与 SnO_2 前驱液耦合制备高性能电子传输层，形成相干层，显示提升了电子的提出与输运性能，将太阳能电池的光电效率世界纪录提高到了25.5%。最近，Seok 团队又于 *Nature* 上报道了使用较长的烷基氯化铵（RACl），如氯化丙基铵（PACl）和氯化丁基铵（BACl）作为改善钙钛矿结晶和表面形态的试剂，获得了最高的认证效率 25.73%，是当前国际上最高钙钛矿电池光电效率纪录，且在没有 UV 截止滤光片和太阳光照射的环境下使用最大功率点跟踪（MPPT）进行监测时，封装的目标器件在 600h 后仍能维持其初始光电效率的约 88%（25.2%）。然而，高效器件中往往采用有机空穴传输材料，并通过引入添加剂来提升材料的空穴迁移率与导电性，导致器件的稳定性难以满足长时工作的需要。相对而言，基于无机钙钛矿与无机传输材料的器件则更易于获得优异的稳定性。2022 年，美国普林斯顿大学 Loo 研究团队构筑了界面稳定的新型全无机钙钛矿太阳电池（图 5-7），通过在 $CsPbI_3$ 与空穴传输层间引入 $2DCs_2PbI_2Cl_2$ 中间层使得器件的光电转换效率从 14.9% 提高到 17.4%。值得注意的是，基于无机界面覆盖层的器件在 35℃下性能不衰退，并且在 110℃、恒定照明下超过 2100h 后性能仅下降 20%。基于 Arrhenius 温度依赖性的降解加速因子，预测其在 35℃下连续运行寿命高达（51000±7000）h（＞5 年），对钙钛矿太阳能电池的稳定性提升有重要的借鉴意义。

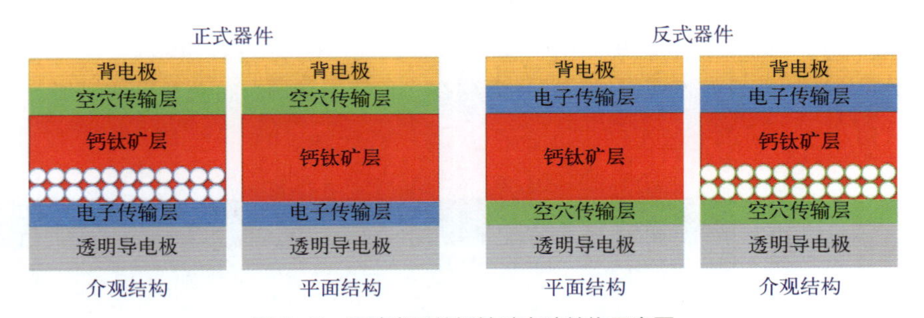

图 5-6　四种常见的钙钛矿电池结构示意图

（a）介观 n-i-p 正式结构；（b）平面 n-i-p 正式结构；（c）平面 p-i-n 反式结构；（d）介观 p-i-n 反式结构

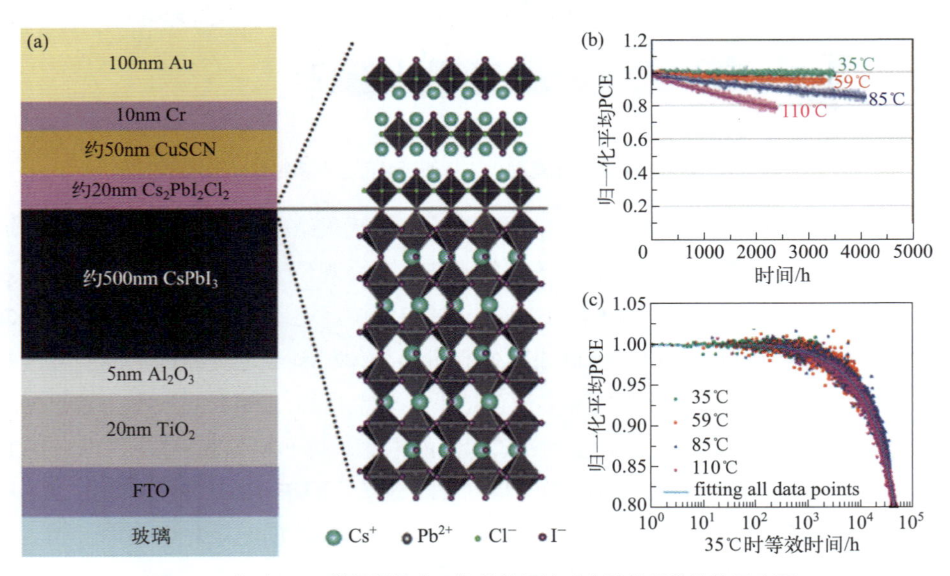

图 5-7 （a）Loo 等报道的全无机结构钙钛矿电池的器件结构示意图；
（b）器件在不同温度下加速老化的性能变化；（c）依据加速因子，预测的器件在不同温度下加速老化的寿命

相较于正式器件，反式器件在产业化发展进程中尤为受关注。反式结构钙钛矿电池可以首先在高温下制备无机空穴传输材料，然后再生长对外界条件比较敏感的钙钛矿薄膜，继而能够通过 ALD 和真空蒸镀等温和的制备技术，在钙钛矿材料的表面沉积 SnO_2 致密薄膜作为电池的电子传输层，这能够比较好地解决器件稳定性问题，在产业界具有更大的发展潜力。2015 年，韩礼元等利用喷涂热解法制备了锂镁共掺杂的氧化镍薄膜（$NiMgLiO_x$）作为空穴传输层，组装了平面反式结构电池，在 $1cm^2$ 活性面积上 PCE（能量转换效率）可达 15%。器件经过 1000h 光照老化后仍保持初始光电效率的 90%，显示了非常优异的稳定性。2019 年，Snaith 等将 1- 丁基 -3- 甲基咪唑四氟硼酸盐（$BMIMBF_4$）引入到（$FA_{0.83}MA_{0.17}$）$_{0.95}Cs_{0.05}Pb$（$I_{0.9}Br_{0.1}$）$_3$ 钙钛矿前驱体溶液中，制备了基于 NiO_x 空穴导体的反式结构器件，离子液体在钙钛矿 / 电荷传输层截面处的聚集，可以显著降低钙钛矿薄膜中的离子迁移，提高了器件的光伏性能和稳定性：封装器件在 70 ～ 75℃、标准太阳光连续照射 1800h 后，仍可保持其初始光电效率的 95%。2022 年，美国可再生能源国家实验室的朱凯等利用 3- 甲氨基吡啶选择性地与钙钛矿表面甲脒离子发生反应，抑制界面缺陷并降低表面电势，获得了认证效率 25.3% 的反式电池，该器件光电效率已接近正式电池的最高光电效率指标。特别是，该方法制备的钙钛矿电池器件在标准光强下连续光照 2400h 后仍保持初始光电效率的 87%（温度：55℃，相对湿度：40% ～ 60%），稳定性非常好，这就为商业化发展提供了理论和技术支持。2023 年，中国科学技术大学徐集贤等在 *Science* 上刊发了通过使用约 100nm 的 Al_2O_3 纳米颗粒，通过浓度优化（1.4mg/mL），得到了岛状均匀分布的绝缘多孔层，减少活性层与多孔绝缘层接触以降低钙钛矿太阳能电池中的非辐射复合，从而使器件光电效率达到 25.5%，并获得了 $1cm^2$PCE 超过 23%，是当前基于 p-i-n 结构的电池的最高光电效率之一，器件在一个太阳光照强度下最大功率点稳定运行 1200h 后效率仅降低 2%，显示了非常优异的稳定性（图 5-8）。

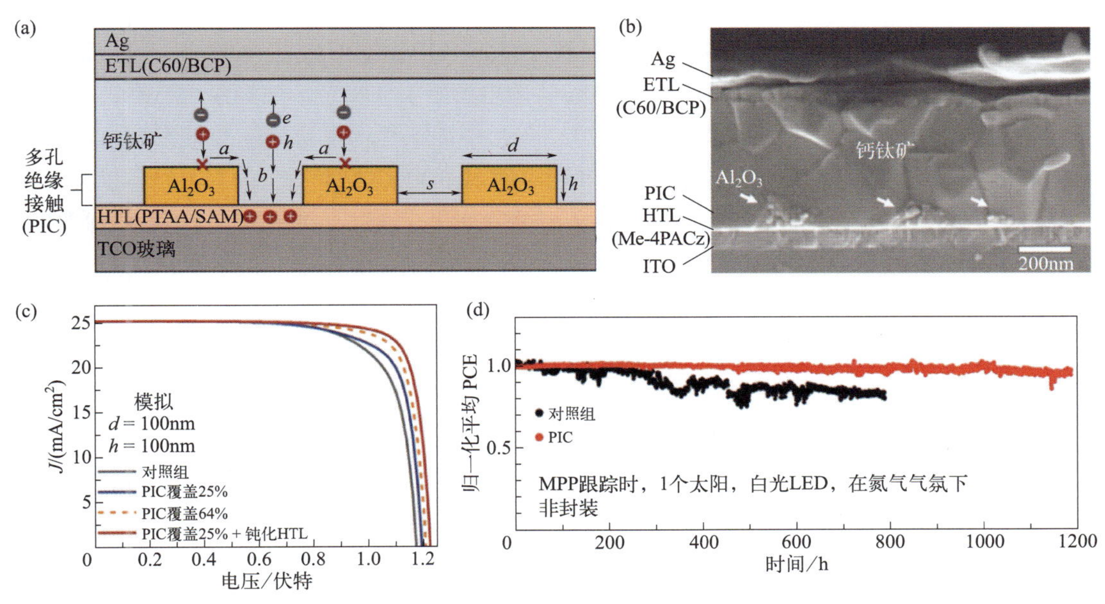

图 5-8 （a）使用绝缘 Al_2O_3 纳米颗粒优化改性钙钛矿电池结构示意图；（b）器件 SEM 截面图；（c）器件 J-V 曲线；（d）器件 1200h 稳定性测试曲线

5.2.2 钙钛矿半导体 X 射线探测器的研究进展

2015 年，奥地利约翰·开普勒林茨大学 Heiss 等首次报道了基于三维 $MAPbI_3$ 的直接型 X 射线探测，实现了优于商业 a-Se 探测器的灵敏度，引起了射线探测领域的广泛关注。此后，国内外研究者在钙钛矿 X 射线探测领域开展了广泛的研究工作。2016 年，北卡罗来纳大学黄劲松等首次将 $MAPbBr_3$ 钙钛矿单晶用于 X 射线探测，实现了 $80\mu C \cdot Gy_{air}^{-1} \cdot cm^{-2}$ 的灵敏度和 $0.5\mu Gy_{air} \cdot s^{-1}$ 的检测下限。在此基础上，黄劲松等进一步将 $MAPbBr_3$ 单晶与 Si 衬底集成，大幅改善了 $MAPbBr_3$ 钙钛矿单晶 X 射线探测器的灵敏度（$2.1 \times 10^4 \mu C \cdot Gy_{air}^{-1} \cdot cm^{-2}$）和检测下限（$36nGy_{air} \cdot s^{-1}$），并首次实现了单晶的线阵成像。然而三维 Pb 基钙钛矿材料由于电阻率低且存在严重的离子迁移，导致探测器噪声大、基线漂移显著等问题，其实际应用受到了限制。2017 年，华中科技大学唐江等开发了基于全无机双钙钛矿 $Cs_2AgBiBr_6$ 单晶的 X 射线探测器，显著改善了器件基线漂移问题。研究表明，低维钙钛矿电阻率高、离子迁移激活能大、器件噪声小、耐偏压性能好。浙江大学杨旸等于 2019 报道的二维 $(NH_4)_3Bi_2I_9$ 单晶 X 射线探测器，中国科学院福建物构所孙志华以及西北工业大学徐亚东等于 2019 年制备的 $(BA)_2CsAgBiBr_7$ 二维钙钛矿单晶探测器，中国工程物理研究院郑霄家等于 2020 年报道的零维 $MA_3Bi_2I_9$ 单晶探测器及陕西师范大学刘生忠等于 2020 年报道的 $Cs_3Bi_2I_9$ 单晶探测器等均展示出较高离子迁移激活能，获得了耐偏压性能稳定的探测器。不过，尽管低维钙钛矿具有更低的离子迁移、更优的稳定性，但是低维结构对电荷传输具有显著阻碍作用，不利于器件灵敏度的提升。

准二维 Ruddlesden-Popper［RP，$(A')_2(A)_{n-1}B_nX_{3n+1}$］和 Dion-Jacobson［DJ，$(A')(A)_{n-1}B_nX_{3n+1}$］钙钛矿可以平衡离子迁移和电子迁移之间的关系，为兼顾器件性能和稳定性提供了材料基础。2022 年，山西大学符冬营及华中科技大学牛广达等报道了基于准二维结构的（3AMPY）（FA）Pb_2I_7 单晶探测器，实现了 $5.23 \times 10^4 \mu C \cdot Gy_{air}^{-1} \cdot cm^{-2}$ 的灵敏度以及 $151nGy_{air} \cdot s^{-1}$ 的检测下限，器件在 $200V \cdot mm^{-1}$ 的电场下工作稳定，性能接近三维钙钛矿探测器的情况下，稳定性得到了显著提升。2022 年，中国工程物理研究院郑霄家等通过调控 RP 钙钛矿中阳离子尺寸平衡探测器的性能和稳定性，在 12×12 的 TFT 阵列上制备了灵敏度约 $7000\mu C \cdot Gy_{air}^{-1} \cdot cm^{-2}$、检测下限 $7.8nGy_{air} \cdot s^{-1}$ 的阵列化探测器，并获得了清晰的成像效果。器件在 100V 偏压下经过 10h 以上的检测，未发现暗电流的漂移情况，展示了极优的工作稳定性。

除新材料开发类的工作之外，研究者在 X 射线探测器的制备方面也进行了较多的尝试。2017 年，Park 等与三星尖端技术研究所合作采用刮涂法在 TFT 上制备 $MAPbI_3$ 多晶并用于 X 射线成像，获得了结构较为清晰的人手图像，展示了 X 射线探测器在医疗影像方面的应用潜力（图 5-9）。2017 年，德国埃尔朗根 - 纽伦堡大学 Matt 等报道了基于机械压制的 $MAPbI_3$ 多晶片 X 射线探测器，毫米厚度的器件实现了 $2527\mu C \cdot Gy_{air}^{-1} \cdot cm^{-2}$ 的灵敏度，该研究提供了一种制备多晶厚膜 X 射线探测器的可行性方法。2021 年，北京大学杨世和等通过借助超声喷雾的技术手段，调控液膜内溶质浓度分布，缓解了钙钛矿湿膜表面优先无规则成核结晶导致的溶剂难逃逸问题，制备了灵敏度 $1.48 \times 10^5 \mu C \cdot Gy_{air}^{-1} \cdot cm^{-2}$ 的 $CsPbI_2Br$X 射线探测器。

2022 年，中国工程物理研究院郑霄家与合作者在甲胺气体辅助下直接获得与溶液加工路线兼容的液态钙钛矿熔盐，甲胺容易从钙钛矿膜中去除，既杜绝了加工过程中高沸点溶剂的使用，又保留了溶液加工的优势。

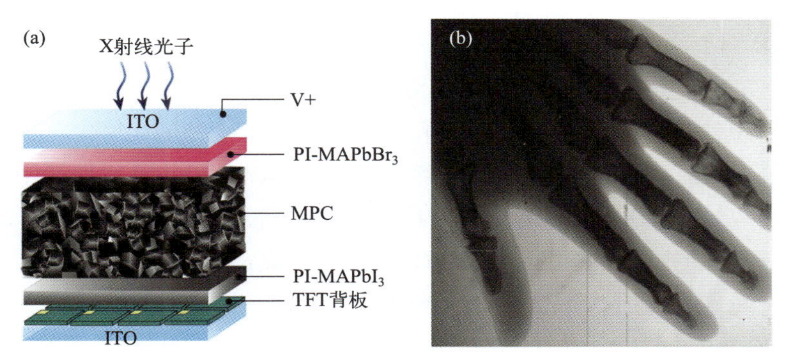

图 5-9　刮涂法制备像素化钙钛矿 X 射线成像面板结构及其成像效果

X 射线探测器在无损检测、安检、医学成像等领域应用广泛。德国西门子、国内奕瑞等医疗影像行业巨头已经开展了钙钛矿 X 射线探测器方面的研究，有相应论文发表和专利布局，但尚无商业化产品问世。未来高灵敏度的钙钛矿探测器在骨小梁、肺部的小气道等细微机构的精细成像，高通量快速检测等方面具有广阔应用前景。

5.3 我国在钙钛矿光伏及探测领域的发展动态

5.3.1 钙钛矿电池

我国是最早从事钙钛矿太阳能电池研究的国家之一，早在 2013 年初，中国科学院大连化物所张文华与大连理工大学邱介山等合作，率先报道了新型导电高分子作为钙钛矿材料的空穴导体，获得了稳定性优异的固态钙钛矿电池；随后，中国科学院合肥等离子体物理研究所的戴松元、潘旭等报道了碳纳米管掺杂空穴导体钙钛矿电池，华中科技大学韩宏伟等提出了基于碳电极的可印刷介观钙钛矿电池，中国科学院物理研究所的孟庆波等发展了无空穴传输层钙钛矿电池。随后我国在钙钛矿电池领域的研究实现了蓬勃发展。目前，我国钙钛矿太阳能电池研究与国际先进水平基本持平，取得了系列具有重要创新意义的科研进展。2015 年，为解决 TiO_2 电子传输层的钙钛矿太阳能电池所存在的磁滞效应大、紫外光照催化分解钙钛矿能力强、需要高温烧结和迁移率低等缺陷，武汉大学方国家等采用低温溶胶凝胶法制备了 SnO_2 电子传输层材料，该工作不仅可以实现低温制备，而且 SnO_2 电子传输层具有很好的光学增透性（减反射）和高电子迁移率特性，增强了器件的电子抽取能力并抑制了磁滞效应，大幅度提高了平面钙钛矿太阳能电池的效率。目前，SnO_2 材料已经发展成为高效平面钙钛矿电池研究最重要的电子传输层材料之一。2019 年，中国科学院半导体所游经碧等使用化合物 PEAI 对钙钛矿薄膜材料的表面进行钝化处理，减少了表面缺陷并显著抑制了非辐射复合，创造了当时的钙钛矿电池光电效率世界最高纪录；2022 年，其团队通过 RbCl 掺杂将多余的 PbI_2 转化为无活性的（PbI_2）$_2$RbCl 化合物，有效地稳定了钙钛矿，获得认证效率 25.6%，这也是目前我国钙钛矿太阳能电池领域的最高效率纪录。2017 年，上海交通大学杨旭东、韩礼元等开发了无溶剂、非真空的一次成形压力辅助技术，制备出大面积的钙钛矿薄膜，对于降低钙钛矿制造成本具有重要借鉴意义。2018 年，中国工程物理研究院张文华等构建了一种 NiO_x/$CuGaO_2$ 无机空穴导体梯度复合结构，并采用无甲胺化高稳定的钙钛矿材料，解决了反式结构钙钛矿电池兼具高效率和高稳定性的难题，为推动钙钛矿电池的实用化发展提供了新的思路。进一步，采用 Zn^{2+} 对 $CuGaO_2$ 纳米晶掺杂实现了对其光学及电学特性调控，从而明显提升 $CuGaO_2$ 的导电性能、$CuGaO_2$/ 钙钛矿异质结的能级匹配程度，器件的缺陷态密度与非辐射复合也得到了明显的降低。基于 Zn:$CuGaO_2$ 的反式介观结构钙钛矿太阳能电池获得 20.67% 的光电转化效率，未封装的器件在 85℃热老化处理 1000h 后，器件维持初始光电效率的 85% 以上。此外，该团队继续拓展 ABO_2 型空穴传输材料 $CuScO_2$，结合埋底界面的离子补偿策略以提升载流子的传输与非辐射复合的抑制，使得基于无甲胺阳离子的反式介观结构的器件光电效率提升至 22.42%，在惰性环境下存储 5000h 后仍保持初始光电效率的 87.1%，并且光照和热稳定性都同样优异，为兼具高效率和高稳定的钙钛矿太阳能电池结构创新奠定了良好的基础。

离子液体具有无臭、无味、无污染、不易燃以及良好的热稳定性和化学稳定性等特点，是传统挥发性溶剂的理想替代品。2021 年，南京工业大学陈永华、黄维院士等采用离子液体作为溶剂，通过调控钙钛矿材料的结晶过程、钝化晶界等，所制备的纯甲脒钙钛矿太阳能电池的 PCE 达到了 24.1%，且未封装器件在 85℃加热和标准太阳光连续照射 500h 后，PCE 分别保持其初始光电效率的 80% 和 90%；2022 年，他们团队开发了离子液体作为溶剂在空气中制备高质量钙钛矿薄膜的新方法，制备过程不受湿度的影响，相应的电池达到了 23.91% 的高光电效率，这是在利用环境友好的方法制备钙钛矿电池方面取得的重大进展。针对钙钛矿在光、热条件下产生 0 价 Pb 和 0 价 I 缺陷对，严重影响电池的性能，2019 年，北京大学周欢萍提出了采用铕离子对 Eu^{3+}/Eu^{2+} 作为氧化 - 还原离子对的策略，在氧化 0 价 Pb 的同时还原 0 价 I，实现同时且可持续地修复缺陷。该方法提高了钙钛矿材料的本征稳定性，并已拓展到其他光电器件。此外，无机钙钛矿材料具有很高的稳定性，2019 年，上海交通大学赵一新等利用有机阳离子诱导全无机钙钛矿 $CsPbI_3$ 的结晶动力学，实现了温和条件下高质量 β 相 $CsPbI_3$ 的合成，器件光电效率超过 18%，目前全无机钙钛矿电池的最高光电效率已达 21%。2021 年，北京大学朱瑞、龚旗煌院士等对钙钛矿光伏器件的“埋底界面”开展了系统深入的研究，阐明了“埋底界面”中“微结构—化学分布—光电功能”的科学关系，指出“埋底界面”非辐射复合能量损失的主要来源，建立起钙钛矿光伏器件“埋底界面”的可视化研究方法，为全方位钝化钙钛矿电池的缺陷提供了指导。

香港城市大学朱宗龙团队以有机金属化合物二茂铁有机金属化合物（$FcTc_2$）作为高效稳定性的 p-i-n 结构钙钛矿太阳能器件的界功能化分子，通过较强的 Pb—O 键合，减少了表面缺陷态，同时提高钙钛矿层向电子传输层（C_{60}）的电子传输速度，从而获得了 25.0% 的光电效率（认证 24.3%）。并且通过国际电工学会（IEC）测试标准，即双 85（湿度 85%RH，温度 T=85℃）环境下的器件稳定性［图 5-10（a）］：经过 $FcTc_2$ 改性后的器件在 1000h 后依然保持超过 98%

的初始光电效率，此外在经过冷（−40℃）热（85℃）循环 200 次后，保持初始光电效率的 85% 以上，如图 5-10(b) 所示。该工作为进一步推动钙钛矿电池的产业化进程提供了理论支持。

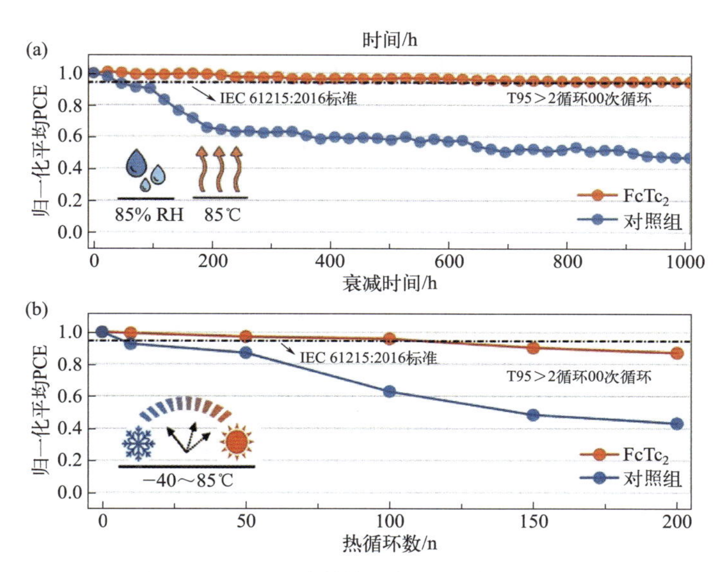

图 5-10　$FcTc_2$ 改性的反式钙钛矿电池的稳定性

（a）International Electrotechnical Commission（IEC61215:2016）测试标准下的器件稳定性测试；（b）−40 ～ 85℃温度冷热循环，200 个热循环的器件效率稳定性测试

2019 年，上海交通大学的韩礼元教授团队设计制备了具有稳固结构的钙钛矿异质结结构。该结构主要包含一层表面富铅钙钛矿半导体薄膜，并在薄膜表面沉积氯化氧化石墨烯薄膜，通过形成 Pb—Cl、Pb—O 键将两层薄膜结合在一起。借助于系列光学、电学表征，该异质结结构稳定，可以有效减少钙钛矿半导体薄膜的分解和缺陷的产生，同时也抑制了离子迁移对电荷传输的破坏。具有该异质结结构的钙钛矿太阳能电池，在一个标准太阳光光强和 60℃条件下连续工作 1000h 后，仍然保有初始光电效率的 90%（图 5-11）。2022 年，华东师范大学方俊锋等提出了一种表面硫化处理（SST）的策略，构筑表面异质结，提升背电场强度，研制出光电效率 24.3% 的反式结构钙钛矿电池，表现出非常优异的工作稳定性，突破了反式结构钙钛矿电池效率普遍较低的关键瓶颈。最近，上海交通大学杨旭东等发现通过添加

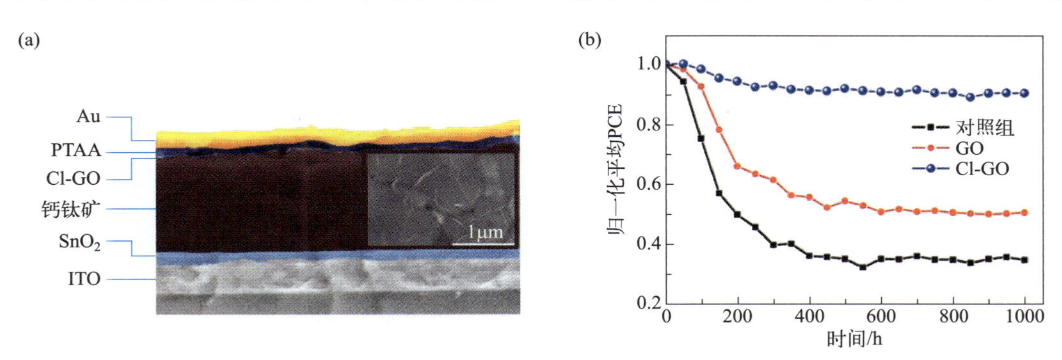

图 5-11　氯化氧化石墨烯处理的钙钛矿太阳电池

（a）器件结构；（b）器件在一个标准太阳光光强和 60℃条件下连续工作 1000h 的稳定性

剂的掺杂，提高聚合物空穴传输层稳定性的离子耦合效应，将空穴电导率提升 80 倍，且在碘离子侵蚀下仍保持很高的空穴传导效率，制备了认证效率达 23.9% 的电池器件；特别是封装器件在 85℃加热和全光谱太阳光连续照射 1000h 后，仍保持初始光电效率的 92%。此项工作解决了正式结构钙钛矿电池中难以获得高稳定性的难题，对进一步研发兼具高效率和高稳定性的正式结构钙钛矿太阳能电池提供了重要的参考。

此外，碳材料具有很强的疏水性，以碳材料作为背电极对钙钛矿材料和电池器件的水氧稳定性展现出了良好的保护作用。2014 年，华中科技大学韩宏伟团队首次引入 5- 氨基戊酸（AVA）作为钙钛矿前驱液添加剂，以 TiO_2/ZrO_2 复合多孔层为电池的骨架结构，多空碳材料为背电极，提出了可印刷介观钙钛矿电池新结构（图 5-12），显著提升了 $MAPbI_3$ 前驱液在三层介孔膜当中的渗透效果，获得了 12.8% 的认证效率，未密封的 AVA-$MAPbI_3$ 模组在 AM1.5 模拟光源下光照 1008h 后仍保持稳定。2023 年，他们使用 3- 氯噻吩（3-CT）和 3- 噻吩乙二胺（3-TEA）进行后处理，有效降低了缺陷辅助复合，调节了界面能级，防止了载流子回输，减少了界面复合，将 V_{OC} 从 950mV 增加到 1012mV，光电效率提升至 18.49%。碳基介观结构钙钛矿太阳能电池数十微米厚的多层结构限制了钙钛矿的结晶和载流子分离与传输，导致该种结构电池开路电压较低，在器件光电效率方面，与经典的钙钛矿电池具有较大的差距；但在器件的稳定性方面，碳基介观结构钙钛矿电池显示出很大的优越性。2017 年，G.Grancini 等发现添加 3%AVAI 有助于在钙钛矿 -TiO_2 界面形成 2D/3D 相，有效面积为 46.7cm^2 的碳基模组获得了 11.2% 的光电效率，模组经过 >10000h 的标准光照后光电效率无衰减。2020 年，使用玻璃盖板和 PU 封装的 AVA-$MAPbI_3$ 通过了多项基于 IEC61215:2016 标准的稳定性测试，包括湿热测试（85℃ /85%RH，1100h）、热循环测试（−40 ～ 85℃，200 次循环）、紫外线（UV）预处理测试（60℃，50kW·h·m^{-2}）、MPPT 光老化测试（55℃ ±5℃，9000h），碳基介观结构钙钛矿电池的稳定性实现了里程碑式的验证。

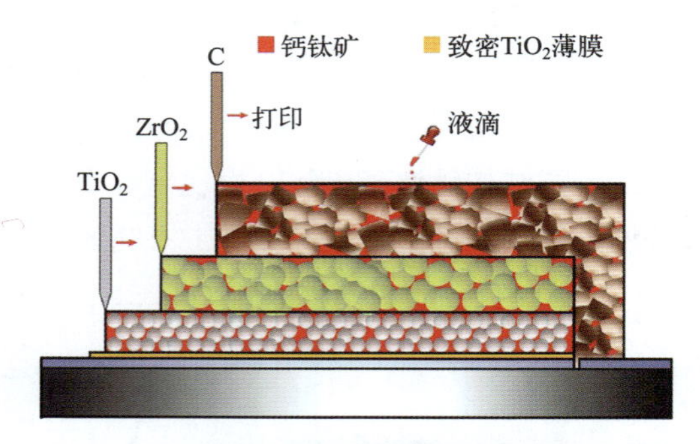

图 5-12　碳基可印刷介观钙钛矿太阳能电池结构

5.3.2 超高效率的钙钛矿基叠层太阳能电池

作为单结太阳能电池的代表，无论晶硅电池还是钙钛矿电池，其光电转换效率已经发展到很高的水准，继续大幅度提高效率的空间已经不大；另外，钙钛矿与晶硅相结合的叠层技术兼具高转换效率和低制造成本的优点，不仅在科学研究方面具有意义，制备超过 30% 超高光电效率的电池器件，而且有望成为未来光伏产业的重要发展方向。由于 HJT 晶硅太阳能电池的表面为 ITO，非常适合与钙钛矿电池进行叠层，因此钙钛矿 HJT 晶硅叠层电池是较为普遍的选择（图 5-13）。

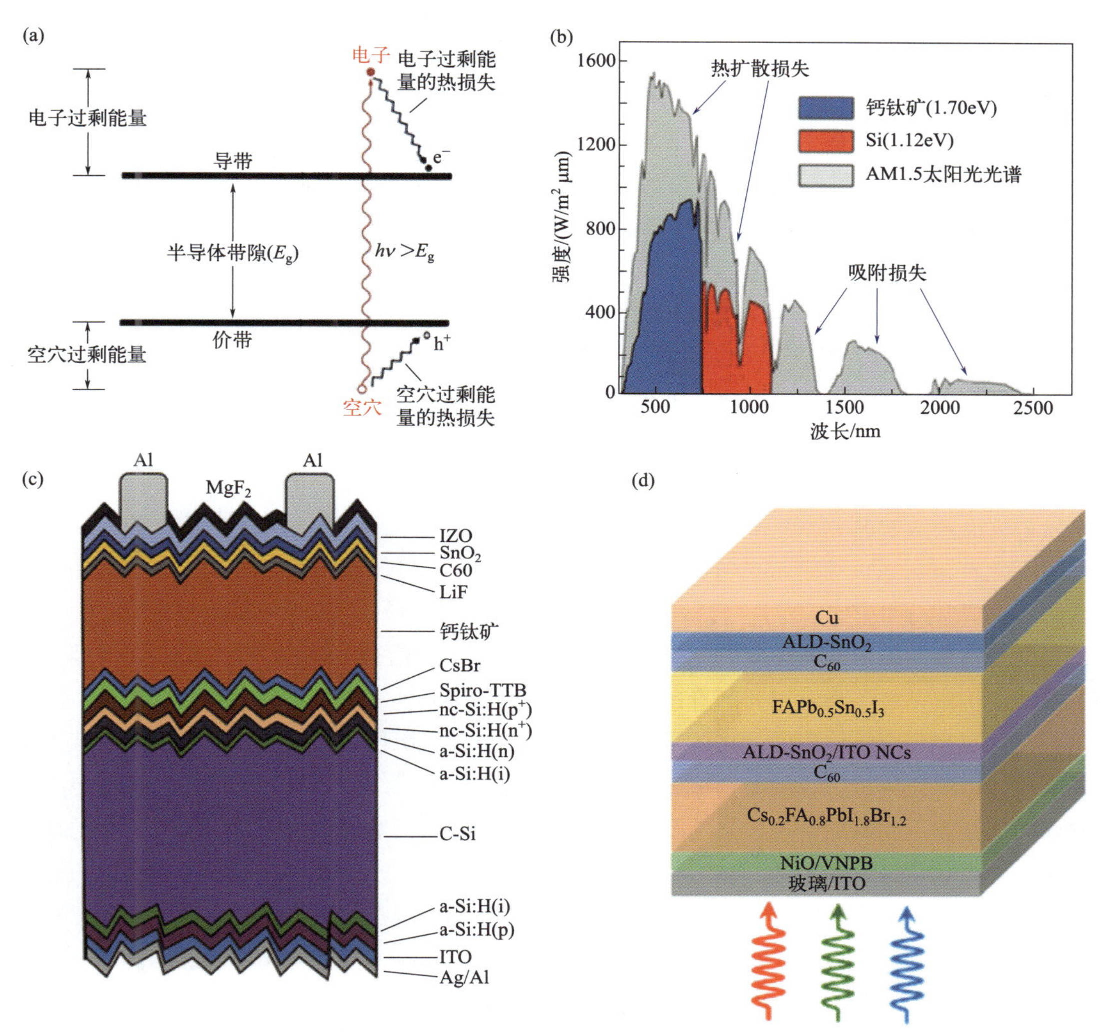

图 5-13 （a）单一半导体光吸收利用示意图；（b）钙钛矿 -HJT 晶硅叠层电池光吸收利用示意图；（c）钙钛矿 - 晶硅叠层太阳能电池结构示意图；（d）全钙钛矿叠层太阳能电池结构示意图

钙钛矿 -HJT 晶硅叠层电池的顶电池一般为宽带隙钙钛矿电池，底电池一般为 HJT 晶硅电池，由钙钛矿电池负责吸收短波长的太阳光（蓝 + 绿 + 黄光），HJT 晶硅电池负责吸收长波长的太阳光（红与近红外光），从而实现良好的光谱匹配，提高太阳能电池的性能。2018 年，Ballif 教授团队利用两步法在高织构的晶硅太阳能电池表面制备钙钛矿顶电池，热蒸发制备的 PbI_2 薄膜与晶硅电池表面共形，然后用有机溶液处理从而形成钙钛矿薄膜，在 $1cm^2$ 的面积上获得了 25.24% 的能量转化效率。这一结果超过了同期单结钙钛矿太阳能电池的认证效率，对钙钛矿 -HJT 晶硅串联太阳能电池的发展具有重要的参考价值。2020 年，Albrecht 教授团队利用 Me-4PACz 自组装分子作为空穴传输层在平面硅电池上制备带隙 1.68eV 的钙钛矿薄膜，表面再用 LiF 钝化，经对上下界面的优化处理，降低了串联电池界面处的非辐射复合损失，使得叠层器件的光电效率达到了 29.15%，超过了迄今所有单结光伏电池的最高光电效率指标。2022 年 7 月，洛桑联邦理工学院（EPFL）和瑞士电子与微技术中心（CSEM）共同创造了钙钛矿 - 晶硅叠层光伏电池光电效率新的世界纪录，达到 31.3%。最近有报道称钙钛矿 -HJT 晶硅叠层电池的光电效率超过 32%，显示了巨大的发展潜力。

值得注意的是，基于宽带隙钙钛矿 - 窄带隙钙钛矿的全钙钛矿叠层电池［图 5-13（d)］，近年来的研究取得了重要的突破，特别是我国在该领域的研究处于国际领先水平。

2020 年，南京大学谭海仁等利用抗氧化剂磺酸甲脒对窄带隙铅锡钙钛矿薄膜表面进行修饰，降低缺陷引起的非辐射复合和表面氧化引起的光电性能的衰减，在 1.05cm^2 的有效面积上获得了 24.2% 的认证效率，在 12cm^2 的小模组上 PCE 为 21.4%。2022 年，他们团队通过钝化分子设计，采用胺基端正电性更强的 4- 三氟甲基苯胺阳离子（CF3-PA）作为窄带隙钙钛矿的钝化分子，有效提升钝化分子在结晶温度下与缺陷位点的吸附能力，钝化了窄带隙钙钛矿晶粒表面缺陷，提升了薄膜的载流子扩散长度，从而制备出具有较厚吸光层和更高短路电流密度的电池。该工作阐明了钝化分子与晶粒表面间的相互作用机制，解决了窄带隙铅锡钙钛矿表面缺陷密度大、载流子扩散长度短的问题。全钙钛矿叠层电池认证效率高达 26.4%，在国际上首次超越单结钙钛矿电池的最高认证效率 25.7%。此后，该团队通过调整钙钛矿组分的 A 位阳离子中的 Cs 含量，结合气吹辅助结晶的刮涂方法，实现了高品质宽带隙钙钛矿顶电池的制备。采用原子层沉积（ALD）在子电池间的互连区域制备致密的 SnO_2，有效阻隔了互联结构中钙钛矿与金属间的直接接触，避免了金属向钙钛矿扩散带来的效率损失；同时减弱空气对窄带隙钙钛矿的氧化，实现了大气氛围条件下组件的互连制备、测试和封装等操作过程。该工作解决了宽带隙钙钛矿在刮涂制备过程中薄膜结晶质量低的问题，叠层电池组件在大气氛围下制备的兼容性问题及组件互连区域由金属扩散导致的稳定性问题。全钙钛矿叠层电池组件认证效率高达 21.7%，是光伏领域中采用可量产的制造技术实现超高效、稳定和低成本的太阳能组件的重要的里程碑。四川大学赵德威等在全钙钛矿叠层电池领域也取得了非常优秀的进展。他们开发了一种具有普适性的限域退火（close space annealing, CSA）调控钙钛矿薄膜结晶的方法，对提升不同带隙钙钛矿薄膜质量均表现出良好的适用性：钙钛矿晶粒尺寸明显增加、载流子寿命显著增长、缺陷态密度显著降低，进而有效抑制非辐射复合，在 1cm^2 的面积上获得了 26.4% 的认证效率。该叠层器件稳定性良好，未经封装的叠层器件在惰性气体手套箱中连续工作 450h，最大功率输出仍为原始值的 90%。

5.3.3 钙钛矿半导体 X 射线探测器

我国在钙钛矿半导体 X 射线探测器领域发展迅速，取得了一系列令人瞩目的进展，处于国际前列水平。华中科技大学唐江团队在国内最早开展该领域的研究。2017 年，该团队开发了全无机双钙钛矿 $Cs_2AgBiBr_6$ 单晶 X 射线探测器，展示了优异的性能和稳定性。随后，基于 $Cs_2AgBiBr_6$ 材料，该课题组开发了 $BiOBr/Cs_2AgBiBr_6$ 异质外延结构晶片、结晶动力学调控方法来进一步提升其性能。2019 年，唐江等采用热压法制备了准单晶 $CsPbBr_3$ 薄膜，较高的结晶质量以及热压过程中引入的浅缺陷能级的 Br 空位缺陷使该薄膜具有较高的光电流增益效果。在 Bi 基钙钛矿 X 射线探测器方向上，该课题组研究了 $Rb_3Bi_2I_9$、（DMEDA）BiI_5、$Cs_3Bi_2Br_9$、（PDA）$BiBr_5$ 等材料在 X 射线探测器中的应用潜力。2022 年初，唐江等采用压力辅助薄膜制备工艺，改善了 $MAPbI_3$ 薄膜孔洞和离子迁移问题。此外，该课题组还提出了一系列关于 X 射线探测器的光电物理机制，如温度依赖、化学势诱导电学性能调控、暗电流模型等，为高灵敏度 X 射线探测器的制备提供了理论基础。

陕西师范大学刘生忠团队着力于钙钛矿单晶 X 射线探测器的研发，取得了一系列令人瞩目的进展，开展了包括 $BDAPbI_4$ 单晶（BDA ═ $NH_3C_4H_8NH_3$）、DABCO-NH_4Br_3 单晶（DABCO 为 *N-N'*-diazabicycl[2.2.2]octonium）、$Cs_3Bi_2I_9$ 单晶、DABCO-NH_4X_3 单晶（X 为 Cl、Br、I）、FAMACs 三阳离子单晶、$TMCMCdCl_3$ 单晶（$TMCM^+$,trimethylchloromethylammonium）、MDABCO-NH_4I_3 单晶（MDBACO 为 methyl-*N'*-diazabicyclo[2.2.2]octonium）$[(CH_3)_3NH]MnCl_3\cdot 2H_2O$ 单晶、（BAH）BiI_4 单晶、（DGA）PbI_4 单晶在内的新材料研发及探测性能研究。

中国工程物理研究院张文华、郑霄家团队聚焦于 $MA_3Bi_2I_9$ 新材料的开发以及液态钙钛矿的创新应用两个方向开展钙钛矿 X 射线探测器的研究。2020 年，该团队提出利用 0D 结构限域的方法抑制 $MA_3Bi_2I_9$ 单晶 X 射线探测器内部离子迁移，获得了高灵敏度、高稳定性 0D 钙钛矿 X 射线探测器。基于结构限域的思想，该团队进一步开展了 $MA_3Bi_2I_9$ 多晶片、$MA_3Bi_2I_9$ 多晶薄膜、$AgBi_2I_7$ 单晶、$FA_3Bi_2I_9$ 单晶等 X 射线探测器体系的系列研究。为进一步开发更具实用价值的钙钛矿 X 射线成像器件，该团队利用甲胺气体与钙钛矿材料的固 - 气反应方法（图 5-14）获得室温熔盐，与尼龙复合之后可获得兼顾探测性能和稳定性的新型 X 射线探测材料；进一步利用液态钙钛矿熔盐作为胶水实现探测材料与商业化 TFT 电路集成，获得了阵列化探测器面板并完成了 X 射线成像验证（像素：12×12），推进了钙钛矿 X 射线探测器在医疗成像、无损检测等领域的应用。

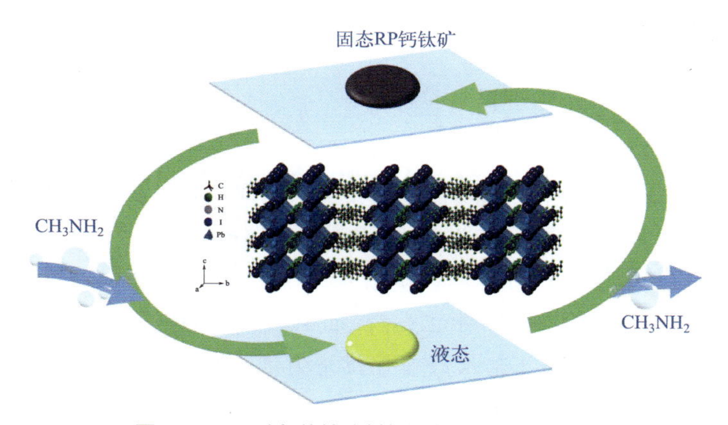

图 5-14 甲胺气体辅助制备低维液态钙钛矿熔盐

浙江大学杨旸团队开发了具有各向异性的二维层状“类钙钛矿”$(NH_4)_3Bi_2I_9$ 单晶 X 射线探测材料，该类材料的单晶具备易放大、低成本、易解理的优势，便于制备大尺寸层状晶体，在垂直面内和面间两个传输方向上具有不同迁移率，具有传统三维钙钛矿探测材料所不具备的各向异性新特征，为在信号收集方向上高效收集探测电流、在信号串扰方向上抑制扩散电流提供了一种材料结构设计的新思路。此外，该团队还研制了具有分流电极的探测器新结构，它可以分离暗电流和光电流，理论上暗电流可以被完全抑制，以多晶钙钛矿薄膜为案例，制备的具有 DCS 电极的探测器件获得了目前报道中最低的暗电流 51.1fA（$51.1pA\cdot cm^{-2}$）和极低的噪声电流（152fA），且电流基线几乎不漂移，探测器的光电流和常规二端子光电导器件相比仅损失一小部分，因此信噪比仍可以非常高。由于极低的暗电流，器件的综合信噪比（定义为灵敏度与暗电流比率）甚至比先前报道的单晶光电导 X 射线探测器还要高出近两个数量级。此外，团队还在 2cm×2cm 的基底上，通过溶液法制备了氧化铟晶体管背板，并展示了 64×64 的 X 射线成像阵列（像素尺寸约 300μm），为实用化 X 射线探测器器件结构的设计与优化提供了重要的思路。

此外，中国科学福建物构所罗军华与孙志华团队开展包括 $(EA)_2(MA)_2Pb_3Br_{10}$、$BA_2EA_2Pb_3Br_{10}$、$(chloropropylam\text{-}monium)_4AgBiBr_8$ 等钙钛矿铁电材料基 X 射线探测器的研究，利用铁电材料的自发极化特性可改善钙钛矿内部载流子分离与传输性能，实现了自驱动 X 射线探测，具备独特的优势。吉林大学沈亮团队及合作者基于胍掺杂的 $Cs_{0.1}FA_{0.9}Pb(I_{0.9}Br_{0.1})_3$ 单晶制备了高灵敏度 X 射线探测器，A 位离子调控在提升性能的同时，显著抑制了离子迁移。北京大学杨世和团队在喷涂法制备大面积钙钛矿多晶厚膜 X 射线探测器方向上取得了较大的进展。吉林大学魏浩桐团队在钙钛矿单晶 X 射线探测器方向上也有较大的进展。兰州大学靳志文团队开展了无金属 $PAZE\text{-}NH_4X_3\cdot H_2O$ 钙钛矿 X 射线探测器的研究，为新型安全环保探测材料的制备提供了思路。

5.4 钙钛矿光伏的产业化发展现状与应用前景

5.4.1 钙钛矿电池领域

我国在钙钛矿光伏的学术研究和产业研究上，具有两大优势：一是研究群体大，国内研究钙钛矿光伏的企业、机构远比国外多；二是国内有非常庞大的产业基础，材料、设备和人才等产业链要素蓬勃发展。尽管钙钛矿太阳能电池的产业化是个复杂工程，但因为接近面板行业，我国的钙钛矿光伏研究者和创业者们拥有既有产业链的有力支撑。

目前，钙钛矿组件处于从 0 到 1 的产业化初期，企业在电池结构、材料体系、制备工艺、生产设备上进行路线验证，力图突破稳定性、大面积制备、效率三角难题。

在碳基钙钛矿电池的放大实验与产业化推进方面，2016 年，新加坡南洋理工大学的 Mhaisalkar 等使用丝网套印技术实现串联结构碳基介观钙钛矿模组的制备，10cm×10cm 尺寸（有效面积 $70cm^2$）上实现了 10.74% 的光电效率。2017 年，韩宏伟课题组使用相似的丝网印刷工艺在 $49cm^2$ 的有效面积上获得了 10.4% 的光电效率，在碳电极上使用狭缝涂布方式进行钙钛矿前驱液涂敷，在 $60.08cm^2$ 的有效面积上实现了 12.87% 的光电效率。更大尺寸上，南京大学昆山创新研究院 30cm×45cm 模组（有效面积 $951.5cm^2$）于 2019 年获得了 9.4%

的认证效率，此效率为迄今该种结构在＞800cm^{2}模组尺寸的最高认证效率，该种尺寸模组在2020年光电效率提升至10.87%。2021年湖北万度光能有限责任公司宣布一期建设一条200MW级可印刷介观钙钛矿太阳能电池大试线落地。2023年1月iEnergy会议上，湖北万度光能有限责任公司公布了有效面积为2200cm^{2}的可印刷碳电极钙钛矿电池组件，光电效率达到14.5%，这是钙钛矿电池产业化方面的积极进展。

2020—2021年，协鑫光电、纤纳光电等头部企业已投产百兆瓦级钙钛矿中试线。2022年，宁德时代、仁烁光能等跟进启动中试线。2022年5月，纤纳光电钙钛矿组件α全球首发，该组件采用纤纳光电独立开发的溶液打印技术，具有功率高、稳定性好、温度系数低、热斑效应小、不易隐裂等特性；2022年7月，纤纳光电在浙江衢州举行了首批α组件的发货仪式，此次发货数量为5000片，用于省内工商业分布式钙钛矿电站。2022年4月，极电光能与大冶市人民政府、智能科技在湖北大冶举行“大冶新能源项目签约暨长冶新能源揭牌仪式”，大冶新能源项目装机规模达2.8GW，总投资金额约120亿元。协鑫光电生产的尺寸为1m×2m的全球最大尺寸钙钛矿组件已经下线，投建的全球首条100MW量产线已在昆山完成厂房和主要硬件建设，2022年投入量产。可以明显看到，自2022年以来，钙钛矿光伏产业由此前的技术可行性探讨开始逐步走向商业化的尝试，首批尝试商业化的项目有助于头部企业尽早形成可真正商业化的成熟产品，也将极大程度促进国内钙钛矿产业的后续发展进程。

在政策端，2022年4月2日，国家能源局、科学技术部联合印发《“十四五”能源领域科技创新规划》，在太阳能发电及利用技术方面，研究新型光伏系统及关键部件技术、高效钙钛矿电池制备与产业化生产技术、高效低成本光伏电池技术、光伏组件回收处理与再利用技术、太阳能热发电与综合利用技术5项光伏技术。2022年6月1日，国家发展和改革委员会、国家能源局等九部门发布《“十四五”可再生能源发展规划》，规划中强调“要掌握钙钛矿等新一代高效低成本光伏电池制备及产业化生产技术”。2022年8月18日，科学技术部、国家发展和改革委员会、工业和信息化部等9部门印发《科技支撑碳达峰碳中和实施方案（2022—2030年）》，实施方案统筹提出支撑2030年前实现碳达峰目标的科技创新行动和保障举措，并为2060年前实现碳中和目标做好技术研发储备，并提出“研发高效硅基光伏电池、高效稳定钙钛矿电池等技术”。2022年7月，美国能源部（DOE）太阳能技术办公室（SETO）宣布了2022财年光伏研究与开发（PVRD）的资助机会，将为降低成本和供应链漏洞、进一步开发耐用的和可回收太阳能技术项目提供2900万美元的资金，并将钙钛矿光伏（PV）技术推向商业化。可以看到自2022年开始，中美两国对钙钛矿产业发展的重视程度均在逐步增加，政策端的成熟有望加速钙钛矿产业成熟。欧盟太阳能战略积极倡议开发屋顶光伏。2022年3月，欧盟鉴于俄乌战争提出REPowerEU方案，计划加速发展清洁能源，提高能源独立性，在2030年前摆脱对俄罗斯燃料进口的依赖。2022年5月，欧盟发布太阳能战略，提出包括充分开发屋顶太阳能，试点车载光伏等举措，其中，对建筑物提出强制安装太阳能屋顶的要求，并提出到2029年，所有新建住宅全部安装太阳能电池。可见，太阳能电池分布式应用已经达到了关键临界点。

钙钛矿光伏组件的制造是个系统工程，需大面积镀膜调试、大面积激光划线、稳定性封装等工艺，也要重新设计和制造对应设备，筛选和开发材料并不断测试，这是时间和路径上都无法跳过的技术壁垒。虽然钙钛矿光伏前半程的技术潜力已经让世人感到震撼，而后半程能否跨越稳定性、大面积制备和组件良品率这三座大山，仍需学术界和产业界在基础研究方面通力合作。在当前的状态下，建议加强以下方面的研究：

① 电池稳定性　目前钙钛矿组件稳定性的提升很快，已经取得了很多振奋人心的进展。比如，纤纳光电制备的大面积钙钛矿组件（$0.72m^2$）在国际上首次获得 VDE（德国电气工程师协会）颁发的基于 IEC61215 和 IEC61730 标准的组件稳定性的全套第三方认证。瑞典初创公司 Evolar 宣布其钙钛矿组件通过了行业标准的加速可靠性测试，结果表明可能会在该领域保持稳定超过 25 年。但是钙钛矿太阳能电池的稳定性仍是制约其商业化进程的首要因素，钙钛矿电池失效主要是由两种机制导致，一是钙钛矿材料本身的不稳定性，二是界面和封装材料的不稳定性。钙钛矿太阳能电池材料对水氧、温度、光照和金属原子扩散等敏感度高。主要从三方面进行解决：一是提升器件内部稳定性，二是后钝化处理，三是更先进的封装工艺。不过钙钛矿组件在实际商业化应用的场景中具体使用寿命如何，还需更多时间去进一步验证。

② 薄膜大面积制备　在实验室环境 / 小面积旋涂（$< 1cm^2$）的尺度上，钙钛矿太阳能电池很容易实现高光电效率，但一旦放大面积，各层薄膜就会变得不均匀，因为钙钛矿薄膜的制备涉及复杂的物理化学变化，从前驱体溶液到钙钛矿晶体的过程是一个“黑匣子”。材料学属于“先验科学”，很难通过理论推导解决，需要不断从重复的实验中测试数据、总结规律，解决高质量、大面积钙钛矿薄膜的制备问题。

③ 组件良品率　目前关于大面积钙钛矿组件良品率的数据报道很少，参考过往薄膜电池的发展经验，推测目前阶段的组件良品率仍可能存在着明显短板。以典型的正式钙钛矿组件为例，其制造环节主要包括以下 10 个步骤：主受光面 TCO 和 ETL 沉积、P1 激光划线、钙钛矿层涂覆、HTL 层沉积、P2 激光划线、背面 TCO 或金属电极的沉积、P3 激光划线、P4 激光清边、层压封装、测试。当调整了其中一道工序，就会对后面的所有工序产生影响，所以就要对每道工序进行“联调”，才能把良品率调整到在商业上可行的水平。

从更宏观的角度看待新型钙钛矿材料与器件的发展，还应注意以下问题：

① 理性看待钙钛矿光伏产业化　虽然钙钛矿太阳能电池研究备受关注、进展很快，但预计短期内不会对传统光伏格局带来明显冲击。一方面，制约钙钛矿太阳能电池产业化的规模化生产、成本、寿命等问题还没有彻底解决；另一方面，薄膜电池在整个光伏市场中占比很小，不足 5%，同时已商业化的光伏电池也一直保持高度的研究活力。在产业化初期，保持与晶硅光伏的协同（叠层电池）和差异化（BIPV，CIPV）竞争可能是一种更理性的选择。

② 钙钛矿光伏技术的行业标准的建立　应尽早统一钙钛矿组件尺寸、光电效率测试和稳定性测试标准。特别是稳定性测试，钙钛矿太阳能电池参照的 IEC61215:2016 稳定性检测标准是早年根据晶硅光伏组件的衰减特性而制定的。但晶硅和钙钛矿材料的理化性质不同，对应光伏组件的结构亦有显著差别，因此晶硅太阳能电池的加速老化测试标准可能不完全适用于对钙钛矿电池稳定性的评价。光伏行业需要在对钙钛矿太阳能电池的研发、生产和使用中总结和制定出更加适合钙钛矿电池组件的测试标准，才能对其在工况下的性能做出更准确的评估，对其使役寿命做出更准确的预测。

③ 核心主工艺设备的研发　以德沪涂膜、晟成光伏、众能光电、迈为股份、捷佳伟创为

代表的国产设备厂商正在积极布局钙钛矿光伏产业，部分产业化设备已经交付钙钛矿组件厂。钙钛矿器件结构中，除了钙钛矿层之外，所有缓冲层和电极层都可由 PVD 工艺制作完成，与面板行业所需的蒸镀设备较为相似；钙钛矿组件的封装目前仍主要使用和晶硅电池类似的层压封装设备；P1P4 的组件激光切割设备和工艺也与传统薄膜光伏电池几乎完全相同。虽然钙钛矿组件产线中有大量设备可以从现有光伏和面板产业链中借鉴，但钙钛矿电池组件各层工艺有其自身特点，主工艺设备需要针对性研发才能够获得最优的效果。其中钙钛矿薄膜的高通量、高精度制备是钙钛矿产业化装备中最独特、最重要、最困难的一道工序。目前关于大面积钙钛矿薄膜的最优制备路线仍未达成共识，产业化进程仍处于多种技术路线百家争鸣的阶段，主要包括一步溶液气萃法、一步溶液闪蒸法、全溶液两步法、真空溶液两步法等。在这些技术岔路中，大面积溶液狭缝涂布装备是关键共性技术装备，不仅要求溶液湿膜涂布均匀、厚度可控，还需要在涂布过程中原位控制钙钛矿的成核、结晶和晶体生长等物理化学过程，这是传统光伏和面板产业装备中不曾遇到的新挑战，要求装备设计和成膜工艺深度绑定才能取得更好的效果。

5.4.2 钙钛矿半导体 X 射线探测领域

钙钛矿 X 射线探测器具有高灵敏度、低成本等显著优势，且和对标的商业化材料相比，其稳定性的相对劣势并不明显，因此被认为可能是钙钛矿材料“杀手锏”级的应用，为 X 射线探测器材料体系的拓展与新型 X 射线探测器的研制带来了机遇。目前能量积分型钙钛矿 X 射线探测器的灵敏度等关键指标已经超越传统非晶硒材料，但在大面积探测材料制备、暗噪声水平、与 TFT 背板集成和读出电路匹配等方向上仍相对滞后。此外，能量分辨型钙钛矿 X 射线探测器可能成为未来的重要发展方向。近年来基于半导体（碲锌镉、碲化镉、深硅）的光子计数探测器（photo counting detector）可实现零噪声、多光谱 X 射线成像，具有更高的物质密度分辨率，是公认的下一代 X 射线成像技术，将引领射线探测技术进入全新时代，钙钛矿材料在此类应用领域的探索将极具研究和实用价值。面向这些应用需求，钙钛矿 X 射线探测器的研究需着重解决以下问题：

① 大面积、亚毫米厚度的钙钛矿膜制备与集成　目前文献报道的像素化尺寸远小于临床医疗影像应用需求，载流子迁移率高、稳定性好、缺陷少且容易与商业化读取电路（TFT/CMOS）集成的钙钛矿膜制备技术有待开发。

② 钙钛矿光子计数探测器研制　钙钛矿材料优异的性质为新型高性能、低成本光子计数探测器研制提供了新的材料选择。应加强钙钛矿光子计数探测器方向的前沿探索，开展高质量、大体积钙钛矿单晶制备、器件结构设计等方面的研究，在此类应用场景中，获得高 *ut* 乘积、低暗电流漂移的钙钛矿单晶材料和器件仍是成败的关键。还应加强探测机制、制备技术等方面的研究。

③ 探测器暗电流的控制技术　暗电流显著影响探测器的线性动态范围，实用化成像面板通常要求暗电流＜ $0.1nA \cdot cm^{-2}$，在常规的垂直光电导钙钛矿探测器中尚未实现。此外，钙钛矿光电导探测器的暗电流基线在电场作用下随时间偏移的现象是一个必须抑制的因素。这些

问题或可以从器件结构设计、抑制钙钛矿离子移动等方向尝试解决。

④ 钙钛矿成像面板制备 匹配与钙钛矿参数契合的读取电路，完成成像面板制作。加强与现有射线成像设备制造商的合作，利用现有厂商的技术平台，加快像素化成像面板的制造、评价与更新迭代进程。

参考文献[1]

作者简介

张文华，云南大学研究员，云岭学者，中国科学院百人计划专家，中国材料研究学理事，中国可再生能源学会光专委会委员。长期从事无机功能材料与新型太阳能电池的研究工作，曾提出表面功能化的策略，以介孔材料的纳米孔道为反应器原位制备纳米材料，解决了困扰介孔材料纳米组装的难题，在介孔复合催化材料与纳米医学材料领域得到了广泛应用，作为重要组成部分获得国家自然科学奖二等奖。近年来专注于新型太阳能电池的研究工作，在一维结构钙钛矿电池、高稳定性高效率钙钛矿电池的研究方面取得了有重要创新意义的进展。

郑霄家，中国工程物理研究院化工材料研究所副研究员，博士生导师，四川省科技创新人才，四川省海外高层次留学人才。围绕金属卤化物半导体材料的开发、与 X 射线的作用机理、载流子产生 - 传输 - 收集过程及 X 射线探测器的器件制备开展研究，致力于发展新一代高灵敏度、高稳定性、低成本的 X 射线探测器。主持国家自然科学基金、中国工程物理研究院院长基金、四川省科技创新人才、四川省面上项目等。在 *Angew. Chem. Int. Ed.*、*Adv. Mater.*、*ACS Energy Lett.*、*Adv. Funct. Mater.*、*J. Energy Chem.* 等刊物上发表 SCI 论文 40 余篇，他引 3000 余次，H 因子 25。

刘生忠，陕西师范大学教授，中国科学院大连化学物理研究所研究员。主要从事太阳能电池、新型光电材料器件的研究工作，在薄膜太阳能电池研究领域，提出了双功能基团分子的界面能级匹配和缺陷钝化新方法，破解了制约钙钛矿太阳能电池性能提升的瓶颈性难题；在钙钛矿单晶材料领域，发展了升温反应析晶策略，制备了世界上最大尺寸的钙钛矿单晶；发展了流动辅助限域空间薄片单晶生长新方法，直接生长了厚度可控的钙钛矿单晶薄片；发展了一系列新型单晶材料和单晶光电器件，引领钙钛矿单晶材料和光电器件的研究。在 *Science*、*Joule*、*Adv. Mater.* 等期刊发表论文 300 余篇，荣获中国侨界贡献奖，获博新计划导师、中国科学院优秀博士生导师、卢嘉锡优秀博士生导师等荣誉称号。

[1] 本章参考文献可根据现有信息检索，不提供文章名。

第6章

新型通信光纤与应用

刘文军　邢笑伟　杨　旸

6.1 新型通信光纤及其应用概述

20世纪60年代，人类历史上首台激光器由美国物理学家西奥多·梅曼（Theodore Maiman）成功研制。激光器的问世虽然是人类科技史上的一件里程碑事件，但囿于应用环境的限制，激光在诞生之后很长一段时间内都未得到真正的重视。十余年后，华裔物理学家高锟率先完善了硅基波导传光的机制，并基于二氧化硅首次研制了可用于通信的光纤，既验证了激光器的应用潜质，让激光器获得了信息时代的宽阔蓝海，又意味着高速率、高容量以及高稳定性的通信系统的设计不再只是构想。光纤面世后，很快从铜芯电缆的手中接过了人类通信史的接力棒，并开始领跑信息时代的建设历程。

随着对光纤导光机制和制备技术研究的不断深入和完善，基于光纤的通信系统逐渐趋于成熟，并成功地实现了商用。20世纪90年代，互联网技术的发展使得通信系统所承载的业务量飞快增长，其对传输容量和速率的需求激增。在信息化浪潮的驱动下，光纤接入技术的应用，使得系统在传输容量和速率等方面实现突破，并适应了信息高速传输的需求。21世纪以来，互联网技术的应用环境如雨后春笋般拓展，而通信网络的业务需求也日益多样化，用户数量日益增多。为适应此变化，通信网络也发生了革新和完善，逐渐形成了更加复杂的网络体系。光纤通信具有诸多优势，如抗电磁干扰、传输频带宽、损耗少、容量大等，因而成为现代通信网络的重要承载力量，当今的世界，超过95%的信息流均需要通过海底光缆进行传输。可以说，光纤让各个国家更加紧密地联系在了一起。

近年来，各种新兴技术不断涌现，通信系统的业务类型呈现多元化趋势。在流量激增的大潮下，信息的交流与传递更加需要高效、准确，光纤通信系统需要不断在高速、大容量上有所突破。作为光纤通信系统的核心部件，光纤承担着重要的媒介作用。光纤通信技术的发展需求对光纤的性能优化提出了新的挑战，用于长距离通信的新型大容量、长距离、低损耗光纤，成为近年来的研究热点。

6.1.1 光纤通信的基本原理

（1）光纤的结构 光纤是光信号的传输媒介。通信中使用的光纤一般为圆柱形，是具有多层结构的同心玻璃体。如图 6-1 所示，光纤的结构从内向外分别是纤芯、包层和涂覆层。

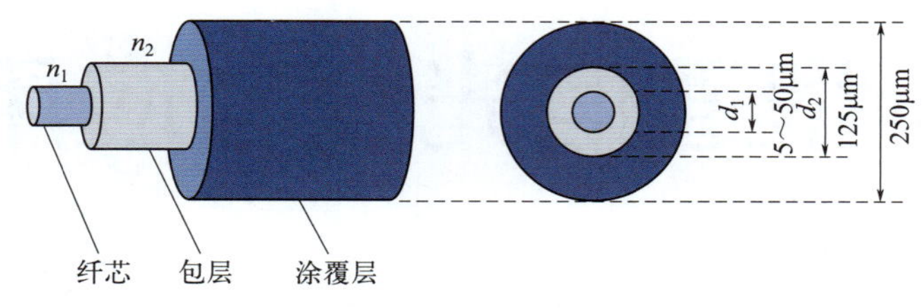

图 6-1 光纤结构

光纤最内层为纤芯，其直径（d_1）约为 5 ～ 50μm；中间层为包层，直径（d_2）约为 125μm，包层环绕着纤芯，与纤芯一同承担起传光的作用。纤芯和包层的主要成分是高纯度二氧化硅（SiO_2），但二者有不同物质的掺杂：纤芯中掺有极少量的二氧化锗（GeO_2）、五氧化二磷（P_2O_5）；包层中掺有少量的氧化硼（B_2O_3）等。光纤对纤芯和包层的性能要求不同，掺杂物质要发挥的作用也就不同。由光在光纤中的传输原理可知，纤芯对光的折射率（n_1）需要大于包层对光的折射率（n_2），因此纤芯中掺杂的物质用于 n_1 的提升，而包层中掺杂的物质用于 n_2 的降低。

由于纤芯和包层的材质均为二氧化硅，纤维的结构也很难承受较大应力，在过度弯曲时，很容易出现断裂的情况。而如果直接暴露在空气中，也极易受水汽侵蚀，进而使其表面出现损伤。为了保护包层，涂敷层被设计在光纤结构的最外侧。一般涂覆层外会再添加一层外护套，通过外护套的颜色，人们可以很容易地区别不同类型的光纤。

（2）光纤的分类 按照不同的标准，光纤有着不同的分类方法。按照不同层对光的折射率的分布特点，光纤可被分为阶跃型光纤和渐变型光纤，也可分别叫做非均匀光纤和均匀光纤。阶跃和渐变主要就纤芯折射率（n_1）和包层折射率（n_2）的关系而言，如图 6-2 所示，阶跃型光纤中，n_1 和 n_2 在边界处呈阶梯式变化，渐变型光纤中，n_1 和 n_2 在边界处连续变化。

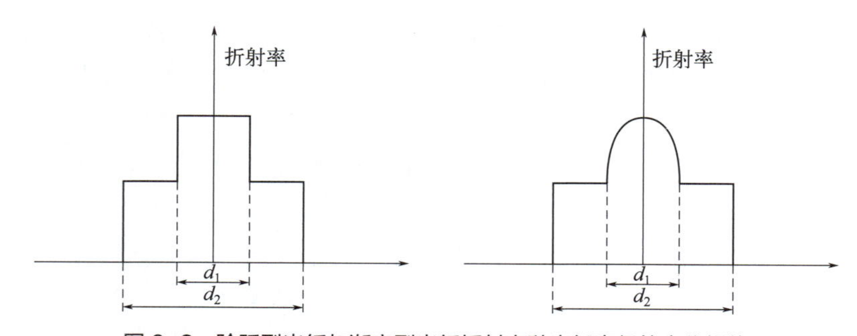

图 6-2 阶跃型光纤与渐变型光纤折射率随光纤直径的变化规律

而以传输模式为标准，光纤又可被分为多模光纤和单模光纤。如图 6-3 所示，多模光纤可传输的模式数量达几十种甚至上百种；单模光纤只允许一种模式的传播，该模式称为基模。

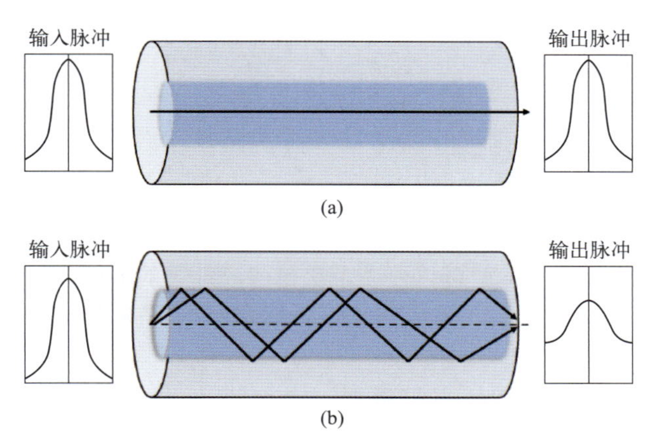

图 6-3 光纤可传输的模式数量

（a）单模光纤；（b）多模光纤

此外，套塑结构、制造材料以及激光工作波长等参数，均可被作为分类的标准。容易发现，在科学研究和实际应用中，不同的分类方法适用于不同的实际需求。

（3）光纤的传光性质 光在多种介质中都可以进行传输，而由于介质特性的不同，光在其中传播时的速度有所不同。光沿直线传播，在两种不同介质的交界上，会发生反射和折射。不同介质对光的折射率不同，光从一种介质进入另一种介质时，光路会发生偏折。光以一定的入射角度，从光密介质入射到光疏介质的交界面时，可能发生全反射现象，即折射光线与法线垂直，光沿着此方向传播，而不进入光疏介质，我们把此时的入射角称为临界角。若入射角继续增大，折射光线就消失，光只在两种介质的交界面处发生反射。

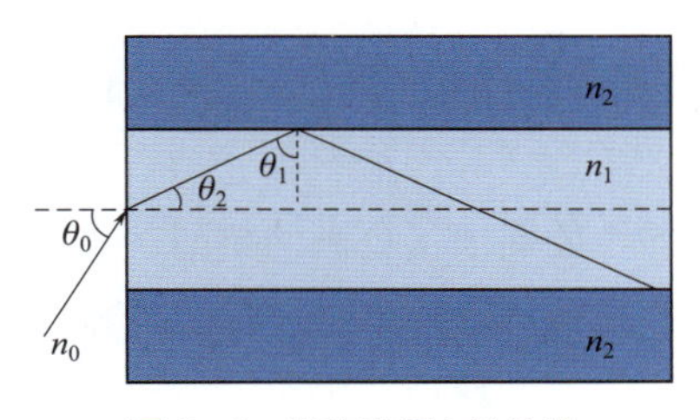

图 6-4 光在光纤中的传输

如图 6-4 所示，光以一定角度被耦合到光纤的物理过程，首先会在外界与光纤的界面处发生折射，随后进入到纤芯之中，利用折射和反射的物理机制实现了传输。利用折射定律，我们能够通过计算得到临界角（θ_c）的值：

$$\theta_c = \arcsin\frac{n_2}{n_1}$$

光在纤芯和包层界面的入射角（θ_1）想要达到 $\theta_1=\theta_c$ 的条件，就需要光射入光纤的角度

（θ_0）满足以下关系

$$\sin\theta_0=\frac{\sqrt{n_1^2-n_2^2}}{n_0}$$

若记$\frac{n_1^2-n_2^2}{2n_1^2}=\varDelta$，则上式可简化为

$$\sin\theta_0=\frac{n_1}{n_0}\sqrt{2\varDelta}$$

若光纤外为空气（n_0=1），则可得

$$\sin\theta_{max}=\sqrt{n_1^2-n_2^2}=n_1\sqrt{2\varDelta}$$

通过对入射角的合理调控，就可以使光束在包层和纤芯的界面之间不断反射，从而在光纤中长距离地稳定传输下去。

6.1.2 光纤通信国内外技术应用现状

随着通信业务需求的不断扩大，光纤通信技术得到了广泛和深入的研究，其在国内外的应用也更加多样。

6.1.2.1 国内应用现状

（1）长距离光纤通信 光纤通信技术广泛应用于全国信息高速公路的构建，极大地促进了信息的高速、高质量传输。但光纤通信仍存在一些细微的缺陷，比如对信息的保密性不强，信息在传输过程中可能被窃取、改变等。尤其在一些特殊的应用场景，如国防和安全领域中，已有的光纤通信技术已经无法满足实际的需求。现有较为常见的一种解决方案是应用量子通信的技术，在光纤传输技术的基础上，研究人员开创了量子密钥分发技术，以单个光子携带密钥信息。在信息传递的过程中，量子叠加态和纠缠效应可以保证绝对安全。根据量子理论，量子的状态会因外界的观察或干扰而显著改变，因此，窃取者即使能够截获信息，但也无法成功实现对原信息的译码。此外，通信的收发端均保存了具有特定纠缠态的光子，光子的变化是关联的，一方发生变化，则另一方随之改变，因此可以在接收端判断信息在传输过程中是否受到干扰。

量子保密技术对光纤系统的性能提出了更高的挑战。单光子具有易损失性，这就使得信号在传输过程中容易受到损耗和色散的影响，进而导致传输距离受限。在实际应用中采用可信中继的方法解决，建立节点间的安全通信，延长信号的传输距离。此外，光纤量子密钥分发、单光子探测等技术逐渐成熟，使基于光纤传输的量子通信迅速发展。光纤传输量子通信网络建成后，势必在信息传输中承担重要的作用。

在我国，量子通信网络的建设工作已经取得了显著的成绩，最为耀眼的成就莫过于“京沪干线”的建设和“墨子号”量子通信卫星的入轨运行。“京沪干线”于 2017 年 9 月开始正式投入使用，它连接了上海和北京，全长 2000 余千米。在其建成后，我国的研究人员进行了许多应用场景的试验，例如京沪交通银行企业用户之间完成了实时保密交易、京沪工商银行之间完成了数据加密传输等实验，均说明了光纤量子密钥分发技术的优势。

此外，“京沪干线”与“墨子号”量子通信卫星的成功对接，使我国的量子通信网络初步实现天地一体化，从而能够完成更加立体全面的信息传输。这也使我国在量子通信技术领域率先走向实用化，并占据了量子网络、量子计算以及量子信息处理等前沿技术的国际领先地位。“京沪干线”的应用场景仍在不断扩充，用户数也在不断扩大，未来将在生产生活中占据更大比重，也将为建立安全有保障的互联网发挥更重要的作用。

（2）全光网络　通信网中传统通信技术和光纤通信技术并存时，存在光电转换过程，光电交换信息的容量受制于电子端的工作速度，从而使整个网络的带宽受到限制。而全光网络由于绕开了电子瓶颈，因而能够实现更高速率的信号中继和传输，继而充分发挥光纤通信网络容量大和速率高的优点。

全光网络摒弃了传统网络的信息交换方式，把所有的电节点都替换为光节点，通过全光交换提供高性能的传输。它以波分复用技术为基础，经过数年的发展，形成了点到多点的PON无源全光网络和点到点的以太全光网络两大类。PON全光网络的光配线中不含有任何电子器件或电子电源，而且只有两层架构，极大地节省了电力资源，减少了网络层次。此外，由于光纤的传播特性，全光网络也具有带宽大、传输距离远等特点。

2019年，Andrushchak Volodymyr等提出了基于全光交换机的网络结构，并从整体光传输网络可扩展性的角度对节点进行了研究，发现网络具有时延低、插入损耗低、系统复杂性低等特点。同年，Yang Shuailong等设计了一种多节点全光网络路由架构方案和实现技术，提高数据中心高速、大容量数据传输能力。

近年来，在绿色全光网络技术联盟的推动下，国内对于全光网络的技术研究与应用试点广泛开展。在华为等企业的努力下，全光网络的实现方案已经比较成熟，并开始应用于数字校园、平安城市、智慧交通、数字医疗以及智慧园区等场景，进而助力智慧城市的打造。最近，一种应用于工业园区的新型网络——F5G全光网络，由于具有绿色节能、网络架构简单、运维管理便捷以及安全性高等优势，也成为一个研究的热点。

在教育领域，全光网络为校园设施及教学方式改革、实现全光智慧校园，提供了强大技术支撑。中南大学、义乌各校园、济南市历城第二中学是华为智慧教育F5G全光网络的应用实例。全光网络在校园中的普及，可以实现资源共享，有效促进教育现代化与信息化发展。此外，全光网络具有简架构、易演进、智运维、高可靠等特征，未来可以应用于偏远地区学校校园网建设，促进教育优质均衡发展。

在医疗领域，全光网络为远程医疗、远程会诊等新型场景及医院的数字化建设，提供了强大的技术支撑。华中科技大学协和深圳医院，选择F5G全光园区方案作为大楼的网络基础设施，提升了医院的服务效率和质量。未来将继续推动医院诊疗、服务和管理等全场景智能化，提高诊疗效率和患者就医体验。此外，F5G全光网络也被应用于方舱医院的建设，快速、准确地实现信息共享，且网络弹性大，可以应对各种突发情况，如增补信息点位、房间功能转化等，极大地助力了信息化精准抗疫。

全光网络具有先前通信网不可比拟的优点，但也存在一定的缺陷。首先，其物理设施容易受到各种攻击的影响，进而发生网络故障。其次，波分复用技术也容易在信号的传输过程中产生严重的带内串扰和带外串扰，降低传输质量。此外，光网络中的光子元件的物理特性对温度变化敏感，这导致了在温度波动存在时光数据通过光网络产生错误。最后，透明性使网络不再识别数据格式并再生信号，为不良信号的快速传播提供了条件。随着全光网络的日益普及，这些问题越来越受到学者们的关注。比如，Zhao Zhongnan 在 2019 年提出一种基于 Bio-PEPA 的形式化方法，对全光网络进行模拟和综合分析，可以有效地指导全光网络的设计，提高全光网络的可靠性。

对传输能力和网络功能的持续需求，促使光网络不断扩大带宽、扩展格式和增加网络结构。云化应用的开展已成为主流趋势，数据中心光互联方案在各领域已有所应用，未来，光纤通信网络将与数据中心、5G/6G 等进一步融合。全光网络的研究和应用也会不断深入，比如将人工智能、自动化等技术应用于全光网络的运行和维护中，实现全光网的自动化和智能化，使全光网络更加高效、便捷。

（3）光纤传感等新型应用场景 近年来激光在多个领域的应用潜力不断被发掘，如光纤传感、先进制造、高端医疗等，这些应用需求对光纤通信技术提出了更高的要求。

物联网的兴起和发展使得传感技术的应用越来越广泛。光纤的功能更是从单一的信息传输扩展到了信息传输和感知一体化。特种石英光纤是实现光纤通信与传感融合目标的一个重要部分，其研发成为近年来的热点。侧抛光光纤、光子晶体光纤、浸润性晶体光纤等新型光纤已被广泛研究和应用。Zhang Aoyan 等研发了空气孔辅助多芯微结构光纤，也有学者研发了纳米复合薄膜光纤传感器，可以实现对环境中有害物质如 Cd^{2+} 等的浓度监测，助力环境健康的监测和调控。在航空航天、冶金、化石燃料和电力生产等极端条件的实验环境中，对 1000℃以上的高温测量至关重要，光纤传感器以其耐腐蚀、抗电磁干扰等优势发挥了巨大作用。在周界安防、电网管道监控等场景中，分布式光纤传感系统通过对振动、应变等参数的动态测量，对环境的变化进行监测。光纤传感技术也被广泛用于生物医学研究，例如评估人体生物物质的浓度指标如细菌、癌细胞、葡萄糖等，为医学诊断提供了一种低廉、准确的检测方法，也有效提高了相关疾病的检出率。此外，光纤传感器可用于形成光纤传感网络，允许制造商创建多种应用的多功能监测解决方案。

随着无线通信业务的丰富和用户数量的增加，无线数据流量呈指数增长，而太赫兹波段由于带宽较大、频带占用率较低等特点，能够实现高速率的数据传输，该波段也被认为是未来 6G 技术的重要频段之一。太赫兹波段存在于微波和红外辐射之间，在透视性、信噪比、光谱分辨率和安全性等方面有独特的优势。但是太赫兹波很容易被介质物体吸收，因此需要损耗较小的光纤进行传输。面向太赫兹传输需求，许多学者进行了光纤的研制。Habib Md. Ahasan 等研制了一种新型低损耗多孔核光子晶体光纤，其在 1.0THz 工作频率下的有效材料损耗为 $0.063cm^{-1}$。Zhang Lei 等研制了一种超低损耗色散平坦微阵列芯光纤，具有接近零的色散特性。这些都是比较有效的太赫兹传输波导结构。

以上研究既促进了光纤通信技术在应用领域的多样化，也保证了高端应用场景的通信质量和效果。未来，对特种光纤的研究会不断深入，光纤通信也会在生产及生活领域占有越来越大的比重。

6.1.2.2 国外应用现状

自信息技术革命发生以来，人类的生产、生活都围绕数据和数据通信展开。在经济全球化的大势下，各国间的交流、合作也愈来愈密切，信息的互通变得必要。光网络在远距离跨洋通信中具有很大的优势，据统计，全世界超过 95% 的跨国数据传输都由海底光缆承担，海底光缆系统已在全球通信基础设施中占据了巨大的比重。

随着通信需求的不断扩大，海底光缆系统的总容量必须不断地增加，这是一个巨大的挑战。近年来，人们一直在研究如何在电力限制的情况下使传输能力最大化的方法，如多根单模光纤复用、空分复用技术、多芯光纤和多模光纤等。多根单模光纤复用是目前阶段提高海底光缆容量的主要解决方案。然而，海底光缆中可容纳的光纤数量往往受其机械特性和下缆难度的限制，因此，高复用密度的空分复用技术有望在海底光缆通信领域中展现其优势。

此外，有学者研究了多芯光纤在大容量海底光缆系统中的潜在适用性。4 芯光纤在跨大西洋场景和跨太平洋场景中相比多根单模光纤可以提升能效至 2.50 倍和 1.13 倍，7 芯光纤在跨大西洋场景和跨太平洋场景中相比多根单模光纤可以提升能效至 3.20 倍和 1.13 倍。2017 年，Turukhin Alexey 研究了空分复用技术在 12 芯光纤海底光缆传输中的应用，实现了电力效率和传输容量的同步提高。同年，Kawaguchi Yu 等使用了包层 7 芯光纤，传输距离超过 5000km。2021 年，Soma Daiki 等研究了标准包层耦合 4 芯光纤在 30nm 谱宽上的跨太平洋传输，传输距离超过 9150km。2022 年，Beppu Shohei 等在实验中应用基于实时 MIMO 信道 DSP 处理系统的长距离耦合 4 芯光纤，成功实现了超过 7200km 的超远距离信号传输。多芯光纤在系统容量和传输距离上有比较大的优势，但是其成本较多根单模光纤更高。

近年来，海底光缆系统也融合了观测功能，搭建传感器进行地震、海啸等地质灾害的监测。比如 G. Marra 等研制了基于光学干涉的海底环境传感器阵列，演示了在 5860km 长的跨大西洋光缆中继器之间探测地震和海洋信号。通过将该技术应用到现有的中继器，对中继器跨度为 45 ～ 90km 的海底光缆，用数千个实时环境传感器就可以实现对海底的测量，而无须改变原有的水下基础设施。

海底光缆在系统稳定性、传输容量等方面有优势，但也有一定的劣势。首先，海底光缆位于海洋深处，缺乏有效的远程监控手段，从而给窃听活动以可乘之机。目前针对海底光缆的加密已有许多研究成果，如数据加密技术、光混沌通信技术、光信息隐藏传输技术、量子密码通信技术等。但不断成熟的窃听技术，给研发人员敲响了警钟，必须不断有效改进加密措施，保证信息安全。其次，放置在海底的跨洋光缆，在深海环境中容易受到地质活动的破坏和干扰，因此需要采取一些措施，以保证系统的稳定性，比如采用分布光纤传感技术对海底光缆进行安全监测。

光纤通信技术已经成为全球范围内各行业、各领域发展的重要技术支持，未来也将在产业化的驱动下获得更加广阔的应用环境，取得更加深刻宝贵的应用意义和价值。5G 技术开启了万物互联的网络时代，信息网络要求业务类型更加多样、传输和处理更加高速，这为全球通信行业的发展创造出更多的挑战与机遇。全球通信发展的潮流下，光纤通信技术也将不断得到提高与完善。未来对新型通信光纤的研究与制造，对原有光纤通信设备的资金投入与技术改进等措施，均将有效提升光纤通信技术的传输质量与效率，提升国家整体通信技术水平，为我国综合实力的提升提供强有力的支撑。

6.2 新型通信光纤对新材料的战略需求

光纤通信是一种以激光信号为信源、光纤为信道的通信方式。通过对光源所承载信号的调制、传播和解调，便能便利快捷地完成通信过程。光纤通信的发展，至今已有五十余年的漫长历程，在这个过程中，光纤通信为世界通信带来的影响巨大。作为传输媒介，光纤有着以环境友好为代表的诸多优势，但需注意，光纤自身的传输损耗、机械强度、传输功率、制备成本等因素，会因光纤制备材料的不同而出现差异。在选择具体的制备基材时，往往无法同时确保各项指标均处于最佳的水准，而需要根据具体的应用环境做出理智的取舍和平衡，因此，对于制备光纤基材的研究，将成为对高性能新型通信光纤的研究基础。基于这些研究，探索出各方面性质均处于完善水平的新型材料，将成为当前光纤通信技术发展的关键。

6.2.1 常规材料（石英）

石英光纤的构造方式较为常见，是一种由纤芯、包层和涂覆层组成的多层光学纤维结构，相较于其他类型的光纤，石英光纤的研究历史也更为长远。石英光纤的工作波段范围较大，可承载从紫外到红外的宽波段光信号的传输。除此之外，石英光纤具有机械强度高、与光源耦合能力强等多项优点，故在医疗、信息传输、传感、测量等多个领域具有重要研究及应用意义。

近年来，随着我国电子信息产业的迅速发展，光纤对石英材料的要求也越来越高。在光纤制造领域，高纯石英玻璃产品是十分重要的原材料。当前光纤通信领域要求石英材料具备较为稳定的质量和较高的纯度精度，而国内相关生产企业大都不能满足这一需求，故当前阶段，国内的石英光纤产品大多来源于进口。特别是进口光纤预制棒石英套管等产品，应用范围广泛，且进口价格较高，因此具有较强的国产替代需求。

为进一步提升石英光纤产品的实际质量，研究人员在石英光纤的制备过程中，引入了增材制造的方式，这种方式能够以相对较小的成本实现更好的制备效果，具体的技术分类如图6-5所示。

以下将介绍几种在近年来受到较多关注的增材制造方式：

（1）基于数字光处理（digital light processing, DLP）技术的石英光纤增材制造方法 虽然利用增材制造技术能够实现石英玻璃的制造，但是增材制造的石英玻璃制造尺寸普遍为毫米级别，远远达不到光纤预制棒的制造尺寸。究其原因，主要在于预制棒的尺寸较大，容易导致脱脂后的预制棒中残留部分杂质，且烧结后降温速率过慢也会导致析晶或陶瓷化，致使预制棒整体失透。为了解决该问题，哈尔滨工程大学的张建中教授课题组经过详细的研究，基于DLP技术提出了一种优化方案：利用增材制造技术将含有纳米级二氧化硅颗粒的紫外光敏树脂固化，并加入适量的功能性纤芯材料，完成了百毫米级别光纤预制棒的制造，再由马弗炉去除预制棒中的有机物并脱脂，预制棒经拉制形成了单模和多模石英光纤，解决了脱脂过程中可能出现的开裂坍塌，以及烧结过程中可能出现的析晶或陶瓷化问题。

基于这项工作的技术基础，张建中教授课题组进一步实现了从传统单模光纤和多模光纤

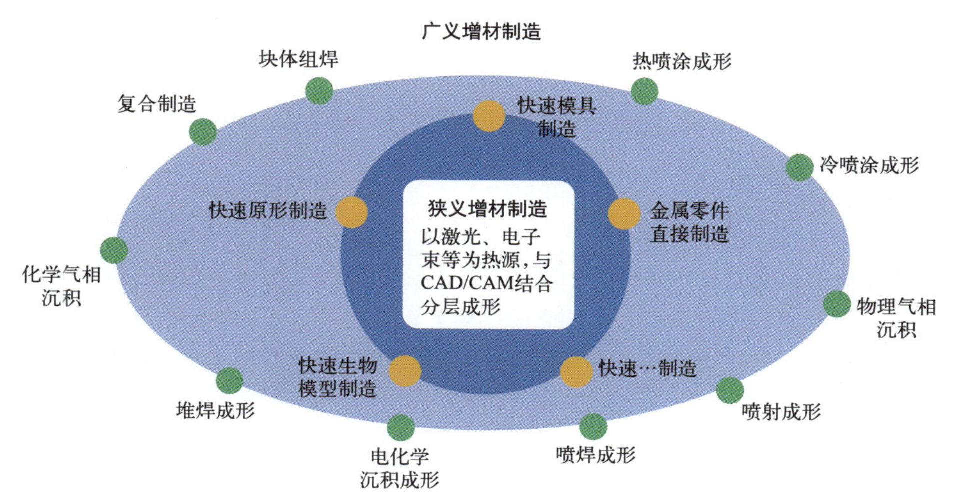

图 6-5　增材制造的技术分类

到单芯和 7 芯铋铒共掺杂光纤（bismuth/erbium co-doped fiber ,BEDF）的延伸，成功展示了多组分、复杂结构石英光纤的增材制造。此外，基于 DLP 的增材制造技术同样被应用于掺镱的微结构光纤的制造，这也向我们充分展示出增材制造方式在光纤结构灵活性和制备基材多样性等方面的优势优势。

（2）基于墨水直写（direct ink write, DIW）技术的石英光纤增材制造方法　除了 DLP 技术之外，其他的增材制造技术也受到了研究人员的关注。2020 年，南安普顿大学光电子研究中心的 Camacho Rosales 教授团队，成功地利用 DIW 技术，在室温条件下，以 40mm/s 的打印速度、500μm 的层厚制造了外径 2mm、长度 7mm 的掺铒石英玻璃棒，并分别在 600℃和 1500℃的温度下，经历了脱脂和烧结成为透明玻璃棒的过程，玻璃棒在插入氟化物玻璃管内之后，便形成了具有折射率差的石英光纤预制棒。光纤预制棒经过拉制，便成为外径 100μm、芯径 40μm 的多模掺铒石英光纤。在光纤的表征过程中，研究人员捕捉到了铒离子的典型吸收峰以及杂质、有机物和氢氧根离子残留引起的其他吸收峰。

（3）基于选择性激光烧结（selective laser sintering, SLS）技术的石英光纤增材制造方法　同样是南安普顿大学光电子研究中心的 Camacho Rosales 教授团队，利用选择性激光烧结（SLS）技术进行了光纤增材制造，他们通过直接烧结球形二氧化硅粉末的方式，构造了直径为 12mm 玻璃棒，在将玻璃棒插入石英管中之后，他们对其进行了拉制操作。最终的表征结果表明，该光纤在 800nm 处的传输损耗为 23dB/m，而造成这一较大损耗的直接原因，主要是二氧化硅粉末的尺寸和形状在一定程度上直接限制了石英光纤的整体密度，进而导致了打印结构的翘曲，并因此引起了光纤结构的改变。

为了削弱这些影响，经逐步优化后，该团队制造了纤芯中含有二氧化锗的多芯光纤预制棒，最终得到的光纤，800nm 光信号的损耗被减小到 14.68dB/m。虽然选择性激光烧结（SLS）技术具有制造工艺简单、成本低、成形速度快等优点，但相比于传统技术制造的光纤，损耗依然较高，而这些损耗主要来源于原材料的纯度、析晶以及光纤结构的变化。所以通过不断优化制造技术，在保持低成本、快速成型等优势的同时降低损耗，是我们未来仍需探究和解决的一个难点。

优秀的传光表现、较低的制造成本以及较为便利的布置方式，使得石英光纤在很多领域获得了广泛的应用。尽管石英光纤的制备技术已经经历了五十载的历程，但当前的石英光纤在生产工艺、材料及结构创新上仍存在较多的发展空间，还需进一步的探索和研究。

6.2.2 ╱ 掺杂光纤

所谓掺杂光纤，是指在制备过程中，向石英基材中掺入大量稀土元素，进而能够在泵浦激发的条件下对光信号进行主动放大的光纤。稀土元素的掺杂，从一定程度上拓展了石英光纤原有的光学性质，而掺杂元素浓度及分布的不同，也都会对其在放大过程中的实际表现产生影响。

以如图6-6所示的掺铒光纤（erbium-doped fiber, EDF）为例。该类型光纤具有泵浦效率高、放大器带宽大、增益曲线好、与波分复用系统兼容以及拉曼噪声较低等优点。由于EDF对应1550nm的增益波段（石英光纤通信窗口），因此在光纤通信领域占有重要地位。高性能掺铒光纤也是当前国际长途高速光纤通信线路研究的重要方向之一。

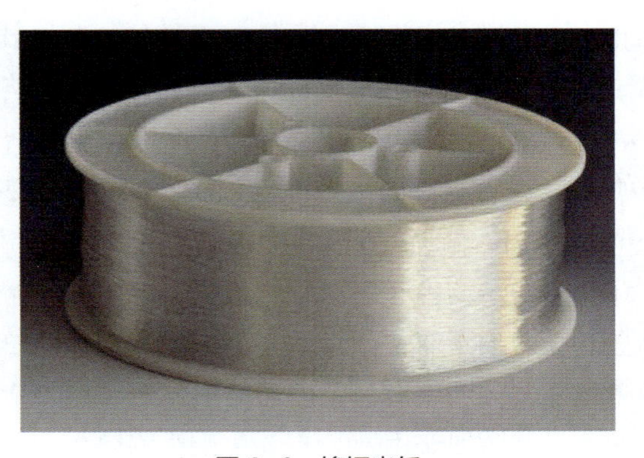

图6-6　掺铒光纤

掺镱光纤（ytterbium-doped fiber, YDF）也是掺杂光纤的一种，与掺其他稀土离子相比，其优点在于：吸收带较宽、量子效率较高以及热负荷低等；Yb^{3+}离子吸收带较宽（800～1100nm），对于一些半导体激光器泵浦（环境温度敏感、发射带窄）更加适用，而其增益波段与泵浦波长相近，量子效率也会更高；此外，该光纤的热负荷较低，荧光寿命会更长。由于具备以上所述的优势，YDF在激光器的研究中发挥着重要的作用。传统固体激光器容易出现热效应，在泵浦功率更高的三能级激光系统中热效应更加明显，这会导致激光的性能变差；而掺镱光纤中Yb^{3+}离子的浓度较高，相对应的其热负荷比较低，工作时的温度变化小，能够规避很多热效应带来的影响。

目前，掺镱光纤激光器的输出功率已达到10kW级，相关研究进展如下：国防科技大学的潘志勇教授团队基于自研的纺锤形渐变掺镱光纤激光器，于2022年成功实现了6kW功率高光束质量激光输出。当总泵浦功率为7.68kW时，激光器的输出功率达到6.02kW，光束质量因子M^2约为1.9。通过进一步优化纺锤形掺镱光纤制作工艺及结构参数，有望实现功率更高、近单模光束质量的光纤激光输出。与他们的工作类似，来自国防科技大学的周朴教授团队基于自主研制的部分掺杂光纤（confined-doped fiber,CDF）实现了 7.03kW 的光纤激光输出，光束质量因子 M^2 为 1.96，实验装置示意如图 6-7 所示。当泵浦功率达到 8.65kW 时，输出功率为 7.03kW，光光转换效率（optical-to-optical efficiency）为 79%。由于受到受激拉曼散射作用的影响，该功率很难进一步的提升。

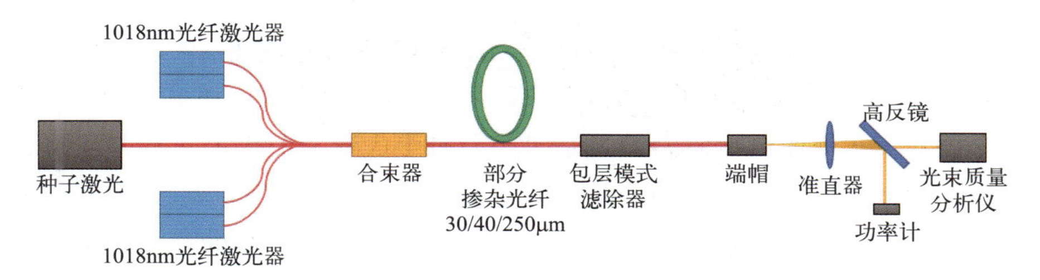

图 6-7　掺杂光纤激光放大器的实验结构示意图

为了对该成果进行优化，该团队又基于双向级联泵浦部分掺杂光纤，实现了近 8kW 的高光束质量光纤激光输出，实验装置示意如图 6-8 所示。目前该放大器功率的提升仍主要受限于受激拉曼散射效应，通过提高部分掺杂光纤的吸收系数以缩短光纤长度、增大部分掺杂光纤的有效模场面积及提高后向泵浦功率等方式，有望进一步提升输出功率。通过进一步优化增益光纤和无源光纤的折射率匹配，有望实现更好的光束质量。

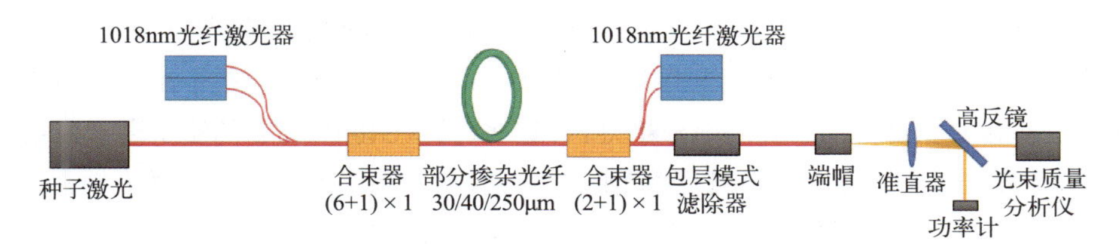

图 6-8　双向级联泵浦部分掺杂光纤放大器实验装置图

为了克服受激拉曼散射效应对功率提升的限制，国防科技大学的周朴教授团队自主设计并研制了大模场部分掺杂光纤。最终，采用自研部分掺杂光纤及后向级联泵浦方案，一定程度上解决了上述因素和模式不稳定效应的限制问题，成功实现了目前国际上基于同类光纤的最高输出激光功率，同时，该工作实现的光束质量，为国内公开报道 10kW 级激光器最佳输出水平。未来，研究人员将对光纤的吸收系数及折射率分布进行进一步的优化研究。

此外，掺铥碲酸盐玻璃光纤放大器的研究也在近年来取得了较大的进展。哈尔滨工程大学的王鹏飞教授团队研究了基于掺铥碲酸盐光纤的 S 波段放大器。该课题组调整了熔接偏移量和加热功率，提高了掺铥碲酸盐玻璃光纤与石英光纤的熔接质量，减少了熔接损耗，完成了全光纤 S 波段放大器系统在 1480 ～ 1510nm 波段 10dB 的增益，熔接效果见图 6-9。该研究表明增强光纤的激光放大能力，可以从调整掺杂浓度、减少光纤损耗这两个方面进行研究。

除以上基于几种常见掺杂光纤的研究外，还有很多种掺杂光纤在光纤通信领域发挥着重要的作用，例如掺钕光纤、掺氟光纤、掺锗光纤等，其性质及应用有待进一步发掘。此外，还需要探索出一些性质更好的光纤掺杂材料，能够在一根光纤中成功放大多个波段的信号光，丰富光纤的实际应用场景，推动掺杂光纤领域研究的继续发展。

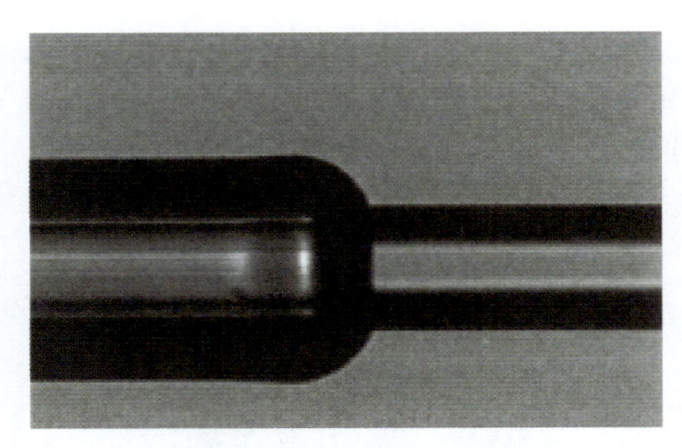

图 6-9 掺铥碲酸盐光纤与普通石英光纤的熔接效果图

6.2.3 氟化物光纤

在中红外波段，传统的石英光纤损耗过高，而氟化物光纤具有低损耗、低声子能量的特点，因此氟化物光纤在中红外波段的光纤激光器上使用更加广泛。氟化物光纤以氟化物玻璃为材料制成，工作波段主要在 2 ～ 10μm。与石英光纤相比，氟化物光纤很多电子能级的亚稳态寿命更长，可以实现激光产生。与其他中红外透射光纤相比，氟化物光纤的色散很小，且折射率相对较低。相对于硫系玻璃光纤而言，氟铝酸盐玻璃光纤或者氟锆酸盐玻璃光纤的掺杂浓度高、稳定性好、强度高，且具有低背景损耗的优点。这种玻璃光纤中的阳离子通常为重金属，例如锆或者铅。

氟锆酸盐玻璃光纤（主要成分为 ZrF_4）是氟化物光纤的一个典型例子，其中最常见的为 ZBLAN（ZrF_4-BaF_2-LaF_3-AlF_3-NaF）玻璃光纤。这种光纤可以掺杂很多稀土离子，用于光纤激光器和放大器中。与石英玻璃相比，氟化物（ZBLAN）玻璃离子黏结强度更低、折射率较低、色散较小，但稳定性更差、强度更低、背景损耗较高。

ZBLAN 光纤是当前用于中红外激光输出的主要光纤，但是 ZBLAN 光纤具有机械强度低、易潮解的特点，在应用中缺陷明显。当前光纤激光发展的一个关键点就是如何在保证光纤不被毁伤的同时，提升其输出功率。光纤的玻璃转变温度越高，抗激光损伤能力就越强。AlF_3 基玻璃光纤不仅机械强度、耐腐蚀性高，玻璃转变温度也比 ZBLAN 高，这些特点使其更适合用于高功率的光纤激光器的研究。

2018 年，吉林大学的贾世杰采用 Ho^{3+} 掺杂 AlF_3 基光纤激光器，在 2.87μm 波长处获得最大输出功率为 57mW。2020 年，哈尔滨工程大学的王鹏飞教授团队采用 Ho^{3+}/Pr^{3+} 共掺的 AlF_3 基光纤激光器，在约 2.9μm 波长处获得输出功率为 173mW。2021 年，哈尔滨工程大学的王顺宾教授团队采用 Ho^{3+}/Pr^{3+} 共掺的 AlF_3 基玻璃单包层光纤的单模 1150nm 光纤激光器，在 2.87μm 波长处获得最大输出功率为 1.02W，实验装置示意如图 6-10 所示。

虽然 ZBLAN 光纤的发展已经较为成熟，但是 ZBLAN 光纤较差的热稳定性和化学稳定性对于进一步提高中红外光纤激光的输出功率是一个挑战。ZBYA（ZrF_4-BaF_2-YF_3-AlF_3）玻璃光纤作为另一种氟化锆基玻璃光纤，有着与 ZBLAN 玻璃光纤相近的声子能量（580cm^{-1}），但是其抗潮解性能更好，玻璃转变温度更高，这意味着 ZBYA 玻璃光纤有着更高的抗激光损伤阈值，在高功率中红外光纤激光产生中有着巨大的应用潜力。哈尔滨工程大学的王鹏飞教

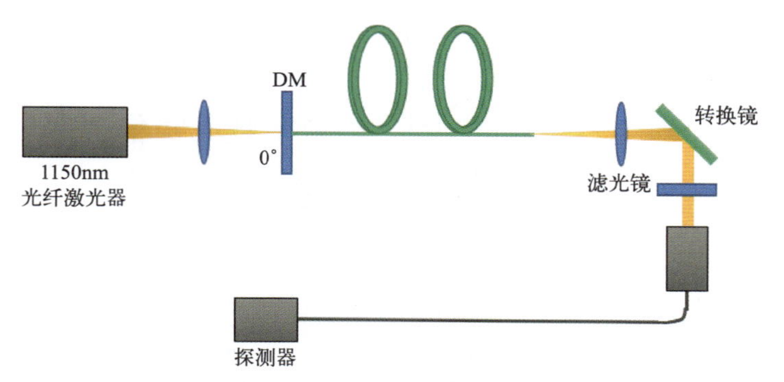

图 6-10　单模 1150nm 光纤激光器实验装置示意图

授团队对基于钬掺杂 ZBYA 玻璃光纤的中红外激光进行研究，采用 1150nm 拉曼光纤激光器作为泵浦源，使用 Ho^{3+} 掺杂的 ZBYA 光纤作为增益介质实现了约 2.9μm 波长的激光输出，最大输出功率达到了 137mW，斜率效率为 8.9%。研究结果表明 ZBYA 玻璃光纤是一种潜在的用于实现中红外波段激光的增益材料。

ZBYA 玻璃光纤作为一种新型的氟化锆基玻璃光纤，目前的问题主要存在于光纤损耗方面，较大的光纤损耗导致其输出激光的效率较低。通过提高原材料的纯度以及优化光纤拉制工艺，有望进一步降低 ZBYA 玻璃光纤的损耗。除了降低光纤损耗之外，还应该继续探索石英光纤与 ZBYA 玻璃光纤的熔接技术，以降低激光系统的复杂程度，提高光纤的损伤阈值。在未来的工作中，探索双包层 ZBYA 玻璃光纤的制备方法尤为重要。对于单包层光纤而言，由于泵浦光都集中在纤芯中，容易因为功率密度过大而受到损害；而双包层光纤通过包层泵浦的方式，能够显著增大光纤能够承受的最大泵浦功率，从而进一步提高激光输出功率。

氟化物光纤作为工作在中红外波段的重要光纤，具有很多优良性质。对已有氟化物光纤性质的优化和对具有更优性质的新型氟化物光纤的探索仍在继续。

6.2.4 ／塑料 / 聚合物光纤（太赫兹传输）

塑料光纤（plastic optical fiber，POF）如图 6-11 所示，是一种由高透明聚合物如聚苯乙烯（polystyrene，PS）、聚甲基丙烯酸甲酯（polymethyl methacrylate，PMMA）以及聚碳酸酯

图 6-11　塑料光纤

（polycarbonate，PC）等物质作为芯层材料，PMMA、氟塑料等物质作为包层材料的光纤，也称为聚合物光纤。

塑料光纤的光传导能力强，带宽能力比同类传输介质强，且不产生辐射，完全不受无线电频率、电磁和噪声的干扰。除此之外，塑料光纤还具有施工、安装和维护成本低，光源收发器、接插件和配套设备便宜，原材料和生产成本低，便于使用，安全性好等多种优点，现已广泛应用在短距离通信网络，在太赫兹通信等领域也具有广阔的发展前景。

塑料光纤的芯径大，连接器不需要光纤定位套筒，使用注塑塑料连接器即可，这使得其安装成本较低。除了上述优点，塑料光纤还具有低衰减、高稳定、小色散、易生产、高对比度等优点。适用于纤芯的材料有氟化聚甲基丙烯酸酯、全氟树脂等；适用于包层的材料有聚甲基丙烯酸甲酯、硅树脂等。这些聚合物具有光学性质优异、折射率便于调节、易提纯制备、易形成光纤、成本低等优点。

目前，对用于制造塑料光纤的材料和工艺条件还需进行进一步的优化。根据已有的研究理论，光纤芯材的折射率虽难以提高，但含氟高聚物包层的折射率还存在优化的空间。所以通过继续研究含氟高聚物，降低其包层折射率，可以实现对塑料光纤制造材料的优化。在工艺条件上，如何通过调整芯材聚合物分子量，提高光纤的均匀度以及透明度，从而降低光损耗以提高传输效率，也是未来研究工作的一个重难点。

6.2.5 硫系玻璃光纤的相关需求

硫系玻璃光纤如图 6-12 所示，是由第Ⅵ主族的 S、Se、Te 与其他元素如 As、Ge、Sb、Ga、P、I 等组成的两组分或多组分玻璃光纤。由于材料声子能量的限制，石英光纤难以传输波长超过 2.5μm 的红外激光，氟化物光纤的红外截止波长通常小于 5μm，而超低声子能量的硫系玻璃的不同组分的光纤可以实现 2 ～ 12μm 宽波段的低损耗激光传输。除此之外，硫系玻璃光纤比氟化物等玻璃化学稳定性更好、成纤能力更强。作为一种在红外波段有重要应用的光纤，硫系玻璃光纤的应用和发展在国内外都占有重要地位。

图 6-12　硫系玻璃光纤

相较于已经广泛商用的石英光纤，硫系玻璃光纤在损耗和激光传输能力等方面仍有极大的改善空间。目前国内外对硫系玻璃光纤的研究主要集中在两个方面。一是如何降低硫系玻璃光纤的损耗：硫系玻璃光纤受到 C、H 等杂质元素的影响，吸收损耗较大，且硫系玻璃光纤的实际损耗与其理论最低损耗相差较大，基于此问题，研究如何提升硫系玻璃的提纯和光纤制备技术以降低其损耗是关键。二是提高硫系玻璃光纤的损伤阈值：硫系玻璃的共价键特性较弱，松散的玻璃网络结构导致其具有较低的损伤阈值，这也使硫系玻璃光纤传输高功率红外激光的能力受到限制。如何通过优化玻璃组分、玻璃网络结构以及光纤结构来提高硫系光纤的损伤阈值也是一个极具价值的研究方向。

阶跃结构硫系玻璃光纤是最早研究的一种，其组分结构不同，所允许传输的带宽也不同，目前可以实现 2 ~ 12μm 波长的激光传输。在 2 ~ 5μm 短波中红外激光传输方面，研究者首先研究的是多模光纤。1998 年，Sanghera 等报道了采用 $As_{40}S_{60}$ 多模光纤成功传输波长为 2.94μm 的医用自由电子激光（medical free electron laser, MFEL）。2 ~ 5μm 短波中红外激光另一个重要的应用领域是国防安全领域，如红外对抗（infrared countermeasure, IRCM）、激光预警或激光战术系统。该领域的应用对光纤的高功率激光传输能力提出了更高的要求。

在 5 ~ 12μm 长波中红外激光方面，硫系玻璃光纤能够传输高功率 5.4μm 波长的 CO 激光和 10.6μm 波长的 CO_2 激光，该类型的激光器已被广泛应用于激光手术、激光加工以及空间光通信等领域。由于需要传输的功率较大，研究者通常还是采用大纤芯的多模光纤。10.6μm 波长的 CO_2 激光器是另一种常用的中红外光源，在医疗和工业领域具有独特的优势。与使用较短波长激光的激光手术相比，CO_2 激光消融手术对周围组织的损伤更小，因此更具潜力。Te 基硫系玻璃的红外截止波长比 S 基和 Se 基玻璃更宽（可达 25μm 以上），10.6μm 波长的激光传输损耗更小，因此人们研发了多种 Te 基硫系玻璃光纤以满足激光传输的需求。为了提高 Te 基硫系玻璃光纤的激光传输功率，研究者通过在玻璃光纤组分中加入 Ge 来提高光纤的损伤阈值并降低光纤的传输损耗。

尽管硫系阶跃型光纤已经取得了很大的进展，但由于传输功率的进一步增加，硫系玻璃材料会受到自身低激光损伤阈值、高非线性等特点的限制而逐渐无法满足实际的需求。研究人员开始考虑硫系微结构光纤。大模场光子晶体光纤（large mode area-photonic crystal fiber, LMA-PCF）和空芯微结构光纤（hollow core - microstructure optical fiber,HC-MOF）被认为是提高硫系玻璃光纤激光传输功率和效率的有效途径。两种结构尺寸的硫系大模场光子晶体光纤如图 6-13 所示。

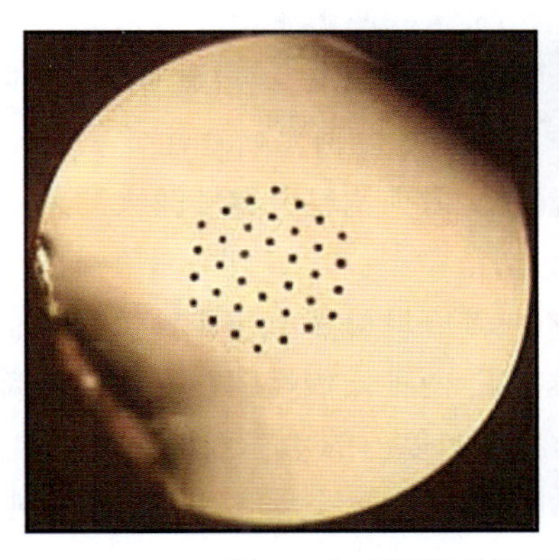

图 6-13 不同结构尺寸的硫系大模场光子晶体光纤

LMA-PCF 的开发中，研究者提出了一种全固态的设计。例如 2019 年，杨志勇教授团队制备了波长为 4μm 时模场面积为 $5200\mu m^2$、光纤损耗为 5.2dB/m 的全固态 LMA-PCF。这是因为相比于多孔的微结构包层，全固态设计可以避免光纤拉制过程中产生的气孔变形等缺陷，消除了环境因素对光纤传输的影响，并且防止了空气中水的污染。而由于 LMA-PCF 模场和玻璃材料的高度重叠，光纤损耗对材料吸收、结构缺陷（毛细管变形塌陷、界面效应引起的散射损耗）和弯曲十分敏感；同时由于特殊的包层结构，LMA-PCF 传输的光束质量也更容易被热透镜效应影响，导致 LMA-PCF 传输高功率激光的能力受到限制。研究人员以空气作为纤芯、微纳尺寸的人造周期性结构作为包层，即硫系空芯微结构光纤（HC-MOF），以解决材料的本征缺陷（吸收损耗、非线性、色散和光致损伤等）对传输损耗的影响，相较于硫系 LMA-PCF，硫系 HC-MOF 理论上的传输损耗较小。

理论研究表明，在光纤拉制过程中，不可避免地会引入表面毛细波，这种表面缺陷将会引入一种额外的损耗，即表面散射损耗。纤芯基模的部分模场会与玻璃壁发生重叠，这使得光纤损耗很难再进一步降低。此外，硫系 HC-MoF 容易受到表面模的影响，光纤传输带中会出现额外的高损耗峰，从而缩小了传输带宽。硫系 HC-MoF 的出现虽然满足了一定的应用需求，但是过高的传输损耗限制了其进一步的发展。研究人员开始探索其他的解决方案，空芯反谐振光纤（又称为负曲率光纤）逐渐出现在人们的视野中，其扫描电镜图见图 6-14。负曲率的纤芯边界对于降低光纤的传输损耗具有很明显的效果，并且其传输通带还具有向红外波段扩展的特性，结合其在其他性能上的优势（光谱传输带宽大、高激光损伤阈值等优点），红外负曲率光纤有望成为一个新的研究热点。

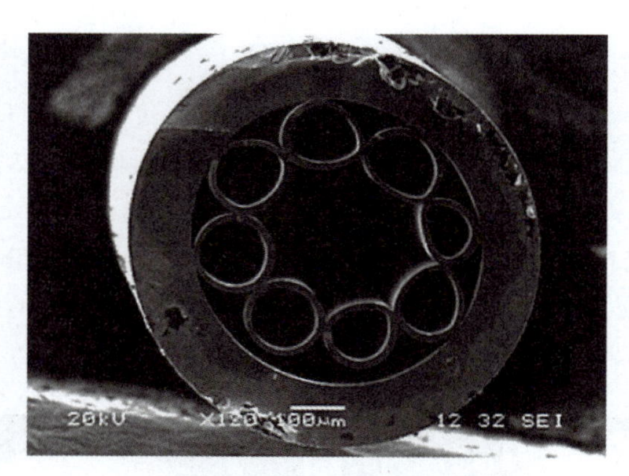

图 6-14　硫系负曲率光纤横截面的扫描电镜图

硫系玻璃光纤制备和应用方面的研究，尽管在国内外均已取得了较大的进展，但还存在一些技术和理论上的问题需要进行深入探索：

① 高激光损伤阈值的低损耗硫系阶跃型光纤的制备　高激光损伤阈值和低损耗是硫系阶跃型光纤的基本要求。目前主要有 $As_{40}S_{60}$ 和 $As_{40}Se_{60}$ 两种低损耗硫系光纤已被商用，这两种硫系光纤激光损伤阈值较低，单模光纤只能满足 10W 以内的功率传输需求。此外，Ge 基硫系光纤的损伤阈值更高，但其损耗也相对较大，因此 Ge 基硫系玻璃的新型提纯和制备技术是一个重要的研究思路。

② 硫系负曲率光纤的理论研究　硫系负曲率光纤虽然只有十年左右的历史，但已经超越硫系大模场光子晶体光纤、硫系空芯布拉格光纤和硫系空芯光子晶体光纤，成为最有潜力的红外高功率激光传能光纤。目前硫系负曲率光纤的理论研究尚不完善，研究负曲率光纤的传输过程需要反谐振理论、泄漏模理论和耦合模理论，因此还需要建立完善的泄漏模导光理论模型，分析光纤限制损耗、表面散射损耗、弯曲损耗在光纤整体传输损耗中的占比，从而进一步探究硫系负曲率光纤的传输损耗极限。

③ 低损耗硫系负曲率光纤的结构设计和制备　目前已经制备出的硫系负曲率光纤的结构仍为最简单的单层包层毛细管结构。为了进一步降低传输损耗，可以考虑借鉴石英负曲率光纤中类似的嵌套或连接管设计，但这要求硫系负曲率光纤预制棒的制备和光纤拉制工艺技术要进一步发展。

6.3 当前存在的技术难题

信息化是当下全球经济以及社会进步的一大态势，也是量化一个国家或地区现代化程度的重要指标。随着机器学习、智能技术、物流与互联网相结合等新型技术的出现，各行业已逐渐跨入智能化的发展阶段。这些现实因素对当今广泛使用的光纤材料及其结构提出了更加多元且苛刻的要求。在本章中，我们从以下四个方面出发对当前存在的技术难题进行分析和探讨：

① 如何在单纤中实现高能激光的传输；

② 如何在单纤中做到多波段兼容；

③ 如何实现增益光纤波段的拓展；

④ 耐腐蚀 / 应力光纤制备难题。

6.3.1 材料的损伤阈值问题（如何在单纤中实现高能激光的传输）

随着时代的飞速发展，光纤制备基材的加工工艺也在逐渐优化，但在光的传播过程中，或多或少会出现一些对光纤的辐照损伤；同样，如果把激光在光纤中的传输看作对激光的加工过程，那么不合适的材料对于激光来讲就如同劣胚，会影响激光的传输。光纤的制备首要解决的是激光的传输问题，要解决这个问题，需研究与激光传输介质相关的一个参数——激光损伤阈值。

激光损伤阈值是用来描述介质抗激光损伤能力的重要参数，常以 W/cm^2（对于 CW 激光器）或 J/cm^2（对于脉冲激光器）为单位。该参数严重影响材料在传输激光时的使用寿命。激光在介质中一点高度集中会造成其表面甚至内部损伤。对于介质而言，该参数就是指受激光辐照的单位面积上所能够承受激光能量的最大值。

随着高能激光技术的快速发展，对光纤的激光功率处理能力以及传输效率的要求也随之提高，这些激光源在微加工、激光手术、国防技术和其他应用中得到了广泛的应用。传统光纤的功率处理能力取决于其激光功率损伤阈值、非线性光学效应和热诱导模态退化，最终都受到玻璃芯的制约。空心光纤（HCF）将光限制在孔中，并提供近乎自由空间的传播环境，具有更高的损伤阈值、更低的光学非线性度和更小的波导色散。这些独特的优势使HCF具有了超越实芯光纤的可能性，特别是在高能激光传输方面。

空心光纤并不是指整个光纤是空心的，而是在光波较为聚集的地方是空心，在只存在少量波的地方仍然是固体材料（多数采用二氧化硅）。然而根据光纤导波的物理原理，要实现这种情况是具有挑战性的。这是因为在常规的物理环境下，需要满足光纤所用内芯的折射率大于周围的包层介质的折射率的条件，而现阶段又无法得到折射率小于空气甚至真空的玻璃材料，故空心光纤采用的是其他导波机制：基于光子带隙，可以采用具有一定结构的光子晶体光纤来实现光的传播，这种光纤称为光子带隙光纤。

相比普通实心的光纤，空心光纤的优势在于光主要在空气中传播，会把非线性极化效应降到最低，因此损伤阈值较高。但是这就产生了另一个问题：较实心光纤而言更大的传播损耗应该如何降低。这也成为近年来备受研究人员关注的新方向。

近日，著名制造商Lumenisity推出了一种可以进行网络远距离传输的新型空心光纤，其有效的传输距离最高可达到10km，该光纤的主要制作技术是嵌套式反谐振无节点光纤，又叫做“CoreSmart”，在实际应用的环境条件下，研究人员测量出它的传输损耗仅为2dB/km，这一数值也是商业空心光纤的最佳水平。

基于前人的研究成果，我们能够大胆预测，未来单模光纤中高能激光传输问题的解决，最重要的就是制造具有更低传输损耗的空心光纤。就目前科研走向来看，NANF（双琉璃管嵌套抗谐振无节点光纤）技术能很好地降低空心光纤的传输损耗。目前，有两种方法可以有效地降低光纤在使用过程中的损耗：其一，是在玻璃管的结合处，不采用传统的热熔法连接，而选用拉丝工艺，这就降低了节点处的玻璃厚度，避免光纤出现共振现象使得性能降低；其二，主要采用嵌套的思想，就是在大玻璃管中嵌套一个小玻璃管，从而降低光的泄漏，包层玻璃管的壁厚相比之前降低了50%，改变后的厚度仅为0.5μm。这种方法既降低了光的损耗量，又将空芯光纤的低损耗窗口扩展了3倍，提升到1520～1650nm。此外，采用具有更好性能的预制丝来制作光纤也是一种极具商业价值的制备方法，该方法使得光纤的长度从500mm增长到目前的1.7km。目前各大科研团队对空心光纤的研究和创新还在进行中，在未来，空心光纤也将面临各种挑战，如提高其耐应力、耐腐蚀的性质以适应更复杂的工作环境。虽然现在CoreSmart做到了损耗最低，但是面临复杂地形的长距离传输任务仍会有众多困难亟待解决。

6.3.2 材料的吸收系数（如何在单纤中做到多波段兼容）

吸收系数是比尔-朗伯定律（Beer–Lambert Law）中的一个常数，符号为α，被称为介质对该单色光的吸收系数。

光的吸收就是指光在介质中传播时，其强度会随着传播距离的增加而减弱，这一点严格遵循吸收定律（比尔-朗伯定律）。不同材料对于光的吸收程度不尽相同，为了探究不同光学材料的吸收系数以及特殊性能，通常采用积分球测量和激光量热法测量对材料的光吸收系数进行探究。在近年来的研究中也有不少学者对光吸收系数这一物理量展开了深入研究，其中来自华盛顿大学的研究员Martin A. Afromowitz、Pen-shu Yeh、Sinclair Yee等以热量传播、光特性变化均匀的样品为研究对象，将一组调制频率与表面温度的数据利用反拉普拉斯变换推出样品随着深度的变化所引起的光吸收系数的变化。然而他们反演计算出的光吸收系数，与实际值之间的偏差随深度单调递增，且偏差超过了容许误差。为了解决这个问题，朱建新、董绵豫针对热特性不均匀、光吸收系数变化的三层固体样品，推导了不同调制频率下表面温度与样品内部光热特性的解析表达式，他们采用三种数值反演方法，并用计算机模拟、比较，最终得到一种最佳反演计算方法，且与给定分布值对比，其分布的绝对偏差和相对偏差都得到极大改善。

为了做到多波段兼容，便需要重视多频谱材料的研究。多频谱材料能够兼容多段波，符合未来功能材料的发展趋势。吴春等参考人体辐射规律制备了一种新型复合材料，其可以满足从可见光波段到红外波段的兼容伪装，实验测试结果表明：材料的有关性能均符合可见光与热红外伪装的要求。顾红军等采用来源丰富、更经济化的普通材料，制作了一套新型伪装设备，测试的结果证明该设备的性能在红外到雷达波波段内的兼容效果均已经满足军事化要求。高永芳等基于光子特性设计了新型材料，该结构光子晶体较好地实现了中红外和远红外兼容的要求。易怡等通过构建由 PbTe 和 BaF_2 组成的一维光子晶体复合结构，验证了实现波长为 1.060μm 和 10.600μm 以及红外光所有波段的激光兼容的可行性。研究员张晓忠、徐荣和吴晓采用铝箔纸、铁氧体粉等常见低成本材料，研发了一种新型复合材料，热成像的实验结果表明由此制备的材料取得了可见光、红外和雷达波多频谱兼容的卓越成果。

综上所述，现代科学家设计的新型材料已经实现了近、中、远红外激光的兼容，但是透过光的强度仍不能满足现实要求，以及未能实现太赫兹波段与红外波段的兼容。

6.3.3 材料的掺杂技术（如何实现增益光纤波段的拓展）

为了提升半导体的光学性能，通常在半导体的制作过程之中加入一定比例的杂质，在这个过程之中，通常采用热扩散技术和离子注入技术来提升晶体的光学性能。掺入的杂质分为两种：向导带提供电子的受主杂质或施主杂质（如 Si 中的 B、P、As）；在半导体形成复合中心的重金属杂质（如 Si 中的 Au）。

热扩散技术：该技术又称为“高温扩散技术”，顾名思义是指在半导体加入前文所提到的两种杂质的过程之中进行高温处理，以加快微电子在半导体中的扩散速度，使扩散后的电子可以近似看作是均匀的。该技术适用于杂质微粒大于半导体原有的晶格空隙，进而引起杂质微粒不能进入晶体提升晶体光学性能的情况，为了解决这个问题，就需要加热，以期使晶体原子获得足够多的能量离开原位置形成晶体空格（在这个过程之中，形成了等量的间隙原子，这些原子和空格合称为热缺陷），这样杂质微粒的进入就变得容易，半导体光学性能的改变也成为可能。此外，当温度越来越高的时候原子的运动速度也会快速提升。比如 Si 晶体，要想使原有的原子运动形成晶格空隙，外部加热温度需要达到 1000℃，这个温度也叫做热扩散温度。

离子注入技术：该技术的本质实际上是将杂质原子电离成带电离子之后，通过设置一个强电场，使这些带电离子获得强大的动能，从而“挤”入晶体，进而实现半导体性能的改变。然而该技术也存在缺陷，即在使用这个技术进行原子注入时会形成大量的晶格缺陷，并且有些原子处于间隙之中，不能发挥作用，此时就需要对晶体进行退热处理，该处理可以消除晶格缺陷并且使杂质发挥作用。

光纤通信是现代通信的前沿，5G通信的推广、大数据时代的到来对光纤通信的传输容量等提出了更苛刻的要求。光纤通信技术发展的当务之急就是使得单根光纤可以传播的通信容量得到提高，为了达到这个目的，存在两个可靠的途径。一是通过降低光纤损耗和提高电子元件的响应速度来提高单信道的传输速率。该方法目前已达到瓶颈期，无法进一步取得突破。二是拓宽通信波段，增加信道数。如今商用光纤通信系统使用的铒掺杂光纤放大器（EDFA），仅在1500～1550nm波段存在光放大，其带宽仅60nm左右，无法完全利用光纤的低损耗窗口。因此，寻求覆盖整个光纤通信窗口的新型超宽带近红外玻璃材料是解决信息危机的重要举措，也是一个亟待解决的问题。现在对光纤材料的研究中迫切需要解决的问题是如何实现掺杂材料发光波段的拓展。

人们在过渡金属激活的微晶玻璃、量子点玻璃及其他主族元素激活玻璃中捕捉到了近红外发光现象，并相应采取了一些合理的策略来进行光谱的拓宽及发光的增强。然而由于材料自身的特性，其发光带多处于O波（1260～1360nm）之前。目前很难从这些材料中获得高效、超带宽的近红外发光现象。然而更难的在于在这些材料中实现高效的可调谐激光和覆盖整个光通信窗口的超宽带光放大。金属铋掺杂玻璃可展现出超带宽近红外发射（1000～1600nm），其带宽高达300nm，是商用铒离子光纤放大器的4倍左右。而且Bi掺杂玻璃的近红外发光特征随激发波长、玻璃组分、制备条件以及掺杂浓度的不同而展现出巨大的可调谐特性，这些独特的优势为非稀土激活超带宽光放大材料的制备和实现提供了可能。

目前，已有团队在玻璃中引入高共价性的氮化物来显著改善Bi掺杂多组分玻璃中的近红外发光。通过掺杂氮化物，使得Bi在低浓度的情况下大幅度增加了近红外发光中心的数量，从根本上增强了Bi的近红外发光和吸收。针对Bi掺杂玻璃的发射带宽窄的缺点，该小组通过添加碳化物/氮化物的方式，在Bi掺杂玻璃中产生了新型Bi近红外发光中心，从而很好地将Bi的发光范围拓宽到了整个近红外区域，使其荧光带宽高达650nm，实现了通过传统的激活离子所无法企及的超宽带发光。在郭梦婷等的研究下，Bi掺杂高磷石英基光纤实现E波段放大，也是基于Bi的掺杂完成的新型光纤的制作。其采用改进的化学气相沉积技术结合液相掺杂工艺制备了低损耗Bi掺杂高磷石英基光纤，P_2O_5摩尔分数高达7.2%，光纤的背景损耗为18dB/km（1550nm）。进一步采用1240nm的可调谐拉曼激光器泵浦自制Bi掺杂高磷石英基光纤，在1355～1380nm波段实现净增益，在1355nm波长处的最高增益为5.14dB。这是国内首次制备出低损耗掺铋高磷石英基光纤，并基于该掺铋光纤实现了近红外波段的净增益放大。

上述研究成果也为今后在波段扩展和放大上的研究给予了良好的导向作用，Bi掺杂光纤具有极大的科研潜力，未来有望在更低损耗下进行更宽波段的拓展。然而现阶段Bi掺杂光纤并不能拓展到中红外和远红外波段，掺杂光纤的制备仍面临着巨大挑战。

6.3.4 耐腐蚀/应力光纤制备难题

随着各行各业的发展，光纤的应用场景也在逐渐增加，其中，有不少场景存在潮湿、易腐蚀以及突发应力等情况。例如：在高温且具有腐蚀性的场景之中，普通的外部涂层在高温的作用之下会迅速老化，失去了其原有的保护作用，进而使得光纤的使用寿命缩短，维护成本变高。

在温度高于 300℃时，常规的有机聚合物涂层光纤，如聚酰亚胺涂层光纤、丙烯酸酯涂层光纤等，已经不能满足实际工作环境要求。采用丙烯酸酯、聚酰亚胺涂层的传统光纤最高的工作温度为 300℃，远远不能满足目前工业发展的需求。当这些涂层所在的外部环境温度高出阈值时，其性能会大幅下降，抗应力、耐腐蚀的能力也会下降，甚至会引发光纤断裂。

现阶段在高温高腐蚀性的工作条件下，在光纤的玻璃包层上涂敷一层金属涂层可以达到耐高温、耐腐蚀以及提高光纤抗应力的能力。采用金属涂层的光纤与采用其他涂层的光纤相比，热膨胀系数较低，而且耐腐蚀、耐应力等优秀属性在一众采用其他涂层的光纤中最为突出；采用金属作为涂层，使得涂层和光纤结合更为紧密，缝隙更小，提高了光纤的整体性，其机械强度相对普通光纤也得到了极大的提升。此外，金属涂层在接点处可以采取焊接的方式，大大提高了整体性和连通性。传统的金属涂层一般采用熔融法将金属涂层直接涂敷在光纤玻璃包层外表面，即将经预制棒拉丝出来的光纤通过一个上下两端均有小孔的高温熔融金属液池，光纤通过下端小孔时，其表面黏附一层金属液体，经冷却过后即获得金属涂层。目前常见涂层材料为铜、铝、铜合金及金、银等，其最高工作温度与金属熔点成正相关。使用铝作为涂层材料，可以将温度扩展到 −269 ～ +400℃，使用铜可以将温度扩展到 −269 ～ +600℃，而使用金更是将温度扩展至 −269 ～ +700℃。

实验表明，使用金属和石墨烯掺杂的聚合物进行光纤的制备，可以得到高度耐腐蚀的特种光纤，这为我们制作特种光纤提供了很好的思路。聚合物可选用聚四氟乙烯（poly tetra fluoroethylene,PTFE）。其制备方法大致可以分为四个阶段：将铝粉和石墨烯在球磨机中进行球磨；称取 Al- 石墨烯和 PTFE 并放入反应釜中，去氧，控制温度并充分进行搅拌使得 Al- 石墨烯嵌入到 PTFE 网格中得到纤芯预制件；将其进行清洗，去除杂质；包覆在 PTFE 管内，并退火去除材料中残余应力，拉丝成光纤。

由此方法制备得到的新型光纤，可同时具备耐腐蚀、抗应力以及耐高温的能力。面对复杂工作环境的挑战，光纤的制造技术正在朝双涂层，或是改变涂覆层材料的致密性以及分子排布结构，以期获得更优工作表现的方向发展。宋启梁等使用金属学与热处理的方式成功制备了 Cu- 石墨烯复合镀层。该科学家带领的团队使用电化学工作站以及纳米压痕仪等设备对金属镀层的多项指标进行试验检测。实验结果表明，Cu- 石墨烯复合镀层相对 Cu 镀层，镀层致密性更高，晶粒的颗粒化程度小，相对品质优良。此外，Cu- 石墨烯弹性模量以及镀层硬度都显著提升。同时 Cu- 石墨烯复合镀层的腐蚀电位也提升了 30% 以上，腐蚀电流下降了二成左右，其耐腐蚀性能得到了巨大的提升。石英光纤包层电化学镀覆 Cu 镀层，可以有效解决过热导致晶体结构改变从而损坏等问题，同时避免影响光信号的传递。由此可见，掺杂石墨烯的金属镀层可以对光纤镀层质量带来很大提升，同时在提高防腐性上也有不错的前景，在延长光纤连续工作时长上具有划时代的意义。

综上所述，不难看出新型抗腐蚀、抗应力光纤的制备的研究成果多为金属涂层的新发现。同时这些成果也为未来抗腐蚀光纤的研究指明了方向。然而现阶段金属涂层在抵抗电化学腐蚀和高剪切应力方面表现不佳，仍存在极大的提升空间。

6.4 未来的发展预测

光纤通信技术从最初的低速传输发展到现在的高速传输，已成为支撑信息社会的骨干技术之一，并形成了一个庞大的学科与社会领域。今后随着社会对信息传递需求的不断增加，光纤通信系统及网络技术将向超大容量、智能化、集成化的方向演进，在提升传输性能的同时不断降低成本，为服务民生、助力国家构建信息社会发挥重要作用。

6.4.1 国内在 2035 年预计取得的突破

（1）人工智能助力光纤新材料发现 从艾伦·图灵提出图灵测试开始，伴随着算法、算力、数据的融合发展，人工智能在计算机视觉、自然语言处理、自动驾驶等饱受“维数灾难”的领域大放异彩，但 AI 若想从一套“数据处理”的工具走向更加通用的“智慧”，则无法绕开“科学”这一人类智慧结晶中最精华的部分，AI4S（AI of science）应运而生。

AI 在求解薛定谔方程、加速分子模拟、预测蛋白结构等领域为科学家助力的同时也为新型通信光纤材料的发现提供了新的手段。北京科学智能研究院在《2022 年 AI4S 全球发展观察与展望》报告中提到，AI4S 可以加速相关新材料的选择和应用。首先是对传统石英纤维的深入探索，AI4S 可以通过微观模拟二氧化硅材料掺杂其他元素短时间内获得性能的优化，扩展现有材料的使用边界。AI4S 还能助力新型传输材料的发现及应用。如硫化物、聚合物、氟化物（如氟化锆）等面对长波段、高强度光有较好的表现，AI4S 可以从多尺度对其进行建模分析，从微观研究其构效关系，并以此为基础通过高通量筛选找到其他潜在的新型光纤材料。在实际生产过程中可以充分利用已有物质，协调、优化光纤制造流程和用料，降低成本。AI4S 还可以在研究阶段模拟光纤的实际运行情况，发现潜在问题，及时调整，加速产业化落地。AI4S 可以通过优化光纤的外壁材料，如环氧树脂、聚氨酯等材料，提高光纤整体的耐腐蚀等性能，拓宽应用场景，降低后期维护成本。除此之外，AI4S 亦可以对量子通信等前沿技术中涉及的材料等进行筛选和优化，助力信息传输领域的“渐进式”和“跨越式”发展。

（2）通信光纤波段大幅扩展 自半个世纪前光纤引入通信领域以来，人们一直在努力提高光纤通信系统的容量。大约每十年，就会出现一项新的关键技术，将光纤通信推向更高的阶段。随着时分复用（TDM）、EDFA、波分复用（WDM）和数字相干处理技术的发展，多频带通信和空分复用（SDM）已被视为下一个可能提高光纤传输容量的引擎。尽管 SDM［例如，使用多芯光纤（MCF）或多模光纤（MMF）］已被提出作为用于光纤通信系统容量改进的下一代复用技术，但用 MCF 或 MMF 替代当前的单模光纤（SMF）将大大增加运营成本。此外，MCF 和 MMF 中的串扰仍然是一个很大的挑战。随着 SMF 的保持，多波段光通信是提高容量的更直接和有效的途径。使用多个频带可以实质上提供更多的通信信道。传统的 SMF 具有几个低损耗传输窗口，然而，其中大部分尚未得到有效利用。传统 WDM 系统的性能受到光纤放大器增益带宽的限制，这限制了各种光纤通信场景（例如，片上光互联和长距离光纤通信系统）的容量提高。因此，有必要将光放大器的增益带宽扩展到用于 SMF 传输的多个频带（O-U）。

单根光纤所能传输的光信号的容量取决于信号的频谱效率和可用频谱带宽，频谱效率越高，可用频谱带宽越大，光纤的容量就越大。提升单纤容量，前期的主要思路是提升信号的频谱效率，带来的直观结果是 WDM 系统的单波长速率从 10G 开始向着 40G、100G 和 200G 等速率不断提高，针对现在的城域和数据中心互联应用，甚至已经出现了单波长 400G、600G 和 800G 等速率，并持续向更高的速率演进。提升频谱效率要求光信号采用更高阶的调制格式，或者更复杂的频谱整形方式、更多维度的复用手段。在传统 C 波段 WDM 系统中，已经使用到了 6THz，最多可支持 120 个 50GHz 间隔的波长。随着光纤拉制工艺的不断提升，现在的光纤已经可以基本消除水峰的影响，其理论上可用的传输频谱带宽范围已经可以扩展到 1260 ～ 1675nm，涵盖 O 波段到 L 波段。可见，扩展可用光频谱带宽，或者说扩展波段，不仅是现阶段提升单纤容量的有效手段，而且存在着巨大的挖掘空间。在未来 10 年内，线路速率向 400/800G 演进，有望实现单纤容量的翻倍，支持 80×400G 的长距传输，单波频谱占用更多，需要向 L 波段扩展，在传统 C96+L96 的基础上，扩展为扩展 C+ 扩展 L，能支持 11 ～ 12THz 的频谱宽度。扩展之后的扩展 C+ 扩展 L 波段可以实现在 50GHz 波长间隔下单纤传输高达 240 波、150GHz 波长间隔下单纤传输 80 波。

为了满足高性能多波段光纤通信网络的要求，未来的片上信号处理器和高容量光通信需要高增益、小占地面积、大带宽和集成的波导放大器。在未来 5 ～ 10 年，多波段光通信被认为已经发展成熟，因此相关技术（如多波段放大）正在成为必要。

（3）全光网络引领算力时代 在数字经济蓬勃发展的时代背景下，算力资源已与水、电、燃气等基础资源一样不可或缺。2022 年 2 月，“东数西算”工程正式全面启动，“新基建”拉开帷幕。构建算力网络的关键需求包括架构优化、大带宽、低延时、弹性敏捷、高可靠性和物理安全。结合这些需求，全光网络在带宽、低延时、高可靠性和物理安全方面有着天然的优势，全光网络向算力网络演进，通过全光底座打造高品质的算力网络是必然趋势。

当前全光网络还存在架构复杂、适应性差、智能化程度低等问题，迫切需要从带宽驱动的管道网络向体验驱动、业务驱动的算力网络演进。全光传输设备侧的时延累计不超过 1ms，E2E（end to end）的时延主要是光纤时延，由光纤总长度就能基本确定 E2E 网络时延。结合“东数西算”算力规划，未来 5 ～ 10 年，数字货币的规模增长 3 倍，骨干网的带宽也将是现有网络的 3 倍以上，带宽将保持年 20% 的增长。对于骨干网来说，需要绿色超宽的技术，并保持整体网络架构稳定。在流量持续增长时，需要的光纤资源、站点资源与维护资源最少，单位比特成本最优。在绿色超宽方面，400G 产业链逐步成熟，是未来骨干波分大代际演进的主流技术，骨干波分可选择 400G 技术。在光纤技术方面，G.654E 光纤传输性能更好，在未来骨干网中可考虑部署 G.654E 光纤，以进一步提升 400G 传输性能，减少中继。

全光网络在大带宽、低时延方面优势明显，但在灵活性方面不足，如波长 /OSU（optical subscriber unit）需要手工配置。在品质算网方面，全光网络未来会提升智能化与敏捷性，并与算力调度系统协同，如算力调度系统根据算力资源分布情况，需要调用算力时，根据网络信息可以自动创建波长 /OSU 连接，并依据需要动态调整带宽大小，由人工控制变为业务驱动，算力与全光网络进行深度融合，融为一体。

6.4.2 国际在 2035 年预计取得的合作成果

在信息爆炸的时代，随着人工智能、云计算等技术的推动，再加上人们处理的科学、工业等问题的复杂性增加，全球数据量正呈现出爆炸式增加，国际数据公司（IDC）预测，全球 90% 的数据量将在这几年内产生，2025 年全球数据量将达到 163ZB。

如何储存和传输这些数据成为全世界面临的问题，这一问题激发了国际带宽需求的迅猛增长。面对正加速而来的带宽挑战，承担了全球 95% 以上国际数据传输任务的跨洋海底光缆，迈入千万亿比特（petabit）时代成为必然。国际跨洋已有带宽加上规划中带宽，将在 2025 年与需求达到平衡。快速增长的国际带宽需求，呼唤更高带宽的海底光缆系统和网络，光纤对升级成为必然方向。在大量实验研究中，单模光纤的最大输入速率约为 100Tbit/s，传输容量已经达到了非线性香农极限。因此，海底网络将不得不部署更多的光纤对（FP）和新的多路复用技术来满足即将到来的容量需求。空间分路复用（SDM）是一种新的光网络多路复用技术，将支持太位以太网、物联网（IoT）和 5G 移动通信。SDM 在多芯光纤（MCF）和多模光纤（MMF）中部署了多个空间信道，以提供所需的额外带宽。

由于海底环境复杂多变，在扩大光缆容量的同时，对数据的监测也是一个亟待解决的问题。由于海洋很难监测，而且成本高昂，我们缺乏充分建模、理解和应对这些威胁所需的基本数据。一种解决方案是将传感器集成到未来的海底光缆中。这是 SMART（science monitoring and reliable telecommunications）海底光缆计划的任务。SMART 传感器将“搭载”在 100 万千米海底光缆和数千个中继器的电力和通信基础设施上，以适度的增量成本创造基于海底的全球海洋观测的能力。SMART 计划响应了联合国气候和海洋可持续发展目标。在 Ocean Obs'19 会议的背景下，SMART 计划讨论了观测技术和网络、发现、气候变化、危害和海上安全。智能光缆是一种海洋观测技术，需要在联合国海洋科学促进可持续发展十年期间实施。

预计在未来的十余年内，通过不断升级海底光缆光纤对、SDM 技术的充分优化、海底电缆检测技术的持续发展，跨洋通信在稳步迈进千亿比特的同时，传输速率和容量也必定再上一个台阶。

6.4.3 未来光纤通信的发展趋势

结合上述对新型通信光纤研究与应用现状的描述，推测未来光纤通信的发展主要着眼于下列几个方向。

（1）增加光放大器的带宽 增加带宽可以突破 EDFA 的频带范围的限制，除了 C 波段与 L 波段以外，可将 S 波段也纳入应用范围，采用半导体激光放大器（SOA）或拉曼放大器进行放大。而现有光纤在 S 波段之外的频段损耗较大，需设计新型光纤来降低传输损耗。片上带宽波导放大器对现代光纤通信具有重要意义。波导放大器的增益水平主要受离子掺杂浓度和光波导结构的影响。器件的增益带宽与增益离子的能级结构密切相关。到目前为止，还没有覆盖整个 O 到 U 波段的稀土离子掺杂波导放大器。多离子共掺杂方案增加了波导放大器的制造复杂性。寻找一种能覆盖整个波段的活性离子是更可行的。铋离子的发展有望在不久的将来在片上多波段光波导放大器中呈现出巨大的潜力。

(2)低传输损耗高抗性光纤的研究 研究低传输损耗光纤是该领域最关键的问题之一。空心光纤（HCF）具有更低传输损耗的可能，将减少光纤传输的时延，可极大程度消除光纤的非线性问题。HCF 的一种嵌套反谐振无节点光纤（NANF）可实现在 1510 ～ 1600nm 波段 0.28dB/km 的传输损耗，且理论预测表明该结构具有继续降低损耗至 0.1dB/km 的可能，这将低于石英光纤的材料损耗极限（瑞利散射极限 0.145dB/km）。另外，NANF 还具有更宽阔的低损耗窗口的可能。通过模拟验证的分析手段，NANF 可能提供的总吞吐量是由具有 C+L 波段拉曼放大的 SMF 组成的基准系统的 1.5 倍至五六倍。根据近几年对 NANF 的研究趋势的分析，这种低损耗水平在不久的将来就能达到。如果理论上可能实现的甚至更低的损耗被证明是实际可行的，那么 NANF 上的无中继器或无放大器超带宽传输的场景将打开。假设损耗为 0.1dB/km，则在 200 ～ 300km 范围内，每根光纤可以达到 0.5bit/s，这对光数据传输网络性能和架构可能产生巨大的影响。

(3)智能化光网络 光缆资源长期缺乏有效的监控、运维手段，主备业务或关联业务实际部署到同一条光缆上并不鲜见，单条光缆中断后主备业务或关联业务同时失效，不仅导致业务中断，而且部分网络成为孤岛，缺乏远程应对手段。以人工巡线、人工录入方式维护同缆信息。随着网络不断变更和演进，综合资源管理系统同缆信息数据不够准确，不足以支撑精准识别同缆，效率和识别准确度较低，亟需引入 AI 技术，智能识别主备业务、关联业务是否存在同缆风险，保障网络高可靠运行。针对算力网络对可靠性的要求，要打造一张数字光缆网，构建高效、安全、绿色的自动驾驶光网络，实现光网络全生命周期自动化、智能化运维，使其成为全专业自动驾驶数字底座。

(4)光通信器件 在光通信器件中，硅光器件的研发已初见成效。光器件可根据工作时是否进行光电转换分为有源光器件和无源光器件。有源光器件是光通信系统中将电信号转换成光信号或将光信号转换成电信号的关键器件，是光传输系统的心脏，主要包括激光器、调制器、探测器和集成器件等；无源光器件是光通信系统中需要消耗一定能量但没有光电或电光转换的器件，用于满足光传输环节的其他功能，是光传输系统的关键节点，包括光连接器、光隔离器、光分路器、光滤波器、光开关等。目前国内相关研究多以无源器件为主，对有源器件的研究较为薄弱。而光通信设备的核心为有源光模块，在光通信器件方面，今后的研究方向有：有源器件与硅光器件的集成研究；非硅光器件集成技术的研究，如Ⅲ - Ⅴ族材料衬底集成技术的研究；有源光模块的研发，如 DWDM 器件、40Gbit/s 以上光收发模块、ROADM 子系统等。

参考文献

作者简介

刘文军，北京邮电大学信息光子学与光通信国家重点实验室 / 理学院教授，博士生导师。主要从事信息光子学交叉研究。发表 SCI 检索论文 100 余篇，SCI 引用 8000 余次，H 因子 54。主持包括国家重点研发计划在内的国家级课题 / 项目 10 余项，入选北京市杰出青年科学基金、北京市青年拔尖人才、爱思唯尔中国高被引学者、全球前 2% 顶尖科学家，获北京市自然科学奖二等奖（排第一）、中国材料研究学会科学技术奖一等奖（排第二）、中国光学学会光学科技奖二等奖（排第一）、中国产学研合作创新奖（排第一）等。

杨旸，2009 年本科毕业于浙江大学，2015 年博士毕业于加州大学洛杉矶分校，浙江大学光电科学与工程学院长聘教授，国家重点研发计划青年首席科学家，入选高层次青年人才计划，担任半导体学报等期刊编委，中国光学工程学会能源光电子委员会青年委员。从事新型 X 射线探测器光电器件的研究，其中作为第一作者或通讯作者的论文发表在 *Nature materials*、*Nature photonics* (2 篇)、*Nature Communications* (2 篇)、*Joule*（2 篇）等期刊上，被引用 13000 余次，研究结果被 *Nature Photonics*、*Matter*(Cell press) 等学术杂志进行专题亮点报道，研究进展被科技部网站等官方媒体报道。

第7章

显示材料技术及应用

伍媛婷　张新孟　刘晓旭

7.1 显示材料领域概述

随着现代显示技术的不断进步，商业化的显示技术先后经历了由阴极射线管显示（CRT），到等离子体显示（PDP）和液晶显示（LCD），再到目前薄膜晶体管液晶显示（TFT-LCD）、有机发光二极管显示（OLED）、量子点发光二极管显示（QLED）、微型发光二极管（Micro-LED）显示、电致变色（EC）显示、电泳显示、电润湿显示、干涉调制器（IMOD）显示和光子晶体显示新型显示技术共同发展的阶段。显示技术的发展历程总体呈现半导体工艺取代电真空工艺的趋势。

目前显示行业占主流的显示技术主要是TFT-LCD和OLED。其中，TFT-LCD凭借低成本、长寿命、高分辨率、低灰阶均匀性和人眼健康等优势占据着市场的主要份额。未来几年，其在我国内地市场占有率将持续增加，占比接近40%。与此同时，OLED凭借其优异的色彩表现、低功耗、快响应速度等成为中小尺寸高端显示屏的首选技术，未来有望成为LCD的替代品。近年来，由于4K超高清和全面屏市场需求大，驱动全球新型显示产业持续增长，总体呈现以下发展态势：

① 我国的TFT-LCD市场地位得到进一步提升；

② OLED面板材料市场突飞猛进；

③ 关键材料和设备本土配套能力不断增强；

④ 新型显示产线建设热度不减，投融资势头依然高涨。

为了做大做强新型显示产业，加快打造世界级新型显示产业集群，就必须实施材料先行战略，积极引进和重点培育一批新材料领域的领头羊企业。加强靶材、湿化学品、玻璃基板、偏光片、掩模板、驱动芯片等关键材料的研发投入，结合柔性显示与印刷显示等新型显示需求，加快有机发光材料、柔性基板、金属掩模板、封装材料的研发和产业化，进一步提升关键材料的供应能力。

7.1.1 ／LCD 用显示材料

在 TFT-LCD 供应链清单中，材料不仅以其高技术附加值成为全产业链中的高利润环节，同时也能够体现出显示技术发展的特点。新型显示材料的技术突破将在该领域技术发展中扮演越来越重要的角色，也将是显示产业协同创新的源头和关键。液晶显示材料主要应用于液晶面板制造环节，材料和零部件主要包括：靶材、液晶材料、膜材料、玻璃基板、彩色滤光片、偏光片、背光模组等（见图 7-1）。

1971 年扭曲向列相液晶显示器（TN-LCD）问世后，介电各向异性为正的 TN 液晶材料（主要为酯类、联苯类、苯基环己烷类及二氧六环类液晶化合物）便很快开发出来。特别是 Gray 等在 1974 年合成出相对结构稳定的联苯腈系列液晶材料，满足了当时电子手表、计算器和仪表显示屏等 LCD 器件的性能要求，从而真正开启了 TN-LCD 产业时代。

1984 年，超扭曲向列相液晶显示器（STN-LCD）被发明出来，由于它的显示容量扩大，电光特性曲线变陡，对比度提高，要求所使用的向列相液晶材料电光性能更好，到 20 世纪 80 年代末就形成了 STN-LCD 产业，其代表产品有移动电话、电子笔记本及便携式微机终端。STN-LCD 用液晶材料，主要是由乙烷类、嘧啶类和端烯类液晶化合物混配成的液晶材料，具有低黏度（η）、大 K_{33}/K_{11}（K_{33} 为展曲弹性常数，K_{11} 为扭曲弹性常数）等特点。

随着 TFT-LCD 技术的飞速发展，近年来其不仅占据了笔记本电脑等高档显示器市场，而且随着制造工艺的完善和成本的降低，目前已向台式显示器发起挑战。由于采用薄膜晶体管阵列直接驱动液晶分子，消除了交叉失真效应，因而显示信息容量大。配合使用低黏度的液晶材料，响应速度极大提高，能够满足视频图像显示的需要。因此，TFT-LCD 相对于 TN 型液晶显示器、STN 型液晶显示器有了质的飞跃，成为 21 世纪最有发展前途的显示技术之一。

7.1.2 ／OLED 用显示材料

随着柔性电子的发展，新型折叠可卷曲和可拉伸的显示器已经被开发出来，它们可以在各种变形条件下保持其性能。三星公司和惠普公司分别在 2019 年和 2020 年展示了第一款具备可折叠 OLED 显示屏的智能手机和笔记本电脑。由于这些显示屏必须是柔性的且存在理想的绝缘体、半导体和导体性能，所以要发展柔性设备则必须进行材料创新。

OLED 材料主要包括发光材料和基础材料两部分，合计占 OLED 屏幕物料成本的约 30%。发光材料是 OLED 面板的核心组成部分，主要包括红、绿、蓝光的主体 / 客体材料等，是 OLED 产业链中技术壁垒最高的领域，其市场竞争小、毛利率高。OLED 基础材料主要包括电子 / 空穴的传输、注入和阻挡等层，有机发光层材料和传输层材料为 OLED 的关键材料。OLED 采用的发光材料是有机材料，可以分为小分子有机材料和大分子有机材料，其中大分子有机材料一般采用喷墨打印的方式成膜，而小分子有机材料一般采用蒸镀的方式进行薄膜沉积。目前的量产技术都是采用蒸镀小分子的方式来制作 OLED 显示器，最终制作的 OLED

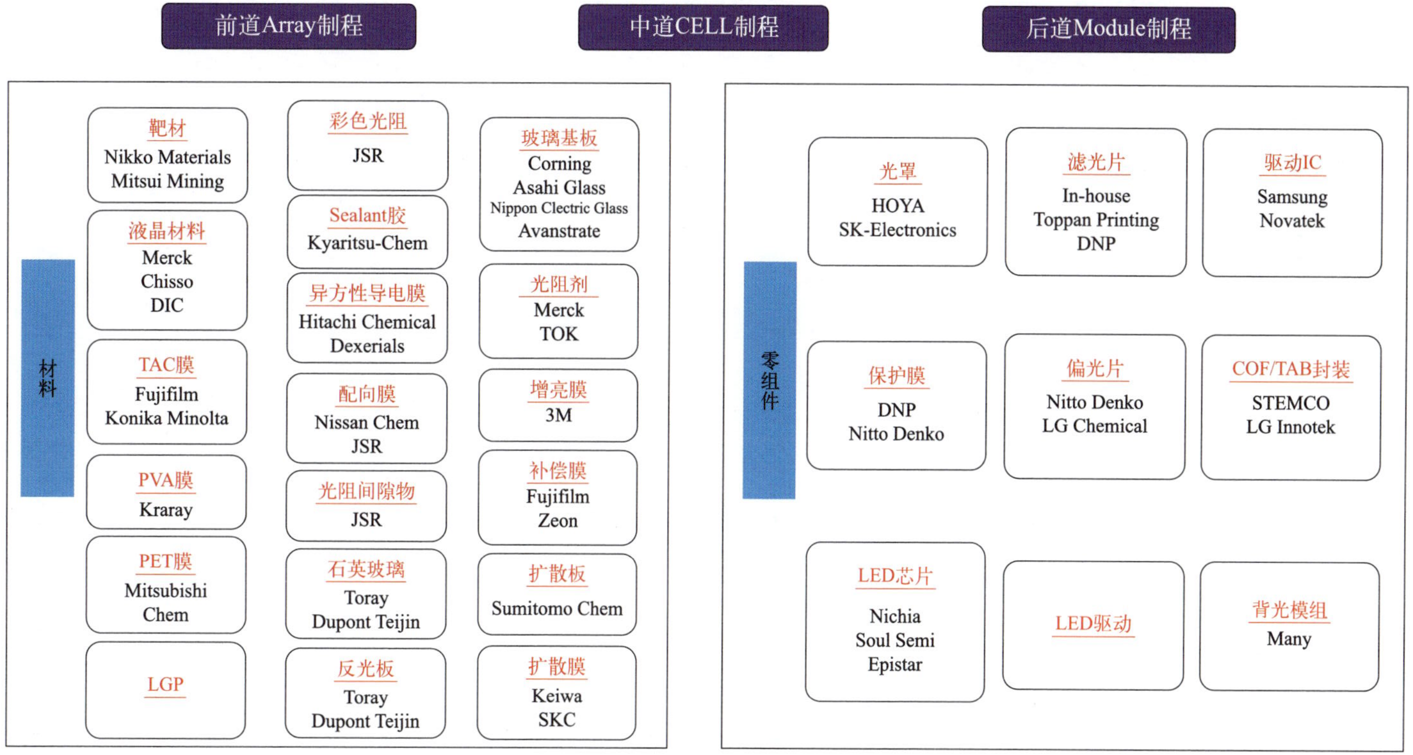

前道Array制程　中道CELL制程　后道Module制程

材料

靶材
Nikko Materials
Mitsui Mining

液晶材料
Merck
Chisso
DIC

TAC膜
Fujifilm
Konika Minolta

PVA膜
Kraray

PET膜
Mitsubishi
Chem

LGP

彩色光阻
JSR

Sealant胶
Kyaritsu-Chem

异方性导电膜
Hitachi Chemical
Dexerials

配向膜
Nissan Chem
JSR

光阻间隙物
JSR

石英玻璃
Toray
Dupont Teijin

反光板
Toray
Dupont Teijin

玻璃基板
Corning
Asahi Glass
Nippon Clectric Glass
Avanstrate

光阻剂
Merck
TOK

增亮膜
3M

补偿膜
Fujifilm
Zeon

扩散板
Sumitomo Chem

扩散膜
Keiwa
SKC

零组件

光罩
HOYA
SK-Electronics

滤光片
In-house
Toppan Printing
DNP

驱动IC
Samsung
Novatek

保护膜
DNP
Nitto Denko

偏光片
Nitto Denko
LG Chemical

COF/TAB封装
STEMCO
LG Innotek

LED芯片
Nichia
Soul Semi
Epistar

LED驱动

背光模组
Many

图 7-1　LCD 材料和零部件主要环节及相关公司

器件是由多层叠在一起而成的。

根据 OFweek 产业研究院数据，2017 年全球 OLED 材料市场规模为 8.56 亿美元，2018 年全球 OLED 材料市场规模约为 11.56 亿美元，2022 年全球 OLED 材料市场规模将达 20.4 亿美元。OLED 发光材料目前基本被国外厂家垄断，主要集中在出光兴产、默克、UDC、陶氏杜邦、住友化学、德山等企业，市场份额占比 90% 以上。OLED 有机发光材料历经三代：第一代为荧光材料，第二代为磷光材料，第三代为超敏荧光材料（TADF，目前尚在研发），目前蓝光主要使用第一代荧光材料，红光、绿光用第二代磷光材料。荧光材料专利被出光兴产、默克、LG、陶氏等海外公司垄断，小分子磷光 OLED 材料和 TADF 材料主要由美国 UDC 公司垄断。国内企业目前在发光材料专利储备和成品产出方面还存在较大差距，多以从事技术含量较低的单体和中间体生产为主。

7.1.2.1 PI 膜：柔性 OLED 领域最关键的显示材料

聚酰亚胺（PI）具有高模量、高强度、耐高低温、轻质、阻燃等特性。PI 产业链上游为二胺类和二酐类原料，包括 PI 树脂和基膜的制成环节，以及精密涂布和后道加工程序，其中树脂和基膜的制成是壁垒最高的环节，目前被日本宇部、韩国科隆、住友化学等少数几家企业垄断，国内目前全部依赖进口。黄色 PI 由于具备优良的耐高温特性、良好的力学性能以及优良的化学稳定性，因此是目前主流 OLED 产品中的基板材料。作为柔性基板材料，PI 自身呈现黄色没有显著影响，但却不能作为盖板材料使用。

透明无色 PI（CPI）的发展彻底解决了这个问题。目前 CPI 在柔性 OLED 里面的应用主要包括盖板材料和触控材料。盖板材料的主要作用是避免手机屏幕遭受外部冲击，而可折叠手机中的柔性盖板材料既要有抗外部冲击的保护性能，又要可以经受数万次的折叠而不损坏，还要具有玻璃一样的透明度。目前只有经过硬化处理的透明 PI 材料能够同时满足以上要求。韩国科隆是最先研发成功透明 PI 的公司，其他潜在主要供应商包括住友化学、SKC、LG 等。

7.1.2.2 PMMA：高端需求增长带动光学级产品放量

聚甲基丙烯酸甲酯（PMMA）俗称有机玻璃，具有良好的透明性、光学特性、耐候性、耐药品性、耐冲击性和美观性等特性，产品包括模塑料、挤压板及浇铸板。从全球产能分布来看，PMMA 的生产大部分集中于三菱、住友及奇美等海外化工巨头手中，市场合计占有率达到 60% ～ 70% 的水平，且这些海外公司都具备原料 MMA 自给能力。目前 PMMA 消费主要集中在欧洲、美国和亚洲，其中亚洲地区尤其是中国已经成为全球最大的 PMMA 消费国，初级形态 PMMA 消费量接近 60 万吨。由于国内产能不足，我国一直是 PMMA 的净进口国。液晶显示器导光板是 PMMA 下游应用增长最快的领域之一。除了导光板外，PMMA 也正在逐步替代三醋酸纤维素（TAC）膜用于生产偏光片，是偏光片中使用占比最多的非 TAC 类薄膜，由于生产难度较大，目前主要由日本住友化学、韩国 LG 化学等厂商生产，未来 PMMA 膜在光学显示领域还有广阔的增长空间。

7.1.2.3 COP 膜：未来有望替代 TAC 膜

目前，市场上偏光片原材料大多仍采用 TAC 薄膜作为聚乙烯醇（PVA）膜的保护层，但由于 TAC 膜市场主要由两家日商富士写真与柯尼达垄断，价格偏高。另外，从技术层面看，

TAC 膜厚度降低后，力学性能变差，并且 TAC 膜光弹性系数差，显示器受力后图形变化大。另外，随着 Open Cell 占比的提升，也需要偏光片具备更低的收缩性以及更长时间的耐久性。因此，非 TAC 薄膜占比逐渐提高。目前市场已近量产的非 TAC 保护膜有 PMMA、聚对苯二甲酸乙二醇酯（PET）和环烯烃聚合物（COP）薄膜等材料。为了实现特定的光学效果、降低成本、提升产品可靠性，非 TAC 膜的新型保护膜是未来重要的发展方向，并且随着 OLED 在 5G 手机等大功率电子设备的渗透率不断提升，对屏幕的耐热性与防水性要求也更高。COP 膜透光率与 TAC 膜相当，但机械性、耐温性、耐候性远超 TAC 膜，是未来最有可能替代 TAC 膜的材料。COP 是双环庚烯在金属茂催化剂作用下开环异位聚合，再发生加氢反应而形成的非晶态均聚物。COP 透光率与 TAC、PMMA 相当，密度比 PMMA、聚碳酸酯（PC）小约 10%，玻璃化温度达到 140 ～ 170℃，耐热性更好，力学性能及耐候性也优于 TAC。Zeon 公司的 COP 成形品 Zeonor Film，是世界上首次使用熔融挤压法成功制得的光学薄膜，实现了以往挤压制造法无法获得的优异光学特性、低吸湿性、低透湿性、高耐热性、低脱气性，已在液晶电视和手机触摸屏中广泛应用。

7.1.2.4 二维材料

轻薄的材料也可以提高柔性显示器的弯曲应力和耐用性。因此，探索薄而柔顺的材料来替换传统材料是 OLED 显示技术近期发展的重要挑战。在过去的十年里，原子厚度的二维（2D）材料由于卓越的电子电导、机械强度和光学透明性等吸引了科学和工业方面的关注。由于石墨烯存在快速的电荷转移、高的光学透明性和优异的力学性能，非常适合用于透明电极。半导体过渡金属硫族化合物（TMD）可以用于制造半导体通道应用于薄膜晶体管。此外，由于单层 TMD 存在直接带隙，其可以被应用于发光层（见图 7-2）。而绝缘六方氮化硼（hBN）可以被用于绝缘层和封装层是因为其具有优异的化学稳定性和导热性。目前，二维材料主要应用于显示器中的透明导电电极封装层和自发光层。

（1）透明导电电极 氧化铟锡（ITO）因其具有优异的导电性和高透光性已成为许多显示器件的透明电极材料。但是，由于其属于脆性陶瓷，即使施加约 2.5% 的应变也容易脆裂。因此，需要一种新的柔性透明电极来弥补 ITO 的非柔顺性。在众多备选材料中，石墨烯满足应用于透明导电电极所需的可见光透过率、片层电阻和电导率。通常，具有透光率为 97.4% 的单层石墨烯薄膜，其电阻低至约 300Ω · sq^{-1}，只适用于触摸屏。为了将石墨烯应用于 OLED 显示器，必须降低薄膜电阻，需要一种稳定的掺杂剂来降低石墨烯薄膜电阻。

尽管各种掺杂剂在石墨烯作为透明电极使用时，用于控制其表面电荷的转移，然而，一些问题仍然有待解决：

① 石墨烯中掺杂小分子无机酸（HNO_3、HCl 和 H_2SO_4）的稳定性较差，限制了石墨烯电极的应用；

② 对于金属氯化物掺杂剂（如 $AuCl_3$ 和 $FeCl_3$），金属阳离子在石墨烯表面被还原为金属颗粒，从而降低了薄膜器件中石墨烯的透光率和漏电流；

③ 因为石墨烯表面没有任何悬空键，过渡金属氧化物掺杂剂在石墨烯表面不均匀地沉积。

（2）薄膜封装 封装是显示制造的一项重要技术。OLED 是目前最适合用于柔性显示器

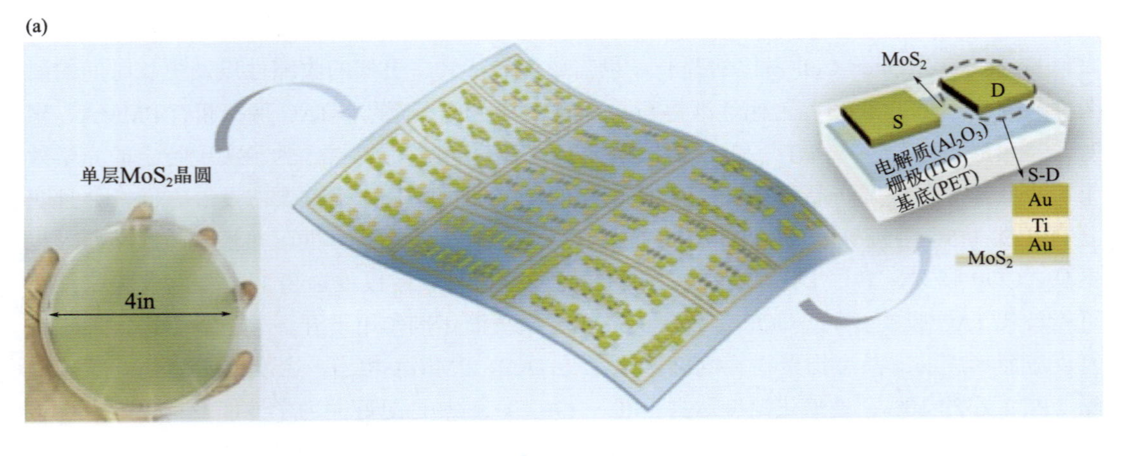

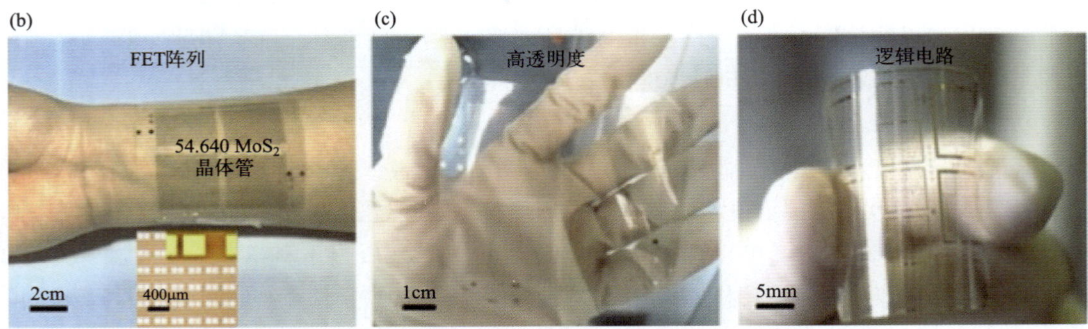

图 7-2　大尺寸柔性 MoS_2 晶体管阵列和集成多级电路

的材料，它容易受到湿气和氧气的影响，因此必须保护其不受空气中的水和氧气的影响。为了防止这种损坏，水蒸气传输速率（WVTR）需要达到 $10^{-6}g \cdot m^{-2} \cdot d^{-1}$。柔性 OLED 显示器由于面板必须弯曲，所以使用柔性塑料基板代替玻璃。然而，柔性塑料衬底存在高 WVTR 值[（$10^{-2} \sim 10^{-1}$）$g \cdot m^{-2} \cdot d^{-1}$]，需要较薄的柔性封装层。此外，所用封装薄膜必须具有较高的化学稳定性，并且在可见区域内是透明的，以避免在随后的制造步骤中损坏薄膜，并将薄膜应用于透明显示器。

从理论上讲，石墨烯和 hBN 在没有晶界和缺陷的情况下，对除质子以外的所有粒子和气体都是不渗透的。而 CVD 法生长的石墨烯和 hBN 在生长和迁移过程中形成点缺陷和晶界。通过这些缺陷，可能会渗透出微量气体，其数量可能根据制造方法和器件厚度的不同而变化。也就是说，水蒸气通过生长过程中形成的缺陷传输，实验测量的单层多晶石墨烯和 hBN 的 WVTR 值均大于 $10^{-6}g \cdot m^{-2} \cdot d^{-1}$。目前降低二维材料的 WVTR 值的方法有以下四种：

① 在二维材料的生长过程中必须尽量减少晶界或结构缺陷的数量；

② 将单层石墨烯或单层 hBN 逐层堆叠来增加厚度以修补缺陷并降低石墨烯封装层的 WVTR 值；

③ hBN 和石墨烯薄膜异质结构大幅度提高了阻挡性能；

④ 将传统钝化和 2D 材料相结合制备 2D 复合薄膜。

（3）薄膜晶体管　在显示器中，薄膜晶体管（TFT）控制组成显示器屏幕像素的亮度。

一个像素由红、绿、蓝（分别为 R、G 和 B）三个亚像素组成，每个亚像素都需要电流来产生颜色。在 OLED 显示器中，通过 TFT 的电流在通过有机 R、G、B 层时发光，LCD 旋转液晶，使背面的光通过 R、G、B 滤光片，通过调节 RGB 颜色可以产生各种颜色。目前，成熟的商用电子产品 TFT 技术为非晶硅、低温多晶硅和非晶态金属氧化物半导体。然而，传统的 TFT 表现出低稳定性，由于机械应变而不可靠，并且难以应用于柔性电子设备。TMD 由于其优异的力学性能（如杨氏模量为 240 ～ 270GPa），可以作为传统材料的绝佳替代品而用于柔性的 TFT。

Radisavljevic 等于 2011 年使用 Scotch™ 胶带微机械剥离单层 MoS_2，将其转移到 270nm 厚的 SiO_2 涂层退掺杂硅衬底上，得到了第一代 MoS_2 单层晶体管。MoS_2 器件的导电通道厚度仅为 6.5Å。所构建的晶体管室温电流开 / 关比超过 1×10^8，载流子迁移率约为 $200cm^2 \cdot V^{-1} \cdot s^{-1}$，与硅薄膜所表现出的载流子迁移率相当。这一结果为开发基于二维材料的电子器件和低待机功耗集成电路走出了重要的一步。

（4）自发光层 单层 TMD 是直接带隙为 1.5 ～ 2eV 的半导体，适用于电子显示应用。可以通过调整几何形状、电流注入和静电掺杂等诸多因素对 TMD 的电致发光（EL）进行调制。同时，二维材料的发光特性为研究光 - 物质相互作用（包括激子动力学、高阶激子行为、激子电路以及激子凝聚）提供了良好的平台，其也适用于柔性显示器和下一代发射层。

TMD EL 器件基于电子 - 空穴在结中的复合，如肖特基结、p-n 结和垂直隧道结等。单层 MoS_2 通过肖特基结产生的 EL 效率低，且线宽较宽。由于高效的 EL 需要有效地将电子和空穴注入活性区域，因此活性区域应该在 p-n 结内，将单层具有 p-n 结的 WSe_2 与静电掺杂相结合，可以产生高效且电可调的激子 LED，如图 7-3 所示。单层 WSe_2 EL 的效率（EQE）估计

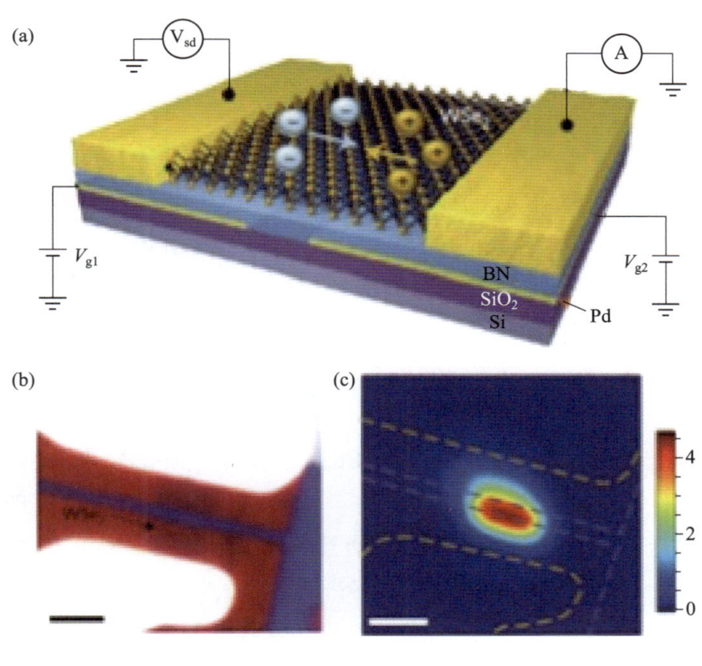

图 7-3

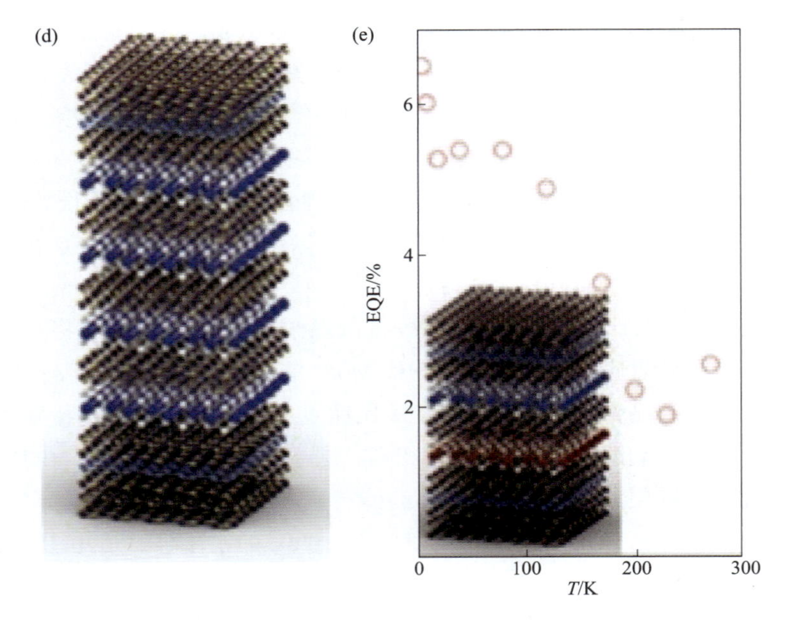

图 7-3 单层 WSe_2 p-n 结器件的工作示意图

为 1% 或更低。为了解决这一低效率问题，使用垂直 vdW 异质结构（由石墨烯电极、氮化硼隧道屏障和 2D TMD 发射体组成）构筑了垂直隧道结。垂直隧道结的使用可以实现 OLED 在许多方面的性能提升：降低接触电阻、提高电流密度、使 OLED 更亮、整个器件区域发光、更广泛的 TMD 选择以及利用它们的组合设计此类异质结构。

7.1.3 量子点显示器用显示材料

量子点因具有独特的电学和光学性能，在显示领域可作为发光材料用于量子点显示器。电致发光量子点（QLED）显示是未来量子点材料的发展方向。QLED 和 OLED 均无需背光源和彩色滤光片即可实现超高色域显示。相对于 OLED 材料，量子点无机材料有望实现更高的稳定性、柔性及实现印刷显示。量子点一般为直径在 1 ～ 10nm 的准零维纳米材料，通过调控量子点的尺寸可以实现不同色光的发射。量子点材料主要由Ⅱ B- Ⅵ A、Ⅲ A- Ⅴ A 或者Ⅳ A- Ⅵ A 族元素构成。常见的量子点有 CdS、CdTe、CdSe、Si、Ge、ZnSe、PbS、PbSe、InP 等。量子点的发光光谱因材料的结构、尺寸等因素不同而处于不同波段，如 ZnS 量子点发光光谱基本涵盖紫外区，CdSe 量子点发光光谱基本涵盖可见光区域，而 PbSe 量子点发光光谱基本涵盖红外区。

目前，发展时间长、比较成熟的材料是以 CdSe 为核心的核壳类量子点，这类量子点具有较窄的发光半峰宽（FWHM ＜ 30nm），高的量子产率（＞ 90%），良好的蓝光吸收，对空气以及光照稳定性高。钙钛矿量子点是近期研究中比较热门的材料，主要包括 $APbX_3$（A 为 Cs、MA，X 为 Cl、Br、I）等材料，具有优异的发光特性，极窄的发光半峰宽（FWHM ＜ 20nm），较高的量子产率（＞ 70%），优异的蓝光吸收，但在稳定性上还需要很大提升。以上两种量子点材料虽然具有较好的发光特性，但其共同的缺点就是具有重金属毒性，鉴于欧盟的 RoHS 标准限制，未来开发无镉无铅的量子点材料更符合环保要求。

7.1.4 电致发光显示器用显示材料

许多研究表明电致发光（EC）显示器具有许多独特的优势和潜在的应用价值，有望成为人们期待已久的下一代显示器。这些优势主要包括：

① 减色模式使 EC 显示器具有理想的户外可读性和对眼睛无损伤的特点。其所观察到的内容和信息不是来自发光，而是来自在电化学驱动下相关材料在氧化还原过程中所发生的颜色变化。这有效地避免了强蓝光对人眼的辐射损害和在强环境光线下实现舒适和愉快的阅读体验。

② EC 显示器呈现柔顺性、可伸缩性、可折叠性和透明的特性。现有 EC 材料与多种基材包括玻璃、金属、塑料、纤维和纺织品都保持着良好兼容性，能够满足人们对便携式电子产品（如可穿戴传感器）舒适性的期待。

③ 与现有的 LCD 和 OLED 相比，EC 显示器的光记忆效应导致其具有低的能耗。

目前，电致变色材料已经扩展到无机材料（如 WO_3、NiO、VO_x、TiO_2、普鲁士蓝等）、有机小分子（紫精、有机氧化还原染料等）、共轭聚合物（CP）（如聚苯胺和聚噻吩等）和金属 - 有机复合物。相关材料的研究表明，无机 EC 材料具有优异的光稳定性，但其响应速度和颜色可调性相对有限。有机小分子具有明亮的颜色和良好的颜色可调性，但是小的尺寸和重量通常导致不利的热扩散和在器件中差的稳定性。CP 具有吸引人的导电性，并且还便于通过溶液加工方法构建器件，但是它们不完美的光谱纯度仍然限制着其在彩色显示器中的应用。金属 - 有机复合物或无机 - 有机复合物，在一定程度上结合了两种材料的优点，但仍存在一些亟待解决的问题，如成膜能力不足等。

7.1.5 其他显示器用显示材料

电润湿显示技术中的关键材料包括疏水绝缘层、油墨、极性流体、像素墙材料和封装材料。油墨材料为蒽醌型、偶氮型、金属络合型及有机花型染料。极性流体材料需要与油墨材料互不相溶，同时需具有透明、挥发度低、黏度低、表面张力大、导电性优良等特点，最常用的主要有水、醇类和离子液体。疏水绝缘层是利用氟树脂材料通过旋涂或者化学沉积的方式在电极表面形成均匀的疏水层，可以获得 100° ～ 120° 水滴接触角。作为像素墙材料，需要有非常好的化学稳定性，即在导电流体溶液（如水溶液）或油相中稳定存在，并且对光、热等不敏感，不会随时间发生化学反应，另外还要求像素墙材料在疏水绝缘层表面具有一定的黏附性。常用的像素墙材料包括光刻胶体材料、硅氧烷材料和聚酰亚胺材料等。由于器件结构的特殊性，器件通常用压敏胶（PSA）进行封装。压敏胶是一类对压力敏感的胶黏剂，在使用时不需要添加任何辅助剂或进行加热等其他处理，只需要施加一定的压力，便能与被粘物粘连。丙烯酸酯类 PSA 是树脂型压敏胶中发展速度最快、应用范围最广的压敏胶。

电泳型光子晶体具有色彩饱和度高、颜色可调、与现有技术兼容的特点，是电泳显示的理想材料，有望解决商用滤膜型彩色电泳屏饱和度低的技术难点。葛建平等发展了一种具有双稳态、可逆切换特性的新型 SiO_2/ 碳酸丙烯酯 - 聚乙二醇 - 乙二醇（SiO_2/PCb-PEG-EG）电响应光子晶体液态材料，并将其用于开发低功耗、全彩色电泳显示器。材料中聚乙二醇的引入是实现双稳态显示的关键，它能够有效提升胶体分散体系的黏度，抗衡无序密堆积状态下胶粒之间的静电斥力，冻结胶粒的布朗运动，从而实现无序状态的稳定维持。

7.2 我国电子显示领域对新材料的战略需求

随着以智能化为主导的第四次工业革命不断深入，作为信息交互的载体，信息显示产业已发展成为新一代信息技术的先导性支柱产业。信息显示是电子信息产业的重要组成部分，其应用遍及工业、交通、通信、教育、航空、航天、娱乐、医疗等诸多领域，形成了千亿美元级市场规模，成为战略性高新科技领域的基础性和最具活力的产业，极大地改变了人类的生活模式，是信息化、智能化时代我国战略性新兴产业重点发展方向之一。其中，显示材料技术作为信息显示产业的重要组成部分，已在信息显示产业的发展过程中发挥了重要作用，大到电视机、笔记本电脑，小到手机、平板电脑，都离不开显示材料技术的支持。随着材料技术的发展，显示技术也从最初的阴极射线管显示技术（CRT）发展到平板显示技术（FPD），平板显示更是延伸出等离子显示（PDP）、液晶显示（LCD）、有机发光二极管显示（OLED）等技术路线，各种触摸显示屏、可弯曲显示屏在数码产品中的应用大放光彩（见图 7-4、图 7-5）。

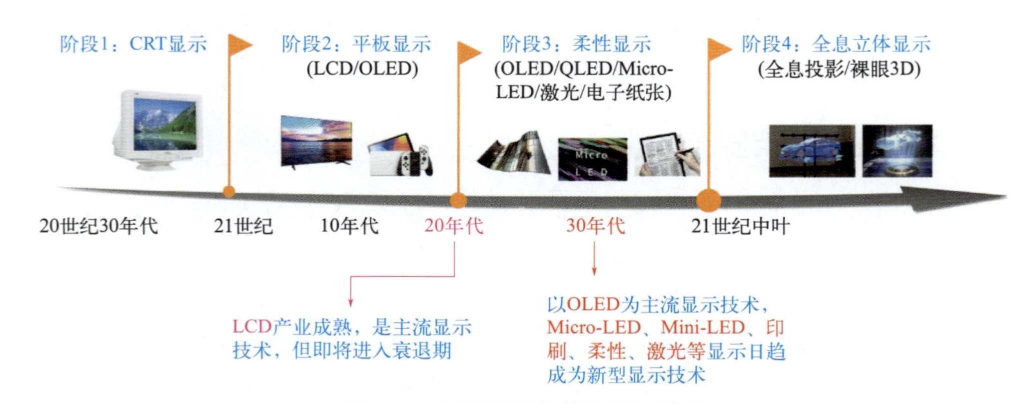

图 7-4　电子显示器的发展历程示意图

根据各种具体显示器件对材料的需求，目前电子显示关键材料主要可分为显示功能材料、显示玻璃材料、显示配套材料、柔性显示聚合物材料四类，其中包括液晶材料、OLED 发光材料、玻璃基板、柔性玻璃、掩模板、光刻胶、聚酰亚胺薄膜（PI）等众多品种。由于显示材料、技术、应用深度捆绑，国家显示技术创新能力、生产规模与应用市场成为拉动显示关键材料不断升级迭代的关键动力，目前逐步形成了以美国、欧洲、日本及韩国第一梯队持续引领，中国、印度等第二梯队快速追赶的竞争格局，推动了全球信息显示技术与产业的革新发展。

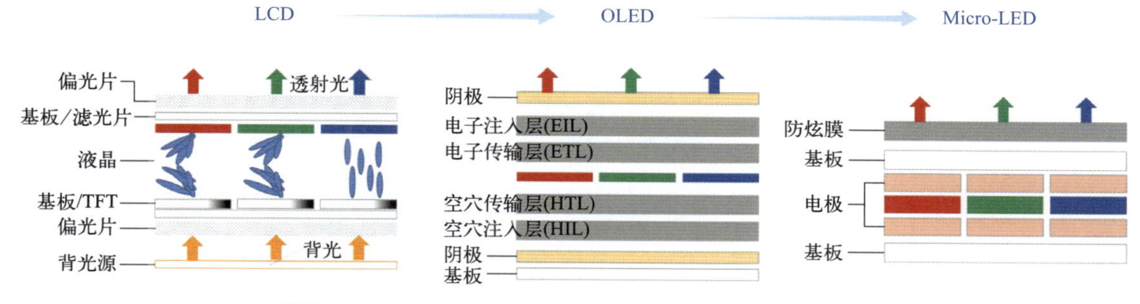

图 7-5 LCD、OLED、Micro-LED 显示器的结构示意图

7.2.1 显示功能材料

显示功能材料主要包括液晶材料及 OLED 发光材料等。显示技术的发展依赖于材料体系的创新，液晶显示材料呈体系化创新是显示技术创新发展的重要驱动力。液晶在不为大众所知的智能玻璃、液晶光栅、液晶相控阵、液晶透镜等前沿技术领域具备很大的应用潜力，液晶仍然将长期活跃在包括显示在内的电子信息技术舞台上。液晶材料在显示领域中应用，一般以高性能混合液晶材料为主，由多种单体液晶调制成混合液晶，是液晶面板的关键核心材料，其制造过程中的关键技术为材料合成，技术难度较大，形成了较高的技术壁垒。德国与日本的企业占据全球一半以上的市场份额（见表 7-1）。OLED 发光材料的核心主要包括传统的聚［2- 甲氧基 -5-（2- 乙基己基氧基）- 1 ,4- 苯乙烯］等、过渡金属二卤代烷等空穴注入材料，含三苯胺和螺双芴结构单元的等空穴传输材料，三芳基硼基三嗪等电子传输材料等。目前韩国、日本、德国、美国等国外相关企业垄断了 OLED 发光材料的核心技术。

表 7-1 全球 OLED 发光材料供应商

OLED 发光材料	国别	企业	重点产品
小分子发光材料	美国	伊士曼柯达（Eastman Kodak）	荧光和磷光小分子发光材料等
		寰宇显示技术公司 (Universal Display Corporation）	磷光小分子发光材料等
	日本	出光兴产 (Idemitsu Kosan）	荧光小分子发光材料等
		三井化学 (Mitsui Chemicals）	荧光小分子发光材料等
		新日铁化学（Nippon Steel Chemical）	磷光小分子发光材料等
		三菱化学	磷光小分子发光材料等
		东丽（Toray）	荧光小分子发光材料等
		佳能（Canon）	荧光小分子发光材料等
		先锋（Pioneer）	磷光小分子发光材料等
		Chemipro Kasei Kaisha	—
	德国	Novaled	磷光小分子发光材料等
	瑞士	汽巴（Ciba）公司	磷光小分子发光材料等

续表

OLED 发光材料	国别	企业	重点产品
小分子发光材料	中国台湾	昱镭光电	—
		机光科技	—
		晶宜科技	—
	韩国	LG 化学	—
大分子发光材料	日本	大丰（Taiho）工业	—
		昭和电工（Showa Denko）	—
	英国	剑桥显示技术公司（CDT）（已被日本住友化学并购）	—
	美国	陶氏化学（Dow Chemical）	—
		杜邦（Dupont）	—
	加拿大	ADS（American Dye Source）	—
	德国	默克 OLED 材料股份有限公司（Merck OLED Materials Gmbh）	—
		巴斯夫（BASF）公司	—

7.2.2 显示玻璃材料

显示玻璃材料是电子显示产业的基础之一，其中主要包括薄膜晶体管液晶显示（TFT-LCD）玻璃基板、OLED 玻璃基板、低温多晶硅（LTPS）玻璃基板、盖板玻璃、柔性玻璃等。我国 TFT-LCD 玻璃基板产业，在国家和企业共同努力下，整个玻璃产业经历三十余年的探索与磨砺，在“十三五”期间已经突破了玻璃基板 G8.5 系列的技术壁垒，实现了高世代、大尺寸面板用玻璃基板国产化配套（见图 7-6）。目前市场高端的 8.5 代以上的高世代玻璃基板产品，其主要技术掌握在美国、日本等企业手中，占据了全球 LCD/OLED 玻璃基板 90% 以上的市场份额（见表 7-2）。研发 OLED 玻璃基板和柔性盖板玻璃关键技术与核心装备，建设 8.5 代以上的高世代 OLED 基板玻璃和一次成形柔性盖板玻璃示范生产线，实现大尺寸、高质量、高性能 OLED 显示玻璃材料产业化生产，将填补我国 8.5 代以上的高世代 OLED 玻璃基板和

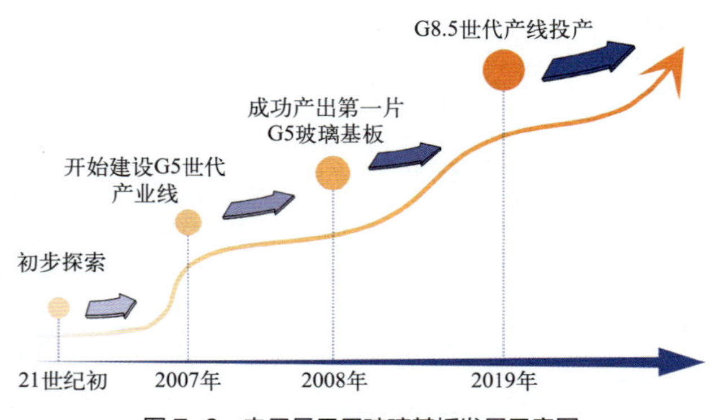

图 7-6　电子显示用玻璃基板发展示意图

一次成形柔性盖板玻璃技术和产品空白，实现新型显示产业链 OLED 玻璃材料的自主可控。近年来，柔性玻璃的出现与发展支撑了可折叠终端的应用发展，引领了消费电子发展的新风向。美国康宁公司、德国肖特公司、日本旭硝子株式会社及电气硝子株式会社等玻璃公司已陆续研发出系列柔性玻璃产品，但全球柔性玻璃一次成形产业化技术尚未成熟应用。

表 7-2　国内外主要柔性玻璃厂家及其产品

国别	企业	产品	厚度 /μm	工艺
美国	康宁公司	Willow glass	100	溢流下拉
德国	肖特集团	AF32®eco	25 ～ 100	窄缝下拉
德国	肖特集团	D263®Teco	70 ～ 250	窄缝下拉
德国	肖特集团	Xensation®Flex	约 70	窄缝下拉
日本	旭硝子株式会社	Spool	40 ～ 50	浮法
日本	电气硝子株式会社	G-Leaf	30	溢流下拉
中国	中建凯盛科技	研发阶段	30	顶喷式减薄

7.2.3 / 显示配套材料

显示配套材料主要包括靶材、光刻胶、掩模板、光学膜、偏光片等。在靶材领域，高纯靶材的制备技术涵盖的材料科学范围非常广，包括化学提纯、物理提纯、凝固成形、粉末烧结、塑性变形、热处理、焊接、精密加工、表面处理等。全球仅有奥地利、德国、日本等国家少数几家公司掌握靶材先进制备技术。光刻胶，主要分为彩色光刻胶、黑色光刻胶、TFT 正性光刻胶和触摸屏用光刻胶。彩色光刻胶包括红色光刻胶、绿色光刻胶和蓝色光刻胶，是彩色滤光片显示颜色的关键，主要有光敏聚酰亚胺体系、酚醛树脂重氮萘醌体系、聚乙烯醇体系、丙烯酸体系等。在掩模板领域，全球领先的掩模板厂商主要产品均为石英掩模板，掩模板上游原材料厂商主要集中在日本和韩国。国内有数家企业有能力生产，主要包括菲利华和石英股份等；半导体用高精度及高世代面板用基材，基本被日韩企业如日本东曹、日本越信化学、日本尼康等垄断。在偏光片领域，中国、日本、韩国的企业占据了偏光片市场的多数份额。但偏光片上游核心原材料三醋酸纤维薄膜（TAC）和聚乙烯醇（PVA）基膜被日企垄断供应。

7.2.4 / 柔性显示聚合物材料

柔性显示聚合物材料主要包括柔性基底聚合物材料、胶黏剂聚合物材料、感光全息记录聚合物材料等。在柔性基底聚合物材料领域常用的聚合物材料有聚甲基丙烯酸甲酯、聚碳酸酯、聚对苯二甲酸乙二醇酯、聚醚醚酮、聚醚砜、聚苯并咪唑与聚酰亚胺（PI）等，其中透明聚合物薄膜由于自身具有透明、柔性、质轻的特点，成为首选材料。例如柔性 OLED 器件主要使用 PI 浆料，其中透明 PI 薄膜因其高透光、耐弯折、耐摩擦等特性，主要用于柔性盖板领域，美国杜邦公司、日本宇部兴产株式会社等少数企业几乎垄断市场供应。在胶黏剂高分子材料（OCA）领域，美国3M公司、德国德莎公司，日本、韩国以及我国台湾地区的企业合计市场占有率超80%。感光全息记录高分子材料的核心材料是掺杂菲醌的甲基丙烯酸甲酯有机聚合物（PQ/PMMA）。光学级该原料我国存在生产企业较少、产量小等问题，产品仍主要依赖进口。

7.3 我国电子显示材料当前面临的挑战

总体来看，近年来我国新型显示行业高速发展，全球地位稳步提升，其中显示材料行业同样获得了发展，核心技术不断突破，产业体系逐步完善。但高端产品核心技术和关键材料的“卡脖子”问题依然存在；高技术企业规模小，创新能力仍有待进一步提高，为保障产业链供应链稳定、提升我国显示产业整体竞争力，仍需加快协同创新。总结可见，电子显示材料领域目前仍存在以下挑战：

① 电子显示材料中关键材料依赖从发达国家进口，未来被“卡脖子”的风险高。目前我国显示行业的优势在于系统集成和生产制造，而在显示器件中应用的关键材料、技术工艺、高端制造设备等方面依然具有较高的对发达国家依存度，如超过70 %的关键材料依靠进口。国内主要从事加工制造，处于整个显示产业链条的底端，技术含量较低且利润微薄，总体而言我国显示行业依然处于“大而不强”的局面。新型显示关键材料和工艺方面相关的核心基础专利技术主要掌控于欧美、日本和韩国的企业中。例如TFT-LCD的高端液晶材料由德国、日本企业掌控，曝光机由日本企业垄断，TFT-LCD用玻璃基板则由美国等厂商主导；纯度达到电子4N5以上，能够以薄膜形态充分发挥材料的本征特性的高纯显示用靶材技术依然被发达国家的企业垄断，我国高性能靶材的制备，在微观和宏观的品质、可靠性和使用寿命等方面仍需进一步提高。

② 我国电子显示材料领域全球引领发展能力有待提高。在国家、科研单位及企业的共同努力下，我国在电子显示关键材料领域形成了一定的科研能力，部分前沿基础研究方面迈入国际前列。但整体来看，我国电子显示关键材料领域中“有组织的科研”攻关仍需加强。此外，我国电子显示材料产业结构仍需进一步优化，高端关键材料核心技术和关键原料仍被国外企业制约，缺少企业与科研机构的长期协同创新，不少企业扎堆于技术门槛低、利润率低的中低端产品行业，从事显示材料研发的技术人员在整个材料领域占比不高，高性能聚酰亚胺薄膜、光学胶等一批显示关键材料高端产品缺乏高层面统筹，企业研发投入较弱，这给我国电子显示材料行业的长期、稳定与高速发展带来了不良的影响。

③ 我国电子显示材料领域中创新成果转化率有待进一步提高。电子显示材料行业涉及材料、物理与化学等多个学科，以科研院所与高校为代表的科研单位在技术成果的研发、成熟与转化应用方面面临较大的壁垒。尤其是高校的研究，往往集中于基础研究，探索热点的前沿概念，专著于发表科研论文与申请难以短期实现的发明专利；研究多侧重于材料的微结构调控、多元复合及新功能的开发等，而真正聚焦市场痛点产品研发与基础原料的分子层面设计的研究则较为匮乏。例如在高性能聚酰亚胺材料的单体合成、分子结构设计、产品均匀性和稳定性等方面的研究不多。电子显示材料相关企业面临技术创新人才不足、有效研发资金

投入少、关键元器件和核心部件受制于人、技术储备少等问题。总的来说，我国显示材料领域原创性不足，科研与产业存在部分脱节问题，创新成果市场转化率有待进一步提高。

7.4 未来发展

7.4.1 技术预判

随着显示产业的发展带动，未来显示材料将向“薄型、高纯、复合、大尺寸”四个趋势发展。显示材料薄型化发展是终端便携性与易用性的必然要求，薄型化也是显示材料柔性化的关键，成为全球智能终端柔性化发展的基础；显示器件性能的提升，对关键材料的性能指标特别是纯度要求达到了更高的层次；下游终端人机交互、人感体验等功能持续升级，对显示材料性能、材料功能复合化要求不断提升；消费者对显示大尺寸的追求日益提升，显示终端大尺寸化趋势明显。

（1）OLED 发光材料

① 工艺制程方面，着重突破 OLED 发光材料真空升华提纯技术中高纯度、单次升华高速率以及连续升华等生产工艺。

② 在显示玻璃基板材料方面，开展高世代 TFT-LCD 玻璃基板、高强盖板玻璃等显示玻璃材料浮法成形技术热工理论和数值、物理模拟研究等工艺基础研究；推进高应变点铝硅酸盐玻璃配方、超薄化成形工艺技术、玻璃液澄清及均化等关键工艺技术及核心装备研究；进一步实现产业大型化、绿色化、高效化。

③ 开展 OLED 玻璃基板的精密成形、高效熔化、澄清均化、微应力及再热收缩率调控技术研发，实现相对热收缩比值必须达到 10ppm 以下的技术目标。

（2）AMOLED 用靶材领域

① 通过研究银合金大尺寸靶坯熔炼铸造、塑性成形与再结晶等组织结构调控关键技术，推进银合金靶材大规模生产线建设与应用，突破国外厂商银合金靶材的专利壁垒。

② 突破材料不稳定性高、生产加工不可控等问题制约，围绕混合电铸工艺加蚀刻工艺开展技术攻关。

③ 通过稀土元素掺杂，调控和优化氧化物半导体材料的载流子传输路径，突破高迁移率稀土掺杂金属氧化物半导体靶材制备技术，实现高性能氧化物半导体靶材产品开发。

④ 丙烯酸酯类 OCA 光学胶方面，在不同类型黏合剂中通过使用合适添加剂改善性能，利用基础聚合物的有机特性提高黏合剂柔韧性和加工能力等，加速实现固化收缩率小于 2.5% 的技术目标。

⑤ 向减小固化收缩率、提高折射率与透光率、提高固化速度、增强稳定性及稀释剂绿色化等方向研究，突破固化过程中因体积收缩产生的应力缺陷与降低的体积收缩比的控制的技术瓶颈。

（3）柔性显示用高性能聚酰亚胺材料领域

① 信息显示柔性玻璃材料逐步应用于折叠终端，向厚度 50μm 以下、一次成形、高韧性

发展；偏光片材料向70μm以下发展，光学模组向轻薄方向发展。

② 提升高透明耐高温聚酰亚胺材料生产制备能力。通过分子结构设计，研究单体结构、浆料配比、制备工艺及条件对材料透明性及耐温性的影响，开发高透明耐高温柔性显示基板新材料的批量化生产工艺技术，实现柔性高透明耐高温聚酰亚胺在20μm厚度下薄膜的平均透光率大于88%，雾度小于0.2%，玻璃化转变温度大于460℃，热膨胀系数小于5ppm/℃（100～400℃），抗拉强度大于300MPa的技术指标。

③ 通过对可显影聚酰亚胺（PSPI）材料的分子设计与可控合成研究，开发PSPI功能材料的批量化生产工艺技术，达到浆料黏度波动小于5%（冷冻储存6个月），曝光量小于300mJ，解析度小于3μm的技术目标。

在未来很长的一段时间内，各种显示技术将在各自优势应用领域共存、多元化发展，有望呈现百花齐放、全面发展的特征。我国主要发展领域包括：

① 发展具有自主知识产权的蒸镀OLED材料、印刷OLED材料，提升蒸镀材料和印刷墨水的性能，完善全球专利布局。

② 发展窄谱宽、高效率、长寿命的环保型QD发光材料，以及百千克级材料产量的量产工艺，提升产品的创新能力。

③ 发展Micro/Mini-LED应用的大面积、低成本GaN外延材料和高迁移率、高稳定性有源基板材料，解决巨量转移及键合、色彩转换、光效提取等关键技术难题。

④ 以整机应用为牵引，突破短波长铝镓铟磷红光、长波长铟镓氮蓝绿光等激光显示发光材料工艺，发展4K/8K超高分辨率、快响应成像芯片，补齐短板以提升新材料的持续供给能力。

⑤ 发展彩色显示材料、介电润湿材料、像素结构材料等新一代反射式显示材料，支撑其在低功耗、视觉健康、低光热辐射、柔性显示器件等方向的应用。

⑥ 发展玻璃基板、高铝盖板玻璃、高分辨率玻璃材料与量产工艺等显示基板材料和技术，实现高世代应用的国产替代。

7.4.2 应用场景

随着科技的发展，显示技术也取得了长足的进步。显示技术的发展趋势表明，未来将会有更多的新技术出现，比如虚拟现实、增强现实等。此外，显示技术的应用前景也很广阔，可以应用于汽车、航空、医疗等领域，需要进一步在节能、高分辨率等方面实现技术的突破。

（1）OLED的应用领域 OLED是一种基于有机材料的发光材料，可以制造出灵活、可弯曲、透明和半透明的显示和照明产品，例如柔性屏幕、透明屏幕和车载显示器等；在智能家居中，OLED的响应速度快、刷新率高，能够实现高亮度和低延迟，是VR/AR设备的理想选择；在医疗和生命科学方面，OLED可用于高亮度、高对比度和高分辨率的医疗显示器，例如超声波显示器、CT扫描显示器和内窥镜显示器等；在航空航天和军事领域，可用于制造战术信息显示器、激光显示器（激光雷达、激光通信系统等进行精确制导和通信）、高性能的夜视仪器（提供清晰的图像，从而提高夜间作战能力，例如战术眼镜、头盔等）和航空航天仪器（例如飞行员头盔显示器、飞行员HUD显示器）以提高军队的作战能力、情报获取能力和通信能力。

AMOLED 技术可以实现超薄设计，因此适合用于可穿戴医疗设备，例如血氧计、心率监测器和健身追踪器等。PMOLED 虽然在分辨率和像素密度等方面不如 AMOLED，但在低成本、易于生产和灵活弯曲等方面具有优势。目前，PMOLED 显示器的尺寸通常较小，最大尺寸约为 6 英寸，分辨率和像素密度较低，通常用于手表、小型计算器和其他便携式设备等。

（2）量子显示的应用领域 量子显示是一种新型显示技术，利用量子点发光产生高亮度、高色彩饱和度、超快响应速度和高对比度的显示效果，可以制造出高效的量子点照明设备和显示器。此外，由于其抗振性能好，可适应汽车行业的特殊要求用于仪表盘和中控屏幕等；在日常生活中，量子显示技术因可以提供更鲜艳、更真实的颜色而成为智能手机和平板电脑的理想选择；在医学领域，可以制造出高分辨率和高灵敏度的生物传感器，用于光学成像和生物标记物检测，并且由于其低辐射，可以减少医疗设备对患者的伤害；在航空航天和军事领域，量子显示材料可以用于制造隐形材料，例如隐形涂料、隐形墨水等。

（3）透明显示的应用领域 透明显示材料是一种可以同时传递图像和光线的材料。透明显示技术可应用于汽车挡风玻璃、后视镜等，以显示车辆信息、导航等内容，提高行车安全性和驾驶体验；在日常生活中的智能家居，例如智能玻璃、智能窗帘等，可通过控制透明度和显示内容，实现用户的隐私保护、室内环境控制、信息显示等功能；在商业展示领域，例如商店橱窗、广告牌等，可通过将商品信息、广告等内容显示在透明材料上，提高展示效果；在医学领域，可用于制造可穿戴医疗设备和医疗手术器械，提供实时监测和诊断信息，例如，可将透明显示材料用于眼科手术中，为医生提供更清晰的操作视图和实时反馈；在军事领域，可应用于军用船舶舷窗，以提供全景观察和实时监控，用于制造瞄准镜，可在夜间或低光照条件下提供更清晰的视觉效果。

7.4.3 战略思考

目前，显示技术与显示材料的开发与应用整体呈现调整增长的态势，总体规模保持高速增长态势，TFT-LCD 和 OLED 技术不断提升，新型显示技术——量子点显示、柔性显示、透明显示、Micro-LED 显示等持续突破，对显示材料的发展提出了更高的要求。同时，我国近年显示技术和显示材料领域取得了突破性进展，但仍然存在高端产品自给率不高、关键材料对外依存度高等问题，因此，需要整合力量，以突破瓶颈，为我国显示产业结构优化、显示材料的升级换代提供动力。

（1）强化产业发展引导作用，建立健全全国信息共享平台 集合全国企业、高校、科研院所等研发基地，建立显示材料发展信息共享平台。我国显示技术的发展有赖于各类关键材料的开发和自给率的提高，所涉及关键性材料广泛，包含了靶材、玻璃基材、芯片、光刻胶、掩模板、光学膜、偏光片等各类材料和组件，而任何一家企业、高校和科研院所均无法独自囊括所有材料的研发优势，因此，急需建立健全资源共享平台，整合全国各地研究团体的优势，实现信息和技术共享，从而有效解决关键材料开发的问题。

（2）深化国家战略引领作用，强化企业的主导作用 强化国家主导作用，完善我国显示材料重大专项布局，结合国内外产业发展、国内企业发展关键问题，以龙头企业为主导，强化资本市场化整合，集合企业、高校、科研院所的特有力量，共同谋划研发项目，制定研究目标，形成有效的研究团队，建立共享数据库（包含研发项目信息共享、研发进展共享、新产品开发共享、新材料推广应用共享等）建立完善的全国数据网，从而实现跨领域、跨地域、跨行业的协作，带动显示材料的高速发展，有效解决我国面临的显示关键材料“卡脖子”问题，推动成果转化。

（3）完善校企融合人才培养机制，建设显示材料人才队伍 为了更好地解决显示关键材料的开发，需要围绕显示材料行业中的重大需求，着力开展相关基础研究与应用研究，这对人才培养提出了更高的要求。二十大强调，必须坚持“人才是第一资源”，深入实施“人才强国”战略。可见，显示材料行业的人才培养对“卡脖子”问题的解决至关重要，也是行业能够长远发展的动力。人才培养不仅仅是高校的任务，更是整个社会、整个行业的共同目标，应充分结合校企优势，完善校企融合培养机制，整合高校、科研院所人才培养平台资源，通过科技项目牵引，开展显示行业相关人才的培养，培育一批能够准确把握国际产业及行业技术发展态势，具有战略眼光，胜任工程技术升级、技术创新、产品研发等工作的高层次应用型领军人才，从而保障我国显示材料产业的长期高速发展。

参考文献

作者简介

伍媛婷，教授，博士生导师，陕西省中青年科技创新领军人才，陕西高校青年创新团队负责人，陕西省纳米科技学会第三届理事会理事，现主管陕西科技大学材料科学与工程学院研究生工作。目前，主要研究功能复合材料（如光电材料、超材料结构等）的开发与应用，陕西省百篇优秀博士论文获得者。近年来，荣获中国轻工业联合会科学技术奖二等奖 2 项、陕西省科学技术奖三等奖 1 项、陕西高等学校科学技术奖二等奖 1 项。近年主持国家自然科学基金项目面上项目、国家自然科学基金青年项目、陕西省自然科学基金项目、陕西省教育厅项目、企业横向项目等 16 项，在国内外学术期刊上发表学术论文 60 余篇，出版专著 2 部，授权专利 50 余件，转让专利 11 件。同时，获批十余项省级和校级教改、教学案例、课程思政、联合培养基地等项目，指导学生荣获陕西省研究生成果展二等奖 1 项、三等奖 1 项。

张新孟，副教授，硕士生导师，入选陕西科技大学“高水平博士人才”，西北工业大学优秀博士论文获得者，美国密苏里科学技术大学访问学者，陕西高校青年创新团队核心成员。目前兼任美国化学会会员、中国颗粒学会会员。主要研究方向为纳米光电材料。在*J Mater. Chem. A*、*J Mater. Chem. C*、*Biosens. Bioelectron.*、*ACS Sustain. Chem. Eng.* 等国际期刊发表论文 20 余篇。参与及承担国家级项目 3 项，省部级项目 3 项，厅局级项目 2 项，企业横向项目 3 项。获国际学术“最佳研究奖”1 项，陕西省科学技术奖三等奖 1 项，陕西高等学校科学技术奖二等奖 1 项。

刘晓旭，教授，博士生导师，陕西省“高层次人才”计划入选者，新加坡南洋理工大学 / 哈尔滨工业大学博士后。从事聚酰亚胺等柔性高分子材料研究，承担与完成国家自然科学基金等国家级与省部级项目 20 余项。在国内与国际知名学术期刊发表学术论文 110 多篇，与企业联合的横向项目 4 项，申请与授权发明专利 20 多件，实现企业转化 16 件。获陕西省课堂创新大赛三等奖，省部级技术发明一等奖、二等奖与自然科学二等奖各 1 项。

第8章

有机高分子防火阻燃材料

付 腾 王 芳 赵海波

8.1 概述

作为三大类材料之一的有机高分子材料，与金属材料和无机非金属材料相比，具有密度低、易成形加工等特点，已广泛应用于国民经济和人民生活的各个领域，成为产量最大的大类材料。然而，与金属材料和无机非金属材料相比，有机高分子材料具有易燃性，易被引燃继而引发火灾，造成人员伤亡及财产损失。赋予高分子材料防火阻燃性能已成为杜绝其火灾隐患的主要途径，是国民经济和社会发展的重大需求。

世界各国先后制定各类法律法规和标准，对许多行业特定领域使用的一些高分子材料限定为“必须具有阻燃性”，受这些法律法规驱动，世界各国均逐渐开展研发环境友好无卤阻燃与防火技术，使得阻燃材料在大飞机、舰船、轨道交通、汽车、建筑材料、电子电气、室内装饰等经济领域以及军舰、单兵防护、军需装备组件、武器装备组件等国防工业领域中有着越来越大的应用需求，随之将产生一个具有巨大经济效益的、跨行业的阻燃材料产业。科技部《“十四五”材料领域科技创新专项规划》将“环境友好阻燃材料”列为重点发展材料之一；发改委《战略性新兴产业重点产品和服务指导目录（2016版）》将“阻燃改性塑料”列为关键发展的产业；工业和信息化部《重点新材料首批次应用示范指导目录（2017版）》规定特定领域的高分子塑料必须满足相应的防火安全等级。不同高分子材料由于自身结构和应用场景的差异，所面临的阻燃难题完全不同，因此开展系统全面的阻燃研究可有效解决长期困扰社会安全的火灾问题。

通过研究开发阻燃材料等解决方案来从根本上预防火灾的发生及蔓延对于保护公众生命和财产安全具有重要意义，并且使公共安全得到保证，也是国家安全和社会稳定的基石。防火阻燃高分子材料是遇火焰不燃烧或者不易燃烧、离开火焰后表面明火很快熄灭的高分子材料。根据其组成，防火阻燃高分子材料可以分为两类：一类是本身具有难燃结构的高分子材料，如聚四氟乙烯、芳香族聚酰胺等；另一类是利用共聚、共混、表面修饰等方法，在普通可燃高分子的分子结构内或材料制品表面引入防火阻燃功能组分的高分子材料，也是防火阻燃材料研究的重点。防火阻燃高分子材料主要作用在于推迟点燃时间、延缓火焰蔓延，从而为身陷火灾现场的人们赢得宝贵的逃生和救援时间。

然而，防火阻燃材料产业的发展面临着多方面的新挑战。一方面，我国在防火阻燃材料的基础研究中已经逐渐成为国际防火阻燃领域的引领者，但我国的基础研究和产业生产仍然存在脱节问题，阻燃剂和阻燃材料工业的高端产品产能不足，生产技术仍待突破，品种配套性有待进一步提高，质量也与国外产品存在明显差距，科研单位研究的阻燃新材料与新技术难以及时地被企业开发生产和推向市场。另一方面，欧、美、日等组织和国家的研究机构和公司已构建了大量在国防军工和国民经济的诸多领域使用的防火阻燃材料的数据库，并形成了预测阻燃基团与阻燃性能的模型，在此方面，我国仍需发展材料科学技术研究新范式，在关键阻燃材料上取得突破。此外，国际上关于防火阻燃材料的研究主要集中在改善材料环境友好性和提高阻燃效率两方面，环境友好的无卤阻燃是目前阻燃领域的研究重点，亟需环境友好、对材料其他性能负面影响小的高效阻燃剂和阻燃材料；在目前世界面临的资源与环境问题中，防火阻燃材料的可持续发展是产业需要关注的重点。

8.2 对新材料的战略需求

防火阻燃材料已在国民经济和国防军工的诸多领域发挥了重要作用，有效保障了公众生命与财产安全。然而随着社会的飞速发展与科技的日益进步，对防火阻燃材料提出了新的高性能要求。尤其是在我国一些战略性新兴领域，急需有针对性地研发能满足特定场景应用的防火阻燃新材料。因此，本节主要从环境友好高效无卤阻燃剂、大飞机 / 高铁等受限空间用阻燃新材料、新能源汽车用防火阻燃新材料、极端环境用防火阻燃新材料、纺织品用阻燃新材料、建筑用防火阻燃新材料、电子电气用防火阻燃新材料、电网用防火阻燃新材料、文物保护用阻燃新材料、以川藏铁路为代表的特殊环境交通道路用长效阻燃新材料、先进移动通信用防火阻燃新材料几个方面介绍防火阻燃材料的发展方向与迫切需求。

8.2.1 环境友好高效无卤阻燃剂

我国阻燃材料与阻燃制品行业相较发达国家起步较晚，但历经几十年的发展，产品种类日益丰富，主要包括阻燃工程塑料、阻燃聚氯乙烯管材、阻燃聚烯烃穿线管材、阻燃地毯、阻燃窗帘、阻燃棉涤混纺织物、阻燃铝塑复合板、阻燃胶合板、阻燃地板、阻燃墙纸、阻燃中密度纤维板、阻燃交联聚烯烃绝缘护套料、阻燃聚氯乙烯绝缘护套料等诸多品种，在塑料、化学纤维、合成橡胶、涂料和胶黏剂五大领域均有广泛的应用。

阻燃剂作为赋予易燃高分子材料难燃性的功能性助剂，是高分子材料实现阻燃的关键。阻燃剂的研究与应用受到了全球性的重视，经过多年发展，已成为高分子材料的重要助剂，在各

类高分子材料助剂中仅次于增塑剂。随着日渐严格的防火安全标准和高分子材料产量的快速增长，近几年全球阻燃剂的市场需求呈增长趋势。工业发达国家通过制造商的自觉行为和国家专门立法，有效地带动了阻燃剂的应用开发不断发展。我国从事阻燃剂与阻燃材料制品生产、贸易的企业数量近年增长迅速，形成了阻燃剂从合成制造到应用的产业链。

在众多的商品化阻燃剂品种中，溴系阻燃剂的市场规模及应用领域长期雄居各类阻燃剂之首。但是，在全世界范围内，有关阻燃剂的生产、使用和回收方面的安全问题正普遍受到各国政府及企业的高度重视，特别是随着《斯德哥尔摩公约》和危害性物质限制指令（RoHS指令）的强制执行，欧洲和美国的溴系阻燃剂用量急剧下降。与此同时，国内外已经出台和即将出台的有关环保法规，在安全与环保方面对阻燃剂和阻燃材料的使用，做出了越来越严格的限制。只有遵守这些规定，并采取有效的防范措施，阻燃剂和阻燃材料对环境产生的负面效应才能降低。在这种背景下，一些传统的溴系阻燃剂，已受到日益严格的环保和阻燃法规的压力，迫使用户寻找溴系阻燃剂的代用品，同时也将促进阻燃新材料的问世。这些新型阻燃材料将具有低放热率、低生烟性和低毒性，而且阻燃效率不会降低。由于溴系阻燃剂的高效性与价格优势，在很多应用领域还很难找到合适的代用品，所以溴系阻燃剂在部分场合（尤指国内市场）仍然是重要的选择。研发具有实际应用价值的环境友好高效无卤阻燃剂仍是本领域长期发展的任务。

同时必须指出的是，在众多的含卤阻燃剂品种中，仅部分对环境和人身健康存在不利影响，而其他含卤阻燃剂由于自身结构差异，尚无实验证据证明会产生类似的负面影响，因此完全可以继续使用。目前，已被证明不会生成多溴代二苯并二噁英和多溴代二苯并呋喃的含卤阻燃剂，如十溴二苯乙烷、溴化环氧树脂和溴化聚苯乙烯等溴系阻燃剂已部分取代十溴二苯醚并应用在诸多高分子材料中。此外，相比含卤小分子阻燃剂，含卤大分子阻燃剂可有效避免因迁移、析出导致的生态环境问题，是含卤阻燃剂未来的发展方向。尽管此类卤系大分子阻燃剂自身不存在环境友好问题，但其在燃烧时仍会释放出卤代氢等毒性气体，导致二次烟毒伤害。

无卤、低烟、低毒的环保型阻燃剂一直是人们追求的目标，全球一些阻燃剂供应和应用商对阻燃剂无卤化表现出很大的关注，对无卤阻燃剂及阻燃材料的开发也投入了很大的力量。无卤阻燃剂主要品种为磷系阻燃剂及金属氢氧化物，此外还有些含氮、硅的无卤阻燃剂等。磷系阻燃剂主要包括红磷阻燃剂，无机磷系的聚磷酸铵、磷酸二氢铵、磷酸氢二铵、磷酸酯等，有机磷系的非卤磷 / 膦酸酯等；金属氢氧化物主要包括氢氧化铝、氢氧化镁及改性材料如水滑石等；含氮阻燃剂多为基于三聚氰胺的衍生物，如三聚氰胺氰尿酸盐、三聚氰胺磷酸盐、三聚氰胺焦磷酸盐等。含磷、氮、硅等阻燃元素的有机物阻燃剂的阻燃效率通常高于不含这些阻燃元素的无机阻燃剂，在高效与环境友好等方面具有更广阔的发展空间，是新型环境友好阻燃剂最活跃的研发方向，市场前景看好。

8.2.2 大飞机 / 高铁等受限空间用阻燃新材料

有机高分子材料因质量轻、耐化学腐蚀、易加工成形等优点，已成为民航飞机客舱、高铁车厢等使用的第一大类材料，主要包括聚碳酸酯、玻璃钢（不饱和聚酯、环氧树脂和酚醛）、橡胶、聚酯织物、聚氨酯、聚酰胺、聚偏氟乙烯、聚氯乙烯、聚酰亚胺等，广泛应用于地板、墙板、顶板、转向架、地毯、座椅垫、扶手盖、餐桌、电线电缆、防滑垫等，如图 8-1 所示。然而，多数有机高分子材料属于易燃材料，燃烧时热释放速率大，火焰传播速度快，同时伴随着浓烟和有毒气体的产生，对大飞机与高铁这样的受限空间内的人员安全造成极大威胁。据美国联邦航空局（Federal Aviation Administration，FAA）统计，在美国 1981—1990 年间发生的 1153 次飞行事故和空难中，大约 20% 是由火灾引起的。2018 年发生的“1・25”G281 次列车（青岛至杭州东）火灾事故，其缘由是电气设备的电线电缆起火。幸而火灾发生在列车进站停车期间，并未造成人员伤亡，但仍导致列车的 2 号车体烧穿完全报废。由此可见，大飞机和高铁等受限空间用高分子材料的防火安全至关重要。

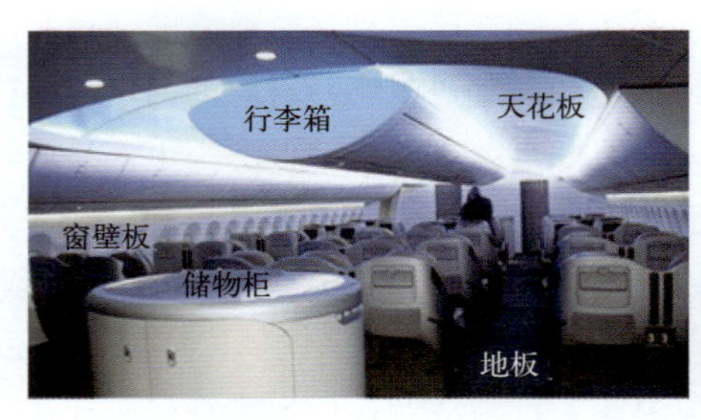

图 8-1　大飞机与高铁用阻燃高分子材料

目前世界各国政府对大飞机和高铁所用的材料的防火安全性能高度重视，并制定了严格的防火安全材料标准，规定了材料的燃烧、发烟、烟气毒性以及其他综合性能的具体量化标准。对于人员高度集中、空间相对狭小封闭的民航飞机客舱、高铁车厢而言，材料一旦着火燃烧，就会大量消耗氧气、释放热量并产生有毒和窒息性气体；热量的集中释放会营造一个局部的高温环境，导致材料加速降解并释放出更多的热量、产生更多的有毒和窒息性气体。基于静态、开放环境的测试标准，如 UL-94 评估体系等对于客舱、车厢等特定受限空间并不适用；一旦高温环境形成，材料可燃气体释放量的多少才是决定司乘人员逃生时间的关键。对民航飞机客舱用材料，全球（包括我国）采用的标准主要基于 FAA 颁布的 FAR 25.853，要求材料同时具有极低的热、烟、毒释放，这导致舱内多种满足防火安全要求的高分子材料完全受制于国外的企业。高铁用高分子材料存在类似的情况，相比欧盟的 EN 45545-2:2013 标准，我国最新制定的 TB/T 3237—2010 标准在材料燃烧性能测试方面，仅仅从离火熄灭时间和燃烧面积等方面考察，没有考察燃烧的热释放量，难以真正模拟实际火灾的燃烧情况。并且该标准虽对材料的烟密度和毒性做出了要求，但其限值远低于国外主流标准。而在实际火灾中，因烟气窒息、中毒死亡的人数要远大于被火直接烧死或高温灼伤致死的人数。具体到民航飞机客舱、高铁车厢这类封闭体系时，烟气、毒性的危害更甚于普通环境，不仅会直接威胁人身安全，还严重妨碍了人员的疏散和逃离。以 FAR 25.853 和 EN 45545 标准作为衡量标准，我国自主生产的阻燃高分子材料如座椅用聚氨酯、玻璃钢材料、低热释放聚碳酸酯等材料均难以满足要求。因此，研发出具有低热、低烟、低毒的具有高防火安全性能的大飞机和高铁等受限空间用关键高分子材料及其制备技术已迫在眉睫。

8.2.3 新能源汽车用防火阻燃新材料

高分子材料具备高性能、易成形、质轻和成本低的优势，是替代现有车用金属材料的有效对象，高分子材料在新能源汽车中的总重占比已经大幅度提升，在汽车内饰件、外装件、车身结构件以及充电桩中具有广泛的应用。新能源汽车的广泛推广也对高分子材料提出了更高的要求，未来新能源车用材料应具备防火阻燃、高性能、环境友好等特点，主要存在以下战略需求与挑战。

① 质轻环境友好的无卤车用防火阻燃工程塑料。新能源汽车的续航问题是制约其更为广泛使用的关键，车用工程塑料需要更加轻量化。随着日益增加的环保需求，高效的卤系阻燃剂已经逐渐被禁用，磷系阻燃剂是替代卤系阻燃剂，实现工程塑料阻燃的主要途径，但磷系阻燃剂的加入往往会劣化工程塑料的综合性能，且含磷阻燃工程塑料仍存在潜在的环境迁移、有机挥发物释放的问题，当发生燃烧时也会在密闭空间内突然产生大量烟雾，造成人员恐慌甚至伤亡，因此仍需突破高效防火阻燃、低烟释放、环境友好与高性能的工程塑料技术。

② 与传统油车不同，新能源汽车是以高能量密度动力电池作为驱动能源，因此防火阻燃材料对于确保车辆电池在发生事故和火灾时提供最佳安全性至关重要。在动力电池外壳 / 动力电池组件中，其必须满足高防火安全要求，因此需要高效的防火阻燃材料在动力电池热失控时发挥防火防护作用。新能源汽车配套的充电设施尤其是其中的充电桩、高压线、高压接插件和充电枪等组件在运行时具有更高的电压、电流和电功率，阻燃剂的加入会带来潜在的电化学腐蚀问题，并存在短路等风险。因此，防火阻燃材料应用时应兼顾高阻燃、耐高温、耐老化及优异的电气性能。值得注意的是，新能源车用高分子材料在设计使用时应同时考虑其循环回收利用。车用防火阻燃材料的使用和更新迭代带来大量的高分子材料废弃物，因此在开发新能源车用防火阻燃材料时，就应从其全生命周期的维度考虑材料的废弃处置问题，发展可回收、可循环使用的防火阻燃新材料，从技术源头解决材料迭代后带来的环境与资源问题。

8.2.4 极端环境用防火阻燃新材料

防火阻燃材料因其优异的综合性能，是一些极端环境中必不可少的材料。诸多极端环境涉及复杂的物理化学耦合环境，如超高温 / 超低温、高湿热、复杂燃料融合燃烧等环境，这就要求材料不仅要具备防火性能，还要耐受这些耦合复杂环境。极端环境涉及种类很多，下面以具体的场景为例，说明不同极端环境对防火阻燃材料的需求。

（1）临近空间环境中的耐烧蚀防火阻燃隔热材料技术 耐烧蚀防火阻燃材料用于导弹头部、航天器再入舱外表面和火箭发动机内表面，其在高温下会发生化学分解、汽化蒸发、熔融、碳质升华等多种化学和物理作用，通过牺牲材料自身的质量带走大量气动热，从而阻止外界热量进入，从而保护导弹、航天器、火箭内部结构。近些年，随着临近空间技术的发展，耐烧蚀防火阻燃材料服役时间要求从十几秒跨越到千秒级以上，加热量成倍增加，且在服役过程中会涉及含氧环境，也表现出对材料性能的新要求，如应避免材料在含氧环境中发生二次燃烧导致的烧蚀后退和气动外形不可控、材料在长时间烧蚀过程中的内部热量积聚导致的阻燃问题、局部位置在服役过程中的短时明火燃烧问题，这些问题严重影响了航天器等的热防护系统的隔热效率和炭层结构强度，甚至威胁着航天器等的飞行安全。因此，亟待发展极端热环境下烧蚀材料防火阻燃与烧蚀汽化可控阻燃的新原理和新方法，发展防热、隔热、阻燃多功能融合与协同的复合材料新技术。

（2）超高温与极端火场环境中的防 / 灭火新材料技术　超高温与极端火场环境火灾往往发生在一些一旦火灾发生将造成不可逆转危害的环境，如发电站、核电站、化工厂、危化品仓库、森林等。这些环境中存在大量的易燃物（有机溶剂、易燃油品、易燃林木等），火灾扩散蔓延极为迅速，产生高强度剧烈的燃烧、极高的火场温度和大量的有毒烟雾，甚至有燃烧爆炸发生，产生超百吨 TNT 爆炸当量的能量。此环境中人类几乎无生还的可能，更会造成极为恶劣的社会、经济与生态影响。包括消防人员在内的各方社会力量会不惜代价进行防 / 灭火工作，极端火灾给防火阻燃材料带来了新的挑战，因此需要高性能的防火阻燃新材料保障消防人员的人身安全与灭火救援工作的顺利进行。急需研发能够在 1000℃以上高温环境中长时间稳定使用的防火服材料；推动高性能气凝胶防 / 灭火材料技术在消防领域的应用；开发适用于极端火场条件下消防器械、装备用防护材料等。

8.2.5 纺织品用阻燃新材料

纺织品在国民经济和国防军工等诸多领域被广泛应用（图 8-2）。但纺织材料大都较为易燃，据统计，超过 50% 的室内火灾与纤维纺织品的燃烧有关，经济损失可达整个国内生产总值（GDP）的 0.2%。对纺织品材料进行阻燃化处理，防止其被引燃而导致火灾事故，具有重要的意义。随着纺织品的应用领域不断扩大，差别化和多功能化（如抗病毒、抗菌、自清洁、抗紫外线、疏油、疏水、导电、防静电、防辐射等）是其主流发展趋势，既保持固有优良特性又可阻燃的多功能纺织品有很大的市场需求，但因该类产品技术难度大而少有应用开发。如何因材制宜地设计阻燃多功能单体与助剂，使多功能间相互协调与促进，并以高效的技术手段将之引入纺织品中，是纺织品用阻燃新材料发展的关键。

未来纺织品用阻燃新材料根据来源和制备方法的不同，主要存在以下战略需求与挑战。

① 天然纤维来源的纺织品的表面耐久阻燃多功能化处理。天然纤维（棉、麻、丝等）来源的纺织品通常难以使用本体阻燃方法实现高阻燃性，需通过化学或物理的方法在材料的表面引入功能结构或功能涂层。然而，这类阻燃处理方法往往存在功能性织物的耐久性不好，外观、手感和透气性等受影响等问题，尤其是水洗后阻燃性能不佳，严重限制了这类阻燃织物的发展。传统的耐久表面阻燃方法需使用甲醛作为交联固化剂，却带来新的生态毒性问题，亟待发展环境友好的无甲醛表面阻燃织物新材料与新技术。

② 合成纤维来源的纺织品本体炭化阻燃与不熔滴。这类纺织品通过将功能基团引入大分子链中或在合成及加工成形过程中将功能性助剂加入材料基体中，实现耐久阻燃性。然而目前无卤阻燃合成纤维是通过引入含磷阻燃剂，在燃烧时促进聚酯降解而加速熔融滴落来带走热量和火种，增加燃烧表面的质量损耗和热损耗来达到阻燃的目的，即存在阻燃与不熔滴相矛盾，这导致了该类纺织品在不允许熔滴的领域无法应用，并且与燃烧时具有炭化性质的纤

维（如棉纤维）混纺时导致因机理相克而阻燃失效。因此，赋予合成纤维纺织品阻燃不熔滴性能，对化学纤维乃至整个纺织品的阻燃化至关重要，不仅能满足我国对军、民及产业用阻燃不熔滴聚酯及其纤维纺织品的迫切需求，还可作为替代一些高性能高分子材料（如进口芳纶等）的国产自主研发新产品，在作战服、训练服、军帽、军包等军用阻燃纺织品领域具有广阔的应用前景。

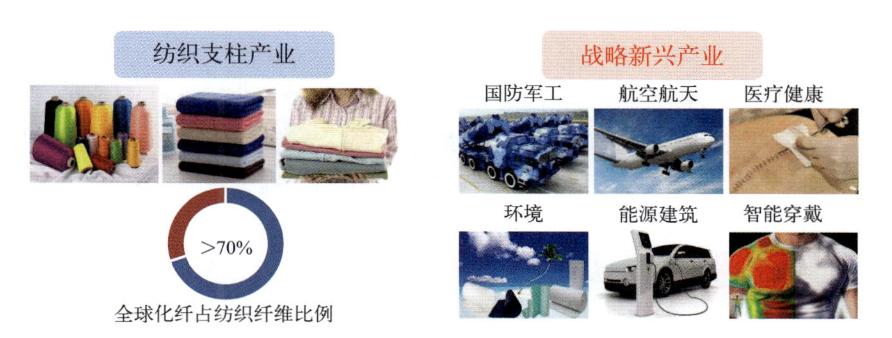

图 8-2 纺织品在国民经济和国防军工等诸多领域的广泛应用

8.2.6 建筑用防火阻燃新材料

建筑物是人群经常聚集的场所，具有人口集中、财产密集等特征，十分容易发生火灾，且发生火灾后往往造成严重的人员伤亡和财产损失（图 8-3）。近年来建筑火灾尤其是高层建筑物火灾频发，带来恶劣的社会影响。例如 2017 年伦敦酒店公寓楼大火造成 79 人死亡，2011 年上海静安区高层住宅大火造成 58 人遇难。公安部制定的强制性国家标准 GB 8624《建筑材料及制品燃烧性能分级》对建筑用阻燃材料进行了详细的强制要求。然而随着社会的发展与经济进步，功能性新材料的进一步广泛使用，由电子电器、保温隔热及装修内饰等材料引发的新型火灾呈逐年上升趋势。例如 2018 年“8・25”哈尔滨酒店火灾事故，造成了 20 人死亡、多人受伤。据调查，该火灾起火原因是风机盘管机组电气线路短路形成高温电弧，引燃周围塑料绿植装饰材料并蔓延成灾。建筑火灾主要表现出以下特点：

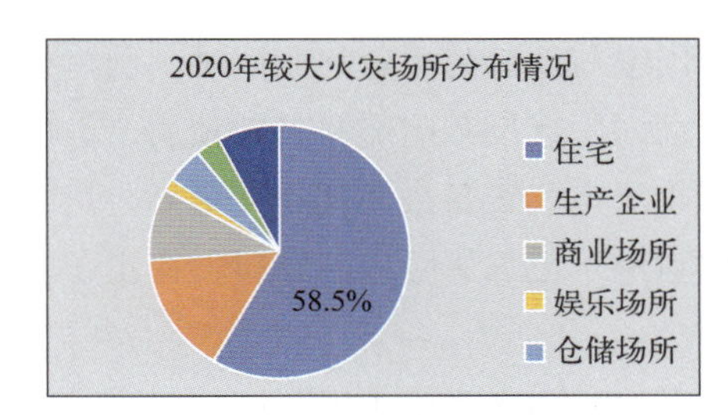

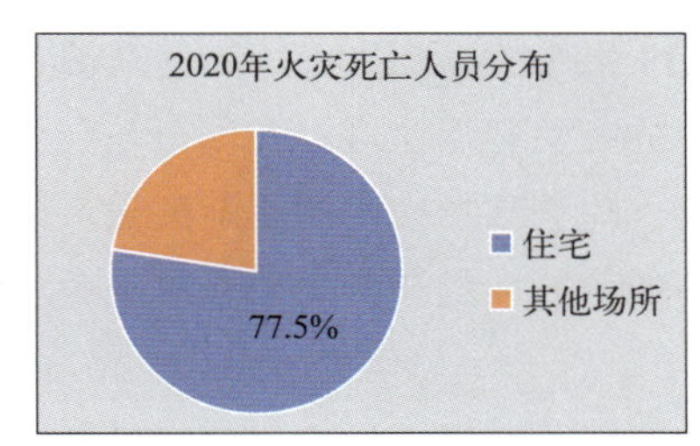

图 8-3 2020 年我国较大火灾场所分布情况与死亡人员分布情况

① 火灾源头隐患众多，难以控制；

② 保温及装修内饰等易燃材料使建筑火灾表现为火势蔓延迅速、火灾负荷大，难以扑救；

③ 高层建筑等场所人员密集，火灾发生时释放的大量烟气导致火灾现场的可视度降低，

严重妨碍人员的疏散和消防人员的灭火救援行动。

因此，针对建筑火灾的新特点与实际重大需求，开展建筑用阻燃新材料与新技术研究具有重大的社会与经济效益。

目前建筑用阻燃新材料在以下方面有着具体的实际迫切需求。

① 耐久耐候防火阻燃涂料。防火阻燃涂料可直接施加于基材表面赋予材料高防火安全性，具有施工简单、效率高等优点。然而，防火阻燃涂料的致命缺陷在于耐久性差，尤其是耐水耐候性不佳，严重限制了其应用，亟待发展具有高耐久耐候性的防火阻燃涂料。

② A 级不燃且综合性能优秀的保温隔热材料。建筑保温材料的易燃性是引发建筑火灾的重要诱因，公安部于 2012 年颁布了《民用建筑外墙保温材料的防火等级标准》，建筑保温材料的火灾安全性受到了前所未有的重视，更是要求 50m 以上建筑物的保温材料必须达到 A 级不燃标准。但目前已有的 A 级保温材料通常需要添加大量的无机不燃组分，而导致保温材料力学和保温性能严重受损，需开发低导热性能、高力学性能等综合性能优秀的 A 级不燃保温新材料。

③ 环境友好、低烟毒释放与持久阻燃装修内饰材料。PVC 板材、PE/PP 木塑复合材料、涤纶 / 尼龙织物材料是目前装修内饰使用的主要材料。但现有的阻燃产品存在阻燃耐久性能差、燃烧时释放出大量的烟毒气体、织物熔滴与二次伤害等问题，已无法满足目前建筑火灾安全防护要求。尤其是 PVC 板材、PE/PP 木塑复合材料的烟气毒性问题，对城市公共场所的人员安全与疏散造成了严重的影响；而织物的持久阻燃与熔滴问题，也给城市公共场所埋下了长期火灾隐患。因此亟待开展装修内饰材料的低烟毒释放、长效阻燃的系统研究，突破高品质火灾安全装修内饰材料关键技术瓶颈。

8.2.7 电子电气用防火阻燃新材料

阻燃剂已在电子电气领域得到广泛应用，可有效降低电子电气产品的火灾风险，保障电子电气产品的安全运行。溴系阻燃剂的市场规模及应用领域长期雄居各类电子电气用阻燃剂之首，使用最为广泛。但是，由于卤系阻燃剂在环保和安全方面日益显现的缺点，其存在的持久性、生物蓄积性和毒性问题正受到各国政府及企业的普遍重视，特别是《斯德哥尔摩公约》和 RoHS 指令的强制执行，其逐渐被各个国家与地区禁用。与此同时，国内外已经出台和即将出台的有关环保法规，在安全与环保方面对阻燃剂和阻燃材料的使用，做出了越来越严格的限制。随着信息技术的逐渐突破，现有电子电气设备集成化程度更高、尺寸更小，这也导致更多的散热问题和更高的火灾载荷，这对电子电气用防火阻燃材料提出了更高的性能要求。

在这种背景下，使用无卤阻燃替代有卤阻燃已成为未来电子电气产品防火阻燃的主要技术方向：

① 含磷、氮、硅等阻燃元素的有机物阻燃剂的阻燃效率通常高于不含这些阻燃元素的无机阻燃剂，在高效与环境友好等方面具有更广阔的发展空间，是新型环境友好阻燃剂最活跃的研发方向，市场前景看好。但由于这些阻燃剂的加入会劣化材料的综合性能，需要更加高

效的有机阻燃剂，在赋予材料阻燃性能的同时保持材料的其他综合性不被破坏。

② 使用大分子阻燃剂替代小分子阻燃剂。小分子阻燃剂在使用过程中存在环境迁移问题，不仅产生潜在的环境威胁，也会导致材料失去阻燃性能。因此，亟待开展高效阻燃的大分子阻燃剂开发研究，赋予阻燃剂持久阻燃性能。

③ 本体共聚阻燃技术。采用共聚的方式将阻燃结构共聚到聚合物分子链中，能够有效解决小分子阻燃剂带来的迁移及失效问题，并赋予材料永久的阻燃性能。在该技术中，仍需突破有效的阻燃共聚单体的设计与合成、共聚单体和聚合物单体之间的共聚反应调控技术，将特定结构（如含磷结构、含氮结构、含硅结构等）引入到聚合物中，并实现聚合物的阻燃性能提升。本体共聚阻燃技术在电子电气设备中用的阻燃聚酯、聚酰胺、聚脲、环氧树脂等具有广阔的应用前景。

8.2.8 电网用防火阻燃新材料

电力系统关系国家能源安全和国民经济发展，然而随着新能源、新材料、新设备的广泛开发和应用，变电站内存在越来越多的高电压、大电流设备，密布着电力电缆，存储并使用大量的易燃、可燃物质，使得火灾发生的危险性越来越高，一旦发生火灾，将严重威胁整个电力系统的安全运行与供电，产生恶劣的社会影响。然而，传统阻燃防火材料在极端苛刻多因素耦合的电网特高压环境中难以发挥相应作用。电网火灾具有以下特点：

① 电力设备存在的环境往往是高热、强电磁等多极端条件耦合环境，受耦合环境的影响，电网火灾涉及更为复杂的环境，对防火阻燃材料的性能提出了更高的要求，不仅需要具备优异的防火阻燃性能，还应具备绝缘性、高热稳定性、高耐候性等。

② 电力设备中存在大量的可燃油品，一旦泄漏会伴随着其他电力设备中明火发生扩散，形成流淌火并顺着横 / 纵向电缆向四面八方迅速蔓延，甚至产生燃爆危害。

③ 电网火灾火场条件复杂，火场核心温度往往达到 1500℃以上，且伴随带电环境，在这种情况下，扑救人员难以靠近火场，灭火介质难以发挥抑制火情的作用，扑救非常困难。

④ 电网火灾次级危害严重，常伴有大量浓烟和有毒气体，有些气体会附着在电力设备上，严重降低设备和导电回路的绝缘性。

因此，电网火灾防控已形成“以防为主、防消结合”的共识，应加紧突破专用防火阻燃技术，变被动灭火为主动防火。

目前电网用防火阻燃材料在以下方面有着具体的实际迫切需求：

① 高温可陶瓷化的防火阻燃线缆。高温下可以陶瓷化的防火阻燃电缆在常温下具有与普通高分子材料相同的性质，但遇到高温或明火时，经过高温可瓷化转变成坚硬的陶瓷保护层，该陶瓷可抵抗上千摄氏度明火的烧蚀，使线缆在火场环境中能够维持正常工作，可消除传统电缆在高温 / 明火环境中燃烧产生熔滴引燃其他可燃物的问题，也能为扑灭电力火灾提供更宽的时间窗口。

② 高耐候膨胀防火阻燃涂料技术。电网用防火阻燃涂料多用于密闭、高湿热的地下空间（如密闭电缆沟道），在苛刻的服役环境中，以聚磷酸铵为主的膨胀防火阻燃涂料在长时间使

用后会发生阻燃剂的迁移和失效问题，无法发挥应有的防火阻燃效果，仍需突破耐湿热耐候的膨胀防火阻燃材料制备关键技术。在膨胀防火阻燃涂料的成膜基料方面，开发具有耐水、耐候、耐酸、耐碱、耐磨等性能且价格适宜的基料，利用各类树脂的复合使用来改善阻燃涂料的防火性能和各种理化性能，是一种应用越来越广泛的方法；膨胀防火阻燃涂料的膨胀阻燃剂方面，酸源和气源的开发相对成熟，由于传统成炭剂存在一些缺陷，因而对新型成炭剂（超支化大分子衍生物、三嗪类聚合物等）的研究成为现今阻燃研究的热点和突破点，应兼顾阻燃效果、成本和环境友好性；膨胀防火阻燃涂料的填料方面，各类天然及人工合成的纳米或微米级无机物（特别是蒙脱土、高岭土、水滑石及碳纳米管等）逐渐被研究人员应用到膨胀阻燃涂料中，能够以较少的添加量对阻燃涂料的耐水、耐候、耐酸碱等性能及热稳定性、阻燃性能有明显提升，纳米阻燃技术虽然在锥形量热实验中能显著降低材料的热释放速率及质量损失速率，但在传统的阻燃实验中却不尽如人意，因此有必要研究不同阻燃机理与各种燃烧试验方法之间的关联性，在此基础上，将纳米阻燃剂与传统阻燃剂复配，取长补短，以达到协同阻燃的目的。

③ 高性能防火封堵材料。电力设备在配置安装过程中存在许多贯穿孔洞、空开口、环境间隙和建筑缝隙等，必须做好封堵以防止潮气及小动物进入电力设备，造成设备短路与火灾。但现有的封堵材料存在易吸潮、不环保或易开裂的问题，需要设计开发兼具防火阻燃、防潮、防腐蚀、高耐候的防火封堵材料，以保障电力设备安全运行。

8.2.9 文物保护用阻燃新材料

有机质文物作为我国重要的物质文化遗产，主要包括古建、织物、书画、古籍、竹木漆器等，以其独特的性质在“一带一路”倡议中起到历史传承、文化传播的重要作用。然而，相比无机质文物，有机质文物高度易燃，且火灾发生后不但导致巨大的经济损失，还会对历史文化遗产造成不可修复的破坏。近年来文物火灾屡屡发生，如 2019 年巴黎圣母院火灾、2015 年莫斯科社会科学信息研究所图书馆火灾、2018 年巴西国家博物馆火灾、2014 年香格里拉独克宗火灾、2022 年福建万安古桥火灾等，都造成了异常惨痛的损失，更对我国的有机质文物防火敲响了警钟。近年来我国出台了一系列政策条例用于文物的防火安全，如《文物消防安全检查规程》《古城镇和村寨火灾防控技术指导意见》等。相比消防教育与监督管理，通过在文物表面修饰防火阻燃涂层，防火于未燃，变被动灭火为主动防火，可以从根本上预防和杜绝火灾。因此，发展有机质文物保护用阻燃新材料，已成为我国文物保护领域亟待解决的关键难题，既具有重要的科学意义，也对满足我国文物保护的实际需求具有显著的现实意义。

目前采用环境友好的无卤膨胀型阻燃涂料是有机质材料最常见的防火方法，主要通过在高分子树脂涂料基材中混入物理或化学膨胀型阻燃剂实现防火阻燃目的。例如以聚酯树脂和环氧树脂混合物为基材树脂，聚磷酸铵、密胺、季戊四醇为阻燃剂，膨胀石墨为协效剂，并添加二氧化钛、溶剂和其他助剂等，制备了木质建筑防火涂层。但这类物理添加型防火阻燃涂料透明性差，对文物外观影响大，无法满足文物不改变原状的“唯一性”要求。将阻燃剂化学反应至涂层透明的树脂基体内，可有效改善防火涂层的透明性。然而高分子树脂基涂料仍存在与文物难以兼容的问题，通常耐候性、耐久性等不佳，在使用过程中易变色、开裂、脱落，对文物造成保护性破坏。Layer-by-Layer 层层自组装法是近年来新兴的一种阻燃涂层制备方法，其通过在水溶液中阴阳离子交替组装，将阻燃剂引入织物、多孔材料表面，可一定程度上解决树脂涂料与基体兼容性低的问题。但研究表明，该方法制备的涂层防火阻燃效率较低，且耐候耐久性差，尤其对水十分敏感。此外，近年来 Sol-Gel、Plasma 等离子处理等多种表面处理方法被发展用来制备透明防火阻燃涂层，但防火涂层的耐候耐久性（尤其是耐潮湿和耐紫外老化性）并未得到深入研究。因此，在满足“不改变文物原状”的前提要求下，急需发展能兼具透气、透明、无颜色、无眩光且耐紫外、耐老化、耐高湿度环境、耐雨水冲刷等性能的防火阻燃涂层新材料，以满足我国文物主动性保护的迫切需求。

8.2.10 以川藏铁路为代表的特殊环境交通道路用长效阻燃新材料

有机高分子材料作为道床固化材料、扣件材料在轨道交通等领域中应用广泛。然而高分子材料的易燃性导致铁路道床等（尤其在隧道等封闭环境中）存在严重的火灾风险。以聚氨酯固化材料（属软质聚氨酯泡沫）为例，聚氨酯固化道床相比于传统有砟轨道可减少道床养护维修工作量 90% 以上，可用于超长隧道活动断裂带等特殊地质条件。为确保聚氨酯固化道床的防火安全性，中国铁路总公司编制了《聚氨酯泡沫固化道床暂行技术条件》（TJ/GW 115—2013），明确规定所使用的软质聚氨酯泡沫需满足高阻燃要求［极限氧指数（LOI）≥ 26%］。现有阻燃技术虽可赋予材料高阻燃性，但在川藏铁路等特殊环境中应用时却存在难以长效阻燃与难以耐久抗老化的难题。川藏铁路跨越横断山脉，全线桥梁约占 11.3%、隧道约占 84.4%，沿线存在大量高烈度活动地震断裂带，且面临高地热、高频冻融、大温差等恶劣环境条件，其所用阻燃高分子材料极易老化失效，该问题的解决对贯彻实施“交通强国”战略、完善区域铁路网布局等重大举措具有重要意义。

川藏铁路等特殊环境用阻燃高分子材料长期承受高地热、高频冻融、大温差、高频载荷、强紫外辐射等苛刻工况影响，将加速材料老化，并促进阻燃剂从阻燃材料（尤其是阻燃涂层）中迁移析出，导致材料阻燃性能衰减，最终丧失其长效阻燃特性。仍以阻燃聚氨酯为例，目前，国内外（包括巴斯夫、科思创、万华等）均未能有效解决聚氨酯固化道床长效阻燃的难题。现有聚氨酯固化材料采用磷酸三（1- 氯 -2- 丙基）酯（TCPP）作为阻燃剂可达到 LOI ≥ 26%，已成功应用于一些常规环境运行的铁路（如京张铁路）。然而，TCPP 在苛刻服役工况下极易迁移析出，阻燃持久性差，无法满足川藏铁路的使用要求。有研究发现，通过设计合成具有反应活性的含磷多元醇，将其通过化学键引入聚氨酯主链后获得本征阻燃 FPUF，经过干热老化（如 140℃，64h）、湿热老化（100%RH，85℃，24h）后，该泡沫经历不同的环境条件作用后仍能在垂直燃烧测试中离火即熄，保持长效阻燃性。但该类阻燃材料一方面阻燃性能不高，极限氧指数通常低于 25%，难以满足高防火安全性要求，另一方面研究仍未涉及川藏铁路隧道和桥梁所面临的多因素耦合作用下的长效阻燃和抗老化。因此，急需发展以川藏铁路为代表的特殊环境交通道路用高分子材料的长效阻燃新技术，开发耐老化耐久高阻燃的阻燃新材料，以满足川藏铁路建设的迫切需求，保障道路的运营安全性。

8.2.11 先进移动通信用防火阻燃新材料

先进移动通信技术（如 5G、6G 通信等）作为我国新型基础设施建设的重要发展领域，是具有高速率、低时延和大连接特点的新一代宽带移动通信技术。先进移动通信关键技术的提出旨在构建一种能将所有人与事物连接在一起的全新网络架构，并推动智慧城市、物联网、智能医疗、自动驾驶等应用的落地。先进移动通信新基建对防火阻燃材料提出新需求、新要求与新方向。先进移动通信用防火阻燃高分子材料涉及的应用主要有：增强型移动宽带（天线、基站、智能终端）；物联网通信（智能穿戴，物流）；高可靠低时延通信（车联网）。我们将从以下两个方面介绍未来的战略需求。

（1）高频低损耗阻燃新材料 随着通信技术的不断发展，使用的电磁波频率越来越高，频率的增加导致信号在传输过程中的损失急剧增加，信号的传输损失与频率、介电损耗角正切（D_f）和介电常数（D_k）的平方根成正比。因此，高频信号的有效传输强烈依赖具有低 D_k 和超低 D_f 的材料。然而传统的电路基板材料在高频下均具有较高的传输损耗，因此，迫切需要突破具有优异阻燃性能、高频低损耗特性且满足电路板综合性能要求的材料（如环氧树脂、聚酰亚胺、液晶高分子等）技术。目前，国外（尤其是日本）对具备阻燃性的高频高速通信用材料的研究已经十分充分，并且形成了严密的知识产权保护以及相关产业结构布局，全球高端材料产能有 80% 集中在日、美。相比之下，国内在该领域研究相对薄弱，产业化规模小，存在起步晚、产量低等问题，未来需要形成具有我国自主知识产权的材料制备技术，以改变该类材料严重依赖进口的状态。

（2）高阻燃低介电高性能工程塑料 手机、平板电脑等便携式消费电子设备在 5G 时代受制于毫米波穿透力减弱，使天线体积增加，金属背板带来的介电损耗增大，预计其将逐步被廉价、耐用性好及低介电损耗的阻燃工程塑料代替。但仍要考虑电子设备的散热问题，突破兼具优异阻燃、导热性能的工程塑料的技术瓶颈。在电子器件不断小型化、大密度化、高集成化趋势下，除了要关注材料介电性能外，还需关注其热膨胀系数、玻璃化转变温度、热变形温度、初始分解温度、力学性能、吸水性等综合性能。此外，在制造工程塑料过程中，以阻燃剂为代表的功能性助剂的加入往往会劣化材料的介电性能，使其无法达到 5G 通信对材料介电性能的要求，因此设计开发低介电阻燃添加剂也是该领域要重点发展的方向。

8.3 当前存在的问题、面临的挑战

2019 年全球阻燃剂的消耗量已达到 239 万吨，并以每年 2.7% 的速度增长，我国已成为全球使用阻燃剂最多的国家，约占全球消耗量的 27%。在基础研究方面，我国科研人员也对阻燃材料的发展做出了突出的贡献。例如，四川大学王玉忠教授团队提出的高温自交联炭化阻燃新原理与新方法，首次实现了无传统阻燃元素的绿色阻燃，并为解决合成纤维最大品种聚酯纤维阻燃与抗熔滴的矛盾提供了新思路；所发展的纤维增强阻燃、“三源”一体高效膨胀

阻燃等系列阻燃新技术，可有效解决典型聚合物阻燃与高性能化矛盾的难题。这些原创性成果被国际权威专家评价为“开创性”“开辟了”的工作。我国也逐渐被国际阻燃界认为正成为阻燃领域的“引领者”。但我国在防火阻燃材料领域仍存在以下挑战。

8.3.1 关键高端阻燃材料的国产自主化

我国阻燃基础研究和产业化应用脱节现象较为严重，阻燃剂和阻燃材料工业仍处于较为低级阶段，生产技术落后，品种配套性差，质量也与国外产品存在明显差距，科研单位研究的阻燃新材料与新技术难以及时地被企业生产和推向市场。尤其是一些高端阻燃产品仍依赖进口，在尖端领域应用的阻燃新材料严重受制于人。例如，大飞机用阻燃高分子材料几乎完全采用进口产品，一些典型高分子材料（低热释放阻燃聚碳酸酯等）全球只有一两家国外企业能够生产，完全受制于国外。高铁车辆用的阻燃高分子材料也有类似的情况，以欧盟的EN 45545-2:2013标准来衡量我国自主生产的阻燃高分子材料防火安全性，均无法达标，这导致面向以EN 45545-2:2013为强制标准的众多国家的高铁出口严重受阻。一旦国际形势出现变化，限制这些高分子材料出口给我国，将严重制约我国自主大飞机和高铁的发展。在其他尖端领域，包括先进通信、智能电器、新能源装备等，均存在类似的情况。事实上我国在这些战略性新兴领域用的阻燃新材料的研发十分薄弱，需加大力量着力突破。

8.3.2 阻燃新材料的高性能化与可持续发展

近十年来，国际上关于防火阻燃材料的研究主要集中在改善材料环境友好性和提高阻燃效率两方面。传统的小分子含卤阻燃剂由于生物毒性和环境累积性等问题，一部分已被许多国家和国际组织通过法律法规（如RoHS，关于化学品注册、评估、许可和限制的法案REACH和报废电子电机设备指令WEEE等）禁用，环境友好的无卤阻燃是目前阻燃领域的研究重点。但常见的无卤阻燃剂一般效率较低，会导致阻燃与综合性能的矛盾；有些阻燃机制（如促熔滴等）会带来次生灾害；大部分表面阻燃方法存在耐久性（尤其是耐水性）差等缺陷。针对这些问题，研究者们发展了一系列无卤阻燃新方法，主要包括：有机 - 无机杂化阻燃、“三源”一体膨胀阻燃、纳米协同阻燃、原位增强阻燃、可控炭化阻燃、溶胶 - 凝胶表面阻燃、层层自组装表面阻燃等。尽管已有很多进展，但一些阻燃新材料的高性能化仍待实现，例如通信用阻燃材料难以满足低介电常数的要求，大飞机坐垫用聚氨酯泡沫无法同时满足低热、低烟毒释放和高回弹性的要求等。如何在不破坏甚至提升材料性能的前提下实现高防火安全性能，是阻燃新材料始终需面对的挑战。

此外，阻燃新材料面临着自身可持续发展的挑战。一方面，传统的阻燃剂通常来源于大量不可再生的化石资源，需研究开发有效利用可再生的低碳生物质资源生产性价比高的生物基阻燃剂及阻燃新材料；还需研发生物降解阻燃新材料，从源头上解决阻燃改性材料存在的白色污染等生态环境问题。另一方面，阻燃剂通常以物理共混或化学交联的方式存在于材料基体中，其难以分离导致废弃阻燃材料的处置面临诸多难题。阻燃材料废弃物因长期老化使得阻燃组分分解、迁移、析出，对生态环境造成危害；而且高价值的阻燃剂难以从泡沫中有效回收利用导致资源浪费，需研究开发适用于阻燃新材料的高效循环与升级回收技术。因此，如何发展生物基、可生物降解、可回收 / 循环的阻燃剂和阻燃高分子材料及其制备技术，是阻燃新材料可持续发展所需解决的关键难题。

8.3.3 防火阻燃材料数据库与基因组技术

防火阻燃材料体系复杂且其燃烧过程涉及复杂的物理化学变化过程，虽然特定体系的阻燃化设计已取得进展，但仍缺少普适性的高通量预测模型。为了确定更多阻燃基团对阻燃性能的贡献，加速阻燃聚合物的设计开发，欧、美、日等组织和国家的研究机构和公司（英国萨里大学、美国马里兰大学、澳大利亚墨尔本的公立大学、美国联邦航空管理局、美国海军实验室、美国波音公司研究与技术中心等）已构建了大量在国防军工、航空航天和国民经济行业等诸多领域使用的防火阻燃材料的非公开数据集，并形成了预测阻燃基因与阻燃性能的模型，成为其加速材料设计开发的核心工具。

然而，这些防火阻燃材料的核心数据并不会对我国公开，我国在防火阻燃材料数据库方面仍是空白，由于缺少大量原始材料数据，更无法建立量化材料结构与防火阻燃性能关系的模型。我国亟待突破防火阻燃材料数据库与基因组技术，构建防火阻燃材料专用数据库，收录涵盖军用、民用、产业用的关键防火阻燃材料数据，打破防火阻燃材料开发严重依赖实验数据、多因素耦合下阻燃作用机制不明确、缺乏普适作用机制的现状。

8.4 未来发展

防火阻燃材料未来将朝着环境友好与低毒性、燃烧产物可控的高防火安全性、功能化与高性能化、可持续发展性（生物基、可生物降解、可回收 / 循环等阻燃技术体系）、阻燃基因可预测性等方向发展，需通过我国的政府、研究机构和企业加强人们对标准政策的重视程度，制定更为科学合理的国家标准，并积极参与国际标准制定，形成防火阻燃材料领域的话语权。防火阻燃材料未来的发展方向具体包括以下几方面。

8.4.1 绿色阻燃新方法与新技术

目前，高分子材料阻燃化改性主要使用含有卤素、磷、硫等阻燃元素的阻燃剂，通过添加、共混或者共聚的方式引入高分子基体中实现。随着人们广泛认识到一些含卤阻燃剂存在的生物毒性和烟毒释放严重的问题，磷系阻燃材料已逐渐成为目前的主流研究对象。然而，近年来越来越多的研究表明多种含磷阻燃剂也会对人体发育、生殖健康、内分泌等产生危害或干扰，因此，欧盟以及美国很多州都已经开始出台法案限制儿童产品使用这类阻燃剂。为了解决阻燃剂的绿色环保问题，工业界和学术界必须颠覆传统阻燃思路，提出和发展新的绿色阻燃原理和方法，从源头上解决此问题，获得具有阻燃性、环保、对人安全的全新阻燃剂。

王玉忠院士团队近年来首次提出了无阻燃元素高温自交联炭化阻燃新原理和新方法，并发展了一系列适用于聚酯、环氧、棉织物等不同材料的自交联炭化阻燃新技术，不引入任何传统的阻燃元素即可赋予材料阻燃性能，同时还能够避免传统阻燃元素对环境、人体带来的毒性和安全问题，并被 *Journal of Fire Science* 的主编 Morgan 教授在其综述论文中列为“未来阻燃高分子方向”的第一个方向，将引领国内外阻燃新材料研究朝着高效、绿色、环保、健康的方向发展。因此，未来需发展适用于不同高分子材料体系的“无传统阻燃元素”的阻燃新方法与新技术，广泛替代现有的材料阻燃技术，从根本上解决含卤 / 磷阻燃剂生产 / 使用时的环境危害和燃烧时产生的烟毒危害，实现真正的绿色环保阻燃，在国民经济诸多领域具有应用前景。

8.4.2 / 高防火安全性耐久阻燃新材料

随着社会的飞速发展，对阻燃新材料的要求越来越高。以高铁、飞机、舰船、高层建筑等为典型代表的受限空间用材料，在发生火灾时热量、热解产物和烟气等在受限空间中迅速积累，因烟气窒息、中毒死亡的人数要远大于被火直接烧死或高温灼伤致死的人数。因此，“防火安全材料”不仅需具有传统“阻燃材料”难以被点燃、低热释放特性，还要关注其他火灾危害因素（如烟毒伤害等），以满足日趋严苛的防火安全要求。而赋予高分子材料高防火安全性的同时往往伴随其他性能，特别是加工性能、力学性能等的恶化。需发展基于物理化学协同的高分子材料抑热释放与抑烟减毒的新途径与新技术，实现材料燃烧产物可控的高防火安全性，并兼顾材料自身的高性能，支撑防火安全高分子材料产业发展。

此外，材料的阻燃耐久性也是未来高防火安全性新材料所需解决的关键难题。传统的小分子添加型阻燃剂虽具有易加工等优点，但由于界面能和兼容性的影响，极易从高分子基材内部向表面迁移，导致材料阻燃性能迅速丧失。因此需发展绿色的大分子添加型阻燃剂或高效的反应型阻燃剂以解决材料阻燃耐久性差的问题。是在防火阻燃涂料 / 涂层领域，高防火安全性是十分容易实现的，但耐久耐候性（尤其是耐水性）不佳已严重制约了表面阻燃技术的发展，急需发展耐各种复杂环境的长期耐久表面阻燃新技术与新材料。高防火安全性耐久阻燃材料将在武器装备、飞机、高铁、船舶、高层建筑、隧道等先进工程领域具有应用前景。

8.4.3 / 功能化阻燃新材料

如今电子信息、新能源、柔性显示技术的爆炸式发展对新型功能材料的使用安全提出了更高的要求。以新能源材料为例，过去人们主要关注材料的能量密度等指标，而更高的能量载体带来了更严峻的材料防火安全问题。近年来，新能源汽车火灾、手机电池爆燃、电动车爆炸等安全事故频繁发生，新型功能材料的防火安全愈发重要。然而，新型功能材料的阻燃技术目前仍处于起步阶段，急需投入更多的研发资源。

功能化阻燃材料技术的瓶颈在于如何赋予材料高防火安全性的同时，保持材料功能的高性能。例如，阻燃新能源电池用材料需维持自身的高能量密度和快速充电等特性，少量阻燃材料的使用通常对高易燃、易爆物质的防护性较小，而大量防护材料的使用则会严重恶化电池性能；通信设施通常需要严格的低介电常数实现其功能应用，而现有卤系、磷系阻燃剂通常具有较高的介电常数，导致材料的高阻燃和低介电之间存在较大的矛盾；类似地，在柔性穿戴、显示等领域，实现高耐久阻燃性时通常会对材料的功能特性造成负面影响。需发展高性能功能化防火安全高分子材料的制备新技术，以满足新能源、先进通信等对防火阻燃材料要求。

8.4.4 阻燃新材料的可持续发展技术

绿色低碳的可持续发展是阻燃新材料未来发展的必然趋势。阻燃材料的核心阻燃剂（包括磷系、卤系、氮系、无机类等）通常都源于不可再生的化石资源。近年来，磷、卤等化工材料价格大幅上涨，也从侧面说明了不可再生资源的珍贵。可以预期，未来阻燃剂的来源问题将会是阻燃新材料发展的瓶颈之一。另外，阻燃材料废弃后，含磷、卤等阻燃剂的析出或分解将带来生态环境问题。并且，阻燃剂的存在，使得阻燃材料的回收更难实现，难以有效地将阻燃剂与高分子基材分离、提纯。目前阻燃新材料的可持续发展新技术仍属于一个崭新的领域，需研究者投入更多的关注。

围绕阻燃材料的资源来源问题，需发展可再生来源的生物基阻燃剂制备新技术，以解决不可再生资源的依赖困境，例如富含磷元素的植酸、DNA 等生物质资源为实现该技术提供了可能性。对于阻燃材料废弃后的生态环境问题，可发展生物降解阻燃剂 / 阻燃材料，以解决二次污染的危害。针对阻燃材料的循环回收再利用难题，需发展阻燃高分子材料中阻燃组分与高分子基体的原位协同循环及升级利用方法与技术。总之，未来需发展可持续发展的绿色阻燃体系，研发生物基、可生物降解、可回收 / 循环的阻燃剂和阻燃高分子材料，这对于落实“双碳战略”和构建“绿色低碳循环发展经济体系”具有重要意义。

8.4.5 阻燃材料领域的政策法规发展

材料的阻燃化需要付出必要的代价（如产品成本的提升、综合性能的下降等）。如果没有国家明令的强制性法规，人们通常会在应当阻燃的场所使用非阻燃材料。防火阻燃材料市场在很大程度上是由法规强制性要求形成的，法规是防火阻燃材料市场的巨大推动力，没有完善的法规制度，就不会有防火阻燃材料的持久繁荣和旺盛的生命力。世界各国先后制定法律法规和标准，对许多行业特定领域使用的一些高分子材料限定为“必须具有阻燃性”。我国政府与产业部门非常重视防火阻燃材料的发展，并已制定了一系列与防火阻燃相关的政策法规。国务院印发的《“十四五”国家应急体系规划》中指出要重点发展轨道交通、机场、高层建筑、地下工程、化工、森林草原、消防员等用的高性能绿色阻燃材料、环境友好灭火剂等。国务院印发的《“十四五”冷链物流发展规划》，科技部和应急管理部印发的《“十四五”公共安全与防灾减灾科技创新专项规划》，应急管理部印发的《高层民用建筑消防安全管理规定》和《“十四五”应急管理标准化发展计划》，工信部印发的《关于化纤工业高质量发展的指导意见》，工信部、科技部、生态环境部印发的《新能源汽车动力蓄电池梯次利用管理办法》，住建部印发的《建筑防火通用规范（征求意见稿）》和《建筑内部装修设计防火规范》等法律法规均对相应高分子产品提出了阻燃性能要求。

防火阻燃材料广泛应用于大飞机、船舶、轨道交通、汽车、建筑材料、电子电气、室内装饰等国民经济建设领域以及军舰、单兵防护、军需装备组件、武器装备组件等国防工业领域。不同防火阻燃材料的应用场景存在较大差异，所面临的阻燃难题完全不同。学术界和产业界要根据国家出台的政策法规、相关标准等进行研究开发工作，制造出满足特定场景要求、满足国家/地方标准的高性能防火阻燃材料，促进防火阻燃材料产业升级与提能提质，保障公众安全。另外，我国在阻燃国际标准制定方面的参与度严重不足，国内的科学家与工程师应更加积极主动地参与国际标准的制定，提高我国对防火阻燃国际标准化的影响力、控制力，增加国际话语权。

8.4.6 阻燃材料基因组技术

以材料基因工程为代表的材料设计新方法的出现，高通量实验平台与机器学习方法的运用，大幅缩减了新材料的研发周期和研发成本，加速了新材料的创新过程。阻燃材料作为一类典型的应用需求导向的材料，应利用先进的材料基因技术，融合高通量材料计算、高通量材料合成和检测实验以及数据库方法，将防火阻燃材料从发现、制造到应用的速度加快，将成本降低。为突破阻燃材料基因组技术，需要有序开展以下工作：

① 需要建立防火阻燃材料专用数据库，一方面用于相关从业人员快速获取有效防火阻燃材料信息，另一方面形成海量的数据用于构建材料结构性能预测模型。

② 开发材料防火阻燃性能高通量分析评价平台。材料基因组技术的构建离不开准确有效的实验数据，但由于以前防火阻燃材料试验数据存在数据类型单一、可靠性不高、信息量不足的问题，难以形成大量有效数据用于材料性能预测，因此需要建立高通量分析平台，用于快速评价材料防火阻燃性能并形成大量有效数据。

③ 结合人工智能与实验大数据，建立材料结构性能模型。因防火阻燃材料的性能不仅由其自身的化学结构决定，更受诸多外部环境因素影响，因此需要结合材料结构与外部环境因素，结合人工智能与实验大数据，明确阻燃基团结构对宏观性能的影响机制，发展防火阻燃材料基因工程方法与原理，实现防火阻燃材料研发加速。

参考文献

作者简介

付腾，博士，研究员，硕士生导师，入选四川大学“双百人才工程”B 计划。就职于四川大学高分子研究所。主要围绕防火阻燃材料开展研究，取得了一些创新性成果。主持承担国家级和省部级项目 7 项，包括国家自然科学青年基金、国家自然科学基金重大项目子课题、国家重点研发计划子课题等。以第一作者/通讯作者发表论文 17 篇，申请/授权发明专利 10 项；多次受邀在阻燃材料领域具有重要影响力的国内外学术会议做 Keynote/ 邀请 / 口头报告。担任四川大学学报（自然科学版）青年编委。

王芳，博士，特聘副研究员，现任职于四川大学高分子科学与工程学院。主要从事高分子材料的表面与界面及其多功能化等领域的研究工作。作为负责人承担国家重点研发计划课题及子课题、国家自然科学基金、中央高校基本科研业务费专项资金、四川大学博士后交叉学科创新启动基金、企业横向合作等多个项目，作为课题骨干参与了国家重点研发计划和中国工程院应对新冠疫情紧急攻关培植研究项目，相关研究成果在 *Chem. Eng. J.*、*ACS Appl. Mater. Interfaces*、*J. Colloid. Interf. Sci.* 等刊物发表论文 10 余篇，申请 / 授权发明专利 4 项。

赵海波，博士，四川大学教授，国家自然科学优秀青年基金获得者，四川省杰青，四川省学术与技术带头人。从事阻燃高分子材料研究，发展了无传统阻燃元素高温自交联炭化阻燃新原理和新方法，为解决阻燃领域难题做出贡献。主持 9 项国家级项目 / 课题，包括国家自然科学基金重点类项目和国家重点研发项目课题等。担任中国塑料、*Int. J. Mol. Sci.* 等多个国内期刊和国际期刊编委。在 *Science Advances*、*Advanced Materials* 等杂志发表论文 80 余篇，入选 RSC Top 1% 高被引作者，授权发明专利 20 余件。受邀在 FRPM 等国际重要学术会议作 Plenary 大会报告，多次组织国际（内）学术会议。获中国化学会青年化学奖、国家自然科学奖二等奖（排名第二）、教育部自然科学奖一等奖等。研发的核心技术已实施应用，促进了行业发展。

第9章

海洋防污材料

谢庆宜　马春风　张广照

广袤的海洋占地球表面积的71%，蕴含着难以估量的资源。随着陆地资源的日趋减少，海洋资源的开发与利用已成为许多国家的重要发展战略。然而，在发展海洋工业的过程中，远洋船舶、采油平台、核电站、海洋牧场等海洋工程装备和设施不可避免地遇到海洋生物污损问题。

海洋生物污损是指海洋微生物、植物和动物在海洋装备表面黏附、生长和繁殖形成的生物垢。它在海洋环境中无处不在，给海军装备、海洋运输、海洋能源以及海洋生态环境等方面带来诸多不利影响。例如：海洋生物污损会增加船舶的航行阻力，降低航速，削弱海军战斗力；增加燃油消耗并因此增加了碳的排放量。它还会促发和加速金属表面的腐蚀，缩短设备服役寿命。污损生物还会堵塞输送海水的管道，严重影响核电站、热电站、潮汐发电机组等大型能源设施的正常运行。据不完全统计，全球每年因海洋生物污损造成的经济损失超500亿美元。此外，附着在远洋船只上的生物会进入不同海域，造成潜在的“物种入侵”问题，影响海洋生态平衡。总之，海洋防污是一个涉及国防、能源、环境等国家重大需求的问题。

另外，全球海域众多，各海域水文条件差异大，污损生物种类繁多（多达4000余种）。尤其是随着海洋生态保护的意识日趋提高，国际上对防污材料与技术的环保要求更加严格，海洋防污已经成为一个国际性难题。

9.1 发展和应用情况

9.1.1 防污材料的发展历史

海洋防污最经济、有效、简便的方法是使用防污涂料。19世纪以前，人们利用蜡、焦油、沥青、砷和硫黄等制备防污涂料，或利用铜、铅等延展性金属来包覆木船以减少海生物附着。

但随后铁船的问世使得金属包覆技术逐渐被舍弃，因为钢铁的腐蚀会由于铜的存在而加速。之后研究表明铜离子也具有防污效果，因此人们以氧化亚铜或硫酸铜作为防污剂，搭配氯化橡胶和松香等基体树脂制备防污涂料。

20 世纪 50 年代，出现了更广谱和高效的有机锡类防污剂，从而逐渐取代了铜化合物成为使用最广泛的防污剂。20 世纪 70 年代出现了接枝有机锡基团的丙烯酸树脂，开发出有机锡自抛光（TBT-SPC）防污涂料。该树脂可通过酯键的水解释放出具有防污功能的有机锡，杀灭污损生物。树脂水解后产生的亲水性基团增强了树脂的水溶性，在船的运动和海水冲刷作用下不断溶解、脱落从而达到表面的自更新，即所谓“自抛光”。该涂层能持续而稳定地释放有机锡，防污期效可达 5 年。它曾一度占据了 70% 以上的防污涂层市场，被誉为划时代的防污技术。

然而，随着时间的推移，人们发现有机锡化合物对海洋生物有严重的危害。越来越多的研究表明，锡会在多种鱼类、贝类及海洋植物内长期累积，导致遗传变异，并进入食物链，从而破坏海洋生态系统。国际海事组织（IMO）要求，2003 年 1 月 1 日后全球范围内禁止涂装有机锡类防污涂料，2008 年全面禁止其使用。此后，不含有机锡的防污涂料逐渐发展起来。

为了满足国防的需要，在中央领导人的批示下，我国于 1966 年 4 月 18 日正式开始海洋防污涂料的研发，史称“418 会战”。由化工部涂料所、开林造漆厂、广州制漆厂等十余个单位组成协作组进行攻关，最终成功研制出有机锡类杀生型防污涂料，并实现在军用和民用船舶上的应用，其基体树脂包括沥青、氯化橡胶和丙烯酸树脂等。然而，我国的防污材料与技术在过去很长一段时间比较落后，尤其是 21 世纪初国际上禁用有机锡涂料后，我们一度陷于十分被动的局面。近年来，我国在海洋防污材料方面取得突破，成功研制具有自主知识产权的动态表面防污材料，目前已规模化应用。

9.1.2 杀生型防污材料

杀生型防污材料施工简便，性价比高，目前占据了全球防污市场的 90% 以上。它主要由高分子树脂、防污剂、颜填料、助剂和溶剂等组成，其中最为关键的原材料是高分子树脂和防污剂。树脂作为材料基体，提供力学性能、粘接性和控制防污剂释放等功能，防污剂起到驱散、杀灭污损生物的作用。该类材料可依据树脂种类分为基体不溶型、基体可溶型以及自抛光防污材料。

基体不溶型的基体树脂不溶于海水，常用的有乙烯基树脂、环氧树脂、丙烯酸树脂或氯化橡胶。涂层中的可溶性填料溶解后形成连续贯穿的孔洞，防污剂经过这些孔洞形成的通道扩散到涂层表面杀灭污损生物。防污剂起始释放量很大，使用一段时间后由于树脂不溶，涂层的逸出层（leached layer）变厚，防污剂的扩散路径变长，防污剂的释放速率迅速下降而失去防污能力。该材料机械强度高，不易开裂，具有良好的抗氧化性和抗光降解性能，但防污寿命短，只有 12 ～ 18 个月左右，多应用于小型渔船。

基体可溶型防污材料以松香配合惰性树脂为基体，因松香本身含有羧基，微溶于海水，在海水中具有一定的溶蚀速率。基体可溶使得涂层厚度随时间的推移逐渐变薄，相比于基体

不溶型涂料，其逸出层厚度不会明显增大，因此防污剂前期释放量大，而后期变薄不会太快。该材料一定程度上解决了基体不溶型材料防污期效短的问题，在污损压力小的海域防污有效期最长可达 3 年。但由于松香分子量小、性脆，需添加各种增塑剂和填料来改善涂层的力学性能。当松香含量过大时，涂膜力学性能变差；含量过小，溶蚀速率和防污剂释放速率则不能满足防污要求。因此，松香含量的调控十分重要。实际上，该材料溶蚀速率依赖于船的航行速率且不可控，防污效果不稳定，在静态环境中防污效果差。此外，该材料不耐氧化，涂覆涂层后的船在使用前或进船坞后，要进行涂层的密封保护。由于该材料的性能可满足一般小型船舶的中短期防污需求，具有较高的性价比，在小型货船、渔船等方面应用较多。

当前国际上的主流防污材料是无锡自抛光防污材料，其防污机理与上述有机锡自抛光材料类似，区别在于将有机锡基团换成环境危害较小的其他基团，如含铜基团、含锌基团、含钛基团、含硅基团等。这些基团以离子键或共价键的形式连接到高分子链上，在海水的作用下，通过离子交换或水解作用脱离主链，从而使涂层表面具有一定的水溶性，可在强水流冲刷下脱落抛光（图 9-1）。自抛光材料逸出层比前两种材料薄，防污剂可持续释放并维持在一定的有效浓度，是目前商业化产品中最有效的防污材料之一，防污期效可达 3 ～ 5 年，广泛应用于大型商船，如集装箱船、邮轮等。

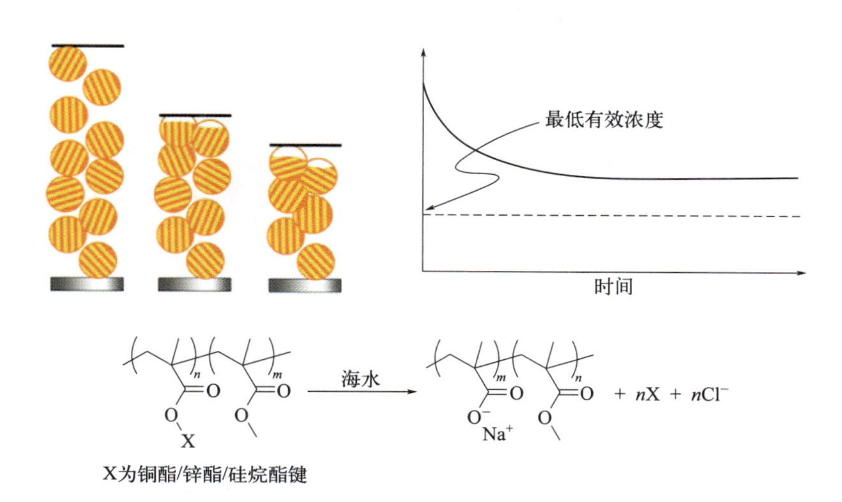

图 9-1　自抛光防污材料的作用原理、防污剂释放率规律以及在海水中的离子交换或水解反应

众所周知，有机锡自抛光涂层的防污效果主要来源于其表面的高毒性含锡基团。无锡材料自抛光后产生的铜、锌离子的防污能力远不及有机锡，硅烷酯基团则不具备防污能力，因此这类涂料需添加大量的氧化亚铜（40% ～ 50%）防污剂和辅助有机防污剂，以保证防污的高效性和广谱性。氧化亚铜在海水中转化为水合氯化亚铜复合物，然后氧化为具有防污活性的二价铜离子，尽管其毒性比有机锡低，但使用氧化亚铜仍有问题。研究已证明，铜离子同样会在海洋中积聚（尤其是临港的海泥中），从而带来严重的环境问题。另外，现有自抛光防污涂料主要适用于远洋船舶，防污剂的释放依赖于航速和在航率。在静态或低航速时，聚合物水解后不能及时溶解，表面更新速度慢，防污效果差。实际上，静止状态下的长效防污一直是世界性的难题。此外，自抛光树脂的主链结构是稳定的 C—C 结构，在海水中难以降

解，树脂将长期存在于海洋环境中，造成海洋微塑料污染。海洋生物误食微塑料后可能会出现体内物理损伤、进食行为改变、繁殖能力下降等问题。

在杀生型防污体系中，除了高分子树脂外，防污剂也十分关键。表 9-1 列举了当前海洋防污领域主要使用的防污剂。有机锡被禁用后，目前广泛使用的防污剂是氧化亚铜，它对藤壶等硬壳污损生物有效，但是对藻类的防污效率低，需要复配其他防污剂以达到良好防污效果，如异噻唑啉酮类、吡啶硫酮铜 / 锌、代森锌、溴代吡咯腈、吡啶三苯基硼等。如上所述，含铜防污剂会在海洋环境中富集，危及非目标生物的生存，例如会导致贝类海洋生物的呼吸频率下降，影响其生长繁殖，破坏海洋生态环境。欧美部分港口城市开始限制使用铜基防污涂料的船舶停靠港口。在我国原环保部所发布的《环境保护综合名录（2017 年版）》中，“含氧化亚铜防污涂料”被列入了“高污染、高环境风险”产品。因此，从长远看，开发可代替氧化亚铜的高效、环境友好的防污活性物质是防污剂研究的重点。

表 9-1　海洋防污涂料中常用防污剂

防污剂	化学结构式	性质及使用情况
氧化亚铜	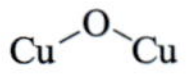 Cu–O–Cu	对藤壶、苔藓虫等硬体动物高效 对藻类、水螅等软体动物低效 毒性远低于有机锡
硫氰酸亚铜	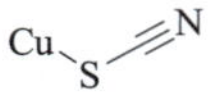 Cu–S–C≡N	毒性与氧化亚铜接近
2- 叔丁氨基 -4- 环丙氨基 -6- 甲硫基 -*S*- 三嗪	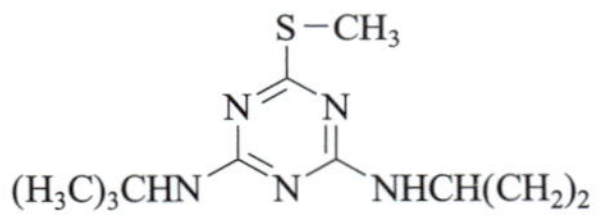 S−CH_3; N, N, N; $(H_3C)_3CHN$; $NHCH(CH_2)_2$	对藻类高效，对动物低效 海水中半衰期为 100 天 英国、澳大利亚禁用
N′-（3,4- 二氯苯基）-*N*,*N*- 二甲基脲（敌草隆）	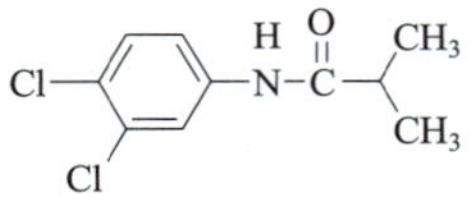 Cl, Cl; H N–C(=O)–CH(CH_3)CH_3	在欧盟和英国禁用
4,5- 二氯 -*N*- 辛基 -4- 异噻唑啉 -3- 酮	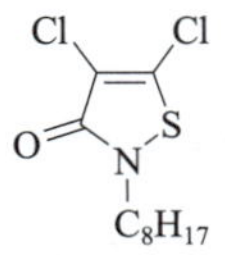 Cl, Cl; O; S; N; C_8H_{17}	对藻类和黏液高效 海水中半衰期小于 1 天 在美国和欧盟登记
吡啶硫酮锌 吡啶硫酮铜	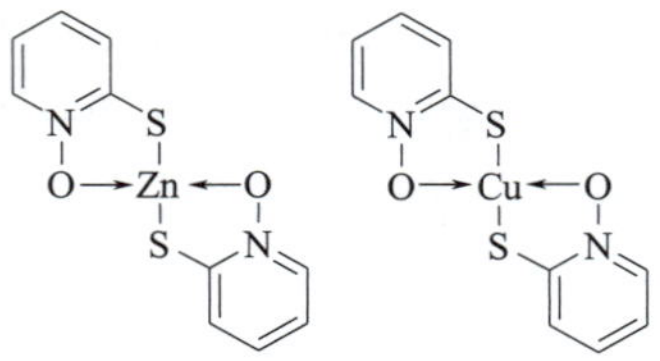 N, S, O→Zn←O, S, N; N, S, O→Cu←O, S, N	对软体动物高效 吡啶硫酮锌：在美国和欧盟登记 吡啶硫酮铜：在欧盟登记
亚乙基双二硫代氨基甲酸锌	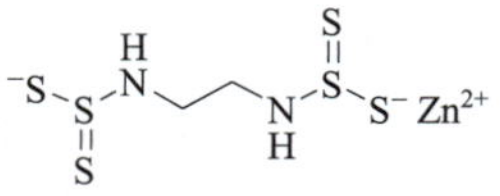 $^-$S–C(=S)–NH–CH_2CH_2–NH–C(=S)–S$^-$ Zn^{2+}	对藻类高效 在欧盟登记

续表

防污剂	化学结构式	性质及使用情况
吡啶三苯基硼	(结构式)	对藻类和动物皆有效 海水中半衰期小于 3 小时 未在美国或欧盟登记
2-（对 - 氯苯基）-3- 氰基 -4- 溴基 -5- 三氟甲基 - 吡咯（溴代吡咯腈）	(结构式)	对无脊椎动物高效 海水中半衰期 3 ～ 15h 在美国、欧盟登记

9.1.3 污损脱附型防污材料

污损脱附型防污材料是指与污损生物间的黏附强度较弱，通过水流冲刷或机械清除可使污损生物脱离的材料。该类材料通常具有低表面能和低弹性模量，因而与海洋生物结合力很弱，它们通常为有机硅或含氟聚合物。由于不含防污剂，它们是一类环境友好的防污材料。

有机硅材料具有低表面自由能、低表面粗糙度和低弹性模量等性质，是目前使用最多的污损脱附型防污材料。然而，任何事物都有两面性。一方面，该类材料对于污损生物不易黏附，但与基底的结合力也很低，因而容易剥落。目前的有机硅防污材料往往需要连接层来增加与防腐底漆的黏结强度。另一方面，该类材料力学性能低，涂层在船舶的施工和航行期间容易损坏，从而降低其性能和使用寿命。因此，该类材料往往需要进行物理或者化学改性以提高其性能。例如通过添加少量纳米海泡石纤维、碳纳米管等，可在不影响有机硅污损脱除能力的同时提高其拉伸强度。此外，通过化学方法引入极性基团也可提高机械强度，如利用环氧树脂改性有机硅，环氧基的极性能使涂层有较好的附着力，但材料的弹性模量随之增大，因此防污能力会比传统有机硅弱。通过在有机硅体系中引入可逆键，制备聚脲改性有机硅材料，为解决有机硅基污损脱附型材料受损后无法修复、重涂的问题提供了新思路。

因有机硅基污损脱附型材料的性能依赖于强水流冲刷，其静态防污性能弱，不适用于静态服役的装备。为提高有机硅材料的静态防污能力，可通过物理或化学方法引入防污基团。化学引入方法主要是通过接枝或共聚的方法将防污基团接枝到有机硅材料。例如将两性离子接枝到聚二甲基硅氧烷（PDMS）中，由于两性离子的污损阻抗作用，材料有良好的抑制细菌和藤壶幼虫附着能力。季铵盐功能化的 PDMS 也有类似的防污能力，但两性离子、季铵盐等亲水性基团含量过高时，材料的表面能会增加，不利于污损生物的脱除，还有可能带来涂层溶胀的问题。通过接枝或共聚的方法将防污基团（如三氯生、三氯苯基马来酰亚胺等）引入到有机硅聚合物中是一种有效解决力学性能和防污性能的途径。物理方法则是直接共混加入防污剂等活性物质，例如将具有防污效果的天然活性物质（大叶藻酸等）添加到有机硅中以提高防污性能，但多数防污活性物质与有机硅本身相容性差，容易出现暴释，服役期短。

此外，可通过添加水凝胶或者液体低表面能添加剂的方法来提高有机硅材料的防污性能。

例如丹麦海虹老人公司开发的 Hempaguard X3 和 X7，据称是在传统的有机硅弹性体中引入亲水性的水凝胶分子，能够延缓硅藻黏膜的附着。美国 Webster 团队、Aizenberg 团队等则在 PDMS 中加入低黏度的硅油。硅油能够迁移到材料表面与空气的界面处，并在材料的表面产生一层非常薄的“油”层。由于污损生物与硅油层结合力弱，它们很容易从表面脱除。然而，这类涂层力学性能差，硅油流失快，防污期效短，没有实用价值。此外，硅油的释放是否会对海洋生物的生长繁殖产生影响现在尚不清楚。

有机硅污损脱附型材料环保特性突出，并具有一定的减阻性能。然而，其施工工艺复杂、施工环境要求高、价格昂贵，这些都限制了其大规模应用。其目前在防污材料市场的份额不足 5%，仅在一些高速船舶、高端游艇等特殊场景使用。

9.1.4 可控降解高分子防污材料

华南理工大学海洋工程材料团队在国际上首次提出“动态表面防污”策略，即不断发生化学或物理变化的表面可有效抑制海洋污损生物的着陆和黏附。依此策略，他们成功研制了系列可控主链生物降解高分子基防污材料。与国外发展的自抛光材料不同，即便在静态条件下，主链生物降解高分子也能在水或生物酶进攻下降解为小分子，形成不断自我更新的动态表面，使海洋污损生物不易附着。因此，该材料具有优异的静态防污能力。实际上，它们既适用于静态服役装备，又适用于动态服役装备。因主链降解产物为小分子，不会形成微塑料污染，该材料具有生态友好性。另外，降解速率可以通过其结构和组成进行调控，因而可以通过涂层厚度实现防污服役的调控。这样，该类材料就解决了静态、长效、生态友好这三个难点。

该团队利用聚己内酯（PCL）、聚乳酸（PLA）、聚己二酸乙二醇酯（PEA）等生物降解聚酯作为软段，研制了可控降解聚氨酯海洋防污材料（图 9-2）。通过聚酯种类和含量调节聚氨酯的亲 / 疏水性和结晶度，从而调控降解速率。海洋试验证明，该材料具有优异的防污效果。特别是主链降解性使得材料的表面自更新不依赖于海水冲刷，静态防污效果优异。该材料还具有优异的力学性能，如高涂层附着力、良好柔韧性等，既适用于钢材、钛合金等刚性基材，也适用于橡胶、塑料等柔性基材。

为了进一步提高防污效果，他们利用材料在海水中的表面自更新作用实现防污剂的可控释放，解决了防污能力和服役时间的关系。例如，将上述聚酯基聚氨酯负载有机防污剂 4,5-二氯 -2- 正辛基 -4- 异噻唑啉 -3- 酮（DCOIT）、天然防污剂 5- 辛基 -2- 呋喃酮等高效低毒防污剂，可实现其持续、稳定且可控的释放，所制备的复合涂层防污效果优异，服役期可通过自更新速率和涂层厚度调控，已取得 7 年以上的海洋实验结果。该材料已在海洋养殖网箱、海港码头和部分民船等方面实现应用，既可动态防污，亦可静态防污。

在主链降解高分子基防污材料基础上，他们发展了主链降解 - 侧链水解（双解）自更新防污材料（图 9-3）。利用其首先发现的阴离子杂化共聚反应，他们研制了系列双解聚丙烯酸酯防污树脂。该树脂的主链可降解，其侧链如铜酯、锌酯、硅烷酯、羧基甜菜碱酯等可水解。通过聚合物在海水中发生水解和降解双重反应，使涂层表面的不溶性聚合物变为可溶性小分

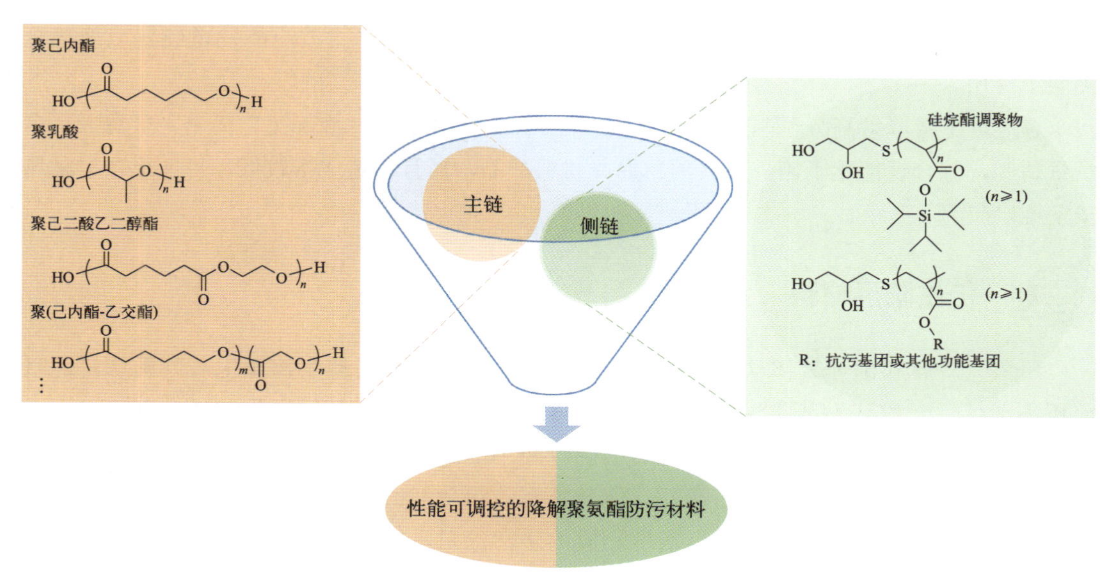

图 9-2　可控降解聚氨酯海洋防污材料

子，即便在静态条件也能形成自更新的动态表面，从而有效抑制污损生物的黏附，并可使防污剂可控释放，目前防污期效已超过 6 年。特别是双解聚丙烯酸酯防污涂料表面光滑，具有减阻作用（相对传统材料减阻 5%），集防污和减阻功能于一体，有利于船舶的节能减排。另外，该涂料成膜性能优异，施工工艺简单。该材料已在海军舰船、远洋货船、海底探测无人船、渔政船、跨海渡轮等船舶上应用。

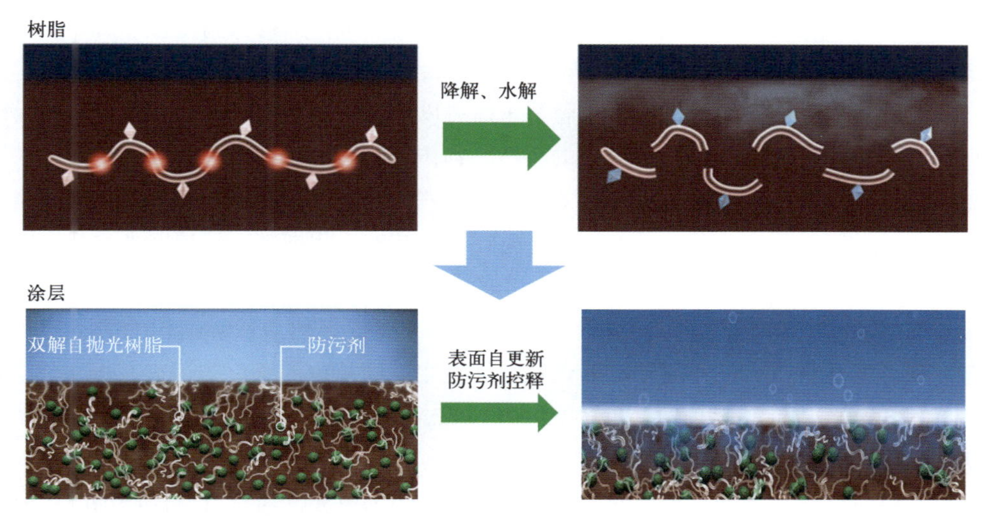

图 9-3　双解自更新防污材料原理示意图

最近，该团队还发展了双解超支化防污材料。与线性聚合物相比，超支化聚合物具有低链缠结、低结晶度、高溶解度和高末端官能度，以其为基础的涂料具有高固含量、低黏度等特点。同时，独特的超支化结构使高分子链的断裂更容易，从而形成碎片化表面，有效提升了材料在高污损压力环境下（如我国南海海域）的静态防污能力。该材料已在海军某型水下装备、全球首个商用海底数据中心、首台兆瓦级漂浮式波浪能发电装置以及部分民船上应用。

总之，主链降解高分子基材料防污性能优异、力学性能好、施工工艺简单，多海域、多场景适用，综合性能优于国外发展的自抛光材料产品，而且制造成本较低，目前已在多种场景下推广应用。

9.1.5 仿生防污材料

鲨鱼、海豚和部分软体动物等海洋生物的表面几乎不被其他生物寄生，其确切机理目前还不清楚。一般认为其防污性与这些生物体的表面微结构、分泌生物活性分子、表层自脱落、分泌黏液和水解酶等有关。目前主要有两个活跃的研究分支：一是通过设计具有特殊表面的材料，模仿生物体表面特性，使其具有防污功能；二是从生物体内提取具有防污功能的活性物质，用于开发含防污活性物质的防污涂料，解决传统防污剂对海洋环境污染的问题。

具有微结构的表面在自然界中是常见的，如荷叶、鲨鱼皮、壁虎脚、蚊子眼睛等。这些微结构表面赋予了它们独特的性能，如蚊子复眼的防雾、鲨鱼皮的减阻等。因此，研究者认为鲨鱼本身的防污能力可能源于鲨鱼皮的表面沟壑结构，期望通过仿生表面微结构实现防污。他们利用激光刻蚀、电子束光刻、反应性离子刻蚀、热压花等方法，在聚二甲基硅氧烷（PDMS）、聚氯乙烯（PVC）、聚碳酸酯和聚酰亚胺等材料表面构筑类似鲨鱼皮的微结构。这些微结构表面材料在室内污损生物评价中展示了良好的防污效果，但在复杂的海洋环境中的长期防污效果还不清楚。此外，在船体或其他大型海洋设备表面构筑微结构化表面也是一个很大的挑战。

在海洋环境中，许多海洋微生物或藻类表面可以通过分泌活性物质抑制污损生物吸附生长。研究者通过提取这些具有防污活性的天然产物作为防污剂，可防止海洋生物附着，发展了天然产物防污剂。例如，来源于海绵的萜配糖和三萜烯糖、来源于红藻的卤代呋喃酮类等都具有优异的防污效果。此外，提取自陆生植物（如辣椒、胡椒等）的辣椒素和胡椒碱也可抑制海生物附着。但上述活性物质在植物体内的含量很低，而且提取、纯化步骤烦琐，大规模制备的成本昂贵。通过化学合成制备出具有类似或优于天然活性物结构的防污剂，是更为高效、更适合应用的方法。目前，通过这种途径实现商品化的绿色防污剂有2-（对-氯苯基）-3-氰基-4-溴基-5-三氟甲基-吡咯（ECONEA）和4,5-二氯-2-辛基-4-异噻唑啉酮（DCOIT）。

香港科技大学钱培元教授团队对天然防污剂有深入的研究，通过对海洋链霉菌代谢物的结构改性，开发出丁烯酸内酯防污剂。该化合物防污活性高、毒性低，且容易降解，不在海洋生态中累积，有着广阔的应用前景。需要注意的是，这些天然防污剂抗污功效的发挥依赖于所使用的树脂。只有使用与之匹配的高性能树脂，才能保证天然防污剂在海水中的可控释放。针对丁烯酸内酯防污剂，华南理工大学研发了主链可控降解树脂，保证了丁烯酸内酯能够可控释放，目前该体系已在海底通信设备、海洋养殖网箱等方面应用。

9.2 战略需求

9.2.1 政策导向

我国海洋资源丰富，建设海洋强国已成为我国的重大战略任务。党的二十大报告中明确指出“发展海洋经济，保护海洋生态环境，加快建设海洋强国”。国家领导人围绕海洋发展发表了系列重要论述，指出“海洋是高质量发展战略要地”，强调“建设海洋强国是中国特色社会主义事业的重要组成部分”。

2021年年底，我国《“十四五”海洋经济发展规划》发布，明确指出要优化海洋经济空间布局，加快构建现代海洋产业体系，着力提升海洋科技自主创新能力，协调推进海洋资源保护与开发，维护和拓展国家海洋权益，畅通陆海连接，增强海上实力，走依海富国、以海强国、人海和谐、合作共赢的发展道路，加快建设中国特色海洋强国。广东、山东、江苏、福建、浙江等地区亦已相继印发“十四五”海洋经济规划纲要，加快推进海洋经济与工业发展。例如，《广东省海洋经济发展“十四五”规划》指出要充分发挥海洋作为高质量发展战略要地和在构建新发展格局中的突出作用，深化供给侧结构性改革，构建现代海洋产业体系，提升海洋科技创新能力，推进海洋治理体系和治理能力现代化，全面建设海洋强省。

9.2.2 需求领域

在海洋强国战略导向下，蓬勃发展的海洋产业正是对防污材料有巨大战略需求的领域。其中，海洋运输是防污材料用量最大的领域。全球目前19%的大宗海运货物运往我国，20%集装箱运输来自我国，而新增的大宗货物海洋运输中超60%运往我国。我国的港口货物吞吐量和集装箱吞吐量均已居世界第一位，我国海运业已经进入世界海运竞争舞台的前列。我国造船业在国际市场的份额继续稳居世界首位。

在“双碳”战略背景下，我国在海洋清洁能源领域发展迅速。我国在海上风电方面发展趋势更为惊人，2021年我国海上风电新增装机量达1690万千瓦，同比增长452.3%，累计容量跃居世界第一，该年我国占全球风电累计装机容量的比值达47%。潮汐能发电、波浪能发电、海水温差能发电等领域不断发展，2023年初我国研制的世界首台兆瓦级漂浮式波浪能发电装置已开始下水调试。此外，海底通信、海洋牧场、海上光伏、海洋休闲娱乐等行业也推动着海洋经济高质量发展。同时，我国也在加速海军的现代化建设。

毫无疑问，上述领域的发展都离不开高性能海洋防污材料。防污材料如同海洋工程装备与设施的防护衣，为其长期高效运行提供保障。据美国知名商业分析机构Zion Market Research统计，2021年全球防污涂料使用量约71万吨，销售额约85亿美元（折合人民币570亿元），预计市场年平均复合增长率（CAGR）为8.3%，到2025年预计可达850亿元（图9-4）。Globe Newswire也给出相似的预测：全球防污涂料市场未来几年的年平均复合增长率可达9%，2027年将达到约1100亿元的市场规模；Applied Market Research则预测防污涂料年平均复合增长率可达 8.5%，2030 年将达到 1000 亿元的市场规模。

作为海洋大国，我国对防污材料的需求不言而喻。2021 年用量约 20 万吨，销售额约 150 亿元。国内的前瞻产业研究院分析认为，到 2025 年我国海洋防污涂料行业市场规模将突破 180 亿元，年平均复合增长率约为 6%。随着海洋经济不断发展以及海洋产业结构的调整升级，海洋防污材料应用领域将进一步扩大，市场规模也会继续扩大。

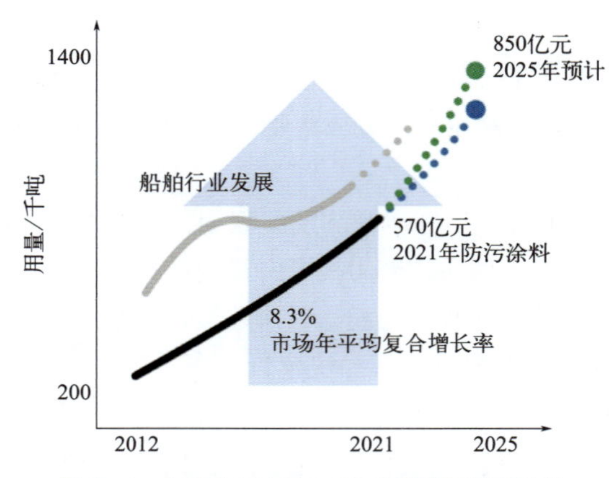

图 9-4　全球防污涂料市场近年规模及发展趋势

防污材料为海洋防护材料中技术含量最高者，有海洋涂料“皇冠上的明珠”之称，其性能直接影响到海洋装备的运行效率和成本。尤其对于货船而言，海洋污损可使航行成本增加 40%。目前国外海洋涂料企业经常采用捆绑销售的办法，以高性能防污材料拉动配套防腐材料产品的销售，在船舶等装备上防腐材料用量一般为防污材料的 3 ～ 4 倍。仅在我国，每年海洋涂料（包括防污和防腐材料等）的市场就达到 500 亿元。因此，高性能防污材料技术历来是国外海洋涂料企业的核心技术。

9.2.3 材料需求特点

不同服役状态和场景下的海洋工程装备对海洋防污材料的具体需求不同。下面以几类典型装备进行分析。

（1）船舶　船舶大部分时间处于航行状态，在海水冲刷作用下，污损生物黏附相对静态服役装备少，尤其是在冷海域污损积累程度不高。船舶对防污材料的要求一般为防污期效长，大型船舶通常要求期效达 3 年以上，部分远洋货船甚至要求 5 年以上，因此防污材料应具有长期稳定的抛光性能、防污剂控制释放能力和优良的力学性能。对于停航比例较高的船舶，还要求防污材料具有较好的静态防污性能。

另外，由于燃料成本占航运成本的比例很高，要求防污材料的表面光滑、减阻性能良好，以尽量降低燃油消耗。同时，还要求施工工艺简单、材料干燥时间短、施工条件容忍度高，尤其是海军舰船等船舶的施工周期短、任务重，对其施工性能要求较高。此外，由于船舶领域对防污材料使用量很大，还要求材料具有高性价比。与此需求相关的材料包括自抛光防污材料、双解自更新防污材料、防污 - 减阻一体化材料、金属防污剂、有机防污剂等。

（2）**静态服役装备** 与船舶不同，采油平台、波浪能发电平台、核电站、海底数据中心等装备和设施长期在静态条件下服役，缺乏强水流冲刷，污损生物的繁殖迅猛，在污损压力高的海域更为严重。未经防护的装备表面在我国南海海域静态服役约半年，可积累 5 ～ 10cm 厚的污损生物，每平方米增重可达数十千克。因此，这些装备对材料的静态防污性能要求高，材料需要在缺乏强水流冲刷情况下，仍具有较高的表面自更新速率和防污剂释放率，一般应有 2 ～ 3 年甚至更长的静态防污期效（视装备而定）。另外，对海洋牧场而言，还要求防污材料环保，如无重金属、材料降解产物低毒等。与此需求相关的材料包括主链降解防污材料、超支化聚酯防污材料、有机防污剂、天然防污剂等。

（3）**深海装备和高冲刷装备** 潜艇、海底探测器、载人潜水器等装备长期在深海环境服役，尽管深海环境的污损种类较少、污损积累较慢，但其高压力和压力交变环境对材料的力学性能提出了较高的要求，需具备优良的柔韧性、耐压力交变性能和附着力。类似地，高冲刷装备（如螺旋桨、管道等）对防污材料的力学性能要求也很高，需要防污材料具有耐磨、稳定性好、附着力高等特性。此外，近年来众多深海装备采用海洋金属——钛合金制造，因此要求防污材料与钛合金的匹配性良好，既要提供优异的防污性能，又不能影响其原有的耐腐蚀性、高强度等。与此需求相关的材料包括柔性聚合物防污材料（如聚氨酯 / 聚脲防污材料）、有机 / 无机杂化防污材料、聚合物陶瓷防污材料等。

9.3 问题与挑战

9.3.1 行业技术难点

长效防污是本领域的难点之一。防污材料作为海洋工程装备的“防护服”，对其期效的要求由装备的服役时间决定，一般要求在装备下水到进坞 / 返厂维修保养期间可有效防污。对于小型货船、渔船、游艇、海洋探测器等检修周期通常少于 2 年的装备而言，即使是松香 / 惰性树脂防污体系也基本可满足要求。对于远洋货船、海军舰船而言，一般要求防污期效为 3 ～ 5 年。部分特大型船舶和特种装备甚至要求 8 ～ 10 年期效，即使是国外主要使用的自抛光防污材料也很难达到，因为在如此长的时间内使涂层抛光和防污剂的释放保持稳定十分困难。

静态防污是另一难点。多数防污材料在静态条件下的防污效果远远低于动态航行状态的效果，例如自抛光防污材料在静态条件下抛光速率和防污剂释放率显著下降，有机硅材料在静态条件下无法使污损生物从其表面脱附。同时，缺乏强水流冲刷又给污损生物的黏附和生长创造了良好条件，导致污损生物积累十分迅猛，因而采油平台、核电站、波浪能发电平台等装备的防污难度极高。海上风电装备不仅在静态条件下服役，而且要求防污具有超长期效（25 年以上），这是一个巨大的挑战。

生态友好防污是第三个难点。有机锡自抛光防污材料自问世以来一直是使用最为广泛的防污材料，但因其严重破坏海洋生态系统被全球禁用。基于铜类防污剂（氧化亚铜、硫氰酸亚铜等）的涂料继而成为市场最主要的防污涂料。据统计，全球每年用于船舶防污涂料及杀虫剂的氧化亚铜占其工业总产量的 90% 以上。铜类防污剂对海洋环境的影响现已逐步显现，一些国家已对其使用量或渗出率进行了限制，规定氧化亚铜作防污剂是过渡性措施。

另外，自抛光防污涂料导致大量的高分子树脂释放，在海洋环境中形成微塑料污染。近年来，我国开始重视防污涂料的环保性，出台了《环境标志产品技术要求　船舶防污漆》（HJ 2515—2012）、《船体防污防锈漆体系》（GB/T 6822—2014）等标准，建立了防污涂料环境风险评估体系。最近几年，国内外机构在有机硅污损脱附型防污材料、天然防污剂等环境友好防污材料的研发方面取得了一些进展，但有机硅材料力学性能差、静态防污效果弱、施工工艺复杂；现有的多数天然防污剂大规模制备难度大、成本高昂，且缺乏长期海洋试验验证。这些都极大限制了其推广应用。

此外，防污材料的快速评价技术也是本领域一大难点。与海洋防腐材料不同，防污材料几乎无法通过条件模拟试验来准确评价。由于海洋环境的复杂性，实验室内的污损生物评价、涂层磨蚀率测试、防污剂释放率测试等手段只能提供材料性能的参考性结果。防污材料的海洋防污效果只能通过海洋试验评价，目前主要包括浅海静态挂板和动态转鼓 - 静态浸泡相结合的试验，而其实际使用效果只能通过装备涂装试用验证，一种防污材料的海洋试验和装备试用往往需要 3 ～ 5 年，这也导致了防污材料的开发周期长、投入大。

9.3.2 ／ “卡脖子”问题

近年来，海洋资源的开发与利用已成为世界各国的重要战略方向。然而，高性能海洋防污材料作为海洋工业中的重要材料，一直为欧洲、日本、美国等国家和地区所垄断。目前，我国约 95% 的防污涂料市场被国外产品所垄断（含中外合资企业品牌，图 9-5），民族品牌防污涂料以松香 / 惰性树脂防污体系产品为主，性能远不及国外产品，主要应用于渔船等小型船舶。对于大型船舶、海洋平台等装备（甚至包括部分新造海军舰船），普遍使用佐敦、国际、海虹老人、关西等外国企业的涂料。而在外国市场，更是鲜有中国防污涂料的身影。可见，高性能海洋防污涂料已成为限制我国海洋工业发展的“卡脖子”问题之一。

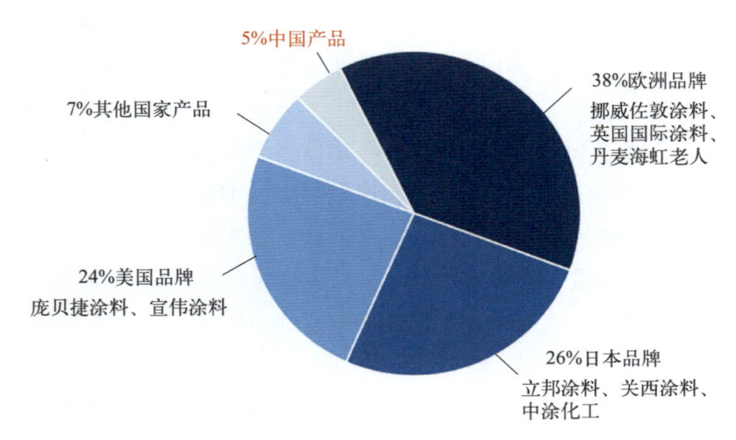

图 9-5　防污涂料市场产品概况

国外海洋涂料企业向来对防污涂料技术严格保密并限制对外合作，尤其是防污树脂合成技术。为此，尽管我国拥有全球最大的防污涂料市场，但它们几乎从来不在我国设立研发基地。树脂作为涂层的基体以及防污剂的载体，直接影响涂料的性能并控制防污剂的释放，是海洋防污涂料的核心材料。目前我国在防污剂、助剂等方面已实现自主生产，但在高性能防污树脂方面曾一度发展缓慢。近年来随着主链降解高分子基防污树脂的问世，已建立具有自主知识产权的树脂体系，但在市场化方面亟须加强。

除防污技术层面外，其他因素也不容忽视。一方面，远洋船舶的船东一般要求涂料商可在全球各主要港口提供涂料，以便停靠时修补使用，而国内企业受限于资金、品牌影响力等方面，仍未具有在全球布点的实力。另一方面，船东对涂料品牌的选择具有话语权，国内最大的船东中远集团又与外资涂料企业公司合资成立企业（中远佐敦涂料、中远关西涂料），也优先使用外资品牌涂料。此外，我国船舶涂料企业规模小，缺乏影响力，与国际大船东集团的合作也很少，所研发的防污涂料新技术得不到进一步验证和推广应用，因而缺少案例和优化的机会，这也制约了我国防污涂料的发展。

当前国际形势复杂，高性能海洋防污涂料这一“卡脖子”问题有可能对国家安全形成隐患。2022 年俄罗斯与乌克兰军事冲突以来，俄罗斯部分舰船和民船长期使用的挪威佐敦涂料开始断供，俄罗斯已开始转向我国寻找自抛光防污涂料的替代品。俄罗斯海域水温低，污损生物生长缓慢、污损压力小，尚且出现对海洋防污涂料的需求缺口；反观我国海域辽阔，南海和东海部分海域的污损压力大，一旦出现国外品牌断供情况，我国的海军装备、海洋工程装备将出现很大的高性能防污涂料缺口，可能对我国海防安全和海洋经济发展产生明显的冲击。

9.4 未来发展方向

9.4.1 技术预判和应用场景

从政策导向和发展趋势看，全球尤其是我国的海洋工业将在未来十年继续蓬勃发展，更多海洋工程装备将向深海和远海迈进。海洋防污材料也将跟随应用场景的变化而升级迭代和细化。

海洋运输仍将是防污材料最大的应用场景，但随着人们对防污材料环保要求的不断提高，2035 年可能将出现部分国家或地区禁止涂装含铜防污涂料的船舶靠港，迫使防污体系尽快向高效环保方向发展。应开发出更多低毒有机防污剂和天然防污剂，实现其规模化生产和应用；同时，应加大力度研制新型高性能防污树脂，进一步提高防污剂的可控释放性能，减少防污剂用量，降低体系 VOC。此外，尽可能延长防污材料的期效，提高其减阻性能，以满足大型舰船、远洋船舶的长效防污需求，降低其能耗和碳排放。

在深海探索领域，越来越多的海洋装备以钛合金建造，需针对钛合金装备设计相应的防污材料体系。在海洋能源领域，投资巨大的海上风电场将成为防污材料的应用新热点。目前我国已投入使用的海上风电设备大多没有涂装防污涂料，其后果将在 2 ～ 3 年内逐步显现，尤其是受污损生物影响更大的漂浮式设备。此外，核电、潮汐能发电、波浪能发电等领域也对防污材料提出新要求。因此，超长期效的防污材料、静态防污材料等有望成为研究热点。在海洋养殖领域，防污材料应逐步实现无毒化，发展完全不含防污剂的材料。还应根据养殖装备不同基材（如钢材、塑料、尼龙等）的特点，开发同时满足刚性基材和柔性基材使用的高效防污材料。

9.4.2 战略思考

我国在海洋防污材料领域长期处于追赶地位，国内防污技术要想获得突破，必须在新概念、新理论、新材料、新工艺的源头上取得创新，特别是在防污涂料关键基础材料方面寻找突破口。应加强对污损生物附着机理的研究，从而指导防污材料的设计。发展准确有效的防污材料快速表征手段，建立室内评价与海洋试验的关系，结合机器学习等方法，实现防污涂料配方的高通量研究，缩短材料研发周期，并实现防污材料的服役寿命预测。应开展新型防污材料的合成制备，如自修复防污材料、纳米防污材料、有机 - 无机杂化防污材料，尤其是可自适应服役场景的智能防污材料。

在产业层面，国内研究机构应加强与企业的产学研合作，加快新型防污技术的落地。政府可考虑推动国内企业的收购或并购等资本运作，培育出资金和力量雄厚的国内海洋涂料企业，提高售后技术服务水平，并加强海外市场推广力度，力争向国外知名品牌海洋涂料企业发起挑战。还应鼓励国内海洋装备企业使用民族品牌防污防腐产品，链接海洋防护材料的上下游，促进国内企业积累典型案例，使产品在大量应用场景中逐步优化提升。

同时，国内相关从业人员应积极参与国际海洋防污防腐领域的学术和工业交流，加强与国际知名防污研究机构、国际标准制定单位、国际著名船级社等的联系，提高我国在此领域的话语权，推动我国防污材料技术高质量发展，服务于国家海洋强国建设。

参考文献

作者简介

张广照，华南理工大学教授。长期从事海洋防污材料的研究。先后担任国际海洋材料保护研究常设委员会（COIPM）委员，国际标准化组织和国际电工委员会（ISO/IEC）海洋污损工作组专家、中国材料研究学会高分子材料与工程分会副主任。曾任 *Macromolecules*、*ACS Macro Letters*、*Langmuir*、*Macromol. Chem. Phys* 等期刊编委。以第一完成人获 2021 年广东省技术发明奖一等奖、2022 年教育部科技进步奖一等奖、2022 年广东省专利金奖等。发表论文 300 余篇，出版专著 2 部、译著 1 部，获授权中外发明专利 50 余件。

马春风，华南理工大学教授。长期从事海洋先进防护材料研究。已在 *Acc. Chem. Res.*、*Adv. Funct. Mater.* 等期刊上发表论文 90 余篇。获授权中外发明专利 30 余项，相关成果应用于军 / 民船舶、水下型号装备、全球首个商用海底数据中心以及兆瓦级波浪能发电平台等。主持国家重点研发计划课题、国家自然科学基金、国防项目等 20 余项。获教育部科技进步奖一等奖、广东省技术发明奖一等奖、广东省专利奖金奖、首届“高分子材料与工程”青年科技奖等。

谢庆宜，华南理工大学专职研究员。从事海洋防污高分子材料的研究，研制出可控降解高分子基防污材料和高性能有机硅防污材料，完成了相关防污材料的工程化应用试验。以第一作者 / 通讯作者在 *ACS Appl. Mater. Interfaces*、*Adv. Mater. Interfaces*、*Prog. Org. Coat.* 等专业期刊发表论文 10 余篇。获授权中国发明专利 8 件，申请国际专利 4 件。主持国家自然科学基金青年项目、全国博士后基金、广州市科技局项目等 6 项。担任 COIPM 青年委员。相关成果获广东省技术发明奖一等奖、日内瓦国际发明展银奖等。

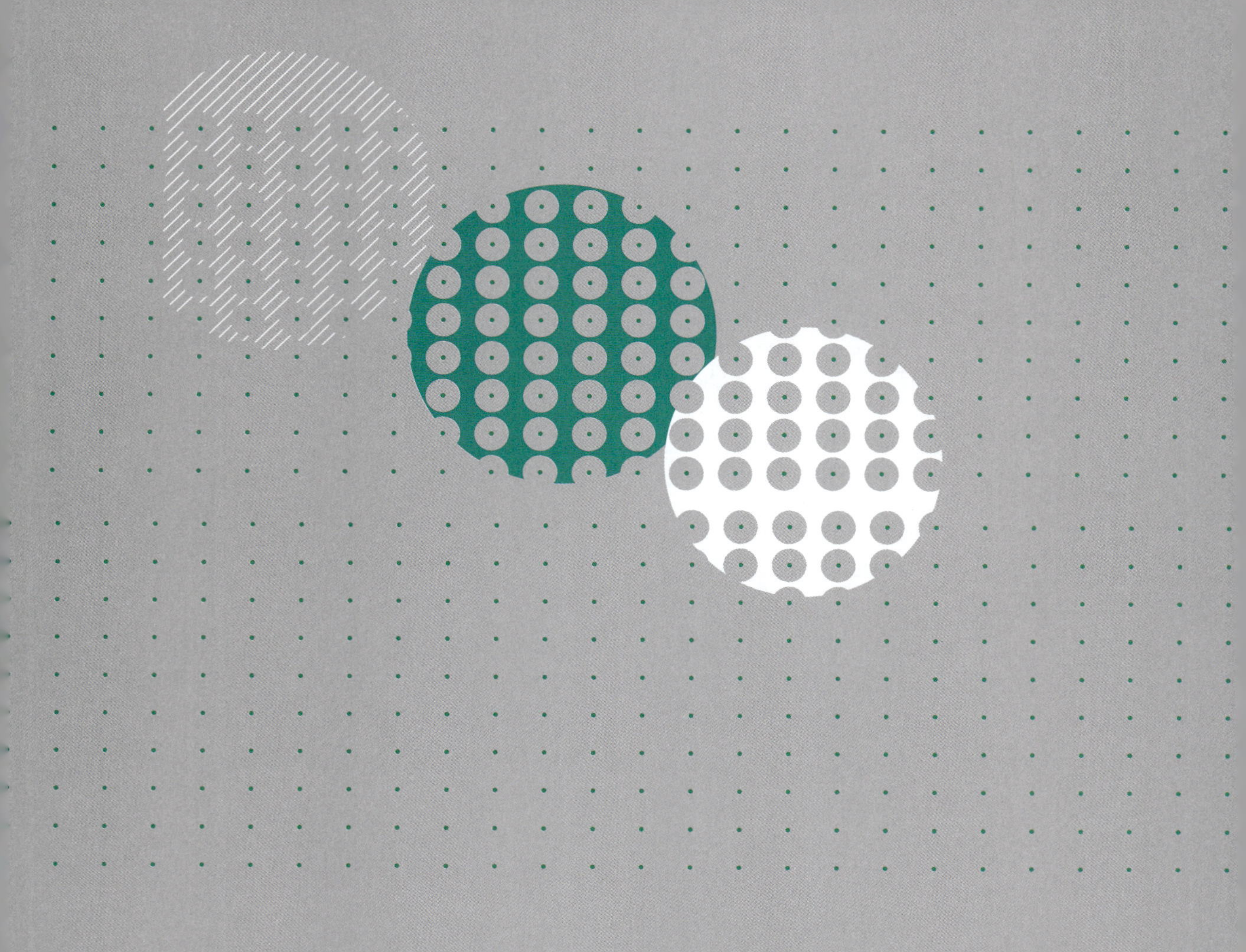

2022

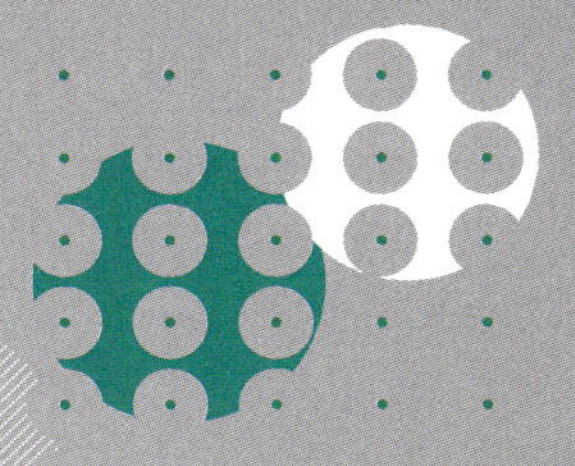

第三篇

关键新材料的应用

第 10 章

高性能碳纤维

巨安奇　廖耀祖　朱美芳

10.1 高性能碳纤维的发展与技术概述

10.1.1 碳纤维概述

碳纤维是在高温下制备的碳含量为 90% 以上的纤维材料，由纤维状的有机化合物在惰性条件下，经预氧化、低温碳化和高温碳化制成，其相对密度不到钢的 1/4，强度却是钢的 7 ～ 9 倍，还具有耐腐蚀、耐摩擦、耐压、导电、导热等优良性能，耐高温性能居化学纤维之首，广泛应用于航空航天、风电、体育休闲、汽车、建材、电子电气等领域，被称为“21 世纪新材料之王”“黑色黄金”。目前可工业规模化生产的碳纤维有聚丙烯腈基碳纤维、黏胶基碳纤维和沥青基碳纤维，其中聚丙烯腈基碳纤维生产工艺简单、力学性能优异、应用范围广，经过几十年的发展目前已经成为世界上最具代表性的碳纤维产品，占据全球碳纤维市场的 90% 以上。世界上生产碳纤维的企业主要包括日本东丽、东邦、三菱，德国西格里，美国赫氏，韩国晓星等，其中以日本东丽碳纤维性能最为优异。自 20 世纪末至 21 世纪初，日本东丽已经成功研制了高强中模碳纤维 T800、T1000、T1100，高模中强碳纤维 M60、M70J 和 T1100G，其中 T1100 的强度为 7.0 GPa，M70J 模量高达 690GPa。据报道，目前日本东丽公司已经突破 T2000 级碳纤维，强度高达 60GPa，可达理论值的 33%。

相对于全球碳纤维的发展历史，我国碳纤维行业的发展面临国外技术封锁、研发进度落后的问题，直到 20 世纪 90 年代后才在碳纤维核心技术上有一定突破。经过几十年的发展，中国碳纤维企业相继建立，主要包括中复神鹰、恒神、上海石化、台塑等，在碳纤维研制方面取得了优异的成绩，突破了国外的封锁，实现了 T300、T700、T800 等高性能碳纤维的国产化及规模化生产。2010 年，光威复材突破 CCF700 关键技术；2012 年，中复神鹰自主突破了干喷湿纺千吨级 T700 级碳纤维产业化技术；2013 年，光威复材突破 CCF800、CCM40J 关键技术，形成碳纤维全产业链；2014 年，江苏恒神 T700 与 T1000 碳纤维研制成功，并在 2016 年突破 T1000 碳纤维生产技术；2015 年，光威复材年自主研发制造温度为 3000℃超高温石墨化炉，实现 CCM46J 石墨纤维工程化，同年中复神鹰突破百吨级 T800 级碳纤维产业化技术并稳定生产；2017 年，中复神鹰实现千吨级 T800 级碳纤维的规模化生产和稳定供应，具备了 T800 级碳纤维规模化生产的能力；2018 年光威复材干喷湿纺 CCF700S 纺丝速度达到国内最高的 500m/min，CCM55J 通过了“863 计划”验收；2019 年，山西煤化所干喷湿纺制备 T1000 级超高强碳纤维技术取得重要突破，性能指标均达到业内先进水平，并且在碳纤维表面改性方面取得新进展，建立了高模量碳纤维的连续化表面处理试验线。除聚丙烯腈基碳纤维外，在黏胶基碳纤维、沥青基碳纤维上也同样取得了令人瞩目的成就。由于黏胶基碳纤维在军工领域的需求以及欧美国家的封锁限制，迫使我国必须自力更生解决黏胶基碳纤维的生产技术，因此东华大学开始了对黏胶基纤维的研究，克服了原丝技术、稀纬带碳化技术、有机 / 无机催化剂技术、空气介质低温热处理技术、连续纯化技术以及两段排焦技术，成功地制备出了性能稳定、质量合格的航天级高纯黏胶基碳纤维，并获得了 2003 年国家科学技术进步奖二等奖，补全了我国黏胶基碳纤维领域的空白；对于沥青基碳纤维，2020 年，由湖南大学牵头，航天材料及工艺研究所、湖南东映碳材料科技有限公司、中国石油化工股份有限公司长岭分公司、北京卫星制造厂有限公司、湖南长岭石化科技开发有限公司共同完成的“高导热油基中间相沥青碳纤维关键制备技术与成套装备及应用”项目荣获国家科学技术进步奖二等奖。

10.1.2 碳纤维复合材料概述

除纯碳纤维的发展外，碳纤维复合材料在近些年来的发展尤为突出。碳纤维复合材料是以碳纤维为增强体，与各种基体相结合，从而实现增强增韧的复合材料。基体主要包括树脂、碳、金属、陶瓷等，其中树脂、碳与纤维形成的复合材料占全部市场份额的 80% 以上。近些年来，气凝胶也作为新的基体，与各种纤维毡结合，变成新型的复合材料。在碳纤维领域，预氧毡与二氧化硅气凝胶的结合，正在创造广阔的应用市场空间；碳纤维毡、石墨毡与碳气凝胶的结合，也将改变一些应用领域的发展。碳纤维自身也可以是“基体”，将自身结构与功能“复合”，与碳纳米管、多孔纳米碳结合成“复合材料”，这些“复合材料”很可能会为新能源产业提供革命性的创新。以树脂基碳纤维复合材料为例，目前全球制造工艺主要包括混配模成形、预浸铺放、树脂传递模塑料成形、预制体、真空灌注、缠绕拉挤等。其中，预浸铺放与缠绕拉挤占比超过 60%。2020 年以来，随着风电、气瓶应用的增加，短期内，缠绕拉挤技术第一的地位不会改变。预浸铺放技术适用性最广、应用经验最成熟，可作为其他技术的探索铺垫。此外，近几年随着光伏炉所需碳碳复合材料的飞速发展，预制体工艺成为主要工艺之一。树脂基碳纤维复合材料应用市场主要包括航空航天、风电、体育休闲、汽车、混配模成形、压力容器、建筑、碳碳复材、电子电气、电缆芯、船舶等，其中风电领域近几年发展迅速，目前已经成为全球树脂基碳纤维复合材料需求量最大的领域；航空航天领域由于受到冲击，在 2020 年需求量明显下降，2021 年呈现持续低迷状态；由于疫情原因，体育休闲在 2021 年需求明显上涨；汽车领域中由于宝马 I3 在 2021 年停产，需求下降；其他应用市场均有不同程度上涨。相比国际树脂基碳纤维复合材料应用市场需求，中国的趋势也大抵相同。2018 年以来，风电、体育休闲两大应用领域主导中国碳纤维复合材料市场，并且这种格局将会持续多年。碳碳复材、混配模成形及压力容器领域发展也十分迅速，尤其 2021 年碳碳复材增长量超过 2020 年一倍以上。此外，除电缆芯应用稍有下降，其他领域都保持增长状态。

10.1.3 目前技术应用情况

目前高性能碳纤维及其复合材料在全球各个领域都有了长足的发展，以下将介绍近些年来国内外高性能碳纤维及其复合材料的技术应用情况。

10.1.3.1 航空航天

满足结构轻量化、结构 - 功能一体化需求已成为空间飞行器、飞机、坦克、风力发电、汽车等军民领域的发展趋势，尤其是在航空航天领域，随着飞行器逐渐朝向大尺寸、高承载、长寿命的趋势发展，这些需求日益突出。产品复合材料化成为解决上述需求的理想途径之一，特别是纤维复合材料以其轻质、高模量、高强度、低膨胀、耐腐蚀等优点成为各类复合材料中应用最广泛和最重要的复合材料之一。

在民用航空领域，为满足不断提升的低能耗、高抗疲劳等特性需求，纤维复合材料的应用比例已成为飞机先进程度的标志之一，如在商用飞机的制造过程中，波音 787 与空客 A350XWB 的纤维复合材料的用量分别达到了 50% 与 53%。在航天领域，碳纤维复合材料很早就用于卫星、深空探测器等空间飞行器的主体结构（如卫星的外壳、中心承力筒和仪器安装结构板，探测器外壳）、功能结构（如太阳能电池阵结构、天线结构）、防护结构和辅助结构，是应用比例最高的材料之一，并在空间飞行器的升级换代过程中不断提高应用比例，成为制造现有和未来空间飞行器不可或缺的关键材料。如今，纤维复合材料的应用范围已从卫星结构件产品拓展到机构、热控产品，取代了越来越多的铝合金、钛合金、纯铜等传统承载或热控材料，其应用水平和规模甚至已关系到空间武器装备跨越式提升和型号研制的成败。在航空航天领域可接受的纤维及其复合材料价格相对较高，质量与安全为第一位，其中碳纤维复合材料中碳纤维的力学性能利用率至关重要。

10.1.3.2 风电叶片

随着风电行业商业化及市场竞争的不断加剧，风电叶片正逐步向大型化、轻量化发展，寻求低成本和综合性能良好的平衡，但又受到了质量、刚性和交通运输的因素影响，因此对近海的国家更有利，这方面英国处于领先水平。为了达到成本和综合性能的平衡，在大型叶片不同部位选用不同材质；而为了实现可回收性，碳纤维增强复合材料有希望过渡到碳纤维增强热塑性树脂复合材料。对于风速 4.0 ～ 6.0m/s 的低中速风电而言，其材料可选用碳纤维 - 玄武岩纤维 - 玻璃纤维混杂复合材料，承德的平泉希翼生产的垂直轴风电机组的叶片采用碳纤维复合材料和碳纤维 - 玻璃纤维混杂复合材料，产品销往全球近 60 个国家（地区）。而对于长度 40m 以上机型的风电叶片，则使用碳纤维增强树脂基复合材料，不但满足强度和刚度要求，而且可以降低风机负载，提高叶片抗疲劳性能，提升风能利用率。三菱化学开发了适用于风电叶片和汽车的粗聚丙烯腈基碳纤维；为了实现叶片材料进一步轻量、低成本和可回收利用，联邦先进复合材料制造创新研究院研发了生物可再生 B- 木质素 / 聚乳酸熔纺纤维，经预氧化和碳化得到低成本的碳纤维及其复合材料，纤维直径 150 ～ 200nm，混合比为 25 ～ 75，其中复合材料叶片空气动力学稳定性好，拉伸强度下降少，成本低。此外，采用 3D 打印技术制备碳纤维复合材料叶片也是未来发展方向之一。

碳纤维在风电叶片中的主要应用部位为主梁，与同级别的高模玻纤主梁叶片相比，采用碳纤主梁设计的叶片实现减重 20% ～ 30%。以 122m 长叶片为例，叶片重量的减轻可以大幅降低因自重传递到主机上的载荷，进而可以减少轮毂、机舱、塔架和桩基等结构部件 15% ～ 20% 的重量，有效降低风机 10% 以上的整体成本。碳纤维叶片强度和刚度的提升，可以减少叶片在运行时的动态变形，有效改善叶片的空气动力学性能，提升风轮的发电效率。因此，通过应用碳纤维叶片降低对轮轴和塔架的负载，风机的输出功率更加平稳均衡、运行效率更高，且碳纤维复合材料的抗疲劳性能较好，通过后评估还可以延长叶片的生命周期，降低日常维护费用等综合成本。

根据美国 Sandia 国家实验室 2016—2017 年的研究，2021 年碳纤维主梁叶片主要应用在 3 ～ 5MW 和 8 ～ 10MW 功率的机型上。

维斯塔斯（Vestas）从 2015 年开始将碳纤维主梁拉挤工艺应用于叶片上，在风电叶片上开始了大规模批量应用，新开发的 2.0MW 以上叶片均使用碳纤维复合材料，极大地推动了碳纤维在风电领域的应用。以 2021 年为例，风电的碳纤维用量为 3.3 万吨（图 10-1），占全球所有碳纤维应用领域的 33%，仅维斯塔斯的用量就在 2.5 万～ 2.8 万吨。

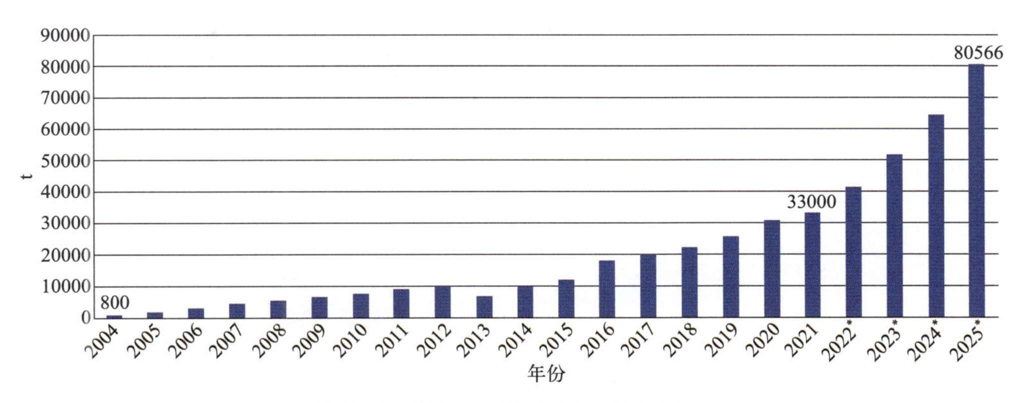

图 10-1　风电叶片碳纤维需求现状及趋势

注：* 代表预测值

近年来，中材科技、时代新材、中复连众、艾朗等叶片厂家以及金风科技、三一重工、明阳电气、上海电气等主机厂均陆续发布了使用碳纤维或碳玻混合拉挤大梁叶片。随着未来超大型碳纤维主梁叶片的开发，拉挤成形工艺的渗透率会继续提升。根据预测，到 2030 年，对于陆上叶片，碳纤维拉挤板将逐渐成为主要的叶片主梁材料［图 10-2（a)］；而对于海上叶片，碳纤维拉挤板将迅速占据主梁材料的主导地位［图 10-2（b)］，未来将全部替代其他主梁材料。

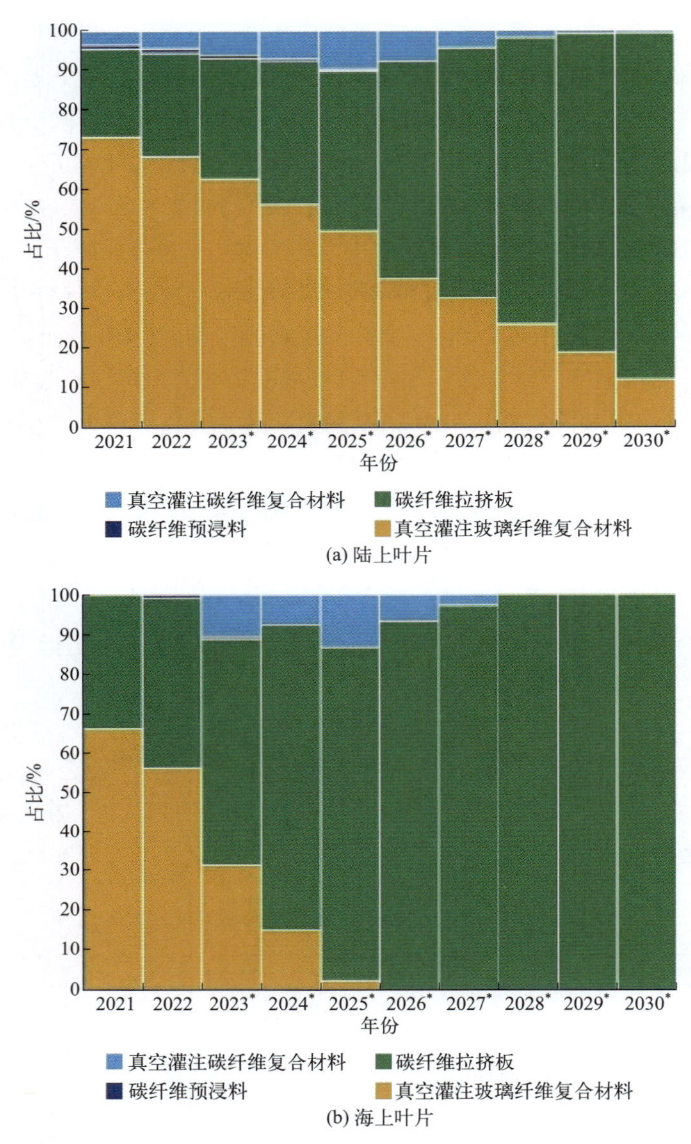

(a) 陆上叶片

(b) 海上叶片

图 10-2　2021—2030 年陆上和海上风电叶片主梁材料占比发展趋势

注：* 代表预测值

10.1.3.3　汽车

汽车用碳纤维复合材料通常以树脂基碳纤维复合材料（carbon fiber reinforced polymers, CFRP）为主。CFRP 具有密度小、模量高、比强度高等一系列优点，是继高强度钢、镁铝合金、工程塑料之后减重效果尤为显著的轻质材料之一。近几年，随着地球环境污染的日趋严重，“节能减排，发展低碳经济”已在全球范围内形成高度的共识。汽车轻量化可有效降低能源消耗，减少尾气排放。由于新能源汽车电池的比能量相对于液体燃料差距甚大，因此，其轻量化更为重要和迫切。相关数据表明：汽车的整车质量每减少 10%，汽车的燃油效率能够提高 6% ～ 8%。汽车的质量每减少 100kg，行驶 100km 油耗可以减少 0.3 ～ 0.6L，同时二氧

化碳的排放能够减少500g。将车内所有座位设计成一个整体，应用金属材料，大概需要焊接50～60个零部件，碳纤维复合材料的零部件要大大减少，简化了生产的工艺流程，很大程度上提高了工作效率（图10-3）。

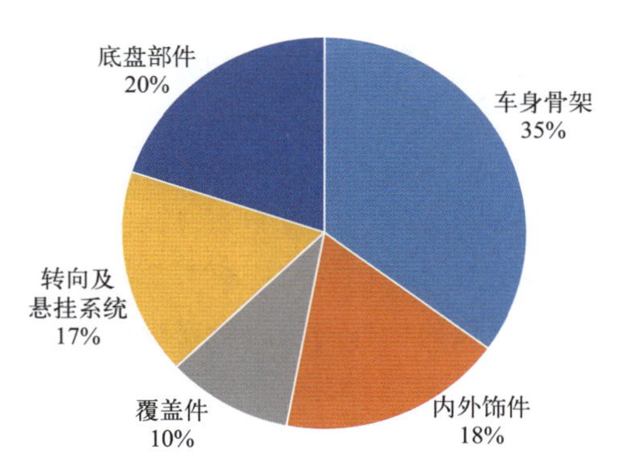

图10-3　碳纤维材料在汽车轻量化设计中的应用比例

（1）碳纤维在车身骨架上的应用　由于密度小、模量及比强度高，碳纤维复合材料适合大型构造件的轻量化应用。作为整车质量贡献最大的系统，车身骨架是轻量化最主要的对象（图10-4）。通用汽车早在1992年就开发了CFRP超轻车身骨架结构概念车，宝马公司2013年上市的i3车身采用CFRP乘员舱，从而引发了CFRP应用研究热潮。自此，CFRP在车身骨架上的应用，逐渐由超级跑车向豪华车、新能源汽车等拓展。

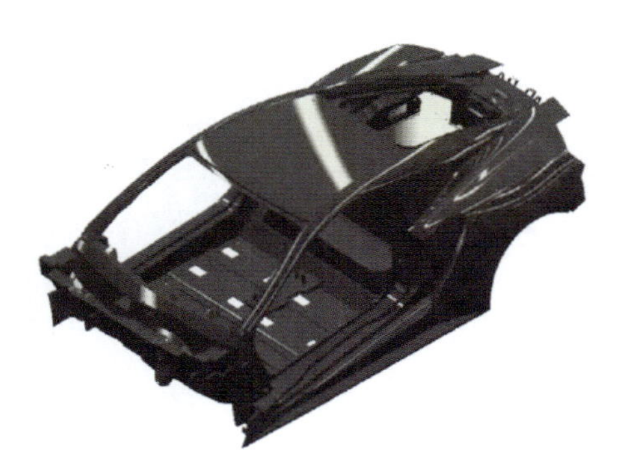

图10-4　CFRP一体化车身骨架

宝马i8、宝马7系、雷克萨斯LFA、兰博基尼Aventador LP700-4车身骨架结构件采用了大量CFRP部件，奥迪A8的车身后座背板也采用CFRP。另外，奔驰、福特、丰田等国外主流车企，均有CFRP在车身骨架结构件上的应用研究和相应车型发布。CFRP在车身骨架上的应用，可减重100kg左右（宝马i3 CFRP乘员舱仅有148kg，比钢制车身轻57.6%，减重约200kg），对所有的车型来说，都具有极大的吸引力。但由于CFRP成本较高，普通车型开发往往难以承受高昂的成本。

现阶段，碳纤维材料在新能源汽车车身方面的最经典应用就是宝马推出的MegaCity新能源车型，该汽车主体结构材料采用碳纤维材料配合铝合金材料，可以在实现轻量化目标的同时，保障实际质量。据统计分析，碳纤维轻量化可以将车身整体自重降为1195kg，相比较其他新能源汽车来说，此型汽车的自重下降了约 300kg，为后续新能源汽车轻量化发展提供了重要参考。在国内方面，奇瑞推出的艾瑞泽 7 型混合动力汽车是我国第一台将碳纤维材料作为车身主体材料的车型。

（2）CFRP 在车身覆盖件及内外饰件上的应用 CFRP 在国外车型外覆盖件上的应用更为广泛，特别是对于定位比较高的豪华车型。CFRP 成本较高，因此，其覆盖件往往是高配选装件，或以改装的运动套件方式应用。CFRP 运动套件的范围比较广，主要是覆盖件及外饰件，包括前舱盖、进气格栅、车灯装饰框、前唇、侧裙、后视镜、车门亮条、后扰流、尾翼等。如宝马、奥迪、奔驰、雷克萨斯、兰博基尼等品牌的高端车型，除自己开发的 CFRP 覆盖件及内外饰件外，市场上还有专门的 CFRP 改装件。

CFRP 同样是国内车身覆盖件及外饰件的应用研究热点。国内基本所有车企都有 CFRP 在车身覆盖件及外饰上的应用研究，且应用呈上升的趋势。近几年开发及应用 CFRP 车身覆盖件及外饰件的主要车型有前途 K50、吉利领克 03+/05+、沃尔沃极星 1、长城 WEY VV7、上汽名爵 MG6 等，另外路特斯等车型已经在量产开发中。

前途 K50 是 2018 年上市的一款纯电跑车，是国内唯一采用“全碳”车身覆盖件（包括外饰件）的车型，全车共有 29 个 CFRP 零部件，除前后保险杠、侧裙之外的全车其他 29 个覆盖件均为 CFRP 材料，总质量仅 46.7kg，比传统金属零部件减重 40% 以上。

（3）CFRP 在底盘部件上的应用 底盘零部件大多属于“簧下质量”，其轻量化对整车性能的提升更为明显。但底盘零部件所处环境恶劣，且多属于运动件，对耐久、耐疲劳、耐腐蚀等可靠性能要求更高。CFRP 在底盘部件上所受到的挑战，往往比在车身骨架结构上更大。因此，无论是在国内还是国外，CFRP 在底盘件上的应用难度都极高。目前底盘上 CFRP 应用研究的零部件主要有传动轴、副车架、控制臂、稳定杆、转向节、轮毂、弹簧等。

2021 年中国汽车用碳纤维需求量 1600.0t，同比增长 33.3%；2022 年上半年中国汽车用碳纤维需求量 1045.6t，同比增长 30.7%（图 10-5）。随着碳纤维制造工艺的进步、成本的下降，

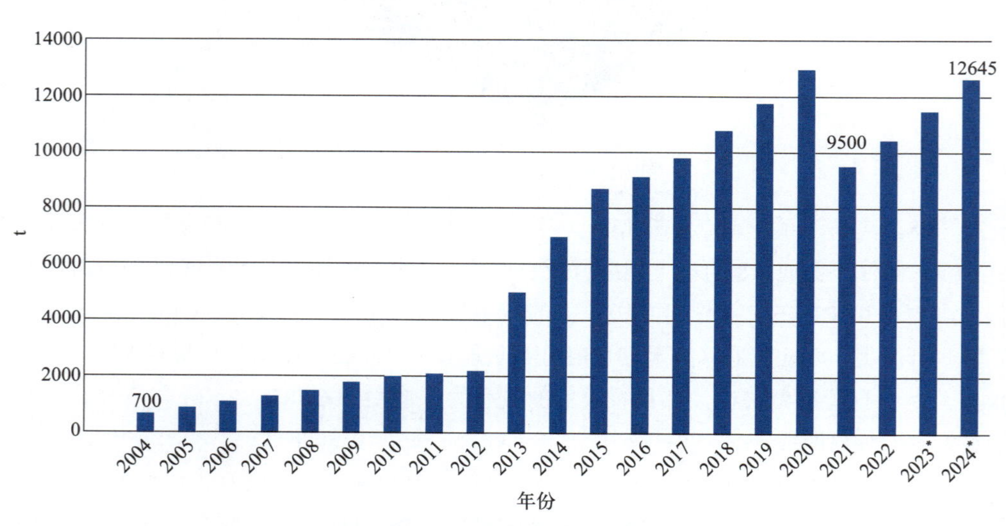

图 10-5 汽车碳纤维需求及趋势

注：* 代表预测值

其在汽车行业的应用范围不断扩大，已从百万元以上的车型拓展到30万～40万元车型上，同时也在从车辆外部走进车辆内部，例如不少车企已经开始在A柱、B柱等汽车结构件上使用碳纤维材料，是巨大的潜在增长空间。

10.1.3.4 建材应用

本领域不仅包括通常意义的建筑，还包括建筑机械、桥梁、隧道及工业管道等，应用主要包括以下几个领域：建筑及桥梁结构的补强、艺术型建筑的主体结构、建筑机械、新建大跨/空间结构、管道补强。目前全球对建筑包括楼房、桥墩、隧道、机场、高速公路重要路段和军事设施的加固需求越来越大，有80%～90%的建材碳纤维用于建筑及桥梁结构的加固补强。在城市更新的大背景下，相关部委在《交通强国建设纲要》《建设工程抗震管理条例》等多项文件中提到结构加固的重要性，2022年中央1号文中再次强调农村公路安全以及危桥改造；日本自阪神大地震以后实施的五年桥墩和高速公路碳纤维加固措施，对多地震的国家包括我国来说，都有借鉴意义。国内结构加固市场以约每年20%以上的速度快速增长，预计2025年建材应用碳纤维需求量可超过6000t（图10-6）。现阶段基础设施加固材料领域除福瑞斯、西卡、东丽等国外品牌，以上海悍马为代表的国产品牌正在快速崛起并已被国内外市场广泛认可。此外，随着三亚体育场、聊城徒骇河大桥等碳纤维索结构的建成，碳纤维复合材料在新建大跨/空间结构领域的应用发展迅猛，有望在未来几年大幅替代传统的钢索。2021年年底，国内首座承载千吨级碳纤维斜拉索车行桥跨徒骇河大桥项目举行挂索仪式。大桥全长388m，主桥采用钢塔双索面莲花形，创新采用ϕ7-121规格碳纤维复合材料斜拉索，最大承载力超过1000t，是目前国内工程应用的最大规格、最大承载力的碳纤维索；三亚国际体育产业园体育场项目的索结构均采用碳纤维索，这是碳纤维首次用于大跨度的空间结构，实现了应用突破。

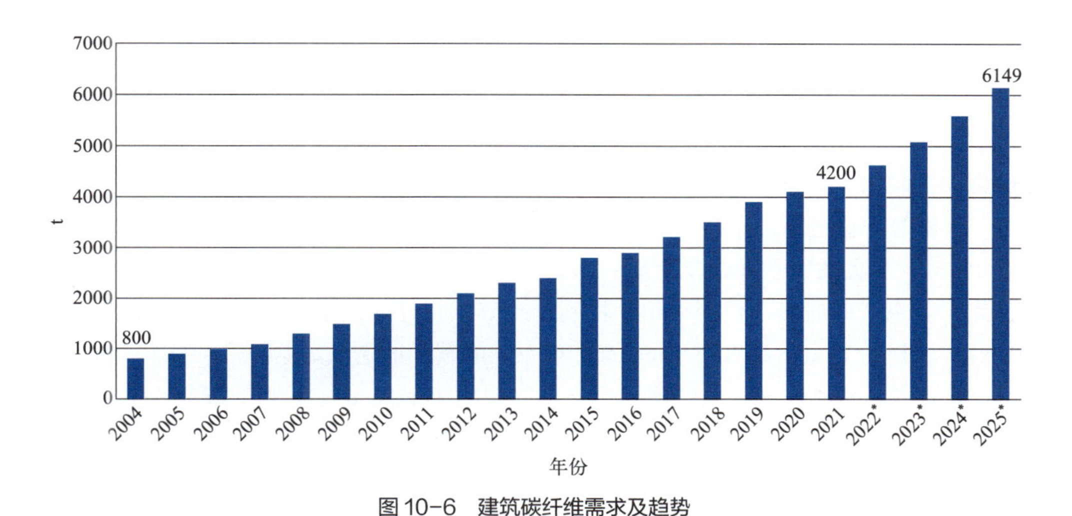

图10-6 建筑碳纤维需求及趋势

注：* 代表预测值

10.1.3.5 高速列车

高速列车的巨大动能在制动停车的短时间消散，也是一个困难的技术问题。一般高速列车制动采用再生制动和盘型制动结合的方式，对盘型制动的制动盘和闸片的性能要求十分苛刻。列车轻量化对减轻高速列车自重、减少线路损害、减少动力消耗、节约能源、减少制动系统的负担具有重大意义。

（1）高速列车车头 碳纤维车头前端头盖可以很好地承受列车最前端的最大正压和最大负压，避免列车因正压和负压而失效，提高高速列车的空气动力性能。碳纤维车头导流板对提高列车的空气动力性能有重要影响：一方面，可以减少空气的扰动，使湍流动能对车身底面的冲击降到最小，同时减少气流进入车底，缩小车顶与车底的空气压力差，增加车辆行驶稳定性；另一方面，它可以使迎面而来的气流平缓分离，最大程度地降低迎风面的压差阻力作用。广州地铁 18 号线被誉为粤港澳大湾区最快地铁，最高速度可达 160km/h，担任运营任务的“湾区蓝”列车是国内首列车头罩采用轻质高强碳纤维复合材料的地铁列车。自 2019 年起，中国石化和中国中车开展协同创新，攻克了碳纤维复合材料在轨道交通领域规模应用关键核心技术，建立了完整的技术研发体系，形成了世界领先的“一站式”轻量化技术解决方案，最终实现了碳纤维复合材料在“湾区蓝”列车上的成功应用。

（2）高速列车钩缓装置 高速列车的钩缓装置作为列车纵向力的关键部件之一，在列车的安全运行中起着至关重要的作用。列车不同车厢间的纵向力均由钩缓装置传递，钩缓装置不但能够在列车运行过程中吸收车辆之间的纵向冲击力，提高列车运行舒适性，而且钩缓装置中的吸能装置还能在列车发生碰撞的情况下保护车体，避免乘客受伤。

（3）高速列车制动装置 随着列车运行速度的提高，高速列车对制动系统的要求也越来越高。从能量守恒考虑，列车的动能与其运动速度的平方成正比，列车所具备的制动功率也应与最高速度的平方成正比。从黏着利用和防滑考虑，高速列车必须具备高性能防滑装置来确保行车安全；为了提高乘坐舒适度，对制动力控制精度有较高的要求。碳纤维复合材料的性能要远远好于铸铁材料，并符合高速列车轻量化发展的要求，国内外对其进行了大力的研究和开发，得到了一定的应用。

10.1.3.6 电子电气

电子电气主要涉及功能性应用领域，短切碳纤维增强塑料具有防静电、电磁屏蔽等功能，在复印机、打印机、数码相机、数据传输电缆接头等产品中早已经有成熟应用，相比其他的如炭黑、金属等类似材料，碳纤维增强塑料的成本降低，会带来市场的稳定扩展。

自 1998 年首次采用碳纤维复合材料作为外壳的 IBM600 系列笔记本电脑在全球销售以来，已经有多个厂商的多个机型采用，特别是超薄、超轻笔记本电脑和 Pad，其中有代表性的是 Dell 和联想的 Thinkpad 机型。Dell 的 XPS 系列的碳纤维笔记本电脑采用全碳纤维的板材，外观为 3K 纹路，体现碳纤维的纹理和质感。联想的 Thinkpad X 系列的碳纤维笔记本电脑，采用三明治夹芯结构的碳纤维板材，其外观为 UD 纹路，有的产品还需要进一步喷涂，最主要突出其“轻”。以上两家品牌商占据了碳纤维笔记本电脑的主要份额。

2021 年 2 月 25 日，华为 Mate X2 折叠屏旗舰手机发售，据了解，该手机搭载了目前业界独有的双螺旋水滴铰链，通过多维相控联动机制，在弯折处形成一个水滴式的容屏空间，保证了折叠屏展开后的平整度以及折叠后的美观度，做到了折叠后铰链部分无缝隙。据介绍，这款双螺旋水滴铰链应用了碳纤维复合材料以及高强度钢。其中，铰链的支撑门板采用的碳纤维复合材料让重量减轻了 75%。

德国厂商 Carbon Mobile 于 2021 发布了全球首款碳纤维外壳手机 Carbon 1 MK Ⅱ，目前已经开始销售。这款手机采用碳纤维单体外壳制造，人工将碳纤维布放入模具中成形，然后使用 CNC 进行加工。由于碳纤维外壳强度足够大，因此内部无需金属部件。为了保证信号质量，手机具备 HyRECM 专利技术，天线位于顶部和底部。

随着电视功能的不断发展，人们不再满足单纯观看电视节目，而是将其作为户外宣传、集会活动、大型会议等的工具。即使是家庭所用的普通电视，也朝大屏幕的方向发展。特别是 LED 电视出现以后，满足了电视大屏幕、超薄的技术要求。

由于碳纤维的优异性能以及碳纤维复合材料的可设计性，技术人员自然而然会想到把复合材料应用于电视机中的结构材料上。特别是对于许多大屏幕的电视机，例如 55 英寸以上的大屏幕电视，随着此类电视机的高端超薄产品及超薄模组的发展，背板厚度减薄和后壳结构形态平板化对背板材料的刚性（抗变形能力）提出了更高的需求，碳纤维复合材料具有强度大、刚性好的优点，采用碳纤维复合材料就非常有优势。江苏澳盛复合材料科技有限公司配合国内某知名电视机厂家对碳纤维背板的成形工艺、表面处理工艺、刚性指标进行了研究，采用 3K 外观纹路，内层使用 UD 单向预浸料进行叠层设计，发现减重效果明显，达到 50% 以上，受力变形测试满足要求。传统的电视机背板材料，如镀锌钢板、铝塑板、钢塑板，撤掉外力后，材料会变形，不能完全恢复原样。而碳纤维背板无论厚薄，与常规材料相比，撤掉外力后，其回弹能力强，受外力冲击几乎不会变形。此外，碳纤维背板独特的编织纹路外观更具科技感，具有强度高、重量轻的优点，在追求轻薄的高端产品上具有较好的应用前景。

对于户外可拆卸的 LED 大屏幕，如演唱会或大型集会使用的 LED 大屏幕，是由多块屏幕拼接而成，在活动开始前安装，结束后需要快速装卸，因此轻量化很重要。碳纤维复合材料具有高强度、高模量、耐腐蚀、抗疲劳、抗蠕变等优点，用其制作箱体，既可以满足轻量化要求，还可以耐受户外不利的环境。单人可完成整屏安装，且可以更换整屏任意箱体，省时、搭建迅速、维护快速，省力、装卸简单、搬运轻便。因此，户外可拆卸的 LED 大屏幕由原先的金属材料大多改为碳纤维复合材料。

碳纤维除了具有高强度、高模量，还具有导电、导热、抗屏蔽、X 光透过性及其他特殊性能，在电子产品上有一些功能性的应用。苹果公司的 iPad 平板电脑，因为具有笔记本电脑的部分功能，又非常方便携带，受到人们的好评。苹果公司在其 iPad 设计中使用了用碳纤维复合材料制造的共振片，使其产品具有非常好的音响效果。用 iPad 欣赏音乐或视频，感觉其声音浑厚，具有立体声效果，其中就有碳纤维的功劳。

当前，电子电气领域的应用市场在平稳增长，电子电气领域碳纤维的需求也在稳步提升（图 10-7）。随着碳纤维性能的提升以及价格的降低，其必将推动市场的稳定扩张。

10.1.3.7 体育休闲

十年来碳纤维在体育休闲领域的应用持续增长，2021 年碳纤维需求量为 18500t。由于疫情的原因，2020 年群体运动的碳纤维器材市场有较大幅度的下滑，个体体育器材市场上升。而 2021 年随着许多国家的相继开放，直接带来了体育器材的高速增长，预计 2025 年需求量可超过 22000t（图 10-8）。在体育休闲市场中，碳纤维需求最大的是渔具行业，高强轻质、

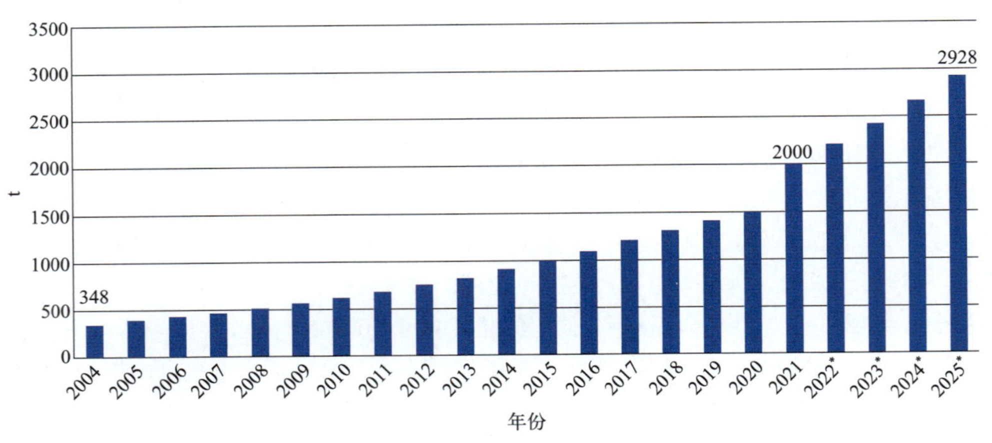

图 10-7　电子电气碳纤维需求及趋势

注：* 代表预测值

抗疲劳的特性已成为现代鱼竿行业的硬性指标。采用碳纤维增强树脂基复合材料制作自行车车架和车轮，可降低车体的质量和阻力，提高安全性和舒适度。同时，碳纤维增强树脂基复合材料自身具备可设计性，可提高自行车的功能性和新颖性，满足多样化的设计要求。采用碳纤维材料制作的高端球拍在比赛中面对复杂的环境及工况，不仅满足弯曲强度的要求，具备良好的刚度和弹性，而且球拍的使用舒适度高，不易变形。此外，碳纤维增强树脂基复合材料高尔夫球杆、滑雪板、撑杆等体育用品也已得到运动员的普遍青睐。现代国际体育比赛不仅是成绩高低的较量，更是国家技术实力的竞争，预计具有高性能优势的碳纤维增强树脂基复合材料将在体育竞技领域扮演重要角色，价值也会逐渐提高。2021 年，日本帝人公司研发出两款碳纤维中间材料——Tenax PW 与 Tenax BM。前者是采用航空飞机所需的强韧化技术的碳纤维中间材料，可提高材料强度；后者是采用搭载于人造卫星的产品技术的碳纤维中间材料，具有良好的刚性、平直度、可操作性、稳定性和优异的阻尼减振特性，既可最大限

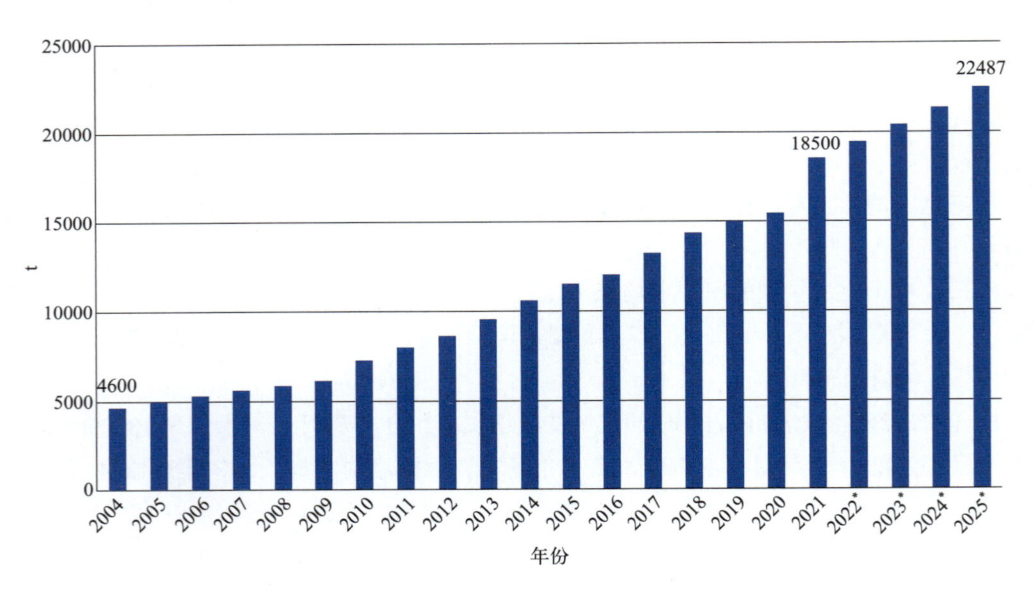

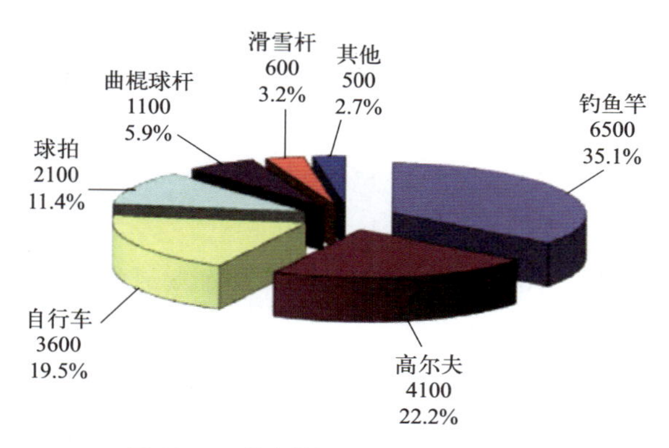

图 10-8　体育休闲碳纤维市场需求

度地减少体育产品遇到冲击后变形，还能抑制颤抖。

10.1.3.8　船舶

目前，船舶领域对碳纤维的需求主要包括竞赛类船舶、超豪华游艇、高速客船及军事用途的船舶。近几年，除了竞赛类船舶，电动水翼船、水上出租车、高速客轮纷纷采用碳纤维复合材料，形成新的市场增长热点。2021 年船舶市场碳纤维需求量 1500t，保持了持续高速增长，预计 2025 年可达 2100t 以上（图 10-9）。根据复材网信息，Candela 推出了 7.7m 长的电动水翼船 C-7 号，称其能源效率是气动滑行船的 4 ～ 5 倍，其碳纤维 / 环氧树脂轻质船体使成本降低了 95%；Candela 推出了一款 P-12 电动水翼水上出租车来取代柴油动力渡轮，9.5m 长的 P-12 在全景式客舱中最多可搭载 12 名乘客，使用相同的碳纤维复合材料水翼系统和已在 C-7 中得到验证的船体结构，使 P-12 的每名乘客所消耗的能源比家用汽车少，与内燃机船相比，运行成本低 90%。港航集团所属珠江船务下属中威公司建造的国内首艘超过 40m 全碳纤维结构的客轮“海珠湾号”在南沙小虎岛顺利下水，与传统铝合金船相比，“海珠湾号”节省燃油量大于 30%，具有质量轻、强度高、航速快的特点。

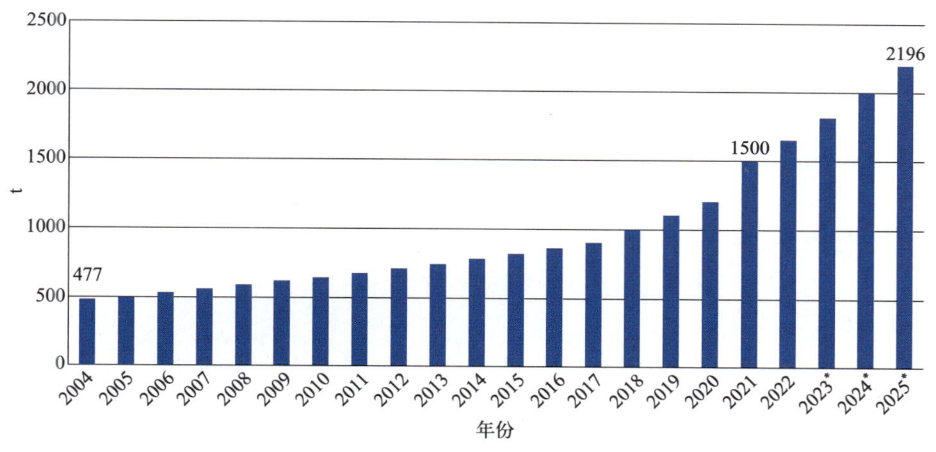

图 10-9　船舶碳纤维需求及趋势

注：* 代表预测值

10.1.3.9 电缆芯

国际上，碳纤维复合芯导线代表公司 CTC Global 一直专注于该领域的技术创新及产品在各国家电网工程中的应用。欧专局专利技术信息显示，其 2019 年申请了光纤碳纤维复合芯导线的专利，并在 24 个国家进行了布局。近两年，其承担了印度、巴基斯坦、尼泊尔、葡萄牙、孟加拉国、墨西哥、越南、不丹等国家电网的碳纤维复合芯导线旧线改造项目或光伏电站的新架电缆的建设。国内中复碳芯在碳纤维复合芯导线的基础上开发了光纤碳纤维复合芯导线、多股绞碳纤维复合芯导线。在多股绞碳纤维复合芯技术基础上，拓展开发了多股绞碳纤维复合材料绞合索。中复碳芯开发的光纤碳纤维复合芯导线已经在国内国网试验线上应用。多股绞碳纤维复合芯导线使得碳纤维复合芯的弯曲直径由 $55D$ 减小到 $45D$，对复杂地形的施工更友好，保障了线路施工质量。中复碳芯开发的多股绞碳纤维复合芯导线已出口厄瓜多尔，并且和辽宁省电力公司联合申请了柔性复合材料导线的科技项目，碳纤维复合材料绞合索也已在临泉大桥上得到了试用。江苏易鼎复合技术有限公司开发了金属 - 碳复合材料型线，目前在试验测试阶段。

由国网内蒙古东部电力有限公司负责建设管理的内蒙古神华胜利电厂 1000kV 送出线路工程，是世界首条应用碳纤维复合材料芯导线的特高压试点示范工程，碳纤维复合芯导线组成的输电线路拥有很多的性能提升，比如节能、大容量、耐高温、强度高、重量轻、耐辐射等。目前，我国在碳纤维复合芯导线技术方面处于世界领先地位，而我国目前也是使用碳纤维复合芯导线最多的国家，总长度已经超过 2 万千米。

碳纤维复合芯导线具有电导率高、载流量大、损耗低、节能环保等突出优势，是目前全世界电力输变电系统理想的取代传统的铜芯铝绞导线、铝包钢导线、铝合金导线及进口殷钢导线的新产品，其广泛的市场需求必将推动碳纤维需求量的增加（图 10-10）。

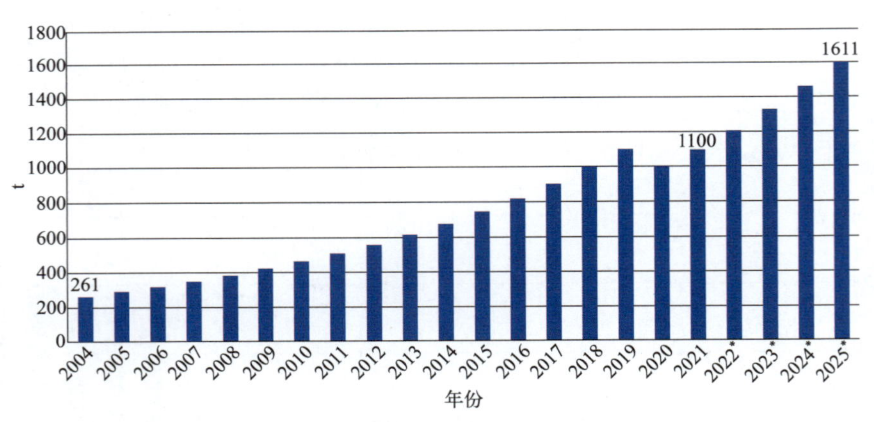

图 10-10 电缆芯碳纤维需求及趋势

注：* 代表预测值

10.1.3.10 碳碳复材

碳碳复合材料主要用于生产刹车盘、飞机机轮以及飞机刹车控制系统，并可应用于军工领域中的歼击机、轰炸机、运输机、教练机、军贸机、直升机、航天高空飞行器等重点军工装备和民用航空领域。我国各类战略和战术导弹上也大量采用碳纤维复合材料作为发动机喷管、整流罩防热材料。近些年碳碳复材需求涨势迅猛，预计 2025 年突破 24000t（图 10-11）。

碳纤维与芳纶相比，刚度和强度可以提高 80% 和 30%，壳体重量再一次下降 30%；另外，碳纤维壳体热膨胀系数小，发动机工作期间尺寸稳定，可以提高发动机工作可靠性；碳纤维还具备一定雷达吸波能力，可以提高导弹隐身性能，有助于增强导弹突防能力。

虽然碳碳复合材料前景如此之好，但是目前仍存在一些问题有待解决：近年来，国防科技的快速发展对低烧蚀抗氧化碳碳复合材料提出了承受更高温度、更高速度和更长承受时间的极端要求，包括为先进航空航天器及其动力系统研发高温构件及多种高新武器装备的关键部件；民用领域特种耐热和耐磨部件升级换代也有迫切需求。在这些方面，还存在较多关键技术尚待突破。

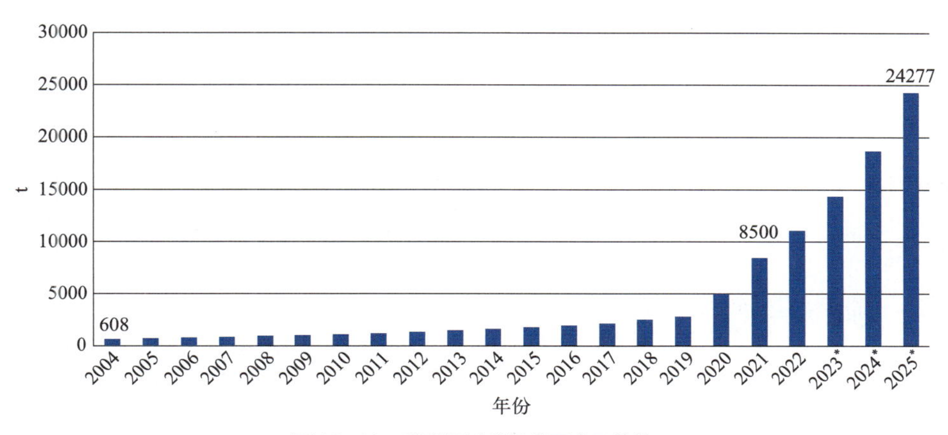

图 10-11　碳碳复材碳纤维需求及趋势

注：* 代表预测值

10.1.3.11　混配模成形

混配模成形中混配指非连续碳纤维增强塑料，主要包括短切增强和长纤维增强热塑性材料，其中汽车领域广泛使用玻纤长纤维增强热塑性塑料。模成形主要包括片状以及团状模塑料，由于回收碳纤维的加入，使上述非连续、非连续 / 连续混合结构具备一定发展空间。2021 年，混配模成形市场碳纤维需求量为 10600t，预计 2025 年可突破 15000t（图 10-12）。目前，

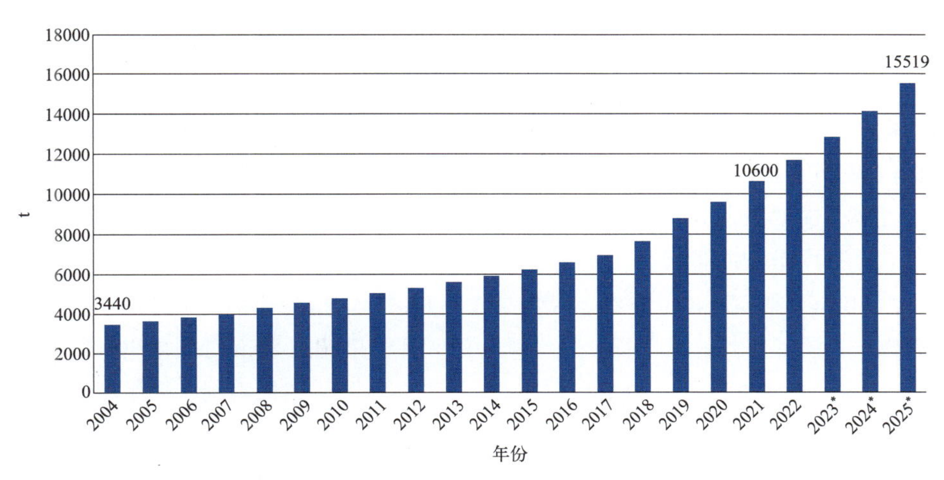

图 10-12　混配模成形碳纤维需求及趋势

注：* 代表预测值

短切碳纤维主要采用双螺杆混配造粒，然后再销售给应用单位做注塑成形。近几年，在常规连续性纤维复材及塑料之间，短切碳纤维增强塑料以其远超塑料的力学性能，远超连续纤维的成本优势及规模成形便利性，在无人机行业备受欢迎，由此得以快速增长。

10.2 高性能碳纤维的战略需求

碳纤维作为一种重要的战略新材料，目前已经广泛应用于航空航天、风电叶片、体育休闲、压力容器、碳碳复合材料、交通建设、海洋等领域，是国防军工和国民经济发展不可或缺的重要战略物资。面对迫切的市场需求，国内高性能碳纤维领域却呈现出供不应求的局面，特别是对于一些高端碳纤维产品，国内存在的技术瓶颈以及国外对技术和产品的封锁与限制，一定程度上制约了国防军工以及国民经济的进一步发展。

10.2.1 能源转型领域对高性能碳纤维的战略需求

党的二十大报告提出“加快推动能源结构调整优化”“深入推进能源革命”“推动能源清洁低碳高效利用”。同时，在“双碳”背景下，促进和发展能源转型的脚步已经势不可挡。风能、太阳能、氢能为代表的可再生清洁能源成为主要的能源利用发展方向，而作为高性能纤维的代表，碳纤维在这些领域都具有举足轻重的应用价值，如风电领域的风力叶片、氢能利用领域的储氢气瓶和光伏发电领域的硅片支架等，碳纤维凭借其优异的力学性能和良好的化学稳定性，为这些领域的发展增加了新的助力。

风电作为可再生能源的重要组成部分，在现代能源体系转型中扮演着重要角色。近年来，受益于“双碳”政策，风电作为清洁能源，新增装机容量持续提升。在风力发电的整个环节中，风机成本占比约 50%，为了进一步提高能源转化效率、降低成本，风机大型化成为大势所趋。风机大型化所带来的单瓦·时成本降低显著，有利于实现平价装机。近年来国内风电新增装机呈现出大功率的趋势，相应的叶片直径也呈现出明显的提升趋势。风电叶片是风电发电机的主要结构部件，叶片尺寸大小直接决定发电机功率大小，在叶片尺寸越做越大的过程中，材料的强度和刚度成为制约叶片尺寸的限制因素。传统的玻璃纤维已经难以满足叶片大型化、轻量化的要求，为了满足大尺寸叶片的强度和刚度的需求，碳纤维凭借优异的性能成为大尺寸叶片中玻纤的替代品。根据北极星风力发电网的信息，碳纤维的密度比玻璃纤维的密度小约 30%，强度高 40% 左右，模量高 3 ～ 8 倍，大型叶片采用碳纤维增强材料可充分发挥其高模、轻质的优点。风电行业通常认为，叶片长度超过 80m 时，采用碳纤维已经具备必要性。《风能》的信息显示，以 E8 级别玻璃纤维性能测试结果为例，采用碳纤维拉挤的主梁重量仅为高模玻璃纤维浇筑的约 39%，对应到叶片整体重量能降低 10% ～ 20%。Vestas 的拉挤碳板制备的叶片大梁能够显著提高生产容错率，减少废料产生，降低生产成本，并且能够提高部件的纤维体积含量，在保证产品性能一致性和稳定性的情况下降低运输成本和组装成本，有效推进碳纤维在风电领域的应用。从目前市场情况看，风电领域碳纤维应用也主要源于 Vestas。目前，Vestas 的碳纤维风力涡轮叶片相关专利已经到期，并且国内企业已经有相关技术储备，受益于生产容错率提升以及未来碳纤维价格的进一步降低，风电叶片碳纤维产品需求有望实现高速增长。此外，风电叶片的大型化趋势将进一步推动碳纤维需求量的上涨。

氢能在综合能效、环境友好等方面表现出独特的优越性，被认为是 21 世纪首选的、高效的清洁能源。氢能可以以固相方式储存在储氢材料中，也可以以液态或者气态储存在高压器皿中，并且储存时间较长，同时也便于运输。目前压力气态储氢是国内主流的储氢方式，作为氢气储存和运输过程中的压力容器，储氢气瓶的发展前景十分广阔。储氢气瓶主要分为纯钢制金属瓶（Ⅰ）、钢制内胆纤维缠绕瓶（Ⅱ）、铝内胆纤维缠绕瓶（Ⅲ）及塑料内胆纤维缠绕瓶（Ⅳ）四个类型。当前，国内外对以碳纤维为增强材料的纤维缠绕瓶的研究最为热门，碳纤维缠绕瓶在不影响其可靠性的同时，能够有效减小气瓶的重量。近年来，随着氢能源汽车的迅猛发展，人们在实现清洁能源利用的同时，对车用储氢气瓶轻量化也提出了较高的要求。高压气态Ⅰ型、Ⅱ型储氢气瓶价格便宜，但储氢密度低、安全性较差，容易发生氢脆问题，难以满足车载储氢密度的要求；而Ⅲ型、Ⅳ型瓶主要是基于碳纤维增强材料缠绕加工而成，可以明显减少气瓶质量，提高储氢密度，多数应用于车载。在未来，氢能汽车的高速增长将推动车用高压氢气瓶用碳纤维需求的快速提升。

碳纤维复合材料的高强高模、低密度等特性在光伏产业中也得到了相应的重视，其中热场用碳碳复合材料最多。碳碳复合材料是以碳纤维或者石墨纤维为增强体，以碳或者石墨为基体的复合材料。其可以应用在单晶硅炉内，主要有碳毡功能材料、坩埚、保温桶、导流筒和加热器等。此外，碳纤维复合材料在一些关键零部件上的应用也在逐步推进，例如采用碳纤维复合材料制作硅片支架以及碳纤维刮胶片。在光伏电池生产中，刮胶片越轻，越容易做到精细，而良好的丝网印刷效果对提升光伏电池的转换效率有积极作用。近年来，国家对光伏产业的重视和及其发展，将进一步促进碳纤维下游市场对碳纤维的需求。

在“碳达峰、碳中和”的背景下，新的能源战略将极大刺激氢能、风电、光伏等可再生或新能源的发展，以能源转型为驱动力，碳纤维将迎来巨大的市场需求。

10.2.2 航空航天领域对高性能碳纤维的战略需求

航空航天器一直以来被誉为工业皇冠，各类航空航天器的研制越来越受到各国的重视。先进的航空航天器及其重要结构部件，如飞机、航空发动机、火箭及发动机等航空航天领域的产品成为各国综合国力的象征。从人类生产的第一架飞机“飞行者一号”开始，各种飞行器结构设计的目标之一就是满足强度、刚度的同时尽可能减轻重量。随着社会科学技术的发展，各类航空航天器的设计追求高速、轻质和高承载能力的脚步从未停止。

碳纤维是航空航天新装备必选的“黑金”材料，碳纤维复合材料作为飞机结构材料可使结构质量减轻 30% ～ 40%，碳纤维复合材料较航空金属合金材料性能更优，被广泛应用于飞机各级结构。与传统航空金属合金材料相比，碳纤维复合材料有着更高的比强度、比模量、抗疲劳性能及耐腐蚀性，能够承受飞机在高速飞行时的压强及气候条件。

碳纤维增强复合材料是航空工业领域应用比较广泛的复合材料之一。碳纤维复合材料起初主要应用于飞机的非承力部件如飞机雷达罩、舱门、整流罩等，后来逐渐过渡到飞机的垂直尾翼、水平尾翼及方向舵等一些非主要承力部件。随着制备工艺及结构设计水平的进步，碳纤维复合材料开始应用于飞机的主要承力部件。碳纤维复合材料的发展推动了航天整体技术的发展。当前，航空航天呈现蓬勃发展态势，并且不断取得突破，其进步和发展也将进一步带动高性能碳纤维需求的持续提升。

10.2.3 国防军工领域对高性能碳纤维的战略需求

碳纤维及其复合材料是重要的战略物资，它的发展历程充满了浓厚的军事背景。早在20世纪50年代初，美国为解决战略武器的隔热材料和导弹鼻锥，开始研制黏胶基碳纤维。20世纪70年代中期，UCC在美国空军和海军的资金支持下，研发高性能中间相沥青基碳纤维：1975年研发成功Thornel P-55（P-55），在1980—1982年，又成功研发P-75、P-100和P-120，年产量为230t。P-120的弹性模量高达965GPa，是理论值的94%，热导率是铜的1.6倍，线膨胀系数仅为-1.33×10^{-6}/K，且在375℃空气中加热1000h仅失重0.3%～1.0%，显示出优异的抗氧化性能。

当前，碳纤维复合材料已广泛用于火箭喷管、导弹鼻锥、卫星构件、舰艇材料等方面。在碳纤维复合材料家族中，碳碳复合材料是用来制造洲际导弹的鼻锥、发动机喷管和壳体的最好材料，且已实用化。对于导弹而言，碳纤维复合材料可以实现结构轻量化，而且是功能化的关键原材料。碳纤维的大量使用可以减轻导弹的质量，增加导弹的射程，提高落点的精度。除了导弹本身，碳纤维复合材料在发射筒上也有应用，当采用传统高强度钢为材料时重量超过100t，使用碳纤维增强树脂基复合材料后仅为20t。碳纤维壳体热膨胀系数小，发动机工作期间尺寸稳定，可以提高发动机工作的可靠性。此外，碳纤维还具备一定吸雷达波能力，有利于提高导弹隐身性能，有助于增强导弹突防能力。

固体发动机的喷管是换能器，它将壳体内装的推进剂经燃烧转变为热能，再经喷管转变为动能，从而产生推力以推动火箭或导弹克服地球引力向上飞行。推进剂燃烧时产生的高温高压和高能粒子通过收敛扩散从喷管以马赫数3.0～4.5的超声速喷出，喷管承受3500℃高温、5～15MPa的压力和高能粒子的冲刷，要求喷管材料需经受这一恶劣环境而不烧损。特别是喷管喉衬的工作环境最为苛刻，但要求经烧蚀、冲刷而尺寸稳定；否则，喉径尺寸变大，临界截面也随之变化，喷管压力下降，推力也降，最终会导致推重比下降、发射失败。当前，制造大型火箭或导弹的喷管材料用的碳碳复合材料也实现了实用化。此外，固体发动机壳体的轻量化、复合化是提高其性能的有效途径，将碳纤维复合材料应用于战略导弹和发动机壳体，发动机性能得到显著提高。

随着碳纤维性能的不断提高和基体树脂的不断改性以及先进复合材料技术的日趋成熟，碳纤维复合材料的整体性能臻于完善。这些先进复合材料不仅提供高比强度和高比模量，而且提供优异的耐热和温湿性能，可用来制造飞机的一次结构和二次结构部件。

高超声速及隐身性能是衡量第五代战机性能的两个重要指标，碳纤维作为超轻高强的新型材料，无疑能大大提升战机的机动性。尽管普通碳纤维不具备吸波功能，但通过对碳纤维表面改性而形成的新型碳纤维则电磁性能较佳。结构型碳纤维吸波复合材料结合了复合材料轻质高强的结构优势和吸波特性，是雷达隐身材料的重要发展方向。碳纤维吸波材料属于功能和结构一体化的优良吸波材料，随着全球第五代战机的普及，碳纤维复合材料的需求还将持续增长，进而推动碳纤维用量的进一步提升。

无人机由于其安全、行动迅速、造价相对较低等特点，近年来在军用领域具有很大的发展。碳纤维由于具有比强度和比刚度大、可整体一体化成形、耐腐蚀和耐热性好、可植入芯片或合金导体等特点，在无人机领域得到了大量的使用。美国“全球鹰”无人机碳纤维占比达到 65%，在 X-47B、“神经元”、“雷神”等几个型号的无人机上，碳纤维的使用比例更是在 90% 以上。

由于碳纤维增强复合材料的轻质、高强等优异性能，在装甲防护领域如防护服、装甲舰艇、装甲车辆等均有应用。碳纤维复合材料用于制造装甲车辆、舰艇，除提高装甲防护外，还能提高速度、节省燃料。

因而，国家国防军工领域的强大离不开新材料的应用与发展，其中高性能碳纤维占有举足轻重的地位，对其在未来的战略需求更是不言而喻。当前，能源转型、航空航天、国防军工等领域的突破与进步对于国家的发展至关重要，而碳纤维作为一种关键战略物资，在这些重要领域的发展中扮演着重要的角色。立足国家战略需求，高性能碳纤维的发展与进步将使国家的国防建设和经济社会发展迈上新的台阶。

10.3 当前存在的问题、面临的挑战

从“十三五”至 2035 年，我国碳纤维增强树脂基复合材料产业正处于从发展壮大向产业成熟期过渡且迈向产业中高端的关键时期。在巨大的市场需求牵引下，碳纤维增强树脂基复合材料产业将有广阔的发展空间，但同时也面临严峻的国际竞争、环境保护等方面的压力。挑战和机遇共存！目前国内碳纤维增强树脂基复合材料制造工艺装备落后，自动化程度低，大规模工业化生产成套工艺和装备研发能力不足；缺乏碳纤维高端产品，中低端产品成本居高不下；复合材料设计和应用水平不高，技术发展缺乏顶层设计，跨学科综合设计能力不足。这些已成为阻碍国内高性能复合材料进步的重要原因。在贸易保护主义抬头的大环境下，碳纤维增强树脂基复合材料的发展不能单纯依靠借鉴国外技术和经验，必须坚持以我为主，重点支持，才能实现自主可控。

（1）碳纤维行业技术壁垒高，制备工艺复杂 碳纤维密度低，质量比金属轻，强度却是钢铁的 16 倍，杨氏模量是凯夫拉纤维的 2 倍、传统玻璃纤维的 2 ～ 3 倍。它既具纤维的柔软性，又不失碳材料本征的固有属性，在非氧化环境下耐高温，热膨胀系数小，耐疲劳性、耐腐蚀性好，在有机溶剂、酸、碱中不溶不胀。

碳纤维属于复杂技术产业的典型代表，通过不同的生产工艺得到的产品也差异巨大。上游原材料的要求高，中间过程产出复杂，需要大量稳定的核心机械设备。根据应用领域的

不同，碳纤维按照丝束大小通常可以分为大丝束碳纤维和小丝束碳纤维。一般将48k（每束含有48000根碳纤维）及以上称为大丝束碳纤维，也称为工业级碳纤维，主要有50k、60k、120k、240k、360k等；反之则称为小丝束碳纤维，也称为宇航级碳纤维，主要有1k、3k、12k、24k等。从20世纪60年代PAN基碳纤维的技术突破开始到现在，市场一直以小丝束碳纤维为主要产品。大丝束碳纤维虽然过去就有生产，但是由于其抗拉强度不高，与小丝束有较大差距，所以大丝束碳纤维一直没有得到重视，也没有被广泛应用。近年来，大丝束碳纤维性能得到提升，价格优势更加明显，在工业领域具有更强的竞争力，尤其是2013年，德国宝马部分款型汽车采用SGL公司生产的大丝束碳纤维，打开了大丝束碳纤维在汽车领域的应用之门。大丝束碳纤维应用的整个产业链技术也取得突破性进展，大丝束碳纤维迎来了发展的“春天”。

① 装备、助剂国产化水平低　国内碳纤维产业仍处于调整和发展阶段，各碳纤维企业正从目前的市场需求牵引向高质量发展过渡，积极开展高性能碳纤维生产研究，掌握碳纤维生产核心技术的企业未来将占据优势地位（表10-1）。目前国内碳纤维核心设备大部分需要进口，存在价格高、采购周期长、售后困难等影响碳纤维行业发展的问题，国内多数碳纤维生产企业核心设备国产化率仍处在较低水平，预氧炉、碳化炉等核心设备主要从欧美厂商进口，设备价值高，采购周期长，并且存在设备与工艺不匹配、获取售后服务困难等问题，对生产线的运行效率和成本控制有较大影响。碳纤维生产过程中所用油剂、上浆剂等助剂严重依赖进口，国产化进程缓慢。国内数家碳纤维生产企业都在进行设备的自主研发与仿制，有望显著降低碳纤维生产线的投资额，提高生产运行效率，降低产品成本。碳纤维生产中使用的助剂（油剂、上浆剂等）的国产化研发也在积极开展中。相关助剂使用量虽然不大，但对最终产品性能影响明显，油剂、上浆剂的国产化，对于提升产品性能和降低生产成本有重大意义。

表10-1　国内部分碳纤维企业产品及生产工艺

公司简称	主要产品及技术指标	碳纤维生产工艺
吉林碳谷	产品碳化后可达到T400～T700水平	DMAC为溶剂的两步法；湿法纺丝
上海石化	高强度型，产品可达T300～T800水平	NaSCN为溶剂的两步法；湿法纺丝
兰州蓝星	T300级大丝束产品	NaSCN为溶剂的一步法
光威复材	小丝束GQ3522（T300级）和GQ4522(T700级)，产品在航空航天领域稳定供货	DMSO为溶剂的一步法；湿纺、干喷湿法纺丝
中复神鹰	主要生产高强度碳纤维，具备T300～T800、M30～M40等不同级别碳纤维的工业化量产能力	DMSO为溶剂的一步法；干喷湿法纺丝
恒神股份	主产品为T300级，部分碳纤维参数可达到T800水平	DMSO为溶剂的一步法；湿纺、干喷湿法纺丝
中简科技	主要销售T700级小丝束军品，部分可达T1100水平	DMSO为溶剂的一步法；湿纺、干喷湿法纺丝

② 大丝束纤维成市场主流发展，技术难题有待攻克　我国碳纤维产业整体技术水平目前还处于初级阶段，国产碳纤维整体的稳定性、可靠性与国际先进水平相比尚存差距，部分产品存在性能指标波动大、毛丝多、加工性差等问题。产品种类不如国外齐全，目前真正实现

规模化和连续化生产的只有T300级和T700级碳纤维，T800级产品虽已在制备技术上有所突破并实现小批量生产，但尚未完全产业化，T1000级以上碳纤维规模化生产仍存在困难，高模、高强高模系列等高端碳纤维品种的产业化仍在攻关。

大丝束碳纤维复合材料具有更大的市场。企业选择大丝束品种的主要目标是追求低成本和大规模工业应用，在工业用碳纤维方面，其对碳纤维的价格更加敏感，而对碳纤维的性能要求不像航空航天和军工要求那么高，因此，从产业升级和经济学的角度来看，大丝束碳纤维复合材料具有更大的市场。就目前情况来看，我国碳纤维市场主要以小丝束为主，随着近几年工业领域对碳纤维需求量的大幅度增加，大丝束生产开始起步，企业开始着手大丝束碳纤维的研究。虽然大部分龙头企业已投入大量资金积极研发创新大丝束纤维，但由于我国整体起步较晚，产品与国外有较大差距，产业链不完备，基础薄弱，技术相对落后，开展大规模工业化生产还存在较多技术难题。

a. 技术标准和性能测试缺失：性能测试与表征方法存在空白现象，缺失准确的检验检测数据支撑，给研发和生产增加了难度。大丝束碳纤维没有相应的技术标准，大、小丝束碳纤维由于其所含碳纤维根数的不同，在浸渍环氧树脂制备试样时，其浸渍程度不同，对力学性能测试结果准确性有较大影响，而且测试时加载的速率及试样仪器的设置、加强片的要求等都会对测试结果造成差异，结果会造成大丝束碳纤维力学性能测试结果与真实值之间存在较大偏差。

b. 新型碳纤维前驱体化合物的开发难题：PAN的化工合成和PAN基碳纤维的纺丝的上游原丝技术不过关。国内企业在高端原丝自主研发方面实力差，还处于第二阶段，而国外龙头公司的高端原丝研发已进入第三阶段，产品差异化明显，具有产品优势。例如日本NEDO在聚丙烯腈聚合时完成了热稳定化，原丝生产线出来的纤维是预氧化丝。另外，原丝原料的替代方面，主要思路有沥青、聚烯烃及木质素等，目前并未有重大突破。

c. 在原丝制备过程中，湿法纺丝是极为重要的核心环节（图10-13）：衡量湿法纺丝工艺的重点是考察制备过程中的条件均一性，环境干扰容易造成碳纤维的内部缺陷和性能下降。

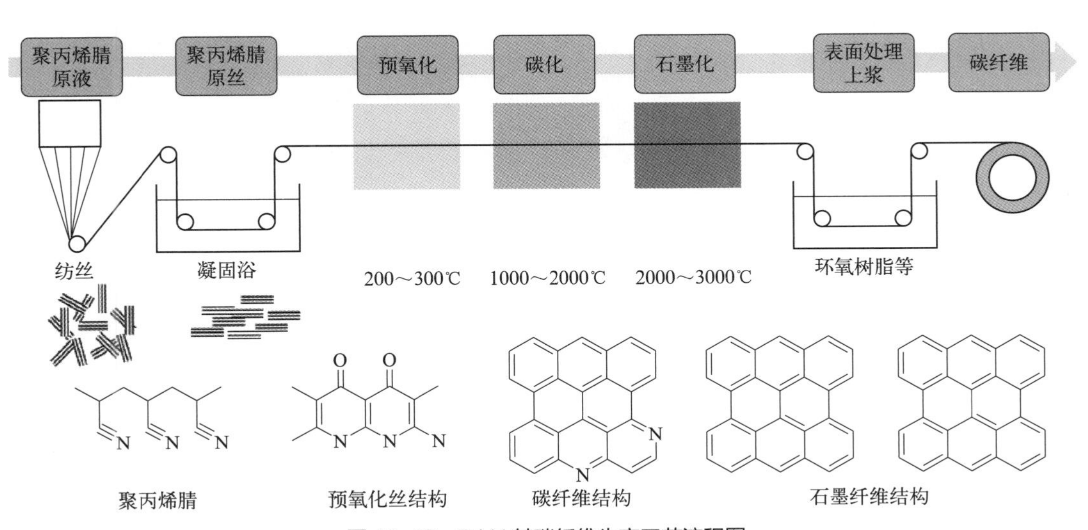

图10-13　PAN基碳纤维生产工艺流程图

例如干喷湿纺的凝固浴液面波动要求小于0.05mm，牵引过程中辊的转速恒定，摩擦力需尽量控制防止产生毛丝，凝固过程中凝固浴的水流温度和速度需要保持恒定，预氧化和碳化过程中气体通入排出需要炉内受温均衡等。

d. 展纱技术高标准严要求：生产过程中丝束难以延展成平带，单丝厚度增加，不利于铺层设计，容易出现粘连、断丝现象，影响生产效率和产品外观，材料性能得不到有效转换，产品性能不稳定。由于丝束较粗，单层厚度较大，树脂不容易浸透纤维束内部，不能够均匀浸润，单丝之间容易产生空隙等缺陷，成形过程中出现纤维屈曲及铺层角度错位的可能性增加，力学性能分散性变大，在后续的织物编织和预浸料制备过程中工艺性变差，难以满足结构设计的要求，不利于界面粘连。

e. 碳化结构形成机理及制备技术受限：从PAN基到碳纤维需高效的设备处理，主要是指提“束”（大丝束）与提“速”（高速）。涉及增产的边际效益以及规模经济。预氧化过程在一定温度梯度的热环境下，对原丝进行较长时间热处理，使其成为具有热稳定性结构的纤维。生产工艺中最大的难点在于预氧化过程中容易出现集中放热，造成失火等安全事故，从而造成重大损失。碳化炉高温处理设备稳定性和可靠性不足，很难规模化，机械设备成本占比大，碳化炉技术缺失没有能力生产高强高模系列。石墨化炉温度要达到2800℃，而能稳定耐受这一高温的炉体原材料受限。

（2）投资大，研发难，成本控制难度大 PAN基碳纤维的生产起步于20世纪60年代，日、美领先。日本高度重视高性能PAN基碳纤维及能源和环境友好相关技术开发，培育出了东丽、三菱等一批碳纤维行业领军企业。1988年，美国国会通过法令，军用碳纤维所用聚丙烯腈原丝要逐步实现自给，由此扶持了赫氏、氰特等本土碳纤维企业的发展。20世纪90年代，卓尔泰克开始研发并推进低成本大丝束在工业领域的应用，形成了高性能小丝束和低成本大丝束两种技术路线。目前，世界碳纤维技术仍主要掌握在日本公司手中，其生产的碳纤维无论质量还是数量上均处于世界领先地位，日本东丽更是世界上高性能碳纤维研究与生产的“领头羊”。日本三家企业东丽、东邦和三菱丽阳的碳纤维产量约占全球70%～80%的市场份额，是全球最大的碳纤维供应商。在碳纤维规模生产的同时，碳纤维厂商不断强化、提升碳纤维的性能，高性能化进展明显。

由于碳纤维行业复杂的工艺流程、高额的研发投入以及很长的研发、产业化周期，真正具有研发和生产能力的公司屈指可数。国外对我国碳纤维行业实施的技术封锁以及高端碳纤维产品的禁运也给国内碳纤维企业自主研发带来了重重困难。近年来兴起的大丝束碳纤维项目，虽然一定程度上降低了生产成本，更有利于销售与使用推广，但初始建设、设备投入较大，工艺难度也比小丝束更大。聚丙烯腈基碳纤维生产能耗高，生产成本中原料成本和能源成本分别约占50%和20%，其中丙烯腈由原油裂解得到丙烯然后氨氧化得到，其价格与丙烯以及上游原油价格相关性较强。近几年受国际原油价格上涨和全球运输费用上涨的影响，丙烯腈价格出现较大幅度上涨，叠加电价上涨，因此，只有比较成熟的工艺、较高的成本管控能力以及较大的生产规模才能将生产成本控制在比较合理的水平。

（3）国内市场进口占比大，应用领域以中低端为主，产品附加值低 2016—2021年国内碳纤维市场需求量从1.96万吨增长至6.24万吨。长期以来，国内碳纤维市场中进口碳纤维

的供给量大于国产碳纤维，平均进口依存度60%左右。从需求结构来看，2021年国内碳纤维需求量占比前三的领域依次是风电叶片、体育休闲、碳碳复合材料，分别占比36%、28%、11%，混配模成形、压力容器、建筑、汽车、航空航天等领域需求占比均不到5%。2016—2021年国内碳纤维产能由2.38万吨增长至6.34万吨，其中2021年增长较快，同比增长75.14%，中国大陆首次超过美国，成为全球最大产能地区。

从全球碳纤维复合材料下游应用来看，航空航天、体育休闲和工业应用是碳纤维复合材料应用的3个主要领域，但与全球碳纤维复合材料应用不同的是，国内碳纤维复合材料主要应用于休闲体育领域，占比为52%，而在航空航天、交通运输领域应用占比则较低。碳纤维生产技术和装备水平低，产业化生产工艺不成熟是导致国内碳纤维应用领域集中在低端市场的主要原因。我国碳纤维需求结构和全球范围内比差距较大，体育用品需求占比最高达到37%，其次是风电叶片占比为36.5%，航空航天领域需求占比仅为3.7%，远低于全球范围内23%的占比。长期以来，我国碳纤维市场需求以体育休闲等中低端领域为主，产品附加值低。近年增长迅猛的风电叶片领域的需求也主要集中在维斯塔斯一家，国内风电企业碳纤维用量较少。随着国家补贴的取消，风电行业未来的发展有待进一步观察。在附加值较高的民用航空等领域，一方面国内目前的需求不足，另一方面国内能够生产高性能碳纤维的企业较少，产量不高，工艺控制水平和国外有差距，产品性能和品质很难满足高端领域的需求，叠加国外高性能碳纤维禁运的因素，高端碳纤维的需求受到抑制。未来随着C919、C929量产，氢能领域的发展和国内高性能碳纤维技术的突破，国内高端碳纤维的需求将快速增长。

（4）市场渗透率低，存在产能过剩风险 碳纤维和传统材料相比具有优异的性能，在许多领域都有应用，可以为下游产品带来显著性能提升，但目前受制于高昂的价格，市场渗透率仍较低。2021年T300级大丝束碳纤维均价在15万元/吨左右，T700级小丝束碳纤维均价在20万元/吨左右，价格和传统材料差距明显。受国内碳纤维需求迅猛增长的影响，国内主要碳纤维企业今年纷纷扩产，预计未来2～3年新增产能为现有产能的数倍，且主要为基于现有技术扩产的T300级大丝束产能，技术进步幅度并不大，这些产能在国际上释放空间有限。如果风电和汽车行业的增长不及预期，残酷的“价格战”很可能就会形成，产能过剩风险也可能会发生。

10.4 未来发展

“一代材料，一代装备”，碳纤维增强树脂基复合材料作为先进技术的发展和支撑，其产业化水平已成为衡量一个国家经济发展、科技进步、综合国力的重要标志。为使我国尽快进入世界材料强国的行列，迅速提升我国在国际上的军事力量，开展新材料的推广应用具有重要的战略意义。我国从20世纪80年代开始进行碳纤维的开发与研究，虽然取得了很大的进步，但前期受制于国外技术以及设备的封锁，核心竞争力仍处于劣势。目前，我国完整的碳纤维复合材料产业链已基本形成，但与国外发达国家相比，在提高高性能碳纤维复合材料的品质及降低成本方面仍存在一定差距，整体应用技术方案及产业相关的配套系统尚未健全。发展碳纤维增强树脂基复合材料需要国家、企业的共同支持与努力；加强培养碳纤维领域的专业人才和增大引进力度，组织并创建研发团队，提供专业装备的配套设施服务，鼓励参与项目研发设计，降低生产成本，提高产品质量；加大对国产碳纤维企业的扶持力度，提升企业的自主创新能力，扩大国产纤维的推广、宣传力度，尽快实现国家装备碳纤维材料的国产化；加强碳纤维基础性的应用研究，扩大碳纤维市场的开发力度；拓宽碳纤维增强树脂基复合材料的应用领域，重点推进碳纤维增强树脂基复合材料在工业领域、建筑工程、海洋领域的开发及应用。

（1）碳纤维技术向增值规模化和高端化的方向发展 目前国内碳纤维行业缺乏核心技术，导致碳纤维产品质量和稳定性不足，因此在原有的技术水平之下，实现技术突破和形成规模化的碳纤维产业链运营模式，将是打破国外企业垄断碳纤维高端领域的关键。

从我国碳纤维发展的历史中可以确定，2021—2022 年是碳纤维行业最重要的历史节点期，这一时期起到了承上启下的作用，既肯定了碳纤维前十年艰苦漫长发展出的成果，又对碳纤维下一阶段的发展重新进行了战略调整。这一阶段的碳纤维达到了“从零到有”“聚沙成塔”的重大突破，打破了传统国防军工方面只能使用进口碳纤维的弊端，大大提升了我国国防的安全。在国家政策的鼓励与支持下，即使遭受了 2020—2022 年新冠疫情的巨大冲击，仍旧没有阻止我国碳纤维企业想要让碳纤维行业持续发展、蓬勃向上的决心，在这一时期，我国碳纤维的市场占有率明显提高，较好解决了市场上原材料供应不足的现象，另外也让我国国产碳纤维得到了进一步的发展，减少了对进口碳纤维的依赖。

中国石化上海石油化工股份有限公司（以下简称“上海石化”）是上海市重大工程项目的承担公司之一，正在积极推进研发建设“2.4 万吨 / 年原丝、1.2 万吨 / 年 48k 大丝束碳纤维”项目的落地工作。该公司从研发设备到制备工艺流程，都进行了重新的审视以及相应的技术支持，专门为大丝束碳纤维生产设计并制造了一套设备及生产线，尤其是成功掌握了制备过程中的关键设备及技术，例如，改进氧化炉、碳化炉，以及控制温度场等关键核心技术。更为令人惊喜的是该系列生产线中拥有了节能型的设计理念，合理充分地利用了资源，满足了我国长期的发展需求。该系列生产线属于我国首创，标志着我国有能力生产大丝束碳纤维以及可以达到最终的规模产业化。2022 年年底，上海石化建成 3 条大丝束碳纤维生产线，年产能 6000t；预计至 2024 年完成全部项目的建设，年产能 1.2 万吨。项目全部建成投产后，将一举改变我国大丝束碳纤维全部依赖进口、长期供不应求的局面，为我国制造业核心竞争力的提升注入新动力，碳纤维产业将迎来更加广阔的应用前景。

通过调研发现，在这十年的发展当中，我国碳纤维企业进行了过于迫切的扩产行动，主要是因为近些年，随着国家政策的推出以及风电叶片、光伏、压力容器等应用领域对于碳纤维的需求呈现逐年上升的趋势，导致在短期内碳纤维出现了供不应求从而价格上涨的火热场面。一个行业的发展与壮大需要进行扩产行动，但不提倡进行简单重复的扩建行动，应该针对提高碳纤维质量这一难点进行技术增值扩产。比如我国现在普遍生产的碳纤维是小丝束碳纤维（1 ～ 24k），但现在市场的需求是大丝束碳纤维（48k 以上），从 2012 年我国碳纤维市场就表现出亟须大丝束碳纤维的研发与生产，但直到现在国产大丝束碳纤维的市场占有率远远不能让人满意。纵观国际市场，大丝束碳纤维依旧出现供应量不足的问题，如果我国大部分碳纤维生产企业能成功攻克该技术的核心难点，必将在国际市场上迎来碳纤维发展的“春天”。

另外，提高碳纤维的制备效率以及进一步降低生产成本是下一阶段需要考虑的问题。如今，制约我国碳纤维发展的最主要问题是毛丝问题。与国外技术对比，在相同设备基础上生产出的碳纤维展丝性有较大差距，碳纤维毛丝的出现会导致丝束的不均宽以及后续制备出的预浸料均匀性差。另外，我国在清洁丝道方面花费的人工成本较国外相比增加许多，如此，生产碳纤维的成本也会随之上升。针对现在生产工艺较为成熟的PAN基碳纤维，可进一步改进其工艺从而提高生产过程中的碳化得率，使之无限接近于理论值，从而进一步提高碳纤维质量。在整个碳化生产线中需要用到大量氮气，未来可研究如何在减少氮气使用量的前提下而不影响碳纤维本身的性能。在设备方面，延长低温马弗炉的使用寿命，减少生产企业的设备开支等都是未来高性能碳纤维发展的目标。

（2）可回收利用及绿色环保成为重要的发展目标 目前碳纤维复合材料的生命周期正在面临着挑战。由于碳纤维复合材料不能进行自然降解，只能通过包埋等方式进行处理，在这种背景之下，对碳纤维材料进行可回收性和二次利用研究，可以更好地为航空航天、军工、轨道交通和医疗市场中的用户提供具有更高性能的应用产品，与此同时也符合全球各个国家对环境污染问题治理的目标，未来有望成为碳纤维行业发展的主要趋势。调查报告显示，2020年全球碳纤维需求量达到了10.69万吨，但其中报废量高达45%，如此下去，不仅资源配置极不合理，也会对自然环境产生负荷。国外已经针对此现象进行了系统研究，并已经成功将回收利用的碳纤维用于无绳吸尘器中的手柄和管子。具体操作为：研究人员采用一种物理相关技术将需要回收的碳纤维及碳纤维复合材料放置于约500℃高温下进行加热回收，随后将其继续用在所需的碳纤维复合材料中。研究测试表明，其性能与不采用回收碳纤维制备的复合材料相当。当前，国内外回收、二次利用碳纤维的方法主要分为三大类，分别为热解法、化学法和机械法。其中，热解法是回收碳纤维复合材料方法中的最优解，并且可以应用在实际工业化生产中；化学法只能应用在小规模的实验室中，具有不能扩大生产的弊端；机械法的操作比较简单，但是不能在汽车领域进行回收。然而，热解法也有其所不可避免的缺陷：会降低碳纤维的本体强度。实现回收碳纤维的高性能价值，以及进一步降低回收成本，满足更加绿色环保的要求是这一方法、这一领域未来所要努力攻克的难关。

（3）高性能碳纤维多领域发展 碳纤维除了在风电叶片领域大展拳脚之外，还会在一些化工领域有不俗的表现，例如压力容器、燃料电池等行业对于碳纤维的需求也是日益增长，需要碳纤维企业持续不断地进行研发以更好地适应未来碳纤维的发展需求；聚焦研发高附加值的产品，开发各种成形工艺技术，进一步降低成本，强化收益能力，满足市场需求。

现今，汽车轻量化越来越成为重点研究目标，若是能将电动汽车配备的驱动电机或者燃油汽车中的燃料电池箱体换成以碳纤维及其复合材料为原料所制备的构件，将会进一步减轻车体的重量，使得其续航能力进一步得到提高。

在纺织、印染方面所需的导辊也可以采用碳纤维及其复合材料为原料制备。由于碳纤维及其复合材料优异的性能，会使得该行业的工作效率得到提高，并且大幅度地减少能耗，保护环境，符合绿色生产的要求；另外，其具备的耐化学腐蚀性等优异性能，会大大增加相关设备的服役时间，带来经济效益。

在航空、轨道交通方面，制备相应的产品时会优先考虑乘客的生命安全而选择相应的材料，其中阻燃性能就是一个重要指标。碳纤维及其复合材料可以通过选择不同的树脂基体，以及添加不同含量的碳纤维很好地满足这一领域的要求，故而碳纤维及其复合材料在该领域的发展前途是光明的。

在医疗卫生方面，随着科学技术的不断发展以及医疗水平的持续提高，传统金属材料已出现各种各样的弊端，亟须发展新型材料来改善此问题。碳纤维及其复合材料由于性能稳定、生物相容性良好且对 X 光有透过性等优异性能，逐步被应用在医疗卫生领域，相信此后的应用会更加广泛。

同时，也要重点研究包括飞机在内的大型成长需求。其中，压力容器在化工中应用非常广泛，它是用来存储气体或者承载气体重量的承压设备，金属内衬碳纤维缠绕复合材料压力容器的出现是整个压力容器技术发展的重要里程碑。此外，每 1kg 氢气高压储氢需要 10kg 碳纤维，一辆小型车用到 5 ～ 6kg 氢气，计算可得碳纤维的用量在 50 ～ 60kg。目前气瓶使用的碳纤维为 T700 级、T800 级。虽然我国已成功研发出大丝束碳纤维，但将其用于气瓶的制造上，还未有成熟的案例。目前生产气瓶的核心材料与技术依旧掌握在欧美等国家的手中，在 2021 年我国采用碳纤维制备气瓶，用量约为 850t，但国外一些企业的碳纤维使用量在 2500 ～ 3100t，显然，与国外相比，我国在提升碳纤维利用率方面存在一定差距。但随着我国政策的不断推出——《氢能产业发展中长期规划（2021—2035 年）》，2023—2025 年我国会逐步推出氢能源物流车、氢能源大巴车以及重卡，其碳纤维的需求量最大可达到 500kg 左右，这将使我国碳纤维的发展有一个质的飞跃。另外，我国的气瓶市场有望在未来几年进军国际市场，成为主力军。

总而言之，我国碳纤维依旧处于供不应求的阶段，还需要依赖进口，这种巨大的碳纤维需求缺口，将会促进我国碳纤维生产企业进行技术革新。从我国开始研发碳纤维时，欧美以及日本等国家皆实行了碳纤维贸易管制，美国更是将碳纤维视为珍宝，严格管控，禁止与我国进行碳纤维的贸易往来。我国政府在此严苛的大背景下，积极推动多项政策，鼓励支持国内碳纤维企业发展，在“十二五”“十三五”以及“十四五”规划中都明确提出要重点发展碳纤维。2022 年 4 月，工信部、发改委又提出，要攻克 48k 以上大丝束、高强、高模、高延伸的碳纤维制备技术。从中不难看出我国对于碳纤维行业发展的重视以及攻坚克难的决心，有望进一步提高碳纤维性能及扩大产能，打破技术管制，解决“卡脖子”问题，实现自主大规模生产高性能碳纤维的目标。

参考文献

作者简介

巨安奇，东华大学材料科学与工程学院副院长，纤维材料改性国家重点实验室骨干成员，中国复合材料学会增强体分会秘书长。主要从事高性能 / 耐烧蚀碳纤维制备与工程化方面的研究工作。近些年在 *Chemical Engineering Journal*、*Carbon* 等国际期刊上共发表 SCI 论文 30 余篇，申请发明专利 20 余项，授权 10 项。参与编写《中国战略性新兴产业——新材料》"十二五"国家重点图书 1 部。主持科技部"863"子课题、国家自然科学基金、企业重大横向"T1000 级超高强度碳纤维制备与产业化""大丝束碳纤维高效制备技术及工程化"项目 20 余项，参与国家重点研发计划重点专项等科研项目 10 余项。

廖耀祖，东华大学材料科学与工程学院研究员、博导、副院长，纤维材料改性国家重点实验室学术带头人，国家重点研发计划项目首席科学家，上海市优秀学术带头人，入选教育部长江学者奖励计划（青年项目）。从事功能纤维与有机多孔材料研究。在 *Nat. Commun.*、*Adv. Mater*. 等期刊发表 SCI 论文 80 余篇，被引用 3700 余次。拥有中国、美国发明专利 23 件。荣获中国化工学会侯德榜化工科学技术青年奖等奖项。

朱美芳，博士，教授，中国科学院院士，发展中国家科学院院士，东华大学材料学院院长，纤维材料改性国家重点实验室主任。在纤维材料复合化、功能化与智能化研究领域取得了系统性和创造性成果。出版著作 10 部（章），发表论文 500 余篇，获授权发明专利 300 余件。获国家技术发明奖二等奖、国家科技进步奖二等奖、国家教学成果奖二等奖、首届全国创新争先奖等 10 余项奖励。国家"万人计划"科技创新领军人才和首批"黄大年式教师团队"负责人。

第11章

高强高韧铝合金

熊柏青　张永安　闫宏伟

高强高韧铝合金是航空航天领域大型飞机、先进战机、运载火箭、空间探测器、战略战术导弹等高端装备主承力结构件制造不可或缺的轻质结构材料。我国高强高韧铝合金从仿制苏联、美国产品开始起步，历经引进、消化、改进和创新研制，逐步建立起自主体系。自“十五”以来，特别是在大型飞机重大科技专项的带动下，我国高强高韧铝合金材料快速发展，第三代/第四代多种高强高韧铝合金材料实现自主保障，总体达到了国际先进水平。我国已进入全面建设社会主义现代化国家开局起步的关键时期，在构建新发展格局、推动高质量发展、提升科技自立自强能力等目标任务背景下，叠加复杂多变的国际形势影响，我国高强高韧铝合金材料高速发展遗留的国际市场竞争力不足、尚未建立品牌效应、产业链部分环节自主可控存在风险、自主创新引领发展能力偏弱、测试和应用数据积累及过程管控等基础体系存在短板等问题进一步凸显。当前国际新一轮科技革命和产业变革深入发展形势下，面向我国新发展阶段的国防科技工业能力建设与经济高质量发展对高强高韧铝合金的应用需求，应从竞争力提升、新材料研发先行、上下游合作高效研发、新材料应用推广、材料数据和应用指标评价体系建立等多方面发力，提升我国高强高韧铝合金材料创新发展水平。

11.1　高强高韧铝合金领域发展与技术概述

（1）高强高韧铝合金的定义与分类　高性能铝合金材料是指以金属铝为基体，通过在熔炼过程中添加 Cu、Mg、Zn、Li、Si、Zr、Sc、Ag 等元素进行合金化，经后续铸造、变形、热处理等加工后，由于合金成分、微观组织和制备工艺明显改进而导致强度、韧性、耐腐蚀、焊接等性能显著提升的铝合金材料。其具有性能优异、“量大面广”且“一材多用”的特点，是支撑和保障国民经济、国防军工建设的重要物质基础。高强高韧铝合金一般指抗拉强度不低于 450MPa，同时兼具高韧性、高耐损伤容限、耐腐蚀等性能的高综合性能铝合金材料，多以变形铝合金为主。高强高韧铝合金按照合金体系主要分为 2××× 系高强高韧铝合金（Al-Cu-Mg 系合金）、7××× 系超高强高韧铝合金（Al-Zn-Mg-Cu 系合金）、高比强高比模 Al-Li 合金、含 Sc 高强高韧铝合金等四类，均为可热处理强化铝合金，产品形式涵盖压延加工而成的板带材、箔材，挤压变形而成的管材、型材、棒材，拉拔而成的线材，锻造变形而成的自由锻件、模锻件等。2××× 系铝合金强度相对较低，但耐损伤容限性能、耐热性能较好，以 2219、2024、2124、2324、2524、2024HDT 等铝合金为代表；7××× 系铝合金室温强度最高，也被称为超高强铝合金，以 7075、7050、7055、7085、7056 等铝合金为代表；Al-Li 合金是铝合金中唯一通过合金化提高弹性模量的合金，其比强度、比刚度等性能优势明显，轻量化效果显著，以 2195、2196、2050、2055、2060 等合金为代表。

（2）国际发展现状与趋势 1906 年，德国冶金学家维尔姆（Alfred Wilm）发现在纯铝中添加少量的合金元素会产生时效强化现象，并发明了硬铝合金（Al-Cu-Mg 合金），其密度与纯铝相当，强度提高了数倍。该合金专利由德国杜拉金属公司收购并开始批量制造，因此又称杜拉铝（Duralumin），在第一次世界大战期间被广泛应用于飞机制造，拉开了高强高韧铝合金发展的序幕。发展至今，高强高韧铝合金已形成代次特征鲜明、状态规格齐全的核心结构材料体系，其技术含量、附加值高，是反映一个国家铝加工综合实力的重要标志。

① 高强高韧铝合金材料设计 高强高韧铝合金与航空航天飞行器一直在相互依赖、相互推动下不断发展。西方发达国家研究开发和生产制造高强高韧铝合金已有近百年历史，产品大量用于制造飞机的关键结构件，如机翼蒙皮、机翼壁板、机翼翼梁和翼肋、机身蒙皮、机身承力框架和隔板、机舱地板梁等。以奥科宁克（Arconic，由美铝公司拆分建立）、肯联铝业（Constellium，由加铝、法铝、瑞士铝等合并而成）、诺贝利斯（Novelis）、爱励（Aleris，2020 年被 Novelis 收购）、凯撒铝业（Kaiser）、奥地利 AMAG 等为代表的美、欧等发达国家企业引领全球铝合金领域创新发展，主要研发力量集中于其企业技术中心，其中奥科宁克 Davenport 轧制厂是世界上最大的航空航天用铝合金板材生产企业；爱励设在德国的 Koblenz 轧制厂，其生产技术一直居世界领先地位，可生产最厚达 280mm 的铝合金预拉伸厚板；俄罗斯以萨马拉冶金厂为代表的企业技术实力也较为雄厚，研发力量集中于全俄轻金属研究院等机构，在 Al-Mg-Li 系铝锂合金、含 Sc 铝合金等领域特色鲜明。

• 2××× 系、7××× 系铝合金：高强高韧铝合金的发展基本与航空航天飞行器的设计需求匹配，呈现合金化程度提升、高综合性能匹配、大规格 / 大厚度产品性能均匀性提升的发展主线，辅以 Zr、Sc 等微合金化设计等发展（表 11-1）。飞行器设计在 20 世纪 20 ～ 50 年代处于静强度阶段，铝合金材料以追求高强度的成分设计和峰时效状态为主，如 2024-T3、7075-T6 铝合金等，材料强度较高，但耐腐蚀、断裂韧性、疲劳等性能较差。在 20 世纪 50 ～ 70 年代处于耐腐蚀抗疲劳阶段，飞行器寿命成为重点，美铝公司开发了 7075-T73/T76 铝合金，引入双级时效工艺，并通过控制杂质元素含量优化发展了 7475-T73/T76 铝合金，显著改善了其断裂韧性和疲劳性能；此外，改进开发了 2214、2219 等耐热、易于焊接的铝合金。在20世纪70～90年代迈入高损伤容限设计阶段，要求材料强度级别达到7075-T6状态的同时具备较好断裂韧性、抗剥落腐蚀性能以及较低的疲劳裂纹扩展速率，美铝、法铝等企业通过进一步提高合金化程度，优化时效工艺，创新地提出T77三级时效工艺等，开发了7050/7150-T74、7055-T77、2324-T39等在当今航空工业仍被广泛选择的铝合金。进入21世纪以来，飞行器设计进入高性能与经济性匹配发展阶段，为提升飞行器寿命，结构件呈现大型化、整体化趋势，具有更优的抗疲劳性能的2524-T3铝合金、强韧性及淬透性进一步提升的7085-T7452铝合金、更高强度级别的高综合性能7036和7056铝合金等新材料快速发展，具体表现在通过大幅度提高7××× 系铝合金的Zn含量及优化主合金元素配比，同时控制微量元素及杂质元素含量，开发出强度级别达到600～650MPa、具有优异综合性能的新一代超高强高韧铝合金材料，如7056、7065、7255等；在传统2××× 系铝合金的基础上，通过调整主合金元素配比、持续降低Fe、Si杂质元素含量以及复合微合金化等，实现了在强度水平相当的情况下，断裂韧性提高了20%左右，疲劳裂纹扩展速率降低了15%，开发出了一系列中高强损伤容限2××× 系铝合金材料，如2524、2624等。

表11-1　国外代表性高强铝合金预拉伸板及其代次特征

代次	主要特征	代表性产品	应用情况	技术成熟度
一代	高静强度，峰时效	7075-T7651厚板（美）、B95厚板（俄）	机身框梁、长桁，机翼壁板、肋等	9级
二代	高强高韧耐腐蚀，过时效	7075-T7351厚板、7475-T7451厚板（美）	机身框梁、长桁，机翼壁板、肋等	9级
三代	综合性能优良，高纯化	7050-T7451厚板/超厚板、7150-T7751厚板（美）B95пч厚板（俄）	机身框梁、长桁，机翼壁板等	9级
四代	综合性能优异，高强高韧耐损伤/高强高韧高淬透性	7055-T7751厚板（美）、7449-T7951厚板（法）、7085-T7451超厚板（美）、7081-T7651超厚板（德）、B96（俄）	机身框梁，机翼上壁板、翼肋、翼梁等	8～9级
五代	兼顾优异综合性能平衡和超高强特性	7056（欧）、7095（美）	未公开	未知

• Al-Li合金：Al-Li合金多是基于Al-Cu、Al-Mg等合金添加Li元素而来，但由于Li的添加显著提升了高强高韧合金的弹性模量，一般将Al-Li合金单独归类讨论。Al-Li合金的发展与飞行器、运载火箭急迫的减重需求密不可分，总体呈现Li含量趋于合理、强度级别趋于提升、综合性能匹配优化的趋势，以美国、苏联为代表分别重点发展了Al-Cu-Li系合金和Al-Mg-Li系合金。在20世纪70年代前开发的2020等第一代铝锂合金，加工性能、断裂韧性等较差，未能获得广泛应用。20世纪70～80年代，能源危机加速航空航天工业的轻量化发展，2090（Alcoa）、2091-T8X（Pechiney）、8090（Alcan）、1420（苏联）等为代表的第二代铝锂合金快速发展，但仍存在各向异性差、塑韧性及强度水平较低等问题。20世纪90年代，

以美国2915、2196以及俄罗斯1460合金为代表的第三代铝锂合金克服了强度水平、各向异性等性能缺陷，取得了较大的应用突破。如2195合金替代2219合金用于航天飞机的燃料储箱，实现减重5%，运载能力提高了3.4t；苏联世界上推力最大的“能源号”（Energia）火箭的低温贮箱使用1460合金；猎鹰（Falcon）系列运载火箭全面应用2195铝锂合金，使得其助推器推重比超过30，是Delta-4运载火箭的3倍；2197合金替代2124合金用于F-16战机的后机身舱壁等部件；2090-T86、2099-T83和2196-T8511合金挤压型材用于B-777飞机机翼长桁、大型客机A380的地板梁、座椅导轨、辅助导轨、座舱、紧急舱地板等。从2010年发展至今，通过降低Li含量并加入多元微合金化元素，严控杂质元素Fe、Si含量，应用精密形变热处理技术来提高合金的强韧性能匹配及损伤容限性能，开发了一系列具有弹性模量高、密度低、耐损伤、各向异性小、耐腐蚀、加工成形性好等特点的第三、四代铝锂合金，如2050、2060、2055、2074、2065、2076等。

• 含Sc高强高韧铝合金：微量Sc元素的添加对高强高韧铝合金晶粒细化、抑制再结晶、提升焊接性能等方面具有显著作用。自20世纪60年代起，美国、俄罗斯等率先将Sc应用于商业化铝合金中，发展至今已形成Al-Mg-Sc、Al-Zn-Mg-Sc、Al-Li-Sc等体系铝合金。含Sc高性能铝合金目前在航天领域应用相对更多，如俄罗斯“火星一号”的仪表盘，导弹导向尾翼，X-33型运载火箭上液氧贮箱、燃料储箱，航天飞行器密封舱主结构等。在航空领域，只有俄罗斯将其应用于米格-20、米格-29、图-204和雅克-36直升机等机型的承载结构件以及安东洛夫运输机机身纵梁等，在民用航空领域尚未规模化应用。制约其批量应用的主要原因为Sc的添加导致合金成本大幅提升，在铝合金中添加0.2%（质量分数）的Sc将导致其原材料成本提高4～5倍。随着Sc提取技术不断成熟，其价格呈现下降趋势，国际上对于含Sc高性能航空铝合金的重视程度重新提升，如俄罗斯铝业于2021年推出了一种商标为“ScAlution”的含Sc系列铝合金，空客研发了强度较$AlSi_{10}Mg$提升约70%的新一代Al-Mg-Sc高强3D打印用铝合金粉末——Scalmalloy。

② 高强高韧铝合金的大流程制备加工　高强高韧铝合金材料的制备加工总体流程发展至今并未发生本质改变，一直沿用配料→熔炼铸造→均匀化热处理→变形加工（轧制/锻造/挤压等）→固溶处理→预变形→时效的工艺流程。伴随着高强高韧铝合金高合金化设计与其构件大型化、整体化发展，高强高韧铝合金制备加工工艺不断进步，且喷射成形等特种制备加工工艺也在部分领域得到应用。

• 高品质铸锭成形：高强高韧铝合金铸造成形技术在高合金化超大规格铸锭成形、铸锭疏松/夹杂等缺陷控制、铸锭偏析与微观组织均匀性控制等方面不断发展。随着高强高韧铝合金合金化程度不断提高，凝固温度区间随之加大，合金的热裂/冷裂倾向加剧。为改善铸锭冷却条件，减小铸锭应力，从而降低铸锭开裂倾向，铸锭矮液位结晶器凝固—挡水板控冷、热顶铸造、低压铸造、气滑铸造、环形耐火材料（annular refractory composite）模铸造等技术不断发展。此外，基于有限元模拟的铸锭温度场、液穴深度、应力应变相关研究获得越来越广泛的应用，指导铸造工艺参数优化。铸锭缺陷控制主要涉及显微疏松、第二相夹杂物、氢含量、碱金属含量、渣含量等，目前研究主要集中在炉内精炼、在线除气、在线过滤等方面。炉内精炼主要使用透气砖精炼来替代传统的六氯乙烷精炼，可在降低环境污染的同时提高净化效率；在线除气主要通过 Alpur、SNIF（spinning nozzle inert gas flotation）、LARS（liquid aluminum refining system）等箱式除气装置和流槽除气装置完成，通过惰性气体或氯氩混合气体对浇铸前的熔体进行进一步除气处理；在线过滤则主要使用不同目数、层数搭配的陶瓷过滤装置来控制熔体中的杂质含量。铸锭偏析与微观组织均匀性控制与晶粒细化剂的选择和电磁铸造、超声铸造等新型铸造方法密切相关。晶粒细化剂发展至今多采用 AlTiB 丝，近年来，TiC_x 被认为是一种有效的铝合金形核剂而受到广泛关注。电磁铸造是将中频、低频电磁场与传统直冷式结晶器进行耦合，制备的铸锭的表面较为光滑，晶粒组织较传统半连续铸造工艺更为均匀、细小，几乎无粗晶层，奥科宁克、肯联铝业等企业已实现了工业化应用。

• 大规格高强高韧铝合金热变形：随着航空航天领域先进飞行器对机动性、燃油经济性等的要求不断提高，其结构设计更多地采用了新型整体结构件取代传统的组合式结构件，以提升机体结构刚度、气密性、外形精度、装配质量，同时大幅降低装配工作量。为满足铝合金结构件大型化和整体化的发展趋势，对高强高韧铝合金的截面、厚度规格也提出了更高的要求。如预拉伸厚板最大厚度达到 200mm 以上，超过常规厚度一倍以上；超大规格锻件厚度要求达到 300mm 以上，超过常规厚度 1.5 倍以上。大规格高强高韧铝合金的制备与其热加工环节密切相关。从装备能力看，铝加工装备能力不断发展，宽度 4500mm 热轧机组、800MN 超大型模锻机组、120MN 厚板预拉伸机组、225MN 挤压机成套设备等为大规格高强高韧铝合金制备加工奠定了硬件基础。从热变形加工技术看，在有限变形量前提下实现材料芯部充分变形的先进热变形技术不断发展。以热轧为例，传统要求变形量达到 80% 才能保证板材中心变形充分，使得铝合金完全从铸造组织转化为加工组织，这样生产 200mm 规格的厚板需要原始坯料厚度至少在 1000mm 以上，而目前高强高韧铝合金铸锭最大规格一般不超过 620mm，更大规格铸锭冶金质量、成品率将无法保障。2008 年爱励在 Koblenz 轧制厂建设了全世界第一条蛇形轧制生产线，可以用厚度仅 500 ～ 600mm 的方形铸锭直接轧制出中心变形十分充分的 250mm 厚板。同时，采用蛇形轧制技术后，厚板芯部沿长度、宽度和厚度方向的疲劳性能与传统轧制相比可提高 150% 以上，而且可以更加有效地消除铸造缺陷。

• 多相协同调控的精密热处理技术：热处理贯穿高强高韧铝合金制备加工的全流程，从以促进一次凝固相回溶和弥散质点析出的铸锭均匀化热处理开始，到最大限度促进第二相回溶至基体、提升合金基体过饱和度的固溶淬火处理，再到实现晶内析出相、晶界析出相、无沉淀析出带精确调控的时效处理。高强高韧铝合金的精密热处理通过与热变形工艺协同，实现多相组织协同调控，得到晶内析出相细小弥散、晶界析出相断续、尽量减小晶界 PFZ 宽度、残留的大尺寸第二相尽可能分布均匀且无尖锐棱角、基体再结晶比例适当且一定程度保留变形组织的理想微观组织。均匀化热处理由传统的单级处理向双级处理发展，其第一级处理温度较低，主要目的是促进合金中纳米级的 Al_3X 粒子弥散析出，同时促进部分低熔点共晶相发生部分溶解，避免更高温度处理时的过烧现象；第二级的温度较高，旨在促进合金中残留高熔点第二相充分回溶，尽可能地减少非平衡共晶相的残留数量。为使合金在时效处理前具有更高的过饱和度，固溶处理也由单级固溶向多级固溶发展。时效处理的针对性更强，根据高强高韧铝合金的性能需求，选择单级、双级、三级等系列时效制度。为实现更优的综合性能匹配，回归再时效技术（T77 三级时效）在 7××× 系铝合金中得到广泛应用：通过第一级低温预时效析出大量的 GP 区和小尺寸强化相；第二级时效提高温度进行高温回归，促使第一级形成的晶界连续析出相回溶断开，提升耐腐蚀性能；第三级低温长时时效，使得晶内、晶界析出相继续弥散析出、缓慢长大，实现最佳强化效果。此外，非等温时效、积分时效等工艺因拓宽工艺窗口、提升时效效率等优势也获得广泛的研究，但受限于工业化条件下升/降温速率控制难度，尚未规模化应用。

• 高强高韧铝合金残余应力精确表征及控制技术：残余应力过大是导致后续结构件机加工过程出现变形超差而不满足零件设计和装配的要求，或引起应力腐蚀开裂进而降低零件的可靠性和使用寿命等问题的核心原因。工业发达国家虽已掌握了例如最大厚度 300mm/ 最大质量 3900kg 的铝合金模锻件、最大厚度超过 200mm 的铝合金预拉伸板等制品的加工制造技术，并将其加工为大型整体式结构件，广泛应用于大型客机及军机制造中，其残余应力的控制主要采用“制造商提供板材 - 航空企业结构件加工”模式，在数十年的发展过程中，针对不同牌号、规格产品反复优化并锁定具有最优残余应力分布的工艺参数，积累了大量残余应力控制经验和数据，但在残余应力表征与控制方面，至今并没有形成统一公开、可借鉴的评价方法和标准，公开报道的仅有一些定性表征方法，如以爱励科布伦茨轧制厂为代表的先进企业已初步建立了基于超声波检测的预拉伸板残余应力定性检测手段，其具体方法及标准并未公开。大规格铝合金产品残余应力表征及控制技术目前仍然是世界性难题，也是制约国产材料使用性能水平提升的重大共性技术瓶颈之一，其核心难点在于如何实现大规格铝合金产品残余应力快速、准确、无损的定量表征，即建立科学合理的、具有可操作性的残余应力表征方法和出厂评价标准。

③ 高强高韧铝合金的特种制备加工技术　随着对铝合金材料的研究不断深入，基于传统大流程工艺的高强高韧铝合金材料性能持续提升面临瓶颈，主要是受限于半连铸工艺熔体凝固过程相对较低的冷却速度，在以合金化程度提高为主的超高强铝合金设计思路下，铸锭中会形成大量的粗大凝固析出相，这些凝固析出相很难通过后续处理回溶到基体中，不仅不会进一步提高最终合金加工材中沉淀强化相的数量，反而会恶化合金加工材的综合性能。快速凝固的特种铝合金材料制备技术应运而生。喷射成形技术作为快速凝固技术代表之一，熔体凝固冷却速度达到 10^3 ～ 10^4K/s。采用喷射成形工艺制备 7××× 系铝合金，可显著提高凝固过程中合金元素在基体中的固溶度，并使合金中的显微组织明显细化，各种宏观和微观偏析得到有效控制。合金液体可直接沉积制备块体坯料，其微观组织为细小的等轴晶、宏观偏析少、可制备传统铸锭冶金难以制备的高合金化铝合金。工业发达国家 20 世纪 90 年代便开始尝试将喷射成形工艺应用于超高强铝合金的开发，先后研发了 7093、7034 等用于喷射成形的高合金化铝合金，虽然强度提升明显，但断裂韧性、塑性等其他关键性能较低，仅在少数场合进行了应用考核，至今尚未获得规模应用。此外，当前新型增材制造用高强高韧铝合金材料不断涌现。如由 Amaero 和澳大利亚莫纳什大学共同研发的新型的铝合金在 3D 打印后再继续进行热处理和时效硬化后，可以实现在 260℃下长时间的稳定服役，Al250C 材料强度达到目前可用于 3D 打印的铝合金材料中最高水平，抗拉

强度稳定达到570MPa以上，伸长率稳定达到12%以上，制备的航空零部件通过了250℃高温下持续5000h的稳定试验，相当于发动机常规服役25年的要求；空客研发了牌号为Scalmalloy的新一代Al-Mg-Sc高强3D打印用铝合金粉末，新合金的抗拉强度与屈服强度比AlSi10Mg合金高约70%。

（3）我国发展基础

① 国内高强高韧铝合金产业链概况　经过多年的发展，我国已形成了覆盖“铝土矿—氧化铝—电解铝—铝加工—铝应用—再生铝”产业链上下游的产业体系，铝加工行业已经形成一定规模，已成为全球最大的铝材生产国，形成了生产体系，产品已系列化，品种有七个合金系，可生产板材、带材、箔材、管材、棒材、型材、线材和锻件（自由锻件、模锻件）八类产品，广泛应用于航空、建筑、运输、电气、化工、包装和日用品等工业部门。2021年铝材产量再创新高，达到4470万吨，其中乘用车车身板、电池箔用量与2020年相比，增幅均达到了100%。

我国高强高韧铝合金材料产业从仿制苏联、美国产品开始起步，历经引进、消化、改进和创新研制，逐步建立起自主体系。半个多世纪以来，我国研制生产的高强高韧铝合金材料在航空、航天、兵器等领域获得了大量应用，已逐步发展为除美、法、德、俄等工业发达国家之外的全球又一重要分支。近年来，随着国家经济实力的增强，国家科技计划对自主创新支持力度不断加大，一些高强高韧铝合金材料已开始与国际同步发展，但市场占有率、国际竞争力等与国际先进企业仍存在较大差距。

② 我国高强高韧铝合金发展基础

• 铝加工行业发展环境基础：目前我国铝加工行业正向着规模化、设备现代化、产品结构调整优化、体制机制变革等方向发展。一是新项目起点高，技术装备水平高。随着近年来铝加工行业资本及资源的快速流入，熔铸、热处理、轧制、挤压、后处理、精加工等装备全面升级。新兴的南山、忠旺、南南等企业具有大量进口的先进设备，很多企业装备水平世界一流。先进连续化生产线和大型装备的数量世界第一，已建成的热连轧 - 冷连轧生产线数量占全球的50%以上；已建成的45MN以上大型挤压机数量占全球的70.8%，其中包含4台200MN以上超大挤压机；建成了全世界吨位最大的800MN超大型模锻机组和120MN厚板预拉伸机组等。二是产业链一体化程度不断提高。电解铝生产企业开始向铝加工行业延伸，铝液直供短流程生产铝挤压圆锭、轧制板坯比例不断加大，节能降本增效显著。此外，铝加工企业也逐步向产品深加工发展，探索通过提供产品粗加工、产品表面处理的新模式，更好地为用户提供服务，轨道交通铝合金车体大部件、铝合金半挂车、城市桥梁、游艇等技术集成度和附加值高的铝深加工产品不断涌现。三是开发能力提升，产品结构逐步优化，进口替代进程加快。铝加工产品结构正在经历调整，铝加工企业不断将工作重心转移到中高端铝材，开发高技术含量产品，打破高端产品垄断并逐步替代进口，实现铝加工行业转型升级。高精度板带材、高性能轨道交通用型材的生产不断趋于现代化、专业化、规模化，极大地提高了我国高端铝材的生产水平和竞争力，高端铝材占比不断提升，有力支撑了航空航天及轨道交通等行业的飞速发展。进口替代趋势十分明显，例如7055、2024HDT等航空铝合金厚板打破国际唯一供应商垄断。

• 高强高韧铝合金技术创新进展：21 世纪以来，围绕铝加工行业技术创新，“973 计划”、“863 计划”、国家重点研发计划、科技支撑计划、产业化示范工程计划、工业强基工程专项、国防军工军品配套计划、国产大飞机重大科技专项等相继投资超过 10 多亿元、立项超过 100 个开展相关重大基础研究、关键技术攻关和产业化示范工作，突破了高精度铝及铝合金板带的热连轧 - 冷连轧技术、大断面复杂截面铝合金型材的挤压加工技术、大尺寸高合金化铝合金铸锭的 DC 铸造技术、高强高韧铝合金强韧化热处理成套技术等。在高强高韧铝合金方面，中铝西南铝、中铝东轻、中铝西北铝、南山铝业、有研集团、北京航材院、中南大学等突破了高强高韧铝合金成分优化与精确控制、大规格扁锭铸造成形与冶金质量控制、超宽超厚板强变形轧制与板形控制、强韧化热处理以及残余应力消减等关键技术，打破了国外的技术封锁，开发了超高强铝合金、高纯高损伤容限铝合金、铝锂合金和稀土铝合金等，形成了以 7050、2124 等第三代航空铝合金及以 2195、2297 等第三代铝锂合金为代表的铝加工规模化生产能力，并完成了 7150、7055、7085、2524 铝合金以及 2A97 铝锂合金等一系列预拉伸厚板、超厚板、薄板、锻件和挤压材等重要产品的试制和批量生产，高强高韧低淬火敏感性铝合金获得国际主要铝加工发达国家授权专利，在国产大飞机等国家重要型号工程中获得了批量应用，基本实现了主体材料的自主保障。西南铝业（集团）有限责任公司研制出的 10m 整体环件，连续刷新了铝合金整体环件的世界纪录。

• 高强高韧铝合金产业能力现状：我国高强高韧铝合金材料重点品种主要有：a. 薄板：主要合金有 2024、2D12、2B06、2A12、2524、7075、7N01、7B04、7475、7050 等，状态有 O、T3、T4、T6、T8 等。b. 预拉伸板、厚板：主要合金有 2024、2D12、2124、2B06、2B25、2D70、2A12、2024HDT、7075、7B04、7475、7050、7150、7055、7085 等，状态有 T351、T651、T851、T87、T7751、T7651、T7451、T7351 等。c. 挤压材：型材规格最大外接圆直径 670mm，最大长度 13500mm；管材规格：最大直径 500mm，最大长度 13500mm；棒材规格：最大直径 300mm，最大长度 13500mm；主要合金有：2024、2B06、2D70、2A12、2B25、7075、7B04、7050 等，状态有 O、T3511、T6511、T77511、T8511 等。d. 自由锻件、模锻件：可生产 2D70、2014、7075、7A12、7050、7085 等合金，状态涵盖 O、T6、T7452 等；模锻件最大投影面积 5m^2，最大长度 5m，最大宽度 2m；自由锻件最大单件质量 4 吨，最大厚度 500mm，最大宽度 2500mm，最大长度 7000mm。

在装备能力方面，我国高强高韧铝合金材料生产线建设速度和规模全球领先，当前生产装备能力总体上已经迈入了国际先进水平行列。除东轻、西南铝等中央企业具有很强的生产能力外，近几年，在国产大飞机发展的牵引和带动下，南山铝业、天津忠旺、南南铝业等多家地方国企和民营企业也纷纷投资建设先进高强高韧铝合金生产线，并已相继建成投产。统计 5 家国内主要高强高韧铝合金生产企业的预拉伸厚板、薄板、锻件、挤压材等生产的生产装备能力，其产能总和超过 80 万吨 / 年（其中预拉伸厚板近 40 万吨 / 年、薄板超过 12 万吨 / 年、锻件超过 1.5 万吨 / 年、挤压型材超过 33 万吨 / 年），考虑到还有尚未调研到的国内其他航空铝合金生产企业的能力，实际上我国航空铝合金的装备生产能力已接近 100 万吨 / 年，位居世界第一，远大于当前全球航空市场 60 万吨 / 年的总需求，产能过剩问题不容忽视。

11.2 高强高韧铝合金的战略应用需求

高强高韧铝合金是满足国家战略和国民经济发展的支柱性重大工程和高端装备制造应用需求、支撑新一轮科技革命重大技术突破的重要物质基础之一，是保障航空航天、国防军工等领域高端装备自主可控的关键环节，也是引领我国铝加工产业高端化、消费结构现代化，实现高质量发展的强大动力。

（1）航空领域 高强高韧铝合金是航空领域先进战机、大型运输机、民用客机等先进飞行器主要的结构材料，其用量一般达到机体结构重量的40%～80%，如图11-1、图11-2所示。现代飞机结构选材对高强高韧铝合金最主要的要求是高比强度、高比刚度、高断裂韧性、低裂纹扩展速率、抗疲劳、耐腐蚀和低成本等。近年来，树脂基复合材料由于其在比强度、比模量、耐腐蚀等方面的性能优势，在更为关注燃油经济性的先进民航客机中的用量大幅提升，如波音 787、空客 A350 等客机中复合材料的用量均超过 50%，但仍存在装机成本高、可回收性差、无损检测困难等局限。因此在当前和未来很长一段时间，铝合金仍然是世界航空制造业的核心结构材料。

飞机不同部位铝合金结构件由于承受的载荷类型不同，其对铝合金的关键性能要求也有所不同。如机翼上壁板对材料强度要求最高，同时要求刚度、耐腐蚀性能；机翼下壁板对合金耐损伤容限、抗疲劳性能要求更高；机翼翼梁、翼肋要求合金的抗疲劳性能、剪切强度；机身蒙皮要求合金的抗疲劳性能、损伤容限、耐腐蚀性能；机身桁条要求合金的抗疲劳性能、压缩强度；机身隔框要求合金的刚度、抗疲劳性能、压缩强度。波音 777 飞机大量采用了目前最为先进的 7055-T7751 和 2524-T3 高损伤容限航空铝合金作为机翼蒙皮和机身蒙皮；波音 747-400 是世界上最现代化、燃油效率最高的飞机之一，其机翼蒙皮、桁条和下面翼梁弦等结

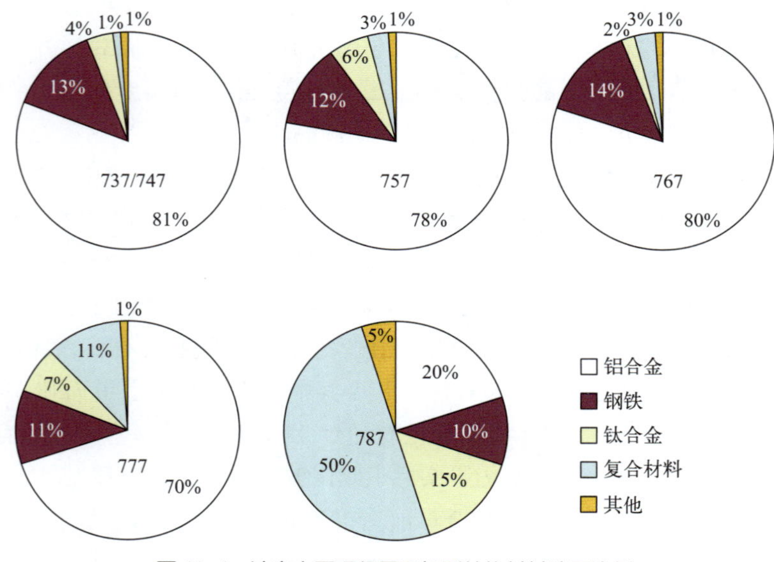

图 11-1 波音主要现役民用机型结构材料选用比例

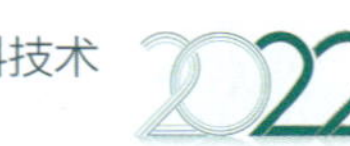

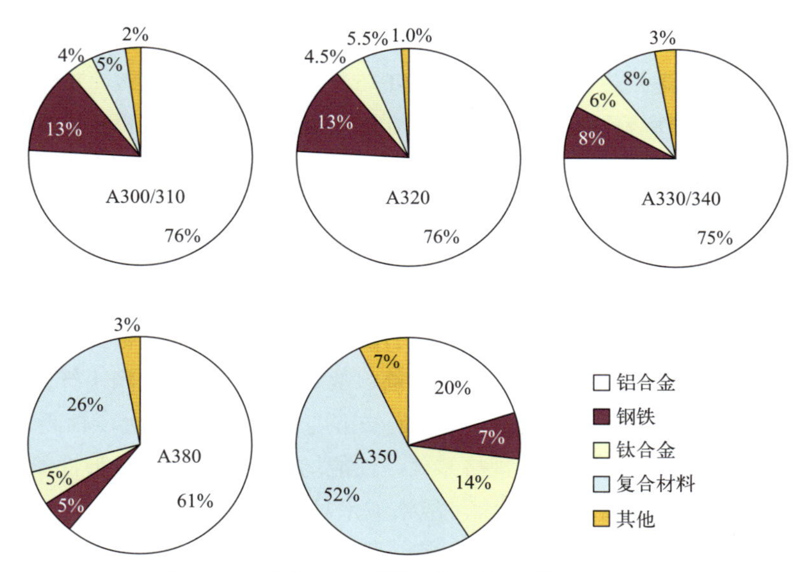

图 11-2　空客主要现役民用机型结构材料选用比例

构通过使用高强度的7150、2324等铝合金，使其质量减轻了约4200磅（1900kg），同时疲劳寿命显著延长；A320系列飞机机身、机翼主要采用2024、7175和7010等铝合金，地板梁以及部分机身和机翼蒙皮采用2090和8090铝锂合金，使飞机质量减轻500kg；A330/340宽体客机机体结构采用了7050-T74、7150-T6151和7010-T74，以及C433-T351铝锂合金，后期机型还采用了先进的2524-T3铝合金；A380客机（图11-3）将7085-T7452合金用于机翼后翼梁、2524-T351合金用于机身、7055-T7751合金用于上翼蒙皮、2024HDT-T351合金用于

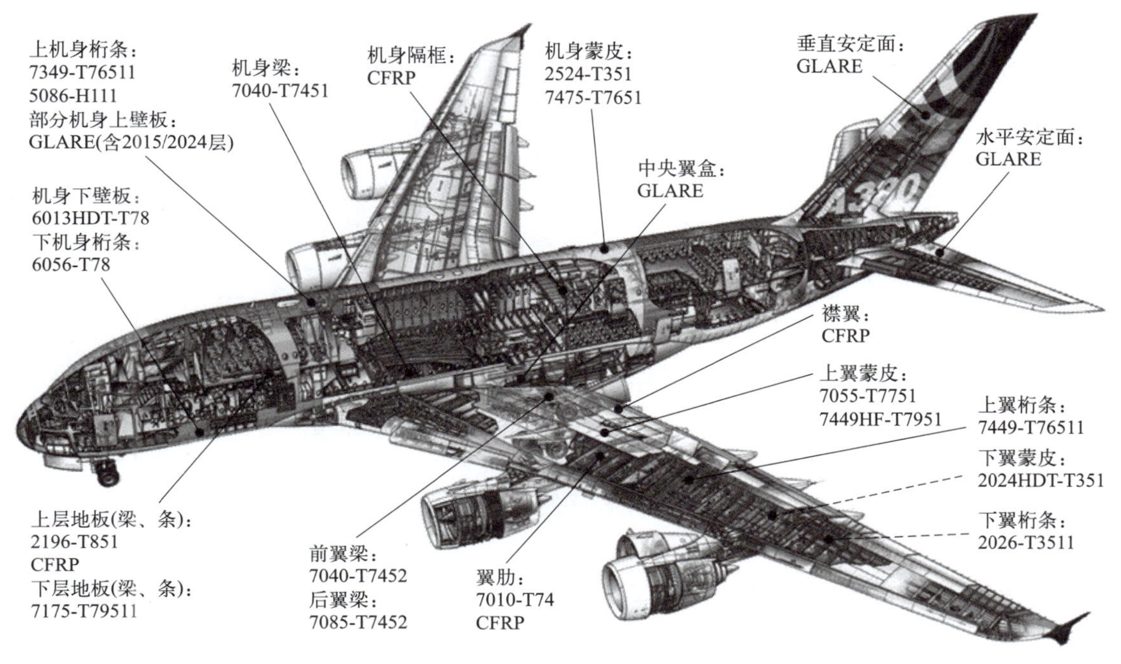

图 11-3　空客A380客机机体结构选材情况

下翼蒙皮、2026-T3511 用于下翼桁条、2196-T851 合金用于上层地板。

在国产大飞机、先进战机等重点型号中，7075、7475、7050、7150、7055、7085 等系列合金的厚板、型材、锻件等产品被广泛应用于制造各种飞机中的机身框梁、长桁以及机翼壁板、肋、对接接头等关键承力结构件。采用该类材料制造的结构件占到了飞机结构总质量的 40% ～ 70%。我国以 C919 为代表的大型客机也选用了大量先进高强高韧铝合金材料，机体结构重量占比达 60% 以上。机身蒙皮壁板、地板支撑等使用了第三代铝锂合金，机翼壁板和主起落架支撑接头使用了超高强 7055 合金厚板、高耐损伤容限 2024HDT 合金厚板和低淬火敏感性 7085 合金大规格锻件。

（2）航天领域 铝合金是航天领域运载火箭、战略战术导弹、空间飞行器等高端装备最主要的结构材料，要求材料具有高强度和刚度、低密度、耐损伤（腐蚀、辐照）、高温 / 低温强度好、易焊接等性能，且可生产大规格零件、性能均匀稳定、加工成形性能好。如运载火箭燃料贮箱大量应用 2219、2195 等合金，战略战术导弹级间段、舱段等采用 2A14 等合金，发动机装置、主体部件、旋转台、遥控部分等选用 7075 合金，卫星流线形外罩、控温阀部件和载人飞行器骨架等选用 2024、7075 等合金。

高强高韧铝合金的发展对航天领域高端装备减重、降低燃料消耗意义重大。美国 1997 年采用 2195 铝锂合金代替 2219 铝合金，成功制造了直径 8.4m、长 47m 的第三代低温燃料外挂贮箱（超轻贮箱 SLWT），使贮箱减重 5%，运载能力提高了 3.4t，1998 年中期，使用该贮箱的“奋进号”航天飞机发射升空（STS-91），节约成本约 7500 万美元；苏联世界上推力最大的“能源号”（Energia）火箭应用 1460 铝锂合金制造液氧、液氢贮箱，直径和长度分别达到 8m、40m；SpaceX 公司现役“猎鹰 9 号”（Falcon9）运载火箭的第一级、第二级顶端和外层全部采用铝锂合金材料制造；SpaceX 公司“猎鹰重型”（Falcon Heavy）作为全世界运载能力最强的现役大型运载火箭，是全面使用 2195 铝锂合金的液氧 - 煤油发动机火箭，实现了优异的减重效果，大幅提升了其推重比，助推器质量比（加满推进剂质量 / 耗尽推进剂质量）超过 30，超过采用更高比冲液氧 - 液氢发动机的 Delta-4 运载火箭 2 倍；NASA 从 2007 年开始试验 2050 铝锂合金取代 2195 铝锂合金应用于燃料贮箱的试验，并高度关注 2055 等更先进铝合金在航空领域的应用；近期美国执行“Artemis1”号任务的空间发射系统（space launch system，SLS）和“猎户座”飞船的结构设计大量使用航空航天级铝合金，其中包括肯联公司提供的 Airware 铝锂合金。总体而言，研究采用具有更高比强度、比刚度的铝锂合金是航天领域的重要发展趋势。我国也高度重视 2195 等先进铝锂合金在航天领域的应用，目前采用 2195 合金 4m 级特宽厚板和 3.35m 直径过渡环，运用“整体旋压 + 搅拌摩擦焊”（FSW）新技术，成功试制出了国内首个 3.35m 直径 2195 铝锂合金贮箱工程样机，其箱底（顶盖）与传统的 2219 合金瓜瓣焊接工艺生产的同类产品相比，获得了 38% 的减重效益，工程样机整体与采用 2219 合金生产的同类产品相比，实现整体减重 19%。

（3）武器装备领域 铝合金一直是军事工业中应用最广泛的金属结构材料之一。武器装备在机械化、机动化、信息化复合发展的进程中，轻质结构材料的作用举足轻重，特别是在快速机动、远程作战、高度信息化的发展趋势下，对结构材料的比强度、比刚度、耐冲击性能等提出了更高的要求，以实现更高水平的轻量化。在坦克、装甲车等领域，高强高韧铝合金是保持高防护性能的前提下，减小车体质量，提高车辆有效负荷和灵活机动性，提升其通过飞机和舰船运输快速部署能力的关键。铝合金作为装甲板应用始于 20 世纪 50 年代中期，距今已有 70 多年，在轮式装甲车与履带式装甲车上都得到了应用。美国陆军研究实验室对装甲车侧面与前面装甲板合金的性能与尺寸做过相当长时间的研究，通过一系列模拟实弹射击研究，发现 2139、7056 厚板制备的装甲强度性能、抗爆炸性、抗枪弹击穿性能与耐腐蚀性能优异。在相同厚度下，应用 2139 铝合金的装甲板可抗 640.1m/s 速度的枪弹射击，而 5083-H131 铝合金和 7039-T64 铝合金则分别为 542.5m/s 与 582.2m/s，因此美国陆军研究实验室已将其应用于新一代的先进陆军侦探概念装甲车 CAMEL（concept for advanced military explosion-mitigating land）。我国已在装甲车中批量应用 2A12、7A52 等高强高韧铝合金，随着对防护能力、两栖服役、轻量化等方面的要求不断提升，高力学性能、抗弹性能、耐应力腐蚀性能、焊接性能，低成本的高强高韧铝合金一直是重要的发展趋势。

（4）交通运输领域 高强高韧铝合金在轨道交通、新能源汽车、船舶等领域尚无规模化应用，只在高速列车车体中应用了少量 7××× 系铝合金，其主要瓶颈为较 6××× 系、5××× 系铝合金相对高昂的成本，以及较差的耐腐蚀性能和成形性能。但鉴于其性能优势，高强高韧铝合金在交通运输领域具有较好的应用潜力，相关人员一直高度关注高强高韧铝合金的发展，并同步开展相关应用验证工作，如将 7××× 系铝合金应用于汽车防撞梁与空间框架等。随着高强高韧铝合金体系进一步完善，短流程、低成本制备加工工艺持续优化，高强高韧铝合金在交通运输领域中的应用规模将进一步拓展。

11.3 当前存在的问题与面临的挑战

（1）新形势下高强高韧铝合金产业发展的机遇与挑战 在当前国际国内宏观形势下，我国高强高韧铝合金材料产业的发展机遇与挑战并存。从外部形势看，国际环境日趋复杂，新一轮科技革命和产业变革深入发展。“十四五”以来，中美贸易摩擦、世界经济下行等对我国铝资源保障、高端铝加工装备进口、部分品种高强高韧铝合金自主供应带来严峻挑战。在铝资源供应风险方面，我国以全球铝土矿储量的 3.1% 支撑着全球铝土矿产量的 22.1%，对海外铝土矿资源进口依赖度极大。近年来，我国自几内亚、澳大利亚和印度尼西亚进口的铝土矿占总进口量的 90% 以上，面临着资源国政局和政策变化、世界经济下行影响国际物流运输等带来的诸多风险。在少数品种高强高韧铝合金材料自主保障风险方面，当前国际单边主义、贸易保护主义盛行，我国先进制造业成为西方发达国家关注的焦点，高端铝合金材料逐渐出现采购周期长、订货起点高、成本高昂等问题，产业链安全存在一定风险。在高端铝加工装备进口方面，由于我国先进铝合金材料产业的发展与国际一流加工装备引进密不可分，如今成套进口铝锂合金熔铸机组进口受限，装备的底层控制、参数调整权限不开放，先进铝加工装备成为制约我国先进铝合金材料创新的潜在风险。从内部环境看，我国已转向高质量发展阶段，“十四五”时期经济社会发展要求构建以国内大循环为主体、国内国际双循环相互促进的新发展格局，“碳达峰、碳中和”目标明确，我国先进高强高韧铝合金材料的发展同时也处于重要的战略机遇期。贸易摩擦、科技竞争等因素都促使国内下游用户更加重视国内先进铝合金材料供应商，对大飞机用先进铝合金材料等提升国际竞争力的牵引显著加速。

（2）我国高强高韧铝合金产业存在的不足与差距分析 我国现已初步建立了高强高韧铝合金相应的牌号和状态体系，形成了系列化的国产高强高韧铝合金产品；基本上解决了国际上前四代航空铝合金的有无问题，产品性能可以达到技术标准要求，规格大型化方面也与国外基本相当，但仍存在以下主要差距与不足：

① 产品国际竞争力不足　我国高强高韧铝合金产品在国际市场中表现出价格偏高、产品信任度低等问题。目前，国内部分企业已向波音等国际飞机制造企业少量供货，但无法撼动奥科宁克、肯联等企业主要供应商的地位，且为参与国际市场竞争，我国企业对标国际水平的定价策略往往以压缩盈利空间甚至亏损为代价。从技术角度看，国内技术积累不够扎实。国外高强高韧铝合金拥有近百年的研发和生产历史，已与航空配套企业和整机制造企业建立起完善、成熟的供需衔接体系。我国先进铝合金材料研制从20世纪70年代末才起步，在材料工程化技术与工业过程控制能力方面存在差距，存在材料研发、生产及应用数据积累较少，产品一致性和稳定性较差，成品率低等问题。从市场角度看，后发企业在相同牌号合金的市场竞争中存在明显劣势。引领新型合金研发的国外企业在初期有市场垄断优势，利润空间较大；在我国完成相关技术攻关进入市场时，国外企业在产量规模、盈利能力等方面占据优势，立即降价限制后发企业发展。一条航空铝合金预拉伸厚板生产线建设投资规模一般要达到数十亿元，与国外企业早已度过固定资产折旧计提高峰时期相比，我国主要企业生产线均为近年来新建，设备折旧压力较大，加之实际产量远未达到设计目标产能，客观上也造成了国产材料成本高、性价比缺乏竞争力的不利局面。

② 成分设计及制备加工技术自主创新引领能力不足　我国高强高韧铝合金的发展以型号牵引为主，型号选材体系也以国外成熟材料为主，因此各项成果主要是基于跟踪研仿和局部革新的方式，大量研究工作仍采用传统的“跟随法”和“试错法”进行，以解决“有无”问题、实现自主保障的研究攻关模式不可避免地导致了研究工作的广度、深度和创新性不足，具有自主知识产权的创新性研究工作较为缺乏。在常规研发工作中，对与实际应用密切结合的前瞻性和原始创新性研发投入明显不足，未形成“技术引领、材料先行”的良性发展局面，所研发的新产品、新技术很难率先抢占技术、产品和市场的制高点。

③ 产业链部分环节存在“卡脖子”风险　当前，国内外形势正在发生深刻复杂变化，各国围绕关键领域核心技术的竞争日趋激烈，尤其是国际贸易摩擦加剧，以“大飞机”为代表的先进制造业成为西方发达国家关注的焦点，我国高强高韧铝合金全产业链自主可控在资源保障、少数高端材料品种、生产装备、测试设备等方面仍存在一定风险。一是铝资源保障存在风险。二是部分高端产品仍无法自主生产。国内大型客机制造已经形成了进口材料为主的选材体系，国内部分紧固件用铝合金丝材、铝锂合金等品种仍需依赖美铝、肯联、凯撒铝业等国外供应商供应。近5年来，我国进口铝材基本维持40万吨左右，进口国家和地区为韩国、

日本、美国、德国和中国台湾，其中航空用高强高韧铝合金是重要品种之一。高端高强高韧铝合金进口采购周期长、订货起点高、成本高昂等问题一旦出现，将直接影响我国大飞机等重点型号研制生产进展。另外，薄板表面质量、大规格厚板 / 锻件内应力及组织均匀性稳定控制、管材 / 型材尺寸精度等问题给航空铝合金产品（零件）加工企业增加了制造难度，依旧存在“有材不好用”的问题。三是部分核心关键设备依赖进口。我国高强高韧铝合金产业快速发展与国际一流加工装备引进密不可分，虽然装备能力全球领先，但铝锂合金熔炼炉吨位仍存在短板，薄板预拉伸机的有效工作长度及精度控制能力与应用需求相差甚远，薄板气垫式淬火炉有效工作区间不足，缺少提升薄板表面质量的自动抛光设备以及高精度挤压材和线材精加工生产线等，给产品推广应用带来很大的局限性，不利于生产技术提升和产业规模形成。而目前成套进口铝锂合金熔铸机组进口受阻，装备的底层控制、参数调整权限不开放，装备调试及核心组件维护依赖国外技术人员，高端装备已成为制约我国先进有色金属材料创新的潜在风险。

④ 缺乏材料生产及应用数据库支撑的统一的材料指标和应用指标评价体系　我国针对高强高韧铝合金的性能数据库建设尚处于起步阶段，满足应用要求的研究和测试数据严重匮乏。特别是民机材料的应用考核采用等同性评价体系，引入许用值作为材料是否达标的主要评价标准，并以此作为结构设计的依据，依托主干材料体系建设工作，部分品种铝材的设计许用值研究正在进行中，但尚未覆盖全面的航空铝合金体系，仍需开展大量工作。由此造成高强高韧铝合金的标准制定多参考国外 AMS 标准，没有翔实、准确的材料数据库支撑。各单位沿袭各自选材习惯，大多数单位各自管控高强高韧铝合金材料的标准选用、专用标准制定以及各级标准的贯彻采标活动，容易各自为政，“同一材料、不同型号、不同标准、不同管理”的现象大量存在，不仅造成标准重复建设和资源浪费，还给高强高韧铝合金材料的选用、生产、制造、验收、使用和全寿命周期管理带来混乱和风险，不利于我国高强高韧铝合金产业的体系化发展。

⑤ 尚未建立完善的过程管控体系　只有材料生产过程“可预测、可控制、可重复、可追溯”，保障材料的批次稳定性和一致性，才能有效提高国产材料的市场竞争力。国产大飞机对国产材料提出了严格的适航符合性验证标准，需通过连续多批次的材料生产来验证批次内和批次间材料基本性能稳定性。长期以来，受国内工业基础薄弱的影响，我国军工高强高韧铝合金材料研制基本上是沿用基于“结果导向”的材料研发和应用模式，没有树立起基于“过程管控”的先进管理理念，没有详细的数据积累与分析支撑工艺过程控制点的选择，生产工艺和过程控制能力不强，尚未建立起完善合理的研发和生产过程控制及质量管理体系，与国外先进铝合金材料生产企业对标还存在较大差距。

⑥ 高强高韧铝合金产业集中度有待提升　高强高韧铝合金产业产能严重过剩，限制市场竞争优势的提升。以航空铝合金厚板为例，包括中铝集团在内的 12 家企业或升级改造或投资新建了航空铝合金厚板生产线，而实际上，仅中铝集团已完全能够满足目前国内对航空铝合金厚板的需求，国内产能严重过剩。这样的投资布局也一定程度上造成了产业分散，导致国内新材料研制与生产数据积累不足，难以形成产品质量和成本优势，不利于发挥产业集群优势，导致产品市场竞争优势明显不足。

11.4 高强高韧铝合金的未来发展

（1）应用场景发展 航空航天、武器装备、交通运输等领域高端装备总体呈现高性能、长寿命、低能耗、低成本的发展趋势。

在航空领域，先进战机主要呈现更快的飞行速度和超常机动能力、更宽的隐身范围、更高的飞行高度、更长的续航里程等发展趋势，重点发展高超声速飞行器、临近空间飞行器、空天一体飞行器；先进民机领域主要呈现高燃油经济性、低排放、长寿命、环保、低成本等发展趋势，重点发展满足经济性、环保等多方面要求的客机及运输机、民用新一代超声速飞机、安全安静的民用垂直起降航空器等。

在航天领域，面向深空探测、载人登月、探火工程等应用需求，呈现大推力、高运载能力、可重复使用、高可靠性的发展趋势，重点发展新一代载人运载火箭和重型运载火箭、重复使用运载器、高性能空间转移运输系统、新一代空间飞行器、新一代武器装备、“天宫二号”空间站实验室、载人飞船和货运飞船及平台卫星等，形成更大规模、更高频次、更远距离的航天运输能力。

在武器装备领域，主要呈现高机动性、长服役寿命、高毁伤性、高精确性等发展趋势，重点发展高超声速武器、新型战略战术导弹、高机动性和防护能力装甲车等。

（2）面向 2035 年的技术发展预判 高端装备的发展对高强高韧铝合金在高性能材料设计与制备，高一致性、稳定性和高效短流程低成本材料制备，更灵活高效的特种制备加工技术等方面提出了更高的要求。面向 2035 年发展，主要技术发展重点如下：

① 超高综合性能高强高韧铝合金设计开发 目前实际应用过程中，铝合金仍存在一定的性能劣势，如目前工程化应用的铝合金材料强度级别不超过 600MPa，高强铝合金暴露在高于 160℃的环境中力学性能及耐蚀、抗疲劳性能会下降，且随使用时间的延长会软化和老化。需重点开展深入的合金成分设计机理（超高合金化程度，Li、Sc 以及多元素复合微合金化）研究，设计开发新一代 7××× 系超高强铝合金、高强高比模量铝锂合金、高强耐损伤容限 2××× 系铝合金、中高强耐热铝合金等，其中大规格超高强铝合金强度要稳定达到 800MPa 以上并具备优异的综合性能，耐热铝合金服役温度要达到 300℃以上并具有较高的强度。

② 数据驱动的高强高韧铝合金设计方法 高强高韧铝合金的研发范式经历了经验试错、理论设计、计算机辅助设计等不同阶段。随着合金化程度提升，其微观组织结构趋于复杂，多尺度耦合系统特征更为明显，基于理论设计与计算机辅助设计的方法被基础研究、计算机算力等方面局限。美国 2011 年启动的材料基因组计划促进了材料大数据的发展，推动了人工智能技术在材料领域的全面应用，数据驱动的材料研发第四范式正在形成。数十年来全球各国在航空铝合金领域积累了大量的研究数据，利用机器学习方法实现基于数据的新材料研发已经成为材料研究的前沿方向和热点领域。在高强高韧铝合金领域，已经有研究者应用机器学习方法实现了 800MPa 以上级别超高强铝合金设计、不同时效状态合金性能预测等。需基于准确、规模化的基础数据，重点发展数据驱动的高强高韧铝合金设计方法，提升合金研发效率，缩短研发周期 50% 以上。

③ 基于仿真模拟的高强高韧铝合金全流程制备加工工艺开发与优化技术体系　当前在微观 - 介观层面，第一性原理计算（从头算）、分子动力学、相场模拟等在第二相结构、强化相析出及演变、晶粒组织演变等领域获得应用，有力支撑了微观组织演变研究；在宏观层面，有限元模拟在高强高韧铝合金铸锭成形、塑性变形等领域已经得到广泛应用，通过相关制备加工过程的温度场、应力场模拟，对铸造参数、塑性变形参数的制定与优化意义重大。随着对材料设计及制备加工工艺开发效率的发展，在高强高韧铝合金领域建立基于材料计算与数值模拟的全流程制备加工工艺研发能力至关重要，特别是打通微观、介观、宏观模拟的接口，实现多尺度计算，并减少假设，提高与材料组织演变实际的吻合程度，建立高强高韧铝合金“成分 - 工艺 - 组织 - 性能”定量关系。

④ 基于高效短流程工艺的高强高韧铝合金低成本高一致性制备加工技术　当前高强高韧铝合金的质量与成本控制多基于设备的大型化、精密化、紧凑化、成套化、标准化、自动化发展以及生产过程控制点的识别与质量控制体系的完善，美铝 Micromill™ 技术目前尚未在高强高韧铝合金领域获得应用，尚无颠覆性的短流程工艺技术出现。成本是制约高强高韧铝合金应用领域拓展的核心瓶颈，未来应重点攻克高效短流程的高强高韧铝合金大流程制备工艺，以在不牺牲质量的前提下大幅降低成本，提升其产业竞争力。

⑤ 基于增材制造的高品质高强高韧铝合金制备加工技术　当前基于传统铸造、锻造等“等材制造”以及整体机加工等“减材制造”工艺的大型整体铝合金结构件进一步轻量化发展空间受限。未来将更侧重结构拓扑优化设计，将使结构件尺寸、形状趋于复杂，甚至向复杂、多层级组织结构的“仿生”材料发展。随着增材制造技术在复杂、多层级组织结构件制备中的应用不断拓展，低成本、高效率及自动化高强铝合金加工技术的发展得到航空航天的重视。应重点开发增材制造用新一代高强高韧铝合金材料及其 3D 打印工艺，实现高强高韧铝合金的高灵活度、定制化智能制造。

（3）发展战略及建议

① 发展目标　通过全面实施航空铝合金材料竞争力提升工程，推动现有产品制造技术提升和新产品开发，推进统一建立材料性能指标和应用指标评价体系，彻底解决国产航空铝合金材料质量一致性和稳定性问题，掌握产品定价权和市场主动权，加速创制国际知名产品，全面提升国产航空铝材的市场竞争力，占领国内外市场，快速实现我国航空铝材强国梦。

到 2025 年，针对重点品种航空铝材开展专项攻关，解决有无问题，关键材料组织性能一致性和稳定性达到国际先进水平，摆脱航空铝材受制于人的风险。大宗材料性价比达到国际先进水平，自主研发的新一代材料实现典型应用。

到 2035 年，形成产学研用相结合的成熟产业创新体系，建立全面、完善的自主航空铝合金材料体系；材料质量水平全面提升，满足国内产业需求的同时，在国际市场上具备较强的竞争力；自主创新能力与国际先进水平并驾齐驱，国内航空铝材产业达到国际一流水平。

② 措施建议

• 实施先进铝合金材料竞争力提升工程：高度重视现有产品的工业化制造技术提升，着力解决国产材料质量一致性和批次稳定性问题，推动企业建立完善的先进铝合金材料产业技术管理体系，通过精细化生产制造，并结合增效降本，实现产品“从有到好”的跨越。通过开发更高性能的新一代产品，率先满足客户需求甚至引领客户需求，取得航空铝材产品定价权，从而全面提升国产材料的品质及市场竞争力。

• 强化“材料先行”概念，加大对新材料研发支持力度：新材料在航空航天等多个领域中均起到基础和先导作用。“一代材料，一代技术，一代装备”正在成为人们的共识。新材料产业研发投入大、周期长、风险高，必须依靠国家意志集中力量办大事。建议加大对重点优势单位的支持，减少分散支持，集中力量进行突破，加快新材料专项等落地实施，大力扶持优势企业的自主创新能力，形成国内自主的材料保障体系。

• 加强对国产铝材应用的支持力度：国内企业在材料研制前期投入了巨大的人力、物力和财力，建议国内高端装备型号选材及采购中，给国产材料更多发展机会，结合新材料首批次保险补偿机制等，进一步加快成熟材料应用，促进形成“研发—生产—应用”持续迭代的良性循环。

• 支持先进铝合金材料产品深加工能力建设：建议在铝材精深加工方面给予企业资金和相关政策支持或事后补贴，延伸航空铝材产业链，实现生产加工一体化，不仅为企业创造更大的利益，更重要的是能大幅缩短型号装备用户的生产制造周期，保障国家重点装备型号的研制生产需求。

• 统一建立材料指标和应用指标评价体系：通过上层引导，结合主干材料体系建设，推动上下游协同规范下游用户材料标准，推进建立统一材料指标和应用指标评价体系，为体系化推进国产先进铝合金材料应用保驾护航。

• 建立畅通、高效的“产学研用”EVI 合作模式：整合行业材料企业、零部件企业、高校等资源，用好民机材料产业联盟、大飞机先进材料创新联盟等资源，基于企业需求，组建“产学研用”EVI 合作模式和合作机制，形成需求明确、协同设计、高效验证、迭代优化的协同创新模式，推动建立“新材料 - 新制造技术 - 工程化应用技术同步一体化开发”能力，加快先进铝合金材料产业化进程。

参考文献

作者简介

熊柏青，中国有研科技集团有限公司总经理，正高级工程师。长期从事有色金属结构材料强韧化理论与技术、航空航天用高强高韧铝合金材料、汽车覆盖件与框架件制造用新型铝合金材料、快速凝固合金材料与制备技术研究。作为负责人主持了 19 项、作为骨干参加了 50 余项本专业领域的国家级科技计划项目的研究工作。在国内外核心期刊上发表学术论文 320 余篇，被 SCI、EI 收录 230 余篇次。获授权国际发明专利和国家发明专利 53 项、实用新型专利 19 项。合著及主编出版科技著作 2 部。获国家科技进步奖二等奖 1 项（排名第一）、国防科技进步奖一等奖 1 项（排名第一），获中国有色金属工业科学技术奖一等奖 8 项、二等奖 6 项、三等奖 1 项。

张永安，有研工程技术研究院有限公司副总经理，有色金属材料制备加工国家重点实验室主任，正高级工程师。长期致力于高性能变形铝合金材料加工及应用基础和关键技术创新。负责或骨干参与大型飞机重大科技专项、国家重点研发计划项目等 50 余项国家级科技计划项目的研究工作。获国家科技进步奖二等奖 1 项、国防科技进步奖一等奖 1 项，获中国有色金属工业科学技术奖一等奖 8 项、二等奖 1 项、三等奖 2 项。申请国际及国家发明专利 40 余项，获国际 PCT、中国、日本、澳大利亚、欧洲等国家 / 组织授权发明专利 30 项、实用新型专利 8 项。累计发表文章 240 余篇。

闫宏伟，有研工程技术研究院有限公司有色金属材料制备加工国家重点实验室先进铝合金材料与制备加工技术研究所副所长，高级工程师。主要从事航空航天、汽车轻量化用高性能变形铝合金材料及其制备加工技术，铝合金材料残余应力表征及调控等先进铝合金材料应用基础研究工作。负责国家重点研发计划等国家重大项目 / 专题 6 项，骨干参与 20 余项。获省部级科技奖励 3 项。发表学术论文 26 篇。获授权专利 22 项。参与国家铝合金牌号注册 2 个。入选第八届中国科协青年人才托举工程。

第12章

多功能磁性材料

侯仰龙　马振辉　王衍人

磁性材料应用广泛，对科技发展有重要的推动作用。按照磁性材料磁化的难易程度，一般可以分为硬磁材料和软磁材料。根据其功能和应用领域，又可将磁性材料分为磁性吸波材料、磁性生物材料、磁记录材料、磁制冷材料和磁致伸缩材料等。我国是磁性材料的主要生产国，产量占全球的60%以上，其次是日本、韩国、印度和越南等。2020年，我国磁性材料产业总产值由2015年的约600亿元增至800亿元，预计2025年有望超过千亿元。近年来，我国磁性材料应用水平明显提升，产品档次明显提高。

12.1 永磁材料

永磁材料也称硬磁材料，主要特点是具有较高的磁晶各向异性和矫顽力，去掉外磁场后仍能长时间保持高磁性。常用的永磁材料分为铝镍钴系永磁合金、铁铬钴系永磁合金、铁氧体永磁材料和稀土永磁材料等。2021年我国磁性材料产业销售磁性材料约130多万吨（其中，永磁铁氧体80万吨，稀土永磁20万吨，软磁铁氧体30万吨，其他磁体约3万吨）。图12-1所示为几种常见的永磁材料的性能参数及价格。

12.1.1 铁氧体永磁材料

（1）铁氧体永磁材料简介　典型的铁氧体永磁材料包括SrFe12O19锶铁氧体和BaFe12O19钡铁氧体，主要产品为烧结铁氧体磁材和黏结铁氧体磁材。永磁铁氧体原料丰富，价格低廉，生产工艺简单、过程可控且产品具有较强的耐侵蚀性。因此，永磁铁氧体是目前应用最广的永磁材料，在生产和应用中占据主体地位，被广泛用于电子、电气、机械、运输、医疗及生活用品等各领域。

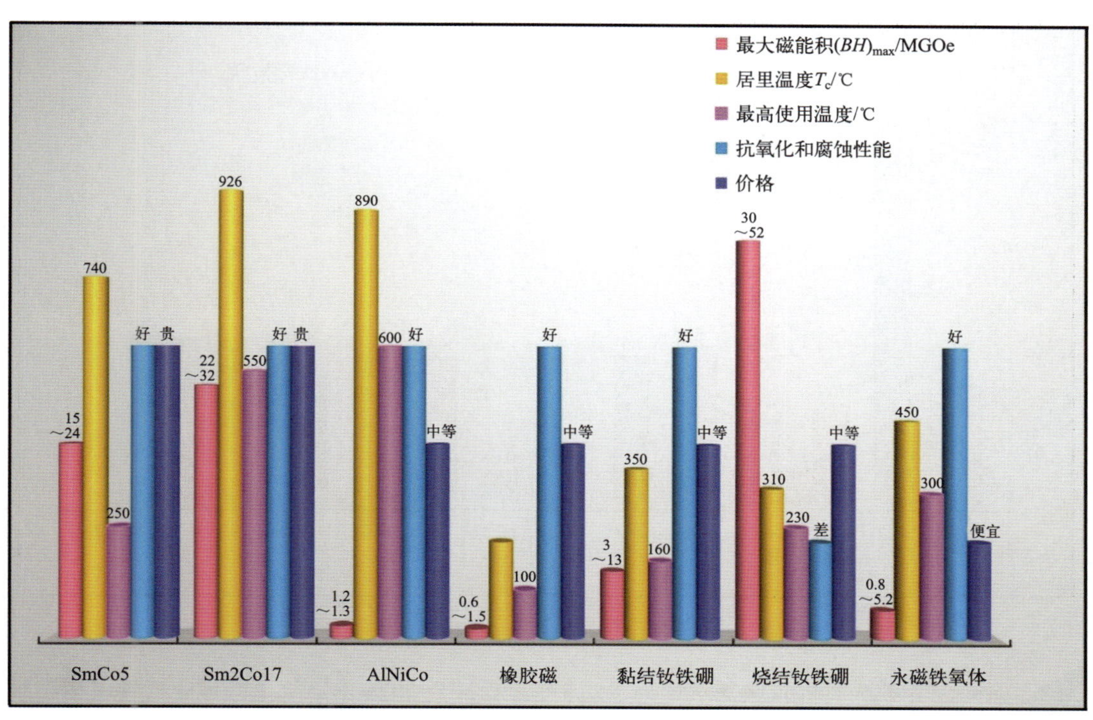

图 12-1　几种常见的永磁材料的性能参数及价格

（2）铁氧体永磁材料国内外企业现状　铁氧体永磁材料产品主要包括 4 系、6 系、9 系、12 系、15 系等。日本 TDK 为目前全球永磁铁氧体产品开发和生产的最高水平，目前其可以批量生产 15 系高端磁材。我国是永磁铁氧体材料的主要生产国，但行业集中度较低，中低端产能充足，在高性能铁氧体方面与国外有很大差距。目前我国的 15 系产品仍在研发阶段，9 系以上产品占比较低，高端产品依赖进口。近年来，随着我国头部企业的技术进步和规模扩张，在部分高端产品上，我国正逐步实现进口替代。

据统计，我国铁氧体永磁材料生产企业有 340 余家，其中年生产能力在 1000t 以下的企业占 45% 左右，10000t 以上的企业仅占 9%。国内外主要永磁铁氧体企业情况如图 12-2 所示。其中，龙磁科技是我国高性能铁氧体永磁材料生产的领导者，永磁铁氧体湿压磁瓦的规模位居中国第二、世界前五。从永磁铁氧体产量格局来看，横店东磁磁性材料产业具有年产 20 万吨铁氧体预烧料、16 万吨永磁铁氧体、4 万吨软磁铁氧体、2 万吨塑磁的产能，是国内规模最大的铁氧体磁性材料生产企业。

（3）铁氧体永磁材料应用需求　永磁铁氧体直流电机由于具有温度适应性好、耐腐蚀等优异特性，已大量应用到汽车发动机、底盘和车身三大部位及附件中，如启动电机、电动天线电机、雨刮器电机、摇窗电机、空气净化电机、电动座椅、ABS 电机等。据统计，2021 年我国汽车领域永磁铁氧体需求量为 42 万吨，预计 2025 年达到 61.4 万吨，随着汽车智能化、自动化水平的提高，单车永磁铁氧体直流电机数量将大幅增长，新能源汽车尤为显著。

随着科技的更新迭代，永磁铁氧体在家电领域需求也是日益剧增。2021 年我国家电领域永磁铁氧体需求量为 15.8 万吨，其中变频空调领域需求量为 10.4 万吨，变频冰箱领域需求量

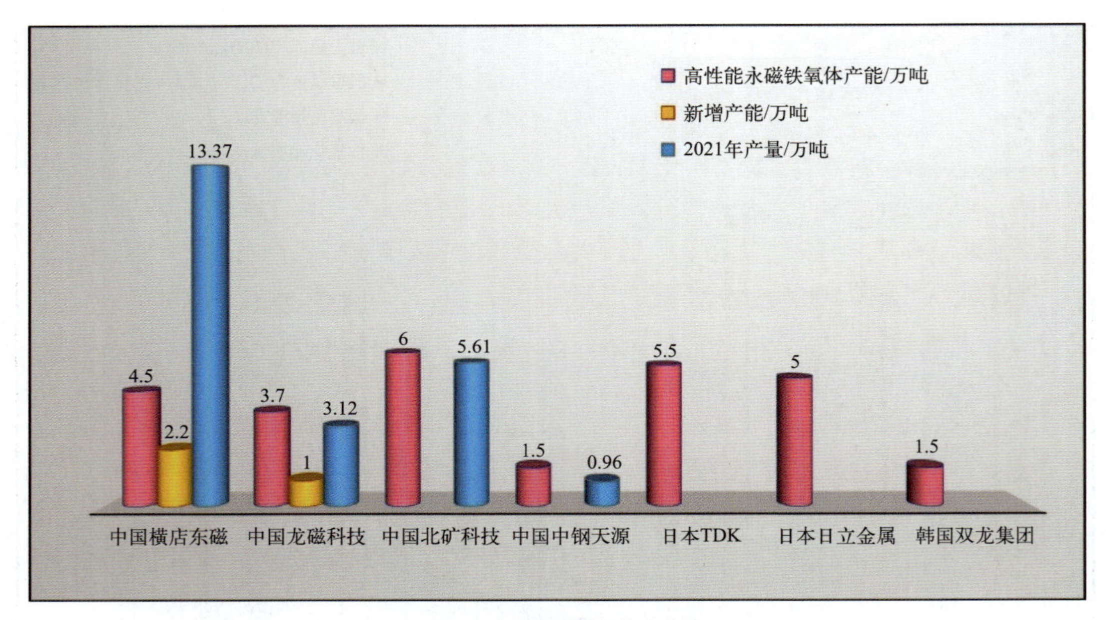

图 12-2　主要永磁铁氧体企业情况

为 3.2 万吨，变频洗衣机领域需求量为 2.2 万吨。预计到 2025 年，家电领域永磁铁氧体需求量将达到 20.1 万吨。

此外，永磁铁氧体可应用于小容量电动机中，进而被广泛制成携带方便、操作简单、功能多样的电动工具。据统计，在电动工具行业每百元产值中，永磁铁氧体成本约占总量的 4%。2021 年我国电动工具领域永磁铁氧体需求量为 14.2 万吨，预计 2025 年将达到 19.9 万吨。

（4）我国铁氧体永磁材料未来发展方向　尽管我国永磁铁氧体生产已经相当成熟发达，但产品大多集中在中低档水平。因此，急需突破国外“卡脖子”技术封锁，使我国从永磁铁氧体产品的“制造大国”变成“制造强国”。

未来，中国永磁铁氧体产品发展方向将集中在稀土掺杂以及少 Co 或无 Co 掺杂等技术领域，包括 La-Co、La-Zn 铁氧体，以及磁粉粒度分布控制技术、高取向技术、特殊工艺技术。重点布局：

① 更高磁性能的 SrM 磁体；

② 更高温度稳定性的永磁铁氧体材料；

③ 更小而薄的永磁铁氧体磁体；

④ 高精度的尺寸及形位公差永磁铁氧体产品；

⑤ 多样化充磁方式（多极各向异性径向充磁、两级各向异性径向充磁、辐射取向各向异性充磁）的永磁铁氧体产品；

⑥ 应用领域更广泛的永磁铁氧体产品。

12.1.2 ／稀土永磁材料

稀土永磁材料主要为稀土元素（Sm、Nd 等）与过渡金属（Fe、Co 等）形成的金属间化

合物，一般具有高磁晶各向异性、高饱和磁化强度以及高磁能积等特性。稀土永磁材料在稀土领域中发展最快，产业规模最大、最完整，是国防工业领域不可替代和不可或缺的关键原材料，也是稀土消耗量最大的应用领域。我国稀土永磁材料产量从 2015 年的 13.47 万吨增长至 2021 年的 21.33 万吨，年复合增长率为 7.96%。在需求端方面，我国稀土永磁材料消耗量持续增长，2021 年中国稀土永磁材料消耗量达 16.07 万吨，同比增长 8.07%。

稀土永磁材料的发展经历了三代材料，包括第一、二代稀土永磁材料——钐钴永磁体（Sm-Co），以及第三代钕铁硼永磁材料（Nd-Fe-B）。目前，正在研发中的稀土 - 铁 - 氮材料（Sm-Fe-N）被认为有望成为第四代稀土永磁材料。

（1）钐钴永磁材料 钐钴永磁体主要由稀土元素钐、钴及其他元素制成，包括第一代 SmCo5（1:5 型）和第二代 Sm2Co17（2:17 型）两种。其主要特点是磁性能高，温度性能好。最高工作温度可达 250 ～ 350℃。

1967 年，美国首先发明了 SmCo5 永磁材料，其具有超高磁晶各向异性。目前各个牌号最大磁能积范围在 16 ～ 25MGOe，最高工作温度 250℃。但其饱和磁化强度相对于其他稀土永磁材料偏低，且因其含较多战略金属钴和储量较少的稀土金属钐，原材料价格昂贵，故发展前景受限。

1977 年，日本发明了第二代钐钴永磁体 Sm2Co17。Sm2Co17 在高温下是稳定的 Th2Ni17 型六角结构，在低温下为 Th2Zn17 型的菱形结构。一般来说，只是 Sm2Co17 并不能获得较高的磁能积，需要添加其他过渡金属元素。现在商业化的 2:17 钐钴磁体主要成分为 Sm（CoFeCuZr）*z*，各个牌号最大磁能积范围在 20 ～ 35MGOe，最高工作温度 350℃。由于 2:17 型钐钴具有较低的温度系数和较好的耐腐蚀性，在高温时磁性能超过钕铁硼磁铁，所以被广泛应用于航空航天、国防军工、高温电机、汽车传感器、各种磁传动、磁力泵和微波器件等领域。但 2:17 型钐钴极具脆性，不易加工成复杂的形状或特别薄的片状和薄壁圆环。

2021 年，我国钐钴永磁材料的产量为 2930t，占全球产量的 80% 以上。

（2）钕铁硼永磁材料 当前的钕铁硼永磁材料为第三代稀土永磁材料，是综合性能最优的一代。钕铁硼具有极高的磁能积，使得钕铁硼永磁材料在现代工业中获得了广泛应用，目前在新能源汽车、稀土永磁电机、风电等领域应用广泛。自 2000 年以来，我国稀土永磁材料应用的产业规模不断扩大，烧结钕铁硼磁体毛坯产量由“十二五”初期的 8 万吨增加到 2021 年的 2.1 万吨，增幅接近 2 倍，占全球产量的 85% 以上。受益于新能源汽车和电子工业等领域的高速发展，钕铁硼在全球稀土消费量中占比达 35%，对应高达 91% 的消费价值，是稀土消费量和消费价值占比最高的应用领域。

钕铁硼永磁体根据工艺的不同可分为烧结钕铁硼永磁体、黏结钕铁硼永磁体和热压钕铁硼永磁体，烧结、黏结和热压钕铁硼在性能和应用上各具特色，下游应用领域重叠范围比较少，相互之间更多时候起到功能互补作用。

其中，通过粉末冶金法（即烧结法）生产所得的烧结钕铁硼永磁体占据市场的大部分份额，是主流的钕铁硼永磁体，生产工艺如图 12-3 所示。通过把钕铁硼的粉末与树脂、塑料或低熔点合金等黏合剂均匀混合，然后用压制、挤出或注射成形的方法制成的复合钕铁硼永磁材料，为黏结钕铁硼材料，也是市场上主要的黏结永磁产品之一。

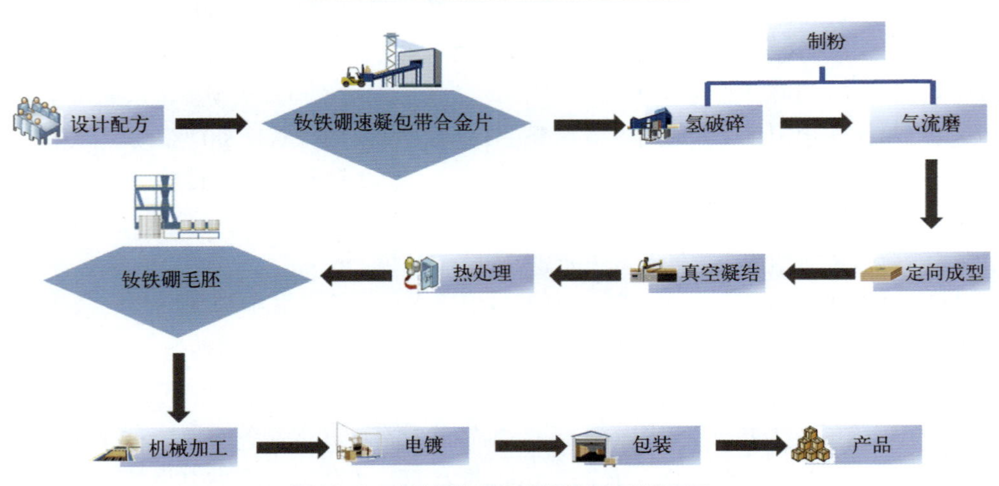

图 12-3　烧结钕铁硼永磁体制备工艺流程图

黏结钕铁硼一般为各向同性，即各个方向都有磁性，具有耐腐蚀特性。烧结钕铁硼易腐蚀，因此需要在表面镀锌、镍、环保锌、环保镍、镍铜镍、环保镍铜镍等。烧结钕铁硼永磁材料由于具有优异的磁性能，被广泛应用于永磁电机、扬声器、磁选机、计算机磁盘驱动器、磁共振成像设备仪表等。目前，我国烧结钕铁硼产量占我国钕铁硼永磁材料总产量的 90% 以上。

典型的钕铁硼为 Nd2Fe14B，但这种钕铁硼居里温度不高，采用重稀土 Td、Dy 等掺杂可以明显体现钕铁硼磁材的居里温度和矫顽力，使工作温度接近 200℃。然而，Td、Dy 等重稀土原料成本较高，大大增加了钕铁硼的制造成本。近年来，研究人员通过在钕铁硼磁体表面扩散 Td/Dy 的氧化物、氟化物以尽可能在降低重稀土用量的同时，提高使用温度和矫顽力。

近年来，我国稀土永磁材料产量稳步增长，稀土永磁产业已初步形成规模，如图 12-4 所示。国内磁材龙头如金力永磁、中科三环、宁波韵升等已形成生产钕铁硼永磁材料的完整产

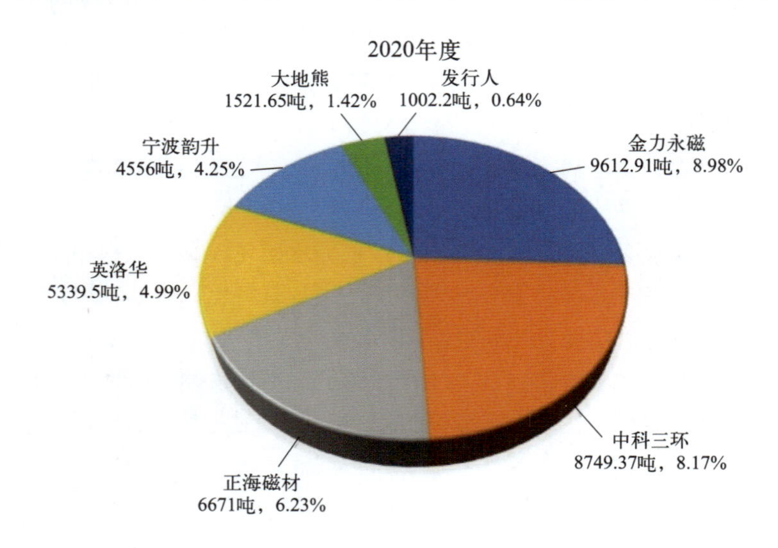

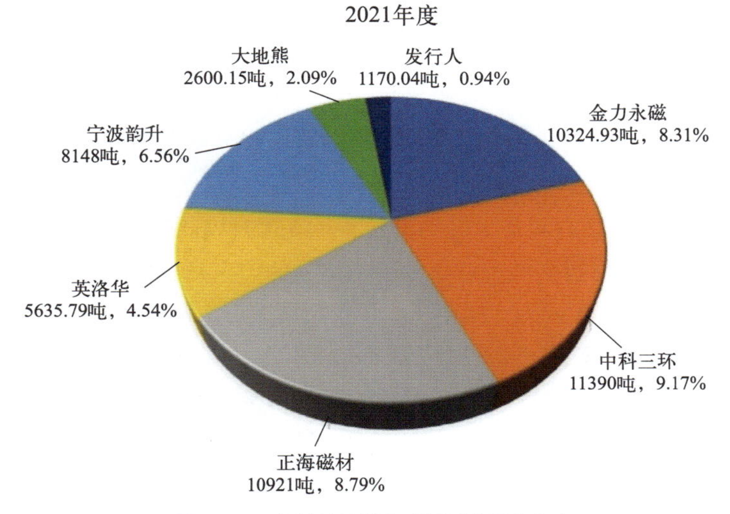

图 12-4　烧结钕铁硼永磁材料市场占有率

业链。其中，中科三环、宁波韵升、英洛华主营产品包括烧结钕铁硼及黏结钕铁硼，银河磁体主要生产黏结钕铁硼，且为全球最大黏结钕铁硼生产企业，其余企业以生产烧结钕铁硼为主。稀土永磁行业进入壁垒较高，产品研发、技术突破等方面需要大量的研发费用及时间投入。目前大型稀土永磁厂商生产体系已成规模，且与下游客户黏性较好，通过不断的扩增扩产以及技术更新来推动整个行业的发展。

（3）钐铁氮永磁材料　典型的钐铁氮材料为Sm2Fe17N3，自 1990 被 Coey 报道以来就引起了广泛关注。钐铁氮居里温度远高于传统的烧结钕铁硼磁体，可达到 476℃，各向异性场达到 Nd2Fe14B 的三倍，有成为高矫顽力磁体的巨大潜力。此外，钐铁氮无须使用钴或其他重稀土优化磁性能，且具有优异的耐腐蚀和抗氧化性能。基于上述优点，钐铁氮一直被期待成为下一代永磁材料。然而，Sm2Fe17N3 在温度超过 650℃时会分解为 SmN 和 α-Fe，这使其制成烧结磁体变得不可能。因此，钐铁氮的应用主要是在黏结磁体领域实现。

钐铁氮作为钕铁硼黏结磁粉的优质替代品，在我们的日常生活和生产中具有非常重要的地位。近年来，由于钕铁硼磁体的大量消费，导致稀土丰度较高的稀土钕价格快速上涨，目前人们正在研发高丰度稀土 - 铁 - 硼，采用稀土铈、镨等部分或完全替代稀土钕，以降低原料成本。在此背景下，由于稀土钐的价格明显低于稀土钕（根据 2022 年 11 月份最新报价，稀土钕约为 90 万元 /t，而稀土钐仅为 8.8 万元 /t），这使得钐铁氮极具发展潜力。钐铁氮黏结磁体的发展，对我国下游产业市场的发展，尤其是汽车、电力、信息通信等关乎国计民生的支柱产业的持续健康发展具有不可估量的重要意义。

黏结钐铁氮磁体的性能主要取决于磁粉。无论是各向同性磁体还是各向异性磁体，均需要稳定的磁粉。目前制备钐铁氮磁粉主要的工艺为快淬法和还原扩散法，前者为典型的物理法，而后者为化学法。快淬法工艺主要包括钐铁薄带的制备、破碎、球磨（或气流磨）、氮化等流程，由此制备的磁粉一般表面粗糙、缺陷多。由于钐铁氮矫顽力机制为形核型，受表面缺陷影响严重，因此快淬法制备的钐铁氮矫顽力较低（8 ～ 15kOe）。还原扩散法主要工艺为前驱体混粉（氧化钐＋铁＋钙）、高温退火（900～1000℃）、低温渗氮（500℃附近）、洗钙。由于经历高温退火，还原扩散法制备的钐铁氮一般为表面缺陷少的单晶磁粉，矫顽力可超过 20kOe。目前，还原扩散法已经在日本产业化，并通过注塑成形制成黏结磁体。但还原扩散法需要考虑化学法的规模化工艺、还原扩散过程中引入的杂质以及洗钙过程中的氧化等问题，因此和物理法比较而言，各具优势。

尽管 Sm2Fe17N*x* 系永磁材料最早诞生于欧洲，但欧洲却未在钐铁氮永磁材料产业化方面有所突破。将钐铁氮永磁材料推向产业化和应用研究的国家是日本。目前钐铁氮黏结永磁粉生产厂家主要集中在日本，主要为大同电子、住友金属矿山、日亚化学、东芝、TDK 等公司，年总产量在 500t 左右。如东芝公司采用熔体快淬法制备了 (Sm0.7Zr0.3)(Fe0.8Co0.2)B0.1 非晶带，经晶化热处理后获得了微细、均质的晶粒，破碎后氮化获得了 (Sm0.7Zr0.3)(Fe0.8Co0.2)B0.1N*x* 磁粉，批量生产的 Sm-Fe-N 磁粉磁能积超过 123kJ/m^3。大同电子公司利用快淬法生产的各向同性磁粉的性能已经超越各向同性钕铁硼磁粉。日立公司通过向钐铁氮中引入 Ti 和 B 等元素，得到了磁性优异、稳定性高的 Sm-Fe-Ti-B-N。TDK 公司研发了 Sm2Fe17N*x*/α-Fe 各向同性复合磁体，其剩磁可达 0.99T、矫顽力为 6.56kOe、最大磁能积可达 140kJ/m^3。在还原扩散法制备方面，日本企业也走在世界前列。早在 2000 年，日本日亚化学工业公司就已经采用还原扩散法批量生产了 Sm2Fe17N*x* 磁粉，该磁粉经注射成形后获得了磁能积超过 103kJ/m^3 的各向异性黏结磁体；而最近日亚化学工业公司官网上公布的最新数据显示，L16 系列产品的钐铁氮黏结磁体最大磁能积可达 122kJ/m^3。

我国在钐铁氮领域研究较早的是北京大学杨应昌院士团队，其在 20 世纪 90 年代初，发明了高性能各向异性钕铁氮系新型稀土永磁材料，并在北京恒源谷科技有限公司建设了高性能钐铁氮磁粉与磁体生产线。

有研稀土从 2010 年开始，在科技部国际合作、“863 计划”等项目的支持下，开始钐铁氮黏结永磁粉量产化工作，现已经建立年产 300t 的钐铁氮黏结永磁粉生产线。国内目前小批量供货的企业，还包括宁夏君磁、北京三吉利、沈阳新橡树等。宁夏君磁新材料科技有限公司，采用快淬法制备的磁粉矫顽力最大为 13kOe，剩磁为 14.5kGs，最大磁能积为 320kJ/m^3，基于此制备的黏结磁体矫顽力达到 10.5kOe，剩磁为 8kGs，最大磁能积为 112kJ/m^3。目前，我国在还原扩散法制备钐铁氮永磁材料方面还处于实验室阶段，尚未有产业化方面的报道。

尽管钐铁氮永磁材料近年来受到大家的广泛关注，但受限于材料本身特性、工艺成熟度以及成本等方面的因素，其产值仍不足 Nd-Fe-B 磁体的 1%。在未来，我国“双碳”政策驱动下永磁电机的发展将可能拓宽钐铁氮永磁材料的市场。

（4）稀土永磁材料的主要应用　风力发电、混合动力和电动等新能源汽车、节能家电、工业机器人、高速和磁悬浮列车等高新技术行业的广泛发展，为稀土永磁材料行业发展提供了重要支撑以及较为可观的行业增长潜力。稀土永磁材料的主要应用如下：

① 新能源汽车领域　新能源汽车的三大核心部件为电池、电控、电机，其中驱动电机性能直接决定了爬坡、加速、最高速度等指标，主要分为交流异步电机和永磁同步电机两种。与传统异步电机相比，采用稀土永磁材料的永磁同步电机具有高效率、高功率因数、高功率

密度、温升低、可靠性高等优点，具有较好的节能效果。综合目前国内和海外车型来看，永磁同步电机趋势已经非常明确。根据工信部的数据，截止到 2019 年 6 月，中国国内驱动电机市场中，永磁同步电机的份额已经达到了 99%。

永磁体占新能源驱动电机的成本为 45%。高性能钕铁硼在传统汽车领域应用于 EPS、ABS 等零部件；而在新能源汽车方面主要应用于驱动电机。像目前主流的电动汽车，如特斯拉 Model3、小鹏 P7、理想 One，搭载永磁同步电机，蔚来 ES8、ES6 等车型则搭载前永磁同步、后交流异步电机。日系、韩系、美系、欧系绝大部分驱动电机同样是永磁同步电机。随着电动智能化的不断发展，平均单车微电机用量也在不断增加，这些微小电机会明显增加钕铁硼材料使用量。据机构测算，2025 年前新能源车带动的钕铁硼需求量将为 2020 年的近 5 倍。

② 风电领域　永磁同步发电机具有低的维护成本、高的系统效率等优势，被广泛应用于直驱式风力发电机。在风电领域，永磁直驱式风力发电机正在逐步替代双馈式风力发电机。永磁直驱风力发电机的主要材料为高性能钕铁硼磁钢。据“风电伙伴行动方案”（北极星风力发电网报道），“十四五”期间风电下乡容量高达 50GW。随着全球风电新增装机量、永磁直驱式发电机渗透率提升，全球风电的钕铁硼需求量或将在 2025 年达到 2.4 万吨，为 2019 年需求量的 2 倍。

③ 工业电机及消费电子领域　受碳中和政策影响，针对国家节能减排降耗政策，大量工业企业都在致力于换用永磁电机，如此可节约 30% 左右的电。而且据机构预测，工业电机的增速对钕铁硼的刺激会远超新能源汽车。在我国工业电机中，永磁电机的渗透率不足 5%，且工业电机存量市场极大，未来想象空间巨大。

由于高性能钕铁硼磁材具有高的磁能积，即较小的体积可以储存较大的能量，因此高性能钕铁硼磁材可满足消费电子产品对小型化、轻量化的追求，被应用于智能手机中的微型麦克风、扬声器、相机、无线充电等多个部件。因此，由 5G 换机潮引领的智能手机产量回升给永磁材料提供了巨大市场。2019—2025 年，预计智能手机销量将从 13.6 亿部增长至 14.8 亿部，假设智能手机钕铁硼单部用量为 2.5g，全球智能手机钕铁硼需求量将从 3400t 增长至 3700t。

④ 其他领域　在变频空调领域，用于节能变频空调中的压缩机需求量占比为 9%。在节能电梯领域，永磁同步曳引机的需求量占比为 8.4%。包括医疗器械设备、家用电器等，需求量占比为 3.3%。工信部、市场监督管理总局提出了电机能效提升目标：2023 年我国电机总产量将在 5.7 亿千瓦左右，节能电机渗透率约 30%，每年渗透率提升至少 10 个点。未来两年电机对应磁材需求量为 5.7 万吨，增量约 2.7 万吨，磁材需求量将大超预期。

（5）稀土永磁材料面临挑战及发展趋势　尽管我国已成为全球最大的稀土永磁材料生产国，以高丰度稀土永磁材料为代表的部分稀土永磁制备技术已处于世界领先地位，但我国的稀土永磁产品目前还无法满足高档机器人、第五代移动通信技术（5G）、光刻机等新兴产业对高端永磁体的技术需求。同时，在整个稀土永磁材料的核心知识产权，热压 / 热变形、晶粒细化等最先进的制备技术及连续化智能化装备等领域，仍然同美国、日本等发达国家存在不小的差距。在外部压力方面，美国以“举国体制 + 全球阵营”试图通过“全面脱钩”方式摆脱对我国稀土永磁产品的依赖，同时煽动其他国家放弃应用我国的稀土永磁材料，以此来围堵和遏制我国稀土科技和应用产业的快速发展。

稀土永磁材料未来重点发展内容包括：开发以永磁悬浮轴承技术、永磁涡流传动技术、永磁涡流制动技术等为代表的节能高效磁动力系统用永磁材料；开发具备海洋腐蚀环境服役能力的高耐腐蚀性永磁直驱发电机用稀土永磁材料；开发机器人与智慧城市等应用场景的高磁能积、高矫顽力、小型化、高精度的永磁材料。

我国在未来稀土永磁材料方面的主要布局包括：

① 钕铁硼永磁材料方面，重点开展高综合性能烧结钕铁硼的制备技术研究，重稀土在烧结钕铁硼磁体中晶界扩散机理研究，烧结钕铁硼回收技术及应用研究，烧结钕铁硼磁体服役性能预测技术与理论研究等；

② 钐钴永磁材料方面，重点开展高剩磁钐钴磁体的元素调控机制研究，开展高性能钐钴永磁工程化制备中纳米结构及微区成分调控研究，高使用温度钐钴抗氧化技术研究，高温钐钴永磁表面防护技术研究等；

③ 高丰度稀土永磁材料方面，重点开展高丰度（La、Ce 等）稀土在永磁材料中的平衡利用研究，双主相铈磁体结构与矫顽力机理及矫顽力提升技术研究等；

④ 热压永磁材料方面，重点开展薄壁热压磁环各向异性形成机理研究，热压磁环用高性能磁粉制备技术研究，高性能热压永磁环制备技术及应用研究，高性能热压磁环工程化制备装备及工艺技术开发等；

⑤ 结合材料基因、机器学习等方法，开展具有普适性的磁性功能材料结构设计和性能计算等分析方法及软件的研究，开展材料新体系和新结构的探索。

⑥ 针对磁性功能材料的特点，研究测试检测新原理、新设备，逐步摆脱分析检测设备对国外的依赖。

预计到 2025 年，我国面向新一代信息技术、现代交通、新一代照明及显示、节能环保、集成电路、生物医药、国防军工等领域的重大发展需求，初步掌握具有自主知识产权的稀土磁性材料及其制造装备的关键核心技术；新能源汽车、航空航天、工业伺服电机等高端磁性材料应用领域，稀土永磁材料换代达标率达到 70%。到 2030 年，能够引领全球稀土永磁材料研究和产业发展，初步实现世界稀土产业强国目标。超高性能永磁体在机器人、医疗装备、航空航天、物联网、舰船、石油化工等重大装备和工程上得到全面应用，掌握具有自主知识产权的稀土磁性材料及其制造装备的关键核心技术，在新能源汽车、航空航天、工业伺服电机等高端磁性材料应用领域，稀土永磁材料换代达标率达到 80%。

12.2 软磁材料

软磁材料具有低矫顽力和高磁导率，易于磁化和退磁，其主要功能是导磁、电磁能量的转换与传输，广泛用于各种电能变换设备中。软磁材料主要包括铁氧体软磁材料、金属软磁材料以及其他软磁材料。各类软磁材料性能对比如表 12-1 所示。

表 12-1　各类软磁材料性能对比

名称	传统合金		金属磁粉芯				铁氧体软磁
	硅钢片	坡莫合金	铁粉芯	铁硅粉芯	铁硅铝粉芯	高磁通粉芯	锰锌铁氧体、镍锌铁氧体
成分	含硅小于 4.5% 的铁硅合金	含镍 35% ～ 90% 镍铁合金	100% 铁	含硅小于 6.5% 的硅铁合金	含硅 5.5%、铝 9% 的铁硅铝合金	铁含量 50% 的镍铁合金	铁氧化物和其他金属
饱和磁感应强度 /T	1.8 ～ 2.1	1.5	1.4	1.5	1.05	1.5	0.35 ～ 0.4
初始磁导率 /（H/m）	＜ 10^3	10^4 ～ 10^5	10 ～ 75	50 ～ 70	26 ～ 125	14 ～ 200	＞ 10^3
应用场景	中低频	中低频低电压	高低压，高低频，直流交流均可				高频、超高频
应用产品	变压器铁芯	磁导率高的铁芯材料和磁屏蔽材料	能量转换装置				有线通信、无线通信、广播电视、高频变压器

12.2.1 金属软磁材料

传统的金属软磁材料以硅钢片为典型代表，是最早的软磁材料，由于其电阻率较低，在高频下损耗较高，主要应用在中低频场景，用于制作电磁铁的铁芯和磁极。铁氧体软磁材料磁导率超高，被广泛应用于高频甚至超高频的电子通信领域，但其饱和磁感应强度低，无法通过较大电流，难以用于能量交换场景。金属软磁粉芯主要由铁镍、铁硅、铁硅铝等合金软磁粉制成，克服了传统金属软磁磁导率不够高的弱点，并且其饱和磁感应强度远超铁氧体软磁材料，是目前性能最佳的软磁材料。

金属合金软磁粉主要为含有铁、硅及其他多种金属或非金属元素的粉末，其成分、纯度、形貌等关键特性决定了磁芯的性能。金属磁粉芯是一种复合软磁材料（含分布式气隙），其由合金软磁粉经绝缘包覆、压制、退火、浸润、喷涂等工艺制成，是电感元件的核心部件之一，广泛应用于新能源汽车、5G 通信、光伏、风力发电、家电等领域。20 世纪 80 年代，金属磁粉芯开始产业化。将金属磁粉芯插入由导线绕制成的线圈内，即可组成电感元件，应用在电路中可以起到储能、滤波、振荡、延迟、限波等作用，此外还有筛选信号、过滤噪声、稳定电流及抑制电磁波干扰等作用。因此，金属软磁粉芯制成的电感可以应用于新能源汽车的 AC/DC 车载充电机和车载 DC/DC 变换器中 PFC、BOOST、BUCK 等电路模型。金属软磁粉芯制成的高频 PFC 电感等还可以应用于充电桩的充电器上，起储能、滤波作用。此外，金属磁粉芯也可应用于光伏逆变器、变频空调、数据中心、储能、消费电子等。由于近年来新能源汽车和充电桩市场增速较快，储能领域将伴随电力系统调峰及电能质量的需求进一步爆发，预计未来需求规模可能与光伏逆变器相当，因此对金属磁粉芯的需求会快速增加，预计在 2025 年金属磁粉芯需求将超过 20 万吨。

12.2.2 铁氧体软磁材料

典型的软磁铁氧体磁芯主要为锰锌铁氧体磁芯和镍锌铁氧体磁芯。其中，锰锌铁氧体磁芯较为常见，主要用于频率小于 2MHz 的场合。镍锌铁氧体磁芯材料电阻率比锰锌铁氧体磁芯高几个数量级，适用于在 1MHz 至数百兆赫范围。

软磁铁氧体磁芯用于需要电流和磁通量之间有效耦合的地方。它们是当今通信应用领域中使用的电感器和变压器的重要组成部分。软磁铁氧体磁芯常用于消费电子产品、家用电器、通信、汽车、LED 等领域。随着笔记本电脑、手机等电子产品元器件的小型化，要求所应用的元器件相应地高频化、芯片化，同时要求降低磁损耗以降低软磁铁氧体磁芯发热，实现节能。家电未来的高清、大屏、数字滤波等趋势，对软磁材料提出了更严格的要求。在应用汽车领域的软磁铁氧体磁芯，要求其可在恶劣条件下使用，且要求电感具有高稳定性，以承受成形过程中的外部应力和工作温度的变化。软磁铁氧体材料 LED 作光源的最大优点是节能环保、使用寿命长、无频闪、保护视力。如果目前所有的照明光源都被 LED 取代，全球照明功耗将减少一半。

软磁铁氧体的工业化生产可追溯至 20 世纪 40 年代，多半个世纪以来，软磁铁氧体的电磁性能、工艺成熟度、生产规模和自动化水平不断提升，满足下游不断更新的应用需求。我国软磁铁氧体的生产起步于 20 世纪 50 至 60 年代。受益于家电产业链的带动，20 世纪 80 至 90 年代，我国软磁铁氧体的工业化生产得到高速发展，企业数量不断增加，产业规模迅速扩大。国外知名软磁材料生产企业亦逐渐加大在我国投资建厂的力度，带动我国软磁材料生产规模、生产技术和产品性能的提升。

目前，世界上的软磁铁氧体生产企业主要集中在日本和我国。与我国企业相比，外国企业的制造成本相对较高。随着生产技术的发展，我国软磁铁氧体在国际市场的占有率不断提高，在国际市场上的竞争力逐渐增强。根据中国电子材料行业协会磁性材料分会的统计，2020 年我国软磁铁氧体的产量接近 40 万吨，同比增速约 10%，产值约 147 亿元，我国已成为全球规模最大的软磁铁氧体生产国。同时，我国未来软磁铁氧体的产量将会以 10% 的年均增速发展，超过世界软磁铁氧体产品每年 6% 的年均增速。

2015 年，全球软磁铁氧体市场收入为 1120.03 百万美元，2020 年增至 1323.06 百万美元，预测到 2025 年，全球软磁铁氧体市场规模将达到 1808.75 百万美元。亚太地区是软磁铁氧体行业全球收入占比最大的市场，2020 年市场收入占比 43.19%，增长了 0.22%，北美、欧洲、南美、中东和非洲各占 26.18%、21.38%、5.17%、4.08% 的收入份额。我国为软磁铁氧体的主要消费国，随着国民经济的快速发展，消费电子产品、汽车销售在我国保持稳定增长。因此，我国软磁铁氧体市场需求旺盛，为软磁铁氧体市场和技术的发展提供了良好机遇。

12.2.3 国内外软磁材料企业情况

软磁行业发展空间巨大，预计金属软磁行业年增长 30% 以上，铁氧体软磁行业未来每年约有 15% ～ 20% 增长。根据 BBC 的信息，2019 年全球软磁材料产值约为 514 亿美元，预计

2024年达到794亿美元。

在发达国家，软磁材料技术普遍处于较先进的水平。日本、美国在软磁材料的研发和工艺上居于世界领先地位，日本约有60家厂商、美国约有40家厂商从事软磁材料的研发与生产。国外企业设备更先进，研发能力强，技术水平领先。

在我国，软磁材料生产厂商分散，主要供应商如表12-2所示。金属软磁材料供应商仅占磁性材料企业比例4%，主要为铂科新材、东睦股份、龙磁科技等。铂科新材拥有产能1.6万吨，计划2024年达到5万吨以上。在软磁铁氧体方面，我国有200多家生产商，软磁铁氧体产能合计超过30万吨，但在大陆，产能达到3万吨的公司只有横店东磁和天通股份两家。横店东磁拥有年产能3.5万吨，天通股份拥有年产能3万吨。与国外相比，我国企业在制造成本上更具优势。随着我国软磁材料生产技术的发展，其在国际市场上的份额不断增加，在国际市场上的竞争力也逐渐增强。

表12-2　国内主要软磁材料供应商

公司	主要软磁产品	年产能
龙磁科技	粉料制备，磁芯产品（金属磁粉芯，铁氧体粉芯）及器件产品（电感）	2000t磁粉芯，1200万只电感
铂科新材	合金软磁粉、合金软磁粉芯及相关电感元件产品	1.6万吨，2024年预计5万吨以上
横店东磁	软磁铁氧体	3.5万吨，2021年预计4万吨
天通股份	锰锌铁氧体材料及镍锌铁氧体材料	3万吨
云路股份	非晶合金薄带	6万吨
东睦股份	合金粉末，铁粉芯，合金磁粉芯	0.91万吨

12.3 磁性生物材料

磁性生物材料具有良好的磁性能、光热性能、催化性能等，同时还具备突出的生物相容性、生物降解性和表面活性，因此被广泛应用于生物医学的各个领域，包括核酸提取、细胞分选、蛋白纯化、免疫检测、探针捕获、重大疾病诊断和治疗等。目前，我国对磁性生物材料的需求日益增加，主要源于：

① 医疗健康领域基本面发展情况良好：医疗健康领域是关系到人民日常生活和身体健康的重要领域，政府等多方面资源支持该领域快速发展。另外，医疗健康领域本身呈现的高增长性将带动磁性生物材料细分领域需求增长与分化。

② 下游医学检测及治疗需求稳定增长：癌症早筛、细胞治疗、单克隆抗体等领域从研究阶段进入市场推广阶段，相关技术的市场化落地将大幅推动磁性生物材料等原材料需求。终端经营场景的快速发展，同样对磁性生物材料行业发展有促进作用。

③ 中国本土企业技术发展刺激消费需求：中国本土企业的部分产品性能已接近国际领先水平。较低的市场价格和沟通成本将刺激市场潜在需求，推动市场规模的整体提升。因此，磁性生物材料具有广阔的应用前景和市场价值。目前，产业化最成熟的两类磁性生物材料是免疫磁珠和 MRI 造影剂。

12.3.1 免疫磁珠

（1）简介 免疫磁珠是一类具有细小粒径的超顺磁微球（主要为 Fe_3O_4），在磁珠表面进行特异性修饰，如抗体、受体等，用于分离纯化样品中的靶体。免疫磁珠已被广泛应用于免疫分析、核酸提取、细胞分选、酶的固定等多个领域。其优势主要体现在：①在磁场中能够迅速聚集，离开磁场后能够有助于磁分离的均匀分散。②具有合适的且差别较小的粒径，保证了足够强的磁响应性又不会沉降。③具有丰富的表面活性基团，可以和多种生化物质偶联，并在外磁场的作用下实现与待测样品的分离。与传统的分离方法相比，免疫磁珠用于生化样品复杂组分的分离，能够实现分离和富集的同时进行，有效提高分离速度和富集效率，同时也使分析检测的灵敏度大大提升。因此，利用免疫磁珠作为癌症体外检测产品的核心原料，结合临床实际需求，可以有效地提高癌症体外诊断的灵敏度和特异性，实现更加准确和高效的癌症早期筛查和诊断。

（2）主要应用场景

① 核酸提取 用于核酸提取的免疫磁珠粒径通常在几百纳米至几微米不等，表面主要用带有羟基的基团修饰。高盐环境下羟基对核酸吸附，经过洗涤后，再加入低盐的洗脱液将核酸洗脱，实现核酸的分离提取。相较于传统的方法，免疫磁珠分离不需要离心，而且分离速度更快，效率更高。更重要的是，这种分离方法提供了更为简易的大样本核酸的全自动提取分析过程。随着基因检测、个性化给药、产前诊断等技术的快速发展，生物界各领域都以追求自动化、高通量为诉求。在此背景下，免疫磁珠法提取 DNA 要比传统方法（Chelex100 法、有机法、二氧化硅法、盐析法等）更为简便快捷、安全环保，并且免疫磁珠与核酸进行特异性结合提取得到的产物纯度和浓度都更高。

② 细胞分选 细胞分选是基于免疫磁珠上的官能团，其直接或间接地与细胞表面配体相互识别作用后，进行特异性捕获分离。用于细胞分选的免疫磁珠多为免疫标记磁珠，即免疫磁珠上直接或间接偶联抗体，与目标细胞表面抗原进行特异性识别。直标免疫磁珠偶联标记抗体，可与细胞上的抗原识别结合，使免疫磁珠直接与细胞连接，从而可通过磁性分离获得目标细胞；间标免疫磁珠偶联通用官能团，通过识别细胞上标记的一抗，对目标细胞进行捕获。常用的间标免疫磁珠有抗免疫球蛋白磁珠、抗生物素磁珠、抗链霉亲和素磁珠和抗荧光素磁珠等。间标免疫磁珠扩展了细胞分选范围，研究者可使用自备的抗体或配体对目标细胞进行分离纯化。

③ 蛋白纯化 蛋白质磁性分离采用的是亲和作用原理，即将具有亲和作用的两种分子中的一种与磁性载体共价偶联，在目标溶液中特异性吸附或结合另一种分子（即目标分子），通过磁场作用使它们（载体和目标分子）从混合物中分离出来，然后通过解吸使目标分子洗

脱下来，从而达到分离和纯化的目的。整个分离过程不需对混合溶液的pH值、温度、离子强度和介电常数进行调整，从而避免了传统分离过程中蛋白质的损失。

④ 体外诊断　体外诊断根据检验原理和方法的不同可分为血液学诊断、生化诊断、免疫诊断、分子诊断、微生物诊断、尿液诊断、凝血诊断等。在众多的体外诊断产品中，作为免疫诊断相关产品的核心原料，免疫磁珠在这个领域占有重要位置。利用免疫磁珠对病人血液、体液、分泌物、组织、毛发等机体成分以及附属物进行检测，从而获取疾病预防、诊治、监测、预后判断、健康及机能等数据。免疫磁珠在捕获疾病标志物的同时实现诊断信号的级联放大，从而提高诊断的灵敏度和精确度。

（3）市场和企业分析　国外利用免疫磁珠开发诊断试剂盒的龙头企业有罗氏、Dyna、Merck、JSR、Agilent等，每年消耗的免疫磁珠至少在50kg以上，诊断次数超过10亿次。我国免疫磁珠市场规模（按需求量统计）从2015年的26.1亿元上升至2019年的53.1亿元，期间年复合增长率为19.4%。未来，随着CAR-T等细胞疗法日渐成熟、产业化水平提升并逐步进入临床应用场景，中国免疫磁珠市场需求将进一步提升。预计中国免疫磁珠市场需求仍以每年14.9%的速度增长，于2024年达106.5亿元。目前，国内稍具规模的免疫磁珠生产厂家大概有10家，如苏州纳微科技、苏州海狸生物、南京东纳生物等，但尚无一家形成生产规模和品牌效应。

（4）主要挑战和未来发展趋势　区别于一般的消费品，免疫磁珠作为专业的科学研究与临床治疗所需的原料，对其重复性、磁通量、分散性、最大结合能力/比表面积、表面封闭情况、光淬灭效应和价格共七个方面都有严格的考量。目前，只有极少中国本土免疫磁珠企业部分产品在性能方面能够达到国际领先水平。然而，在大多数的体外诊断产品开发过程中，仍然受到国外企业产品组合等因素的限制。考虑到国际形势的复杂多变，生产高质量的免疫磁珠已成为避免“卡脖子”的关键技术。目前，免疫磁珠的国产化率较低，约为5%～10%。因此，我国迫切需要发展免疫磁珠的宏量制备关键技术，开发出具有纯度高、磁性强、粒径均一、生物相容性好、成本低等特点的国产免疫磁珠材料。

由于复杂的生物学微环境、多变的遗传背景和高度的异质性，癌症的早期诊断和治疗一直是人们极为关注的问题。不同癌种往往具有不同的生物检测标志物，同一癌种也因患者个体差异显著从而检测标志物表达不同。开发具有高灵敏度、高特异性的肿瘤体外诊断产品迫在眉睫。利用免疫磁珠的独特优势，针对特定癌种对其进行相应的表面修饰，可以实现癌症的早期筛查和诊断。然而，受到免疫磁珠表面功能化修饰技术壁垒的影响，如修饰效率低、连接标志物不稳定等，目前肿瘤体外诊断产品普遍存在灵敏度低、检测结果不稳定等问题。因此，我国迫切需要突破免疫磁珠表面修饰宏量制备技术，开发出具有多种检测标志物、高灵敏度、高特异性的肿瘤体外检测产品，实现国产替代。

12.3.2 MRI造影剂

（1）简介　磁共振成像（magnetic resonance imaging，MRI）是临床影像诊断的主要手段之一，MRI造影剂可有效增强病变组织与正常组织之间的影像对比度，按照其对弛豫时间影响的不同，可分为缩短纵向弛豫时间的T_1造影剂和缩短横向弛豫时间的T_2造影剂。T_1造影剂使病变区域成像变亮，是正增强造影剂；而 T_2 造影剂使病变区域成像变暗，为负增强造影剂。MRI 具有无电离辐射损害，无骨伪迹，能多方向和多参数成像，高度的软组织分辨能力等优点，尤其适于靠近骨骼的病变检测，其软组织分辨度高于 CT 数倍，可以更早发现病灶。磁性生物材料由于其优异的磁学性能，在 MRI 造影剂领域具有重要的应用价值。目前，常见的 T_1 造影剂包括钆配合物、γ-Fe_2O_3 等，其发展历史如图 12-5 所示。常见的 T_2 造影剂有超顺磁性氧化铁等。目前，临床上多以钆配合物的应用为主。

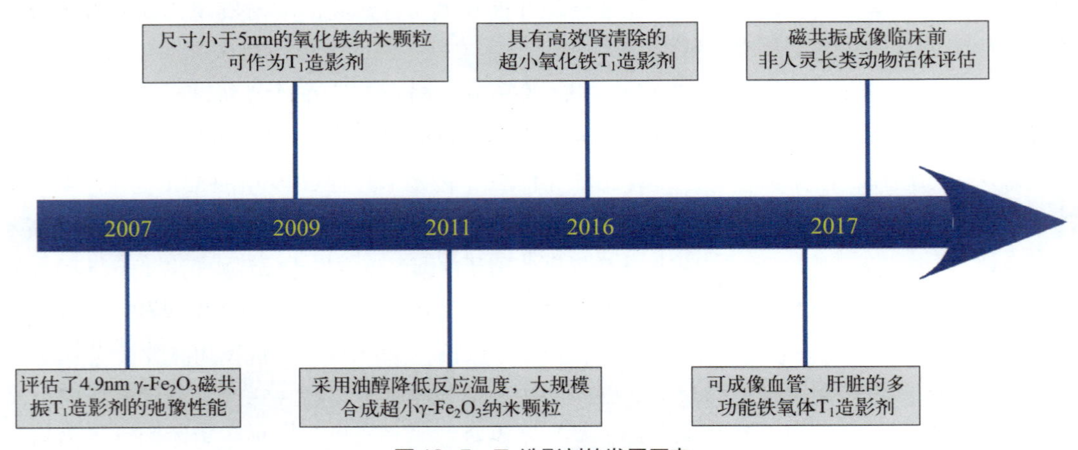

图 12-5　T_1 造影剂的发展历史

（2）主要应用场景　MRI 造影剂用于临床上对各类疾病的诊断，辅助提高成像对比度，从而使临床诊断结果更加精准。由于不同器官具有不同的生理环境，因此，临床上 MRI 更适用于中枢神经系统、骨关节、软组织、眼、耳、鼻、喉、实质脏器、血管及心脏的诊断，但对肺部、胃肠道及冠状动脉等相关疾病的诊断稍显欠佳。同时，目前临床上基于 MRI 造影剂也开发了一系列新型的成像技术，进一步扩大了 MRI 诊断的适应证。

① 弥散加权成像（DWI）是目前唯一能够检测活体组织内水分子扩散运动的无创方法，其原理是射频脉冲使体内质子的相位一致，射频脉冲关闭后，由于组织的 T_2 弛豫和主磁场不均匀将造成质子逐渐失相位，从而造成宏观横向磁化矢量的衰减。临床上最早将其应用于超急性、急性脑缺血诊断，目前正不断扩展至各实质脏器病变的诊断。

② 弥散张量成像（DTI）是一种用于研究中枢神经系统解剖神经束弥散各向异性和显示白质纤维解剖的 MRI 技术。利用组织中水分子弥散的各向异性来探测组织微观结构，可反映出脑白质的空间方向性，即弥散最快的方向指示纤维行走的方向。DTI 技术主要应用于神经系统疾病（尤其是胶质瘤）的诊断。例如，DTI 可以清晰地界定胶质瘤与正常组织、瘤周水肿的界限，对术前评估具有重要的指导意义。同时，在术中可以指导手术切除范围，做到精确切除肿瘤残留部位。

③ 脑灌注成像（PWI）最先用于脑部诊断，反映组织血流灌注情况。利用造影剂增强对比信号，可早期发现急性脑缺血灶，观察血管形态和血管化程度，评价颅内肿瘤的不同类型。也可用于早期发现心肌缺血，评价肺功能、肺栓塞和肺气肿。

（3）市场和企业分析　由于医疗技术的飞速发展，MRI 造影剂市场呈现快速增长的迅猛势头。美国 MRI 造影剂市场的平均增长率为 11.5%，是影像造影剂市场中增长最迅猛的品类。在我国，MRI 造影剂市场的增长更加强劲，平均增长率已经超过了 30%，预计到 2023 年我国造影剂市场规模将超过 220 亿元。除了常见的钆配合物，美国 Berlex 实验室开发的菲立磁（Feridex IV）是市场上唯一一种基于磁性纳米氧化铁设计的，并得到美国 FDA 批准的 MRI 造影剂，其市场价格很高（56mg Fe/5mL/ 支，约 75 美元）。在 MRI 临床诊断中，30% 的诊断是需要造影剂提高成像对比度的。因此，造影剂在 MRI 临床诊断中具有巨大的市场空间。2000 年之前，国内 MRI 造影剂市场几乎被国外龙头企业如拜耳、Guerbet 等垄断。但在国内企业自主研发能力的大幅提升以及国家政策的大力扶持下，近几年国内企业快速发展，形成了三大国产造影剂龙头企业：恒瑞医药、扬子江药业和北陆药业。在 2021 年上半年中国公立医疗机构终端造影剂品牌 TOP10 中，2 个品牌的销售额超过 10 亿元。恒瑞医药、通用电气、扬子江药业集团等 4 家企业各有 2 个品牌上榜。在我国公立医疗机构终端造影剂市场中，2021 年上半年恒瑞医药、通用电气、扬子江药业、拜耳、博莱科居于前五，合计市场份额占比超过 80%，行业集中度较为集中；南京正大天晴制药凭借超过 200% 的强劲增速上升至第八位，是 TOP10 中增速最快的厂家。

（4）主要挑战和未来发展趋势 传统的超顺磁性纳米颗粒是 MRI T_2 造影剂，尽管其良好的生物相容性保证了在临床应用的安全性，但在应用过程中仍存在较多问题：

① 变暗的图像区域易与临床上常见的出血、钙化以及金属沉积等病症引起的低信号相混淆，从而导致误诊；

② 磁性纳米颗粒的高磁矩易引起磁敏感伪影效应，导致目标区域图像模糊，从而降低成像的分辨率。

因此，为实现成像区域的高清晰解析，临床诊断往往采用 T_1 造影剂来进行成像增强。然而，钆配合物在代谢过程中可能释放游离的钆离子，与肾原性系统纤维化等疾病有很强关联性，有较大的潜在毒副作用。此外，钆配合物难以进一步功能化，导致靶向性分子成像较困难。因此，发展一种 T_1/T_2 双模态 MRI 造影剂，将两者的优势结合，能够很好地增强其影像诊断的准确度和灵敏度，实现高效低毒的磁共振分子影像，是当前磁性纳米造影剂研究的一个重要挑战，也是该领域未来发展的趋势。

目前，T_1/T_2 双模态氧化铁纳米探针的构建主要有两种方法：一是在氧化铁纳米颗粒中掺杂顺磁元素。例如，在氧化铁纳米颗粒中掺铕合成的 T_1/T_2 造影剂，其 T_1 和 T_2 弛豫效能分别明显优于 Fe_3O_4 或 Eu_2O_3 纳米颗粒。二是调控氧化铁纳米颗粒的尺寸和表面，形成核壳结构来实现两种模式成像的兼容。这些方法构建的探针都可以通过简单地使用 T_1 或 T_2 序列获得双模态对比增强成像，实现了灵敏度和分辨率的提高。然而，这些新型的 MRI 造影剂还停留在临床前实验的阶段，后续需要进一步系统地解决其在体生物安全性问题，包括可能引发的潜在神经毒性、代谢毒性、器官损伤等。

此外，由于传统的临床治疗（如手术、放疗、化疗等）存在一定的副作用，因此，如何提高手术过程对病灶切除的精准度，监测化疗药物在体分布情况，提高化疗药物治疗效率，从而减少对病人的副作用，一直都是临床上亟待解决的问题。新型磁性生物材料作为潜在的多功能分子诊疗探针具有广泛的应用价值，也是未来发展的重要方向。例如，碳化铁纳米颗粒（Fe_xC）是一种具有磁性、光热转换性能以及类酶活性的磁性纳米颗粒，可作为MRI造影剂，光热治疗（PTT）和化学动力学治疗（CDT）制剂。利用其丰富的表面活性和药物递送功能，对其进行多功能改造，如连接近红外荧光基团、主动靶向基团以及化疗药物的装载等，可实现MRI和近红外二区荧光成像，提高对病灶部位诊断的时间分辨率和空间分辨率。在术中，利用诊疗分子探针。实时观测肿瘤位置、边界和微小转移，提高手术切除的精确度，避免过度创伤。利用诊疗分子探针对化疗药物进行连接或者装载，可解析药物递送过程，优化给药方案。基于磁性生物材料的多模态诊疗分子探针可实现生物成像引导的临床治疗，真正达到"精准医疗"。

12.4 信息磁性功能材料

磁记录材料储存了全球约70%的数据，是信息战中的关键材料。磁记录具有记录密度高，稳定可靠，可反复使用，时间基准可变，可记录的频率范围宽，信息写入、读出速度快等特点。其广泛应用于广播、电影、电视、教育、医疗、自动控制、地质勘探、电子计算技术、军事、航天及日常生活等方面。

磁记录材料（magnetic recording material）包括磁记录介质材料和磁记录头材料（简称磁头材料）。在磁记录（称为写入）过程中，首先将声音、图像、数字等信息转变为电信号，再通过记录磁头转变为磁信号，保存（记录）在磁记录介质材料中。在需要取出记录在磁记录介质材料中的信息时，只要经过同磁记录过程相反的过程（称为读出过程）即可，即将磁记录介质材料中的磁信号通过读出磁头，将磁信号转变为电信号，再将电信号转变为声音、图像或数字。对磁记录介质材料的磁特性要求主要是：适当高的矫顽力 H_c，高的饱和磁化强度 M_s，高剩磁比，高稳定性。

目前应用的磁记录介质材料主要有：

① 铁氧体磁记录介质材料，如γ型三氧化二铁（γ-Fe_2O_3）等。

② 金属磁膜磁记录介质材料，如铁钴（Fe-Co）合金膜等。

③ 钡铁氧体（BaFe12O19）系垂直磁记录介质材料等。

目前应用的磁头材料主要有：

① 铁氧体磁头材料，如锰锌铁氧体［$(Mn\text{-}Zn)Fe_2O_4$］系统等。

② 高硬度磁性金属磁头材料，如铁镍铌（Fe-Ni-Nb）系磁性合金等。

③ 非晶磁头材料，如铁镍硼（Fe-Ni-B）系非晶合金等。

12.4.1 磁存储发展及现状

1888年9月，Oberlin Smith在《电气世界》杂志上公开了以线材录音的磁存储——线上录音。1898年，Valdemar Poulsen发明了磁记录器。1928年，Fritz Pfleumer开发了磁带录音机。1941年，粉末涂覆的磁带问世。到20世纪70年代，人们发明了新型磁记录介质材料及磁头材料，发展了磁存储技术，确定了磁泡存储作为中等存储容量、吸能稳定的主导磁存储器的地位。用于脉码调制（PCM）、垂直记录等新技术的蒸镀薄膜磁带、金属磁带等新材料的相继出现，使磁带的记录密度进入了新的阶段。1971 年，Hunt 提出的用各向异性磁电阻作读出磁头于 1985 年在 IBM3480 磁带机上实现。1991 年，实现了读写一体化各向异性磁电阻磁头，硬磁盘的记录密度已达 1Gb/in^2。1997 年，巨磁电阻读出磁头代替各向异性磁电阻磁头。1985 年后，硬磁盘开始用 Co-Cr 为基底的合金溅射薄膜作为垂直磁记录材料。

近年来，人们又发展了能量辅助磁记录技术，包括热辅助磁记录（heat-assisted magnetic recording, HAMR）和微波辅助磁记录（microwave-assisted magnetic recording, MAMR）。能量辅助磁记录技术即在高矫顽力介质（如铁铂合金）的记录过程中，采用激光照射等手段将照射区域中的温度瞬间加热至居里点温度附近，此时介质的矫顽力下降，用传统的普通磁头即可记录信息。记录完毕后，随着记录区域冷却，介质又恢复到原来的高矫顽力状态，记录相当稳定。采用这种方法，克服了高矫顽力介质难以记录的困难，同时提高了信息位的热稳定性，进而升级面记录密度。Seagate 公司拟将此技术应用到硬盘驱动器中，估计比现行的面密度提高约 2 个数量级。

12.4.2 磁存储主要应用

磁性材料由于其两种磁化状态很适于二进制的 0 和 1，并且通过磁电转换便于传输，故适于制作存储器。磁存储介质的优点是非易失性、低功耗和良好的抗冲击性。截至 2022 年，磁存储介质的常见用途是在硬盘上存储大量计算机数据，以及在模拟磁带上录制模拟音频和视频作品。由于大部分音频和视频制作正在转向数字系统，因此预计硬盘的使用量会增加，但会以牺牲模拟磁带为代价。数字磁带和磁带库是用于归档和备份的高容量数据的。磁存储也广泛用于某些特定应用，例如银行支票（MICR）和信用卡 / 借记卡（磁条），以及用于广播、电影、电视、教育、医疗、自动控制、地质勘探、电子计算技术、军事、航天及日常生活等方面。

12.4.3 磁记录的市场及挑战

（1）磁记录在硬盘领域的市场及挑战 硬盘包括机械硬盘（hard disk drive, HDD）和固态硬盘（solid state sisk, SSD）。HDD 是利用磁盘（用磁性材料覆膜的盘片）中的微小磁铁方向反转，来存储和播放 1 和 0 的，广泛应用于个人电脑（PC）、AV 设备和数据中心等。目前 HDD 的规格（形状、尺寸）分为 3.5 英寸和 2.5 英寸，3.5 英寸主要用于服务器和台式电脑，2.5 英寸用于笔记本电脑。

HDD 作为不断增加的数字数据的存储器发挥着重要作用，不过近年来受固态硬盘市场的冲击，出货量持续减少。当前，客户端每太字节 SSD 的价格不到 HDD 价格的 5 倍。SSD 在 PC 存储中所占的百分比正在增加，据日本 Techno Systems Research 公司（TSR）调查，2017 年 HDD 的出货量为 4.0308 亿台，降至峰值时的 60% 左右。

另外，HDD 的记录容量一直在增加。2017 年的记录容量为 720EB，比 2 年前增加 30% 以上。在出货量减少的情况下记录容量持续增加的原因之一是记录密度（单位面积的记录容量）的提高。现在的HDD采用磁场方向垂直（深度方向）的PMR记录方式。通过结合PMR和叠瓦式磁记录（SMR）两种技术，实现了1Tbit/in^{2}的记录密度。

HDD的新一代记录技术是目前正在开发MAMR和HAMR技术，二者的记录密度均有望大幅超过目前的PMR（垂直磁记录）。2020年，Western Digital和Seagate（希捷）宣布为数据中心和企业用户交付能源辅助的HDD。希捷的20TB硬盘产品实现了热辅助磁记录（HAMR）。西部数据和东芝在过去几年中宣布，它们计划使用微波辅助磁记录（MAMR）的HDD。希捷预测，HAMR将在2023年启用30TB硬盘，到2026年可能实现50TB硬盘。TDK已将业界首个基于自旋扭矩元件的磁记录技术引入东芝的18TB硬盘，该硬盘已于2021年开始生产。MAS-MAMR将构成磁记录行业的第二代自旋扭矩辅助磁头，其应用目标是超过24TB容量的硬盘。它利用了作用在磁盘记录层上写入磁头内的双自旋扭矩元件层产生的铁磁耦合共振效应，即MAS效应。通过与东芝和SDK（昭和电工株式会社）的合作，TDK已经证明此技术可以显著提高写入能力。TDK还在持续研究可装入写入磁头内的MAS-MAMR最佳双元件结构。预计这项技术可以应用到30TB容量的硬盘。

作为HDD竞争对象的闪存正通过三维化和多级化降低成本，但随着辅助记录技术的亮相，HDD也能降低成本。如果能通过新技术实现高密度和大容量，相对于闪存来说，HDD应该暂时能继续维持价格优势。

（2）磁记录在磁带领域的市场 磁带使用与硬盘驱动器相同的基本磁记录技术。这些产品在云以及本地数据中心的数据归档中继续发挥重要作用。磁带介质、驱动器和磁带库的总体市场可能超过20亿美元。

作为主导磁带介质格式的开放线性磁带技术（LTO），目前在市场上占据相当大的份额（超过80%），而IBM企业磁带则占了大部分，2019年引入的LTO-9具有18TB的本地存储容量。Ultrium LTO联盟预计其第10代将是LTO-9的本机存储容量的两倍，并且未来几代的容量将比上一代提高2倍。

IBM和Fujifilm在2015年进行了磁带技术演示，展示了使用钡铁氧体颗粒磁带（使220TB半英寸磁带盒成为可能）的面密度为123Gbit/in^2。在2017年的一次演示中，IBM和索尼实现了201Gbit/in^2（使330TB盒式磁带成为可能）的溅射磁介质。2020年12月，IBM和Fujifilm展示了317Gbit/in^{2}世界面密度最大记录磁带，从而实现了580TB半英寸的盒式磁带。这是IBM最大的企业级磁带盒20TB容量的29倍。

IBM是磁带驱动器的唯一制造商，而Fujifilm和Sony是仅有的磁带制造商。IBM研究人员指出，由于可以在磁带中使用的磁记录技术的可用性，磁带行业认为，它可以以每年34%的面密度增长速度继续增长。

12.5 磁性吸波材料

磁性吸波材料（电磁波吸收材料）是指能吸收投射到它表面的电磁波能量，并通过材料的损耗将其转变为热能的一类材料。

根据电磁能量损耗机制的不同，可大致将电磁波吸收材料分为电阻型、电介质型和磁介质型。电阻型电磁波吸收材料的电磁损耗机制为电导损耗，即以电流热效应损耗入射电磁波能量，目前研究较多的为碳纳米材料和导电高分子等。电介质型电磁波吸收材料的电磁损耗机制为极化损耗，如界面极化、缺陷极化，主要是氧化物、硫化物、碳化物、氮化物等无机介电材料。磁介质型电磁波吸收材料，也称为磁损耗型电磁波吸收材料，主要包括磁性金属/合金和铁氧体，磁损耗机制主要包括磁耦合、涡流损耗和磁共振损耗。

12.5.1 典型的磁性吸波材料

磁吸收型涂层的吸收剂通常采用铁的化合物和混合物，如铁氧体和羰基铁。虽然这一类磁性材料也都具有电损耗特性，但其对电磁波的吸收作用主要是由磁损耗产生的。

（1）羰基铁 羰基铁粉是一种典型的磁性吸收剂，具有磁导率高、饱和磁化强度大及温度稳定性好等优点，被广泛应用于微波吸收领域。磁性金属微粉由于比表面积大，材料表面原子相对增多，因而与电磁波相互作用的区域面积增大，有利于电磁波转化成热能或其他形式的能量而被损耗。羰基铁粉是磁性金属微粉吸波材料的典型代表，它由羰基铁化合物在预热的氮气氛围中热分解得到，呈独特的洋葱球层状结构，其电阻率较高，有利于抑制涡流效应，减小趋肤效应造成的不利影响。因此，羰基铁粉是薄层吸波涂层的首选吸收剂，目前已广泛应用于雷达吸波材料领域。羰基铁粉具有较高的居里点温度（约767℃），因此，有望制备出使用温度较高的吸波涂层。但是，由于羰基铁粉颗粒较小，表面活性较高，在羰基铁粉吸波涂层使用温度较高时，羰基铁粉很容易与空气中的氧气发生氧化反应，涂层的抗氧化性能较差，这极大地限制了羰基铁粉的应用温度范围。

羰基铁粉是典型的磁介质型吸收剂，它的磁吸收主要来源于涡流损耗和铁磁共振。一般情况下，铁磁性吸收剂的微波损耗主要来自磁滞损耗、畴壁共振、自然共振、涡流效应等。在2～18GHz频段内，羰基铁粉的磁损耗主要来源于自然共振和涡流损耗。由于磁损耗较大、阻抗匹配特性较好，羰基铁粉成为薄层吸波涂层的首选材料。由于微米级的羰基铁粉颗粒表面活性较高，在高温下的化学稳定性较差，加之，许多武器装备的某些关键部位在高温下的隐身需求逐渐增多，因此羰基铁粉抗氧化性能的研究受到了越来越广泛的关注。

为了进一步提高羰基铁粉的使用温度，目前研究者普遍通过在羰基铁粉表面包覆一层有机物或无机物来抵抗高温下空气中氧气的扩散，但前提是包覆层必须是连续、均匀、致密且不被氧化或不易被氧化的。虽然在羰基铁粉表面形成连续、均匀、致密的包覆层能够有效提高其抗氧化性能，但由于羰基铁粉本身颗粒很小（球状的羰基铁粉颗粒尺寸一般为1～6μm；片状羰基铁粉颗粒尺寸一般为2～10μm，厚度小于1μm），为了保证羰基铁粉在涂层中的体积分数，要求包覆层的厚度非常小（一般为几十纳米）。依靠如此薄的包覆层提高羰基铁粉的抗氧化性能，对其连续性、均匀性和致密性都有较高的要求，制备满足要求的包覆层的难度也很大。

（2）铁氧体 铁氧体吸波材料是一种重要的电磁波吸收剂。铁氧体材料是一种双复介质材料，使其既具有磁性，又有介电性。自然共振是铁氧体吸收电磁波的主要机制。自然共振是指铁氧体在不加外恒磁场的情况下，由入射的交变磁场和晶体的磁性各向异性等效场共同作用产生的进动共振。当交变磁场的角频率和晶体的磁性各向异性等效场所决定的本征角频率相等时，铁氧体吸波材料将大量吸收电磁波能量。

按微观结构不同，铁氧体可分成尖晶石型、磁铅石型和石榴石型三个主要型式。目前对前两者的研究较多，对石榴石型研究较少。

尖晶石型铁氧体（MFe2O4）研究与应用的历史较长，常见的如 CoFe2O4、Mn0.5Zn0.5Fe2O4 等，但由于其电磁参数很难满足相对介电常数和相对磁导率尽可能接近的原则，因此单一材料难以满足频带宽、厚度薄和面密度小的要求，常把其粉末分散到磁性微粒中制成复合铁氧体材料，可以通过铁氧体的粒径、组成等来调整其电磁参数以改善铁氧体的吸波性能。

六角晶系磁铅石型铁氧体包括 Y 型、M 型、W 型、Z 型等。以钡盐为例，M 型通式为 BaFe12O19，W 型通式为 BaMe2Fe16O27。磁铅石型铁氧体由于较强的磁性各向异性等效场而具有较高的自热共振频率，通常用作厘米波段和毫米波段的吸收剂，或通过掺杂以进一步展开频带。

12.5.2 磁性吸波材料主要的应用场景

磁性吸波材料的主要应用领域包括武器装备隐身、设备电磁兼容、电磁波污染防范及电子测试等领域，举例如表 12-3 所示。

表 12-3　磁性吸波材料的主要应用举例

应用举例	简介
隐身技术	在飞机、导弹、坦克、舰艇、仓库等各种武器装备和军事设施上涂覆吸波材料，可以吸收侦察电波，衰减反射信号，从而突破敌方雷达的防区，保护我方装备和设施
微波暗室	微波暗室是采用吸波材料和金属屏蔽体组建的特殊房间，它提供人为空旷的“自由空间”条件。在暗室内做天线、雷达等无线通信产品和电子产品测试可以免受杂波干扰，提高被测设备的测试精度和效率
消除电磁污染	吸波材料能够耗散电磁能量，是使电磁能量通过干涉而消失的能量转换材料，已成为消除电磁污染效果最好的方法
RFID 电子标签	可解决电子标签靠近金属时的信号减弱效应
RFID 天线抗金属隔离	利用吸波材料的高磁导率特性减少感生涡流在金属板中产生，进而减少感生磁场的损耗

（1）武器装备隐身领域　导弹、坦克、舰艇、飞机等武器装备和军事设施在工作时会发出电磁波、辐射红外线等，易受到敌军的制导武器和激光武器袭击。武器装备在涂抹吸波材料后，能有效减弱自身特征信号，降低对外来电磁波、光波和红外线的反射，实现反雷达侦察。雷达吸波材料在飞行器上应用时，按其是否参与结构受力分为吸波结构类和非结构类吸波材料。吸波结构类材料指由其制造的飞行器部件是飞机结构的一部分，既参与飞行器结构受力，又具有相应的雷达吸波性能，如机翼吸波前缘等，既要满足力学和制造工艺性能要求，同时要满足雷达吸波性能要求；非结构类吸波材料是指不参与飞行器结构总体受力的材料，主要为吸波涂层，在使用性能方面满足飞行器一般性要求，如理化、工艺性能和耐环境性能

等。吸波涂层通常的组成为吸收剂及树脂，涂层耐环境（温度、介质等）性能和力学性能取决于基底树脂以及吸收颗粒界面与树脂的结合状态，常用的树脂体系有环氧树脂、有机硅树脂等。环氧树脂以其良好的力学和耐介质性能、适宜的工艺性能，广泛用于制造磁吸收型涂层。环氧类吸波涂层在飞行器的长时间使用温度一般不超过150℃，可采用喷涂和刷涂的方式施工，由于吸收剂固体粒子相对密度大，在重力作用下易沉底，因此在喷涂或刷涂施工时应注意搅拌，确保涂层面密度均匀。由于涂层厚度直接影响其电磁性质，为了保证飞行器外表面这种外形复杂且面积大的表面涂层厚度均匀，可采用机器人喷涂工艺。加有铁氧体的涂层工作温度应低于居里点温度，当磁吸收型涂层工作温度接近或超过居里点温度（通常为260～540℃）时，涂层的磁性质将发生变化，从而削弱或丧失吸波性能。此外，还可以将磁吸收剂分散于橡胶中制成贴片，通过粘贴的方式布置于飞行器的特定外表面。

（2）设备电磁兼容领域 电磁兼容性问题是指设备或系统在其电磁环境中运行时对环境中的其他设备产生电磁干扰的现象。随着电子技术逐步向高频、高速、高精度、高可靠性、高灵敏度、高密度发展，特别是在人造地球卫星、导弹、计算机、通信设备和潜艇大量采用现代电子技术后，电磁兼容问题更加突出。吸波材料的应用为上述设备提供了良好的电磁兼容解决方案，以卫星为例，在卫星通信系统中应用吸波材料，将避免通信线路间的干扰，改善星载通信机和地面站的灵敏度，从而提高通信质量。

（3）电磁波污染防范领域 由于广播、电视、微波技术的快速发展，射频设备对功率要求越来越高，使得电磁辐射大幅度增加，不仅影响通信设备的信息安全和电力设备的正常运行，而且会危害人类身体健康。电磁波污染已经是继噪声、水和空气污染之后得到普遍重视的一种新型污染，因此发展电磁波吸收材料具有十分迫切的需求。吸波材料能吸收或者大幅减弱其表面接收到的电磁波能量，能有效缓解周围环境中的电磁波污染，降低电磁波对人的伤害。

（4）电子测试领域 吸波材料是微波暗室的重要组成部分。微波暗室可消除外界杂波干扰和提高测量精度与效率，广泛应用于雷达或通信天线、导弹、飞机、太空飞船、卫星等特性阻抗和耦合度的测量，宇航员用背肩式天线方向图的测量，以及太空飞船的安装、测试和调整等。

12.5.3 磁性吸波材料市场与企业分析

数据显示，2015—2019年，全球吸波材料市场规模年均复合增长率为9.2%，2019年全球吸波材料市场规模约为297.5亿元，预计2020—2025年，市场规模将以8.0%以上的增速继续快速上升。中国、北美和欧洲市场占磁性吸波材料的主要份额。未来，亚太地区将扮演更重要角色，除中美欧之外，日本、韩国、印度和东南亚地区依然是不可忽视的重要市场。

目前，领先生产商有美国ARC、美国3M、美国杜邦、德国汉高、日本TDK、日本NEC等。我国的生产商主要有飞荣达、鸿富诚、大连东信、武汉磁电、深圳鹏汇、卓驰电子、鑫澈电子、大连亿鼎等，虽然现在部分产品已达到国际先进水平，但拥有高端产品的企业较少，主要在中低端市场竞争。

由于磁性吸波材料可以运用到许多军用材料中，成为电子战中信息对抗的一项重要技术，一直备受各国的高度重视。此外，随着电子设备市场的暴涨，磁性吸波材料在商业方面得到重点关注。磁性吸波材料除了可以消除雷达虚像和重影外，还可以用于电视重影的消除、大型商业楼的电磁信息防泄露和民用电子产品的EMC，也可以用于在电磁环境中工作的人员的身体健康保护。另外，对海上风电设备进行改造，采取的主要方案为磁性吸波材料涂覆，其成为海上风电新增重要耗材。1GW 风电对应吸波涂覆材料的价值量 5 亿（轴承、铸件接近 2 亿，塔筒 6 ～ 7 亿）。3MW 机型需要风电吸波材料 5 ～ 7 吨。当前，仅江苏一个省的存量并网的 11.5GW 风电需求的涂覆吸波材料，对应 50 ～ 60 亿的市场规模。全国范围看，28GW 存量并网项目对应 140 亿体量改造空间。此外，军品吸波涂覆材料的利润率为 30% ～ 45%，远高于风电的 10% ～ 15% 的利润水平。因此，吸波材料未来发展趋势十分看好。

12.5.4 隐身材料主要挑战及未来发展趋势

高隐身性能是新一代武器系统的显著特征与迫切需求。当前，外形隐身技术在航空武器装备上的应用已逐渐逼近极限状态。特别是随着雷达探测技术的发展，战斗机、导弹等装备面临的雷达探测威胁频率范围已由传统波段（2 ～ 18GHz）向 L 波段（1 ～ 2GHz）甚至 P 波段（0.3 ～ 1GHz）扩展，对武器装备的低频宽波段隐身形成了严峻的考验。然而，由于低频雷达工作波长与隐身目标的整体或局部尺寸相当，将引发电磁谐振效应，产生较强的散射回波，导致外形隐身对低频雷达波失去隐身效果。因此，隐身材料技术的突破将是未来提高武器装备隐身水平和作战效能的关键。

“十四五”期间，我国新型战机和导弹的立项研制工作大规模开展，对隐身材料性能提出了更高、更大的需求。然而，目前面向远程警戒雷达（1 ～ 2GHz）和超远程警戒雷达（0.3 ～ 1GHz）的轻质高效雷达吸波材料尚属空白，严重制约了隐身武器装备的发展。与此同时，在国家发展战略的指引下，近年来航空武器装备的服役范围、活动区域不断扩大，其服役范围逐渐从陆地走向海洋，隐身材料使用条件也从传统的单一陆地环境走向了潮湿、高温、盐雾等更加复杂的海洋环境，对隐身材料的环境适应性要求也越来越高（如耐腐蚀、抗氧化、耐冲刷）。此外，随着航空武器隐身装备的大规模应用，对隐身材料的日常维护将是一项十分重要的工作，如何提高隐身材料的可靠性及如何实现隐身材料的快速修复 / 智能修复，降低维护成本、提高修复效率，成为隐身材料技术亟须解决的关键问题。

未来几年，国防等领域对高性能隐身材料的需求十分迫切，主要包含以下重点方向：低频雷达隐身涂层材料、耐高温隐身涂层材料、高性能宽频带隐身涂层材料、高耐腐蚀隐身涂层材料、多频谱隐身涂层材料等。

参考文献

作者简介

侯仰龙，北京大学博雅特聘教授，皇家化学会会士（FRSC），磁电功能材料与器件北京市重点实验室主任。主要从事多功能磁性材料的控制合成及其应用探索研究。迄今发表学术论文 240 余篇，引用 25000 余次，H 因子 87。获国家自然科学奖二等奖 1 项、教育部优秀科技成果奖自然科学奖一等奖 1 项和创新争先奖状。入选科睿唯安高被引科学家（2018—2022 年）。

马振辉，北京工商大学教授。主要从事永磁材料及电磁波吸收材料的研究。以第一作者 / 通讯作者在 *Chem.Rev.*、*J.Am.Chem.Soc.*、*Angew.Chem.Int.Ed.* 等期刊上发表 SCI 论文 20 余篇。获得 2021 年北京市海外人才项目的支持，国家重点研发计划稀土新材料专项青年首席科学家。主持国家及省部级科研项目 5 项。

王術人，北京大学特聘助理研究员，博士后。从事纳米生物医学研究，系统开展生物影像磁性纳米探针、智能药物递送系统和生物微纳器件的构建与性能评价的基础科学研究，致力于为肿瘤早期诊断与诊疗一体化提供新材料和新方法。发表国际 SCI 论文近 20 篇。主持国家自然科学基金项目 1 项。

第 13 章

人工骨修复材料

常　江　陈世萱　杨　晨

13.1 人工骨修复材料概述

13.1.1 人工骨修复材料的研究意义

骨是人体重要的组织之一，具有维持人体正常形态、协调身体运动、保护内部器官、发挥造血功能等作用。然而骨组织也是最容易受伤的组织之一，先天畸形、创伤、感染、肿瘤、种植牙、开颅手术等原因都有可能造成骨缺损。据南方医药经济研究所的研究报告显示，我国每年因各种原因导致的骨损伤患者超过 600 万人。除了发病率高，骨缺损修复还存在治疗时间长、花费高的特点，严重影响了患者的正常生活，并造成巨大的社会经济负担。

骨移植是临床上治疗骨缺损的主要方法之一。传统的骨移植主要包括自体骨移植和异体骨移植。自体骨移植是从患者身体其他部位采集骨组织来进行缺损填充，不易引起免疫排斥反应。且自体骨的骨诱导、骨传导和骨修复能力均较强，是目前临床治疗骨缺损的“金标准”。但是，自体骨移植会给患者造成二次创伤，带来新的手术风险。同时，患者的骨量有限，无法应对大的骨缺损填充需求。部分患者更是由于自身基础疾病等问题，无法采用自体骨移植进行骨缺损修复。异体骨移植包括同种异体骨移植和异种骨移植，前者是移植其他人类个体的骨组织，存在来源有限的问题；后者则是利用动物的骨组织，来源相对广泛。尽管两者在一定程度上能够替代自体骨移植，但移植后所产生的骨修复效果与自体骨还存在较大差距。另外，异体和异种骨移植都需要进行充分的前处理，以减少移植可能带来的免疫排斥、疾病传播的风险，而这些前处理往往会极大地降低异种骨的力学性能和成骨活性，限制了其在临床上的应用。因此，开发安全有效的人工骨修复材料以满足不同类型骨缺损修复的需求，具有重要的科学意义和研究价值，也是目前骨修复领域的研究重点和热点。

13.1.2 人工骨修复材料的应用现状

随着生物材料科学与技术的快速发展，不同类型的人工骨修复材料被不断开发并应用于各类骨缺损的填充和再生修复中。这些人工骨修复材料具备不同的理化性能和生物学功能，为不同临床应用场景下的骨植入需求提供了丰富多样的选择。具体来说，根据材料组成成分的不同，人工骨修复材料主要可分为金属类骨修复材料、无机非金属类骨修复材料、高分子类骨修复材料以及复合骨修复材料这几大类。表 13-1 列出了人工骨修复材料的主要类型及优缺点。

表 13-1 人工骨修复材料的分类及优缺点

分类	代表性材料	优点	缺点
金属类骨修复材料	医用不锈钢、医用钴基合金、医用钛及钛合金、医用镁及镁合金等	具有良好的机械强度，满足人体负重部位骨缺损填充和力学支撑	不锈钢、钴合金、钛合金均不可降解，且缺乏生物活性，长期植入存在毒副作用的风险；镁合金加工成本高、降解速率难以控制
无机非金属类骨修复材料	磷酸钙生物陶瓷、生物活性玻璃、硅基生物陶瓷、无机骨水泥等	普遍具备良好的生物相容性和成骨活性	脆性大，力学强度和降解速率难以匹配骨组织
高分子类骨修复材料	聚甲基丙烯酸甲酯、聚乳酸、聚醚醚酮等	易加工、力学等性能相对易调整	缺乏成骨活性，不易降解或降解产物不利于骨再生
复合骨修复材料	表面改性材料、有机/无机复合材料等	充分结合两种或多种材料的优点，并可能产生组分材料不具备的新特性	材料体系相对复杂，需考虑不同组分间的交互作用

13.1.2.1 金属类骨修复材料

（1）医用不锈钢 不锈钢为铁基耐腐蚀合金，是最早被开发的生物医用合金之一。其特点是易加工、价格低廉、耐腐蚀且力学性能稳定。以最具代表性的奥氏体超低碳 316L 医用不锈钢为例，其主要由 Fe、Cr、Ni 和 Mn 等元素构成，在过去半个多世纪一直被广泛应用于骨钉、骨板、人工关节等骨植入材料。但医用不锈钢材料的弹性模量远高于人体骨，容易引起“应力屏蔽”效应，从而导致植入物失效。更麻烦的是其自身生物相容性较差，不仅很难与宿主骨形成良好的界面，还容易在植入人体以后，由于磨损、腐蚀等原因溶出过量的 Ni 等有毒金属离子而产生致敏反应甚至长期毒副作用。

（2）医用钴基合金 钴基合金也是常用的金属医用材料，且种类众多，包括最早开发的钴铬钼（Co-Cr-Mo）合金、具有良好疲劳性能的锻造钴镍铬钼钨铁（Co-Ni-Cr-Mo-W-Fe）合金和具有多相组织的 MP35N 钴镍铬钼合金等。与不锈钢相比，其钝化膜更稳定，耐腐蚀性能也更好。钴基合金在人体内多保持钝化状态，很少见腐蚀现象，适合用于制造体内长期植入件，包括人工髋关节、膝关节、关节扣钉等。但报道显示，作为人工关节的钴基合金在人体运动时，可能会产生生物磨损腐蚀，引起磨屑的产生和 Co、Ni 等金属离子的释放，进而导致植入物周边组织炎症和骨质溶解，严重威胁到植入物的安全长期服役和人体健康。另外，钴基合金也具有和不锈钢类似的力学失配问题，影响了其骨修复效果。

（3）医用钛及钛合金 作为目前已知的生物相容性最好的金属材料之一，钛及钛合金在临床上的使用极其广泛。与不锈钢和钴合金相比，其密度和弹性模量更接近人体硬组织，且具备更优的耐腐蚀性、抗疲劳性和生物亲和性。20世纪40年代以来，钛/钛合金逐渐在临床医学中获得应用。1951年，人类开始用纯钛制作接骨板和骨螺钉。20世纪70年代中期，钛合金开始获得广泛的医学应用，成为最有发展前景的医用材料之一。目前，钛和钛合金主要应用于整形外科，尤其是四肢骨和颅骨整复，被用以制作各种骨折内固定器械、人工关节、头盖骨和硬膜等。以临床应用最多的Ti6Al4V钛合金为例，其表面致密的氧化钛（TiO_2）钝化膜不仅起到耐腐蚀的作用，还能一定程度上诱导体液中钙、磷离子在其表面沉积生成钙磷灰石，表现出一定的生物活性和骨结合能力，比较适合骨内埋植。但由于其骨整合能力还不够突出，加上硬度较低、耐磨性差，若磨损发生，合金中释放的Al、V等元素可能导致阿尔茨海默病、神经紊乱和骨软化等不良反应。因此，开发新型钛合金以减少对人体有害元素的使用，以及通过表面改性增强钛及钛合金的骨整合效果是目前钛基骨科材料的主要研究方向。

（4）医用镁及镁合金 与以上几类金属不同，镁是典型的生物可降解金属，植入体内后可以逐步降解并最终被新生骨组织替代，不需要二次手术取出，能够显著减少患者痛苦和治疗成本。此外，镁及其合金具有比自然骨更高的力学强度，但其弹性模量与人体皮质骨接近，能够减少种植体与骨界面载荷转移时的应力屏蔽。作为人体内含量第四的矿物质成分，镁参与了生命发展的众多过程，包括骨组织的发育与再生等。研究表明，镁离子能够影响骨再生相关的细胞（巨噬细胞、成骨细胞、破骨细胞、内皮细胞、神经细胞等）的行为和细胞间相互交流，并在合适浓度范围能起到促进骨愈合的作用。另外，一定浓度范围内，过量的镁离子可以通过人体循环系统及时排出而不引起毒副作用。由于镁基金属材料的诸多优势，目前其已被开发为多款植入器械并应用于临床。包括德国 Syntellix 公司开发的 Magnezix® 镁合金螺钉、Biotronik 公司开发的镁合金药物洗脱支架等。国内也有一些镁合金材料被开发用作骨钉、骨板、多孔支架等骨科植入器械，有些目前已经进入临床研究状态。总的来说，可降解镁基金属是一种很有潜力的骨缺损植入材料，但其临床研究还处于早期状态，如何控制镁基金属的降解速度、避免降解过快所导致的骨抑制以及力学丢失是仍需解决的关键科学问题。

13.1.2.2 无机非金属类骨修复材料

（1）磷酸钙生物陶瓷 磷酸盐陶瓷主要包含钙（Ca）、磷（P）、氧（O）等元素，由于其自身组成与人体骨非常接近，是一种非常安全的骨修复材料，目前已被广泛应用于临床。羟基磷灰石（HPA）、磷酸三钙（TCP）是其中最典型的两种磷酸盐陶瓷。HPA 的化学组成为$Ca_{10}(PO_4)_6(OH)_2$，是最稳定的磷酸钙陶瓷相，也是人体硬组织的主要无机成分。其生物相容性好，具有良好的骨传导性，但降解速率比较慢，有报道称 HPA 支架植入人体内六年未见降解。开发纳米级 HPA 或通过元素掺杂的方法来调控其降解速度和生物活性，是目前的研究热点。与 HPA 相比，TCP 陶瓷降解较快，具备良好的骨诱导和骨传导能力，能够在一定程度上诱导新骨长入。在降解被吸收的过程中，释放的钙和磷酸盐离子可参与新骨的重建，有利于骨组织的再生。由 HPA 和 TCP 组成的双相磷酸钙陶瓷也被制备成多种形式用于骨缺损修复，

包括直接填充骨缺损的块材或粉体，金属种植体的表面涂层，可注射的骨水泥材料等。总的来说，磷酸钙陶瓷是一类安全性高的骨修复材料，但是材料的脆性、低力学强度、有限的成骨活性则是制约其临床应用的主要因素。

（2）生物活性玻璃 20 世纪 70 年代，L. Hench 教授发明了生物活性玻璃并提出“生物活性材料”的概念。经过半个世纪的发展，已有多种类型生物活性玻璃被应用于临床骨填充。其中最经典的产品是 45S5 Bioglass®，其组成为 24.5%（质量分数）Na_2O，24.5%（质量分数）CaO，6.0%（质量分数）P_2O_5，45%（质量分数）SiO_2，抗压强度为 500MPa，抗张强度为 42MPa，弹性模量为 35GPa，与人体骨的力学性能较为匹配。45S5 Bioglass® 已被广泛证实具有促进成骨细胞黏附、分化和诱导间充质细胞分化为成骨细胞的能力。不仅如此，研究者近些年还发现其具有提高蛋白活性、促进血管新生的作用。随着材料学和生物学技术的不断发展，生物活性玻璃促进骨再生的机制也逐渐明确，包括：植入机体后，生物活性玻璃表面形成碳化羟基磷灰石层，使植入物和骨组织之间形成良好的键合；降解产生的碱性环境具有一定的抗菌作用，一定程度上避免了感染导致的植入失败；在自身吸收降解的同时，释放出来的活性离子（Si、Ca、P 等）能刺激多种细胞（巨噬细胞、成骨细胞、内皮细胞等）活性及相互作用，最终形成新的骨组织。长期的临床数据显示，生物活性玻璃在实际应用时缺点也比较明显，包括力学强度较低、降解速率与新骨长入不配等。另外，不同于国外市场，国内目前还没有生物活性玻璃的骨植入产品，其在国内的使用和推广还需要一定的时间。

（3）硅基生物陶瓷 硅基生物活性玻璃的成功应用提示了硅基生物陶瓷也有望用于骨缺损填充。与生物活性玻璃类似，硅酸盐生物陶瓷也能够在体内诱导类骨磷灰石矿化、刺激骨髓间充质干细胞成骨分化，以及增强血管形成和新骨长入。与生物玻璃不同的是，硅基生物陶瓷具有特定的结晶相，组成也相对固定。但这并不影响其丰富的种类，目前已有多种硅酸盐陶瓷被证明具备良好的生物相容性和成骨活性，包括硅酸钙（$CaSiO_3$）、硅酸二钙（Ca_2SiO_4）、硅酸三钙（Ca_3SiO_5）、硅酸镁（$MgSiO_3$）、镁黄长石（$Ca_2MgSi_2O_7$）、锌黄长石（$Ca_2ZnSi_2O_7$）等。与磷酸钙陶瓷相比，这些硅基生物陶瓷普遍表现出更高的力学强度和成骨活性，是非常有潜力的骨缺损植入材料。但需要注意的是，基于硅酸盐生物陶瓷的骨植入材料在实际临床应用还属于较早期的阶段，目前大部分工作都处于研发及临床验证阶段，其植入人体后的骨再生效果需要进一步验证。

（4）无机骨水泥 生物活性陶瓷 / 玻璃作为骨填充、修复材料通常是以高温烧结后的颗粒状或块体状形态在临床上应用，缺乏可塑性。医生在手术过程中无法按照病人骨缺损部位任意塑型，尤其是在椎体成形、椎间融合、股骨头坏死等需要进行植骨治疗的手术场景中，材料的可塑性和力学强度对于手术的成功性有极大的影响。因此，能够在生理条件下自固化形成任意形状且具备一定力学强度的骨水泥材料成为人们关注的热点。目前临床使用的骨水泥材料主要可以分为三大类，分别是硫酸钙骨水泥、磷酸钙骨水泥和硅酸钙骨水泥。其中硫酸钙骨水泥是粉体半水硫酸钙和液相水混合所得，其价格低廉且拥有良好的生物相容性、降解性能和自固化特性，作为骨修复材料已有百余年历史。但也存在可注射时间较短、强度不足、降解速率过快等缺点。磷酸钙骨水泥最早于 20 世纪 80 年代被提出并逐步应用，是一种或几种磷酸钙盐粉末的混合物与调和用的液相发生水化反应，在生理条件下自固化所形成的人工骨水泥。磷酸钙骨水泥具有良好的生物相容性、可降解性和骨传导能力，临床上主要应用于非负重部位骨缺损的修复、松质骨螺钉加固等。另外由于磷酸钙骨水泥的自固化过程相对温和，可以原位装载药物或生长因子（例如骨形成蛋白 BMP-2），以实现活性成分的长效缓慢释放，加速骨缺损再生。不同的磷酸钙骨水泥配方固化时间、力学强度、降解速率均有所差别，常存在固化时间较长、力学性能不足、降解缓慢、成骨活性不足的缺点。硅酸钙骨水泥的主要成分为硅酸二钙和硅酸三钙，水化产物主要为水合硅酸钙和氢氧化钙，具有较好的生物相容性和封闭性，常用于穿孔修复、活髓治疗等口腔医学领域。最新的研究表明，硅酸钙骨水泥与硅基生物陶瓷类似，也具备诱导磷灰石沉淀物形成以及促进血管化骨再生的能力，是潜在的骨缺损填充材料。其缺点是自固化时间过长且植入后会造成强碱性微环境，可能会引起局部炎症反应等。

13.1.2.3 高分子类骨修复材料

（1）聚甲基丙烯酸甲酯（PMMA） PMMA 在临床上常被作为骨水泥应用，主要由 PMMA 粉末、引发剂、促进剂、显影剂、MMA 单体等混合形成。在临床上已有数十年的应用历史，被广泛用于人工关节固定、椎体成形术、骨肿瘤刮除后植骨、椎弓根螺钉增强等诸多场景。其优点是可塑性好、力学强度高、化学结构稳定。缺点也非常明显，包括：组成中的 MMA 单体、引发剂等有一定毒性；聚合反应会产生大量热量，可能会引起骨组织热坏死；成品的力学强度较大，容易引起邻近椎体骨折；体内不降解且缺乏生物活性，无法与植入部位骨组织形成良好的骨整合等。

（2）聚乳酸（PLA） PLA 分子量可调，主要有三种不同的构型：左旋型（PLLA）、右旋型（PDLA）和消旋型（PDLLA）。植入体内后，均以水解为主要降解方式，降解产物主要为乳酸。不同的是，PLLA 和 PDLA 具备结晶性，具有较高的力学强度和缓慢的降解速率，适用于硬组织修复，而 PDLLA 是非结晶结构，降解吸收速率较快，适用于软组织修复。作为临床最早批准使用的人工可降解聚合物，PLA 的加工工艺成熟、安全性高。不过除了高强度左旋聚乳酸（PLLA）被用作可降解骨固定器械之外，很少单独作为骨科植入物使用，这主要是由于其自身缺乏成骨活性，植入之后很难与宿主骨形成良好的骨整合以及诱导新骨再生，而且降解产生的酸性微环境也不利于骨生长。通过与其他活性组分复合形成生物活性更高的可降解复合材料是 PLA 在骨修复领域的主要研究方向。

（3）聚羟基乙酸（PGA） 又称聚乙醇酸，是一种具有高结晶特点的脂肪族聚合物。其可由乙醇酸缩聚或者通过乙交酯开环聚合制备而来。PGA 具有可降解性，其降解产物是草酸和羟基乙酸等。高分子量的 PGA 具有良好的生物相容性和力学性能，被广泛应用于生物医药领域中，包括可降解医用缝合线、药物缓释载体、骨骼固定材料等。尽管其应用广泛，但仍存在其价格昂贵、降解速度过快以及植入人体后导致免疫反应的缺点。

（4）聚醚醚酮（PEEK） PEEK是由1个芳香的主链、2个醚键和1个酮键的重复单元组成的一种半结晶性聚合物。其理化性能稳定，具有耐疲劳、耐辐射、耐腐蚀、易加工、易消毒、生物相容性好等优点。相较于金属植入物，PEEK的弹性模量更低，整体力学性能与人体骨更接近；同时具备透过X射线的能力，植入人体后不会产生伪影，有利于评估内植物周围骨愈合的情况。正是由于这些优点，PEEK自20世纪80年代被批准用作骨科植入物以来，

迅速开始代替已有骨科植入材料用于脊柱、髋骨手术、颅底择期手术、鞍区择期手术等。目前已经商业化的骨缺损修复产品有颅骨修补板、颅骨固定连接片、颈/椎间融合器、缝线铆钉等。需要注意的是PEEK本身是一种惰性材料，生物活性较差，导致其植入后与周围骨组织很难形成良好的骨融合，大大限制了其临床应用。因此，目前PEEK在骨修复领域的研究重点是通过表面改性或共混改性以提高其生物活性和骨整合性能。

13.1.2.4 复合类骨修复材料

（1）表面改性材料 表面改性是提高临床用骨科材料植入成功率的重要手段之一，常用于惰性材料，例如钛合金和PEEK材料。改性的主要目的是提高植入体的骨整合能力，使得其进入体内之后能够更好地与周边骨组织结合，从而获得长久的体内稳定性和服役效果。例如，通过等离子喷涂等技术在钛合金表面形成羟基磷灰石涂层或是通过共价接枝等方法在PEEK材料表面构建胶原层。通过这些改性既保留了基底材料的自身优点，又充分利用了涂层材料的生物活性，是比较实用的产品优化手段。对于不同类型材料而言，涂层与基底材料的界面结合能力是关系到改性成功与否的关键，也是植入体表面改性的技术难点。

（2）有机/无机复合材料 天然骨基质主要是由胶原蛋白与纳米级羟基磷灰石晶体层层自组装而成。这种高度有序的分级自组装结构使得骨骼兼备硬度和抗弯能力。研究表明，模仿人体骨的这种特殊的组成和结构，有望达到与人体骨相匹配的力学特性及生物活性。因此，模拟天然骨的形成环境，在体外通过多种技术手段构建在成分、结构和功能与人体天然骨接近的仿生复合材料用于骨缺损填充一直是科研界和产业界的关注热点。21世纪以来，全球范围内有十多种胶原/磷酸钙复合成分的骨修复材料获批临床使用，包括美国强生公司的HEALOS、美敦力公司的MASTERGRAFT、中国奥精医疗的BonGold等。这些产品已被广泛应用于脊柱融合、人工关节翻修、牙周骨缺损修复等各种植骨手术中，极大丰富了人工合成骨修复材料的临床选择。此外，中国长春圣博玛采用左旋聚乳酸/羟基磷灰石复合制备的可吸收骨钉和固定棒，弹性模量接近人体骨骼并且可完全被人体吸收，已经获得临床应用。但是目前这些商用的仿生复合支架离天然骨组织还有很大距离，且存在价格昂贵、力学强度欠佳和降解速率较快等缺点，还需要进一步改进和完善。除了胶原/磷酸钙复合材料，PEEK、PLA、PMMA等生物高分子与磷酸钙陶瓷形成的复合材料也受到了广泛的关注。两者结合不仅能够提升单独高分子材料的成骨活性以及避免单独陶瓷材料的脆性问题，而且通过复合工艺、复合比率等参数调控能够在一定程度上调控材料的力学强度和降解速率。复合材料的均匀性和稳定性是决定其发挥功效的关键。

13.1.3 人工骨修复材料的主要产品及企业现状

13.1.3.1 人工骨修复材料产品

目前，根据临床调研情况，人工骨修复材料在临床的应用范围主要包括颅骨替代、关节置换、多用途骨填充（脊柱骨、小面积骨缺损等）、骨固定和口腔填充这四个方面。临床骨缺损移植所用的固定耗材仍然以钛合金材料为主，但在人工骨植入产品中，无机非金属类骨修复材料和复合类骨修复材料已成为主要发展趋势。截至2023年1月，在国家药监局网站检索“人工骨”“骨修复”“骨移植”“骨填充”等关键词，颅骨替代、关节置换、多用途骨填充和口腔填充这四个方向的代表性人工骨修复材料产品见表13-2（国内产品）和表13-3（进口产品）。

表13-2 国内已注册人工骨产品

临床应用领域	注册号	注册主体	产品名称	产品成分
颅骨替代	国械注准20223131474	成都美益达医疗科技有限公司	聚醚醚酮颅骨修补板	聚醚醚酮（PEEK-OPTIMA-LT1）材料
	国械注准20143132075	奥精医疗科技股份有限公司	人工骨修复材料	Ⅰ型胶原蛋白和羟基磷灰石
	国械注准20173134363	江苏双羊医疗器械有限公司	钛网系统	钛网为TA1或TA2；钛钉为TC4
	国械注准20203130120	苏州吉美瑞医疗器械股份有限公司	颅骨固定系统	颅骨板为TA2纯钛材料；螺钉采用TC4钛合金材料制成
	国械注准20193131524	天津市康尔医疗器械有限公司	颅骨网板	TA2纯钛材料
口腔填充	国械注准20193171523	奥精医疗科技股份有限公司	人工骨修复材料	Ⅰ型胶原蛋白+羟基磷灰石
	国械注准20223171547	北京市意华健科贸有限责任公司	羟基磷灰石生物陶瓷	天然珊瑚为原料，主要成分是羟基磷酸钙+碳酸钙+β-磷酸三钙
	国械注准20173131011	北京益而康生物工程有限公司	人工骨	Ⅰ型胶原蛋白+羟基磷灰石
	国械注准20153170391	烟台正海生物科技股份有限公司	骨修复材料	骨修复材料为牛松质骨经过一系列脱细胞、脱脂处理后制成的骨基质，保留了其天然的三维多孔结构，主要成分为羟基磷灰石和胶原蛋白
	国械注准20223170622	陕西佰傲再生医学有限公司	骨填充材料	羟基磷灰石和透明质酸钠
关节置换	国械注准20213130943	北京邦塞科技有限公司	关节骨水泥	液体：甲基丙烯酸甲酯（MMA）单体+*N,N*-二甲基对甲苯胺+对苯二酚；粉体：聚甲基丙烯酸甲酯（PMMA）+硫酸钡+过氧化苯甲酰
	国械注准20223130546	上海意久泰医疗科技有限公司	关节骨水泥	粉体：聚甲基丙烯酸甲酯+过氧化二苯甲酰+硫酸钡；液体：甲基丙烯酸甲酯+对苯二酚+*N,N*-二甲基-对-甲苯胺
	国械注准20223130698	河北瑞鹤医疗器械有限公司	膝关节假体	股骨髁：钴铬钼合金材料；胫骨平台：Ti6Al4V钛合金材料；胫骨衬垫+髌骨：大剂量辐射交联超高分子量聚乙烯材料；髌骨：不锈钢显影丝

续表

临床应用领域	注册号	注册主体	产品名称	产品成分
关节置换	国械注准 20153130214	北京爱康宜诚医疗器材有限公司	髋关节假体生物型股骨柄	TC4 钛合金材料制成，表面喷涂的纯钛涂层
	国械注准 20203130510	上海博玛医疗科技有限公司	髋关节假体	髋臼杯 + 髋臼杯平头螺钉 + 极点孔塞 + 孔塞：Ti6Al4V 锻造钛合金材料；髋臼内衬：超高分子量聚乙烯材料；股骨柄：Ti6Al7Nb 钛合金材料；股骨头：钴铬钼合金；股骨柄 + 髋臼杯表面有纯钛粉末材料及羟基磷灰石材料制成的涂层
多用途骨填充	国械注准 20173134686	江苏阳生生物股份有限公司	骨修复材料	多孔非晶态材料：硅 + 钙 + 磷 + 氧 + 镁 + 钠
	国械注准 20153131084	北京市意华健科贸有限责任公司	羟基磷灰石生物陶瓷	天然珊瑚：羟基磷酸钙 + 碳酸钙 + β- 磷酸三钙
	国械注准 20173131011	北京益而康生物工程有限公司	人工骨	Ⅰ型胶原蛋白 + 羟基磷灰石
	国械注准 20143131867	天津市赛宁生物工程技术有限公司	胶原基骨修复材料	胶原蛋白 + 矿化形成的羟基磷灰石
	国械注准 20183461720	四川国纳科技有限公司	医用纳米羟基磷灰石 / 聚酰胺 66 复合骨充填材料	纳米羟基磷灰石（缩写为 n-HA）+ 聚酰胺 66（缩写为 PA66）复合制成的骨内植入生物材料
	国械注准 20153131863	长春圣博玛生物材料有限公司	可吸收接骨螺钉	由聚乳酸（90%）和羟基磷灰石（10%）的共混物制成

表 13-3 进口已注册人工骨产品

临床应用领域	注册号	注册主体	产品名称	产品成分
颅骨替代	国械注进 20193131926	史迪姆医疗技术有限公司	颅骨修复用钛网	TA3 纯钛材料
	国械注进 20173130168	詹弗朗科比多亚私人股份有限公司	颅骨固定系统	钛网：纯钛材料；螺钉：Ti6Al4V 钛合金材料
	国械注进 20223130097	纽尔斯	颅骨孔盖	顶盘 + 底盘 + 扎带由：聚醚醚酮材料；把手 + 施压器：聚醚酰亚胺材料
	国械注进 20163130136	辛迪思有限公司	颅骨固定板	盖孔板 + 接骨板 + 支撑板 + 钛网：纯钛（2 级和 4 级）材料
	国械注进 20183462203	邦美微固定公司	钛网	枕骨钛网 + 左右侧顶骨钛网：TA2 纯钛材料
口腔填充	国械注进 20193171760	科卢森股份公司	β- 磷酸三钙人工骨	β- 磷酸三钙
	国械注进 20183631775	美国诺邦生物制品有限公司	口腔用生物玻璃人工骨	SiO_2+CaO+Na_2O+P_2O_5

续表

临床应用领域	注册号	注册主体	产品名称	产品成分
口腔填充	国械注进20153173627	百康有限公司	人工骨粉	β-磷酸三钙（$Ca_3(PO_4)_2$）+羟基磷灰石（$Ca_5(PO_4)_3(OH)$）
	国械注进20153171730	吉诺斯株式会社	人工骨植入物	羟基磷灰石+β-磷酸三钙
	国械注进20203170486	韩士生科公司	口腔用骨填充修复材料	冻干松质骨骨粉+羟基磷灰石+羧甲基纤维素钠
关节置换	国械注进20173130169	意大利萨摩公司	人工膝关节系统	股骨髁+胫骨平台：钴铬钼合金材料；胫骨垫片+髌骨假体：Ⅰ型超高分子量聚乙烯材料；胫骨垫片显影丝：不锈钢材料
	国械注进20173131985	蛇牌股份有限公司	髋关节假体组件	Ti6Al4V 钛合金
	国械注进20183130388	Howmedica Osteonics Corp.	膝关节髌骨组件	高交联超高分子量聚乙烯材料
	国械注进20163134692	沃尔德马林克有限两合公司	膝关节融合柄	钴铬钼合金材料
	国械注进20223130537	沃尔德马林克有限两合公司	骨水泥型髋关节假体股骨柄组件	CoCrMo 材料
多用途骨填充	国械注进20173136999	英国百赛公司	硫酸钙人工骨	医用硫酸钙（$CaSO_4 \cdot 2H_2O$）
	国械注进20153133621	细基生物株式会社	人工骨	羟基磷灰石
	国械注进20153130006	吉诺斯株式会社	可吸收人工骨粉	羟基磷灰石+磷酸钙
	国械注进20193130629	美国诺邦生物制品有限公司	可吸收人工骨	生物活性玻璃 $SiO_2+CaO+Na_2O+P_2O_5$；甘油黏合剂
	国械注进20163131599	奥林巴斯泰尔茂生物材料株式会社	骨修复材料	β-磷酸三钙

13.1.3.2 人工骨修复材料主要企业

骨科植入耗材价值相对较高，属于医疗器械行业中高值耗材的典型，也是各大骨科医疗仪器公司重点布局的方向。近些年来，随着材料技术、制造技术、临床医学、生物医学工程等技术和学科的不断发展以及国内相关医疗仪器公司在研发上的不断投入，本土企业在人工骨修复领域迎来了快速发展时期，但是与强生、史赛克、美敦力等外资企业相比，仍有不小的差距。表 13-4 总结了目前国内外主要的骨科医疗器械公司及其在人工骨修复材料领域的产品优势。

表 13-4　国内外人工骨修复材料主要企业及其产品优势

类别	企业名称	企业简介及骨修复产品优势
外资企业	强生	强生公司是全球十大骨科医疗器械巨头之一，也是全球最具综合性、业务分布范围广的医疗健康企业之一，业务涉及制药、医疗器材及消费品三大领域。强生骨科系列产品主要集中于关节和脊柱两大领域，以金属材料为主。其中脊柱类产品以 Depuy 骨水泥为核心
	史赛克	史赛克是全球十大骨科医疗器械巨头之一，2021 年居全球骨科总营收首位。其骨科产品领域主要集中在关节领域，后逐步拓展到脊柱和创伤领域。核心产品主要是带涂层的髋关节全置换产品、骨水泥以及骨科手术机器人
	美敦力	美敦力成立于 1949 年，总部位于美国明尼苏达州明尼阿波利斯市，全球十大骨科医疗器械巨头之一，其核心产品主要涉及脊柱和手术机器人两大领域。球囊椎体成形术相关系列产品是美敦力的核心产品；其开发的 MAZOR™X 脊椎机器人是目前脊柱领域智能机器人的行业标准
	施乐辉	1856 年成立于英国，是目前全球十大骨科医疗器械巨头之一。施乐辉涉及骨科业务的关节（膝关节、髋关节）和运动医学方向，其核心产品为全膝关节系统
	捷迈邦美	捷迈邦美是全球十大骨科医疗器械巨头之一。其骨科产品涉及领域主要包括关节、脊柱、齿。主要以全膝关节置换产品为核心产品
	盖氏	盖氏生物材料公司 1851 年在瑞士成立，是一家专业生产骨、软骨以及组织再生领域生物材料的企业，专业从事再生生物材料研究 30 多年，长期以来一直是口腔再生领域的市场先锋。从先锋产品 Geistlich Bio-Oss 骨粉到 Geistlich Bio-Gide 胶原膜的诞生和临床应用，几十年来，逐渐发展成为骨再生领域专业企业，在再生生物材料市场占据一席之地
本土企业	微创骨科	微创于 1998 年成立于中国上海张江科学城，国内十大骨科医疗器械企业之一。其骨科产品主要以关节（髋关节、膝关节）为主。旗下公司开发的用于关节置换的鸿鹄骨科手术机器人已成功上市
	纳通集团	创立于 1996 年，国内十大骨科医疗器械企业之一。产品涉及骨科全产业线，包括但不限于关节、创伤、脊柱、运动医学、生物材料等。现有产品主要以关节系列产品和可吸收螺钉为主
	威高骨科	山东威高骨科材料股份有限公司创立于 2005 年，国内十大骨科医疗器械企业之一。产品涉及关节、脊柱、创伤和运动医学，以膝关节和脊柱融合相关配套产品为主
	春立正大	成立于 1998 年，是一家专业从事人工关节和脊柱产品、运动医学产品的研发、生产、行销的 A+H 股上市企业，国内十大骨科医疗器械企业之一。春立正大公司是国内首家采用陶瓷制作股骨头的企业，公司主要营收产品为髋关节假体系列产品，占营收额的 70% 以上
	大博医疗	大博医疗科技股份有限公司成立于 2004 年，是一家以骨科、神经外科、微创外科为主的综合性医疗科技上市企业。骨科产品包括关节、脊柱、创伤和运动医学四大板块。创伤类（骨钉、骨板）和脊柱类产品为公司的主要产品，分别占到公司营业额的 54% 和 28% 左右
	凯利泰	凯利泰成立于 2005 年，主要从事骨科植入物的研发，是椎体成形微创手术器械的主要提供商。2014 年公司收购江苏艾迪尔，成功拓展脊柱与创伤等医疗器械领域，2018 年收购美国 Elliquence 公司，开拓骨科能量平台新领域，是目前国内骨科医疗器械十大企业之一。公司核心业务主要是椎体成形微创业务：皮椎体成形（PVP）手术系统和经皮球囊扩张椎体后凸成形（PKP）手术系统
	三友医疗	三友医疗成立于 2005 年，2019 年于上交所科创板上市，公司主要从事医用骨科植入耗材的研发、生产与销售，主要产品为脊柱类植入耗材（包括 Adena 脊柱内固定系统、Zina 脊柱微创内固定系统、Halis PEEK 椎间融合器系统等）、创伤类植入耗材
	北京奥精	成立于 2004 年，2021 年于 A 股上市。主要从事高端再生医学材料及植入类医疗器械的技术研发。奥精医疗的主营业务收入均来源于矿化胶原人工骨修复产品，并以骨科矿化胶原人工骨修复产品（“骼金”“BonGold”）为主
	长春圣博玛	成立于 2007 年，主要从事生物可降解医用高分子材料的生产及下游产品的开发与产业化，是全球最大的医用级聚乳酸原材料生产商之一，产品主要以可吸收骨钉系列为主
	上海贝奥路	成立于 2000 年，主要从事生物陶瓷和医疗器械的研发、生产和销售。自主发明的陶瓷棒治疗股骨头坏死微创保髋技术和可控互通性微结构多孔 β- 磷酸三钙活性生物陶瓷人工骨是公司主要的技术和产品

13.2 人工骨修复材料对新材料的战略需求

如今，生命健康产业已成为全球经济发展的新动力，是国际科技发展的主要方向和关键推动力之一。随着我国全面建成小康社会，人民对健康生活的要求也上了一个新的台阶。在生物医用材料方面，突破目前存在的技术瓶颈，大力发展更有利于人体器官修复的新材料，将对国家医疗安全、人民健康产生至关重要的影响。

具体到骨修复领域，作为其中的重要组成部分，人工骨修复材料在临床上发挥了重要作用。尽管市面上已有多种材料的人工骨修复产品，这些产品或起到力学支撑、移植替代的作用，或在成分、结构的某些方面模拟天然骨来引导骨组织再生，但与自体骨相比，上述产品还存在诸多问题，不能完全满足患者对高质量骨修复的需求。理想的骨修复材料通常需要具备以下几个特性：

① 良好的生物相容性：材料能够支持正常细胞的新陈代谢，植入人体内不会引起免疫排斥反应，也不会对宿主组织造成任何局部或系统的毒副作用。

② 合适的多孔结构：三维立体连通的孔结构以及合适的孔径分布有利于营养物质 / 代谢产物的进出、血管和神经长入、细胞的黏附生长以及细胞外基质的沉积。

③ 适配的强度和降解速率：理想的植入材料不仅应具有与移植部位骨组织相似的力学性能，并且能够在体内逐渐降解，其降解时间可控，降解过程既不会显著影响材料的力学支撑作用，又能为新生骨组织提供足够的生长空间。

④ 优异的生物活性：包括骨诱导性、骨传导性、成血管活性等。能够有效调控成骨过程中的相关细胞，在骨愈合的各个阶段发挥积极的推动作用，加速骨组织再生。

除此之外，在一些特定的应用场景下，理想的骨修复材料除了发挥替代、修复缺损骨组织的作用，还需要具备一些其他功能，如抗菌、成像等。表 13-5 列出了骨修复领域具体应用所对应的新材料需求。

表 13-5　骨修复领域人工新材料需求

人工骨修复材料类别	新材料需求	具体应用
颅骨替代	新型可降解有机高分子材料。新型钛合金材料的研发，降低 Al、V 元素引起的毒性反应。在转角大的位置能够实现完美塑形	颅骨修复
关节、长骨替代	匹配的力学强度，改善“应力屏蔽或遮挡”现象	关节置换
	具有较高力学强度、可加工尺寸（≥ 3cm）、多级孔结构且成血管 / 成骨性能优异的可降解人工骨修复材料，如 3D 打印生物陶瓷 / 生物玻璃、胶原 / 羟基磷灰石仿生复合材料、3D 打印可降解高分子 / 金属复合材料等	大段骨缺损修复
	改善可降解镁合金材料的电化学腐蚀反应	承重骨修复
	能够同时促进关节部位损伤软骨 / 骨再生的高活性单一材料或有机 / 无机仿生梯度材料	关节部位骨 / 软骨一体化修复
	高强度、可吸收、降解过程中力学性能衰减稳定不出现脆性断裂的新型可降解金属、高分子、有机 / 无机复合材料等	可吸收骨钉、脊柱融合器

续表

人工骨修复材料类别	新材料需求	具体应用
骨填充材料	可注射、易成形、生物相容性好、力学强度高且稳定、成骨性能优异的无机骨水泥材料、有机 / 无机复合骨水泥材料等	椎体成形
	易注射成形、高成骨活性的可吸收新型骨修复材料	骨损伤术后出现骨不连
口腔填充	无免疫原性、骨诱导 / 骨传导性能优异、可替代 Geistlich Bio-Oss 的人工合成生物陶瓷粉体	口腔部位骨修复
	改进羟基磷灰石等无机材料的亲水性、可操作性	口腔部位骨修复
其他共性需求	能够有效装载并可控释放不同药物，且成骨性能优异的自固化骨水泥材料、有机 / 无机复合材料等	骨质疏松患者骨缺损修复
	同时具备长效抗菌功能和骨再生活性的新型骨修复材料，例如抗菌多肽修饰的钛合金材料，抗菌元素掺杂的生物陶瓷材料等	易感染部位的骨缺损修复

13.3 当前存在的问题、面临的挑战

讨论目前人工骨修复材料存在的问题以及面临的挑战时，应同时考虑目前人工骨修复材料的临床应用情况和最新研究进展。为此，本报告调研了国内市场上国产和进口人工骨材料在临床应用、市场中的占有情况，分析了目前正在应用的人工骨修复材料存在的问题和处于研究中的人工骨修复材料存在的“卡脖子”问题。

13.3.1 颅骨替代材料

理想的大面积颅骨修补材料需要满足以下特点：轻质材料且具有合适的力学强度；良好的组织兼容性，排异反应小；理化性质稳定，隔绝温度，不导电，且植入体内以后不易发生电化学腐蚀；术后不影响 CT/MRI 等影像检查。目前颅骨修补手术常用的骨修复材料来源于自体骨和人工骨修复材料，在没有足够自体骨来源的情况下会选用人工骨修复材料。国家药品监督管理局已经批准约 13 种国产和 6 种进口颅骨修复材料。获批的颅骨修复材料主要有聚醚醚酮（PEEK）聚合物材料、纯钛材料和钛合金材料。这三种颅骨修复材料在临床实践中都获得了大规模应用，少数案例仍使用骨水泥。根据临床反馈，PEEK 聚合物材料最大的优势是特别适合眼眶、颧等转角大且复杂的位置，而且外形美观。其缺点是术后常存在皮下积液等并发症，骨整合性差、易松动。纯钛材料，尤其是钛合金材料（Ti6Al4V，Ti6Al7Nb）展示出优秀的组织相容性和较好的骨整合性。但是其缺点也很突出。首先，其边缘锋利，容易切割皮肤，经常会造成补片外露，需要进行二次植皮手术。其次，在颅骨天然转角较大部位（眉弓、颞窝交界处、颧突、额骨和额突等地方）很难完美塑型。再次，CT/MRI 影像学检查会有伪影，影响对新生骨的判断。最后，隔温性能差，在高温或低温环境下会引起患者不适反应。

目前临床正在使用的PEEK颅骨修复材料的骨整合性差以及出现其他并发症最主要的原因在于该聚合物材料的高度疏水性和致密结构导致的细胞黏附差、不利于组织再生。因此，研究人员的主要研究方向集中于改善PEEK人工骨修复材料的生物活性/骨整合性能。一方面，对其结构进行改性，通过增加其孔隙率能够显著增强骨与人工骨修复材料的整合性。Zhang等利用NaCl作为制孔剂制备出高孔隙率的PEEK颅骨修复材料，其孔径大小约为500～800μm。与无孔的PEEK颅骨修复材料相比，多孔的PEEK颅骨修复材料能够显著促进细胞黏附、骨组织长入，以及与周围骨、软组织的长期整合性。另外，3D打印技术也能够调控PEEK骨修复材料的孔隙率。另一方面，在不改变其致密结构的基础上，对PEEK人工骨修复材料进行组成或表面改性。例如，碳纤维、碳纳米管和石墨烯的添加有助于提升PEEK人工骨修复材料的力学性能、材料表面粗糙度、细胞黏附等性能。添加羟基磷灰石、镁离子、Ti颗粒、Ta_2O_5和Si_3N_4等能显著改善PEEK人工骨修复材料的亲水性，增强其成骨诱导能力和与周围骨组织的整合性。除此之外，也可以对PEEK人工骨修复材料的表面进行改性。例如表面进行等离子体处理，表面生物活性材料的吸附（羟基磷灰石、二氧化钛、硅酸盐、明胶和小分子聚合物等）可以增强PEEK人工骨修复材料的组织兼容性、促骨再生能力和抗菌性能等。表面化学处理（磺化、磷酸化和酸处理等）相对廉价、简单，同时可以增加表面粗糙度、增加PEEK材料的抗菌性能等。PEEK人工骨修复材料的高孔隙改造固然能够增强纯PEEK人工骨修复材料与组织的整合性，但同时也会导致其力学强度降低，时间长更易造成老化、脆裂现象。PEEK人工骨修复材料的表面改性会随着表面涂层的消耗而消失，最终依旧会出现PEEK人工骨修复材料固有的问题。相比之下，杂化的PEEK人工骨修复材料有望实现临床应用。这依赖于新型高分子材料的研发，添加的杂化成分与PEEK骨架材料的优化匹配，将其对PEEK骨架材料和对人体影响降到最低。

目前钛及钛合金材料面临的问题，一方面是力学不匹配，可产生“应力屏蔽或遮挡”现象，缺少足够应力刺激的骨组织会出现退化，另一方面是钛合金材料存在电化学腐蚀、有害金属Al、V毒性反应问题。为了解决上述问题，一方面，在钛合金材料内部引入多孔状结构。与致密材料相比，多孔钛合金的强度和弹性模量明显下降，并且其密度、强度和弹性模量可以通过对孔结构的调整来达到与被修复替换骨组织的力学性能相匹配。另一方面，探索新的钛合金材料及钛合金材料的表面改性也备受关注。例如，添加稀有金属元素或稀土金属元素到钛合金材料中进行改性，或者采用各种物理或化学方法在医用钛合金表面制备一层活性陶瓷涂层（羟基磷灰石、生物玻璃和氟磷灰石等）或TiO及其复合涂层，或者嫁接生物活性大分子（透明质酸、葡聚糖、RGD多肽、壳聚糖等）等。上述的钛合金材料改进方案与PEEK材料改进方案存在同样的问题。另外，利用3D打印技术制造金属人工骨修复材料在近10年里得到快速发展，有希望在今后的10年里实现个性化治疗。然而我国3D打印的原料Ti粉生产核心技术与世界发达国家的高品质球形Ti粉的生产技术相比较为落后，直接影响了3D打印产品的质量和功效。

13.3.2 / 口腔填充材料

为了确保种植牙的成功固定，对口腔填充材料诱导形成的新生骨质量有较高的要求。因此，口腔填充材料的快速骨诱导形成能力是衡量口腔填充材料性能最为重要的指标，同时也决定了其市场占有率。国家药品监督管理局已经批准了约 7 种国产和 13 种进口的可用于口腔填充的人工骨修复材料，其主要成分包括羟基磷灰石和 β- 磷酸三钙、异种骨粉和生物玻璃。该领域的临床应用产品相对集中。其中进口口腔填充人工骨修复材料占 85% 的市场，国产口腔填充人工骨修复材料只占 15% 市场。在进口产品中，瑞士盖氏产品独占约 70% 的市场。国产产品代表性公司有奥精医疗（7.0%）和正海生物（4.4%）。在临床，很少使用羟基磷灰石和 β- 磷酸三钙。羟基磷灰石降解速率太慢，β- 磷酸三钙吸收速率又太快。即使将羟基磷灰石和 β- 磷酸三钙按照一定比例混合使用，其降解速率依旧难以控制。同时，临床医生还反映羟基磷灰石为原料的产品，其羟基磷灰石的亲水性问题有待进一步改善。临床应用较多的还是异种骨粉口腔填充材料。将瑞士盖氏和国产某公司骨粉产品进行比较，两家公司都是以小牛松质骨骨粉为主要原料。虽然报道的国产产品在脱落剔除率、骨体积转化率、骨体积转化有效率、新生骨密度方面与进口骨粉并无显著差异，修复牙槽骨缺损能力相当，但是根据临床调研情况看，国产产品的骨诱导再生速率、新生骨质量和与牙槽骨结合之后的稳定性不如瑞士盖氏的小牛松质骨骨粉。其主要的原因是，进口小牛松质骨骨粉一方面保留了较完整的松质骨结构，另一方面，其颗粒大小均匀，亲水性好，与血混合后可聚集成团，可操作性强。国产的异种骨粉可朝着这个方向进一步改进。

在近些年的研究当中，水凝胶、微球、生物陶瓷/玻璃、短纤维气凝胶等可注射形式的口腔填充材料受到关注。Iviglia等开发了一种含有双相磷酸钙生物陶瓷颗粒装载的新型果胶/壳聚糖可注射水凝胶。果胶/壳聚糖水凝胶用于模拟骨的细胞外基质，双相磷酸钙颗粒能够促进成骨细胞黏附和增殖。陶瓷颗粒的掺入使果胶/壳聚糖水凝胶可在不同pH值下保持稳定，并提高了其压缩弹性模量、韧性和极限拉伸强度，而且其形状易于控制、适应提取部位。Gou等报道了具有多孔壳的新型蛋黄/壳双相结构的生物陶瓷颗粒。将其用于牙槽骨修复后发现，与瑞士盖氏骨粉相比，这种具有多孔壳结构的双相生物陶瓷颗粒，在体内外均表现出可控的离子释放性能、改善的生物降解行为和令人满意的成骨作用。Xie团队将BMP-2多肽吸附的矿化短纳米纤维应用于牙槽骨修复，发现BMP-2多肽吸附的矿化短纳米纤维组的新生骨体积和骨密度是对照组的3 ～ 4倍。在这些研究当中，材料组成成分简单、疗效明确的口腔人工骨修复材料具有潜在的转化前景。

13.3.3 多用途骨填充材料

临床上有较多的小面积骨缺损也需要用人工骨修复材料进行填充，例如脊柱手术后骨填充、开颅手术遗留的转孔填充、人工骨修复材料与自体骨之间缝隙填充等。这一类的人工骨修复材料通常为细小颗粒状形式。国家药品监督管理局批准了 67 种国产骨填充材料和 63 种进口骨填充材料。这一类产品主要为：聚甲基丙烯酸甲酯（PMMA）、羟基磷灰石和 β- 磷酸三钙、人同种异体骨、牛松质骨、生物玻璃、磷酸钙和硫酸钙等。由于这一类的产品较多，进入每家医院的产品种类有较大的差异。其中杭州九源的骨优导（rhBMP-2 装载材料），北京科健的人同种异体骨修复材料（拜欧金），山西奥瑞的同种骨植入材料，以及各种进口的羟基磷灰石应用最为广泛。国产骨填充材料的骨诱导再生效果可媲美进口骨填充材料的骨诱导再生效果。

根据目前的研究情况，两类研究有希望在今后的10年里取得突破。一类是可注射人工骨修复材料。可注射聚合物生物材料允许使用无创或微创治疗方法，是其骨科应用的一个主要优势。因此，可注射人工骨修复材料在脊柱融合、颅面和牙周缺损方向的研究一直备受研究人员关注，主要研究对象为可注射微球和可注射凝胶。相关研究侧重于体外和体内细胞行为对聚合物材料特性的影响，例如生物降解、生物相容性、孔隙率、微球尺寸和交联性质。另一类是具有纳米结构的人工骨修复材料。纳米技术已经成为推动当下人工骨修复材料发展的关键技术。与传统人工骨修复材料相比，由于其独特的物理化学性质，具有纳米结构的人工骨修复材料已经被很多研究证实具有显著的优越性。Chen等以普通的聚己内酯为原料，通过静电纺丝和发泡膨胀技术，成功制备出3D放射状纳米纤维支架。该3D纳米纤维支架为细胞迁移提供了全层次的“高速公路”，使得在短期内即可实现快速骨重建。最关键的是，新生骨密度及力学性能够恢复到健康骨水平。

13.3.4 关节替代材料

通过人工关节置换手术，使用关节假体材料代替患病关节，能够缓解关节疼痛，恢复关节功能。具体应用的关节假体包括人工踝关节、人工膝关节、人工髋关节、人工腕关节、人工肘关节、人工肩关节。其中人工髋关节和人工膝关节是最常用骨关节置换材料，其假体需要同时承受拉、压、扭转、界面剪切、反复疲劳及磨损的综合作用。目前国家药品监督管理局批准了247种国产关节假体和254种进口关节假体，而关节假体材料是所有人工骨修复材料中增长速度最快、获得批件最多的人工骨修复材料。在进口关节假体材料中，捷迈邦美（27%）、史赛克（19%）、强生（18%）和施乐辉（16%）共占据了80%的市场份额，集中程度很高。北京邦塞、上海意久泰等国产企业正逐步扩大市场应用。

人工关节不同的部件由不同的材料制造而成。例如，钴铬钼合金、钛合金、不锈钢金属材料组成人工髋关节的股骨头、膝关节的股骨髁的表面，超高分子聚乙烯材料组成人工髋关节的髋臼骨部分、人工膝关节的胫骨平台部分，聚甲基丙烯酸甲酯骨水泥用于人工关节假体与骨组织的固定。目前，金属关节置换材料存在的问题与金属颅骨修复材料存在的问题相似。两者之间的区别在于关节假体材料更加注重其耐腐蚀和耐磨损性能。因此人工骨关节假体材料的研究方向集中于新型金属合金材料和表面涂层材料的研发。例如，Yen等通过电解的方法在钴铬钼合金表面形成Al_2O_3的涂层，显著增强钴铬钼合金关节假体材料的耐磨损性能。关节置换材料Ti6Al4V强度高且耐腐蚀，主要原因是在其表面增加了一层TiO_2薄膜黏附层，TiO_2在pH值2～12范围内非常稳定。在未来的10年里，将继续围绕如何改善关节假体材料的耐腐蚀性、耐磨性和生物相容性，以及增加其使用寿命进行研究。近10年，生物陶瓷材料正被应用于关节假体材料。例如，氧化铝、氧化锆陶瓷惰性稳定性好，在人工关节中常用于人工全髋关节的头臼部分。在体内和体外实验中，氧化铝及氧化锆的人工关节面的磨蚀及磨损率均明显降低。

目前国产关节假体材料与进口关节假体材料之间的差距正在逐渐缩小。在临床上也经常使用国产关节假体材料翻修进口关节假体材料组件。但是存在的问题是用于生产国产关节假体的优质原料需要进口，国内对这些原材料的加工生产技术有待提高。

13.4 未来发展

回顾近一个世纪的人工骨修复材料的发展，从 20 世纪初开始使用可吸收磷酸钙材料，到高分子聚合物材料、生物活性玻璃的研发，再到骨组织工程支架及相关技术研发，以及最近 10 年 3D 打印技术在人工骨材料制备上的飞速发展。综合来看，在未来的 10 年里，人工骨修复材料的发展还是会围绕组织工程三要素——支架材料、生长因子和细胞展开，并且会有更多的新材料和新技术被应用到该领域，以弥补现有的人工骨修复材料的不足之处（图 13-1）。

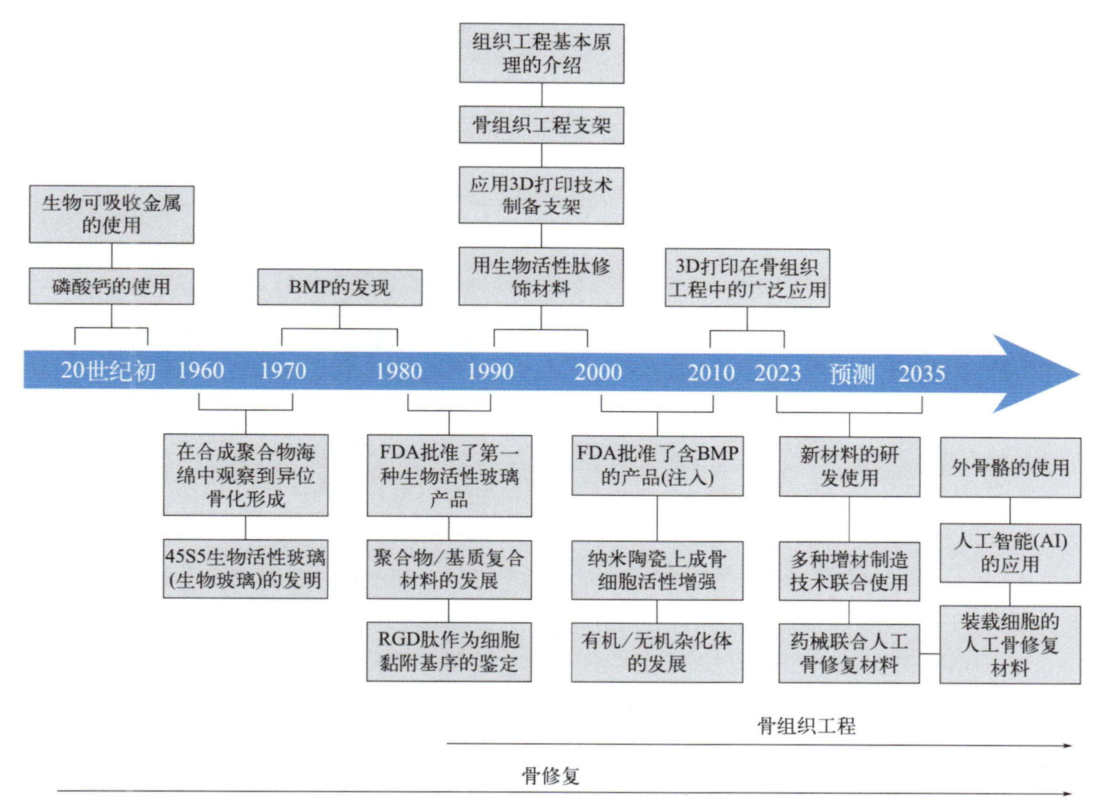

图 13-1　人工骨修复材料的发展过程

纯人工骨修复材料对于大面积骨缺损或者病理性骨缺损的修复能力有限。进入 21 世纪以后，美国 FDA 已经批准了多种生长因子用于各种骨修复，例如 BMP-7（2001 年，2004 年）、BMP-2（2002 年，2004 年，2007 年）、PDGF-BB（2005 年，2015 年），并且在 2015 年批准了第一种生物活性多肽 iFactor（P-15）用于骨修复。中国 NMPA 在 2009 年批准了重组 BMP-2 人工骨填充材料。在未来的 10 年里，将会有更多疗效明确的药械组合型人工骨修复材料获得批准用于骨修复。比如，在现有的基础上，重组 BMP-2 可结合羟基磷灰石等人工骨修复材料用于大面积颅骨缺损或者长段骨缺损修复。另外，还有促血管生成生长因子、细胞募集生长因子等已经被批准的生长因子，也可与人工骨修复材料结合。除了生长因子以外，其他生物活性分子也有希望被批准应用。例如，抗菌多肽（LL37 等）有希望用于人工骨修复材料的修饰，防止移植后感染的发生。另外，其他类似于 RGD 的促细胞黏附多肽，以及类似于 iFactor（P-15）的促成骨分化多肽都有可能与现有的人工骨修复材料结合。

干细胞联合人工骨修复材料用于骨修复已经有几十年的研究经验。研究的干细胞包括：脂肪间充质干细胞、骨髓间充质干细胞、脐带间充质干细胞、胚胎干细胞和多潜能性干细胞。目前应用最为成熟的是脂肪间充质干细胞和骨髓间充质干细胞。因此在未来的 10 年里，患者自体的脂肪间充质干细胞和骨髓间充质干细胞联合人工骨修复材料用于患者的骨重建有望取得新的突破。一方面，可以使用基因编辑技术，对患者自体的间充质干细胞进行定向改造，将基因改造后的间充质干细胞联合人工骨修复材料用于患者的骨重建。另一方面，除了使用这种含有干细胞的人工骨修复材料，细胞重编程技术有望实现同样的效果。即在人工骨修复材料表面装载生物活性分子，移植以后可促使周围的成纤维细胞等重编程，并且向成骨细胞、骨膜细胞、血管内皮细胞等分化，从而促进骨组织重建。

虽然包含生物活性成分（例如细胞和生长因子）的人工骨修复材料在骨组织工程和骨修复的研究中显示了很好的促进骨再生作用和潜在应用前景，但是在实践中，包含生物活性成分的人工骨修复材料的发展往往受到高成本、严格的临床监管以及严苛的审批流程等因素限制。因此，从转化的角度考虑，不添加生物活性成分的人工骨修复材料在今后 10 年里依旧会备受关注。一方面，新的人工骨修复材料可能会取得一定的突破。例如，在聚合物材料的应用方面，基于柠檬酸的可降解高分子材料有希望实现临床应用。目前研发的柠檬酸基高分子材料已经能够实现可控的力学性能和降解性能，例如聚柠檬酸二醇酯（POC）。在金属人工骨材料方面，一直处于研究和初步临床试验阶段的可降解镁合金材料也有希望实现临床应用。其移植后容易出现的严重电化学腐蚀反应的问题有望得到解决。另一方面，由于传统增材制造技术和新发展的 3D 打印技术单独应用在制备理想的人工骨修复材料方面存在局限性，多种增材制造技术联合使用希望弥补单一增材制造技术的短板。例如，Thomsen 团队利用钛金属框架和 3D 打印陶瓷片组装出大面积颅骨缺损的修复材料。钛金属框架的使用大幅度减少了钛金属的使用，从而会很大程度上减轻了钛金属使用带来的副作用。同时钛金属框架和生物陶瓷片能够为颅骨（非承重骨）提供足够的力学支持。另外，3D 打印的生物陶瓷片在植入后展现出良好的修复大型颅骨缺损的能力。新生骨内具有成熟、血管化良好的骨组织，其形态、超微结构和成分与天然颅骨相似。同时，3D 打印生物陶瓷片的降解时间与新生骨的形成时间相匹配。这种组合设计为人工骨修复材料设计提供了新的启发。另外，除了研发新的人工骨修复材料和人工骨修复材料的制备技术，我们还应该重视发展原材料的加工技术和质量控制，在原材料方面缩小与国际最先进水平的差距。比如，稳定控制高分子聚合物材料的聚合反应、3D 打印金属材料的金属粉末精细生产技术、高纯度生物活性陶瓷和玻璃制备技术等。只有高品质的原材料，才能提高所制备人工骨修复材料的各项理化性能。

虽然全世界有很多的研究团队一直在设计新的人工骨修复材料，探索人工骨修复材料如何参与骨修复细胞的调控机制，但是人类的工作效率较低。骨组织工程以及骨修复生物学实践中有许多未解之谜。2022 年 7 月，人工智能（AI）系统 AlphaFold 预测出超过 100 万个物种的 2.14 亿个蛋白质结构，几乎涵盖了地球上所有已知蛋白质。同年 11 月，又一 AI 系统 ESMFold 成功预测了超过 6 亿个蛋白质三维结构。AI 技术的应用正在颠覆传统研究手段。因此，AI 系统将有助于显著改善现有的骨修复相关基础理论，辅助理想人工骨支架材料设计，预测支架材料、细胞和生长因子之间的相互作用关系等。

人工骨修复材料辅助内骨骼重建的目的是帮助骨缺损患者恢复正常的生活。对于一些严重创伤患者，除了恢复其内骨骼及周围软组织，另外一种可行性方案是使用机械外骨骼代替。越来越多的研究团队正在开发商业用途的外骨骼机器人，特别是帮助残疾人和老年人进行日常生活。例如，在工伤事故中出现断指，在无法接回的情况下，临床会使用人工骨材料进行断指再造，恢复其形貌。但这种方法无法恢复手指功能。Dovat 等研发了 HandCARE 手部外骨骼。Boian 等研发出 Rutgers Hand Master Ⅱ 外骨骼手套。这两个手部外骨骼的使用，能够完成键盘敲击动作。在未来的 10 年里，断指再造、脊柱骨缺损、四肢缺损，都有可能无须进行骨修复，而直接使用外骨骼代替，帮助患者恢复正常生活。

参考文献

作者简介

常江，中国科学院上海硅酸盐研究所研究员、国科温州研究院研究员，国际生物材料学会联合会会士（Fellow），英国皇家化学会会士（Fellow），美国医学与生物工程院会士（Fellow），国际可注射骨和关节生物材料学会副主席，中国生物材料学会常务理事，中国生物材料学会生物陶瓷分会第一任主任委员。国际学术期刊 *Journal of Materials Chemistry B* 副主编。研究领域：组织再生与损伤修复材料。在国际学术期刊发表学术文论 490 余篇，2014—2022 年连续入选 Elsevier 材料领域中国高被引用学者榜单。主编英文专著 3 部。获得授权国家发明专利 70 余项。曾获第四届中国侨界贡献奖（创新人才）等奖项。

陈世萱，研究员，国科温州研究院（温州生物材料与工程研究所）医用生物材料研发中心副主任。博士毕业于南方医科大学，美国内布拉斯加大学医学中心博士后。于 2021 年 7 月全职加入国科温州研究院，组建创伤救治与修复整形材料科研团队。研究方向包括：急性战创伤快速止血材料、急慢性皮肤创面修复材料、创面骨保护及骨缺损修复材料等。近 5 年以第一作者 / 通讯作者身份在 *Advanced Materials* 等期刊发表 20 余篇 SCI 论文。申请 WIPO 国际专利 6 项，已授权 2 项。

杨晨，国科温州研究院（温州生物材料与工程研究所）副研究员。博士毕业于中国科学院上海硅酸盐研究所。主要从事生物活性陶瓷的开发与应用研究，包括纳米生物陶瓷、3D 打印生物陶瓷及其复合材料等，并应用于骨、皮肤、心脏等组织损伤修复及疾病治疗。在 *Advanced Materials* 等国际专业期刊发表 SCI 论文 20 余篇。申请和授权国家发明专利 10 余项。主持国家自然科学基金面上基金等科研项目。

第14章

多孔陶瓷材料应用

张 勇

14.1 概述

多孔陶瓷材料是一种新型陶瓷材料，因其具有孔隙结构而可以实现多种功能特性所以又称为气孔功能材料。19 世纪 70 年代，多孔陶瓷材料主要用于过滤细菌，随着制备工艺的不断改良和新材质高性能材料的出现，多孔陶瓷材料的应用领域也在不断拓展延伸。多孔陶瓷材料具备良好的化学稳定性、热稳定性，优异的液体和气体介质选择透过性，高比表面积，极低的电导率及热导率等性能，可用作过滤器材料、催化剂载体、高级隔热材料、生物植入材料等。目前，多孔陶瓷材料已经广泛应用于化学化工、能源、环保、生物医药、食品、冶炼、航空航天等诸多领域。

多孔陶瓷具有高强度、高硬度以及低密度的优势，且其优异的抗氧化性、化学稳定性、耐腐蚀性、低热膨胀性、低导热性以及在高温下良好的稳定性为其在恶劣复杂工况下的应用提供了更大的空间。多孔陶瓷孔隙率在 2.3% ～ 99%，孔径分布在 3nm ～ 3mm，孔隙的存在，为材料提供了更大的比表面积。多孔陶瓷具有良好的隔热性能，这是金属致密材料所不具备的性质。更重要的是，多孔陶瓷开孔率及孔径大小可以通过不同的工艺路线及制造加工手段进行调控，以制备出适应不同应用场景的多孔陶瓷材料。

14.1.1 多孔陶瓷的分类

多孔陶瓷种类非常丰富，按照孔径分类，可以分为微孔（孔径＜ 2nm）、介孔（2nm ＜孔径＜ 50nm）、宏孔（孔径＞ 50nm）。按照气孔率来分类时，可以分为三种，气孔率介于 30% ～ 50% 称为中等气孔率多孔陶瓷，也称为粒装陶瓷；气孔率介于 60% ～ 75%，称为高气孔率多孔陶瓷；气孔率高于 75% 时，被称为超高气孔率多孔陶瓷，也称为泡沫陶瓷。多孔陶瓷根据其基本的开孔结构还分为直通气孔型、开孔型［见图 14-1（a）］和闭孔型［见图 14-1（b）］。直通气孔型的气孔结构主要呈现直线贯通式，气孔之间几乎没有连通；开孔型的气孔相互之间连通，且与外界连通，此类型气孔多呈现不规则形状；闭孔型的气孔相互之间不连通，其空间相互孤立。不同的开孔类型、气孔率及孔径对材料功能性及应用的影响起着决定性作用。例如，开孔型、直通气孔型具有更优的流体渗透性，更多用于气液过滤；闭孔型陶瓷在绝缘方面可以发挥更大的优势。多孔陶瓷中的孔径及开孔类型是可以通过不同的生产工艺及方法进行调控的，即可使用更有针对性的多孔陶瓷材料的生产制造方法。

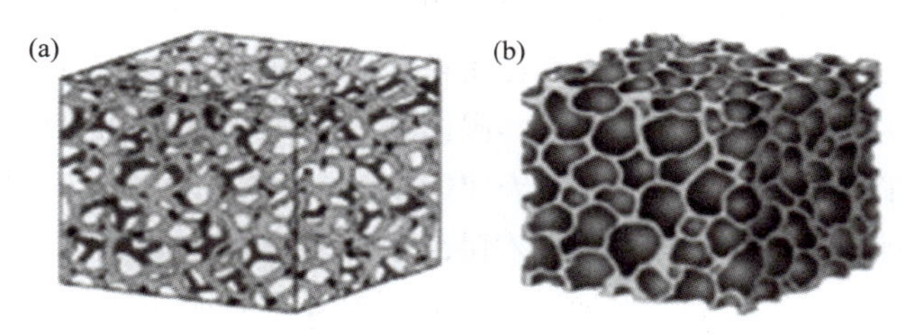

图 14-1 （a）开孔材料图像；（b）闭孔材料图像

除了按照孔的类型分类，还可按照陶瓷基体材料进行分类，譬如氧化物多孔陶瓷和非氧化物多孔陶瓷；按照材料晶相组成，可分为陶瓷质、玻璃陶瓷质、玻璃质；按照陶瓷组成，可分为氧化铝、碳化硅、堇青石等多孔陶瓷。

14.1.2 制备方法

多孔陶瓷的独特性能是由于其中孔隙的存在，在生产制备过程中，通过不同的加工工艺可以控制孔隙的特性，在保留陶瓷基体的力学性能基础上，可以构建出多种优异的性能以满足更为广泛的应用场景。为了更为精确地控制孔隙的特性，人们在合成工艺的研究中付出了巨大的努力，同时也开发出了各种制造技术。传统多孔陶瓷制备方法主要有四种，分别是直接烧结法、复制模板法、牺牲模板法以及直接发泡法。

现阶段，随着 3D 打印技术的兴起，增材制造方案逐渐被改良并应用于多孔陶瓷的制备当中。此外，还有一种参考“海水结冰”过程的牺牲模板法，就是近年来研究较多的冷冻铸造法，同样也被用于制备多孔陶瓷。不同成形方法适用于制备不同气孔率和孔径的多孔陶瓷材料，具体适用情况如图 14-2 所示。

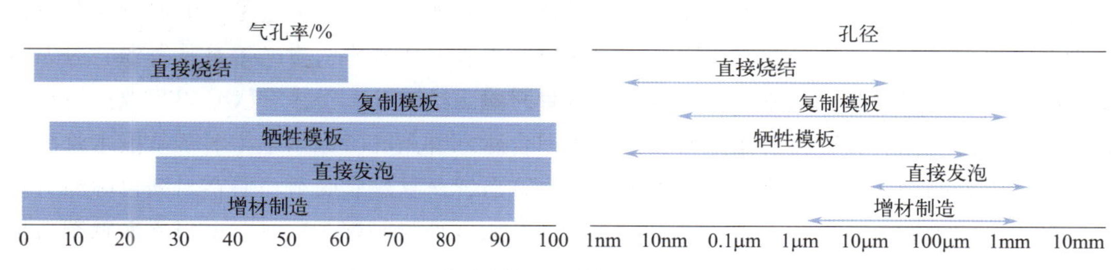

图 14-2 多孔陶瓷不同制备方法对应气孔特性

14.1.2.1 直接烧结法

直接烧结法是制备多孔陶瓷最常用最简单的方法。例如，颗粒堆积成孔法就是直接烧结法的一种。多孔陶瓷的直接烧结法相较于致密陶瓷的烧结制备采用的烧结温度更低，条件更易达到。在烧结过程中，颗粒间存在点接触，微细颗粒易于熔化，在高温状态下转化成液相，使陶瓷颗粒相互连接形成多孔陶瓷。烧结条件（烧结温度、气氛、压力等）对于产品性能非常重要，气孔率是随着成形压力、烧结温度和烧结时间的增加而降低的。此工艺下制品的气孔率一般在 20% ～ 30%，为了增加气孔率，在原料陶瓷粉末中增加炭粉、塑料等造孔剂，可以将气孔率提升至 75% 左右。

在烧结过程中，由于陶瓷颗粒或粉末原料熔化后部分熔体会渗入到孔隙当中，进而影响产品性能。随着人们的不断研究，提出了热压技术、等离子火花烧结（SPS）以增强晶粒结合，提升多孔陶瓷机械强度。

热压技术是控制气孔率的首要操作，利用热压技术制备出的多孔陶瓷可以增加陶瓷抗冲击性以及抗热冲击性，且热压工艺作为一种常规工艺，具有方便、易实现的优点。

等离子火花烧结是指在烧结过程中在某一方向上施加定向单轴脉冲电流，在电流的作用下，可以在电流方向上形成高度取向的晶粒，且晶粒间形成颈缩，因此多孔陶瓷材料整体的弯曲强度增加。该烧结技术可以更为精确地控制气孔率，被广泛应用于具有明确宏观形貌、气孔率较低的多孔陶瓷。Chakravarty 等采用这种技术制备了氧化铝多孔陶瓷，在对材料制备工艺的研究中发现，随着烧结过程中温度和压力的增加，孔径尺寸分布范围变宽，分布峰值朝着更大的孔径尺寸方向偏移。该技术为直接烧结多孔陶瓷提供了使用更低的烧结温度以及更短的烧结时间的可能，但是该技术在制备多孔陶瓷时，无法保证由添加造孔剂或采用复制模板所预设的气孔原始结构，这主要是因为电火花的作用会破坏预设气孔微结构。

直接烧结过程中也可将化学反应考虑其中，即在烧结原料粉末中除添加陶瓷原料粉末以外，还添加一定比例的烧结辅助剂，在烧结过程中，使陶瓷浆料与辅助剂发生化学反应，生成诸如 CO 等气体，气体溢出在陶瓷中形成孔洞，实现多孔陶瓷烧结成形。利用这种原理制备 YB_4 多孔陶瓷的示意图如图 14-3 所示。此方法具有工艺简单、不需使用额外造孔剂、无副产物残留、气孔孔径分布窄、气孔均匀等优势，但孔的形态不易控制，且气孔率较低，因此在有更高气孔率或额外气孔形态要求时，需增添额外造孔剂。

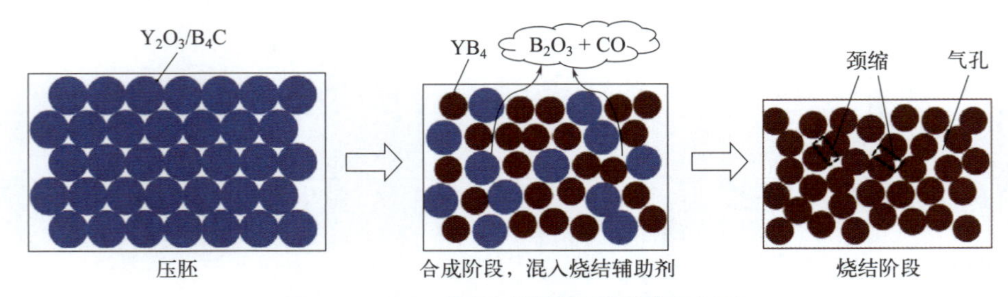

图 14-3　YB_4 多孔陶瓷制备过程演变示意图

14.1.2.2 复制模板法

复制模板法制备多孔陶瓷是针对开孔型多孔陶瓷的常用工艺。复制模板法制备多孔陶瓷主要是将多孔或开孔聚合物模板浸入到陶瓷浆料，经过一定的干燥和热处理烧结，使得陶瓷浆料固化，在加热过程中，有机聚合物模板会发生热分解，至此则获得了以聚合物模板为基础结构的多孔陶瓷材料。通过复制模板法制备多孔陶瓷可以非常好地控制其形态及微结构特征，模板多采用固体泡沫海绵、聚氨酯或一些木材、纤维素等天然材料。此方法也称为有机泡沫浸渍法（图 14-4）。

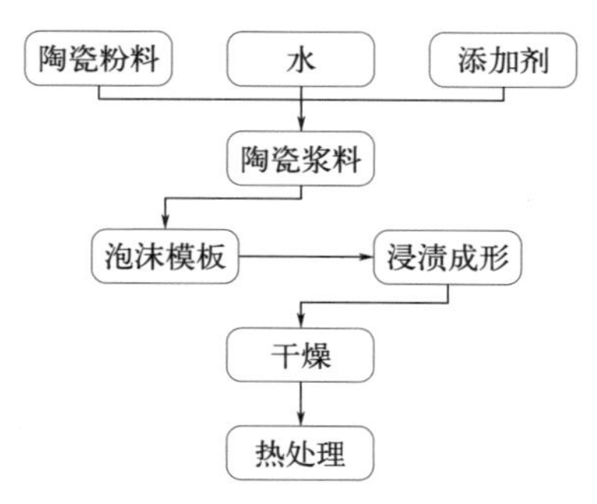

图 14-4　复制模板法工艺流程图

有机泡沫浸渍法虽然在制备多孔陶瓷时可以调节孔径大小，且孔隙率较高，可以轻松制备开孔型多孔陶瓷，但是对于一些孔径较小的多孔陶瓷往往较难实现。由于陶瓷浆料中固体颗粒的存在，且固体颗粒粒径较大，难以浸入到细小的模板孔洞内部，因此用此方法制备的多孔陶瓷孔径一般在 150μm 至毫米级。

在使用有机泡沫浸渍法制备多孔陶瓷过程中，普遍将网状泡沫模板材料浸入陶瓷浆料中，通过外力定载荷将多余浆料挤出。为了使浆料可以更为均匀和充分地浸渍于泡沫模板上，会采用多次浸渍的方法来填满泡沫海绵中的孔隙，确保陶瓷浆料可以充分附着于模板之上。之后是高温烧结，高温热处理阶段的目的除将陶瓷浆料固化外，还需将泡沫模板烧尽，以确保留下的烧结陶瓷孔隙与聚合物模板体积几乎相等。

复制模板法因其具有易于控制孔径和孔几何结构的优点，对于工业应用具有很大的吸引力。在复制模板法制备多孔陶瓷时，应用最多的模板是 PU 泡沫，所获得的多孔陶瓷材料气孔率普遍在 70% ～ 95% 这个范围内。随着复制模板法的广泛应用，更多的模板类型被发明、发现出来，各种模板具有不同的特征，同时为天然来源。例如，Boccardi 等就利用了天然的海洋海绵作为复制模板，成功制备出了生物玻璃基泡沫，这种泡沫的气孔率可以低至 18% ～ 20%，远低于传统 PU 泡沫，同时具有更优于 PU 泡沫的机械强度，可以高达 4MPa。Zhang 等通过拉动棉线通过陶瓷浆料，将浆料涂覆于棉线上制备了单向气孔的多孔陶瓷，并建议使用棉线直径以及陶瓷浆料含固浓度来调节多孔陶瓷材料的气孔率及孔径。

有研究者也使用木材等天然原材料作为模板材料，通过热处理将木材加工成为活性炭预制件。此类型模板传统易得，但是以木材活性炭为模板制备出来的多孔陶瓷存在和模板一样的缺点，即气孔率低、机械强度差，这就极大地限制了以活性炭为模板制备多孔陶瓷的操作。

对于采用复制模板法制备多孔陶瓷，陶瓷浆料的流动性、加热过程的流变特性都影响着最终成形的多孔陶瓷材料的使用性能。陶瓷浆料主要由陶瓷粉料或颗粒、水和添加剂组成，添加剂主要由黏合剂、流变化剂、反泡沫剂以及絮凝剂组成。通过对加热速率、加热温度的控制，可以在加热固化陶瓷浆料期间确保材料可以保持其原有复杂结构，人们希望陶瓷浆料可以体现类似非牛顿流体的流动特性，因为需要实现陶瓷浆料均匀浸渍于模板之上，有效渗透进模板孔隙之中。在浸渍开始阶段，需要陶瓷浆料具有更小的黏度和更好的流动性，在浸渍结束阶段则需要更高的黏度以确保浆料可以附着于模板上。Santos 等在研究 Y_2O_3 多孔陶瓷的制备过程中对陶瓷浆料进行了研究，如图 14-5 所示。

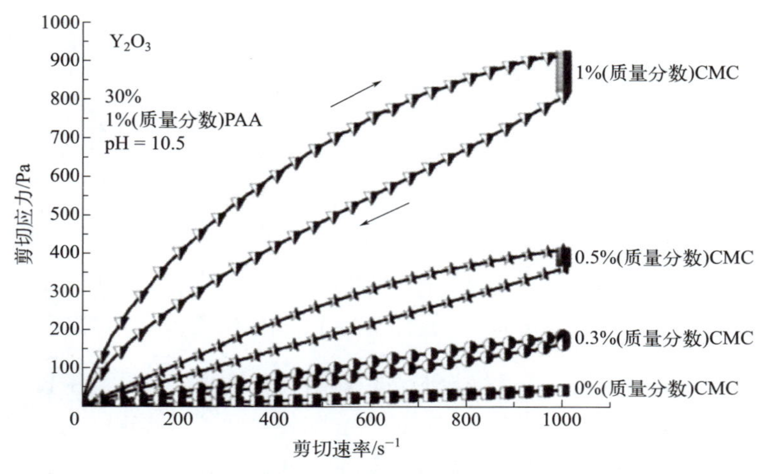

图 14-5　不同临界胶束浓度下陶瓷浆料剪切速率与剪切应力曲线

该方法在加热过程中，同样存在一定弊端。在泡沫海绵模板热分解的过程中，易产生多孔组织的缺陷或者开裂，这对最终多孔陶瓷产品的力学性能影响较大；同时，不同的陶瓷浆料中固体含量对于最终材料的密度及气孔特性也有较大影响。通过这些研究，我们知道需要针对不同的陶瓷用途以及制备方案，选择合适的模板以及合适的浆料配比。

前文提到，在陶瓷浆料中还需要添加一些辅助的添加剂，通过加入黏合剂、分散剂、增稠剂等辅助添加剂可以改善陶瓷浆料悬浮液的流变特性。Fatih 等在制备 Si_3N_4 过程中加入膨润土作为黏合剂，研究了不同膨润土质量含量的陶瓷浆料制备出的多孔陶瓷样品的特性，得到如表 14-1 所示结果。可以看出，随着膨润土质量含量的增加，最终制备出的样品气孔率降低、密度增加，且逐渐从开孔结构变为闭孔结构。

表 14-1　不同膨润土质量含量陶瓷浆料制备样品特性参数

膨润土含量（质量分数）/%	气孔率 /%	密度 /（g/cm^3）	外貌
5	88.91	0.35	开孔结构
10	86.37	0.44	开孔结构
15	83.13	0.54	开孔结构
20	78.12	0.70	开孔结构
25	76.13	0.76	些许闭孔
30	71.14	0.92	较多闭孔
35	67.15	1.05	闭孔结构

黏合剂主要用于增强陶瓷干坯的强度，防止有机泡沫模板在热反应气化过程中使坯体产生缺陷或发生倒塌；分散剂则与黏合剂相反，主要是用于防止陶瓷颗粒在浆料悬浮液中凝聚或沉淀，以便更好地提升浆料的流动性，便于陶瓷浆料在泡沫模板气孔中的填充；反泡沫剂一般使用一些低分子量的醇或树脂等，防止浆料产生气泡。经过大量的试验验证，正确选择用于陶瓷浆料中的添加剂，对于优化最终多孔陶瓷材料产品的结构以及性能非常重要。

复制模板法制备的多孔陶瓷多为高气孔率开孔陶瓷，这就意味着材料的机械强度有所下降。为了解决这一问题，研究人员也采用了各种技术，比如多次浸渍、模板表面预处理等，以提升陶瓷浆料在模板上的附着，加粗陶瓷内部连接“颈部”，提高浆料浸渍于模板上的厚度和均匀性。Desimone 等在研究如何提升生物支架强度的过程中，使用了明胶涂层，增加涂层后烧结的生物支架抗压强度从（0.06±0.01）MPa 提高到（0.8±0.05）MPa，此时孔的连接性不变，从图 14-6 也可以看出陶瓷之间互相连接的支柱位置明显粗壮，且材料孔的形状、排布与未使用明胶涂层的材料几乎一致。

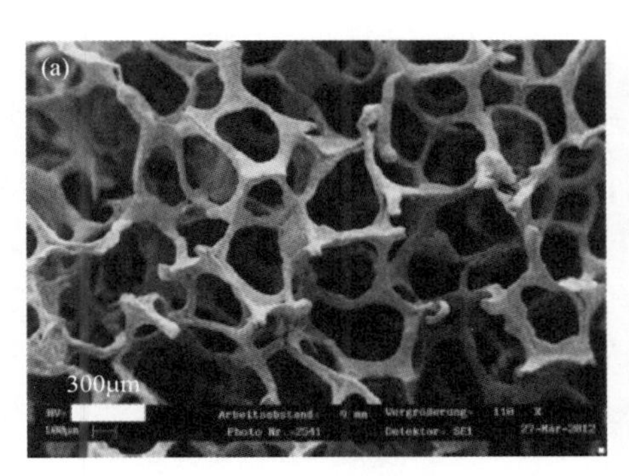

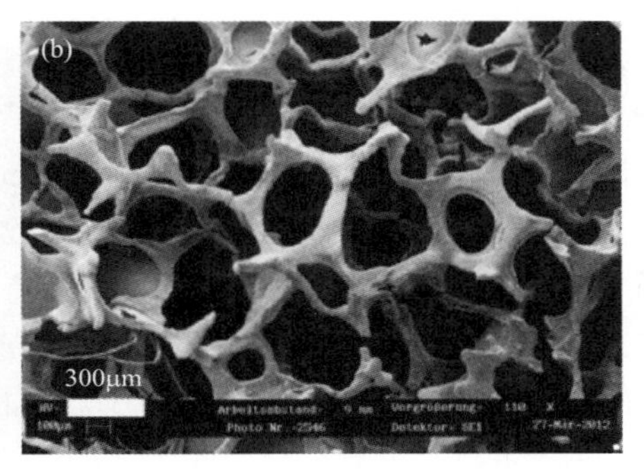

图 14-6 （a）无明胶涂层生物硅酸盐支架扫描电镜图像；（b）使用明胶涂层生物硅酸盐支架扫描电镜图像

14.1.2.3 牺牲模板法

牺牲模板法是指在初始陶瓷配料中加入造孔剂，利用造孔剂占据坯体中的一定空间，经过相应热处理烧结后，将造孔剂去除形成孔洞从而制备出多孔陶瓷，因此这种方法也称为添加造孔剂工艺（图 14-7）。

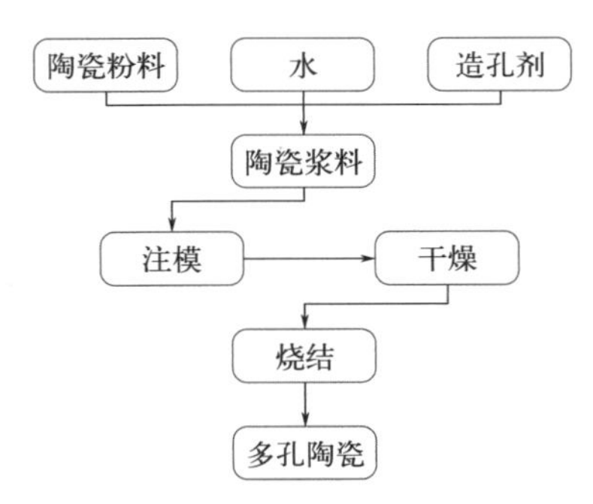

图 14-7 牺牲模板法工艺流程

牺牲模板法与复制模板法类似，却仍存在一定差别。复制模板法是利用聚合物泡沫模板建立多孔陶瓷的初始结构，而牺牲模板法则是以造孔剂作为负模板加入坯体中，制成多孔陶瓷，其中孔洞结构及形状取决于造孔剂的排布及形状尺寸。复制模板法更适用于制造开孔型多孔陶瓷；而牺牲模板法同时具备制备开孔型和闭孔型多孔陶瓷的能力，可以调节产品气孔率以及力学性能，有时也会与颗粒堆积法配合使用。

牺牲模板法初始的浆料是一种两相复合材料，这时就要求陶瓷母材在高温下不与造孔剂反应，且造孔剂易于去除，不能在取出后有残留。常用的造孔剂材料被分为天然来源，例如丝绸等；无机物，例如石墨烯及氯化铵、碳酸铵等高温下可分解的盐类；有机物，例如聚乙烯、环氧树脂等。造孔剂颗粒的大小和尺寸是决定多孔陶瓷材料孔的大小和尺寸的决定性因素，造孔剂多少影响了多孔陶瓷的气孔率。Zhang 等的研究表明由此方法制备的多孔陶瓷气孔率是由造孔剂的体积分数所决定的。对于使用固体造孔剂，为获得明确的多孔结构需要严格控制陶瓷浆料中陶瓷颗粒与造孔剂的比例，在烧结过程中，造孔剂由于高温气化产生的气体易导致陶瓷产生裂纹或者结构缺陷。

一般造孔剂的相对密度都要小于陶瓷粉料的相对密度，且由于两种颗粒粒度大小不同，所以在混合时会遇到混合不均、难以混合的问题。针对这一问题，可以选择将陶瓷颗粒与黏合剂混合造粒后再与造孔剂混合。

除固体造孔剂外，还可用易升华的水性造孔剂，例如水、叔丁醇等，此方法也被称为冷冻铸造法，该技术是 1813 年由英国人 Wollaston 发明的。该方法是将需要干燥的浆料在低温下先进行冰冻，使温度低至共晶点以下，使物料中的水性造孔剂变成固态的冰状物，随后在适当的气氛（一般采用适当真空环境）中进行相应的烧结热处理，在加热过程中，浆料中造孔剂通过定向升华去除，浆料烧结后形成干燥的具有单向排列孔的多孔陶瓷制品。冷冻铸造法具有制备过程污染小、制备多孔陶瓷材料机械强度相对较好、孔的结构设计性强、烧制过程较简单等优点。

冷冻铸造法铸造过程一般分为四个步骤：陶瓷浆料制备、陶瓷浆料固化、第二相（造孔剂）升华、陶瓷烧结。冷冻铸造法制备多孔陶瓷的气孔结构主要取决于冰晶的生长形貌，可以通过在陶瓷浆料中添加特定添加剂来调控冰晶的生长行为，并进一步实现对气孔结构形貌的调控。若在陶瓷浆料中不添加黏合剂，在升华阶段，造孔剂气化后形成的上升气体容易造成坯体的坍塌或缺陷，因此应加入适量的黏合剂以确保多孔陶瓷结构的完整性。在凝固阶段，悬浮液经历定向冷却，当浆料中的陶瓷颗粒被生长的凝固前沿排斥以形成陶瓷壁时，会出现自然偏析现象。在固化阶段之后，通过蒸发 / 升华将挥发性溶剂转化为气体状态，然后除去，留下最终的多孔结构。随后进行烧结并保留溶剂产生的孔隙。

大量的实践验证表明，冷冻铸造法更依赖于材料的物理性质而非化学性质。初始浆料的陶瓷颗粒比重对于成形的多孔陶瓷气孔特性及力学性能造成一定影响，更大的比重，会在烧结过程中填充更多的孔隙，使机械强度提升，但气孔率及孔径均会有所降低。冷冻速度对于气孔也有一定影响，一般来说，冷冻速度越慢，溶剂的晶体越大，气孔则越大，力学性能也会相应减弱。但当冷冻速度过快时，溢出气体就不足以形成预设气孔形状，导致微观结构无法调整。不同的溶剂可以生成不同形态的气孔，例如以主流水基冷冻铸造法来说，一般形成层状结构，气孔也为层状形式；而使用叔丁醇作为溶剂时，则会形成棱柱状气孔。虽然通过水基冷冻铸造制备具有层状结构的多孔陶瓷更具成本效益和环保性，但叔丁醇冷冻铸造产生的相对笔直的棱柱

形孔为气体渗透提供了有效的扩散途径。因而，可根据不同的需求，选择水介质或非水介质。

14.1.2.4 直接发泡法

发泡工艺，是通过以机械搅拌或化学发泡剂反应等方法将气泡置于陶瓷浆料中，然后进行烧结。发泡工艺与前文提到的泡沫浸渍工艺或牺牲模板法相比，工艺过程更简单、成本更低且加工迅速，更利于获得小孔径、高气孔率的闭孔陶瓷，同时此方法更适用于大规模生产。

近年来，多孔陶瓷在生物医疗领域应用越来越广泛，生物材料要求具有更为狭窄的孔径分布，且需要具有足够的强度和与骨头更为接近的密度。直接发泡法为制备生物多孔陶瓷材料提供了更合适的方法。

直接发泡法最重要的一点就是确保在初始陶瓷浆料中混入的气泡的稳定性。当浆料中的气泡含量大、气泡直径大的时候，非常容易在浆料中由于压强的作用导致气泡破裂，或多个小气泡接触形成大气泡进而破裂。为了避免这一现象，则需要在陶瓷浆料中加入表面活性剂。表面活性剂可以为颗粒赋予更强的表面疏水性，以阻碍气泡聚集，确保气泡均布、稳定，形成更加稳定的浆料悬浮液。Gonzenbanch 等研究了工艺参数、固结和干燥方法对多孔陶瓷最终微结构、气孔率以及机械强度的影响，制备出了孔径在 100 ～ 150μm 范围的多孔陶瓷材料。

一般直接发泡法中气泡来源有两个，一个是通过机械搅拌手段生成气泡或直接通入压缩空气，另一个是采用化学发泡剂。Sarkar 等利用家用搅拌器将空气混合入陶瓷浆料中，利用 Al_2O_3、TiO_2、SiO_2 作为原料制备 Al_2TiO_5 莫来石多孔陶瓷，其工艺路线示意图如图 14-8 所示。

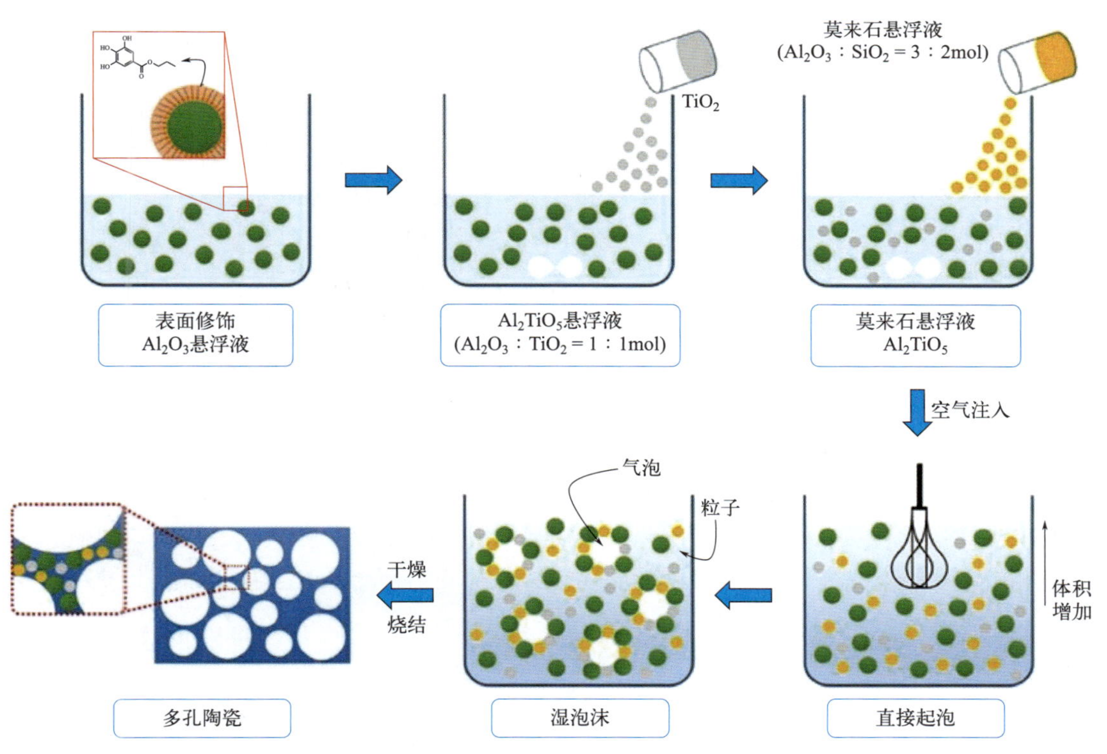

图 14-8　直接发泡法制备莫来石多孔陶瓷工艺示意图

在既往的研究中，发现通过机械搅拌获得气泡并制备多孔陶瓷产品的气孔率与发泡后的浆料悬浮液中空气的含量是成正比的。孔径和气孔率与陶瓷浆料中的陶瓷颗粒含量呈现反比例关系。陶瓷浆料中固体含量、添加剂中各组分的含量比值对于最终产品的微观结构也有着很大的影响，工艺操作参数对于最终成形多孔陶瓷同样会产生一定影响。发泡时间同样会对多孔陶瓷的气孔率造成影响，Zhang 等通过将陶瓷浆料和 N_2 在螺旋混合器中混合，制备出了一种高气孔率、宽孔径分布的多孔陶瓷。Jana 等建立了 SiC 多孔陶瓷制备过程中发泡时间与产品相对密度的关系，如图 14-9 所示。

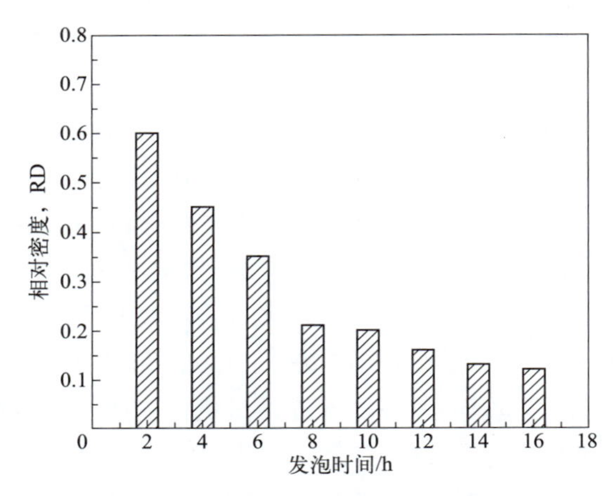

图 14-9　发泡时间与 SiC 多孔陶瓷相对密度的关系

对于机械搅拌发泡制备多孔陶瓷技术，通过在添加剂中加入表面活性剂可以保证陶瓷浆料悬浮液中的气泡的稳定性和均匀分布，这对形成良好稳定的初始浆料悬浮液是非常重要的，同时要控制合适的工艺操作参数。搅拌速度、搅拌形式、搅拌时长等参数与产品性能之间的关系需要进一步研究，建立起对应关系，以实现对多孔陶瓷产品孔径、气孔率以及密度等特性的精准控制。

另一种发泡方法是采用化学发泡，这种方法同样需要一定的搅拌，但搅拌的作用主要是使陶瓷浆料悬浮液与添加剂混合均匀，气泡的来源主要是化学发泡剂发生化学反应生成的气泡。用作发泡剂的化学物质有很多，例如碳化钙、氢氧化钙、硫酸铝或双氧水等。使用化学试剂进行发泡就需要使发泡过程满足一定的条件：浆料悬浮液需要具有一定的黏性和流动性，使气泡可以均布于悬浮液中，又不至于溢出；发泡过程需要在浆料固化烧结之前发生；多孔陶瓷需要在发泡后迅速固化，以保持气孔的形状与分布。

直接发泡法相较于前几种制备方法具有更为简单、低成本的优势，而且工艺流程简单、技术易实现，可以通过调节发泡剂或是搅拌混入气体量来控制气孔率。目前已经开发了多种稳定的陶瓷悬浮液中的发泡技术，可以有效抑制大孔的形成，更适用于工业生产，且直接发泡法相较于复制模板法更不易出现单元支柱间的缺陷，因此单元间连接更为紧密，机械强度更优。

14.1.2.5　增材制造

近年来以 3D 打印技术为主的增材制造技术非常火热，增材制造技术也为生产异形、定制类材料提出了更具可行性的方案。在理想状态下，多孔陶瓷应该可以精确控制其气孔分布、孔径、气孔率以及材料成品几何形貌。前文中提到的几种制造方法虽然可以通过调配陶瓷浆料悬浮液的陶瓷颗粒、添加剂配比以及制备工艺参数控制多孔陶瓷的气孔特性，但无法实现精确控制。3D打印技术可以依托计算机辅助技术对多孔陶瓷结构进行逐层解析重构，利用3D打印机完成多孔陶瓷的加工制造工作，理论上可以实现任何结构尺寸的多孔陶瓷材料制备，此方案所制造出的多孔陶瓷材料气孔率及孔径更多地依赖于3D打印设备的精度。

目前，增材制造技术中的几种不同类型的技术被应用于制造多孔陶瓷零件：立体光刻（SLA）、选择性激光烧结（SLS）、选择性激光器熔化（SLM）、熔融沉积建模（FDM）以及基于黏合剂的3D打印技术（3DP）。其中：基于黏合剂的3D打印技术，将陶瓷粉料利用黏合剂制备成原料，原料通过喷嘴逐层进行材料的打印工作；选择性激光烧结和熔化技术将陶瓷颗粒粉料堆积于模具中，通过高能量激光对陶瓷粉料进行熔融固化，最终实现材料成形；立体光刻技术，通过将陶瓷颗粒预混成陶瓷浆料，利用喷嘴实现逐层薄层液体送料，然后通过紫外线进行激光固化。陶瓷与金属或聚合物所不同的是，其具有极高的熔融温度，且陶瓷浆料在高温及特定情况下才会发生固化定型，用于增材制造多孔陶瓷的原料是该技术的难点之一。Minas等研究了利用3D打印制备多孔陶瓷的力学性能。Scheithauer等提出了三条利用增材制造方法制备多孔陶瓷的工艺路线：①利用增材制造方法直接制备大孔陶瓷；②基于聚合物模板利用增材制造法制备多孔陶瓷；③基于增材制造技术制备多材料或多性能的多孔陶瓷组件。Hitesh等也总结了几种增材制造多孔陶瓷的制造工艺，并给出了示意图，如图14-10所示。

这些方法可以分为直接法和间接法，针对不同的方法，采用三种不同的原料类型：粉料、浆料、固体料（片材、纤维）。直接法是指将陶瓷原料直接通过喷嘴堆筑，采用高温烧结或者紫外线固化等工艺迅速将原料固化，此方法的精度非常依赖喷嘴尺寸及固化手段的精度，直接法制备出的多孔陶瓷无需多余后处理，直接成形；间接法则是将陶瓷原料与模板同时进行成形加工，随后需要经过烧结热处理以去除模板，完成陶瓷浆料固化，其制备的多孔陶瓷表面粗糙度、精度更优于直接法，但是由于需要热处理，可能会导致产品出现收缩变形。

用增材制造法制造的多孔陶瓷性能取决于设备的精度。尽管近年来增材制造技术快速发展，但由增材制造法制备多孔陶瓷的成本仍是较高的，这类制造方法多用于生产生物医疗材料（高强度、高可靠性且几何形状需定制的多孔陶瓷材料）。

虽然增材技术近年来已被大量应用于多孔陶瓷的制造，但是该技术仍处于工业应用初期阶段，仍然面临着材料精度对设备性能依赖度高、升级设备成本高、不适用于大规模批量生产等多项亟须解决的问题。

14.1.3 性能

材料的性能是决定材料用途的重要因素，材料的性能又受材料结构影响。多孔陶瓷因其独特的多孔结构及陶瓷母材的特性而具有优异的性能：由于多孔陶瓷结构中的孔隙存在而具有更低的密度；相较于多孔金属或多孔高分子材料，强度更高，具有更优异的抗压强度；多孔陶瓷材料具有更大的比表面积；具有更强的抗热振性；耐高温；耐化学腐蚀；具有低介电常数等。

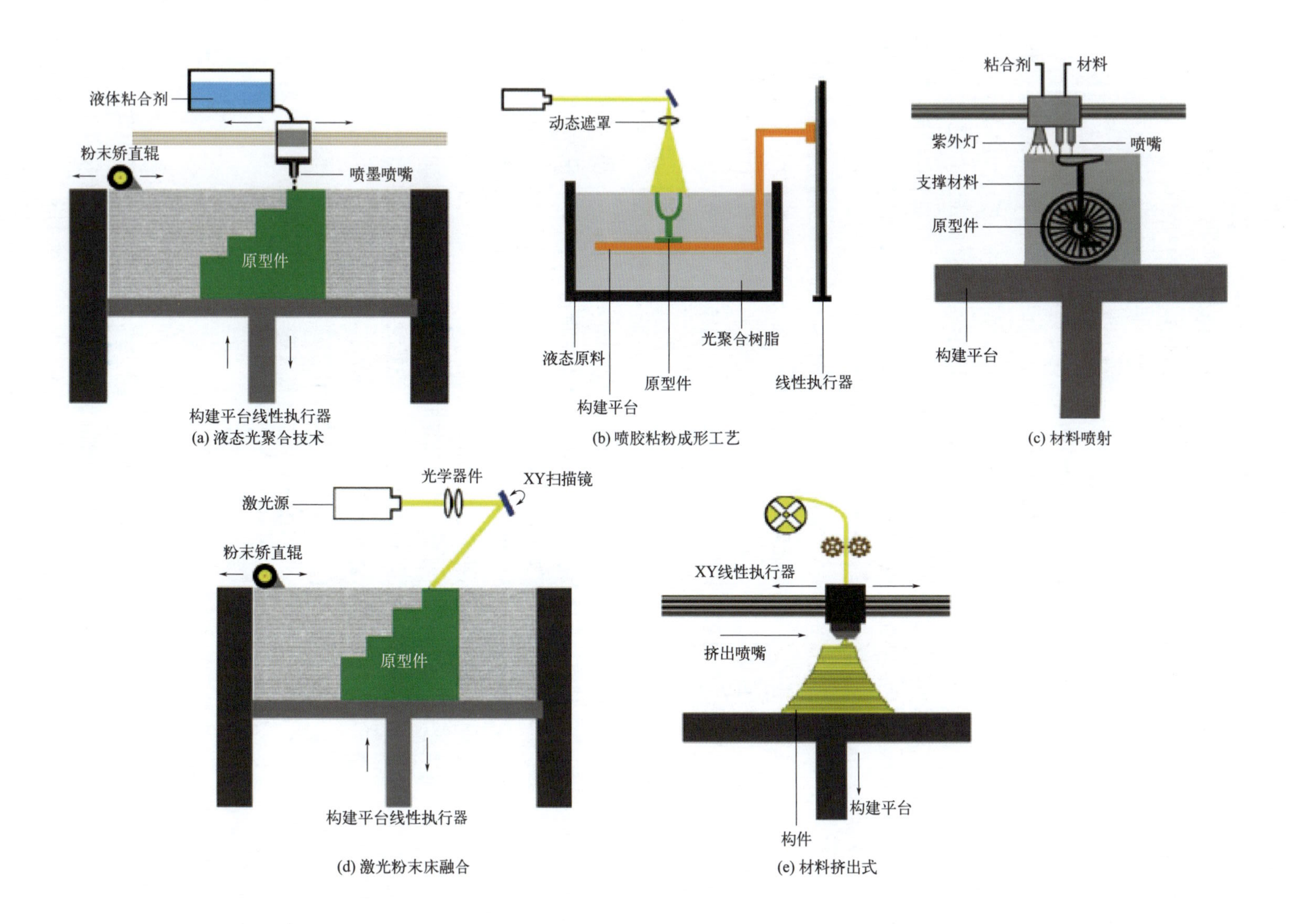

(a) 液态光聚合技术

(b) 喷胶粘粉成形工艺

(c) 材料喷射

(d) 激光粉末床融合

(e) 材料挤出式

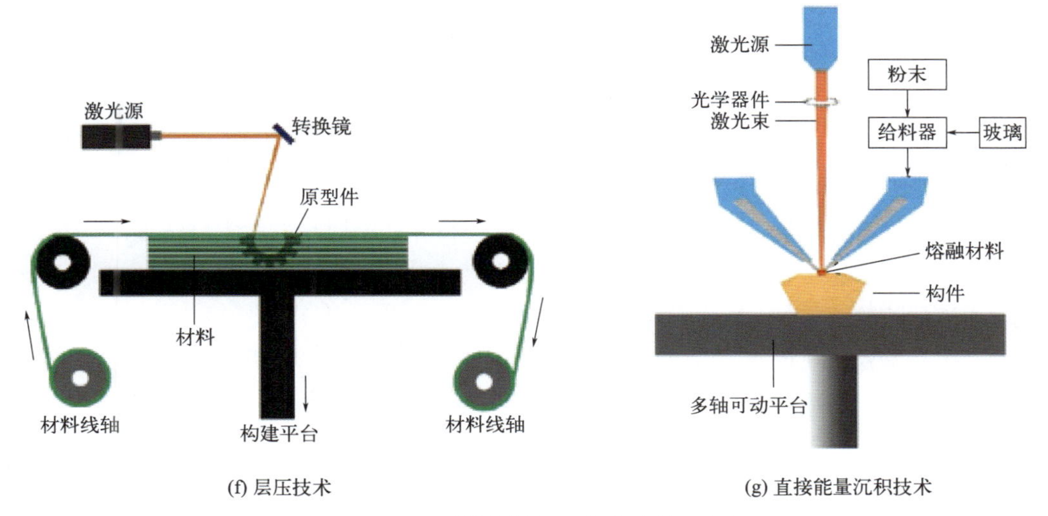

(f) 层压技术　　(g) 直接能量沉积技术

图 14-10　几种增材制造多孔陶瓷方法示意图

14.1.3.1　机械强度

孔隙的存在是对材料本身连续性的破坏，同样会影响材料的机械强度。多孔陶瓷力学性能及功能性需求始终存在一个博弈过程，但是经过不断地尝试探索，可以通过控制多孔陶瓷微观结构，在保证气孔率及气孔形貌的前提下提升力学性能。

Wu 等研究了多孔 Y_2SiO_5 多孔陶瓷气孔率从 60.7% 增加到 88.4% 时，密度变化及抗压强度的变化，从图 14-11 中可以看出，气孔率与密度呈现正比例关系，相对密度与相对抗压性能呈现反比例关系。

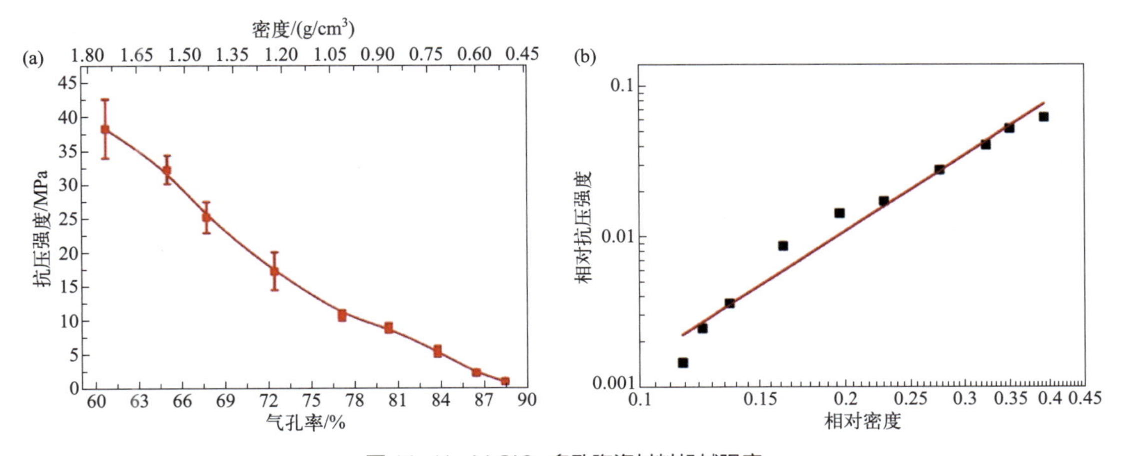

图 14-11　Y_2SiO_5 多孔陶瓷材料机械强度

多孔陶瓷材料的力学性能除了受气孔率影响外，还受气孔“方向”影响。气孔在生成过程中，由于加工方法不同，气孔形貌也有所区别，例如冷冻铸造法，造孔剂在气化后会受晶体生长方向影响，形成具有方向的非圆形气孔，在气孔方向上测试其抗压强度，气孔形状使得材料具有更大的截面面积，因此具有更强的抗压性能；选取另一方向测试其抗压强度，截面面积更小，易发生局部微观损伤，进而导致抗压强度变差。相较于此，采用牺牲模板法制造出的具有各向同性气泡多孔陶瓷在两种方向具有相同的抗压强度。

通过更为精密的制造技术及对气孔和晶粒尺寸形状以及方向的控制，可以改善这一现象，提高多孔陶瓷的抗压性能。但是在受外力作用下，多孔陶瓷材料的微观受力情况无法获取，对于提升材料性能，研究其微观变化机理仍存在一定困难。随着计算机技术的快速发展，逐步开始有学者利用计算机辅助技术对多孔陶瓷材料进行建模并分析其力学性能。Smolin 等利用了移动元胞自动机方法建立多孔陶瓷三维模型，分析得到了材料的强度和弹性特性对于低于渗滤阈值的气孔率的依赖性与对于高于渗滤阈值的气孔率的依赖性不同。有限元分析方法（FEA）是一种获得多孔陶瓷微观单元体内应力分布非常有效的方法。Zimar 等对泡沫金属的微观单元体进行建模，利用有限元分析软件模拟其受力情况，获得应力应变曲线，多孔陶瓷同样可以在合理科学的假设下进行微元体的受力分析。Sadowski 等建立了一种介电力学模型和唯象模型用于预测多孔陶瓷结构的力学性能，其中包含了气孔及缺陷增长对于材料力学性能影响的预测和分析。Pabst 等基于材料弹性模量的概念给出了多孔陶瓷模量 - 气孔率关系的描述。

材料的强度与韧性普遍是一对相斥的关系，对于结构性材料普遍要求既有强度又有韧性，这就需要在强度与韧性间博弈取舍。陶瓷大多属于硬脆性材料，其在承受外部载荷时，弹性变形有限，这就导致无法承受更多的外部载荷，易发生碎裂。Anthony 等利用有限元法研究了气孔率以及气孔形状对多孔陶瓷的弹性性能影响，证明在气孔率大到一定程度时，多孔陶瓷材料泊松比与固体泊松比无关，会达到一个固定值。

为了解决多孔陶瓷固相连接薄弱的问题，提升力学性能，人们在陶瓷基体当中添加了一些复合纤维或第二相增强材料。采用这种方法提升固相连接处的力学性能，对微结构裂纹的产生具有较好的抑制作用。影响多孔陶瓷断裂韧性的主要因素是裂纹前缘周围是否存在孔洞以及微结构中气孔间的相互连通。Sadowski 等研究验证了多孔陶瓷由于位错带产生以及裂纹的萌生进而导致多孔陶瓷失效的过程，因此可以通过以上手段改善多孔陶瓷材料的力学性能。

在陶瓷基体中加入第二相可以更有效地提高材料的强度，类似于复合材料。复合材料概念的引入，对改善多孔陶瓷的力学性能的研究发挥了较大的作用。目前对于多孔陶瓷材料力学性能的提升，主要方向是克服多孔陶瓷的脆性。

14.1.3.2 耐热性能

多孔陶瓷材料中由于孔隙的存在，传热需要经过较为曲折的路线，且空气中的热传递要远劣于固体材料，因此多孔陶瓷具有更低的热导率，且在冷热循环中，仍可以保持非常优秀的力学性能，即抗热振性强，这就使多孔陶瓷成为高温条件下应用的更优选择。

多孔陶瓷的抗热振特性主要是由材料在较大交变温差循环下的材料损伤程度及强度变化来定义的。一般情况下，是通过在材料经过高温热处理与淬火循环后测量材料样品的残余弯曲应力来定义。在该条件下经过数次高低温变化后，观察材料是否存在裂纹或破损。

Lu 等在研究 Si_3N_4 抗热振特性时发现，气孔率越高，材料的抗热振性越好，这是由于孔隙的存在使得裂纹出现了偏移或转向，阻止了材料的开裂从而提高了材料的抗热振特性。Li 等在研究 SiC 多孔陶瓷的强度性能时提出了影响 SiC 多孔陶瓷抗折强度的因素不仅有气孔率，SiC 颗粒的大小对于材料的抗折强度影响比气孔率更大，且成形过程中的成形压力同样对于材料强度有着一定影响。Jin 等也研究了 ZrB_2-SiC 多孔陶瓷气孔率对材料抗热冲击性能的影响，发现孔的临界温差随着气孔率增加而略有增加。由此可以看出，合理地设计选择多孔陶瓷的气孔率以及孔径，可以实现力学性能与抗热振特性同时达到最优效果。

热的传递有三种形式：热传导、热对流以及热辐射。热传导主要出现在固体材料当中，同时也是热传递中传递速度最快的形式。多孔陶瓷由于其特有的多孔结构，气孔的存在使得热量传递到气孔部分产生明显的阻碍作用，固体相又多为曲折的连接，热传导路径增加，热传递效率下降，因此多孔陶瓷具有更为优异的绝热性能。随着气孔率的增加，材料的热导率显著下降，而孔径的变化对材料热导率的影响并不大。Bruno 等研究发现，机械微裂纹在多孔陶瓷的变形机制中引入了不可逆的方面，这一点是与热裂纹相反的。

类比于多孔陶瓷的机械强度，与由于部分多孔陶瓷制备方法使得内部气孔存在各向异性而造成的材料抗压强度的各向异性类似，多孔陶瓷的热传导同样存在各向异性的特性。Hammel 等发现具有与热传递方向正交排列的闭孔多孔陶瓷，在此方向上具有更强的隔热能力、更低的热导率，热传递主要是沿着平行于热传递方向的固体进行，见图 14-12，其中 T_0 表示起始热源温度，T_a 和 T_b 分别表示经过两种不同对流后的环境温度。因此，可采用类似冷冻铸造法等方法生产制备更具有方向性的绝热多孔陶瓷材料。

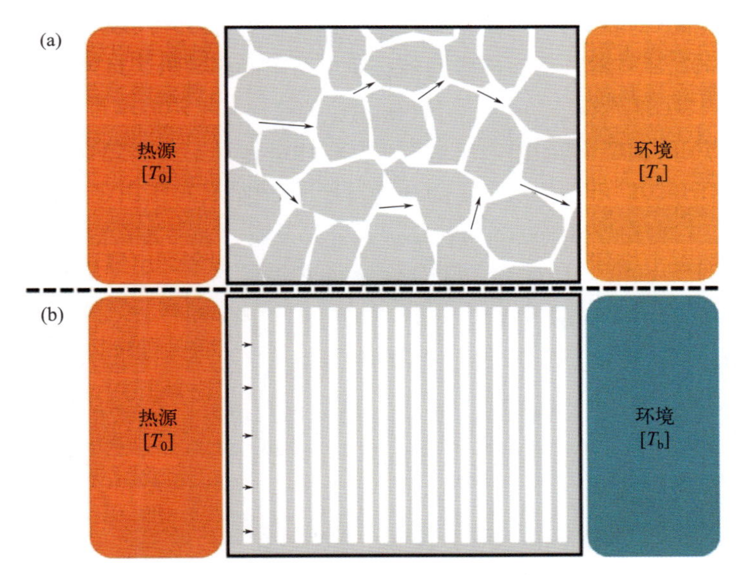

图 14-12 多孔陶瓷中的热传导示意图

（a）随机排列多孔结构；（b）与热传导方向正交排列的闭孔多孔陶瓷，其中 $T_0 > T_a > T_b$

同样，孔的几何特性对于热传递也有一定影响，例如孔的形状、倾斜角度等，为了获得更强的隔热效应，就要牺牲掉一定的机械强度。对此，同样可以采用在陶瓷原料中添入第二相或增加黏合剂等辅助手段提升多孔陶瓷材料的机械强度，同时满足隔热需求。

14.1.3.3 生物相容性

骨组织作为人体最重要的组织器官之一，起着维持人体各项重要的生命活动的作用，每年有大量因各种原因导致骨受损的患者需要接受相关医疗救治，其中包括骨移植。20 世纪 60

年代以来，大量研究人员着手探索适合应用于骨修复、骨移植的类骨生物材料。以硅酸钙生物陶瓷为例，研究表明，硅酸钙生物陶瓷具有良好的利于骨组织黏附、生长并形成化学键的性能，具有良好的生物活性。生物陶瓷同样具有较好的生物降解性能，其在降解过程中可以释放出硅离子，利于促进细胞增殖、刺激骨形成，这为陶瓷材料应用于生物医疗领域提供了可行性及应用前景。同时，多孔陶瓷凭借其固有的高强度、低密度的物理性质，保证了其作为骨替代材料的强度及轻质。

最早应用的金属材料属于生物惰性材料，与自身骨组织仅可通过机械连接的方式连接，长久易发生脱落现象，且金属材料不具备优异的生物相容性，长期使用会造成患者发生排异现象，或因金属材料受体内环境影响导致感染等情况发生。多孔陶瓷则可避免这些不利因素。

多孔陶瓷具有良好的生物活性、生物相容性及合适的降解速率，植入人体后不易产生排斥反应，同时通过新的化合键形成，使多孔陶瓷更易替代原生骨组织。可以通过对气孔孔径、气孔率以及开孔结构的调整制造出具有相互连通、较高比表面积的开孔型多孔陶瓷材料，空洞的存在有利于体内营养物质的传输以及代谢废物的清理。

14.1.3.4 铁电特性

具备铁电特性的陶瓷称为铁电陶瓷。铁电陶瓷在受到外部的机械力，或温度变化等外部环境变化时会引起晶体变形，进而导致晶体正负电荷中心不重合，以产生不为零的电极化强度，陶瓷晶体会自发极化。

铁电陶瓷种类非常多，例如铅基压电陶瓷是国内外市场上应用较多、较为重要的功能材料之一。铁电陶瓷具备铁电晶体均具备的几类特性，分别是：具有自发极化性能，这是铁电晶体的基本性质，自发极化性质可将机械能或热能等其余形式能量转化为电能，输出电信号；铁电陶瓷具有电滞回线和居里温度，极化强度 P 和外电场 E 之间的关系构成电滞回线。一般而言，晶体的压电性质与自发极化性质都是由晶体的对称性决定的，可是对于铁电晶体，外电场能使自发极化反向的特征不能由晶体的结构来预测，只能通过电滞回线的测定（或介电常数的测定）来判断。通铁电陶瓷在达到某一特定的温度时，会发生铁电相 - 顺电相转变，这一温度称为居里温度，但弛豫型铁电晶体并不存在这样一个确定的温度，而是存在居里温区。

基于其铁电特性可以制备出适用于通信、遥感、红外传输、传感器等领域的多孔铁电陶瓷。

14.2 战略需求及典型应用

当前，我国正处于战略转型期，亟须开辟新的经济增长点，提高环境承载能力，这为我国新材料的大发展提供了难得的历史机遇。在转型升级和新型工业化发展的交汇时期，对新材料的战略需求特别突出。据统计，2021 年全球多孔陶瓷市场规模大约为 506 亿元人民币，但在先进陶瓷领域，日资企业占据了约 50% 的市场份额。我国先进陶瓷起步较晚，但发展迅

速，由2015年5%国产化率提高到了2021年的20%。我国“十四五”规划及2035年远景目标中提出了对于新能源、高精仪表、军工领域以及航空航天等领域的发展目标和要求，这也对相关领域的材料提出了更高的要求。

“碳中和”“碳达峰”成为热词，环保和可持续发展成为国家发展的重要目标和准则。化石能源在工业生产当中会释放大量二氧化碳等温室气体及产生有毒有害副产物，而陶瓷材料原料来源广泛、易得，且具有前文所述多种优异性质，制备工艺多种多样，种类繁多，已经广泛地应用于国民经济的各个领域当中。以下将介绍多孔陶瓷在多领域的应用场景。

14.2.1 军工材料

提升武器装备的性能是发展我国军事实力的重要要素，在军工领域，各兵种作战装备的快速发展始终离不开材料的进步。高速、高隐蔽性、高精度是新式武器装备发展的目标，极端工况和应用场景对材料提出了高强度、低密度、耐高温、多功能性等越来越高的要求。

高超声速飞行器因其具备的巨大军事价值受到国际社会的广泛关注。高超声速飞行器包括拦截导弹、洲际导弹、高超声速巡航导弹、跨大气层飞行器以及高超声速飞机等。由于高超声速飞行器在飞行过程中外壳与空气发生高速摩擦进而产生大量的热，当飞行器达到7马赫速度时，鼻锥温度将高达2500℃，因此高超声速飞行器就需要有耐高温保护外壳。多孔陶瓷凭借其耐高温、高抗热振性、高温稳定性以及低热导率等一系列优异性能成为高温保护外壳或高温保护涂层的理想材料。但多孔陶瓷为保证低热导率需要提供更高的气孔率，高气孔率对于多孔陶瓷材料的力学性能影响很大，因此会采用添加碳纤维等材料制成复合材料，以保证其具有足够高的机械强度。

多孔陶瓷由于其气孔特性可控可调，具有可以面对多种应用场景的潜力，又因为具备多孔结构，拥有一定的“吸能”作用，还有低密度、制备成本低等优势，使其成为轻质防护装甲的一种可行性应用材料。

对于船舶或水下航行器，需要长期在海水中航行。海水具有非常强的腐蚀性，且长时间航行，水流对于船体的冲击侵蚀效果明显。要求材料具有低密度、高耐腐蚀性、高抗热振性、更加稳定的力学性能等，多孔陶瓷为船舶材料的应用提供了新思路。对于水下航行器，尤其是潜艇，为保证在水下航行的隐蔽性，需要降低噪声，除了抑制噪声源，还需要阻断噪声的传播。多孔陶瓷材料作为一种优异的吸声材料可以有效地降低噪声的传播。

14.2.2 航空航天材料

随着我国航空航天行业的快速发展，对具有耐高温、耐腐蚀、高稳定性以及高强度等优异性能的材料提出了急迫的需求。多孔陶瓷材料因其兼具“多孔结构”及陶瓷基体材料的优异性能，被广泛应用于航天器中，其中包含诸如氮化硼、碳化硅等陶瓷。

首次应用于天和核心舱电推进系统中的霍尔推力器腔体采用了由中国科学院金属所研制的氮化硼陶瓷基复合材料。金属所相关团队解决了氮化硼陶瓷材料强度低、易吸潮、腔体放电状态不稳定、抗离子溅射能力差等难题，研制出具备低密度、高强度、抗热振、耐溅射、易加工、绝缘性能好等优点的氮化硼基复合材料，满足了霍尔推力器对陶瓷腔体材料的要求。此外，霍尔推力器中还有多种部件也采用了该陶瓷材料作为高电压与低电压之间的绝缘介质。

美国北达科他大学能源与环境研究中心曾研发出一种多孔陶瓷材料，这种材料耐高温，韧性更好，其性能足以满足航天应用，与其他材料联合使用可以提供更强的抗热振性。在国际空间站外安装了4个由此种材料制成的单体结构，进行4～6个月的实验，在此期间，试验用元件会暴露于紫外辐射及原子态氧的作用之下。这种材料还适用于发电站或其他要求韧性、抗撞击性能的工业元件，也可用于制造轻质防弹装甲材料。

为了实现航空航天行业更快的发展，实现更高的目标，这就要求材料能够承受更为恶劣的工况，且具有更为稳定的性能。针对多孔陶瓷，则需要其在满足气孔率及气孔分布的情况下提高力学性能。

14.2.3 能源领域

能源是人类日常生活、生产经济活动不可或缺的重要资源。热能在传输过程中，因热散失以及废热的原因导致能源浪费。在高温窑炉中，热损失主要是显热损失，余热可以占到50%～70%，这显然造成很大一部分的资源浪费。提升能量传输效率、强化废能回收是提升能源利用效率以及降低经济成本的重要途径。蜂窝体蓄热交换器是20世纪80年代兴起的节能技术，多孔陶瓷凭借其耐高温、耐腐蚀、抗热振性强的特点，能够克服金属材料不能在高温下长期工作的弱点。

随着核能的不断发展，对核用隔热材料的要求也越来越高。专家认为核用隔热材料的未来发展趋势是在满足常规设备、管道对隔热材料的要求即低热导率的基础上，具备多种附加的结构性或功能性优势，例如轻质高强、抗辐照、耐腐蚀和智能化等。此外，随着核电技术的不断更迭，涌现出各种新型堆、小型堆等，对其所采用材料的集成化、一体化的需求也愈发凸显，尤其是对既具有隔热功能又具有辐射屏蔽功能的核级设计或核工质管道保温层的需求，其可以在提高能源利用效率基础上，有效降低堆内环境辐照量。

研究人员对储能用铝硅酸盐多孔陶瓷的热物性进行了研究，收集了热导率、密度、比定压热容、孔隙率和比表面积等数据。结果表明，随着Al_2O_3所占比例增大，密度、比定压热容、热导率、比表面积和孔隙率都在增加，其中热导率整体变化呈分段线性增加趋势，而比定压热容和孔隙率增加缓慢。

同时，多孔陶瓷在能源相关行业具有广泛的应用，例如作为绝缘材料或隔热材料。多孔陶瓷在能源领域的各个角落都彰显了越来越明显的作用。

14.2.4 过滤材料

无论是工业生产、化学、制药还是能源领域，对于排放“三废”都有着明确的要求和规定。多孔陶瓷凭借其独特的多孔结构带来了高比表面积以及高温稳定性、强抗热振性、耐腐蚀性等，同时多孔陶瓷可以通过对气孔微结构的调控优化流体在多孔陶瓷中的渗透流动性，

使得多孔陶瓷成为用于气体和液体过滤的理想介质。

以气体为例，PM2.5类对人体有害的气溶胶主要通过三种原理去除，分别是筛分、表面吸附及气孔捕捉。上述三种过滤原理对过滤介质的孔隙要求不同，由于多孔陶瓷气孔形貌、排布、气孔率及孔径均可通过不同的制备工艺定制，因此多孔陶瓷具有作为过滤介质的优势。

电力、能源等行业有高温烟气过滤需求，作为此类型过滤介质需要满足两个基本要求：材料具有耐热性、化学和力学性能稳定；具有长时间工作（＞10000h）的可靠性。在使用过程中，过滤装置必须要承受温度、压力变化，颗粒冲击等工况，同时还要提供高效的过滤效果，以及好的渗透性，保证高温烟气的高流速。除此之外，多孔陶瓷还要具有一定的抗振性及抗热振性。用于热烟气过滤的主要材料是氧化铝、莫来石、碳化硅、堇青石等。

在过滤高温烟气过程中，从其中去除颗粒杂质非常重要，这非常容易导致多孔陶瓷的孔洞堵塞。汽车尾气、工业废气大多属于含碱污染物，多孔陶瓷的耐碱性非常优异，在此环境中不易发生化学反应。黏土-碳化硅系统也可以用于内径为40μm的多孔过滤器制备，使更小的颗粒可以通过过滤器。在内部孔径为125μm、涂层孔径为10～30μm的过滤器上开发具有较小孔径的表面涂层，不会造成大的压降，只有当涂层孔径小于10μm时才会出现高压降。

多孔陶瓷是目前柴油机尾气过滤的重要介质，为了捕捉柴油废气中的未完全燃烧的炭颗粒和柴油颗粒，要求过滤器具有高强度、高抗热振性、低压降的特点，这就需要应用到高气孔率、窄孔径分布且具有更好的气孔连通性、高渗透性的多孔陶瓷，目前主要采用毫米级孔径的蜂窝陶瓷。

随着航空航天领域的高速发展，对金属材料的需求越来越大，且对于金属纯度的要求提升，利用多孔陶瓷过滤熔融金属中的非金属颗粒是常用方法。作为熔融金属过滤介质，多孔陶瓷必须具备足够的机械强度、强抗热振性以及良好的耐腐蚀性，且要求不能与金属发生反应。相较于多孔聚合物与多孔金属，多孔陶瓷具有更强的耐高温属性，且化学性质稳定，这使得多孔陶瓷在过滤高温流体方面更具优势。

生活用水净化同样离不开多孔陶瓷的身影。水中微生物的过滤通常采用由硅藻土或黏土制成的、气孔率在30%～40%、具有微米级气孔的多孔陶瓷。海水淡化过滤也会使用到多孔陶瓷材料，对于海水中的浮游生物、藻类等进行过滤，再配合杀菌手段对海水中的细菌进行灭活过滤。

对于过滤装置的优化主要体现在微观结构上，需要在优异的过滤性能、更高的过滤效率以及足够的机械强度之间博弈。

14.2.5 吸声材料

噪声是一种常见的环境污染，无论是在工厂、城市还是在房间内，有着无数的噪声源，对人们的生理和心理造成了极大的伤害。多孔陶瓷凭借其内部相互贯通的气孔，利用多孔结构对声波引起的空气压力变化进行分散，同时由于声音引起的空气振动与孔洞壁面发生摩擦，消耗声音振动产生的动能，进而达到吸声目的。对于具有吸声作用的多孔陶瓷，要求其具有高气孔率（> 60%）和微米级小孔径。

吸声方法有很多，往往单一材料仅可体现出对单一频段的吸声能力，复合吸声结构就克服了单一吸声材料的不足。复合吸声结构有以下几种：穿孔板与吸声材料复合结构；夹层符合吸声结构；分层多孔材料复合吸声机构；穿孔板 - 吸声材料 - 空腔复合吸声结构。疏穿孔板 - 泡沫陶瓷复合结构和密穿孔板 - 泡沫陶瓷复合结构的吸声性能都要好于单一泡沫陶瓷吸声结构。

随着科技和工业的高速发展，武器装备对吸声材料也提出了更为精细的要求。例如潜艇为了满足水下隐身的需求，对于水下航行时自身噪声的处理主要有两个途径：一个是通过更精密的机械结构设计以及更高技术的工业生产能力制造出低噪声螺旋桨、发动机等；另一个则是通过对噪声在传播路径上进行阻隔，此时就需要在主要声学部件支架上铺设含去耦材料的涂覆层。高气孔率的多孔陶瓷就是一类兼具多种功能的去耦材料。潜艇具有长时间海下航行的需求，去耦材料需要长期工作在高腐蚀性、低温、高压的海水环境中，多孔陶瓷材料兼具高强度、耐温、耐腐蚀、低密度等优异性能，且可作为吸声材料。

14.2.6 催化剂载体

约有 90% 的化学反应过程中至少有一步需要使用催化剂进行催化反应，因此人们对催化反应过程、催化剂投入了非常大的精力进行研究。传统催化剂（气孔率在 30% ～ 60%）由颗粒或填充粉末支撑，这导致了回收过程复杂，且难以完全回收，也会影响反应的活性。这就需要选择支撑性更好、更具整体性、渗透性更好的载体支架。高气孔率的多孔陶瓷由于具有高渗透性，且具有一定强度，便于后续回收，因此适于作为催化剂载体使用。

多孔陶瓷多种优异性能赋予了其一系列优势：多孔陶瓷可以预成形以匹配复杂的反应器，从而简化了反应器装载；与填充床相比，更低的压降使其具备较高的效率以及较低的操作接触时间；高比表面积更易分散反应物活性点位，这使得多孔陶瓷支架催化剂具有比颗粒催化剂更高的反应效率；更适用于放热或吸热反应；与基于聚合物或碳材料的催化剂载体相比，其在高温下的氧化、中性和还原气氛中的长期稳定性是独一无二的。

在催化反应中，以多孔陶瓷作为载体，反应活性较高，而且多孔陶瓷载体对整个反应系统体系没有负面影响，同时易于在反应后将载体去除。经过大量的实践应用，发现采用窄孔径、分布均匀的气孔排布对许多催化反应更有效、更理想。

近年来有大量的研究表明，很多种多孔陶瓷催化剂支架为催化反应提供了更大的可能性，但是实际应用于工业当中的还较少。多孔陶瓷催化剂载体的发展应跟上催化剂的发展。可以做出更多努力来提高催化剂的利用率，而不是提高其固有活性。设计价格合理、高效且长期可靠的多孔陶瓷，并在纳米尺度上优化孔径分布，以装载新型金属有机框架（MOF）材料，有望为更先进的能源和环境应用铺平道路，包括储氢、气体净化、气体分离和超级电容器。

14.2.7 能量储存及传感器敏感元件

由于多孔陶瓷具有热稳定性、化学惰性以及较好的渗透性，其在能量储存、传感器制造中承担着重要任务。

太阳能发电具有多种形式，太阳能光伏发电是目前应用较广的一种太阳能发电形式。除太阳能光伏发电外，还有太阳能热能发电。由于太阳能发电能量转换效率原因，许多太阳能发电的可行性方案并不能大规模投入生产生活当中。聚光太阳能发电厂（CSP）是通过将太阳能辐射来的热能收集于固体表面，将热能转化为机械能或电能。多孔陶瓷因其具有的大比表面积以及曲折的流体流动路线及热稳定性，成为了太阳能热能发电的理想材料。

Zaversky 等研究表明就太阳能热能发电来说，选择具有尽可能高的气孔率、孔径分布在 1 ～ 2mm 的多孔陶瓷作为太阳能热接收器可以实现最大热能吸收效果。由于高气孔率，材料力学性能略差，为提升力学性能，可以采用双层排布的形式以提高机械稳定性，同时，太阳能热接收器厚度在 10 ～ 30mm 可以保证良好的吸热效果。虽然使用多孔陶瓷作为太阳能热接收器是可行的，但是储能容量较小，因此还应在多孔陶瓷热接收器的基础上集成热化学储能模块。

近年来人们将燃料电池从可行性方案转变成为了可应用产品，例如燃料电池新能源汽车。燃料电池是将化学能转化为电能的能源装置，其对于环境几乎没有污染。燃料电池可以分为几类：聚合物电解质燃料电池（PEFC）、磷酸燃料电池（PAFC）、熔融碳酸盐燃料电池（MCFC）和固体氧化物燃料电池（SOFC）。燃料电池中的电极需承担反应气体进出以及促进化学反应的作用，通常化学能转化为电能的化学反应多为放热反应，电极材料需要承受较高的工作温度，多孔陶瓷的优势因此显现出来。

多孔陶瓷凭借其热稳定性、多孔结构、高比表面积为其在能源储存领域提供了很多潜在的优势，但相较于作为化学催化反应催化剂载体或吸声材料等其他方面的应用，在能源储存方面应用相对较少，因此仍需进一步开发此领域。

在 1655 年发现了铁电晶体，铁电晶体是在一定温度或特定情况下具有自发极化性质的一类晶体，具有铁电特性的陶瓷就是铁电陶瓷。常见的铁电陶瓷多属于钙钛矿型结构，例如 $BaTiO_3$、$PbTiO_3$、$SrTiO_3$ 等。多孔铁电陶瓷的微观结构对于提高发电量很重要，与传统制造方法相比，通过冷冻铸造法制备的多孔陶瓷其抗压强度更强，而且可以增强其能量收集和传感能力，因此大多数多孔铁电陶瓷采用冷冻铸造法制备。冷冻铸造法制备的多孔陶瓷，其孔洞呈现较为优异的排列形式，其力学性能也更强。

压电陶瓷广泛应用于传感器、心脏监视器、打印机等产品中，可以说遍布生活和工业生产的各个领域。压电陶瓷主要是将机械能转化为电能，实现能源收集并为一些小型用电设备供电。多孔压电陶瓷相较于致密压电陶瓷具有更好的弹性形变能力，其接收机械能的能力更强，发电能力也更强。

热电陶瓷是可以在加热冷却的温度交替变化的环境中，将热能转化为电能的材料。通过对多孔热电陶瓷的气孔结构特性的优化，可以改善多孔热电陶瓷在交变热环境中发电的能力。

多孔铁电陶瓷除了用于废能回收利用装置，其在电子传感器中的应用也非常重要。经过大量的研究和实践证明，多孔陶瓷作为传感器材料的灵敏度相较于致密陶瓷作为传感器材料的灵敏度更优。多孔陶瓷可以通过加工工艺调控气孔等微结构的形貌、排列等，进而达到优化传感器灵敏度的目的。目前对多孔陶瓷微结构的调控是提升电子传感器精密度的重要研究方向。

14.2.8 隔膜材料

多孔陶瓷与液体和气体接触面积大，槽电压比一般材料低得多，故将其用于电解隔膜材料，可大大降低电解槽电压，提高电解效率，节约电能和电极材料。多孔陶瓷隔膜在化学电池、燃料电池和光化学电池中都有应用。

同样，多孔陶瓷凭借其多孔结构以及可调控的孔径及形态，更利于制备多孔陶瓷吸收膜。研究人员发现，多孔陶瓷隔膜的毛细凝聚效应对烟气、水分回收的优越性十分明显，其表面水通量远远大于冷凝法的水通量，孔径越小，表面水通量越大，但及时将孔道内的液态水输运到陶瓷隔膜另一侧需要的压差也越大。

隔膜技术作为分离领域当中最具有前途和发展的技术之一，隔膜本身的透过性、强度等都影响分离过程的效率。隔膜分离技术是分离领域当中一种高效率、低能耗的分离方案，人们常使用无机陶瓷隔膜作为分离膜使用。有研究人员利用天然沸石在 950 ～ 1000℃的温度下制成了平均孔径为 0.98μm 的陶瓷隔膜；周洋等研究了不同烧结温度和造孔剂对沸石基多孔陶瓷隔膜性能的影响，得到了最优烧结温度 800℃下和 5% 造孔剂条件下制备的平均孔径 12.91nm 的多孔陶瓷隔膜。

14.2.9 隔热阻燃材料

多孔陶瓷凭借其耐高温、高热稳定性的特性成为耐火材料的优质选择。多孔陶瓷可以用作多孔介质燃烧器，预混合燃料可以进入到多孔陶瓷的内部或近表面进行燃烧，由于高比表面积的存在，燃料与氧气充分接触，燃烧更加充分。使用多孔陶瓷作为燃烧器不仅可以燃烧充分，节约能源，还可以减少碳氧化合物以及氮氧化合物的排放，且在高温下多孔陶瓷仍能保持机械强度的稳定性以及具有更强的抗热振性。

国内外主流多孔陶瓷材料的耐火度、热膨胀系数、热导率等性质见表 14-2。多孔陶瓷由于具有较低的热导率，成为隔热材料的首要选择。唐庆等研究了在室温下不同气孔率的多孔陶瓷材料热导率，研究表明，随着气孔率的升高，热导率明显下降，将多孔 Y_2SiO_5 在高温环境中从室温以 10℃ /min 的升温速率升高到 1000℃测试得到其具有较强的热稳定性。

表 14-2　国内外主流多孔陶瓷材料性能

多孔陶瓷	耐火度 /℃	热膨胀系数 /10^{-6}℃$^{-1}$	热导率 /（$W \cdot m^{-1} \cdot K^{-1}$）	密度 /（$g \cdot cm^{-3}$）	抗压强度 /MPa	抗折强度 /MPa
Al_2O_3	约 2000	7.03	约 3.00	1.0 ～ 1.2	3 ～ 10	2.5 ～ 4.0
ZrO_2	约 2500	6.50	约 2.09	0.7 ～ 1.5	3 ～ 20	3.0 ～ 6.0
莫来石	约 1800	4.20 ～ 5.60	约 1.70	0.9 ～ 1.5	2 ～ 10	4.0 ～ 6.0
堇青石	约 1400	1.40 ～ 2.00	约 1.50	0.4 ～ 1.0	2 ～ 8	1.0 ～ 3.0
斜长石	约 1400	4.82	约 3.67	0.5 ～ 0.8	1 ～ 6	0.8 ～ 3.0

多孔陶瓷在高温下的高力学性能以及优异的高温稳定性保证了其作为阻燃材料的可靠性。高温气体及火焰在传播中受到开孔结构的多孔陶瓷屏障阻隔，可以熄灭回流的火焰，且多孔陶瓷具有更低的热导率，这使得多孔陶瓷不仅可以阻燃，同样可以保护外部。

建筑的外墙体保温需要用到多孔陶瓷材料，因为其具有较低的密度。在油管的保温上也在考虑使用多孔陶瓷，多孔陶瓷不仅可以减少油管的散热，同时还可以起到耐腐蚀的保护作用。但多孔陶瓷作为隔热材料仍存在一定弊端，传统多孔隔热涂层多选用发泡材料，为保证隔热效果，涂层使用厚度较厚。发泡材料的高气孔率使其与油管的实际接触面积减小，同时隔热涂层的大厚度也容易造成涂层与基材界面处的应力集中，从而导致附着力小。

多孔陶瓷提供更低热导率的关键，除了是陶瓷基底材料的性质外，多孔结构也为材料的阻燃隔热提供了更优的性能。高气孔率的开孔结构使得多孔陶瓷隔热效果好，但这意味着材料力学性能的降低，目前对于材料的优化，主要是针对如何在保证高气孔率的情况下提升力学性能，但多孔陶瓷仍是最具前景的绝热阻燃材料。

14.2.10 / 生物材料

在传统生物陶瓷基础上研发的多孔生物陶瓷，由于生物相容性好，理化性能稳定，无毒副作用，而被用于生物医疗领域。生物材料曾采用诸如珊瑚等的天然材料，随着多孔陶瓷制备技术的发展以及性能的发掘，多孔陶瓷，尤其是磷酸钙多孔陶瓷逐渐成为了生物材料的首选，用于填充骨科手术中的骨缺损。大量的研究及实践证明了磷酸钙多孔陶瓷具有优秀的生物相容性，同时多孔陶瓷的孔结构为细胞进入再生长提供了空间。

Galois 等研究了四种不同孔径范围（45 ～ 80μm、80 ～ 140μm、140 ～ 200μm、200 ～ 250μm）的羟基磷灰石（HA）和磷酸三钙（TCP）两种多孔陶瓷的生物医疗应用可行性。研究以上几种多孔陶瓷植入兔股骨踝，并放置 12 个月时间，相同孔径范围的 TCP 多孔陶瓷的骨向内生长速率更高，孔径大于 80μm 可以改善多孔陶瓷的骨向内生长。

增材制造技术的快速发展，为多孔陶瓷应用于生物材料提供了更为广阔的场景选择，同时多孔陶瓷凭借良好的骨传导性、骨诱导性成为了骨组织工程领域最有前途的材料之一。杨卓慧利用辅助计算手段研究了增材制造多孔陶瓷材料应用于生物支架的力学性能以及骨相容性，为多孔陶瓷应用于颅颌面骨缺损临床修复提供了新的思路。

14.3 / 存在的问题和挑战

14.3.1 / 可靠性与功能性兼顾困难

多孔陶瓷同时具备陶瓷基体材料及多孔结构材料的特性。陶瓷属于一种“硬脆性”材料，传统陶瓷材料普遍存在硬度与韧性无法共存的问题。由于陶瓷材料具有较好的硬度，但是韧性有限，相较于拉应力，对压应力更耐受。多孔陶瓷的普遍抗压强度在 1 ～ 10MPa，但是在承受过高压应力时，多孔陶瓷同样会发生碎裂。

多孔陶瓷材料的应用场景主要依赖于其多孔结构，想要获取更大的气孔率意味着牺牲材料的力学性能，对于多孔材料而言这是材料功能性与可靠性的博弈。但是随着人们研究的逐渐深入，复合材料的概念被引入到多孔陶瓷的制备当中，通过在多孔陶瓷中加入碳纤维等材料，在保证多孔陶瓷功能性及气孔结构特性的基础上适当增强了材料的力学性能，此方面研究为多孔陶瓷材料的发展提供了新思路，且目前针对复合多孔陶瓷的研究也愈发丰富，但是复合多孔陶瓷的成本则会因添加的复合材料而有所提升。在发展目标的转换下，需求转型升级的大环境下，如何将单一材料满足多方面功能性要求，且兼具功能性与高力学性能是目前多孔陶瓷材料研究的重点难点之一。

14.3.2 加工制造挑战

制备多孔陶瓷的工艺方法有很多，针对不同气孔形状、气孔类型、气孔率以及孔径的多孔陶瓷均有不同的方法，但各种制备方法对于介孔或微孔多孔陶瓷的气孔微结构的精细化处理是比较困难的。增材制造的出现，为精细化调控多孔陶瓷微结构提供了可行性方案。

目前在国际多孔陶瓷研究领域，针对加工制造工艺的研究较多，但是工业生产主要还是集中于直接发泡法、复制模板法和牺牲模板法等传统技术方案，虽然以上方法可以制备覆盖大部分应用场景的多孔陶瓷，但对于需要精密控制多孔陶瓷微结构的情况，工艺过程较为复杂，成本也随之提高。

溶胶 - 凝胶工艺作为一种制备复合膜和微孔膜材料的主流制备工艺，可以通过调整酸碱度来控制孔径及材料的比表面积，使其更适用于制备不同的无机分离膜。但该工艺原料成本高、耗时长且生产过程中会产生污染环境的废料。直接发泡法目前更多应用于氧化铝多孔陶瓷的制备，对于产品类型有着比较明显的针对性，且制备出的多孔陶瓷渗透性较差，不利于应用在过滤领域。复制模板法制备的多孔陶瓷，一般是具有高气孔率、大孔径的开孔型多孔陶瓷，因此制备出的多孔陶瓷坯体机械强度差，且应用较多的 PU 泡沫等有机聚合物模板，在高温热分解过程中会产生有毒有害物质，对环境造成污染。为适应“绿色发展”的目标，需要开发以木材、竹子等天然材料作为制备模板的方法，需要对模板分解过程进行优化升级。牺牲模板法工艺时间较长，且制备所需原料成本较高，因此制备多孔陶瓷产品成本也会随之提升，制备过程中应用的化学原料对于环境同样存在潜在的污染危害。增材制造方法是新的材料制备方案，在热熔性塑料领域应用较为广泛，将增材制造方案引用到多孔陶瓷的制备当中为多孔陶瓷材料的应用及性能提升提出了可行性方案，但增材制造法主要是通过喷头或激光对材料逐层放置、固化，因此制备设备成为了决定最终产品性能和结构的关键因素。设备的精度决定着多孔陶瓷产品的精度，这就意味着设备的研发和升级成为了限制增材制造法制备多孔陶瓷的一环，且该方法不利于批量化生产。高气孔率的微孔、介孔和宏孔陶瓷均已有较多研究和生产应用，但纳米级高气孔率的多孔陶瓷材料仍需进一步研究开发。

此外，多孔介质燃烧技术是一项兼具节能与低排的绿色环保技术，此技术可以实现 30% 的节能率以及减少 80% 以上的氮氧化物排放，是适应新时代可持续发展理念的重要技术。多孔介质燃烧技术的关键就是原料，应用于多孔介质燃烧技术的原料过去一直是我国被西方国家“卡脖子”的材料。虽然多孔陶瓷适用于高温条件，但如何提升多孔陶瓷的耐温性，选择何种气孔率及孔径等气孔结构起初我们并不清楚。目前我国已有研究院攻克此难题并实现成果转化。从这一点可以看出，我国具备多孔陶瓷的制备能力，但对于特殊需求、极端工况应用的多孔陶瓷的制备，仍然处在亟须发展的关键时刻。

14.3.3 对材料性能研究深度不够

制备多孔陶瓷的原料种类繁多，但国内对于部分原料生产制备的研究尚不够深入。以堇青石蜂窝陶瓷为例，其因具有优良的抗热冲击性能、良好的吸附性能以及一定的机械强度而得到了广泛的应用，它具有与各种催化剂活性组分有良好匹配性、孔壁薄、几何表面积大、热膨胀系数小和耐热冲击性好等特点，作为净化废气用理想的催化剂载体而得到了长足发展，如汽车尾气的催化净化器、载体金属液的过滤器、化学工业中的化学反应载体等。

堇青石的诸多应用都有一个基本特征，即温度的急剧变化，这就要求其必须具有良好的抗热冲击性能，而大幅提高堇青石抗热冲击性能的关键就在于降低其热膨胀系数。由于堇青石的应用领域仍在不断扩大，对其性能，特别是热膨胀性能的要求将更加严格。

目前，如何降低堇青石蜂窝陶瓷的热膨胀系数，控制其吸附能力的均匀性，确保其具有足够的机械强度，适当提高孔密度和降低壁厚，使堇青石蜂窝陶瓷满足国内汽车尾气净化要求，是国内研究的方向和重点。随着我国汽车尾气控制标准的逐渐提高以及经济和科技实力的不断增强，进一步提高其性能是一种必然的趋势。

与国外相比，国内对于堇青石材料的研究起步较晚，无论在产品质量还是生产规模上都与国外存在着较大差距，尤其是作为汽车尾气净化触媒载体的堇青石蜂窝陶瓷。目前我国生产堇青石蜂窝陶瓷的公司大多数处于小规模生产和试制阶段，生产的堇青石蜂窝陶瓷热膨胀系数（室温约 800℃）大约在 2.0×10^{-6}/℃，抗热振性与国际先进水平相比尚有不小差距。

14.4 未来发展

我国“十四五”规划和 2035 远景目标中，提出要坚持新发展理念，把新发展理念完整、准确、全面地贯穿发展全过程和各领域，构建新发展格局，切实转变发展方式，推动质量变革、效率变革、动力变革，实现更高质量、更有效率、更加公平、更可持续、更为安全的发展。多孔陶瓷可以说是在“可持续化、绿色、高效、环保”等发展方面的生力军，可以预见，多孔陶瓷材料的未来将不仅仅局限于在过滤、吸声、催化等领域发挥作用，更有可能成为未来产业可持续发展的关键材料。

14.4.1 制造技术发展

相较于金属和聚合物，多孔陶瓷材料有其独特的性能优势。未来，人们可致力于设计价格合理、高效且长期可靠的多孔陶瓷，并优化其孔隙特性。可以大胆地预见，未来研究的两个目标将被优先考虑。一个是与自然资源的可持续性有关。如木材、竹子、纤维素等自然资源将成为材料选择的新灵感，因为它们既可以用作原料，也可以用作模板。进行充分的预处理，如碳化和冷冻干燥之后，可以用作良好的模板来制备多孔陶瓷。另一个是关于微观结构和孔隙结构的精确控制。利用具有复杂孔结构的商业和天然多孔结构（例如PU泡沫、三聚氰胺泡沫，甚至MOF）作为模板，将有利于制造商业所需的多孔陶瓷结构。

我国是矿藏大国，多孔陶瓷制备原料廉价易得，这是发展多孔陶瓷材料的先天优势，但制备工艺、产品质量仍是我们急需发展和升级的方向。在多孔陶瓷的制备加工当中，我国仍有较多技术难点尚未突破，受制于国外，其中包括对多孔陶瓷微孔结构与材料性能应用场景的精准把控，加工设备精密化，生产原料多样化等。

此外，多孔陶瓷相较于其他材料而言，材料的可加工性差，这就强调了在烧结过程中的多孔陶瓷材料的一次成形，同时我们应当将多孔陶瓷加工技术予以完善，探寻多孔陶瓷材料二次加工的可能性，这对于提升材料性能，拓宽材料应用范围具有重要战略意义。在制备技术和陶瓷加工技术的发展过程中，逐渐掌握精准控制多孔材料气孔特性、降低生产成本、提升生产效率的方法，对于提升多孔陶瓷材料在各领域的应用大有裨益。

14.4.2 生产制造绿色化

在多孔陶瓷的生产制造过程中，有时会出现一定量的工业污染物，这与绿色生产的理念相悖。在生产中，多孔陶瓷隔膜可以用于陶瓷工业废料和生活垃圾渗滤液处理，从而可以有效防止污染物外排，补全陶瓷工业污染物排放短板，尤其是在重金属、氟、氯等污染物控制方面将发挥关键作用；多孔陶瓷隔膜在陶瓷工业高温烟气综合处理中已经在发挥显著作用，尤其是针对降低粉尘、SO_2和NO_x排放浓度将发挥关键作用；多孔陶瓷隔膜在天然气纯化、脱水、脱二氧化碳、脱硫、脱氨方面将发挥重要作用，通过进一步降低SO_2、NO_x排放浓度可以有效降低管道腐蚀、提高窑炉使用寿命；在陶瓷工业污水分类处理、高效回收利用方面，多孔陶瓷滤材和多孔陶瓷固废资源化技术将促进污染物的高效回收与再利用；在液压油高精度过滤、回收利用方面，将使液压油重复使用成为可能，极大降低了生产成本，杜绝了资源浪费和减少了环境污染。

2021年12月24日，全国人大常委会会议表决通过了《中华人民共和国噪声污染防治法》，明确规定了噪声污染是一种工业污染，所有企业和个人都有保护声环境的义务。在多孔陶瓷产业中，噪声来源主要包括产业上游矿藏开采，生产过程中的原料破碎机、球磨机、搅拌器、输送带、窑炉等装置，在工业化生产中，噪声大多来源于大型加工机械，因此对工作人员需要做好必要的劳动防护，防止噪声带来的危害。多孔陶瓷本身也可以作成吸声板、吸声砖等吸声材料用于吸收、屏蔽噪声，可以应用于播音室、会议室等需要室内消声的环境当中，以提高声音质量。

利用尾矿制备多孔陶瓷是一种绿色环保的废物利用方法。我国钢铁产量长期处于国际领先地位。我国对于铁矿的需求量极大，由于铁矿生产、筛选、炼钢等技术尚不够先进，在生产过程中，会导致大量铁矿资源的浪费，同时大量的铁尾矿也会对环境造成严重污染。国内外对于铁尾矿制备多孔陶瓷的工艺方法也有一定的研究。利用铁尾矿生产制备多孔陶瓷是一种“变废为宝”的巧妙手段。根据我国工业发展需求，在尾矿的循环利用方面应该大力推进研究，逐渐产业化，解决尾矿造成的资源浪费和环境污染问题，为采矿及资源整合的可持续发展奠定良好的基础。

14.4.3 生产应用智能化

多孔陶瓷行业作为数字信息化领域的上游产业，在工业信息化的发展道路上起到了重要作用，目前人们仅仅可以实现单一功能性工业机器人的代人工作，工业互联网由于传感器的局限，目前也仅仅发展到人机互联程度，对于环境的感知和预测仍存在一定的局限性。多孔陶瓷材料的拓展应用将会成为打通“人、机、环”多方互联的重要技术条件，最终有望实现全自动无人工厂、环境友好型工厂等目标。

此外，21 世纪是电子信息技术爆炸式发展的新时代，智能化这一概念被广泛引入到人们的日常生活与工业生产当中。多孔陶瓷作为环保陶瓷材料和功能性陶瓷材料，未来在建筑吸声隔音、隔音保温、室内环境净化、室内环境舒适度调控和感知方面将发挥重要作用，多孔陶瓷将成为绿色智能建筑的关键性材料。

多孔陶瓷一大重要应用领域是精密电子传感器领域，部分多孔陶瓷凭借其独特的物理特征，尤其是对环境的高感知度，在生产中占据了重要地位，拓宽了应用场景，无论是在精密仪表传感器还是在声学、医疗和航空航天领域都有广泛的应用。但多孔智能陶瓷在制备技术、结构和性能改进以及基础理论开发应用等方面的研究，仍然具有很大的空间。

参考文献

作者简介

张勇，清华大学核能与新能源技术研究院教授。一直从事功能材料的制备、测试和表征工作。曾先后主持承担了国家自然科学基金项目、军工项目、科技部国际科技合作专项项目、北京市科委重大成果转化项目、国家科技重大专项课题、国家重点研发计划项目等。发表学术论文 150 余篇。出版学术专著 2 部。获授权发明专利 10 项。

第 15 章

新型半导体光电材料

陈弘达　程传同　毛旭瑞

15.1 概述

新型半导体光电材料是支撑新一代信息技术、智能技术、新能源等核心技术，体现智慧、绿色发展理念并决定国家未来竞争力的核心关键材料，主要包括二维材料、钙钛矿材料、宽禁带半导体材料、有机光电材料等，均属于国家战略需求关键材料。

15.1.1 二维材料

当前，世界范围内新一轮科技革命和产业变革正在孕育兴起，信息技术、生物技术、新材料技术、新能源技术等广泛渗透。脑科学、量子计算、量子通信、纳米科学等大科学计划被重点列为超前部署基础前沿研究。二维光电子材料因其优异的理化性质成为了最具潜力的新型前沿交叉光电子材料，它涵盖了从导体（石墨烯）、半导体（过渡金属硫化物、黑磷等）、绝缘体（六方氮化硼）到磁性材料（CrI_3、Fe_3GeTe_2、$Cr_2Ge_2Te_6$ 等）四大类核心芯片组成基元成分，有望率先实现新型光电子器件应用。与当代半导体器件基于核心单晶体材料规模化制备一样（硅、砷化镓、氮化镓等），二维材料的高端器件应用必将基于二维光电子材料的大规模制备。

以石墨烯和六方氮化硼（h-BN）为代表的二维晶体材料独特的结构蕴含了丰富而新奇的物理、化学与光电子学性质，在信息器件与电路等领域具有广阔的应用前景，是目前信息科学发展最为迅速和活跃的研究前沿之一。作为最典型和最基础的二维材料，石墨烯和 h-BN 能否实现应用，特别是在光电子领域的应用，是二维材料能否进入产业的标志。

石墨烯，即石墨的单原子层（0.34nm），是碳原子按照 sp^2 成键形成的以蜂窝状排列的二维晶体结构。它独特的结构，使其在许多方面表现出非常优异的性能。在电学方面，石墨烯是室温下最好的导电材料，其载流子迁移率达 15000cm^2/（V·s），相当于商用硅片的 100 倍。电流密度为 2×10^8A/cm^2，相当于铜的 100 倍。在处理器领域，石墨烯基处理器运行速度将达 1000GHz，未来很可能成为硅的替代者。h-BN 作为一种典型二维晶体材料，具有与石墨烯相似的二维蜂窝状晶格结构，由 B 和 N 原子交替占据六方网格顶点位置构成。面内相邻的 B 和 N 原子同样以 sp^2 杂化成键，与石墨烯的晶格失配在 3% 以内。一般认为层与层之间是以 *AA'* 形式堆垛叠加，即在垂直方向以 B、N 原子交替排列，层间距在 0.33 ～ 0.34nm。厚度在 1 ～ 30 原子层的二维 h-BN 材料，与石墨烯对应，又称“白石墨烯”。在二维材料与器件领域，与石墨烯展现出优良的导电性不同，h-BN 是一种典型的绝缘材料，在面内和层间均没有可以自由移动的光电子，禁带宽度在 5 ～ 6eV。由于可以提供无悬挂键和电荷势阱的原子级平整界面，h-BN 被视作制备高迁移率石墨烯等二维材料场效应器件的最佳衬底。

美国、欧盟、英国、韩国、日本等都在积极开展石墨烯材料制备和器件研究方面的工作，推进石墨烯材料在微光电子技术领域的应用。2013 年英国政府联合欧洲研究与发展基金会共同出资 6100 万英镑在曼彻斯特大学成立国家石墨烯研究院。2014 年，英国政府联合马斯达尔公司宣布继续投资 6000 万英镑在曼彻斯特大学成立石墨烯工程创新中心，作为国家石墨烯研究院的补充，加速石墨烯的应用研究和开发，维持英国在石墨烯及其他二维材料方面的世界领先地位。2014 年，美国国家自然科学基金投入 1800 万美元、美国空军科研办公室投入 1000 万美元对石墨烯及相关的二维材料开展基础研究。2012 年，美国 IBM 公司成功研制出首款由石墨烯圆片制成的集成电路，使石墨烯特殊的电学性能彰显出应用前景，预示着未来可用石墨烯圆片来替代硅晶片。2013 年 1 月，欧盟委员会更是将石墨烯列为“未来新兴技术旗舰项目”之一，计划 10 年内提供 10 亿欧元资助，将石墨烯研究提升至战略高度，旨在把石墨烯和其他二维材料从实验室推向社会，促进产业革命和经济增长，创造就业机会。韩国原知识经济部 2012 至 2018 年间向石墨烯领域提供总额为 2.5 亿美元的资助，其中 1.24 亿美元用于石墨烯技术研发，1.26 亿美元用于石墨烯商业化应用研究。随着石墨烯材料近十几年的研究和发展，石墨烯相关知识产权的竞争日趋激烈，目前可以检索到的石墨烯国际专利超过 4 万件，中国、韩国、美国在专利申请方面处于领先地位。韩国三星光电子拥有石墨烯相关专利 400 多件，是专利最多的单一机构。国内众多大学、研究所在石墨烯相关专利申请方面整体领先于全世界，拥有 100 件以上专利的大学和研究机构超过 20 家。

相比于多晶石墨烯而言，单晶石墨烯具有优异的、均一的电学性能，有利于组装大规模集成电路。为了降低或消除大尺寸石墨烯中的晶界密度，科研人员将研究方向转移到单晶石墨烯的制备，期待通过后续转移实现高性能石墨烯微光电子器件的大规模应用。近年来，在具有催化能力的衬底上制备单晶石墨烯已经取得了长足的进步，将单晶尺寸从微米级提升到厘米级甚至英寸级：2008 年，Robertson 和 Warner 利用常压 CVD 法在 Cu 箔上首次制备出尺寸为 2 ～ 5μm 六边形的石墨烯单晶；同年，Ruoff 研究组利用低压 CVD 法在处理过的 Cu 箔上制备出尺寸为 500μm 的六边形石墨烯单晶，2012 年尺寸达到毫米级；X. F. Duan 研究组提出了一种减少石墨烯成核密度的新方法，并成功制备出尺寸为 5 mm 大小的石墨烯单晶；2013 年，Ruoff 研究组通过引入适量的氧减少催化衬底上石墨烯的成核点，制备出尺寸为 1cm 大小的石墨烯单晶；2015 年，中国科学院上海微系统与信息技术研究所发现 Cu85Ni15 合金衬底上的等温析出新机理，使用独创的局域通碳技术，在国际上首次实现定点单核控制，在约 2.5h 内制备成功 1.5in 的石墨烯单晶，单晶尺寸和生长速率都创造了世界纪录。北京大学刘忠范院士应邀在 *Nature Materials* 的新闻和观点栏目发表专文，对这一突破性研究工作进行详细点评。成会明院士在接受《中国科学报》采访时，将该项工作列入“2016 年中国高质量石墨烯制备方面两项最重要的成果之一”。

目前，国际上主要通过高温高压相变法促使 c-BN 发生相变结晶或者通过高温高压下金属溶解后缓慢降温析出得到 h-BN 晶体材料，获得的 h-BN 晶体大小约为 1mm。进一步经过机械剥离得到小的层状 h-BN 片层。这项制备技术为欧美主要发达国家垄断，也针对我国进行了生长和制造技术的封锁。由于这种制备方法生长条件极为苛刻，过去 10 年来一直未能取得明显进展。相较于高温高压相变法，CVD 法更加适用于高性能信息器件应用的 h-BN 晶体制备，该制备方法在世界范围内还处于研发阶段，并且表现出了较大的发展潜力。目前，人们已尝试在多种过渡金属衬底如 Cu、Ni、Pt 和 Co 上通过 CVD 法制备 h-BN 单晶。麻省理工学院的 Kin 和 Kongjing 研究小组和北京大学刘忠范科研团队分别在 Ni 和 Cu 衬底表面通过 CVD 法得到了大面积高质量单层 h-BN 单晶和连续薄膜。但是，目前 CVD 法制备的 h-BN 薄膜大多为小晶畴通过面内拼接组成的单层。国内外关于六方氮化硼单晶的制备，其尺寸依然停留在远小于石墨烯单晶的阶段。受初期生长阶段的高形核密度限制，之前报道的 CVD 法制备的 h-BN 单晶的尺寸普遍非常小（通常小于 $50\mu m^2$）。晶粒太小将导致高密度的晶界和悬挂键，而这些都被视作 h-BN 的结构缺陷，将提升 h-BN 的表面粗糙度和荷电杂质，随之降低其在电学器件中的性能。因而，降低 h-BN 的初始形核密度，制备大尺寸的 h-BN 单晶仍是目前研究的重点。另外，单层氮化硼对介质层表面不饱和键的屏蔽作用很弱。同时，在二维晶体和氮化硼界面处的起伏和杂质也严重影响了二维微光电子器件的性能。到目前为止，还未见关于直接利用 CVD 法或其他沉积方法制备满足二维晶体材料微光电子器件需求的高质量多层 h-BN 的报道。

同时，作为二维晶体顶层的介质材料，往往需要具有一定厚度的均匀 h-BN 连续膜。复旦大学张远波课题组利用有机薄膜转移的方法，将石墨、氮化硼和黑磷的薄层依次叠加在衬底上形成异质结结构，利用了 h-BN 静电屏蔽了来自衬底和界面上电荷杂质的散射作用，获得了原子级平整的样品界面。同时三明治结构中的 h-BN 有效保护了室温大气条件下不稳定的黑磷，从而在黑磷二维光电子气中实现了极高的载流子迁移率。在这样的高质量二维光电子气中，他们首次实现了黑磷中的量子霍尔效应。哥伦比亚大学 Philip Kim 课题组将石墨烯封装到两片薄层氮化硼之间，使得石墨烯的迁移率达到了声子散射的理论极限，样品的平均自由程仅由样品的尺寸决定。这些发现使 h-BN 成为了为数不多的可用于保护二维晶体器件实现稳定工作的理想层状介质材料。正是有了 h-BN 的加入才使得稳定存在的范德华异质结被成功制备出来。然而在材料制备方面，研究人员却遇到了很大的困难，虽然之前也有不少文献报道了在不同衬底上制备少层和多层 h-BN 连续膜的工作，但制备的 h-BN 厚度多难以控制，其均匀性和结晶质量也难以保证。目前大面积均匀多层 h-BN 薄膜的可控制备技术仍然没有取得突破。

石墨烯与其他二维材料通过“堆叠”的方式，可以形成新的一类层状异质二维材料结构，它们层与层之间通过范德华力连接，层与层之间形成范德华异质结。剑桥大学研究的金 / 石墨烯 / 硅异质结光电探测器比标准金属 / 硅光电探测器的响应度提高一个数量级，在 1550nm 波长的激光照射下其响应度可达到 0.37A/W；诺丁汉大学采用机械剥离的方法制备的石墨烯 / 硒化铟范德华异质结光电探测器在 633nm 波长的激光照射下响应度可以达到 10^4A/W 数量级以上，响应时间为 100μs。

国内关于二维光电子材料的基础研究及其产业布局已经进入了战略升级的关键期，国内众多高等院校与科研机构在二维光电子材料制备方向取得重要进展：中国科学院上海微系统与信息技术研究所的谢晓明课题组基于铜镍合金衬底利用局域碳源制备出了晶圆级的单晶石墨烯薄膜；北京大学刘忠范课题组利用卷对卷技术实现了大面积石墨烯薄膜的批量制备；中国科学院沈阳金属所成会明院士团队实现了 Pt 上石墨烯薄膜生长及鼓泡法转移；中国科学院化学所刘云圻课题组在熔融铜上制备出了高质量石墨烯；2016 年北京大学刘开辉、彭海琳课题组把多晶铜衬底上石墨烯单晶的生长速度提高了 150 倍，达到 60μm/s；2017 年王恩哥、俞大鹏、刘开辉课题组利用单晶铜箔退火技术和石墨烯超快外延生长技术成功在世界上首次实现了米级单晶石墨烯的制备，将单晶石墨烯材料推向了规模化应用的尺度。

在石墨烯的制备方面：中国科学院化学所在液态 Ga 表面生长的石墨烯迁移率高达 7000cm^2/（V・s）以上。北京大学则重点研究 Cu-Ni 合金催化生长石墨烯，采用这种方法实现了 100μm 尺度的层数可控的石墨烯。中国科学院上海微系统与信息技术研究所在 750℃低温条件下采用 Cu-Ni 合金制备了 6 英寸无褶皱高质量石墨烯单晶晶圆。中国科学院半导体所采用无金属催化方式在 SiO_2 表面直接生长的石墨烯，光响应度达到 200mA/W 以上。

在石墨烯光电子和光电子器件方面：中国光电子科技集团公司第十三研究所率先制备了 f_{max} 超过 100GHz 的 GFET，随后，中国光电子科技集团公司第五十五研究所制备的 GFET f_{max} 超过 200GHz 再次刷新纪录；清华大学将多个 GFET 构建成双平衡混频器，实现了工作在 20GHz 频率的 IIP3 优于 20dBm 的超高线性度；中国科学院半导体所则将 GFET 和 Si 基集成电路单片集成，采用 Si 集成电路处理石墨烯光探测的信号，将光电转换增益提升了 2 个数量级。

在石墨烯异质结构方面：清华大学研究的石墨烯 / 硅异质结光电探测器在 850nm 波长的激光照射下具有 0.73A/W 的高响应度，同时明暗电流比可达到 10^7 数量级。北京大学制备的碘化铅 / 石墨烯二维异质结探测器具有 45A/W 的响应度，20μs 的响应时间和 1μm 的空间分辨率。中国科学院半导体研究制备的金属 / 石墨烯 / 二硫化钼范德华结双极性光电晶体管，其光电流放大系数为 17.5，光响应度可达 10^4A/W 数量级。

国内的石墨烯研究在 2009 年左右兴起，并在近 10 年内得到了蓬勃发展。北京市科技委员会 2017 年立项了石墨烯专项（10 年 10 亿元），并建立了北京市石墨烯研究院，旨在推动石墨烯的产业化。其他省市也效仿北京市，据统计全国的石墨烯研究院达 100 多家。我国在石墨烯领域的亮点工作有：北京大学刘忠范院士、彭海琳教授实现了大面积（米级）石墨烯的卷对卷制备；中国科学院微系统所的谢晓明研究员实现了晶圆尺寸（2in）石墨烯单晶的化学制备；北京大学刘开辉教授实现了石墨烯的快速生长；中国科学院物理所的张广宇研究员实现了双层石墨烯中的狄拉克亚锥的观察。

另外，在六方氮化硼制备方面，国内科研机构同样取得突破性进展：2015 年，中国科学院上海微系统与信息技术研究所的谢晓明课题组利用 Cu-Ni 合金实现了尺寸约为 130μm 单晶氮化硼的制备；北京大学化学学院刘忠范院士课题组成功在 Cu（111）上外延制备出了具有两种取向的氮化硼薄膜；2019 年，北京大学刘开辉课题组利用中心反演对称性破缺的单晶 Cu（110）衬底小角度倾斜晶面实现了分米级二维单晶六方氮化硼的外延生长，为绝缘体二维氮化硼的规模化制备铺平道路。

15.1.2 钙钛矿材料

金属卤素钙钛矿的典型组成为 ABX_3（A: Cs^+, $CH_3NH_3^+$; B: Pb^{2+}, Sn^{2+}, Bi^{3+}; X: Cl^-, Br^-, I^-），如 $CH_3NH_3PbI_3$（$MAPbI_3$）、$[HC(NH_2)_2]_3PbI_3$（$FAPbI_3$）、$CsPbBr_3$ 等，这类材料光电性质优越，如缺陷容忍度高、载流子传输优异、直接带隙、高吸光系数、载流子扩散距离长、可低成本溶液加工等，成为光伏、发光、光电探测、辐射探测、激光等领域最具竞争力的半导体材料之一。钙钛矿材料的价带由金属 - 卤素反键轨道组成，高于一般缺陷能级位置，对缺陷容忍度高，同时钙钛矿具有双极性传输特点，可以实现载流子的高效注入和收集，在发光和探测器件中具有得天独厚的优势。钙钛矿优异的光电特性使它不仅仅局限在太阳能电池的应用中，很容易被拓展应用至其他光电器件中。鉴于钙钛矿材料宽的光谱可调谐性、高的荧光量子效率，钙钛矿材料也被广泛应用于发光二极管、激光器、光电探测器中。钙钛矿材料的引入对光电器件应用领域起到了很大的推动作用，相关的研究文章数量呈指数式爆发增长。由于钙钛矿在发光显示技术上的巨大应用价值，近年来受到了国际上的广泛关注，掀起了科学家们的研究热潮。

在发光方面，钙钛矿量子点和薄膜通过表面钝化、维度调控、组分控制等，红绿光荧光效率超过 90%，甚至接近 100%。器件方面，韩国浦项科技大学的 Tae-WooLee 教授课题组通过调节钙钛矿薄膜的晶粒尺寸限制激子扩散，实现 8.53% 的外量子效率（EQE）。南京工业大学王建浦教授和加拿大多伦多大学 Edward Sargent 教授提出二维与三维钙钛矿组装多量子阱结构，显著增强载流子限域作用，提升了发光器件外量子效率。Junji Kido 课题组通过配体交换制备出高效红光钙钛矿量子点并得到 21.3% 的外量子效率。2014 年，英国剑桥大学研制出第一枚室温发光钙钛矿发光二极管（LED）。2018 年，Friend 团队制造出了效率为 20.1% 的红色钙钛矿 LED。同年，加拿大多伦多大学在钙钛矿配方中加入一种添加剂，从而在钙钛矿晶体周围形成结晶壳，阻止表面缺陷捕获电荷，制造了 20.3% 的绿色钙钛矿 LED。2019 年，瑞典林雪平大学利用钙钛矿晶体边缘的铅离子捕获光电子的倾向，创造了一种效率为 21.6% 的近红外 LED。此外，美国加州大学洛杉矶分校、美国普林斯顿大学、新加坡南洋理工大学、韩国首尔大学等多个实验室均有从事这一领域的开发和研究。这一系列的前沿研究成果推动了钙钛矿在发光显示领域的发展，但是，钙钛矿 LED 同样面临着诸多障碍和挑战，这些设备的工作寿命不足 50h，距离商业使用所需的 10000h 差距甚大，这都是未来需要解决的。

除了二极管发光，近年来，钙钛矿激光器也受到了广泛关注。2014 年，新加坡南洋理工大

学首次在有机无机杂化钙钛矿薄膜中观察到了光致自发放大辐射行为，其激发阈值为 $12J/cm^2$。2015 年，美国哥伦比亚大学团队就实现了在钙钛矿纳米结构中可见光连续波长光致激光，激发阈值抵达 $220nJ/cm^2$，品质因子高达 3600。为了提高稳定性，全无机钙钛矿 $CsPbX_3$（X：Cl, Br, I）也相继被应用于激射，并获得了低至 $5J/cm^2$ 的激发阈值。

在探测器方面，钙钛矿材料具有平均原子序数大、密度高、载流子寿命长和可见光区带隙易调节等特点，其在射线辐照时表现出吸收系数高、载流子漂移长度大、闪烁发光效率高等优异特性。因此，近年来钙钛矿材料在直接型和间接型辐射探测方面均引起了国际诸多研究机构的兴趣。金属卤素钙钛矿作为一类新型辐射探测材料，对 X 射线、γ 射线等高能射线衰减系数高，载流子收集效率高，展现出优异的探测器性能。美国内布拉斯加大学林肯分校 Huang Jinsong 教授发现 $MAPbBr_3$ 单晶 X 射线探测器灵敏度达到 $21000\mu C \cdot Gy_{air}^{-1} \cdot cm^{-2}$。韩国成均馆大学与三星公司合作报道了基于 $MAPbI_3$ 钙钛矿薄膜的 X 射线面阵成像，对硬 X 射线灵敏度达到 $11000\mu C \cdot Gy_{air}^{-1} \cdot cm^{-2}$。钙钛矿含重元素铅、铋、碘等，对 X 射线吸收强，高迁移率和长载流子寿命利于电荷收集，保障了器件的高灵敏度。2015 年，苏黎世联邦理工大学发现喷涂的 $MAPbI_3$ 薄膜在反向偏压下具有优异的 X 射线探测性能，达到 $25\mu C \cdot (mGy_{air})^{-1} \cdot cm^{-2}$ 的灵敏度；随后，北卡罗来纳大学研制出基于 $MAPbBr_3$ 单晶的 X 射线和 γ 射线探测器件，X 射线能量下表现出 $10^4\mu C \cdot Gy_{air}^{-1} \cdot cm^{-2}$ 量级的灵敏度，并完成与硅晶圆的异质集成。2017 年韩国团队将 $MAPbI_3$ 刮涂在 TFT 阵列上，构造了灵敏度 $11\mu C \cdot (mGy_{air})^{-1} \cdot cm^{-2}$ 的 X 射线的光电成像系统。2019 年澳大利亚团队在柔性晶体管阵列的源、漏电极间沉积 $CsPbBr_3$ 纳米晶，制备出在 0.1V 偏压下 $1450\mu C \cdot Gy_{air}^{-1} \cdot cm^{-2}$ 灵敏度的 X 射线探测器，是传统非晶 Se 探测器的 70 倍。在钙钛矿间接型闪烁探测方面，韩国首尔大学团将 $CsPbBr_3$ 纳米晶作为闪烁体沉积在硅的光电探测阵列上，完成了 X 射线的成像，空间分辨率接近 12.5lm/mm。以 $MAPbI_3$ 和 $CsPbBr_3$ 为代表的钙钛矿材料，将掀起医学辐射成像领域的变革。钙钛矿探测器具有优异的时间响应特性，可见光探测器响应带宽可达 GHz。同时钙钛矿还可以通过低温法制备（＜ 200℃），如溶液长晶、真空蒸镀、刮涂等，制备条件温和，因此可以直接在 CMOS 或者 TFT 面板上制备，易于集成。

聚焦钙钛矿发光领域，我国已取得了一系列令人瞩目的研究成果，甚至已经走在了世界最前沿。2015 年，南京理工大学团队首次点亮了全无机 $CsPbX_3$ 钙钛矿 LED 的 RGB 三基色多色电致发光，其后，该团队又多次刷新钙钛矿电致发光的效率纪录。南京工业大学团队则致力于有机 - 无机杂化钙钛矿 LED 的研制，先后取得了 11.7% 和 20.7% 的红光设备效率。华侨大学利用成分分布管理，在 $CsPbBr_3$ 里引入 MABr 成膜后形成类核壳结构，外壳可以钝化非辐射缺陷，将绿光钙钛矿 LED 的效率提升至 20.31%。最近，苏州大学团队利用蛾眼纳米结构和半球透镜降低了出光损失，提高了光耦合效率，制造出效率为 28.2% 的钙钛矿 LED。国内也有许多其他的高校和实验室从事这一领域的研究工作，如中国科学院半导体所、浙江大学、中国科学院福建物构所、中国科学院大连化物所、北京理工大学等。

钙钛矿激光器方面，2016 年中国科学院半导体所发展了一系列制备高质量钙钛矿 $MAPbX_3$ 纳米线的方法，相应的等离激元激光器阈值可以低至 $13.5\mu J/cm^2$，而且器件在 43.6℃的高温下依然能够实现激光发射。中国科学院化学所将光子与等离激元有效耦合，从而在介质激光器中实现了亚波长尺度的激光模式输出。2018 年哈尔滨工业大学将厚度只有几十纳米的钙钛矿微片作为增益介质引入到等离激元激光器中，实现了阈值低至 40μJ/cm^2 的纳米激光器。

钙钛矿光电探测器方面，2014 年，中国科学技术大学得到很宽的光谱响应范围（310 ～ 780nm），光响应度高达 3.49A/W，外量子效率为 1.19×10^3%。苏州大学研制出单晶钙钛矿 $CH_3NH_3PbI_3$ 微线阵列探测器，其响应度和探测率分别高达 13.57A/W 和 5.25×10^{12} 琼斯。中国科学院半导体所利用能带工程和组分工程研制出探测率高达 2.8×10^{13} 琼斯的柔性探测器。

钙钛矿辐射探测器方面，2017 年华中科技大学团队以 $Cs_2AgBiBr_6$ 单晶构筑了 X 射线探测器，实现了无铅钙钛的辐射探测，实现了 105μC・Gy_{air}^{-1}・cm^{-2} 的 X 射线探测灵敏度和 59.7nGy_{air}・s^{-1} 剂量率的低检测限。2018 年，南京工业大学团队将 $CsPbBr_3$ 量子点膜涂覆于商业探测阵列平板上构筑的 X 射线成像系统，探测剂量率可低至 13nGy_{air}・s^{-1}，是传统 X 射线成像仪的接近 1/400，有助于实现低辐射损害的 X 射线医学成像。2018 年之后，国内的清华大学、东南大学、西北核工业研究所等众多单位也围绕着钙钛矿辐射探测领域，开展了各具特色的研究，主要集中在基于钙钛矿单晶的光电导辐射探测器。

由于钙钛矿材料本身优异的光电性能，可以预料其将在更多的领域获得实质性的研究进展。目前，钙钛矿电致光电器件的稳定性欠佳，且含有重金属铅，蓝光器件效率仍需进一步提高，大面积的成膜工艺仍需开发。此外，钙钛矿发光器件的电 - 光转化理论、退化机制仍不完善，需要进一步深入、系统地研究。

15.1.3 宽禁带半导体材料

以碳化硅、Ⅲ族氮化物、氧化镓以及金刚石为代表的宽 - 超宽禁带半导体是近年来国内外重点研究和发展的第三代半导体材料，具有禁带宽度大、导热性能好、光电子饱和漂移速度高等材料性能优势，可满足现代光电子技术对全光谱、高能效、高速、高灵敏度等要求，是各国竞相发展的前沿战略性技术。

从国际竞争角度看，美国、日本、欧洲等发达国家和地区已将基于 SiC、GaN、Ga_2O_3、金刚石等宽 - 超宽禁带半导体的光电子技术列入高新技术发展计划，并展开全面战略部署，欲抢占战略制高点。

在固态光源方面，以Ⅲ - Ⅴ族化合物为基础材料的发光二极管（LED）以及激光器（Laser）是最为关键的核心光源器件。经过过去二十年的材料技术发展和制造工艺的提升，半导体照明已形成完整的高技术产业链，照明用 LED 已经在全球范围内取代了传统光源，超越照明成为重要的发展趋势。固态光源正在向深紫外、激光、显示（Micro-LED）和通信（LIFI）等领域发展和延伸。深紫外固态光源方面，Nichia、DOWA、Nitride Semiconductors、LG Innotek 以及 Seoul Viosys 已推出 AlGaN 基深紫外 LED 中小功率产品。在可见光激光器方面，Nichia、Osram 走在了国际前列；深紫外波段的激光器则仍处于研发阶段，目前仅能实现光泵浦。在 Micro-LED 方面，苹果、三星、索尼等国际巨头均已布局。在通信（LIFI）领域，Signify（昕诺飞）已发布可见光通信产品。

在紫外探测方面，国际上基于 SiC 和 GaN 宽禁带半导体材料的紫外探测器已经批量进入市场，主要用于紫外辐射剂量的测量和生化检测。能够探测单光子级微弱紫外信号的宽禁带半导体 APD 已经进入试用阶段，多家大型半导体公司（如意法半导体，通用电气）已介入相关研究多年。基于超宽禁带半导体材料的天然日盲吸收优势及优异的抗辐照损伤能力，Ga_2O_3、金刚石深紫外日盲探测器的发展极为迅猛，并发展出用于不同高能粒子和 X 射线的高效探测器，尤其是空间日盲型探测器的研制，对深空探测、空间雷达及导弹跟踪等军事领域具有重要的应用价值，但对材料和器件的研发刚起步，器件整体性能远低于理论预期。在 Ga_2O_3 方面，日本和美国的科研机构走在前列；在金刚石方面，日本、欧洲的研究处于领先地位。

在照明用固态光源领域，我国半导体照明 LED 芯片产能已居全球首位，但产品质量仍有提高空间：2017 年我国外延芯片环节产能约占全球的 58%，产值约占全球的 45%，已经成长为半导体产业大国，技术与国际水平差距缩小，部分领域处于国际领先。预计 2025 年，我国半导体照明产业整体产值将达到 2 万亿元。在紫外固态光源方面，圆融光电、三安光电、中科潞安以及乾照光电等多家光电企业在深紫外 LED 产业化方面正积极布局，其中圆融光电和三安光电已推出相关深紫外 LED 产品，外量子效率和光功率与国际水平相当。激光器方面，半导体所、苏州纳米所以及三安光电等科研院所及企业走在国内前列。Micro-LED 方面，南京大学、北京大学、复旦大学、厦门大学、微光电子所以及三安光电、錼创、天马微、TCL 等科研院校（所）及企业均开展了相关研究及其产业化布局。LIFI 方面，复旦大学、中国科学院海西研究院等科研院校均有较强的研究实力。

在紫外探测领域，基于 SiC 和 GaN 宽禁带半导体材料的紫外探测器已经实现产业化，已在水质检验、火焰监控、紫外固化和紫外消毒设备的辐照剂量监控等领域得到推广应用，并实现了若干型号装备；紫外焦平面成像技术已经应用到星载海洋环境和溢油分布监测。宽禁带紫外 APD 研究水平与国际先进水平同步，紫外单光子探测效率已经突破 10%，下一步的研发重点是紫外单光子成像阵列和日盲紫外激光成像技术。基于超宽禁带半导体的 Ga_2O_3 和金刚石基日盲探测器方面，国内南京大学、山东大学、西安交大、中国科学院物理所、中科大、西安电子科技大学、北京邮电大学和大连理工大学等单位已取得一定进展。下一步的研究重点是实现材料的可控掺杂，发展基于超宽禁带半导体的雪崩探测器件，有效解决固态真空紫外探测效率和响应速率难以兼顾的关键问题。

15.1.4 有机光电材料

有机光电材料主要用于显示领域，一代显示材料决定一代显示器件，新型显示的创新从根本上看，都是以材料的创新为基础。我国新型显示产业现已发展成为全球产能第一，并还在加速发展，因此对我国的新型显示材料不仅提出了商品的市场需求，还提出了创新的技术需求。未来的显示无处不在，围绕大尺寸、轻薄柔、高画质、穿戴便携、绿色环保、多功能等新型显示的发展趋势，我国显示材料也将在下面几个方向上迎来新的机遇与挑战。

有机发光二极管（OLED）材料是重要的有机光电材料，可通过蒸镀和印刷方式制备 OLED。未来 3 ～ 5 年，全球 AMOLED 产线预计将达到近 30 条，OLED 材料的需求量将持续增加。2021年OLED材料的市值将超过33亿美元，主要市场被日本、美国、欧洲企业所占有，包括UDC（美国）、陶氏化学（美国）、出光（日本）、Merck（德国）；在三星和LG两大AMOLED面板厂商的大力支持下逐步成长起来的韩国企业，包括SDI、LG化学、SFC、德山等，其市场份额正在逐步增加。

OLED材料种类众多，包括传输材料、发光主体材料、发光染料等。关注各种类的细分市场，呈现出显著的垄断特征。如UDC在绿色和红色磷光染料市场占据了超过95%的市场份额，陶氏和德山两家企业几乎占有全部红光主体材料的市场，分别为74%和26%的市场份额。全局市场分散而细分市场垄断是OLED材料的市场特征。

近年来，国际OLED材料厂商的研发投入持续增加。UDC的2018年财报显示，其研发费用超过2000万美元，以保持其在磷光染料市场的持续垄断。在新一代OLED材料——TADF材料的开发方面，日本Kyulux和德国Cynora两家公司均获得了超过5000万美元的资本注入，用于新材料的研发。在韩国，三星和LG两家面板企业为韩国OLED材料厂商的发展提供了支持，两家公司大胆使用韩国国内材料，减少国外材料的进口。

印刷显示产业布局上，国际知名厂商起步较早，已取得一定的成绩。

由世界第二大化学公司陶氏化学与世界第三大化学公司杜邦，于2017年合并成立陶氏-杜邦公司，杜邦公司在印刷OLED材料领域深耕了20多年，投入了6亿美元研发，总专利申请与授权543件。杜邦公司红色、蓝色印刷OLED材料在稳定性与寿命方面在同行业中表现最为突出，尤其是其具有最难攻克的蓝色材料的核心技术，特别是在蓝光寿命方面，数据领先，最接近量产的要求。陶氏-杜邦公司已于2018年将该业务转让至LG化学。

日本住友化学，是日本最大的化学公司之一，于1989年开始高分子OLED研发，2005年收购陶氏化学OLED部门，2007年收购英国剑桥显示技术有限公司，致力于高分子印刷OLED材料开发，其材料性能是高分子印刷材料领域的佼佼者。其材料已被日本JOLED公司用于小批量量产，并提供给索尼医疗用于生产高端医疗显示屏。

德国默克集团，是德国第三大化工公司，其在显示领域表现十分突出，是全球最大的液晶显示材料供应商之一。默克集团在印刷OLED材料开发方面也有着长达10多年的经验，目前主要开发小分子印刷OLED材料，其红色、绿色印刷OLED材料性能优异，效率、色域、稳定性与寿命方面在同行业中表现最为突出。

目前韩国LG公司已经基于住友化学材料、默克化工材料，以及日本TEL所开发的2套G8.5印刷显示设备，完成55in印刷OLED样机开发，其性能优异，并计划使用该平台进行中尺寸印刷显示屏量产，预计试量产（8～16K/月）；韩国三星公司已经采购美国Kateeva印刷显示设备。三星公司同时开展了印刷OLED和印刷QLED技术研发，并整合印刷显示技术和Micro-LED技术进行创新开发。

日本JOLED公司由有着强烈日本政府背景的“产业革新机构”（INCJ）联合JDI、索尼、松下共同成立。JOLED采用松下的“印刷式”工艺技术（松下曾在CES2013上展出55in印刷OLED显示）。JOLED于2016年下半年设置G4.5代印刷OLED面板的试产线，目前，JOLED采用松下的工艺技术和装备技术，以及住友化学的材料技术，完成20in/230ppi样机开发。其于2017年底实现小批量量产，2018年开始G5.5量产线建设。

目前，日本企业已经取得的代表性成果有：松下完成55in RGB印刷OLED样机制作，并于2013年CES展出该样机；JOLED于2016年4月完成了20in高分辨（200ppi）样机制作，并于2018年实现试量产。

我国在AMOLED和产业生态链建设方面也进行了快速布局，产业核心竞争力不断增长，与国际先进差距逐渐缩小。我国企业规划的产线全部投产后产能总量上将接近韩国企业现有产能。

同时我国在OLED材料等领域实现了一定突破，但与世界先进水平还有较大差距，目前OLED材料配套率为13%。近年来，国内OLED材料企业，如鼎材科技、三月光电、奥莱德等企业也实现了一定规模的量产实绩，如鼎材科技所开发的光电子传输材料、发光辅助层材料及三月光电开发的光取出层材料，既具有自主知识产权，又能够达到与国外材料厂商相同的性能，已经被少数国内面板厂商所采用。

总体来说我国作为全球最大的OLED应用市场，对OLED材料需求相当可观，产业发展潜力巨大。随着国产面板厂商凭借资本优势持续发力，完成技术积累及产业链配套、不断提升产品良率、降低屏幕成本，我国OLED新型显示产业的前景值得期待。同时，作为OLED显示重要的原材料，OLED材料也面临着巨大的市场机遇，随着国产材料厂商持续的研发，完成具有自主知识产权的高性能材料的开发，我国OLED材料将逐步成为新型显示产业的安全支柱。

十多年来在国家重大专项、863计划、973计划、支撑及其他国家科技计划的支持下，多家高校与科研院所在印刷显示相关的关键材料、器件及印刷工艺技术的基础研究方面开展了大量的工作，积累了很好的理论基础，尤其在印刷聚合物发光材料与器件、量子点发光材料与器件、高性能有机半导体材料和低温可交联聚合物介电材料，以及光电子墨水材料技术、喷墨打印技术、电湿润显示技术、印刷显示相关材料性能评价等方面取得了丰硕的研究成果。然而，印刷显示与材料体系的整体发展与国际水平还有一些差距，但差距不大。

其中，华南理工大学和广州新视界公司在印刷OLED材料与技术方面取得了国际领先的研究成果，在国际上首次实现了全印刷彩色OLED显示屏样机，拥有多项基本专利，获得了国家自然科学奖二等奖，相关研究结果已在*Nature Communications*、*Advanced Materials*等国际著名学术期刊发表；中国科学院长春应用化学研究所围绕彩色高分子显示屏（PLED）和有机薄膜晶体管（OTFT）开展了深入研究，采用三基色发光材料和界面修饰材料，通过突破墨水配制和喷墨打印两项集成技术，制备出3.5in彩色AM-PLED显示屏，为显示材料和打印墨水的国产化奠定了基础，相关成果获国家自然科学奖二等奖；浙江大学结合量子点材料和器件结构的设计，取得了高效率和长寿命的量子点发光器件，相关研究结果在*Nature*上发表，被评为2014年中国科学十大进展；福州大学成立了国内首家“量子点”专业研究机构——量子点研究院，在量子点发光器件和印刷工艺方面取得了重要的进展；华中科技大学电流体喷印技术与装备于2014年获国际日内瓦发明展金奖；另外，上海交通大学在有机半导体材料、可交联聚合物介电材料及低电压、高性能有机TFT器件和印刷工艺方面也展开了深入研究；华南师范大学在电湿润显示材料技术、制造工艺技术、电泳显示驱动技术等领域也独树一帜；TCL联合行业内相关企业、高校、研发机构，成立了“印刷显示技术创新联盟”。

企业方面，TCL、京东方、天马、中电熊猫等公司一直致力于印刷显示领域的产业化技术开发，在柔性显示基板技术、柔性封装与阻隔膜技术、印刷背板驱动技术等方面积累了许多研究经验，着力与合作企业和高校共同推动量产型印刷 OLED 显示技术的开发和 OLED 喷墨打印平台的建设。在 2017 年第三季度，深圳华星光电技术有限公司在自主研发体系下，成功点亮了第一款 31in 4K 印刷 OLED 显示样机，该样机使用印刷用氧化物 TFT 背板；京东方于 2018 年年底在自主研发体系下，成功点亮了 55in 4K 印刷 OLED 显示样机；友达光电也于 2018 年购入印刷显示中试线，计划进行中小尺寸印刷 OLED 产品试量产；广东聚华印刷显示技术有限公司利用国家“印刷及柔性显示创新中心”平台，成功开发 31in 2K/4K 印刷 OLED 显示屏、5in 400ppi 显示屏、31in 4K 印刷 QLED 显示屏；特别是华星光电，已经开始 T8 产线建设工作，将进行印刷 OLED 显示屏中试量产。

15.2 对新材料的战略需求

15.2.1 二维材料

芯片是工业的“粮食”，没有芯片就无法发展高端制造业。芯片不能自主，国家就没有战略安全。但是，由于历史原因，我国半导体产业的发展在过去几十年间步履蹒跚。国内半导体产业在诸多关键环节，比如芯片制造设备与工艺、芯片设计软件、封装测试材料等与国外存在巨大的差距，未能形成成熟的软硬件生态。近几年，随着“摩尔定律”放缓，微光电子器件尺寸微缩的发展方式难以为继。如何在“后摩尔时代”抓住机会，抢占未来微光电子技术的制高点，直接关系到我国半导体产业的命运。在诸多“后摩尔时代”的潜在技术中，忆阻器件因为其与人脑类似的工作机制（离子迁移为主），具有非易失性、与现有 CMOS 工艺兼容、可微缩性好、集成密度高、速度快、能耗低、存算一体等诸多优点，成为了类脑计算领域的热门研究对象。在人类社会由信息化向智能化过渡的关键阶段，忆阻器件的出现无疑为类脑计算的研究带来了新的曙光。我国如果能够在基于忆阻器件的类脑计算领域抢占先机，率先形成成熟的软硬件生态，便可在未来的智能化社会中占领技术制高点。

硅基传统半导体光电子材料和器件经历了五十多年的发展，取得了巨大的进步，已成为现代信息领域的支柱。随着这些传统技术正在接近经典极限，各种问题接踵而来。例如，随着晶体管尺寸接近 3nm 极限，传统半导体材料与集成电路的发展遇到瓶颈。为了在核心技术上取得质的突破，各国都投入了大量的人力物力寻找适合未来信息处理的新量子功能材料。这些投入导致了一大批新量子功能材料的出现。二维材料是指由单个或几个原子层构成的晶体材料，在微观结构上有较大的横向尺寸和原子级别厚度，如纳米薄膜、超晶格、量子阱等。二维材料由于其独特的物理性质，使人们对于二维光电子材料在纳光电子学方面的应用寄予厚望。基于这样的半导体材料，相关器件尺度可以达到 1nm 左右的极限。新型二维光电子材料典型代表有近年来的研究热点二硫化钼、氮化硼等。石墨烯具有超高的载流子迁移率［200000cm^2/（V·s）］、宽光谱吸收、超薄柔性、超高热导率、超强力学性能等特点，在超高频模拟光电子器件、高频光电器件、高灵敏太赫兹光电器件、柔性显示器件、复合材料等领域具有独特的应用前景。另外，充分利用光电子自旋与轨道的属性，实现信息器件更低能耗、更高存储密度和传输速率，将成为第四次信息产业革命的核心技术。新型二维光电子材料如铁磁、铁电、超导、拓扑等性质在近年来的研究中取得了重大的进展，被认为是有可能实现低能耗的量子自旋光电子器件和量子计算装置的重大革命性材料。

纵观集成电路的发展历史可以发现，传统硅基集成电路产业之所以能够持续 60 余年繁荣发展，得益于大尺寸单晶硅晶圆的供应。同样，制备晶圆级单晶是石墨烯在晶体管和集成电路领域规模化应用的前提。制备单晶石墨烯晶圆可以视为三维硅单晶技术在二维材料中的再现，对于推动石墨烯在光电子学领域的应用具有重要意义。所以，迫切需要在技术上获得石墨烯晶圆的工业研制方法，实现大面积（晶圆级）、单晶结构、晶格取向一致的石墨烯连续膜的制备。

现代信息社会的发展对于集成电路的依赖性非常严重。集成电路广泛应用于信息、计算机、通信、消费电子、汽车及航空航天等领域，在一定程度上，集成电路的高性能计算对国民经济和国家安全产生着巨大的影响。然而在集成电路性能提升的过程中，晶体管尺寸缩小遭遇了基本物理极限的限制，导致电路功耗急剧攀升，因此按照摩尔定律指定的传统电路发展速度已经变得越发的迟缓。集成电路的发展未来需要朝着计算更加快速、超低功耗、更加智能方向发展。半导体产业界和学术界都在寻找新的发展方向。尤其是考虑到和目前半导体工艺兼容的情况，寻找新材料，发展新原理和新器件结构取代传统硅基技术变得至关重要。国际半导体路线图也已经指出二维原子晶体材料异质结器件将为后摩尔时代的新型光电子器件的发展带来新的机遇。

红外探测器的发展对于战争的胜负起着很重要的作用。从冷战到如今的局部战争，人们越来越认识到红外探测器在军事和国家安全领域的重要性。目前红外探测器在军事上的应用占整个市场的 75%。军用红外探测器系统通常工作在中波 3 ～ 5μm 和长波 8 ～ 14μm 两个大气窗口。长波探测主要是针对被探测对象与环境之间的较弱的红外辐射差异形成热点或者图像来获取目标信息。而中波探测则主要是针对目标局部红外辐射比背景辐射大的情况。最常见的包括战斗机的发动机喷焰的红外辐射、发动机的红外辐射及蒙皮的红外辐射等。这些地方局部的温度为 578 ～ 963K，对应的红外辐射波长为 3 ～ 5μm。目前军用主流的红外制导空空导弹或者地空导弹及机载红外探测设备，重点针对这个波段进行探测追踪。通过对红外辐射的探测和追踪，还可以实现战时预警，为战略部署赢得时间。目前主流军用中波红外探测器是利用制冷的碲镉汞探测器。碲镉汞材料在制备、成本、器件性能均一等方面的挑战使得其在制备大型红外焦平面阵列时失去了优势，是使用在第三代红外探测器中的技术，不能被用来发展第四代非制冷更高分辨率的探测器。因此利用异质结材料发展非制冷更高探测率和更短响应时间的中波红外探测技术在国防军事上有非常重要的意义。

15.2.2 钙钛矿材料

光电子器件是光电子技术的关键和核心部件，是现代光电技术与微光电子技术的前沿研究领域，是信息技术的重要组成部分。钙钛矿以其优异的光电性能，低廉的制备成本成为未来新型光电器件材料的有力竞争者。基于此类材料的新型器件不断涌现、器件性能不断提高。钙钛矿材料以其成本低廉、发光性能优异著称，在极短的时间内已经实现良好的器件发光性能，尤为重要的是我国在钙钛矿基LED效率方面处于世界领先地位，这将有望改善我国显示产业长期落后的局面，实现全球领先。光电子器件的大规模集成是未来信息技术发展的必然要求，基于钙钛矿材料的等离激元激光器，为研制突破光学衍射极限的光电器件提供了条件。高性能探测器和传感器是发展新型信息技术，实现万物互联的必要前提，目前基于钙钛矿的探测器已经从可见光探测向微光、红外、紫外、X射线探测发展，探测元也从点探测到多点探测发展至两维成像器件。核医学成像、高能粒子实验、工业无损检测、空间辐射探测等众多领域对高性能辐射探测器的需求日益增长。发展传统高性能辐射探测器的同时，提前布局下一代具备优异性能的钙钛矿辐射探测材料与器件迫在眉睫，也是我国在新型辐射探测芯片领域实现弯道超车的需要。柔性可穿戴是未来光电子设备的重要发展方向，轻质、柔性的显示和发光器件已经引起了人们的广泛重视。钙钛矿材料可以采用溶液法加工，从而有望与大面积柔性器件制备工艺如卷对卷、喷墨打印等技术兼容，为新型显示器件发展提供新的可能。

15.2.3 / 宽禁带半导体材料

固态光源正在向深紫外、激光、显示（Micro-LED）和通信（LIFI）等领域发展和延伸。随着信息社会对新一代光电子材料与器件的需求，基于GaAs的垂直面发射激光器（VCSEL）与边发射激光器、汽车激光雷达（LiDAR）的重要光源半导体元件，将大大推动自动/无人驾驶汽车技术。VCSEL可以用来在光纤网络中高速传输数据，速率达到40Gbit/s，在未来物联网（IoT）、智慧屋（Smart House）的数据中心传输（Data Center Communication）与感应端监控中，VCSEL会是主角。这些创新应用将为GaAs光电子市场带来驱动与拓展，估计至2025年，GaAs化合物半导体的应用市场将达到约5亿美元。Ⅲ族氮化物半导体材料由于其宽广、连续可调的直接带隙特点，仍将在可见光-紫外光电子元器件领域占有主导地位，特别是在大功率LED与激光器件方面，在节能减排、环保卫生、空间应用等方面，有战略应用价值。

基于SiC和Ⅲ族氮化物的宽禁带半导体紫外探测技术正在向单光子焦平面成像阵列、多谱段紫外探测、能量分辨以及极端条件下（如高温/强辐射）紫外传感方向发展；同时，探测波段正向更短波长方向延展，从紫外扩展到极深紫外波段，再到软X射线波段；基于Ga_2O_3和金刚石等超宽禁带半导体材料的深紫外光电器件，有望在未来5～10年发挥重要作用，主要应用于军事、太空等极端环境。

15.2.4 / 有机光电材料

以往的历史告诉我们，面对我国新型显示产业的转型，我们必须把握住未来技术发展的新趋势，实施自主知识产权战略，在关键材料与器件技术两个方向上齐头并进，让关键材料的突破来带动器件技术的发展，让器件技术的需求来引导关键材料的开发。只有这样，我国新型显示产业才能面对产业转型时期的各种挑战，在新一代显示技术领域展开战略布局，避免重蹈 CRT 产业的覆辙。

OLED 材料是 OLED 显示技术最核心的部分，按照功能可分为有机发光材料、功能层传输材料等。调研机构预测全球 OLED 材料市场将以 24% 的年复合增长率增长。2022 年，OLED 材料市场规模达到 25.6 亿美元。

有机发光材料产业化在知识产权、蒸镀工艺稳定性、高纯度及批次稳定性、性能指标及材料体系匹配性等方面具有高技术壁垒。

目前，OLED 有机材料领域是日韩欧美的天下，主要掌握在日本出光兴产株式会社（以下简称“出光兴产”）、保土谷化学工业株式会社，美国 UDC 公司以及一些韩国公司的手中。日韩厂商主要生产小分子发光材料，欧美厂商主要生产专利壁垒较高的发光材料及一些高端的制程材料。日韩厂商约占 80% 的市场份额。目前，绿光和红光材料的寿命已有显著突破，绿光材料的主要供应商为 UDC、三星 SDI、默克等公司。红光材料的主要供应商为 UDC、陶氏化学等公司，可以满足智能手机面板的应用。蓝光材料仍然采用荧光材料方案，其效率和寿命与红光、绿光有较大的差距，以日本出光兴产的产品为主，JNC 和 SFC 等日本企业也开发出性能优良的材料。在下一代 OLED 发光材料技术（热活化延迟荧光，TADF）开发方面，德国 Cynora 和日本 Kyulux 获得了三星和 LG 的支持，正在加速推进产业化进程。

全球 OLED 有机材料的供应权目前掌握在海外厂商手中的原因：首先，国外厂商较早开展 OLED 材料技术的研究，申请了较多的基础专利，而国内的材料企业开展研究相对较晚，受到其专利限制；其次，国外厂商能够持续投入大量的研发资源和研发成本，能够不断开发出性能领先竞争对手的材料；此外，国外材料厂商已经积累了丰富的 OLED 材料的生产技术，而量产实绩是面板企业普遍关注的方向。

15.3 当前存在的问题、面临的挑战

15.3.1 二维材料

目前，国际范围内单层高质量二维原子晶体材料的制备已经取得一系列重要进展。以石墨烯为例，高质量、大面积石墨烯薄膜的制备一直以来都受到学术界与产业界的高度关注。尽管大面积的单层二维半导体材料制备已经取得一些重要进展，但高质量的单晶生长技术仍旧缺乏。以 MoS_2 为例，2015 年韩国 Kibum Kang 课题组率先采用金属有机物化学沉积法（MOCVD），在硅 / 氧化硅衬底上合成了 4in 的 MoS_2 连续多晶膜。2017 年新加坡国立大学 Kian Ping Loh 课题组采用分子束外延法（MBE），在氮化硼薄膜衬底上，外延生长了 2in 的 MoS_2 多晶薄膜。但是，多晶薄膜中存在大量的晶界，对器件的性能有着严重的负面影响。

此外，发展针对二维材料的可控掺杂技术将有助于推动二维材料的产业应用。以 MoS_2 为例，2016 年，美国加州大学伯克利分校 Junqiao Wu 小组最早实现了 CVD 生长过程中 Nb 元素掺杂的 MoS_2 晶体，但目前该工艺依然无法实现对掺杂元素浓度的精确控制。目前，国际上关于单层二维半导体的可控掺杂尚未有报道。实现该领域的突破，有着至关重要的战略意义。

面向石墨烯集成电路的需求，石墨烯晶圆必须解决以下三个基本物理问题。第一，不同于传统的晶圆级单晶硅，晶圆级尺寸的石墨烯通常是由不同取向的单晶晶畴相互拼接而成的多晶材料，研究表明多晶石墨烯中的晶界对石墨烯的电学性能特别是光电子迁移率以及机械强度有显著的影响。第二，石墨烯材料独特的单原子层物理特性，与衬底之间存在电荷耦合效应，介电层表面悬挂键引起载流子的散射也会限制器件的性能。目前 CVD 法制备的石墨烯通常采用金属箔作为衬底。金属衬底表面起伏、晶界、杂质以及由于热失配引起的石墨烯褶皱严重影响了石墨烯微光电子器件的性能。第三，保持石墨烯良好的本征特性是器件研究和应用开发的基础。石墨烯表面以及与转移目标衬底界面形成的大量杂质和缺陷易产生电荷陷阱，性能优异的晶圆级石墨烯单晶要获得广泛的应用，必须克服目前转移过程带来的结构破损、表界面污染等弊端。

针对集成电路发展对石墨烯晶圆的重大需求，研制表面平整的高质量石墨烯和 h-BN 单晶晶圆显得尤为重要，不同于硅集成电路时代，在晶圆级石墨烯材料制备方面，我们几乎与国外处于同一起跑线。通过率先开展该类材料的研制工作并掌握核心技术，有助于推动我国集成电路技术在后硅时代的发展，实现与国际水平的同步甚至赶超。形成具有自主知识产权的先进石墨烯材料制备技术与器件加工工艺，不但在集成电路制备方面具有重要作用，还可以为碳基微光电子器件的发展提供变革性的材料支持和技术保障。

15.3.2 钙钛矿材料

钙钛矿作为一种新型的光电材料，属于国际前沿热门研究领域，其从基础前沿到产业化的发展必将给人类社会的发展带来巨大的变革。在目前的钙钛矿光电器件研究中，尽管已经取得了重要进展，然而距离实际应用仍有不小差距，纵观其材料性质，阻碍其应用的最大障碍为稳定性问题。因此，需要研究材料的本征特性，弄清稳定性差的根源，有效提升其稳定性；开发新型封装技术，实现钙钛矿光电器件的稳定性提升。目前国内外开发的钙钛矿光电器件，大部分是基于 $MAPbI_3$、$CsPbBr_3$ 等含铅钙钛矿材料。随着信息产业和进出口对环保要求的逐步严格，亟待开展无铅、低铅钙钛矿单晶和纳米材料研究。

在光电器件应用研究方面，钙钛矿 X 射线探测器这项新生技术还存在以下基础科学问题（高能射线下的载流子弛豫行为和缺陷性质）和技术难点（响应速度、暗电流、大面积器件）。

① 目前对半导体在高能射线激发下的载流子弛豫行为缺乏定量研究，光电子 - 空穴对的产生阈值公式也为经验归纳结果，无法精确指导钙钛矿半导体探测器的转换效率、材料筛选与优化等问题；

② 钙钛矿 X 射线探测器的响应时间在百毫秒至秒级别，3dB 带宽小，缺陷成为限制其响

应速度的核心瓶颈，需进一步研究钙钛矿中缺陷类型、深度及俘获截面等缺陷性质，并通过生长优化和表界面钝化逼近响应速度极限；

③ 暗电流对信噪比具有显著影响，动态成像要求暗电流密度低于 10^{-10}A/cm^2，而钙钛矿单晶探测器暗电流为 10^{-9}A/cm^2，需要降低掺杂浓度以逼近本征掺杂区；

④ X 射线成像要求探测器面积与目标物体相当，且具有一定厚度以充分吸收 X 射线，但大面积厚膜器件存在孔洞和均匀性问题，需发展新型成膜工艺并实现对钙钛矿薄膜生长动力学的调控。

如何实现大面积高灵敏度 X 射线探测器的同时兼具大 3dB 带宽、低暗电流是实现 X 射线成像应用技术突破和产业化的关键。

15.3.3 宽禁带半导体材料

第三代半导体材料和器件是决战未来、关系全局、影响深远、战略必争的高技术领域，必须置于优先发展的地位。我国在光电子的部分领域已处于并跑状态，庞大的市场需求具有牵引作用；在功率和射频光电子领域总体上依然处于跟跑状态，与发达国家有 5 ～ 10 年或更大的差距，但这个差距有缩小的趋势。对我国已有的研究、产业、市场与组织基础运用得当，有可能加快这一追赶过程。超宽禁带半导体是决定未来功率光电子器件发展的制高点，目前尚处于竞争初期，必须尽早部署，加快发展。

总体而言，我国在第三代半导体领域与发达国家的差距不大或正在缩小，应依照第三代半导体的特点，以物理为基础，材料先行，大力发展器件，推动应用，快速发展。我国目前正处于快速发展光电子领域材料基础科技的重要阶段，加快光电子领域材料、器件与应用技术开发及其产业化仍然是未来 10 ～ 20 年我国发展光电子产业的首要任务。突破包括 SiC、Ⅲ族氮化物、Ga_2O_3 和金刚石等相关半导体材料的核心制造装备开发、大尺寸单晶衬底制备及外延技术，以及光电子器件制备技术，使之达到世界先进水平。

15.3.4 有机光电材料

我国的 OLED 材料生产企业在 2010 年左右才开始相关的研究，与国外公司相比晚了 10 多年，在研发投入、专利数量上与国外材料生产企业相比存在显著差距。这导致我国的 OLED 材料本土化配套明显不足，主要集中在 OLED 材料中间体和单体粗品的生产领域，在技术壁垒更高的发光材料单体升华技术等领域依然依赖进口。

我国 AMOLED 面板产业仍处于引入阶段，各面板厂商关注的核心是良率和性能，因此其更愿意选择具有更多量产实绩的日本、美国和韩国的材料厂商。尽管维信诺、和辉等具有较深的 OLED 技术积累的企业也大胆尝试使用国产材料，但仍然范围有限。

与面板厂商的巨大体量相比，材料厂商普遍规模较小，必须在面板企业的支持下才能够进行有效的新材料的研发，否则必将导致“销售收入减少—研发投入缩减—新材料性能差距拉大—影响下阶段销售”的恶性循环。

15.4 未来发展

15.4.1 二维材料

随着晶体管微纳加工制备工艺越来越接近其理论极限，摩尔定律即将失效。而二维材料由于其天然的尺寸优势和量子效应特性等，一经问世便引起科学界、产业界、经济领域的大范围关注。二维材料作为一种典型的量子材料，不受传统理论极限限制，被认为是最有可能实现光电子级功能材料的变革性器件应用。目前，在全球范围内掀起了新一轮量子材料科技竞争。美国科学院 2019 年发布的材料前沿中明确包含二维材料；美国科学院院士、FinFET 发明人胡正明教授多次公开强调二维材料在新一代芯片构架中的优越性；欧盟近年来先后推出“石墨烯旗舰计划”“量子技术旗舰计划”，分别投资数十亿欧元，加紧推进二维材料从学术实验推广到集成加工和量子计算、通信、存储领域的应用。近年来，我国在二维材料研究投入及人才引进上均取得了显著进展，加紧布局二维单晶材料产业化制备有利于我国在新一轮技术革命中提前占据主动地位，达到世界领先水平，实现跨越式发展，满足国家在能源、存储、信息、通信等领域的重大需求。

二维光电子材料的超薄结构使其在改变结构调控器件电学、光学性能和材料几何性质方面有更多的方法。二维光电子材料的光电子只在二维空间自由运动，即在平面中自由运动、在第三维度上被限制在纳米尺度，所以提供了更好的光电子传输性能和更多的活性位点，在缩小集成电路尺寸方面有较高的应用价值。通过更微型化的器件和更简单的工艺，使得突破集成电路在降低能耗、进一步缩小体积、提高集成化与智能化等方面的瓶颈成为可能。

运用“二维原子晶体制造”核心技术，形成围绕“材料设计 - 精确制备 - 精准探测 - 器件设计”一体化、清晰、高效的技术路线。具体地：实现英寸级不同晶面指数、不同催化活性的单晶金属箔衬底的制备；在英寸级单晶金属箔片衬底上实现英寸级石墨烯、金属Ⅵ族化合物、六方氮化硼、二维磁性单晶材料的单层外延制备；实现不同类型核心单层二维单晶的纵向叠层生长；发展二维材料可控掺杂技术；开发依赖于纵向叠层二维单晶材料的核心逻辑器件、存储器件与工艺。该路线旨在面向新一代高性能量子器件、光电探测器件、存储器件等领域开发核心光电子级二维单晶材料，为全新器件技术应用提供大面积、高品质、高集成的原子层级纵向叠层材料，使我国在现代信息科技应用的激烈竞争中掌握核心量子材料制备技术，抓住下一代信息技术革命的关键机遇。

碳基二维材料作为一种新型的光电子材料，有着特殊的性质，特别是在高速光电子器件方面，有着重要的应用潜力。我国在传统的第二代半导体材料形成的高速光电子器件方面落后美日等先进国家较多，因此大力发展碳基二维材料有着弯道超车的效果。石墨烯和 h-BN 材料的高质量合成是极为重要的方向之一。原因如下：

① 石墨烯的综合性能最为突出。其优异的物理、化学、力学性能可以撬动众多的技术和产业。石墨烯能否被大规模应用，是二维材料能否被大规模应用的标志。

② 石墨烯优异的综合性能与它目前的有限的应用（主要集中在低端应用，如加热）之间的矛盾来自大规模合成的材料质量不高。突破石墨烯的高质量合成是决定石墨烯高端应用问题的根本。

③ 石墨烯是结构最简单，也是目前合成得最成功的二维材料。作为结构最简单的二维材料，如果石墨烯不能够近乎完美地合成，其他的二维材料的高质量合成也难以企及。对高质量石墨烯合成的探究，将会积累重要经验，对整个二维材料体系的合成都有借鉴作用。

④ 在二维材料中，h-BN 具有优异的化学稳定性和电学绝缘性，是优质的、通用的光电子器件的衬底、封装、功能材料。它结构上类似石墨烯，成分上是二元材料。合成石墨烯的诸多经验在向其他二维材料渗透时，h-BN 是合适的、首先去拓展的领域。

应大力开展新型二维光电子材料理论设计与光电特性的系统研究，发展二维半导体大尺寸、高质量的制备工艺。二维光电子材料种类繁多，建议先期进行新型二维光电子材料设计与光电特性的系统理论研究，进行高通量筛选。探索晶圆级二维半导体材料的可控制备，特别是介质衬底上高质量石墨烯、氮化硼等的制备技术，在高性能、高结晶度二维光电子材料的制备工艺方面，需要与现有半导体的生长工艺相兼容。发展新的表征技术，对二维光电子材料的层数、堆垛方式、层间相对取向和层间耦合进行快速、无损、精确的表征。

二维材料的有效掺杂或者合金化，属于能带调控工程的一部分，是拓展二维半导体功能的有效手段。研究掺杂对载流子输运性能、光电响应的影响，p 型、n 型半导体极性调控。研究窄带隙二维半导体材合金材料的实现、带隙的可控调节以满足红外、太赫兹响应截止波长的需求。研究在二维材料中引入其他特殊元素尤其是磁性原子，实现多功能的二维半导体，这在未来的存储器等方面有重要潜在应用，如基于二维多铁半导体材料中的磁电耦合，使用微纳加工技术制备使用二维多铁半导体材料的晶体管器件及新型信息存储器件。

二维异质结利用层间的范德华力将不同的二维材料堆垛到一起，从而实现独特的物理特性和器件应用。发展大面积二维异质结的制备技术，气相外延制备实现大尺寸二维半导体异质结的生长，是未来需要重点关注的方向之一。研究这些材料与异质结在相关的纳米光电子学器件与光电子学器件中的应用，包括场效应晶体管、光电探测器、传感器以及太阳能电池等。研究二维光电子材料输运特性并对其调控可为探索新型低能耗、新物理原理光电子元器件等领域的变革性应用提供新思路。发展引入强电场、应力场等外场的有效实验手段，实现单个器件中多重外场的耦合调控。

推动二维光电子材料面向芯片应用的高效异质集成。针对二维光电子材料应用于光、电器件所面临的功能协同与器件集成的困难，一是与现有传统半导体的异质集成，与目前的半导体芯片工艺兼容，二是开展全二维材料功能结构一体化新型光电子器件研究，以二维金属材料、二维半导体材料和二维绝缘介质构建场效应晶体管器件，推动二维光电子材料功能协同和器件集成。利用二维晶体制备的光电探测器响应波长可以覆盖近红外、可见、紫外波段，采用窄带隙和宽带隙二维晶体半导体材料制备从紫外到近红外的多色探测器，目标在于同时实现探测器对紫外和近红外波段的高响应度和快速响应，研制新型紫外到近红外多色探测一体化、易携带的有源和无源多色光电探测器。

15.4.2 钙钛矿材料

钙钛矿材料及光电器件研究的主要任务包括高质量钙钛矿材料的设计和生长、钙钛矿材料维度效应的应用、钙钛矿光电器件的表界面调控、钙钛矿光电器件的稳定性与蜕变机制几个方面。具体包括：

（1）高质量钙钛矿材料的设计和生长 对于多晶钙钛矿，虽然每个晶体内部缺陷密度低，但大量存在的晶界、表面缺陷对其光电性能有显著负面影响。已有研究表明，通过改善钙钛矿多晶薄膜制备工艺，提高结晶质量，可明显改善器件的光电转换效率。单晶钙钛矿则无晶界、缺陷密度低、载流子迁移率高、扩散距离长，比多晶或者无定型薄膜有更优越的光电性能，在光伏电池、光探测器、传感器、激光及非线性光学等领域有良好的应用前景，因而受到关注。卤素钙钛矿单晶可通过水溶液降温结晶、反溶剂气相扩散和升温结晶等方法制备。钙钛矿单晶强度小，通过机械减薄等方法难以获取大面积高质量单晶薄膜，这极大地阻碍了其在光电器件方面的应用。因此，如何制备厚度和面积可控、光谱吸收宽的有机 - 无机钙钛矿单晶或类单晶薄片是钙钛矿单晶光电器件的核心问题之一。此外，如何避免使用重金属元素铅也是重要的研究方向之一。铅元素对人体有害，钙钛矿中的铅极易溶解于水而产生污染。因此，无铅的实现是环境友好型高效率器件的最佳策略。

（2）钙钛矿材料维度效应的应用 通过调控制备工艺获得的量子点、纳米线等不同形貌的钙钛矿纳米结构，实现钙钛矿薄膜晶体尺寸从几十纳米到几微米的调节，可以改变材料的带隙、载流子寿命、电学性能等。因此，不同维度构筑钙钛矿材料是获得高性能钙钛矿光电器件的基础。钙钛矿中 A:B:X 比例决定结构的维度。A 为阳离子［例如 $CH_3NH_3^+$、Cs^+、$HC(NH_2)_2^+$ 等］，B 为铅、铜或者锡阳离子，X 为卤素或类卤素阴离子。BX_6 八面体单元间的连接方式决定了结构维度。三维（3D）卤素钙钛矿的组成通式是 ABX_3，BX_6 间靠卤素 X—X 点与点连接，载流子沿着 X—B—X 运动，不受限制。二维（2D）钙钛矿的组成通式是 A_2BX_4，3D 钙钛矿结构中插入长链有机胺离子层，形成 2D 层状结构，载流子的运动受限在 2D 平面中。一维（1D）钙钛矿通式为 A_6BX_5，BX_6 通过上下两端的卤素离子连接，形成 1D 链结构。零维（0D）钙钛矿通式为 A_4BX_6，BX_6 独立存在，有机阳离子分布在周围。1D 和 0D 钙钛矿中载流子在两个和三个维度上受限制。随着结构维度降低，钙钛矿激发态的能级提高，带隙增大。

通过分子设计构筑多维度功能基元，可实现钙钛矿的晶体结构、能带结构、化学性质及光电性质的调控。一般来说，三维钙钛矿晶体（ABX_3）的形成需满足容忍因子 t 在 0.89 ～ 1（立方相），为实现大的吸收系数及较小的激子结合能，B 位通常是半径较大的 Pb^{2+} 或 Sn^{2+}，A 位离子为更大半径的 Cs^+、甲胺和甲脒离子等。不同半径的 A 位阳离子导致不同的容忍因子，影响材料在常温下的相态。传统二维结构钙钛矿晶体基于更大离子半径的 A 位阳离子将 $[PbI_6]^{4-}$ 八面体限域在一个平面内。尺寸较大的长链铵离子和较小的铵离子协同与 $[PbI_6]^{4-}$ 作用，则可形成准二维层状结构，层内以库仑作用力键合，层间通过范德华力作用，构成长程有序结构。当钙钛矿材料维度降低时，很多光电物理性质将发生显著变化，即使在单元胞厚度下依然有极强的光 - 物质相互作用，随厚度变化也表现出强的量子限制效应，但难以大量制备高质量的二维钙钛矿材料。

（3）钙钛矿光电器件的表界面调控 钙钛矿材料通过纳米化可以获得很多优异的发光性能，而且尺寸纳米化也将带来显著的表面效应。表面钝化可以大大改善钙钛矿材料的发光性能和光学稳定性，但是过多过长的配体链也会引入明显的杂质分子，将很大程度上阻碍载流子传输，降低器件性能。目前主要是通过表面配体纯化和交换解决这个难题。钙钛矿的离子特性使其难以应用传统纳米晶中用到的纯化和配体交换方法，因此需要开发适用于钙钛矿这一新型光电材料的技术方案。国际国内对于钙钛矿材料表面效应的研究尚处于初始阶段，如何通过表面调控来平衡“钙钛矿材料表面充分钝化”和“相关光电器件高效性能实现”之间的矛盾，是一个亟待解决的关键科学问题。

除了表面效应，界面亦是影响钙钛矿光电器件性能的关键因素之一。在多晶钙钛矿薄膜中，小晶粒会形成相当数量的界面，从而导致高的晶界密度，这些晶界会俘获电荷，同时缺陷和非辐射复合中心也会降低器件的性能。相反地，晶粒的粗化会形成孔洞，形成直接与正负电极接触的分路。对于 LED 来说，通过调节电荷传输层的功函数，可以保证电荷的有效注入及激子在发光层的高效辐射复合。

钙钛矿材料的种类、维度、粒径尺寸都对界面载流子的注入和传导产生重大影响。在钙钛矿太阳能电池器件结构中，电子与空穴在各层薄膜界面的输运过程尚不明晰，而各层薄膜界面的相互联系对于电池光电转换效率有着直接影响，这对于载流子的传输与收集、能带匹配有重要意义。相较于传统光电功能材料，钙钛矿研究尚处于初始阶段，其与传输层之间的界面匹配，传输层与电极之间的界面匹配，界面势垒，界面粗糙度影响，界面扩散等大量界面问题急需解决。

（4）钙钛矿光电器件的稳定性与蜕变机制 要实现钙钛矿发光和探测器件的商业化，必须解决器件的稳定性和大尺寸问题。器件的稳定性主要受制于钙钛矿材料的结构稳定性。在较高温度或湿度下，钙钛矿的晶格结构易被破坏而导致分解，用混合卤化物钙钛矿材料代替单一的钙钛矿材料可以有效解决这一问题。目前普遍认为二维铅卤化物钙钛矿具有比三维材料更好的环境稳定性和激子稳定性及更快的载流子复合速率，但其高的缺陷态密度、强的激子 - 激子与激子 - 声子耦合引起的载流子损耗是该类材料在光电子器件中应用的限制因素，对该体系还缺乏深层次的理解和认识。因而研究不同维度钙钛矿材料中的激子 - 电荷、激子 - 激子及激子 - 声子的相互作用规律及载流子的传输和复合过程，阐明激子耦合与弛豫过程，加深光物理理解及建立载流子动力学模型非常重要。

尽管钙钛矿材料具有良好应用前景，但是目前其研究和产业化仍面临诸多问题与挑战：钙钛矿材料的高质量生长、电子 / 空穴输运过程作用机制的阐明、钙钛矿材料的表界面调控、钙钛矿少铅非铅化、器件稳定性的提高、高效光电转换机理的深入探索等。

15.4.3 / 宽禁带半导体材料

加大固态光源在深紫外、激光器、显示和通信等领域的研发投入，保持和扩大我国在固态光源领域的优势，全面实现固态光源领域超越式发展。

通过对固态紫外探测技术的理论和核心技术深入系统地研究，实现技术跨越，并结合产业化推广和新型应用市场拓展，最终使我国成为固态紫外探测技术与产业领域的领先国家，满足国家在智能制造、环境监控、信息技术和国防预警领域对高性能紫外探测器的迫切需求。

发展新型基于半导体的高性能探测器件，有效解决探测效率和响应速度难以兼顾的关键问题，在固态真空紫外探测技术方面取得关键突破，以满足极限探测、空间跟踪和对抗技术的发展要求，适应信息技术发展和国家安全的重大战略需求。

固态光源方面：在Ⅲ - Ⅴ族化合物半导体材料与器件方面，研究 MOCVD 核心装备的国产化，实现 6 ～ 8inGaAs、GaN 高品质外延片的生产。研究 GaN 及 AlN 单晶衬底制备技术及核心制造装备，满足大规模研制和生产高质量第三代半导体外延材料的重大需求。发展并产业化 Micro-LED 显示和 LIFI 通信等高端应用技术，拓展 LED 的应用范围。从中间向两头，发展中远红外、极深紫外的发光材料与器件。发展紫外光源技术，研制高 Al 组分 AlGaN、BN 等材料外延的高温 MOCVD 以及 MBE 设备，实现高质量、高组分、低位错密度的外延材料。发展新型器件结构与工艺，实现 UV-C 乃至极深紫外的发光器件。发展大功率可见光激光器，在蓝 - 绿光激光器方面，实现高性能、长寿命，关键技术参数达到并超过日本、美国的技术水平。发展 GaAs、GaN 基的 VCSEL、QCL 激光等高端光电器件，实现在无人驾驶汽车技术、未来物联网、感应端监控等方面的应用。

紫外探测方面，为满足国防预警和民用领域的重大需求，发展基于第三代半导体材料的高性能紫外单光子探测器、紫外焦平面成像阵列、极深紫外和软 X 射线探测器、具备特征谱线探测能力的新型探测器等。目标是通过开展从材料生长到器件研制、再到系统集成和应用演示的全链条、一体化技术攻关和研究，大幅度提高材料的晶体质量、均匀性和光学性能；突破芯片制备、低噪声读出电路、光机系统设计与调试等关键技术；研制出单光子探测效率超过 30% 高增益紫外 APD 与成像阵列、大受光面及高温紫外探测芯片、光子探测效率超过 85% 的非制冷软 X 射线探测器，以及基于日盲紫外单光子探测器的三维激光成像雷达和量子通信样机，满足星载紫外预警、导航引航、生化检测、电网安全监控和脉冲星导航等光电系统对国产核心探测器的迫切需求。通过建立紫外单光子检测标准，加强我国在紫外探测领域的领先地位，并拓展紫外单光子探测技术在量子信息领域的应用。同时，将已满足应用要求的常规结构紫外探测器迅速推向市场，发展紫外辐照剂量监测模组、产品及应用系统，保障紫外消毒和紫外固化过程的安全可靠，实现基于紫外传感技术的水质和大气成分监控的探测器规模化在线布控，并建立相应的测试监测标准。针对智能穿戴产业的需求，发展紫外传感数字化集成与封装技术，实现超小型数字化日照紫外指数传感器，用于智能健康监护和环境传感。通过建立紫外光电产业联盟，形成产业促进和监督机制，保障紫外探测相关产品品质，在全面占领国内市场的同时，逐渐主导国际市场。

超宽禁带半导体如 Ga_2O_3、金刚石等可实现覆盖大部分真空紫外波段的探测器件，并具有高耐压、低漏电、高增益和响应快等特性。针对目前航空航天和军工装备对高集成度、轻量化、抗辐射、高灵敏度探测器件的迫切需要，需大力发展相关技术，期望在固态真空紫外探测技术方面取得关键突破，以适应极限探测、空间跟踪和对抗技术的发展要求，满足信息技术发展和国家安全的重大战略需求。

15.4.4 有机光电材料

从产业链和知识产权分析，目前我国主要向发达国家供应OLED材料的中间体或粗产品，直接供应OLED材料面临着较高的专利门槛和应用技术壁垒。蒸镀型材料的专利主要被日本出光，美国陶氏化学、UDC，德国默克和Novaled等公司垄断，印刷型材料的专利主要被日本住友、美国杜邦和德国默克等公司垄断。我国目前缺乏有机发光材料的核心专利，尤其是国际专利，国内OLED面板产线只能受制于国外公司所提供的材料与技术。解决方案：

OLED材料的国产化，需要建立“研发投入增加—高性能材料开发—销售收入增加—研发意愿增强”的良性循环，其核心是通过政策引导、支持，加大新材料的研发投入，鼓励面板厂商使用国产配套材料。

一方面，支持材料厂商根据产业需求，加快补短板，尽早实现产业化应用材料的突破。另一方面，加大高校等研究单位进行具有自主知识产权的前瞻性研究的支持力度，抢占前沿材料技术制高点，构筑具有国际引领性的核心材料技术，实现我国材料领域跨越式发展。

保障AMOLED新型显示产业的健康发展，推动OLED材料厂商的快速成长，实现OLED材料60%以上的国产材料配套，并力争在OLED材料新机制、新结构、新概念等方面抢占前沿高端技术制高点，构筑具有国际引领性的核心技术先发优势，实现我国材料领域跨越式发展。

加快我国显示产业链国产化进程，突破OLED显示行业重大关键技术，解决制约我国OLED产业发展“卡脖子”问题，实现上下游显示产业协同发展，整合上下游国际领先研发技术和创新人才团队，建立我国新型显示产业化应用材料开发平台，建立我国拥有自主知识产权的材料和器件产业化体系。

2025年发展目标：发展自主知识产权的蒸镀OLED材料，包括红绿光主体及客体材料、蓝光主体及客体材料、空穴注入及传输材料、光电子注入及传输材料、p型掺杂材料、阴极覆盖层材料，实现自主IP材料的批量供货。性能指标：红光（@1000nits）：电流效率＞50cd/A，器件寿命T97＞5000h；绿光（@1000nits）：电流效率＞100cd/A，器件寿命T97＞15000h；蓝光（@1000nits）：电流效率＞8cd/A，器件寿命T97＞500h。

发展自主知识产权的印刷OLED材料，包括红绿光主体及客体材料、蓝光主体及客体材料、空穴注入及传输材料；上述材料的墨水配方及工艺，自主IP印刷墨水性能满足产业化需求。性能指标：墨水黏度：8～12cP；墨水表面张力：30～40dyn/cm；红光（@1000nits）：电流效率＞18cd/A，器件寿命T95＞8000h；绿光（@1000nits）：电流效率＞60cd/A, 器件寿命T95＞10000h；蓝光（@1000nits）：电流效率＞5cd/A，器件寿命T95＞1000h。

2035年发展目标：

进一步提升蒸镀材料及印刷墨水的性能，完善全球专利布局，实现蒸镀材料的全面国产化，国产材料占据全球市场的绝对市场份额，实现印刷墨水的批量供货，在印刷显示领域取得绝对话语权。

总之，根据我国目前新型半导体光电材料研发基础和产业现状，建议应对举措分为如下三个方面同步进行：

① 把握好产业实际需求和全球技术发展趋势的关系　在新型半导体光电材料产业领域，

我国与世界先进水平还处在同一水平线上，这就需要综合考虑长、短期发展目标。一方面在先进技术上适当进行超前布局，踏准科技进步节奏，突破国际专利壁垒和知识产权封锁；另一方面，要基于国内产业发展的实际需求，集合上下游力量开发共性技术，以推动产业链的整体发展，如建立国产新型半导体光电材料装备应用示范基地，通过设备和工艺的协同创新，为推进设备的大生产应用起到关键作用。

② 把握好研发平台与企业、高校院所的关系　在一些重大技术领域，我国科研力量还相对薄弱，因此新型半导体光电材料研发平台必须集聚各方力量。在技术创新过程中，研发平台、企业内部研发机构、高校院所这三者理论上有很明确的分工，但实际情况中，昂贵的研发设施往往需要巨大的投入，而相关人才却很稀缺。因此，研发平台的建设需要与高校院所特别是企业形成研发设备开放共享机制，研发平台重点配置企业等尚不具备的高端关键设备和必要的研发设施。在人才方面，三方也要建立相互间合理的流动机制，研发平台要对企业、高校院所开放，吸引各路人才前来工作，并通过多方联合培养机制加快形成兼具国际化视野和产业经验的技术队伍。

③ 把握好培育创新能力和市场化运作的关系　以市场化的运作机制加快成果转化，并形成可持续发展能力。而培育创新能力，要求获得长期持续的投入，不断形成和产生有突出价值的创新成果。完善市场化机制，加快应用和转化的速度，在服务战略性新兴产业的同时，形成良性循环的可持续发展态势。促进形成高效的技术成果产业化和转移机制。打通基础研究、应用开发和产业化链条，实现创新成果的快速转化和产业化，促进科技与经济结合。

作者简介

陈弘达，中国科学院半导体研究所研究员，博士生导师，中国科学院大学教授，曾任中国科学院半导体研究所副所长，国家新材料产业发展专家咨询委员会成员，“十一五”“十二五”国家 863 计划新材料领域专家和电子材料与器件专家组成员，“十三五”国家重点研发计划“战略性先进电子材料”实施方案编写专家组和总体专家组组长。长期从事微电子与光电子学方面的科研工作，目前研究方向为微电子与光电子集成器件、集成电路与系统，包括光电子与微电子集成回路、柔性光电子材料与器件、可见光通信与半导体照明智能控制系统、生物医学应用半导体器件与系统、脑机交互智能芯片与应用技术等。在国内外学术刊物和会议上发表论文 100 余篇。编著《甚短距离光传输技术》《微电子与光电子集成技术》《石墨烯微电子与光电子器件》等专著。申请发明专利 50 余项。

程传同，清华大学博士，中国科学院半导体研究所副研究员，中国科学院青年创新促进会会员，曾获中国科学院院长特别奖。中国光学学会光电技术专业委员会委员，中国仪器仪表学会光机电技术与系统集成分会委员。研究方向为先进半导体材料及应用开发。主持了国家自然科学基金青年项目、国家重点研发计划项目子课题、博士后特别资助项目、博士后面上资助项目。参与编写并出版《石墨烯微电子与光电子器件》。在国内外重要期刊和会议上发表论文 40 余篇。申请 / 授权发明专利 30 余项。

毛旭瑞，博士，中国科学院半导体研究所副研究员。在中国电子科技集团工作期间，作为负责人承担了国家某型号反舰导弹导引头射频前端的研制工作，目前该产品已成功量产和装备，并且在阅兵仪式上亮相。主要从事半导体光电子器件和光电射频微电子器件的研究。在中国科学院大学开设研究生课程“石墨烯光电子材料与器件”。

第16章

新型生物基橡胶材料

张立群　吴卫东　张继川　王　朝

16.1 概述

橡胶是有可逆形变特性的高弹性聚合物材料，在室温下富有弹性，在很小的外力作用下能产生较大形变，除去外力后能迅速恢复原状。橡胶分为天然橡胶与合成橡胶两种，我国天然橡胶（主要指三叶胶）产量严重不足，进口量超过80%；合成橡胶依赖于石化资源，且很多高性能合成橡胶还主要依赖国外进口。利用生物质资源合成新型生物基橡胶材料，开发新型的第二天然橡胶和强化天然橡胶（主要指三叶橡胶）性能指标等，对于提高我国在橡胶领域的话语权，保障我国橡胶行业的高质量和可持续发展具有重要意义。此外，将多种橡胶加工高新技术应用到新型生物基橡胶材料中，将在生物基橡胶链结构、凝聚态结构和材料性能间的构效关系上有新规律及新知识的发现，同时在生物基橡胶的纳米增强技术、共混改性技术、交联技术和加工成形技术等上会有创新方法的建立和新知识的发现。

生物基橡胶，指的是利用生物基原材料合成制备的生物基合成橡胶，以及利用三叶橡胶树和其他产胶植物所生产的天然橡胶。生物基合成橡胶可分为传统型的生物基合成橡胶和创新型的生物基合成橡胶。天然橡胶包括三叶橡胶、银菊橡胶、蒲公英橡胶、杜仲胶等。由于三叶橡胶是目前唯一商业化的胶种，因此人们普遍将三叶橡胶称为天然橡胶，其他植物来源胶种可称为第二天然橡胶。

16.1.1 生物基合成橡胶

生物基合成橡胶与石油基合成橡胶最大的不同，是原料来源不同。生物基合成橡胶的原料来源于甘蔗渣、木薯、秸秆等含糖、淀粉以及纤维素的生物质原料。如果用生物基乙烯和丙烯制备乙丙橡胶，产品就是生物基乙丙橡胶；如果用石油基乙烯和丙烯制备乙丙橡胶，产品就是石油基乙丙橡胶。两种橡胶分子结构、单体聚合手段、产品性能、下游产品应用领域是完全一致的，只是原料来源不一样。杰能科（Genencor）和固特异（Goodyear）两家公司于 2010 年 3 月宣布组建联合体，开发一体化发酵、回收和提纯系统，用于从糖类生产生物基异戊二烯，进而合成异戊橡胶。这类生物基合成橡胶与传统合成橡胶只是原料来源不同，其结构和性能完全一致，因此也可称之为传统型生物基合成橡胶。创新型生物基合成橡胶是利用现有生物基化学品，如衣康酸、丙二醇、丁二酸生物基单体等，通过聚合反应制备得到的新型结构的原创生物基橡胶品种。这类生物基橡胶与传统橡胶相比，虽结构不同，但是加工性能和力学性能可以达到对传统橡胶制品的性能要求。目前，传统生物基合成橡胶开发主要是国外主导，而创新型生物基合成橡胶开发由我国主导，目前国际上的两个原创的生物基合成橡胶品种均是由我国提出和推广的，包括生物基可降解聚酯橡胶和生物基衣康酸酯橡胶两个创新橡胶品种，是由中国工程院张立群院士及其领导的北京化工大学先进弹性体材料研究中心团队于 2008 年在国际橡胶会议上首次提出。此外，生物基可降解聚酯橡胶不但具有优异的力学性能，还具有优异的耐油性和可生物降解特性，是目前唯一可降解的橡胶材料。

（1）生物基衣康酸酯橡胶 根据估算，生产 1t 官能化生物基衣康酸酯橡胶相比传统石油基合成橡胶，能够减少碳排放 1.44t，可以为我国“碳达峰”“碳中和”战略提供积极支撑。

衣康酸具有两个羧基和一个双键，因为羧基会影响乳液聚合过程中的链增长，所以只能得到低分子量的聚合物。通常高分子量聚合物可通过衣康酸酯的聚合获得。通过生物基单体衣康酸和发酵法生产的异戊醇进行酯化反应制备生物基衣康酸二异戊酯单体，然后通过衣康酸二异戊酯与异戊二烯的乳液共聚合制备得到高分子量的生物基衣康酸酯橡胶，简称为康戊胶。

在康戊胶的研究中发现，衣康酸酯侧基对康戊胶的性能有着显著的影响，为了分析侧基对康戊胶各项性能的影响，合成了不同侧基的康戊胶生胶。首先，通过衣康酸与甲醇、乙醇、正丙醇、正丁醇等一元醇制备不同侧基长度的衣康酸二酯，然后通过衣康酸二酯与异戊二烯的共聚合制备不同侧基长度的康戊胶生胶，通过氧化还原引发体系引发的乳液聚合，在相似的聚合条件下，合成了带有不同侧基的康戊胶，包括聚（衣康酸二甲酯 / 异戊二烯）型康戊胶（PDMII）、聚（衣康酸二乙酯 / 异戊二烯）型康戊胶（PDEII）、聚（衣康酸二正丙酯 / 异戊二烯）型康戊胶（PDPrII）、聚（衣康酸二正丁酯 / 异戊二烯）型康戊胶（PDBII）、聚（衣康酸二正戊酯 / 异戊二烯）型康戊胶（PDPeII）、聚（衣康酸二正己酯 / 异戊二烯）型康戊胶（PDHxII）、聚（衣康酸二正庚酯 / 异戊二烯）型康戊胶（PDHpII）、聚（衣康酸二正辛酯 / 异戊二烯）型康戊胶（PDOII）、聚（衣康酸二正壬酯 / 异戊二烯）型康戊胶（PDNII）、聚（衣康酸二正癸酯 / 异戊二烯）型康戊胶（PDDII）。其数均分子量从 10 万到 30 万不等，分子量分布系数在 3.0 左右。控制衣康酸酯与异戊二烯共聚的投料比为 2:3 时，经测试发现，随着侧基长度的增加，聚合物的玻璃化转变温度逐渐降低，如衣康酸二甲酯 / 异戊二烯共聚物型的康戊胶的玻璃化转变温度在 15℃左右，而衣康酸二正癸酯 / 异戊二烯共聚物型的康戊胶的玻璃化转变温度为 −68℃左右。

在实际使用中需要兼顾滚阻性能和抗湿滑性能，PDBII 有望成为制备轮胎胎面的理想材

料。此外，为了进一步提高性能，采用丁二烯代替异戊二烯与衣康酸二正丁酯进行共聚合，制备了聚（衣康酸二正丁酯 / 丁二烯）弹性体（PDBIB）。

官能化生物基衣康酸酯 - 丁二烯橡胶是我国原创的生物基橡胶品种。张立群院士及其团队于 2008 年开展相关工作，在国家自然科学基金重点项目、科技部“十三五”重点研发计划、国家自然科学基金委基础科学中心项目等的资助下，在山东京博中聚新材料有限公司、山东玲珑轮胎股份有限公司、美国固特异轮胎公司等国内外知名企业的大力支持下，历经十三年的科学研究，首创一类基于生物基单体衣康酸的大分子链结构，建立了衣康酸酯单体结构、丁二烯单体结构、第三功能单体以及聚合工艺等与生物基橡胶链结构和性能间的关系；开发了官能化生物基衣康酸酯 - 丁二烯橡胶的自由基乳液共聚合技术，包括引发剂和乳化剂体系，以及相适配的低温乳液聚合工艺，建成了世界首条千吨级示范生产线；在工业化生产线上试制了生物基绿色轮胎，滚动阻力达到了欧盟标签法 B 级水平，属于国际首批官能化生物基衣康酸酯 - 丁二烯橡胶子午线轮胎。

（2）生物基可降解聚酯橡胶 橡胶材料为人类的生产、生活提供便利的同时，也对环境与人类的健康造成了巨大隐患。橡胶由于其主链主要为碳碳结构，且在硫化成形后形成了热固性的三维网络材料，导致很难对其进行回收利用。我国每年废弃轮胎 4 亿条左右，废弃鞋子 10 亿双，还有其他橡胶制品，导致了严重的“黑色污染”。此外，全球每年因轮胎导致的磨屑达到了 600 万吨，这些看不见摸不着的轮胎污染物对环境造成了严重的污染，有些橡胶微颗粒已经通过食物链进入到人体中。据 2017 年国际自然保护联盟（IUCN）统计报告可知，在海洋中 1μm 以下的微颗粒中，橡胶微颗粒（特别是轮胎磨屑）的占比高达 28%。由于尺寸极小，这些微颗粒会通过水、陆甚至大气运输四处散落，并会通过食物链进行传播，进而对环境与人类的健康造成重大隐患。开发可在自然环境下实现生物降解的橡胶，即可降解橡胶，是从根本上解决因橡胶材料无法降解所导致的系列污染和危害问题的重要策略之一，制备可降解橡胶势在必行。

生物基可降解聚酯橡胶是我国原创的新型合成橡胶品种，是唯一可降解的橡胶品种，有望解决上述橡胶污染问题。张立群院士及其团队以生物基二元酸和二元醇为原料，通过缩合聚合方法，首次利用分子结构设计合成了不结晶、可交联的生物基可降解聚酯橡胶材料，从实验室阶段到小试再到中试，通过大量的实验，最终突破了高分子量多元共聚酯橡胶连续化生产工艺难题，完成了千吨连续化中试试验。生物基可降解聚酯橡胶的理论生物质碳含量可达到 100%。由于生物基可降解聚酯橡胶本身的可生物降解特性，通过分子结构创新，北京化工大学陆续开发了面向耐油橡胶制品、可降解轮胎、可降解鞋子、可降解口香糖、可降解骨蜡、聚乳酸增韧剂、PVC 增塑剂、全生物基可降解 TPV 等多个应用领域的生物基可降解聚酯橡胶品种。生物基可降解聚酯橡胶被列入工信部《重点新材料首批次应用示范指导目录》。

对于生物基可降解聚酯橡胶，重点突破生物基单体多元熔融共缩聚难题，形成催化剂—专用装备—工艺技术自主体系，实现生物基可降解聚酯橡胶万吨级产业化。主要技术包括：多样化聚酯橡胶分子设计技术、多元共聚酯低温聚酯化技术、高分子量聚酯弹性体聚合技术、新型聚酯橡胶加工与应用技术等。

2012 年，张立群院士及其团队在国际上首次发表了新型生物基可降解聚酯橡胶材料文章，利用五种大宗的生物基单体1,3-丙二醇（PDO）、1,4-丁二醇（BDO）、丁二酸（SuA）、衣康酸（IA）与癸二酸（SeA）为反应单位，通过酯化缩聚制备得到了生物基聚（1,3-丙二醇/1,4-丁二醇/丁二酸/衣康酸/癸二酸）酯橡胶（PPBSIS），如图16-1所示。该生物基聚酯橡胶完全不依赖于化石资源，其链内酯键的存在赋予了材料可生物降解特性，该聚酯橡胶是目前唯一可降解的橡胶材料。通过五个单体无规共聚破坏了其分子链规整性从而破坏聚酯的结晶，引入含有双键的衣康酸单体为聚酯橡胶的化学交联提供双键位点。该可降解橡胶可以利用传统橡胶加工和成形方法进行改性，以白炭黑为补强剂，过氧化物为交联剂，制备得到的可降解橡胶纳米复合材料具有良好的物理和力学性能，拉伸强度可达到20MPa，断裂伸长率超过200%，适用于大部分橡胶制品的应用需求。此外，由于使用的聚酯单体是生物基的，该聚酯橡胶除具有“可降解特性”外，还兼具“生物质来源性”，符合全球环保的概念和国家“双碳”战略的需求。

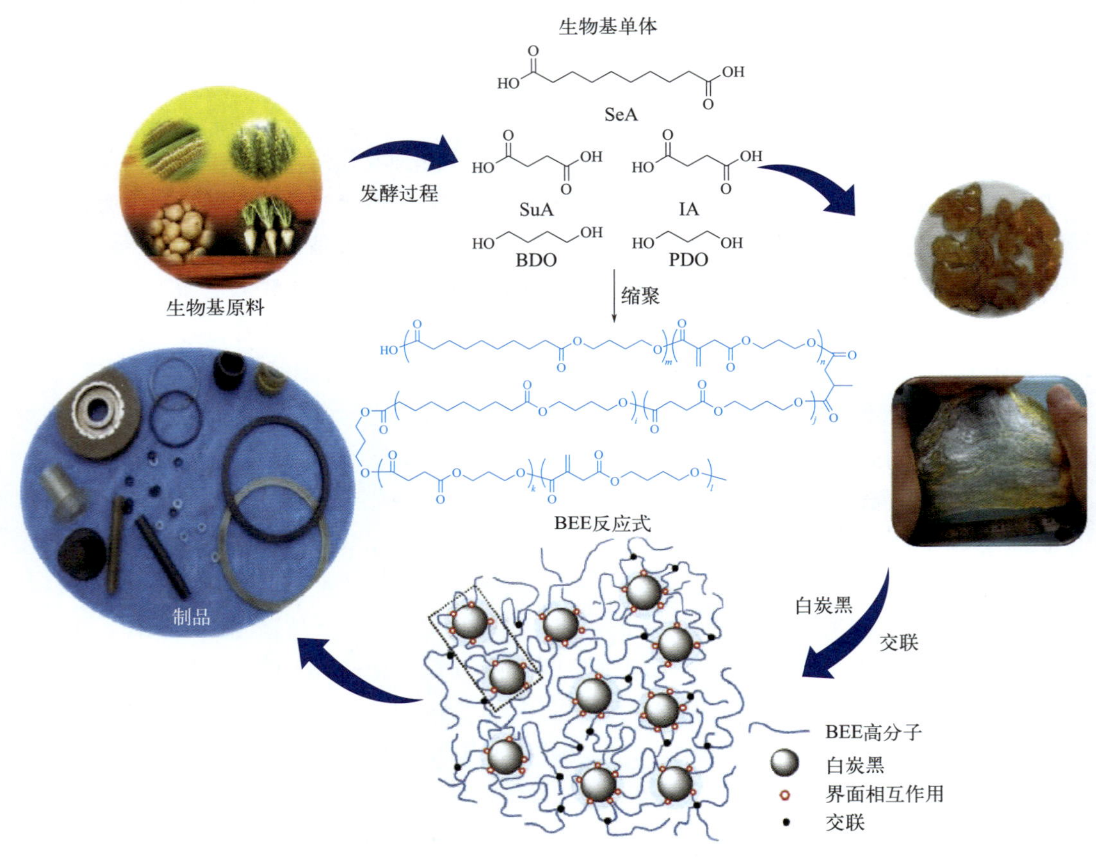

图16-1　第一代可降解橡胶的制备路线

自第一代可降解聚酯橡胶开发以来，张立群院士及其团队一直致力于深耕可降解聚酯橡胶的基础研究与应用探索，同时推进其工业化。

可降解聚酯橡胶是多元共聚酯结构，因此，通过改变聚酯单体的种类和比例，可以对可降解聚酯橡胶的结构和性能进行灵活调控，从而开发出面向不同应用领域的多种新型橡胶材料。例如，含2,3-丁二醇单元的生物基聚（2,3-丁二醇/1,3-丙二醇/丁二酸/衣康酸/癸二酸）酯橡胶与含乳酸单元的生物基聚（乳酸/丁二醇/癸二酸/衣康酸）酯橡胶（PLBSI）等，分别被开发用作PBS和PLA的增韧剂。

通过配方优化与调整，以富马酸、丁烯二醇、二聚酸、对苯二甲酸、二甘醇等作为核心单体，陆续开发了十多种新品种可降解橡胶，这为后续产品的定制化设计奠定了坚实的基础。

可降解聚酯橡胶是一类新型的橡胶材料，且是当前唯一一类具有可生物降解特性的橡胶，因此具有很高的应用价值和广阔的应用前景。其应用研究主要涉及三大方面，即橡胶纳米复合材料、热塑性硫化胶以及超韧橡塑复合材料。

① 橡胶纳米复合材料　可降解聚酯橡胶分子主链中大量的极性酯基，与白炭黑可以形成氢键作用，促进了白炭黑在其基体中的分散。2012年，Wei等以第一代可降解聚酯橡胶PPBSIS为基体，在未添加交联剂的情况下，加入白炭黑补强后，得到了拉伸强度为14.8～20.5MPa、断裂伸长率为189%～223%的橡胶纳米复合材料。该橡胶纳米复合材料的拉伸强度可与部分传统橡胶纳米复合材料相媲美，是一类潜在工程用橡胶复合材料。

考虑到橡胶基体极性对复合材料耐油性能的贡献，在2015年，Gao等制备了聚酯橡胶PPBSIS/CB纳米复合材料，系统评价了其耐油性能，并与商业化丁腈橡胶（NBR）进行了对比。结果表明：复合材料展现出了优异的耐油性能，并且随着聚酯橡胶基体中丁二酸/癸二酸摩尔比（酯基密度）的增大，复合材料的耐油性能进一步增强。当丁二酸/癸二酸摩尔比为8:2时，复合材料的耐油性能可与高丙烯腈含量（41%，N220S）的NBR/CB纳米复合材料相媲美。此外，由于聚酯橡胶基体的低 T_g（＜−40℃），复合材料还展现出了优异的耐低温特性。

基于可降解聚酯橡胶酯键的高偏振能力对橡胶基体高介电常数的贡献，在2012年，Yang等基于未填充的PPBSIS交联橡胶制备了在低电场下具有大驱动应变的新型介电橡胶。为了进一步提升材料的介电常数，在2013年，通过添加高介电常数的纳米二氧化钛，Yang等还制备得到了介电常数更高的PPBSIS/TiO_2纳米复合材料，进而获得了综合性能更加优异的介电橡胶材料。

基于可降解聚酯橡胶优异的力学性能和可降解性能，张立群院士及其团队陆续开发了该原创橡胶品种在可降解轮胎、可降解鞋、可降解口香糖等领域的应用，于2022年将首批制备的500双全生物基可降解鞋捐赠给北京化工大学的师生代表，获得了如《中国科学报》《消费日报》、北京广播新闻频道等主流媒体的报道。

② 热塑性硫化胶　热塑性硫化胶（TPV）是以低含量的热塑性塑料为连续相，以高含量的交联橡胶为分散相的特殊的热塑性弹性体材料。鉴于结构的相似性，可降解聚酯橡胶与商业化聚酯塑料结合是制备全降解TPV的理想路线。

在2015年，Kang等首次以第一代可降解聚酯橡胶PPBSIS与PLA为原料，以过氧化二异丙苯为硫化剂，通过原位动态交联的方法制备了系列TPV。所得TPV的力学性能可通过改变PPBSIS的含量进行调控。当PPBSIS的含量为60%～80%（质量分数）时，材料的拉伸强度为11.4～17.8MPa，断裂伸长率为154%～184%，是一类综合性能优异的TPV产品。

在2017年，以含乳酸单元的PLBSI与PLA为原料，Hu等也成功制备了系列TPV，并将其用作 3D 打印墨材成功进行了 3D 打印。由于 PLBSI 中乳酸单元与 PLA 中乳酸单元之间更好的相容性，所得 TPV 展现出更优异的综合性能。例如，当聚酯橡胶的含量均为 60%（质量分数）时，PLBSI/PLA-TPV 的拉伸强度为 19.6MPa，断裂伸长率为 314%，均显著高于 PPBSIS/PLA-TPV。

③ 超韧橡塑复合材料　超韧橡塑复合材料是以热塑性塑料为基体，添加少量橡胶作为增韧剂制备得到的高韧性复合材料。同样，由于结构相似性，可降解聚酯橡胶是脆性聚酯塑料的理想增韧剂。

在 2013 年，Kang 等以第一代可降解聚酯橡胶 PPBSIS 作为增韧剂，开展了 PLA 的增韧研究。结果表明，当 PPBSIS 的用量为 10phr 时，其增韧效果最佳。此时，相比于纯 PLA，增韧后 PLA 的断裂伸长率由 7% 增加到 179%，冲击强度由 2.4kJ/m^2 提升到 10.3kJ/m^2。之后，以含乳酸单元的新型生物基可降解聚酯橡胶 PLBSI 作为聚乳酸的增韧剂，Hu 等还制备了增韧效果更优异的 PLA/PLBSI 复合材料。复合材料的冲击强度可达到 35.3kJ/m^2，断裂伸长率可达到 324%。

④ 工业化　要实现可降解聚酯橡胶的市场化，除了良好的性能，如何完成工业化生产是关键。从 2013 年开始，张立群院士及其团队一直致力于可降解橡胶的工业化技术攻坚。2013 年，他们建成了全球首个百吨级可降解聚酯间歇反应装置，通过国家和企业项目支持，经过近十年开发，团队打通了可降解聚酯橡胶百吨级间歇式生产工艺与千吨级连续化生产工艺，真正实现了原创橡胶品种从实验室阶段到产业化的转化。该原创的可降解聚酯橡胶生产技术通过了 2021 年由中国石油化工联合会组织的科技成果鉴定，被鉴定为国际领先水平。千吨级中试线和万吨级生产线正在规划建设中。

16.1.2 天然橡胶及第二天然橡胶

生物基天然橡胶包括常称为天然橡胶的三叶橡胶以及银菊橡胶、蒲公英橡胶、杜仲胶等第二天然橡胶。

（1）三叶橡胶（天然橡胶） 传统的天然橡胶是从三叶橡胶树中提取出来的天然高分子材料，作为一种重要的战略物资，与煤炭、钢铁、石油并称为四大基础工业原料。三叶橡胶树最适宜生长在南北纬 15° 之间，目前主要分布在东南亚国家。这些国家种植的橡胶树原产自南美洲亚马孙河流域，1877 年英国将其引种到东南亚并得到迅速发展，到 1941 年，东南亚国家天然橡胶产量已占全球的 97%。经过 70 多年的发展，我国在橡胶树育种、栽培和管理方面突破了天然橡胶只适宜生长于南北纬 15° 之间的种植禁区，攻克了在北纬 18° ～ 24.5° 大规模植胶的技术难题，创造了世界天然橡胶种植奇迹，解决了我国天然橡胶“从无到有”的问题，种植面积多年维持在 1700 万～ 1800 万亩水平，形成了以三大农垦集团为主、200 多家民营企业和 50 多万户胶农为主体的天然橡胶生产体系，为山区农户增收、脱贫，以及维护边疆稳定、增进民族团结和共同富裕做出了巨大贡献。天然橡胶产业已成为我国经济建设的重要产业和国防建设最有力的支柱。

天然橡胶以聚异戊二烯为主，含量在 90% 以上，且有蛋白质、磷脂等非胶物质，其高分子量结构、分子链两端基团以及非胶物质共同构建成了超分子网络结构，使得天然橡胶具有

独特的应变诱导结晶特性和优异的金属粘接性能，以及高强力、高弹性、低生热等优异的综合性能。合成橡胶虽然具有不受地域限制、产品一致性好等优点，但其综合性能普遍不及天然橡胶。因此在对性能要求高的国防军工和民用高端装备的关键部件制造上，天然橡胶仍具有不可替代性。美国、日本、俄罗斯等国在20世纪六七十年代便开展了大量用合成橡胶替代天然橡胶的研究，但最终结果未能如愿，当前航空轮胎等相关产品依然延续使用天然橡胶。我国传统的天然橡胶生产工艺仍停留在20世纪八九十年代水平。生产工艺存在能耗、物耗较高，劳动生产率低，自动化水平低，环境污染严重，以及产品批次量小、一致性差、产品附加值低等问题。同时，由于种植纬度过高，我国生产的天然橡胶普遍产量不高、性能不佳。因此，新型的高性能天然橡胶是近年来研究重点之一。

近年来，针对高端需求，国内有关单位在高性能天然橡胶研制方面取得较好进展，国产胶性能通过应用考核验证，在性能上完全能够满足高端要求，为“十四五”实现高端用胶国产化奠定了较好的基础。例如，中国热带农业科学院加工所、橡胶所等科研单位，在国家有关部门及中国天然橡胶协会等单位的支持下，在橡胶树品种、采收、施肥和季节等对鲜胶乳结构、质量波动性影响等方面开展了大量的前期研究工作。海胶集团与桂林曙光院合作，在海南白沙研制国产胶用于军用飞机轮胎，完成地面鉴定和装机试飞，于2015年通过了空军装备部组织的技术鉴定。中国热带农业科学院加工所与中国航发621所合作，在海南儋州试制国产胶，于2014年取得技术突破，满足特种装备高频减振对橡胶材料疲劳寿命的要求，优于马来西亚进口特种胶。在进口胶也无法满足新一代特种装备要求的情况下，中国热带农业科学院加工所与中国兵器53所合作，于2019年获批国防科工局配套科研项目，研发新一代特种天然橡胶。目前，该项目组在广东高州研制的特种天然橡胶，通过了相关军品生产单位考核验证，关键性能和使用里程均超过进口胶。中国化工株洲院与中国热带农业科学院加工所、橡胶所，海胶集团等联合开展高品质浓缩胶乳研制，通过划定专供胶园，采用国产浓缩胶乳成功研制出升空高度达30～35km的探空气球。2021年，农业农村部立项支持“航空轮胎专用天然橡胶生产加工技术熟化、集成与示范”，项目以中国热带农业科学院橡胶所为牵头单位，加工所、广垦橡胶集团等为参与单位开展联合攻关，目前项目组试制的专用天然橡胶通过沈阳三橡、青岛森麒麟等飞机轮胎研制单位的配方试验验证，并成功试制大飞机C919航空轮胎。

张立群院士及其团队联合西双版纳圣百润橡胶材料研究院有限公司共同开发出绿色环保的“高频无剪切液相法制备高性能超聚态橡胶材料技术”，改变了传统天然橡胶污水横流、酸水排放、臭气熏天的污染降质工艺，生产现场干净整洁，生产过程绿色环保，该技术连续、低温、快速干燥的特点，可以较快速度蒸干胶乳内的挥发组分，如水和小分子有机物，因此超聚态天然橡胶通过橡胶烃分子末端与蛋白质、磷脂等非胶组分利用弱价键形成天然超分子网络结构的同时，其他游离脂类物质、水溶性蛋白质、无机盐等非橡胶颗粒非胶组分也参与了天然橡胶的聚集态结构的构建，因此在保持了高性能的同时，还改善了加工性能，比如游离脂肪酸起到增塑、降低加工能耗作用。该技术生产的超聚态天然橡胶性能与国外进口高标号烟片胶相同，打破了国外垄断，实现了高性能天然橡胶的国产化替代，填补了国内空白。

（2）杜仲胶 杜仲胶是从我国特有的杜仲树中提取出来的天然高分子材料，见图16-2。

在杜仲树的六大组织器官根、茎、叶、花、果实和种子中均有含胶细胞分布。而杜仲胶主要存在于杜仲叶、皮和种子当中，其中叶含胶量 2% ～ 5%、皮含胶量 6% ～ 10%、种子和果实含胶量 10% ～ 15%。

含胶组织	根皮	皮	叶	花	种子和果实
含胶量	10%～12%	6%～10%	2%～5%	1%～2%	10%～15%

图 16-2　杜仲树中的胶丝

杜仲胶的化学名称为反式 -1,4- 聚异戊二烯，是三叶天然橡胶的同分异构体。二者的差别主要在于两个亚甲基位于双键的不同位置，如果两个亚甲基位于双键同侧，则是天然橡胶，如果两个亚甲基位于双键异侧，则是杜仲胶。然而这一差异却造就了二者命运的千差万别。天然橡胶为顺式结构，大分子链规整性较差，以无规线团的形式聚集在一起，因此常温下为弹性橡胶状态。而杜仲胶为反式结构，大分子链规整，容易排列而进入晶格，因此常温下杜仲胶表现为一种硬质塑料状态，见图 16-3。

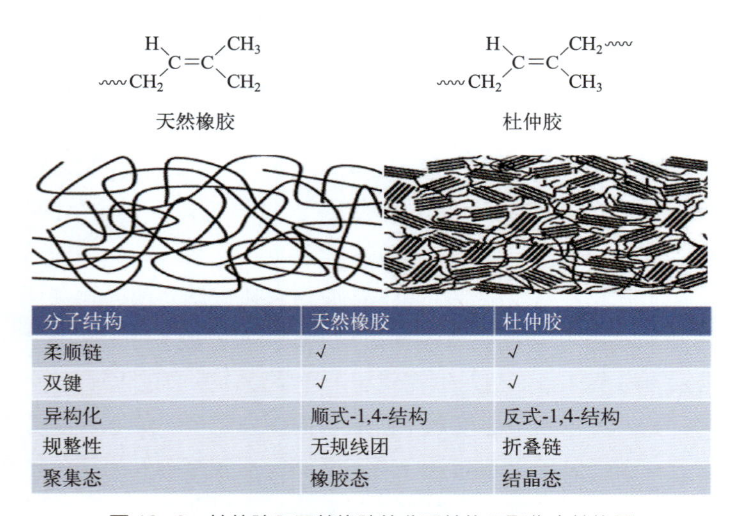

分子结构	天然橡胶	杜仲胶
柔顺链	√	√
双键	√	√
异构化	顺式-1,4-结构	反式-1,4-结构
规整性	无规线团	折叠链
聚集态	橡胶态	结晶态

图 16-3　杜仲胶和天然橡胶的分子结构及聚集态结构图

1847 年，德国炮兵军官维尔纳 · 冯 · 西蒙发现古塔波胶（和杜仲胶化学成分相同）具有较强的耐海水腐蚀及耐酸碱性，并且绝缘性能异常优异，不吸水，因而非常适合应用于地下或者水下电缆的绝缘包覆材料。这一发现为古塔波胶在水下电缆的绝缘包覆材料方面的应用奠定了基础，因此古塔波胶很快就被应用于海底电缆以及地下电缆的铺设。随着欧洲和美洲大陆大西洋海底电缆的铺设以及维修，古塔波胶的需求量猛增。从 1844 年至 1896 年，全球总计生产出 6 万吨古塔波胶，其中应用于海底电缆的达到 48000t，其他用于酸碱容器、高尔夫球、装饰器件及其他工业制品。从 1900 年至 1940 年，平均每年有 2000 ～ 3500t 古塔波胶被生产出来，而其中用于修补海底电缆所需要的古塔波胶就达到了 750 ～ 1000t。

国外杜仲胶生产方面，目前仅有日本日立造船株式会社生产实验室规模生产杜仲胶，主要用于科研。此外，日本可乐丽（Kurary）公司于 1974 年开始生产合成反式 -1,4- 聚异戊二烯，产量约 400 吨 / 年，牌号为 TP-301，门尼黏度为 30，主要应用于牙科填充材、高尔夫球壳、医疗器械、鞋类、热熔胶、胶黏剂、纤维复合材料等。

国内目前有 6 家企业具备提取杜仲胶的能力，设计总产能 500 吨左右，但由于成本达到天然橡胶价格的近 30 倍，提取装置的开工率很低，因此没有形成市场，仅间断性生产少量研究用胶。其中仅有两家公司能够生产杜仲胶，均是小中试装置，间歇性地按照以销定产的方式生产。一家是山东贝隆生物工程有限公司，中试装置规模 30 吨 / 年，基本供应科研用胶，产量小于 10 吨；另外一家是安康华晔现代杜仲产业有限公司，小试装置规模 10 吨 / 年，目前基本处于停产状态。此外，青岛竣翔科技有限公司使用化学合成工艺生产反式 -1,4- 聚异戊二烯，产能 3 万吨，目前每年产量可以达到 400t（表 16-1）。

表 16-1　我国杜仲胶生产状况

生产商	产能 / 年	产量 / 年	牌号	指标（门尼黏度）
青岛竣翔	3 万吨（合成）	400 吨	TPI- Ⅰ	＜ 20
			TPI- Ⅱ	20 ～ 40
			TPI- Ⅲ	40 ～ 60
			TPI- Ⅳ	60 ～ 80
			TPI- Ⅴ	80 ～ 100
			TPI- Ⅵ	＞ 100
山东贝隆	30 吨	＜ 10 吨	EUG ZP 090	75 ～ 105
			EUG ZP 090	105 ～ 135
安康华晔	10 吨	—	—	—

随着杜仲胶的一些特殊性能，比如超级耐疲劳特性，高抗冲击特性，抗撕、耐扎、耐穿刺特性，形状记忆特性，透声特性等不断被挖掘出来，杜仲胶的应用研究逐步得到拓展。

杜仲胶的应用目前处于缓慢增长的状态，其应用领域表现在四个方面：其一是生物医用领域，包括牙胶尖、体育护具、残疾人辅具、医疗器械等，每年有 10 ～ 50t 的用量；其二是耐磨鞋底制品，年用胶量 20 ～ 50t；其三是耐疲劳减振制品领域，包括减隔振器、空气弹簧、减振支座等，每年有 200t 的用量；其四是长寿命轮胎领域，目前杜仲胶已经逐步被轮胎工业接受，年用胶量 100 多吨，具有代表性的是江苏通用科技股份有限公司规划的 5 万套千里马杜仲胶载重轮胎已经正式生产，其余赛轮、中策、双钱等轮胎公司也在尝试制备各自的杜仲胶轮胎。具体见表 16-2。

表 16-2　杜仲胶应用领域及用量

应用领域	用量
牙胶尖	10 ～ 50t
鞋底	20 ～ 50t
减振制品	200t
轮胎	100t

杜仲胶的制备离不开大规模杜仲原料的供应，以及绿色、高效、低成本提胶工艺的开发。目前国内已经开发出两种适合大规模工业化生产的杜仲栽培模式，一种是西北农林科技大学开发的杜仲叶林栽培模式；一种是中国林科院开发的杜仲果林开发模式。在杜仲提胶工艺方面，已经开发出碱煮法工艺、溶剂法工艺和生物法工艺。杜仲胶可以从杜仲叶、皮、籽中提取。杜仲皮是名贵中药材。杜仲叶产量大，容易集中，成为目前杜仲胶提取的主要原料，但缺点是含胶量太低，需要处理的废渣太多。杜仲籽含胶量高，目前已经开发出适于工业化生产的果园化栽培模式，大大提高了杜仲籽的产量，成为目前提取杜仲胶的主要原料。日本可乐丽公司采用钒体系或者钒钛体系催化溶液聚合工艺合成 TPI。由于采取溶液聚合工艺，条件相对温和，分子量及分布等指标容易控制，溶剂脱除相对容易，因此质量比较稳定。

青岛竣翔科技有限公司采取负载钛催化异戊二烯单体本体聚合工艺合成 TPI。由于采取本体聚合工艺制备 TPI，合成条件比较苛刻，合成后期由于黏度较大，分子量及分布等指标难以控制，溶剂脱挥难度较大。后期通过优化工艺，制备出质量稳定的多个牌号 TPI。

杜仲叶林定植三年后，产量就会比较稳定，每年产木材约 1.5t/ 亩；干叶约 1t/ 亩；树皮约 0.5t/ 亩。按照干叶绿原酸含量 3%，可以实现亩产绿原酸 30kg；按照干叶含胶量 2%，干枝皮含胶量 6% 计算，可以实现亩产杜仲胶 50kg，接近我国三叶天然橡胶亩产 60kg 的水平，与传统乔林相比，明显提高。但由于杜仲叶本身的含胶量较低，目前提取杜仲胶的生产成本还比较高，因此提高杜仲叶的含胶量将是今后杜仲胶研究的一个重点方向。

（3）蒲公英橡胶　蒲公英橡胶又称青橡胶草橡胶、橡胶草橡胶，由草本植物青胶蒲公英的胶乳制得。生胶集中于根部皮中的乳汁内，约占 8% ～ 10%（质量百分数）。工业用生胶一般含橡胶烃 80% ～ 86%、树脂 10% ～ 11%，铁和锰含量较高；易老化，贮藏前应先加入防老剂；加热易软化；黏度高；可溶于天然橡胶的普通溶剂中；其硫化胶的物理化学性质近于烟片胶，但耐热性和定伸强度很低。

全球天然橡胶全面告急，很多汽车轮胎企业早就紧盯蒲公英不放。如固铂、普利司通、马牌轮胎等，已经投入了数百万美元支持不同的研究团队研究。2007 年，固铂和普利司通在美国俄亥俄州开展了第一个蒲公英提取橡胶的试验项目。2008年，荷兰女科学家英格丽德·范德梅尔开展蒲公英提取橡胶研发项目，印度Apollo轮胎公司和捷克的拖拉机轮胎制造商Mitas是其商业合作伙伴。2010年年底，德国大陆集团联合明斯特大学开始对蒲公英橡胶开展研究。项目组已将提取得到的蒲公英橡胶用于试制轮胎和其他橡胶配件。在2014年德国汉诺威举办的国际汽车展（IAA）上，德国大陆公司展示了由蒲公英橡胶成功制成的第一批试验轮胎。大陆公司将这种蒲公英橡胶命名为Taraxagum，它是从蒲公英的植物名称Taraxacum衍生而来。大陆公司计划在5～10年内实现蒲公英橡胶工业化批量生产。

2011年，福特发布消息称与美国俄亥俄州立大学联合进行了此方面的研究，俄亥俄州立大学的农业研究与开发中心（ARDC）主导的是俄罗斯蒲公英（Taraxacum kok-saghyz，TKS）的栽种和试验。之后福特汽车公司将蒲公英橡胶作为抗冲改性剂掺加到塑料中，用来制造汽车上的杯架、地垫和内饰。

2012年，普利司通公司与美国俄亥俄州立大学合作，用自主开发的提胶技术，成功地从哈萨克斯坦等地原产的蒲公英根部提取出制作轮胎用的天然橡胶。2014年，普利司通公司用蒲公英橡胶完成轮胎试生产，并在2020年以后将蒲公英橡胶轮胎投入实际使用。

2012年，山东玲珑轮胎股份有限公司与北京化工大学签署了合作开发蒲公英橡胶协议，这标志着中国开始进入蒲公英橡胶研究领域。2015年，由双方主导的“蒲公英橡胶产业技术创新战略联盟”成立，我国蒲公英橡胶产业进入商业化快车道。蒲公英橡胶这一绿色新材料成功实现商业化开发，将拓宽我国天然橡胶供应的渠道，增强我国天然橡胶企业的国际竞争力，并为我国天然橡胶资源的长久、安全、稳定供应做出巨大贡献。

16.2 对新材料的战略需求

新型生物基合成橡胶是我国原创的橡胶品种，基于多年的基础研究，目前两个橡胶品种均进入了中试阶段，可以制备小规模批量化产品，开发了包括生物基轮胎、生物基鞋、生物基耐油密封圈等橡胶制品应用，具有重要的社会意义和经济效益。在“双碳”战略和环保的大背景下，大力开发新型生物基合成橡胶是必要且亟须的，有助于推动橡胶行业的可持续绿色发展，提高我国在橡胶领域的国际影响力，保持我国在生物基合成橡胶的国际引领地位。例如，全球最大的合成橡胶公司阿朗新科公司于2020年将“生物基聚酯橡胶”开发列入了公司的重点发展方向，已经开始追赶我国的生物基合成橡胶技术。

因此，我国需要大力发展生物基合成橡胶，应从国家政策上给予支持，包括人才政策和经济政策。主要如下：

① 将生物基橡胶列入科技部和工信部重点发展项目方向，在国家项目上给予支持，开发创新的生物基橡胶新品种；

② 生物基橡胶的价格相对于石油基橡胶的价格要高，期望国家出台相关支持政策，给予生物基橡胶尤其是可降解生物基橡胶在生产和销售一定的补贴，加快其市场化；

③ 制定相关标准，针对污染性较大的橡胶轮胎、橡胶鞋的应用领域，制定出可降解制品

的相关标准，推动可降解橡胶上下游企业共同发展；

④ 加强环保宣传，提高生产企业和消费者的环保理念，从终端向前端反推，从而促进生物基橡胶的快速发展。

对于生物基天然橡胶尤其是高性能天然橡胶的质量和产量是我国急需解决的问题，第二天然橡胶如蒲公英橡胶产量不高、技术仍需完善，短时间内仍很难大量取代进口天然橡胶。通过新技术、新工艺量产高性能天然橡胶是解决我国高性能天然橡胶依赖进口较为快捷的方法之一。而高性能天然橡胶能够大力发展，需要国家从政策上予以支持，主要如下：

① 支持橡胶树的新品种培育和更新，从源头上提升天然橡胶性能。自从我国突破系列技术难题成功引种橡胶树后，品种改良速度缓慢，品种单调且良种缺乏，产量和抗逆性与国际上有较大差距，尤其缺乏既高产又抗逆的优良品种，因此，必须持续加强新品种培育。建议依托我国橡胶育种优势力量，联合三大农垦集团成立国家橡胶种业技术创新中心，开展高产优质抗逆耐低温种质资源挖掘、核心种质创制、生物育种技术开发及重大品种培育研究，提高橡胶树产胶品质及亩产量。与此同时，实施天然橡胶品种更新专项行动，加快推进低产胶园更新，参照退耕还林、退牧还草政策，每年给予一定亩数的橡胶品种更新专项资金支持，争取 5 年时间完成老、残、低产胶园的良种更新。

② 加强橡胶树科学抚管技术研究，增强优质天然橡胶原料的供给能力。我国橡胶园从种植到采收全过程主要依靠人力，抚管和割胶技术落后，由于成本问题和劳动繁重，各项技术标准难以落实，导致橡胶的产量和品质受到严重影响。因此，急需研发高效的橡胶树抚管技术与病虫害防治技术，应用人工智能、云计算、物联网等新一代信息技术，提高橡胶树抚管的精细化、智能化水平，并加快研制先进适用的采割机器人，提升天然橡胶采割的标准化水平。与此同时，提高橡胶园的信息化管理水平，建立胶园信息资源库，对园地位置信息、林木资产信息、林地抚管信息、割胶生产信息、原料收购信息、灾害信息进行收集记录和管理，并建立胶园质量追溯系统，提高原料的稳定性和一致性。此外，依托三大农垦集团划定建设国家核心胶园，强化现代化抚管和智能化采割技术应用，加强对种植—抚管—采割各环节的技术细节控制，提高天然橡胶的质量一致性水平，使其具备年产 20 万吨以上高端用途天然橡胶的能力。

③ 加强高性能天然橡胶绿色加工技术研发，实现高端用胶自主可控。我国现有加工技术的落后对橡胶品质造成了严重影响，需加强高性能天然橡胶绿色加工替代技术研发，加快实现国产胶乳制备高端用途天然橡胶的技术突破和产业化应用。一方面，支持相关基础研究，从源头上为加工技术和加工工艺改进提供创新思想和路径。包括深入开展加工工艺对天然橡胶结构性能影响规律与内在机理研究，明确天然橡胶分子结构、蛋白质含量、交联点等结构特征与天然橡胶综合性能的关联关系，国产标准胶与进口烟片胶存在质量差异的内在机理，国产鲜胶乳与进口胶乳在生物合成机制、分子结构与成分组成等特征方面的差异性，以及天然橡胶的成分和结构性能等。另一方面，设立天然橡胶国家产业技术中心，推动农垦集团、加工企业与下游应用企业组建联合体，面向不同领域对高性能天然橡胶的特殊需求，研制高性能天然橡胶绿色精细加工技术，尽快实现国产胶乳制备高性能天然橡胶的技术突破，形成

稳定的工程化生产能力。与此同时，健全产学研用合作机制，加快国产胶在高端装备中的应用推广，通过上下游融合联动，建立国产胶的应用和考核评价体系，不断优化天然橡胶加工工艺，稳步实现高端用胶的国产化。

④ 建立种植—采割—加工—应用全流程标准体系和质量管理体系。面向国防军工和民用高端装备对天然橡胶性能的高要求，建立统一的高性能天然橡胶全流程标准体系，包括胶园标准、管理标准、技术标准、原料标准、性能标准等。建议开展胶乳原料精细化和标准化研究，制定胶乳专用规格体系和原料等级标准体系，为天然橡胶加工技术研究和国产化研制建立原材料标准；完善天然橡胶性能评价标准，对关键指标实行区间限位；建立高性能天然橡胶质量管理体系，加强对国产天然橡胶种植—采割—加工等环节的技术细节管理，推进天然橡胶标准化种植管理，建立天然橡胶抚管采割技术标准规范，提升胶乳原料的质量稳定性；建立高性能天然橡胶工业化标准生产体系和质量管理体系，增加质量稳定性控制指标，提高国产天然橡胶产品的质量一致性水平。

⑤ 加快天然橡胶仿生合成替代技术研发应用。在替代技术研发方面，加快推进多规格仿生合成橡胶研发和产业化，稳步实现对高性能天然橡胶的大规模替代。目前，德国弗劳恩霍夫协会已经研制出一种磨损性能较天然橡胶更优的仿生合成橡胶，可用于载重大的卡车轮胎。我国也已经贯通仿生合成橡胶的中试技术链条，并在航空轮胎上得到了初步验证。建议下一步围绕国防军工及民用高端装备对高性能天然橡胶的需求，加快研制面向不同应用领域、满足不同性能要求的仿生合成橡胶产品。加强研—产—用衔接，支持军工应用部门开展仿生合成橡胶的测试和替代验证工作，加快提升仿生合成橡胶的技术成熟度，不断推进仿生合成橡胶的产业化应用步伐，尽快实现对军事装备、航空轮胎用高性能天然橡胶的替代。

对于杜仲胶，要以杜仲胶大规模的产业化应用作为主要抓手和突破口，突破杜仲胶产业应用的技术瓶颈，有力地推动杜仲胶在我国橡胶工业中的应用，促进杜仲资源大体量市场需求的尽快形成，在一些高端材料应用领域满足国家的重大需求，并实现以杜仲胶的产业应用为龙头，带动杜仲资源培育和综合开发在内的杜仲全产业链上下游各相关产业的协同发展。杜仲胶大规模产业化开发，有利于缓解我国天然橡胶对外依存度过高的局面，能够为提升我国轮胎工业产品的技术水平和相关军事装备的性能提供技术与材料支撑。此举同时也是振兴传统中医药、发展健康产业和绿色产业的有机组成部分，绿化荒山的同时也可以带动山区农民脱贫致富。

蒲公英橡胶是国家战略物资天然橡胶的最佳替代和补充，具有光明的发展前景，但要实现大规模商业化生产还需要政府的大力引导与支持，集结国内优秀企业和科研机构，坚持走独立自主与国际交流相结合的道路。首先，在种质资源创新问题上，应该结合常规育种和基因工程等生物技术的优势，积极引进国外优良品种，大幅提高橡胶草含胶量和生物质含量；其次，针对国内土地资源紧张问题，需要政府合理规划，充分利用荒漠沙地、河湖滩涂、盐碱荒滩等未利用地，逐步建立符合地域环境的橡胶草培育模式；最后，发挥“蒲公英橡胶产业技术创新战略联盟”的平台优势，形成产学研用一条龙的合作体系，推进蒲公英橡胶研究工作从基础理论转向产业化工程技术，在企业中真正实现轮胎、垫圈、输送带等相关产品的开发，掌握菊糖、乙醇等副产物的配套开发技术，实现蒲公英橡胶商业价值的最大化。

16.3 当前存在的问题、面临的挑战

生物基可降解聚酯橡胶和生物基衣康酸酯橡胶是我国原创的两个新型橡胶品种，国际上并无相关产品，具有完全自主知识产权。虽然我国在该领域实现了国际引领，但这两个生物基橡胶品种在市场开发上仍然面临一些困难，比如国内对可降解高分子材料的重视程度还不够，产品应用主要对口的是欧美市场，且生产成本较高。

从原材料角度考虑，我国在生物炼制领域已经具有很高的成熟度，生物基的二元酸和二元醇都可以保证独立自主生产，基本不需要进口，但有些生物基单体产能还不是很高，比如生物基丁二醇和生物基丁二酸单体，需要利用石油基的单体来制备生物基合成橡胶。

从聚合角度考虑，我国已经打通了生物基合成橡胶千吨连续化生产试验，并获得了基本符合要求的产品，但是面向该新型生物基橡胶的专用催化剂和专用设备成熟度还不够，仍需要进一步提升，以获得更高分子量和性能的生物基合成橡胶，从而可应用于更多应用领域，替代传统石油基橡胶材料。

从加工应用角度考虑，针对新型可降解聚酯橡胶的配方体系研究还不够成熟，需要加大在橡胶复合改性、交联、橡胶共混等加工领域的研究，以满足更多的应用性能要求。

对于生物基天然橡胶，仍存在巨大缺口。我国天然橡胶年产量基本稳定在 80 万～ 85 万吨，约占全球 6%。在消费方面，除了国防军工和高端民用装备使用的天然橡胶外，其余绝大部分被用于常规用途，主要集中在轮胎制造（约 70%）、橡胶管带（10%）、鞋材（10%）及其他橡胶制品（10%）。根据中国天然橡胶协会数据，2021 年我国天然橡胶总产量为 85 万吨，而消费量却高达 598 万吨，存在 513 万吨的供给缺口，远不能满足消费需求。对于天然橡胶的加工工艺来说，我国的天然橡胶产业生胶初加工生产仍然停留在 20 世纪八九十年代的水平，主要工艺设备没有重大突破，进步缓慢，天然橡胶加工企业“小、散、弱”问题突出，生产工艺存在能耗、物耗较高，劳动生产率低，自动化水平低，环境污染严重，以及产品批次量小、一致性差、产品附加值低等问题。此外，由于种植纬度过高以及生产工艺落后等因素，目前我国生产的天然橡胶普遍产量不高、性能不佳。在产量方面，与泰国年均亩产 153kg 的产量相比，我国年均亩产仅有 70kg；在品质方面，与进口胶相比，力学性能指标普遍低于进口天然橡胶，只能满足于中低端大众化普通橡胶制品的要求。对于国防军工橡胶产品、航空轮胎、高端汽车轮胎等高端橡胶制品所用高性能天然橡胶只能依赖进口。在我国矿山机械领域使用的高端橡胶制品绝大部分市场多年来被美国的美卓、韦尔，德国的 AKW 控制着。

对于第二天然橡胶，尽管杜仲胶和蒲公英橡胶潜在的开发利用价值很大，但产业总体上体量不大，企业规模与产品销量偏小，技术含量和综合利用水平偏低；资源状况与现代利用方式不匹配，无论是总量还是结构都无法满足现代产业发展的需要；引领全产业链系统开发的主要抓手——第二天然橡胶的应用开发严重滞后，市场基本空白。杜仲胶还存在

许多问题，包括其还未形成产业化，在市场上未形成大体量的杜仲胶需求，以及其应用仍不够广泛等。随着国内外关于橡胶草的研究迅速发展，蒲公英橡胶已经显示出巨大的应用前景，但如何实现其潜在商业价值的最大化，还存在一系列的理论问题和技术难关。例如：目前已知品种的橡胶草含胶量还不够高，达不到可大规模产业化的要求；橡胶草的地下根部不够粗大，生物质含量不多；提胶成本过高，处于溶剂法向水基溶剂法提取的过渡阶段；副产品菊糖和乙醇的开发还不系统，不能有效分担提胶成本；橡胶草资源产业链综合开发利用尚未展开，生物资源利用效率不高。国外在蒲公英橡胶开发方面起步比国内早，目前已经培育出含胶量较高的三代橡胶草；在高产栽培技术及农艺管理方面形成了一整套现代机械化操作手段；在分子生物学方面完成了基因测序，绘制了基因图谱；在提取技术方面建立了环保的绿色水基提胶技术；不仅制备出原型概念胎，并且已经申请了相关商标，正式进入产业化的轮胎路试阶段。而我国刚进入二代橡胶草的育种阶段，提胶技术还停留在水提 - 溶剂法摸索过程，相关栽培技术和大规模农艺管理方法也正在研发中，应用方面仅制备出了概念化原型样胎。

16.4 未来发展

我国承诺要在 2030 年完成碳达峰，2060 年实现碳中和，而橡胶是六大化工新型合成材料之一，我国年消耗量达到 1000 万吨以上，在其生命周期内产生大量的碳排放，据计算，平均每吨合成橡胶全生命周期可产生二氧化碳 10.2t 左右，大力开发生物基橡胶可以有效解决橡胶领域碳排放问题。在生物基橡胶结构设计及应用领域，应继续加大我们的知识产权发展和保护力度。目前我国在生物基橡胶领域仅有不到 100 项发明专利，期待“十四五”超过 200 项。由于新型生物基橡胶的结构设计与相应生物基单体开发应用，保护结构设计与调控所用单体价格十分关键，期待国家执法部门大力保护和支持。我国对 2035 年生物基橡胶的发展规划如下：

至 2035 年，两种新型生物基合成橡胶完成分子结构设计、工艺优化等，打通万吨级连续生产工艺流程，并开发出性能稳定、符合产品性能要求的工业化产品，实现其在低温耐油、聚酯塑料增韧、可降解鞋子、可降解轮胎等领域的应用。生物基合成橡胶的发展主要是围绕新产品、高性能、可控降解等方向，要进一步建立健全新型生物基合成橡胶材料领域行业标准和规范。

从聚合反应机理这一科学问题进行研究，明确单体的配比、催化剂的种类与用量、聚合温度、聚合时间、聚合环境等与生物基合成橡胶性能的相应关系。分子量对于橡胶的加工性能和力学性能有重要的影响，对于生物基聚酯橡胶，如何通过缩合聚合制备得到高分子量生物基聚酯橡胶是关键科学问题。此外，生物基合成橡胶的分子结构设计与合成工艺、高效环保催化剂的开发是重要的途径，专用聚合反应器的设计与开发、低温连续生产聚合工艺路线的设计以及后处理工艺是获得高分子量生物基聚酯橡胶的关键因素。

在应用方向上，生物基合成橡胶的发展需要结合分子结构设计、材料性能突破与橡胶加工配方优化，以获得性能多样化的橡胶材料，并大力推广应用，实现生物基合成橡胶的产业化，优先在耐油橡胶领域取代丁腈橡胶和丙烯酸酯橡胶，进一步在可降解鞋子、可降解轮胎领域实现突破，在国际上首次实现可降解鞋子和可降解轮胎制品的应用。

对于天然橡胶而言，在橡胶树品种方面，到2035年时，依托三大农垦集团成立国家橡胶种业技术创新中心，我国应基本完成橡胶树的新品种培育和更新，同时也应完成橡胶树的科学抚管，从源头提高天然橡胶的性能、质量稳定性和产量，具备年产30万吨以上的高端用途天然胶乳的能力。在加工技术方面，通过探究加工工艺对天然橡胶性能的影响规律与内在机理，明确国产标准胶和进口胶性能差异的根本原因，从而改善加工技术，至2035年时，应已建设完成天然橡胶绿色精细加工生产线，实现国产胶乳制备高性能天然橡胶技术的突破，完成对天然橡胶的加工优化，实现高端用胶国产化。同时应已建立好高性能天然橡胶全流程标准体系和质量管理体系，从种植、采割、加工到应用全面规范高性能天然橡胶生产体系，有效提高国产高性能天然橡胶的质量一致性。2035年时，我国高性能天然橡胶应可以完全实现国产化，解决我国高性能天然橡胶被“卡脖子”的问题，能够满足我国高性能天然橡胶在军工和高端领域的需求，实现自给自足。

相比较于三叶橡胶树，我国有更多的国土面积适合种植蒲公英，因此其是我国天然橡胶这一战略物资的最佳替代和补充。至2035年时，我国橡胶草的选种和培育应至少追赶国外先进水平，且培育出含胶量较高的第三代橡胶草。在高产栽培技术方面应形成一套标准化流程，应已完成从溶剂法向水基提胶法的过渡，从而建立起绿色高效低成本的橡胶草提胶工艺。对于其副产品菊糖和乙醇的开发应已基本完善，从而能有效分担橡胶草的提胶成本。蒲公英橡胶轮胎等制品应已完成路试等，进入产业化阶段。

对于杜仲胶，至2035年时，我国杜仲胶的栽培和种植技术应取得成果，形成杜仲资源的高效培育，年产量相比较现在有显著提高。还应形成完善的生产工艺流程，同时绿色环保的提胶工艺也应逐渐应用，形成杜仲胶的大规模产业化应用，突破杜仲胶产业的技术瓶颈。杜仲资源在未来会逐渐形成大体量的市场，同时在医用、运动、军用等许多高端领域获得大量的应用等。

作者简介

张立群，中国工程院院士，华南理工大学党委副书记、校长，我国橡胶材料领域主要学术带头人。在“高性能橡胶纳米复合材料、绿色橡胶材料和特种功能橡胶材料”领域取得多项成果，已转化应用于国内众多企业。先后主持国家和省部级项目30多项。以第一完成人获得国家技术发明奖二等奖2项、国家科技进步奖二等奖1项、国防技术发明奖1项。主编著作2部。授权发明专利120件。发表SCI文章400篇。

吴卫东，博士，研究员，中国化工学会橡塑绿色制造专委会秘书长。致力于橡胶配合剂的先进预处理技术和预分散母胶粒的产业化技术，以及纤维状填料增强橡胶基复合材料结构与性能和应用的研究。近年来承担了2项国际合作项目，20余项产业化研究课题。授权10多项中国发明专利。

张继川，博士，研究员，弹性体材料节能和资源化教育部工程研究中心副主任，中国蒲公英橡胶产业技术创新战略联盟副秘书长。主要致力于第二天然橡胶产业化综合开发及关键技术研究。主持国家重点研发计划 1 项，国家自然科学面上基金项目 2 项。发表 SCI 文章 20 余篇。授权专利 20 余项。发表专著 1 部。

王朝，博士，北京化工大学材料学院教授。专注于生物基合成橡胶领域研究，近年来主要从事生物基共聚酯橡胶的分子结构设计、工程化和应用开发，以及橡胶用绿色环保助剂的开发。带领团队完成了我国原创生物基聚酯橡胶的千吨连续化生产试验，解决了放大生产过程中出现的一系列技术难题，实现了聚酯橡胶从实验室到中试的工程化进程。2018 年获“中国橡胶科技创新奖”。

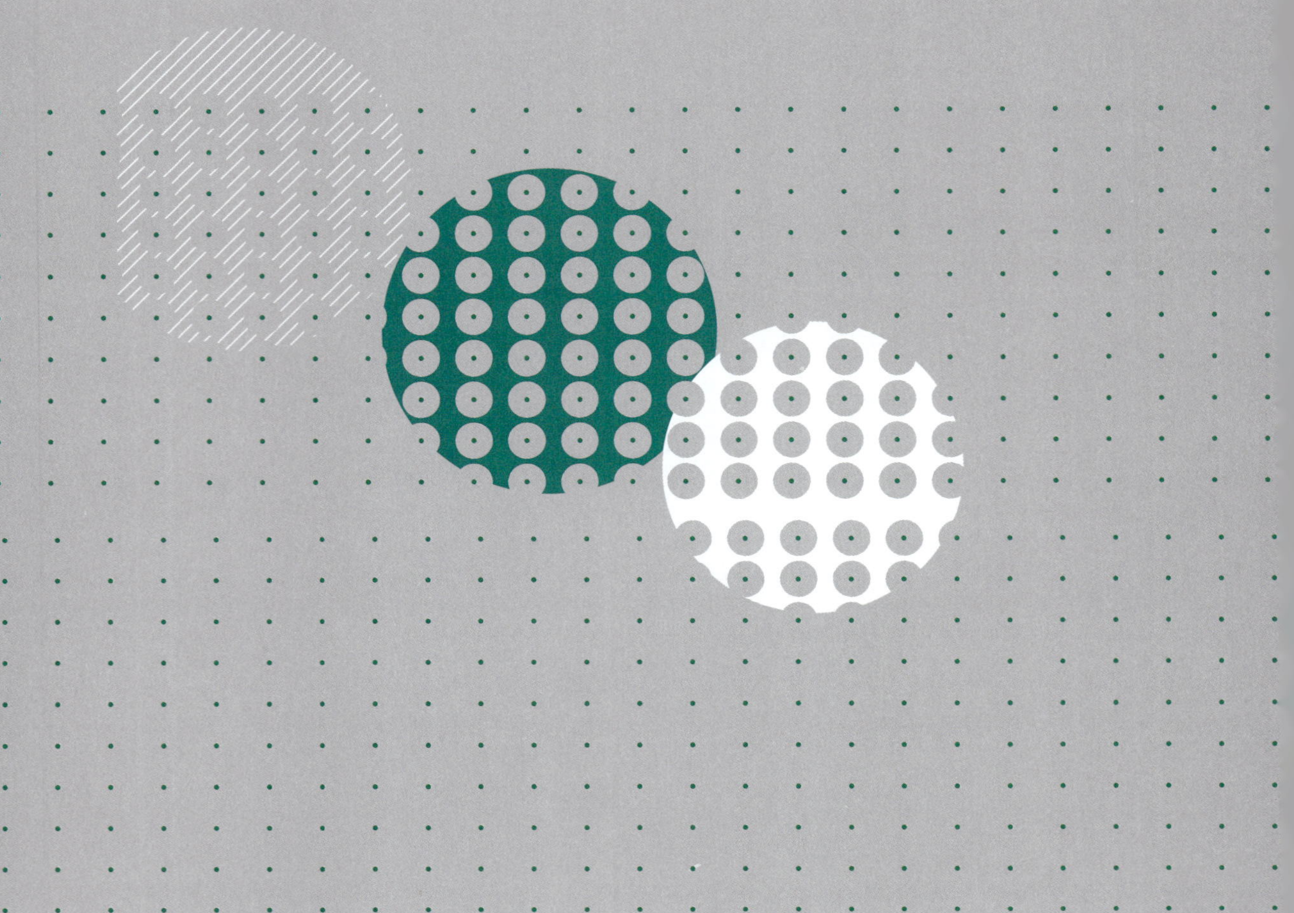

2022

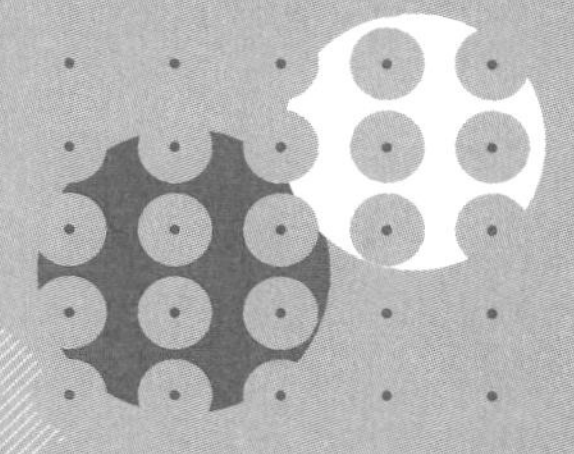

第四篇

资源综合利用

第 17 章

战略性稀贵金属材料资源利用

陈家林　赵云昆　闻　明　王怀国

17.1 概述

贵金属包括铂（Pt）、钯（Pd）、铑（Rh）、锇（Os）、铱（Ir）、钌（Ru）、金（Au）、银（Ag）八个元素，在元素周期表中为过渡族元素，在地球元素中属于稀缺金属之列。其中，铂（Pt）、钯（Pd）、铑（Rh）、锇（Os）、铱（Ir）、钌（Ru）六个元素被称为铂族金属（PGM），又称为稀有贵金属。贵金属位于元素周期表中第Ⅷ主族的第 5 和第 6 长周期，属于过渡金属，具有熔点高、强度大、电热性稳定、抗电火花蚀耗性强、耐蚀性优良、高温抗氧化性能强、催化活性良好等共性特点；有些元素还表现出特别优异的特性，例如钯吸氢能力最强，常温下 1 体积钯能吸收 900 ～ 2800 体积的氢，在真空下加热到 100℃，溶解的氢就能完全释放出来；铱是唯一能在氧化性气氛下升温至 2300℃，且不会严重损失的金属；铑、钌、铱能抗单一的酸和化学试剂的侵蚀，甚至在王水中也很难溶解。铂族金属被发现和利用的历史并不长，但因其难以替代的物理化学性能，很快便广泛应用于现代工业和尖端技术中。铂族金属已成为汽车、石油化工、精细化工、玻璃、医药、环保、航空航天、国防军工等领域不可或缺的关键材料，是现代工业、先进技术和战略性新兴产业发展的重要推动力，被誉为“工业的维生素”和“第一高技术金属”，同时也是全世界的“战略储备金属”。

全球铂族金属资源稀缺且分布高度集中。铂族金属元素在地壳中的丰度极低，属于“痕量元素”，开采难度大，资源主要集中在南非、俄罗斯、津巴布韦等少数几个国家。据美国地质调查局（USGS）2022 年最新数据，截至 2021 年底，全球已探明铂族金属储量为 7 万吨，其中南非 6.3 万吨、俄罗斯 4500 吨、津巴布韦 1200 吨、美国 900 吨、加拿大 310 吨。南非、俄罗斯、津巴布韦的储量累计占到全球铂族金属储量的 98.14%，资源分布高度集中。

南非和俄罗斯是全球铂族金属最大的两大产地，累计产量占全球80%以上（图17-1），其中：南非供应了全球70%以上的铂和35%左右的钯；俄罗斯的钯产量全球最大，占到40%以上，铂产量占全球13%左右。我国铂族金属资源以伴生矿为主，大多数具有规模小、品位低以及伴生于铜、镍、铁等金属矿床中的特点。目前国内已探明的矿床主要有甘肃金川白家嘴子、云南弥渡金宝山、四川杨柳平、新疆富蕴喀拉通克等。自然资源部《中国矿产资源报告2021》指出，我国已探明铂族金属储量为126.73t，其中甘肃金川白家嘴子的储量为124.6t，占全国储量的98%，是目前国内唯一铂族金属矿产来源。1965年以前，我国仅从有色金属冶炼的副产品中回收数量有限的铂、钯。到1960年初，昆明贵金属研究所与中国科学院地矿所、北京矿冶院共同对白家嘴子镍矿进行地质评价和铂族金属冶炼提取工作，首次实现了从我国矿藏中提取出铂族金属。我国铂族金属矿产资源严重匮乏，目前我国每年的铂族金属产量为3～4t，远无法满足国内铂族金属消费需求，高度依赖进口。

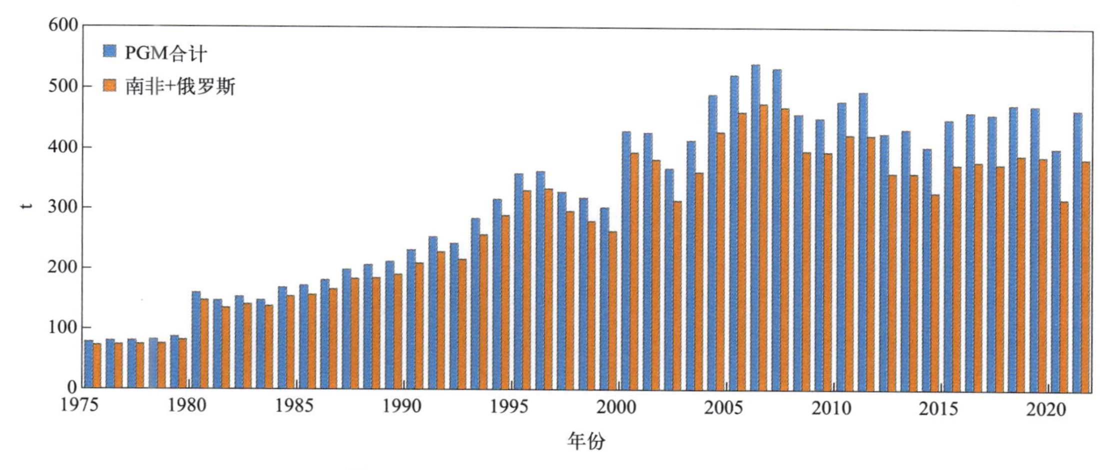

图17-1 1975—2021年全球铂族金属产量

21世纪之前，我国铂族金属工业需求量很小。随着我国经济快速发展，铂族金属的需求稳步增长，特别是在汽车、化学及石油化工、玻璃和电子电气行业。1998年，我国铂族金属工业需求量仅4.8t，占全球铂族金属工业总需求量的1.3%；2007年，我国需求量达到48.8t，占全球10.2%；2018年，我国首次超过欧洲，成为全球最大的铂族金属工业市场。2021年，我国铂族金属总需求量为182.1t，其中工业需求量160.2t。工业需求中：汽车尾气净化催化剂占55.3%；化学及石油化工占17.5%；玻璃行业占15.5%；电子电气行业占6.6%；污染控制行业占1.2%；生物医疗行业占0.8%；其他行业约占3.1%。如图17-2所示。商务部发布的《中国再生资源回收行业发展报告（2019）》数据显示，2019年我国报废机动车量为229.5万辆，约含5t铂族金属。未来3～5年的时间内，我国的汽车报废量将占汽车保有量的4%～7%（欧洲5%～8%），预计2025年中国市场报废汽车2280万辆，约含50t铂族金属，2035年报废汽车4200万辆，约含铂族金属130t，我国铂族金属二次资源（城市矿产）比较丰富。

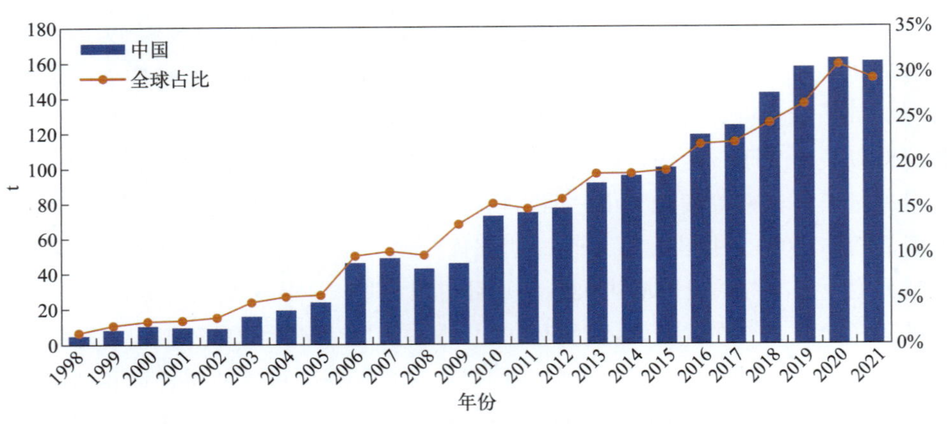

图 17-2　中国 1998—2021 年铂族金属工业需求量及全球占比

17.2 稀贵金属新材料的应用

稀贵金属材料的工业应用至今已有 200 多年的历史。从 1550 年 Pt 的发现，1885 年第一支 Pt-10Ru/Pt 热电偶问世和 1927 年 Pt-10Ru/Pt 国际温标的确立，到 1871 年溴化银感光板的发明及工业化应用。20 世纪中期，原子能、计算机、空间技术出现和光纤实用化进一步推动了贵金属材料的规模化发展，强化了稀贵金属材料在国民经济、军工航天和传统工业中的地位，世界各国都将它列为“战略物资”。20 世纪后期以来，稀贵金属独特的催化活性与高综合稳定性相继被发现并在工业催化、新能源和环境保护领域发挥重要作用，并成为人类社会可持续发展的关键材料之一。比如作为石油重整、烷烃 / 芳烃的异构化、加氢、脱氢、机动车尾气净化的催化剂，C—C 偶联、C—H 插入和 CO 加成反应等的均相催化剂；用于新能源氢制备及燃料电池电极；用于心脏起搏器、心脏纤维性颤动排除器、膈神经刺激器、神经修复装置、药物注入泵、体外用电极；用于集成电路逻辑芯片、存储芯片，二极管、三极管、LED、传感器中的接触层、肖特基势垒层、阻挡层、黏结层、电极层；用于微电机电刷、换向器、微动开关、温控器、继电器、连接器、断路器等；用于 IC、存储器、射频 RF、MEMS（微机系统）、结型场效应管、光电耦合器、分立电子元器件、加速度计、惯导平台等；用于分子驱动 IC，OLED 显示面板的 Ir 配合物、Ru 配合物、Pt 配合物、Os 配合物等磷光材料及光电转化 Ru 化合物染料。

铂族金属在全球属于稀缺资源，发达国家均把资源循环利用技术作为一个重要的产业关键环节加以布局及支持，其二次物料主要产生渠道为尾气净化失效催化剂、精细化工和石油化工失效催化剂、电子废料等领域。稀贵金属的循环利用率比较高，这是整个稀贵金属产业可持续发展的基础。

17.2.1 稀贵金属资源的循环利用

随着我国国民经济的高速发展，我国稀贵金属的使用和消费量剧增，已经居世界前列。

我国已成为世界铂族金属（铂、钯、铑、铱、钌）第一大消耗国。其中，我国汽车、石油化工及精细化工产业的高速发展，助推了铂族金属的使用量不断上升，同时沉淀了巨额的城市活动矿产资源。例如，我国已经成为全球汽车生产大国，汽车尾气净化催化剂是世界上铂族金属使用量最大的行业，占了总需求量的50%以上，超过了所有行业对铂族金属的需求。在未来十年中，我国汽车保有量增加到2亿辆以上是必然的，其中铂族金属资源量超过400t，价值1000亿元以上。除此之外，我国石油化工行业每年更换废催化剂约600t，回收铂、钯、铑约2t。我国医药、化工行业催化剂厂家比较分散，初步估计全国每年失效贵金属催化剂超过1500t，主要有铂碳、钯碳类失效贵金属载体催化剂、含贵金属氧化铝载体催化剂、双氧水催化剂、环境净化催化剂等，品位在0.5%～5%，每年铂、钯、铑金属回收量超过5t。我国每年合金废料包括硝酸工业用铂基催化网废料、玻纤工业用玻纤漏板废料、铂金坩埚、计算机硬盘及其他合金废料等超过200t，再生回收铂族金属8t左右。中国将是稀贵金属二次资源最大的"矿产国"。

含铂族元素的失效催化剂等废料的回收工艺主要由预处理、富集和精炼提纯三大部分组成。其中富集可分火法和湿法，精炼提纯一般采用湿法流程。预处理采用焙烧、还原、酸浸等方法除去有机物和表面积炭，打开物理包裹提高浸出率。湿法富集过程的本质是使用强酸、强碱溶液破坏金属键，使原子以离子的状态进入溶液中或与载体生成新的物质使铂族元素以单质的形式留在溶液中。一是活性组分溶解法，是使用强氧化剂（$NaClO_3$、HNO_3、Cl_2、H_2O_2等）的HCl溶液将废催化剂中的铂族元素转变为配离子（$PtCl_6^{2-}$、$PdCl_4^{2-}$、$RhCl_6^{3-}$），然后再回收铂族元素的过程。二是载体溶解法，利用载体与活性组分对某种试剂反应活性的差异，使载体溶解进入溶液而铂族元素留在残渣中。湿法的优点是铂族金属回收率较高、投资省、试剂便宜。但此法局限性大，溶解过程中耗酸量大，且溶液中离子浓度高、黏性大，硅酸盐可能分解产生硅胶使过滤困难，用金属置换法从溶液中提取铂族元素时，尾液处理过程较复杂，环境保护任务重。火法富集是将铂族元素在高温下进行物理或化学反应，将废催化剂研磨至特定粒度，配入合适的造渣剂、捕集剂加入电弧炉、等离子炉或在氯化炉中通入氯气，将铂族元素富集到贱金属中或生成铂族元素氯化物盐溶液，从而得到铂族元素含量较高的富集物。火法是目前从废汽车尾气催化剂中回收铂族金属的主要方法，由于其操作简单、工艺流程短、物料适用范围广、对载体品位要求低、处理大规模废催化剂时表现良好，该工艺已被Umicore、BASF、JM等公司广泛应用于铂族元素的回收。捕集金属在高温下熔化与铂族金属形成互溶物，由于特殊的亲和力形成合金。

目前国际上大型企业多数采用火法熔炼捕集铂族金属，如比利时Umicore，美国Multimetco、Gemini，日本田中贵金属和Nippon、Mitsubishi，德国Hereaus以及英国Johnson-Matthey等公司。我国贵研铂业从英国Tereonics公司进口了一台等离子熔炼炉进行铁捕集。比利时Umicore公司采用Isasmelt炉进行铜捕集；日本田中贵金属公司用等离子熔炼炉进行铜捕集；美国Multimetco公司采用直流电弧炉进行铁捕集。除此之外，还有铅捕集技术。铅是最古老的捕集金属，20世纪前，西方各国已有公司开始了铅捕集资源废弃物的研究，包括著名的Inco公司Acton精炼厂、JM的UK精炼厂等。铅是贵金属的优良捕集剂，熔点低，与贵金属亲和性好。但回收过程中，挥发的氧化铅严重危害环境和人体的健康，且铅和铑的亲和性不好。在一般情况下，利用铅做捕集剂，Rh 回收率仅为 70% ～ 80%。昆明理工大学杨斌团队开发的真空冶金铅捕集技术，避免了铅的污染问题，开拓了一条新的技术途径。

稀贵金属回收及绿色冶金环保技术一直是世界贵金属行业关注的焦点。冶金工艺是根据待处理物料的成分构成、物相特点来制定的，由于铂族与非铂族组分、含量和状态差异较大，因此不同物料就有不同的与之相适应的工艺。当含铂族元素废料经过火法或湿法等手段处理，得到含铂族金属合金或含铂族金属溶液，经过富集后，进入铂族的精炼工艺流程，可得到较高纯度铂族金属单质，其精炼工艺主要有还原沉淀法、氧化蒸馏法、离子交换法、溶剂萃取法、分子识别等，其中沉淀分离技术经历了多年的发展，仍然是经典且高效的分离方法。

含铂族金属物料在精炼前为多元素贵金属共存状态，包含铂、钯、铑、钌、锇等，现如今主要精炼方法为先氧化蒸馏精炼钌、铱，再选择性沉淀精炼铑，最后沉淀回收铂、钯。

金属铂精炼方法：王水溶解 - 氯化铵反复沉淀法、还原法，其中王水溶解 - 氯化铵反复沉淀法因操作简单、产品质量稳定、成本低等优点被广泛应用于工业生产中。采用王水在加热煮沸条件下对不纯净的粗氯铂酸铵进行溶解，发生以下反应：

$$(NH_4)_2PtCl_6+4HNO_3+6HCl \longrightarrow H_2PtCl_6+4NO+8H_2O+2NCl_3 \tag{17-1}$$

$$H_2PtCl_6+2NH_4Cl \longrightarrow (NH_4)_2PtCl_6\downarrow +2HCl \tag{17-2}$$

该方法经过王水溶解、蒸干除硝 - 盐酸溶解、氯化铵沉淀过程三次反复后，得到纯 $(NH_4)_2PtCl_6$，经煅烧，产出纯度 99.99% 的海绵铂。

金属钯精炼方法：二氯二氨络亚钯沉淀法、氯钯酸铵法、联合法等。其中二氯二氨络亚钯沉淀法精炼钯是将萃取反萃出来的含钯溶液，经过盐酸中和后，加入过量氨水，使亚钯盐和氨水反应生成二氯四氨络亚钯，将得到的产物酸化得到二氯二氨络亚钯沉淀，用水合肼还原，即可得到钯黑单质，此种方法的直收率可达 99.6%，其反应方程如下：

$$H_2PdCl_4+4NH_3\cdot H_2O \longrightarrow [Pd(NH_3)_4]Cl_2+4H_2O+2HCl \tag{17-3}$$

$$Pd(NH_3)_4Cl_2+2HCl \longrightarrow Pd(NH_3)_2Cl_2+2NH_4Cl \tag{17-4}$$

$$2Pd(NH_3)_2Cl_2+N_2H_4 \longrightarrow 2Pd\downarrow+4NH_4Cl+N_2\uparrow \tag{17-5}$$

金属铑精炼方法：从溶液中分离精炼铑的方法有亚硝酸络合法、氯化法、电位控制沉淀法、溶剂萃取法、分子识别法等，但这些方法存在操作烦琐、铑回收率低或识别树脂使用寿命短等缺陷。如今多采用 DETA 沉淀法对含铑溶液中的铑进行分离提纯，DETA 不与其他贵金属和贱金属反应，可有效达到铑和其他金属分离的目的。将沉淀后铑盐经过煅烧和氢气还原，可得到 99.9% 的铑粉。

金属锇、钌精炼方法：锇、钌在富集或者提纯过程中容易造成分散损失，所以应先使锇、钌与其他贵金属分离。目前采用氧化蒸馏法进行精炼，通过使用强氧化剂使其挥发，再通过碱液和盐酸吸收，此方法是最经济有效的精炼锇、钌的方法。

17.2.2 稀贵金属催化与化学材料

（1）机动车催化材料 1974年，美国首次在汽车上安装了催化净化器，这是世界稀贵金属市场和汽车工业的一个里程碑。1960年，一辆汽车行驶1km排出的CO、HCs和NO_x三种污染物高达160g。而今天，新车排放的这些物质只有0.605g/km（轻型车国6b排放限值），现在最清洁的汽车尾气排放几乎接近零的水平。汽油是烷烃和芳烃的混合物，它与空气反应的简单反应式为：汽油+$O_2 \longrightarrow CO_2+H_2O$。由于汽油的不完全燃烧，发动机在正常运行条件下，所排放的尾气中含有CO、HCs（碳氢类化合物）、NO_x（$NO+NO_2$）、H_2O、H_2、O_2、CO_2，其中CO、HCs和NO_x是尾气中最主要的三种污染物。铂钯铑三效催化剂（TWC）将尾气中的三种污染物即CO、HCs和NO_x转化为二氧化碳（CO_2）、氮气（N_2）和水（H_2O），实现这三种主要污染物在一个催化剂上同时净化消除（转化率99%以上）。

$$\text{CO 氧化反应：} CO+O_2 \xrightarrow{\text{Pt或Pd}} CO_2$$

$$\text{HCs 氧化反应：} CH+O_2 \xrightarrow{\text{Pt或Pd}} CO_2+H_2O$$

$$NO_x\text{ 还原反应：} CO(H_2)+NO/NO_2(NO_x) \xrightarrow{\text{Rh}} CO_2+N_2(H_2O)$$

Pt、Pd、Rh作为催化剂的活性成分与非贵金属相比具有良好的热稳定性、活性高、不易与载体（Al_2O_3、CeO_2等）发生反应以及具有良好的抗中毒能力。Pt是最早应用于汽车尾气净化的催化活性组分，在三效催化剂中主要贡献是转化一氧化碳和碳氢化合物。Rh是一种优秀的NO/NO_2还原催化剂，其高活性与其能有效地解离NO分子有关。Pd如同Pt一样用来转化一氧化碳和碳氢化合物，早期价格远低于Rh和Pt，且资源丰富、耐热性好，使用Pd催化剂有利于降低成本，提高催化剂的使用寿命。然而由于Pd抗Pb和S中毒能力比Pt和Rh差得多，而且影响了三效催化剂的性能，所以在早期的三效催化剂中含量特别低。20世纪90年代中期，无铅低硫汽油的推广以及对冷启动问题的关注又推动了含钯催化剂的进一步开发。从贵金属利用前景来看，催化剂技术取得的许多突破，与冷启动、空燃比控制、燃料化学技术的发展以及贵金属价格波动是相辅相成的，催化剂主要以Pt/Rh、Pt/Pd/Rh、Pd/Rh类型存在。二十多年来，由于低硫燃料的普及（硫对钯的性能有很强的抑制作用）和比铂更优惠的钯价格，Pd/Rh催化剂主导了这一领域，而且Pd量占大多数。高稳定性的$Ce\text{-}ZrO_2$储氧材料在稀燃的情况下可以避免氧与催化剂的活性点反应，而在富燃的情况下释放出储存的氧，因此，$Ce\text{-}ZrO_2$固溶体可以明显改善三效催化剂的起燃活性和三种污染物的转化率，具有更优异性能的Pr、Nd、La等多元铈锆储氧材料已成为汽车催化剂不可或缺的关键材料。汽车尾气催化反应的历史就是围绕着Pt、Pd、Rh三种贵金属发展的，它们被越来越复杂的方法分散、稳定和提高，从而在催化剂性能、耐久性方面取得了极大的进步。JM公司采用区带、分区等先进涂层技术，使稀贵金属得到充分利用；BASF的TriM技术和Umicore的FlexM技术，使Pt、Pd和Rh首先固定在不同的涂层材料上，减少了贵金属之间的合金化作用，同时有效阻止了贵金属的聚集和涂层之间的作用，提高了催化剂老化性能。

对于柴油机这一典型的稀燃发动机的尾气后处理技术的研究主要围绕着NO_x和PM的消

除而展开，已出现多种柴油机尾气排放污染控制的技术方案，主要包括氧化催化（DOC）、NO_x 选择性还原催化（SCR）、柴油颗粒物过滤器（DPF）、柴油颗粒物催化过滤器（CDPF）和氨氧化催化（ASC）等多种技术及组合，新型高效 DOC+DPF/CDPF+SCR+ASC 组合技术已成为目前主流的技术路线。这些催化剂中只有 DOC 使用少量的 Pt，作用是净化消除柴油尾气中的 CO 和 HCs 化合物，同时把 NO 转化为 NO_2 促进 SCR 反应。

（2）燃料电池催化材料 氢能源被视为 21 世纪最具发展潜力的清洁能源，氢燃料电池汽车成为氢能应用的重要场景，而燃料电池是氢能源汽车的核心动力来源。质子交换膜氢燃料电池（PEMFC）是通过电化学反应将化学能直接转化为电能的装置，不受卡洛循环限制，理论能量转化率可达 90% 以上，且具有高功率密度、无污染等特点。电催化剂是氢燃料电池内部关键材料之一，促使阴阳两极发生电化学反应，直接决定着电池的输出能力与稳定性，其作用是降低反应的活化能，提高氢和氧在电极上的氧化还原反应速率。

铂族金属材料因为具有良好的分子吸附解离行为，以及对电极上氧还原反应具有较低的过电势和较高的催化活性，成为最常用的燃料电池催化材料。20 世纪 60 年代 PEMFC 发展初期，主要采用铂黑作为阴极催化剂。美国通用电气公司以纯铂黑作为 PEMFC 氧化还原的电催化剂，Pt 用量约为 $10.0mg/cm^2$；为了降低 Pt 的成本，逐渐以碳材料充当载体，将 Pt 高度分散在载体表面，形成碳载 Pt/C 催化剂。至 20 世纪 90 年代，加拿大 Ballard 公司将 Pt/C 催化剂的载量降低到 $0.7 \sim 1.0mg/cm^2$。经过多年的发展，目前较为成熟的丰田公司 Pt/C 催化剂的质量比活性达到 0.16A/mgPt，Pt 载量进一步下降到 $0.4mg/cm^2$。据此水平估算，100kW 燃料电池电堆需要 100g Pt。

（3）稀贵金属工业催化材料 稀贵金属工业催化材料主要是指用于医药、化工产品合成反应的催化剂，按合成反应体系的相态，可分为多相催化剂（又称载体催化剂）和均相催化剂两大类。该类材料对加氢、脱氢、氧化、异构、偶联等反应表现出高的活性、选择性和长寿命特点。

稀贵金属工业催化剂 80% 以上以负载型催化剂形式使用，金属主要为铂、钯、钌、银、金，载体为多孔无机载体，通常采用水溶性金属盐 H_2PdCl_4、H_2PtCl_6、$RuCl_3$ 等浸渍负载于活性炭粉末或氧化铝、氧化硅加工成形品等载体上，经氢气、甲醛、水合肼等还原制造而成。按催化剂催化反应类型和行业进行分类，稀贵金属多相催化剂可分为：

① 石油炼制催化剂，包括重整催化剂、烷烃 / 芳烃的异构化催化剂等。

② 化学加工催化剂，包括加氢催化剂（烯、炔、醛、酮、芳烃、硝基加氢等）、脱氢催化剂（丙烷和丁烷制丙烯和丁烯）、氧化催化剂（乙烯制环氧乙烷、甲醇制甲醛等）、氯化催化剂（乙炔氢氯化制氯乙烯）、合成气转化催化剂（合成氨、F-T 合成等）等（表 17-1）。

表 17-1 稀贵金属工业催化剂在化学化工领域中的主要应用

应用		催化剂载体	贵金属	贵金属负载量 /%	催化剂寿命 / 年
炼油	重整	Al_2O_3	Pt；Pt/Re；Pt/Sn	$0.02 \sim 1$	$1 \sim 12$
	异构	Al_2O_3；分子筛	Pt；Pt/Pd		
	加氢裂解	SiO_2；分子筛	Pd；Pt		
	气变油	Al_2O_3（SiO_2、TiO_2）	Co+Pt 或 Pd 或 Ru 或 Re		

续表

应用		催化剂载体	贵金属	贵金属负载量 /%	催化剂寿命 / 年
大宗和专用化学品合成	硝酸	合金网	Pt/Rh；Pd	100	0.5
	双氧水	粉末或 Al_2O_3 或 Al_2O_3-SiO_2	Pd	100 或 0.3	5
	氢氰酸	Al_2O_3 或合金网	Pt；Pt/Rh	0.1；100	0.2 ～ 1
	对苯二甲酸	颗粒活性炭	Pd	0.5	0.5 ～ 2
	醋酸乙烯	Al_2O_3；SiO_2	Pd/Au	1 ～ 2	4
	环氧乙烷	Al_2O_3	Ag	10 ～ 20	
	KAAP 合成氨	活性炭	Ru	16.6	10
精细化工	加氢	活性炭粉末	Pd；Pt；Pd/Pt	0.5 ～ 10	0.1 ～ 0.5
	氧化		Ru；Rh；Ir		
	脱苄基		Pd		

均相催化是20世纪70年代发展起来的一个新的化学领域，所使用的催化剂为过渡金属配合物，以铂、钯、铑为主。特别是铑，它属于第二过渡族金属，当与π酸配体如三苯基膦 PPh_3 配位时，由于π酸配体的 π^* 轨道可接受中心离子的富d电子而形成反馈键，使得中心离子通常处于低价态［如Rh（Ⅰ）］，配位构型通常为平面正方形［Wilkinson催化剂 $Rh(PPh_3)_3Cl$］。这种配位构型的配合物由于配位不饱和，很容易与 H_2、C═C、CO发生氧化加成反应（oxidative addition），形成六配位的Rh（Ⅲ）配合物。配位作用削弱了H—H、C═C、C═O键，从而使这些化学键得到活化进而催化相关的化学合成反应顺利进行。目前，均相催化剂已成功用于药物合成的选择性加氢反应，如抗炎药布洛芬、抗原虫感染药伊维菌素、抗生素美罗培南的生产，精细化工的羰基加成反应如醋酸的合成、丁醇（丁醛）的化学生产。国际上已开发成功的铑均相催化剂主要有两大类：第一类为羧酸类［如醋酸铑（Ⅱ）、辛酸铑（Ⅱ）］；第二类为三苯基膦类［如三（三苯基膦）氯化铑（Ⅰ）、三（三苯基膦）羰基氢化铑、三苯基膦羰基乙酰丙酮铑（Ⅰ）］、四（三苯基膦）合钯（0）、三核醋酸钯（Ⅱ）、双（三苯基膦）二氯化钯（Ⅱ）等。这些均相催化剂大部分由世界上大的跨国公司如美国Johnson Matthey、德国的Heraeus开发，所以全球的市场主要由它们占有。与载体催化剂相比，均相催化剂具有催化活性高、选择性好的优点，能够高效催化加氢、C—C偶联、C—H插入和CO加成反应，已给化学制药和精细化工带来了革命性进步。

（4）稀贵金属光电分子材料 由铂、铱、钌、锇和金等中心金属离子与C^N、N^N、O^O、N^O和P^P等有机配体形成的中性或离子型的配合物发光分子，具有良好的热稳定性、光电转换效率高、发光颜色容易调节和激发态具有较强的氧化环化能力等优势，是相关工业技术的上游核心原材料。如中性的小分子红光和绿光铱磷光分子材料已成功应用到OLED显示产业中，离子型的铱（Ⅲ）和钌（Ⅲ）配合物分子已广泛应用于光化学反应有机合成中，钌光敏剂在染料敏化太阳能电池中得到广泛研究等。

OLED显示产业蓬勃发展给光电分子材料产业带来了机遇和挑战，截至目前，红光和绿光铱磷光分子材料已成功应用到OLED显示产业中。蓝光铱磷光分子材料的发展相对滞后，主要存在效率低、发光颜色不够纯正、器件稳定性差等问题，严重制约了其在OLED产业中的应用。在铱磷光材料领域，以出光、默克、UDC和杜邦为代表的国外厂商占据超过90%的市场份额，中国企业如贵研铂业、西安凯立等在稀贵金属光电分子材料中间体领域具备一定的竞争力，但高纯度稀贵金属光电分子材料严重依赖进口，自给率不足5%，仅有吉林奥莱德、北京鼎材和昆明贵金属研究所等具备一定的量产能力。

目前铱磷光分子材料占据了OLED发光材料的霸主地位，市场份额接近100%，从器件性能和寿命方面看，铱磷光分子材料是综合性能最优的有机发光材料，能够媲美铱磷光分子材料的例子寥寥无几。但铱是地壳中自然丰度最低的贵金属，存在材料价格高昂和技术选择单一等问题，具有一定的发展风险。支志明院士团队研发了高效的铂和金光电分子材料，有望成为下一代OLED发光材料突破点，成为先进铱磷光分子材料的强力竞争者。

钌光敏剂主要用作染料敏化太阳能电池。钌光敏剂的光电转换效率直接决定着染料敏化太阳能电池的应用。研究和应用最多的钌光敏剂主要是联吡啶钌配合物，具有良好的可见光谱特性、良好的化学稳定性、突出的氧化还原性、较长的激发态寿命、较高的量子产率，是理想的光敏剂。钌光敏剂的光电转换效率已达到11%，能够满足染料敏化太阳能电池的要求。

17.2.3 稀贵金属合金材料

稀贵金属合金材料是高端制造不可缺少的一类材料，多品种、小批量特点突出，主要包括稀贵金属装联材料、薄膜材料、精密合金材料、钎焊材料、电接触材料、高温材料等。

（1）装联材料 装联材料是半导体行业中芯片制备、封装测试、功能性连接中不可替代的关键基础材料，主要包括半导体芯片制备镀膜用高纯金属蒸镀材料、芯片测试用探针材料、芯片封装互联用键合丝材料等。半导体产业长期以来是信息产业的关键与核心产业。近年来半导体器件不断向小体积、高性能、高可靠方向发展，芯片制程不断缩小、封装密度不断提高，芯片的工艺尺寸，从1μm已减少至5nm，并在向3nm进军，而晶圆尺寸则不断扩大，因此对芯片制备和封装测试用关键基础材料提出了越来越高的要求，这也成为了学者们关注和研究的主要方向。在芯片测试用探针材料方面，探针通过连接测试机来检测芯片的导通、电流、功能和老化情况等性能指标，必须满足高硬度、高弹性、高导电、高熔断电流、耐腐蚀等综合性能要求。

随着芯片尺寸小型化和功能集成化迅速发展，沉淀硬化型PdAgCu系合金、Au基合金、高强度Pt基合金、高强高导Rh基合金等，具备接触电阻低且稳定、电噪声水平低、寿命长等优点，成为钨系与铜系传统探针材料升级换代的首选系列探针材料。在芯片封装互联用键合丝材料方面，随着半导体封装技术向高密度、窄间距、长跨距、超薄、低成本方向发展，键合丝材料向高性能化、多元化、应用领域细分化发展，形成了适应不同器件类型、不同封装需求的键合金丝、金合金键合丝、银合金键合丝、金银复合键合丝、键合铜丝、镀钯铜丝、键合铝丝等多种体系的键合丝材料。尽管近年来出现了如FBP平面凸点式封装、FC倒装芯片封装等新型封装技术，但未来一定时期内引线键合封装仍将是半导体封装的主流方式，键合丝材料仍然是不可缺少的关键材料之一。随着半导体器件发展对引线键合封装技术的要求不断提高，键合丝材料的研究和开发方向主要集中于键合丝材料的组织性能优化及超细丝材的精密加工技术等。

（2）薄膜材料　稀贵金属因其具有高的电导率和热导率、优异的化学稳定性及特有的磁学、光学等性能，被广泛应用在极大规模集成电路、新型元器件及信息存储等领域用高性能薄膜材料的制备。根据薄膜的应用领域及用途，可将其分为稀贵金属欧姆接触薄膜材料、布线薄膜材料及磁记录薄膜材料。随着超大 / 极大规模集成电路的发展，芯片特征尺寸缩小到深亚微米和纳米级时，互联线 RC 延迟和电迁移引起的可靠性问题成为影响芯片性能的主要因素。芯片 I/O 数量增加对封装技术提出了要不断提高封装密度和封装效率的要求。在集成电路先进封装过程中，选择高纯 Au、Ag 靶、丝材作为凸点下金属化层的制备材料；高性能、特征尺寸为 45nm 以下的半导体集成电路制造中，选择 NiPt 靶材作为硅化栅极触点金属化势垒层的材料；在先进铜金属互联集成电路中，选择高熔点、低接触电阻、高电导率及低铜互溶性的 Ru 作为扩散阻挡层材料。随着大数据、云计算、互联网 + 等信息产业的蓬勃发展，信息存储的需求以指数级增长，贵金属磁记录薄膜材料应用更广。磁记录信息存储膜层已由过去的 6 层发展到目前的 21 层，其中种子层采用贵金属 Ru、RuCo 等高纯靶材，磁记录层采用 CoCrPtB、CoCrPt-Oxide 等高品质靶材。

图 17-3 所示为 NiPt5 合金轧制态和不同温度退火态的取向成像图。

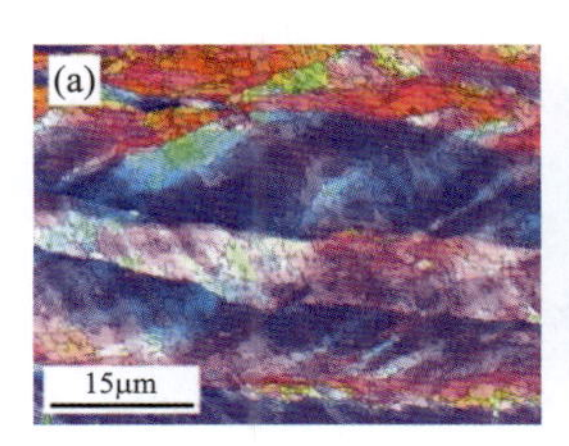

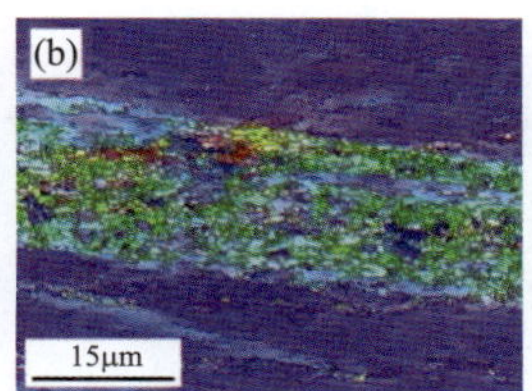

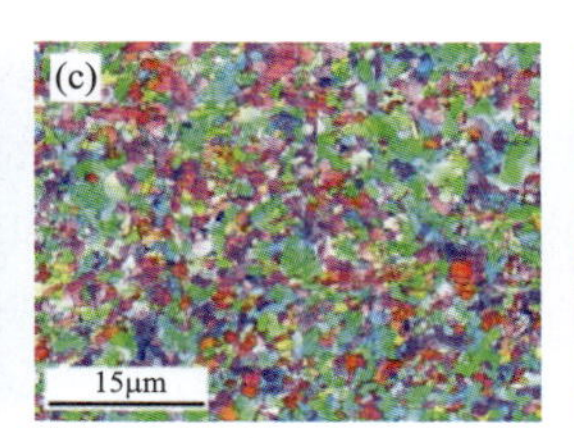

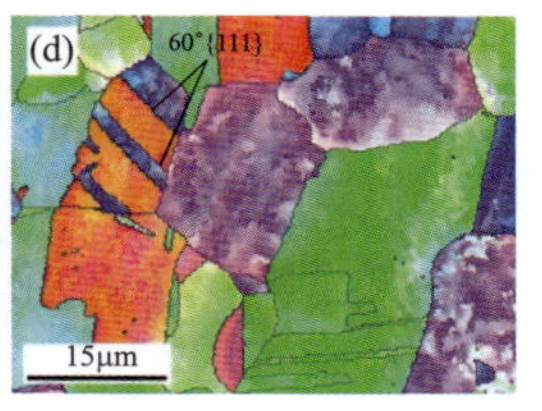

图 17-3　NiPt5 合金轧制态和不同温度退火态的取向成像图

（a）CR80% 取向成像图；（b）450℃退火 1h 取向成像图；（c）550℃退火 1h 取向成像图；（d）650℃退火 1h 取向成像图

（3）精密合金材料　精密合金材料主要包括精密电阻、弹性材料、医用材料等。稀贵金属精密电阻材料具有常规材料无法比拟的高电阻率、低电阻温度系数及高的耐化学腐蚀性，在特殊环境可以保持非常稳定的高电阻率，如电阻率达到 220μΩ · cm、电阻温度系数接近零的金基高阻合金，因此适于制作高可靠、高精度精密仪器仪表的电阻元器件等，在飞机燃油控制系统、卫星位移控制系统等中起到了非常关键的作用。航空工业早先使用的电位计绕组材料主要是 Pt 基合金和 Pd 基合金，后来逐渐为 Au 基合金所取代，主要 Au 基合金有 Au-Pd-Fe 等。贵金属弹性材料具有良好的化学稳定性、高弹性和低的弹性后效以及热稳定性，特别适于制造高灵敏度、高稳定性、高可靠性的高级仪表和精密机械的弹性敏感元件、储能元件和频率元件，如高精度长寿命的加速度计、陀螺仪中的弹性元件等，目前广泛使用的是 Pt 基与 Pd 基合金，如 Pt-Ag、Pt-Ni、Pt-W、Pt-Pd-Ag 等。贵金属医用材料包括金、银、铂、铱及其合金，具有稳定的物理和化学性质，如耐腐蚀性优良，表现出生物惰性，导电性良好，常用于制作植入式的电极、电子检测装置及生物传感器，基本不与生物体发生不良反应，氧化物很难被吸收且不呈现毒性反应。其中，铂是医学上重要的镶牙材料，另外，铂合金对氧化作用来说具有极好的催化活性，还有着良好的电导率和耐腐蚀性，可用作人工心脏的能源；纳米银因其独特的光学、电学、生物学特性而引起了科技界和产业界的广泛关注，成为近年来的研究热点之一。在有源植入医疗器械方面，我国目前高度依赖进口，如心脏节律管理设备、神经调控设备及辅助位听觉设备，这些设备的生产企业集中于北美地区，有美敦力、雅培、NeuroPace、Cyberonics 等。

（4）钎焊材料 稀贵金属钎焊材料主要指以贵金属为基的金属和合金，具有优异的导电导热性和耐腐蚀性能，对各种金属及合金基材可焊性好，广泛应用于航空航天、兵器、电子、机械、冶金、化工等领域。按焊接温度可分为贵金属低温软钎料（熔化温度小于 450℃）、中温钎料（熔化温度在 450 ～ 950℃）和高温硬钎料（熔化温度高于 950℃）；按应用领域可分为微电子、光电子封装用 Au 基系列低温钎料，电真空器件封装用 Ag 基中温钎料以及航天航空用 Au 基和 Pd 基特种高温钎料。

（5）电接触材料 稀贵金属电接触材料具有低和稳定的接触电阻、良好的抗电弧侵蚀等特性，主要应用于航空发动机点火器、微电机、导弹和鱼雷控制器、通信系统继电器等高新技术领域。常用贵金属电接触材料分类见表 17-2。贵金属电接触材料按接触元件的结构和工作方式可分为断开型电接触材料和滑动型电接触材料。断开型电接触材料主要包括 AgNi、AgCe、PtIr 等材料体系，其主要制备方法有合金化熔炼、机械合金化工艺、粉末冶金法、内氧化法等。滑动型电接触材料主要包括 AuAgCu、AuCuNi、AuNi、PtIr、PdAg 等材料体系，其主要制备方法有熔铸 + 失效处理，以及复合技术 + 扩散处理和电镀。滑动型电接触材料是实现相对滑动的两个或多个部件之间的信号和功率传输的关键材料，贵金属滑动型电接触材料以其良好的耐腐蚀性、耐磨性、导电性和接触稳定性等优点，在航空航天、船舶等国家重大装备旋转导电机构中起到非常重要的作用。滑动型电接触材料在一定的压力下，两相动态接触，其腐蚀主要是机械磨损引起的接触电阻增大及金属转移等。对滑动型电接触材料的主要技术要求是具有低接触电阻、低噪声、耐火花侵蚀性好，具有好的耐磨性等。在雷达转台、卫星 SADA 机构、空间站旋转机构、发动机高速引电器中，滑动型电接触材料起到了传输功率和信号的关键作用。按照使用环境可以分为真空、大气和高温使用的滑动型电接触材料；按照转速可以分为慢速（$\leqslant 100r \cdot min^{-1}$）、中速（$100 \sim 500r \cdot min^{-1}$）、高速（$500 \sim 5000r \cdot min^{-1}$）和超高速（$\geqslant 5000r \cdot min^{-1}$）。不同的使用条件对摩擦副材料的要求也不一样。

我国前期开展了大量研究工作，开发了系列贵金属滑动电接触材料：

① 在贵金属合金体系方面相继开发出了 Ag 基合金、Au 基合金、Pt 基合金和 Pd 基合金二元和多元合金体系，其中 Ag 基合金实现了大功率传输功能，Au 基合金实现了微小型滑动电接触功能，Pt 基合金实现了高弹性稳定接触功能，而 Pd 基合金则实现了高强高耐磨电接触功能；

② 贵金属复合材料体系方面相继开发出了银 / 石墨、银合金 / 石墨、Au 合金 /QBe 复合、$AgSnO_2$/QSn 复合等，实现了大功率传输、高弹性接触的复合功能；

③ 贵金属镀层体系相继开发出了 PdNi/Au 体系、H62/AuCo 体系等，实现了高稳定、经济型电接触功能。

表 17-2　常用贵金属电接触材料分类

类别	说明
按材料组成分类	Ag 基、Au 基、Pt 基、Pd 基等合金
按材料用途分类	电触点、电刷、绕组、导电环、换向片和整流材料、接插件材料
按工作条件分类	小功率接触材料：Au 基合金，Pt 基合金等； 中等功率接触材料：Ag 基合金； 大功率接触材料：Ag 基合金、Ag-MeO 等
按工作方式分类	固定接触材料、断开接触材料、滑动接触材料、弹性接触材料
按制备工艺分类	熔铸合金电接触材料、粉末冶金电接触材料、复合材料、电镀电接触材料等

（6）高温材料　铂（Pt，熔点 1768℃）、铑（Rh，熔点 1963℃）、铱（Ir，熔点 2447℃）因其具有高熔点，良好的耐腐蚀性、热稳定性、高温抗氧化性及高温强度等一系列特殊的物理化学性能，在高温材料领域（1300℃以上的高温环境）具有重要应用。Pt、Ir、Rh 等能与过渡族金属及稀土金属形成类似于镍基高温合金 γ/γ' 沉淀强化相结构［即有序相（L12 结构）沉淀强化基体相（FCC 结构）的结构］，铂基超高温合金成为国际科学前沿的研究热点。根据不同贵金属高温材料的特点，可采用熔炼（感应、电弧、等离子体等熔炼）、压力加工、热处理和沉积等技术制备。在航天发动机领域，喷管材料作为核心部件采用贵金属铂 - 铑、铼 - 铱系高温材料，代表了航天高温材料的发展方向。Pt 基合金可应用于航天二代发动机喷管，工作温度达 1500 ～ 1600℃，铼 / 铱复合材料喷管可应用于航天三代发动机喷管，工作温度超过 1800℃。在医用高端晶体生长、深空探测领域，需要使用铱及铂铑合金制品。铱合金和铂铑合金制造的坩埚用于生长高熔点的难熔氧化物单晶，主要包括医用总探测高能 X 射线和 γ 射线的 LSO 和 LYSO 晶体、大功率激光器 YAG 晶体，以及 LED 中的蓝宝石、红宝石、铬镓石（GGG）晶体等。IrTh 合金作为高温结构材料使用，该铱合金具有高熔点和高温强度，抗热冲击性能好，同时具有较好的冷热加工性能，被选为放射性同位素电池 PuO_2 核燃料密封用包壳材料，为深空探测太空飞行器提供可靠持续的能源。高品质铠装铂铑和铱铑作为测温与电极材料用于航空发动机工业领域。

17.3　存在的问题与挑战

17.3.1　稀贵金属的绿色循环回收

富集、贵贱金属分离、稀贵金属相互分离及精炼为纯金属产品的工艺非常复杂。目前国内外科研及产业工作者一直致力于通过学科交叉研究稀贵金属冶金新工艺及新装备，实现稀贵金属高效［包括低成本、高（回）收率］、清洁的回收分离。在高效清洁综合回收稀贵金属以及装备的现代化及系统的连续化生产等方面，国外已经达到较高的水平，但由于世界上各大公司对稀贵金属冶金技术的高度保密，先进技术主要集中在几大跨国公司。我国在针对低品位复杂物料、汽车尾气失效催化剂等回收处理领域，在稀贵金属的收率、环保、装备自动化等方面与国外还存在较大差距，如国外工业化综合水平大于 97%，国内为 92% ～ 95%。深入研究稀贵金属的物理化学性质，简化提取冶金工艺过程，提高所有共生元素的回收率，强化分离精炼的效率，开发绿色环保技术，减少和避免环境污染，加强二次资源的再生循环利用，一直是该领域研究发展的主要方向和目标。

17.3.2 稀贵金属催化与化学材料

（1）机动车催化材料 机动车污染控制是我国节能减排战略的核心内容，是缓解环境污染和提高人民生活质量的关键保障。大气环境污染带来的压力极大推动了机动车排放法规的实施和不断推进。我国在吸收发达国家成功经验的基础上，经过 20 年的时间，制定了符合我国国情的汽车排放标准体系，并建成了较为完善的机动车后处理催化剂技术和产业制造平台。但在催化剂设计制造和关键原材料方面仍然存在规模化生产工艺落后、批产产品质量一致性差、产品性能以及技术储备不足等问题。

① 满足汽油机国六要求的高性能多元铈锆复合材料规模化制备技术仍被 Solvay、DKK 等国际公司垄断，导致产品价格居高不下；国内材料企业因技术储备不足、规模化制备能力不足、专利等因素，难以批量应用。

② 低温冷启动技术：低温冷启动阶段 HCs 和 NO_x 排放量占整个测试总排放量的 40%，大多数机动车后处理催化剂在排气温度高于 200℃时才能够有效净化尾气中的污染物，在 200℃以下净化效果非常有限。美国能源部已经提出了催化剂低温 150℃实现污染物 90% 转化的目标，需要开发低温冷启动 HCs 和 NO_x 存储吸附材料，有效解决冷启动排放问题。

③ 贵金属高效利用技术：催化剂产品中的活性贵金属多呈纳米级或微米级分散，原子利用效率极低，贵金属颗粒尺寸分布极不均匀而容易导致高温烧结。

④ 非常规污染物控制：尾气催化反应副产物 N_2O、NH_3 等非常规污染物排放比例呈逐年增长趋势。为有效控制机动车 N_2O、NH_3 等非常规污染物排放，美国率先提出 N_2O 污染物排放控制的要求，欧盟国家也开始限制 NH_3 污染物的排放。我国已梳理了非常规污染物的排放清单，认为机动车尾气排放是 N_2O、NH_3 等污染物的主要来源之一。目前，涉及汽车催化副反应的科学问题尚不清晰，可有效控制非常规污染物排放的催化材料鲜有报道。

⑤ 国内机动车催化剂制造企业虽然已经形成了一批国产催化剂制造平台，具备国五催化剂制造能力和技术水平，但在产线一致性控制、信息化、智能化管理以及新产线设计复制能力水平方面与国外仍有差距，不能满足跨国车企的要求。

（2）燃料电池催化材料 燃料电池汽车（FCEV）技术仍处于市场导入期，尚未实现大规模商用化，这与燃料电池中核心关键材料 Pt 基催化剂成本太高（占电堆成本 30%）有关。以每年 1000 套系统为例，催化剂的成本占电堆的 23%；当数量增加到每年 50 万套系统时，催化剂的成本升高到占电堆的43%。另外，催化剂的批量制备技术尚未能满足车用燃料电池的性能要求，限制了我国燃料电池技术大规模推广和应用。开发出高活性、低成本 PEMFC 氧还原用电催化剂是其大规模商业化的希望，这对提高我国燃料电池新能源产业的核心竞争力，推动构建燃料电池汽车产业链，具有重大战略和社会意义。

为降低 Pt 在膜电极上的载量，美国能源部（DOE）提出 0.125g/kW 的指标。对于纯 Pt，由于其 d 键中心靠近费米能级，中间产物如 OHads 在 Pt 表面具有较强的吸附能力，导致催化活性位减少，因此需要提高 Pt 原子的利用率。目前较普遍的方法是采用其他金属原子（如 Fe、Cr、Co、Ni、Cu 等）掺杂改变催化剂中 Pt 的原子间距，使 Pt 的 d 键中心发生偏移，形成 Pt 基双金属（或三金属）催化剂，通过改变 Pt 原子的电子结构提高 Pt 的利用率和对氧还原的催化活性。Pt 基合金或核（M）壳（Pt）催化剂电催化活性可达 Pt/C 的四倍，如 PtCo、PtNi 等催化剂。例如美国通用汽车公司（GM）研发的 PtNi、PtCo 去合金催化剂具有较高的氧还原质量比活性，PtNi 为 0.75A/mgPt，PtCo 为 0.6A/mgPt，超过了 2017 年 DOE 的质量比活性指标 0.44A/mgPGM。而且，这两种催化剂也达到了电位循环稳定性要求的指标，在 30000 圈电位循环后，其质量比活性大于 0.26A/mgPGM。美国 3M 公司合成了阵列导电纤维 / PtCoMn 核 - 壳结构催化剂，成功将铂载量降至 $0.15mg/cm^2$（0.19g/kW）。尽管上述研究的 Pt 基催化剂的催化性能优异，但其批量化生产还未实现，仍需要进一步研究。

（3）贵金属工业催化材料 我国贵金属催化剂市场起步比较晚，直到 20 世纪末才开始逐步打开市场，2000 年之前，国内贵金属催化剂基本依靠进口，目前中高端市场仍被国外贵金属催化剂生产企业占据。国内贵金属工业催化剂主要存在以下几方面问题：

① 提高性能和降低成本。面对国外催化剂厂商对本土催化剂厂商的冲击，要求催化剂具有更好的活性、更长的使用寿命和更低的制造成本。

② 催化剂研究和有机反应工艺研究的结合不足。国外催化剂研究和有机反应工艺研究结合很紧密，在特定的反应中催化剂性能可以达到最好。而国产催化剂研制与反应工艺衔接不强。

③ 对催化剂载体研究重视不够。国外主要催化剂生产商都有自己的催化剂载体研发和生产部门，催化剂载体成为提高催化剂性能的主要研究对象。国内催化剂企业载体多为外购。

④ 新技术研究和微观设计要加强。主要是指纳米催化剂合成技术、微观结构控制合成技术、微波合成技术等方面需要提升。制备路线要求更为绿色，同时人们能够根据实际反应的需要去设计和制备催化剂。

为促进我国贵金属工业催化剂的长足发展，应在学习、掌握国外先进催化技术的基础上，结合我国实际情况，有改进、有创造性、高起点地开展贵金属催化剂的研制工作，促进我国相关领域的高质量发展。

在均相催化剂的中高端市场，国际知名的贵金属催化剂制造商，如 Umicore（优美科）、Johnson Matthey（庄信万丰）、BASF（巴斯夫）、Alfa Aesar、Sigma-Aldrich（默克集团旗下）等，其产品种类繁多且性能优良，应用范围也涉及了众多领域，形成了大量专利和知识产权，技术实力雄厚，产品具有很强的竞争力，垄断了国内 96% 的中高端催化剂市场份额。这种全球化市场竞争局面已严重制约我国相关行业向高技术水平发展。因此，亟待大力研究开发贵金属中高端均相催化剂及其合成技术。诸如有机发光显示与照明材料制造用有机膦 Pd 偶联催化剂、聚氨酯 / 聚合物高分子合成用 Grubbs（格拉布）Ⅲ代催化剂、全球畅销 TOP100 手性药物合成用不对称合成催化剂等。

（4）铂族金属光电分子材料 OLED 显示产业蓬勃发展带动 OLED 上游稀贵金属光电分子材料市场高速增长，同时也给我国稀贵金属光电分子材料产业带来了许多亟待解决的问题和挑战。目前我国在稀贵金属光电分子材料领域总体实力较为薄弱，自主研发和规模化量产方面进程明显落后，不具备相关材料的原创性专利，使用时需要支付高额的专利授权费用；国产化率不及 5%，进口依赖程度高，稳定供货存在一定风险；材料成本高。铱磷光分子材料占据了 OLED 发光材料的霸主地位，金属铱的储量有限，存在材料价格昂贵和技术选择性单一的问题。铱磷光分子材料的结构复杂，产业需求的高纯度材料的合成收率低，材料的合成成本高，产品更新换代快。国内外学术界和产业界均致力于开发具有更高效率和色纯度的稀贵金属光电分子材料，导致了产品更新换代快；蓝光稀贵金属磷光分子材料的发光效率低、颜色不够纯正和器件稳定性差，不能满足 OLED 产业的需求；染料敏化太阳能电池用钌光敏剂的光电转换效率仍有待提高。

17.3.3 稀贵金属合金材料

我国贵金属新材料产业经历了从无到有、从小到大，初步形成了贵金属合金材料、贵金属催化材料、贵金属电子浆料、贵金属高纯材料构成的新材料产品体系，形成了贵研铂业、温州宏丰、温州福达、苏州固锝、西部材料、威孚高科、无锡英特派等一批贵金属材料领域骨干企业。但是我国贵金属产业的发展长期受技术、资源封锁，人才储备等制约，部分产品缺乏核心技术支撑，无论在产业技术与装备水平、产业规模，还是在产品标准化、系列化及品质等方面，总体发展水平与发达国家相比还存在较大差距。

• 在贵金属装联材料方面：目前我国在装联材料领域的技术水平和材料性能方面与国外仍存在一定差距，具体体现在：

① 高纯金属蒸镀材料的高纯金深度定向除杂技术、晶粒尺寸取向控制塑性加工技术、高精度高焊合率绑定技术等尚未完全攻克，产品种类单一、制造装备水平有待提升；

② 芯片测试用探针材料的成分设计、制备工艺、组织结构及应用特性等方面基础数据积累不足，且缺乏应用性能测试平台，无法支撑产品的高效开发，探针材料严重依赖进口；

③ 高性能键合丝的合金成分设计和加工技术、超细丝材表面镀层的连续复合技术等仍未完全突破，集成电路、大功率器件等高端器件所需高性能键合金丝、镀钯铜丝、键合铝丝等材料的力学性能、一致性、可靠性等仍不及进口产品，相关领域无法摆脱对进口产品的依赖。

• 在贵金属薄膜材料方面：主要表现在两个方面，一是产品技术指标如杂质含量、均匀性和一致性等与国外高端产品仍有较大差距，二是生产过程实施精细化管理、高端技术人才储备和整体产业化水平与国外企业还有较大差距。我国在磁记录贵金属靶材、集成电路芯片用贵金属靶材处于空白。长期以来，以美国、日本为代表的溅射靶材生产商在掌握核心技术以后，执行非常严格的保密和专利授权措施，这对新进入行业的企业设定了较高的技术门槛，尤其对于新产品开发来说，不仅开发周期较长，而且技术要求高。用于集成电路领域芯片封装用的高纯铂合金靶材，如高纯镍铂靶材（纯度大于等于 5N，晶粒尺寸小于 100μm）基本为进口产品，被日本日矿金属公司、田中公司垄断；磁记录硬盘用高纯钌及钌合金靶材（纯度大于等于 5N，晶粒尺寸小于 10μm）被日本 Furuya 公司等垄断。

• 在贵金属精密合金方面：我国的贵金属精密合金目前存在的主要难题有三个方面，一是材料的精细加工难题，因为加工精度和稳定性较差，严重限制了材料的使用潜能；二是材料的性能表征难题，新材料研发成功后缺少先进的应用考核的支持；三是对材料的组织与性能之间关系的深度解析力度不够，严重限制了我国高性能精密合金开发的继承性。铂基电刺激导丝、导管导丝、颅内弹簧圈等医用贵金属植入介入材料仍需采用国外产品，国产产品尚达不到医用技术指标要求。例如医用 Pt、Pt-10Ir、Pt-20Ir、Pt-8W、Pt-10Ni、Pd-20Pt 电刺激导丝、导管导丝、颅内弹簧圈全部采用国外（德国贺利氏公司、英国庄信万丰公司）产品。

• 在贵金属钎焊材料方面：

① 贵金属钎料的种类虽然繁多，但相关的标准欠缺，也没有形成谱系化产品，品种规格太少，造成重复投资；

② 贵金属钎料的应用性能基础数据库缺失，有些种类的钎料虽已应用几十年，但相关的物理和化学性能数据严重不足；

③ 贵金属钎料的成分单一，一方面造成成本过高，另一方面强化因素少，通用性不足。

• 在贵金属电接触材料方面：与国外同行业企业相比，国内绝大多数电接触材料生产企业在材料的组分、性能等方面的研发创新能力仍较为薄弱，缺乏领先的自主创新成果，仅能被动满足下游生产企业的需求，在一定程度上形成了竞争劣势。虽然已有少数国内企业开始涉足高端市场，但整体规模仍偏小，且在产品、技术的丰富程度等方面仍居于劣势。面向国家重大战略需求，我国的极端工况条件下的滑动型电接触材料在设计、制造和使用过程中存在许多亟待解决的摩擦学问题，迫切需要继续深入开展极端工况下摩擦学与机械表面界面科学的系统研究，不断探索和发展新的长寿命、高可靠性的贵金属滑动型电接触材料。重点解决机械部件在力、热、化学、辐射、电磁等耦合作用下的贵金属滑动型电接触材料表面磨损问题，这是摩擦学在极端环境领域的重要拓展方向，对推动复杂系统机械运动机构的寿命评估预测与新型材料体系的发展至关重要，将为重大工程机械装备服役期间的安全可靠性提供技术支撑。

• 在贵金属高温材料方面：国外的铂基合金喷管和铼 / 铱复合材料喷管已实现在航天发动机领域的工程化应用，我国还在研制过程中；国内研制的纯铱点火材料使用寿命只能达到 6000 次左右，离国外铱合金的 20000 次寿命差距较大；美国橡树岭国家实验室早在 20 世纪 70 年代末研制出了 Ir-0.3%W-30ppmTh（合金牌号为 DOP-26）合金作为深空探测的包壳合金，此类材料我国还是空白；国外的贵金属测温材料已细丝化和铠装化，如 ϕ0.03mm 快偶细丝已在国外大量应用，国内产品只能做到 ϕ2mm，且未形成系列化。铼 / 铱材料发动机是目前国际上工作温度最高（超过 1800℃）、性能最先进（比冲达到 323s）的第三代航天发动机，美国航空航天局的铼/铱发动机的推力从22N至450N，于2000年首次成功应用于休斯702卫星，并在后续多种卫星中得到推广应用。我国空间飞行器用于轨道导入和姿态控制液体火箭发动机的材料高温合金铼/铱喷管复合材料的工作温度和发动机的推力性能仍与国际领先水平存在一定差距。

17.4 未来发展

17.4.1 稀贵金属的绿色循环回收

针对富集、分离、精炼三个主要环节，我国冶金理论和冶金技术研究的发展趋势是：

① 针对低品位矿产资源，深入研究稀贵金属的成矿原理、矿物种类、性质及赋存规律，开发高效的选矿和火冶富集技术，提高资源利用率；

② 通过原子层级及微观结构等基础研究，探寻稀贵金属化合物、无机络合物和有机配合物的基本物理化学性质，解释冶金过程机理，总结共性规律，强化现有沉淀分离、溶剂萃取分离技术，科学集成高效的分离精炼工艺，预测和设计新的冶金反应过程和冶金新技术；

③ 加强稀贵金属冶金与化学化工学科专业的交叉结合，开发稀贵金属冶金中大量使用的试剂、原材料的闭路循环利用及节能环保的绿色冶金工艺，不断降低加工成本，追求最大的经济效益；

④ 开发稀贵金属二次资源高效再生回收技术，特别是开发品位低，成分和性质复杂的各种二次资源的共性富集提取技术及难溶金属和合金材料的高效快速溶解技术；

⑤ 在冶金流程中开发特殊需求的高纯及粉末金属、催化剂生产中需求的特种功能无机化合物和有机配合物、特种药物前驱体的合成制备、检测技术。

17.4.2 稀贵金属催化材料

（1）机动车催化材料 日趋严格的机动车排放法规将要求新的排放催化剂技术，新的材料概念、催化剂设计和系统进步需要进一步满足全球环保法规。

① 机动车催化材料的高活性、长寿命、宽活性窗口、NO_x和颗粒物的协同净化将是机动车催化剂技术的主要突破口，催化材料将朝着贵金属高度分散化、储氧材料高温稳定化、涂层材料均一化方向发展。

② 基于材料基因思想的数字化设计技术，运用高通量模拟计算、高通量实验筛选和原位表征等先进研究方法和测试手段，实现贵金属的高效利用，改善贵金属抗高温烧结能力，优化贵金属与氧化铝、稀土等复合氧化物之间的协同作用，提升催化材料的整体性能。

③ 由于汽车工业的发展消耗了大量的贵金属，使得贵金属资源短缺的问题日益严重，贵金属价格飙升，催化剂面临着制造成本的压力。主流Pd/Rh催化剂Pt部分替代Pd技术，低贵金属尤其是低Rh（每辆车Rh用量小于0.1g的目标）技术的开发迫在眉睫。开发贵金属高

效分散利用技术减少汽车尾气催化剂中贵金属的含量，始终是汽车催化剂的发展目标，单原子技术的突破可能能实现这个目标。

④ 受能源紧张与油耗法规持续加严的影响，兼具节能环保与实用性优势的新型混合动力汽车（HEV/PHEV）极有可能取代传统燃油车而成为汽车产业的主要动力源。混合动力汽车特殊的运行工况对尾气催化材料等提出更加苛刻的技术要求，需要开发满足混合动力运行工况的尾气净化催化材料及其系统。

⑤ 近零法规（欧Ⅶ / 国七）将在排放限值、非常规污染物（N_2O 和 NH_3）、PM 控制粒径范围、耐久性等方面对催化剂技术提出更高要求；同时以混合动力，氨、氢等新型能源为动力的内燃机将占据主导地位，车用内燃机技术的变革使得机动车后处理催化技术同样进入“多元化”发展轨道，带来了巨大挑战和新的机遇。

（2）燃料电池催化材料 考虑到铂的昂贵和稀有，燃料电池催化剂研发及产业化的发展趋势主要在于解决三个方面的关键技术问题。

① 最大限度地降低催化剂的使用成本。目前 Pt 用量已从 10 年前 0.8 ～ 1.0gPt/kW 降至现在的 0.3 ～ 0.5gPt/kW，近期目标是 2025 年燃料电池电堆 Pt 用量降至 0.1gPt/kW 左右，而且未来希望进一步降低达到传统内燃机尾气净化器贵金属用量水平（$<$ 0.05gPt/kW）。一方面通过提高催化剂的催化活性来实现 Pt 用量降低，另一方面寻找替代 Pt 的催化剂。未来主要研究方向有 Pt 单原子层催化剂、Pt 合金催化剂、Pt 核壳结构催化剂、形貌可控的 Pt 合金催化剂，以及非 Pt 催化剂替代，包括钯基催化剂和非贵金属催化剂。

② 催化剂需要进一步提高稳定性和寿命。

③ 催化剂大批量制造的一致性控制技术。针对催化剂从前期百克级催化剂制备放大到工业化生产存在的放大效应和批量一致性问题，消除关键工艺中温度场、回流层、传质过程等放大效应，突破 Pt 合金催化剂批量产品性能一致性差的瓶颈，获得百千克级 Pt 合金催化剂的批量制备技术。

（3）工业催化材料 稀贵金属催化剂制备过程将向低能耗、高效、绿色环保化发展，主要体现在：

① 避免或减少有毒有害原材料、助剂、溶剂等的使用，使用的原辅料在废旧贵金属催化剂回收过程中易于分解和处理。

② 突破催化剂国际专利壁垒，降本增效，逐步实现进口替代。

③ 填补化工生产工艺设计配套催化剂的国内空白，缩小验证数据、工艺条件论证、反应过程控制、分离工艺优化与国外的差距，使反应工艺技术走在世界前列，同时催化剂也处于国际领先水平。

④ 催化剂贵金属减量化设计及应用。实现铂、钯、铑等贵金属使用减量，有效破解我国铂、钯、铑等贵金属资源短缺的困局。

均相催化剂需要加强产品和新技术的攻关，比如新型有机 P、N 配体的研发，特别是手性配体及相应合成技术的攻关。开展批量制备关键技术的研究，打破进口依赖，实现国产化，为我国医药化工及相关产业发展提供关键基础材料；氮杂环卡宾（NHC）配体及其贵金属有机配合物催化剂的开发；“拟均相”多相催化剂体系的开发，充分利用均相催化剂和多相催化剂的各自优点，精准设计合成一系列具有“均相催化、多相分离”特点的“拟均相”多相催化剂，并建立反应 - 分离耦合催化的新体系；光催化有机合成用离子型铱配合物研制，离子型铱配合物是一类新型的、性能优异的光催化剂，成为当前有机合成光催化剂的研究热点和发展趋势。

（4）光电分子材料 稀贵金属光电分子材料未来发展趋势是：

① 开展原创性自主研发，获得具有自主知识产权的稀贵金属光电分子材料，突破国外专利封锁；

② 开发铂和金的光电分子材料，丰富贵金属光电分子材料的体系，为工业技术领域提供更多的材料选择；

③ 发展低成本和高效率的合成与纯化方法，加快材料量产进程，提高材料国产化率；

④ 开发发光效率高、颜色更纯正和器件稳定性好的蓝色稀贵金属光电分子材料。

17.4.3 稀贵金属合金材料

（1）稀贵金属装联材料 稀贵金属装联材料长期面临前沿材料研发前瞻性不足，关键材料核心工艺技术与装备自主可控水平不高、材料质量体系建设薄弱等问题。稀贵金属装联材料作为集成电路制造链条中重要的关键基础材料，主要依赖进口的格局严重影响着我国产业转型升级乃至国家安全。同时，随着中国在全球半导体产业制造领域的中心地位进一步加强，我国已经成为稀贵金属材料需求最大的地区之一。综上所述，在优化生产工艺和质量的基础上，提升集成电路制造镀膜及封装互联用稀贵金属材料的创新性技术和高端产品储备刻不容缓。在集成电路领域，结合最新科技成果，把握新材料技术与信息技术、纳米技术、智能技术等融合发展趋势，发展集成电路制造镀膜用蒸发材料及封装互联用键合材料等，推动稀贵金属材料体系化发展，强化应用领域的支持和引导，结合正在建设中的稀贵金属材料数据库，有望建成集成电路制造镀膜及封装互联用材料研发的新模式，为我国集成电路领域发展强链补链，实现科技强国目标。

（2）稀贵金属薄膜材料 缩短中国溅射靶材研发生产技术与国际知名企业的差距，提升市场影响力和竞争力，提高溅射靶材利用率、溅射靶材晶粒晶向精确控制、大尺寸高纯度溅射靶材制备等关键技术是今后一段时间亟须解决的主要难题；精确控制溅射靶材晶粒晶向制备技术，提高膜的质量控制水平，需要根据溅射靶材的组织结构特点，采用不同的成形方法，进行反复的塑性变形、热处理工艺加以控制；溅射靶材向大尺寸、高纯度方向发展。溅射靶材的技术发展趋势与下游应用领域的技术革新息息相关。随着应用市场在薄膜产品或元件上的技术进步，溅射靶材也需要随之变化。在下游应用领域中，半导体产业对溅射靶材和溅射薄膜的品质要求最高，随着更大尺寸的硅晶圆片制造出来，相应地要求溅射靶材也朝着大尺寸方向发展，同时也对溅射靶材的晶粒晶向控制提出了更高的要求。溅射薄膜的纯度与溅射靶材的纯度密切相关，为了满足半导体更高精度、更细微的工艺需求，所需要的溅射靶材纯度不断攀升，甚至达到 99.9999%（6N）纯度以上。

（3）稀贵金属精密合金材料 随着我国武器装备的飞速发展，作为精密电阻合金材料，发展趋势逐渐偏向于高电阻、低电阻温度系数、微尺寸以及使用温度区间宽的合金材料，在材料加工方面对精度的控制和性能均匀性方面的要求越来越高。稀贵金属弹性材料向更高弹性模量、更低弹性后效、更广的使用环境和更高的加工尺寸精度方向发展，弹性模量已高达 200GPa 以上，而且实现无磁性、耐高温、耐腐蚀、弹性滞后小等特性。稀贵金属高温电阻应变材料主要应用在航空涡轮发动机叶片的应力测试方面，随着发动机性能的提高，要求叶片在更高温度条件下性能稳定，也相应提高了高温电阻应变材料的测试温度要求。目前国内较成熟的技术能够做到的最高测试温度为 1000℃，而新型航空发动机中的测试温度达到 1100℃以上。生物医用高性能稀贵金属材料尺寸微小、结构复杂、规格多样，对材料微观组织、加工精度、性能指标、表面质量的控制水品要求严苛，对材料研制技术和装备水平的要求较高，其关键技术被庄信万丰、贺利氏等跨国企业掌控，相关技术资料为核心商业机密。我国医用稀贵金属材料产业起步晚、基础薄弱，在合金凝固缺陷控制、塑性变形工艺优化、热处理性能调控、超精细加工技术等方面缺乏深入系统的研究，产品微观组织、尺寸精度、表面质量、性能一致性等离国外水平还有较大差距。我国对显影、电极、导丝等医用关键材料产品精密加工工艺开展了一系列研究，但在医用稀贵金属合金材料的制备机理、组织性能、精密加工、封装连接以及涂层、可降解材料等方面的研究较为欠缺，亟待结合产品应用要求开展深入、系统的研究，突破国际先进水平，推动产品实现自主可控、稳定供应。

（4）稀贵金属钎焊材料 随着电子器件的微型化和集成化，微电子、光电子封装器件不断向小型化、高性能、高可靠、高密度方向发展。贵金属钎料向标准化、系列化、多品种方向发展。贵金属钎料种类繁多，各个领域使用的要求不尽相同，非标准产品多，美国和日本等发达国家正在加速贵金属钎料的标准化研究工作，如日本的银基、金基钎料均制定了详细的国家标准，钯基钎料的标准化正在审定中。国外的贵金属钎料在 200 ～ 1400℃的每隔 50℃的温度区间就有对应的钎料体系，已经建立了各个温度段的系列化钎料。贵金属钎料同时向多元合金化发展，随着装备水平和性能越来越高，对钎焊材料的性能如高温强度、抗氧化性、耐蚀性能提出了更高的要求，现有的二元或三元钎料已不能满足要求。贵金属钎料也借鉴了镍基高温合金的多组元强化的发展思路。国外的贵金属钎料基础性能数据库已相当健全，每种牌号都有对应的应用数据手册，类似于我国的高温合金牌号手册，国内对于贵金属钎料的基础性能数据非常缺乏，造成设计人员在钎料选择上受到制约。贵金属钎料向谱系化方向发展。贵金属钎料的谱系化主要指钎料的类别和数据库，包含三个方面的含义：贵金属钎料每个族谱都有标准化、系列化的产品牌号和相关的标准；每个牌号都有面向应用的基础性能数据库；每个系列化和标准化的产品都有多元化的产品牌号和标准。

（5）稀贵金属电接触材料 随着电子元器件不断向高度集成化、高可靠性发展，贵金属电接触材料将向长寿命、高性能、多功能化和小型化等方向发展，其电接触材料负载容量、可靠性及使用寿命等需进一步提高。研究开发高水平制备技术和产品，缩短与国外的差距，是中国未来贵金属电接触材料的发展趋势。发展重点：

① 开发系列适合不同转速的 Au 基、Ag 基、Pd 基和 Pt 基滑动型电接触材料，涵盖所有的精密滑动型电接触型号，电刷材料的硬度达到 180 ～ 340HV，所匹配的导电环的硬度涵盖

170 ～ 330HV，适合 10 ～ 20000r/min 的转速需求，使用寿命达到 100 万次以上，而且要开发具有自润滑性能的滑动型电接触材料；

② 突破现代贵金属电接触材料设计、评价、表征与先进制备加工技术，进一步完善现有贵金属电接触材料体系。

（6）稀贵金属高温材料 现有的 Pt 基合金主要是固溶强化型合金，研究及应用已比较系统和成熟，并在玻纤、化工及化学分析等领域获得了广泛应用。由于高温强度不够，固溶强化型 Pt 基合金材料还不能作为航天二代发动机喷管材料使用。随着航天技术的发展，二代发动机喷管材料的工作温度达到 1600℃，三代发动机的工作温度超过 1800℃，航天发动机喷管材料朝着高强度、强抗氧化、高耐腐蚀性能的方向发展。发展重点是研发固溶强化与沉淀强化相结合的复合强化新型高强抗氧化型 Pt 基合金、铼 / 铱复合材料。高熔点氧化物单晶的拉制和核燃料包覆需要高纯度及大尺寸铱坩埚和铱包壳容器，如铱坩埚的尺寸需要达到 ϕ200mm，壁厚达 4mm。铱及铱合金是脆性金属，加工变形十分困难，只有在 1600℃以上的高温条件下才具有一定塑性。为了提高铱及铱合金铸锭品质，改善加工塑性，提高产品质量和成品率，未来的发展趋势是开发新的纯化工艺制备技术，发展重点是电子束熔炼、电弧熔炼及包套锻造技术等。

我国稀贵金属材料产业与发达国家相比，无论在产业技术、装备水平、产业规模，还是在产品标准化、系列化及品质等方面都还存在较大差距，部分产品缺乏核心技术支撑，在稀贵金属材料领域存在很多被发达国家“卡脖子”的技术，我国稀贵金属领域正在并仍将长期面临先进技术及资源储备两头在外的不利局面，严重影响我国社会经济发展、高端装备制造和高新技术产业发展。面对“以国内大循环为主体、国内国际双循环相互促进”的新发展格局，推动国内大循环必须要提高供给体系的质量和水平，以新供给创造新需求，而畅通国内国际双循环也需要构筑强大的科技实力和创新能力，从而才能保障稀贵金属产业链、供应链的安全与稳定。所以，为了打破发达国家对我国的技术封锁，加速提升我国的核心竞争能力，必须增强稀贵金属产业的自主创新能力，突破稀贵金属产业的关键核心技术，探索适合我国国情的创新发展模式。

参考文献

作者简介

陈家林，教授，博士生导师，曾任科技部国家贵金属材料工程技术中心主任，稀贵金属综合利用新技术国家重点实验室常务副主任，国防科工局多品种小批量贵金属科研试制基地项目组执行组长，科技部“十三五”重点研发计划总体专家组成员，国防科工局“十一五”“十二五”规划专家组成员，中国有色金属工业协会专家委员会委员。享受国务院政府特殊津贴专家。获得省部级科技进步奖一等奖 7 项、二等奖 5 项。申请及授权发明专利 73 件。发表科技论文、报告 80 多篇。

赵云昆，昆明贵金属研究所研究员，博士生导师，云南省“万人计划”云岭学者，云南省贵金属催化技术创新团队带头人。长期从事机动车尾气治理控制技术的应用研究和产品开发。主持 863 计划、国家科技支撑计划、国家自然科学基金、国家重大科技成果转化等项目，多项成果在机动车尾气控制领域获得工程化应用。获得省部级科技进步奖一等奖 5 项、二等奖 3 项。授权专利 8 件。发表论文 100 多篇。合著专著 1 部。

闻明，贵研铂业股份有限公司研究员，入选国家百千万人才工程、国家有突出贡献中青年专家。长期从事贵金属新材料的应用基础研究及产品开发工作，研制出镍铂、钌等多种靶材产品，产品实现替代进口和出口。近年来先后主持国家重点研发计划项目课题及参与国家及省级等项目 20 余项。发表论文 105 篇，其中 SCI 收录 56 篇。申请发明专利 41 件，获授权发明专利 25 件。获省部级科技奖励 3 项。

王怀国，中国有色金属工业协会科技部副主任。长期从事有色金属材料产业技术发展研究、技术成果应用与推广、科技项目管理等工作。“十五”以来，先后参与承担国家科技支撑计划镁合金、铝合金、稀贵金属等十多项国家科技项目研发与科技管理工作。参加编制科技部和行业“十三五”材料领域科技创新规划、“面向 2035 年的材料领域科技发展战略研究”等。在核心期刊发表《镁合金材料研发进展概况》《中国稀贵金属材料技术进展》等多篇学术论文，撰写行业项目可研报告、科技报告等数十篇专业技术报告。获国家授权发明专利 1 件。获中国有色金属科学技术奖一等奖 1 项、二等奖 3 项。多次担任国家部委相关项目立项、验收及评审专家。

第18章

盐湖资源综合利用

铁生年　铁　健　蒋自鹏　柳　馨

18.1 概述

盐湖是指湖水含盐度 $w_{(\mathrm{NaCleq})} > 3.5\%$ 的湖泊，也包括表面卤水干涸、由含盐沉积与晶间卤水组成的地下卤水湖与干盐湖。我国盐湖卤水中无机盐资源丰富，除蕴含钾、钠、氯、镁等元素外，锂、硼、铷、铯、碘、溴等总体储量也很丰富。中国盐湖具有数量多、面积广、元素种类齐全、资源丰富、富含较多稀有元素等特点。据不完全统计，全国已发现各类盐湖1500多个，几乎沿着大兴安岭南端—吕梁山脉—阴山山脉—祁连山脉—冈底斯-念青唐古拉山脉以北的西北部干旱和半干旱地区分布，主要集中分布于青海、西藏、新疆与内蒙古4个省（区）。依据大地构造背景、地形地貌条件、元素物质来源组成与卤水地球化学特征，可将中国盐湖划分为青藏高原区、西北区、东北区与东部分散区等4个盐湖分布区域，其中青海盐湖以硫酸镁-氯化物型为主，西藏多为碳酸盐-硫酸盐型盐湖，新疆与内蒙古则分别以硫酸盐型和碳酸盐型为主。

青海盐湖主要集中分布于柴达木盆地，盆地内分布着察尔汗、东/西台吉乃尔、大柴旦、马海、昆特依、一里坪、察汗斯拉图、大浪滩、尕斯库勒等地表卤水湖、半干涸湖和干涸盐湖共计33个，已发现盐湖矿床70余处，盐类沉积面积约为3万平方公里。作为中国最大的盐湖资源储备基地，柴达木盆地累计探明资源量约为4000亿吨，其中已探明的液体氯化钾资源量为7.5亿吨，镁盐资源量为65.04亿吨，伴生锂矿资源量为1848.96万吨，硼矿资源量为8197.9万吨，溴矿资源量为18.25万吨，碘矿资源量为1.02万吨。西藏盐湖广布，卤水面积大于 $1km^2$ 的盐湖数量达234个，总面积为 $8150.18km^2$，约占全区盐湖总面积（$8225.18km^2$）的99%，主要有扎布耶、结则茶卡、龙木错、秋里南木、吉步茶卡等盐湖，区内盐湖资源丰富，成分复杂，卤水化学类型齐全，除有海量钠盐、镁盐、天然碱与芒硝等的“普通盐湖”外，还有“钾镁盐湖”和富硼、锂（铷铯溴）等“特种盐湖”，不仅是中国现代内陆盐湖分布较为密集的省（区）之一，同时也是全球范围最大、海拔最高、数量最多的高原盐湖区。新疆共有苛苛苏、玛纳斯、乌尔禾、罗布泊、艾丁等各类干涸与卤水盐湖超过 110 个，主要分布于昆仑山 - 阿尔金山、天山与阿尔泰山的山间盆地中。塔里木盆地的罗布泊盐湖卤水 KCl 平均品位为 1.51%，探明的钾盐（KCl）给水度资源储量为 1.18 亿吨、孔隙度资源储量为 2.5 亿吨，是国内迄今为止发现的最大含硫酸盐型卤水钾盐矿床。与内地海盐相比，新疆湖盐质优品位高，适宜生产钾盐、纯碱、氯碱与聚氯乙烯，以及深层次提炼生产钠、镁、溴等高附加值盐化工产品。内蒙古盐湖是中国盐湖数量最多但湖泊面积普遍较小的地区，除西居延海与吉兰泰盐湖面积大于 $100km^2$ 外，诸如哈登贺少、鸡龙同古、古乃尔、查哈诺尔等其他 373 个盐湖面积均未超过 $100km^2$，主要集中分布在呼伦贝尔、锡林郭勒 - 乌兰察布、鄂尔多斯和阿拉善等 4 大高原盐湖区。区内盐湖以晶间卤水为主，湖表卤水次之，卤水中钠元素、氯元素、硫酸盐和碳酸盐含量丰富。

综合利用矿产资源是中国矿业开发的基本方针之一。在全面贯彻新发展理念、高质量发展、深入推进生态文明建设与“双碳”战略目标实施的新形势下，高效开发与综合利用盐湖资源是企业降低成本、提升效益、优化结构、转型升级和增强企业核心竞争力的必然选择与重要途径。而高效提升资源的利用效率，首要条件是对这些盐湖资源开展相关综合利用科研工作，围绕国内典型盐湖主元素及相关有益元素开展高值化利用研究。钾（K）是农作物生长所必需的氮磷钾三大营养元素之一，享有粮食“食粮”的美誉；锂（Li）在储能材料与清洁核能开发中占有一席之地，是“21 世纪战略元素”的关键组成部分之一；镁（Mg）被誉为新世纪最具开发与应用潜力的绿色工程材料；铷（Rb）则是原子钟、量子计算与能量转换等诸多高新技术领域的关键元素。

当前各领域专业技术人员已开展了大量分离提取基础试验和应用研究，也取得显著的研究成果。以钾、锂、镁、铷等为代表的盐湖资源，在高效农业、新能源、新材料、电子通信、航空航天、国防军工、节能环保等产业中广泛应用，均被全球发达国家与地区视为与稀土具同等战略地位的重要资源。当前，我国正处在世界粮食危机、环境污染治理和“双碳”产业结构转型升级调整的关键时期，推进国内盐湖资源的科学高效开发与综合利用，不仅可以持续保障全国大农业粮食的长期供给、能源资源与新材料的安全稳定，还必定会作为一个经济新增长点有力推动我国经济可持续发展。

18.2 对新材料的战略需求

18.2.1 盐湖钾资源战略需求和利用

由于钾在自然界均以化合物的形式存在，按照其在水中的溶解性分为可溶性和不可溶性钾资源，其中可溶性钾资源是生产 KCl 的主要原料之一。但全球范围内可溶性钾资源主要集中在加拿大和俄罗斯等国家，其中加拿大占有全球53%的可溶性钾资源，是世界上最大的钾资源国，俄罗斯占有全球22%的可溶性钾资源，仅次于加拿大。我国每年钾肥的消耗量约是900万～1200万吨，但其中50%的钾肥依赖进口，钾盐短缺问题加速推动国内钾盐生产技术的研发。青海具有丰富的盐湖资源，其中无机盐类资源如钾、镁、锂、钠、硼等储量高达3832亿吨。青海是我国重要的钾肥生产地，年产量达743万吨，为保障我国粮食生产做出了重大贡献。

世界钾资源开发用途中95%用作生产钾肥，5%用于工业生产。借助钾矿生产出的钾盐产品包括氯化钾、硫酸钾、硝酸钾等，其中氯化钾所占比例达到95%。受地区地形条件与自然因素的影响，我国及其他国家诸多钾矿石生产效率最高可达90%。分析钾肥实际产量与产能分布情况，发现世界范围内钾肥总产量为4100万吨。加拿大产量最高，俄罗斯及白俄罗斯次之，中国第四。钾肥消费集中在亚洲、拉美等地区。人口数量可决定钾肥的消耗总量与实际增量。中国、巴西、美国地区属于钾肥消费大国，占全世界总量的70%。钾盐贸易发展速度不断加快，需要确保全球钾肥生产格局。

钾（K）是农作物生长所必需的氮磷钾三大营养元素之一，享有粮食“食粮”的美誉，我国是世界上最大的钾肥消费国，其中农业上所需的钾肥主要依靠盐湖资源生产，正是由于盐湖钾资源的存在，极大缓解了我国钾肥进口的压力。其中青海钾肥占据我国约一半的钾肥市场。目前，盐湖钾资源的开采和利用工艺主要是通过盐田蒸发结晶得到光卤石矿，光卤石矿经脱钠、脱镁工序后得到氯化钾产品。根据光卤石矿脱钠脱镁的方法和工艺组合不同，光卤石矿生产氯化钾的工艺可分为以下几类：冷分解-正浮选法、反浮选-冷结晶法、兑卤法、热溶结晶和其他工艺。盐湖钾资源的开采和利用工艺已经成熟，多种工艺共同发展，取长补短，同时存在。随着技术的发展，各种工艺还有较大的进步空间，同时一些新工艺的研究也有报道，但成果的工业化生产有待进一步完善。在提钾方面，季荣等利用冷分解-正浮选法对察尔汗盐湖反浮选提钾尾盐开展钾钠分离研究，通过新型钾盐捕收剂YC-15有效避免了原矿中烷基吗啉类反浮选捕收剂的干扰，浮选精尾矿后成功获取农用氯化钾肥与优质工业盐，实现了提钾尾盐的资源化综合利用。

随着对钾盐需求的增长，在未发现大规模钾盐资源的情况下，服务年限下降，钾盐资源面临短缺的局面。此外，我国的钾盐工业起步较晚，钾盐产量供不应求，一半需求依赖从国外进口。进入21世纪后，我国钾盐产业快速发展，产量大幅度提升，但仍需要从国外进口钾盐，而国内以氯化钾为原料的加工型产品面临着产能过剩、盈利水平较低等情况。国内一些学者针对中国钾盐存在的问题进行了研究，赵元艺、郑绵平等从资源角度对中国钾盐地质特征和成矿规律进行了系统研究和总结，摸清了钾盐的资源储量，对找钾理论的认识有了重要进展；马凯、李萌等从产业角度总结了国内国外钾盐生产状况，提出了中国钾盐产业应绿色可持续发展和“走出去”；鲍荣华等从生产消费介绍了全球钾盐格局，认为钾盐消费呈增长趋势，钾离子电池材料和熔盐储能材料有待进一步发展。

随着对钾离子电池的不断深入研究，钾离子电池已具有大规模应用的潜力。目前研究热点集中于电池正极材料的选取，主要分为层状过渡金属氧化物、聚阴离子型化合物、有机类化合物以及普鲁士蓝类化合物。这四类材料分别具有各自的优势及不足，均需要不同的方法、策略做到“扬长避短”。值得注意的是，实验室的研究主要关注材料性能，如电池能量密度、功率大小、安全、寿命等，而涉及工业化应用时，以电池的综合性能评估材料更具参考意义。另外，若要实现规模化储能应用，安全性能是核心要素，其次随着产量不断增加，生产成本问题也会越来越突出，若能开发出各项性能优异的铁基、锰基类廉价的正极材料，将会大力推动钾离子电池的产业化发展。目前，越来越多的研究表明钾离子电池具有应用于低成本、高效储能体系的潜力，但由于钾离子半径较大，电极材料在重放能过程容易破坏自身材料的结构，最终导致储能密度下降，电池寿命大幅降低。针对这一问题，未来钾离子电池的研究方向主要是改善电极材料形貌或者通过掺杂剂与电极材料复合的方式解决这一问题。总体而言，与其他金属离子电池相比，钾离子电池的研发仍处于起步阶段。其构效关系及储钾机理仍需要深入探究，为该体系在规模化储能方面的应用奠定坚实基础。但随着钾离子电池研究的不断深入，钾离子电池的电化学性能有望进一步提高，成本再降低，有望取代锂离子电池实现在手机、电脑、相机等电子产品和新能源汽车等储能设备上的应用。对于电池体系来说，不同的电极材料对电池的各项性能和应用价值有关键性影响，在未来钾离子电池规模化发展进程中，探究低成本、高性能的适用于工业化生产的电极材料具有重大研究意义。

熔盐材料是由离子组成的熔化的液体盐，分为高温熔盐（无机盐）和室温离子液体（有机盐）。高温熔盐具有离子迁移速率快、电导率高以及传质过程和反应动力学快速等特点，更重要的是熔盐的比热容大，因此，它是一种良好的吸热介质，作为高温相变储能材料可用作太阳能、核能以及工业余热回收等领域的传热蓄热。KCl、K_2CO_3、KNO_3 等是这类熔盐相变材料的主体材料。图 18-1 为常见无机盐的相变热性能，Solar Salt（$NaNO_3$-KNO_3）和 HITEC Salt（$NaNO_3$-KNO_3-$NaNO_2$）是两种商用共晶盐，用于聚光太阳能电厂的蓄热介质。熔盐传热与蓄热技术一直是太阳能高温热利用领域的重点发展方向。高温熔盐主要包括氟化盐、氯化盐、硝酸盐和碳酸盐，探究各种外界因素对其热物理性能的影响，揭示其微观尺度的运动机理，研究碳酸盐材料的热物理性能在宏观与微观上的联系，有着重要的学术意义以及工业应用价值。

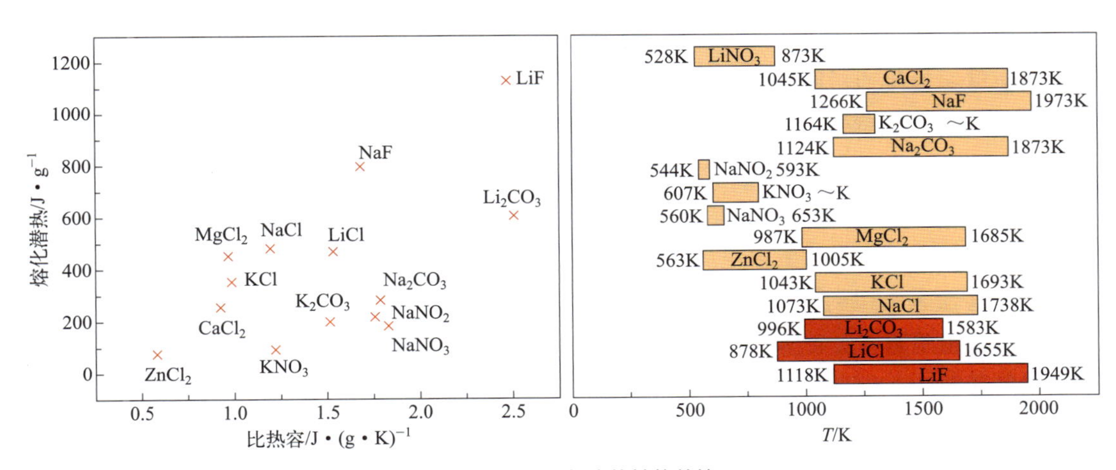

图 18-1　无机盐相变热性能总结

盐湖钠资源的战略需求和利用

氯化钠，人类生活中的食盐，对人的生理活动起着不可或缺的作用，同时也是应用范围最广的一种重要的无机盐产品。人体内含有约 0.66% 的 NaCl，虽然占比不大却发挥重大作用，其主要存储在体液之中用于稳定体液渗透压，以防止细胞内部水分流失。NaCl 也是人体产生胃液和胆汁的重要原料之一，对保持体液中性、肌肉收缩、血液流动、神经信息传递、碳水化合物和蛋白质新陈代谢等起到重要作用。当人体长时间未摄入食盐时会导致人体食欲下降、血压下降、肌肉痉挛、消化不良、精神不振等症状，更有甚者还会引起神经衰弱、引发死亡。通常为补充人体所丢失的盐分，每人每天需要摄入 5 ～ 8g 食盐。纵观人类进化史过程，最初人以动物的血、肉为食并从中获取盐分，而随着人类不断进化，主食从生到熟，从肉食到谷物，人们已将食用含氯化钠的食物作为生活的重要组成部分。古代由于受限于交通运输困难，人类总是选择在易于获得食盐的地方居住，否则就难以生存下去。

氯化钠在地球上储量巨大，分布广泛，易于获得。地球上的氯化钠主要以溶于海水及盐湖卤水中的液体矿和固体盐矿两种形式存在。海水覆盖地球表面的 3/4，据计算全世界海水含氯化钠 36.6×10^{7} 亿吨，数量大得惊人。存在于地表的盐湖卤水和埋藏在地下的卤水也是氯化钠的重要来源。中国是一个多盐湖的国家，分布有 1000 多个大小盐湖。在四川、湖北等省，地下卤水储量也很丰富。仅青海省柴达木盆地的盐湖中，氯化钠的储量即达 3260 亿吨左右，足够全世界的人食用三千年。

氯化钠的生产方法有许多种。在不同地区采用何种方法生产氯化钠，要由其技术可行性和经济合理性决定，归根结底是由原料的性质、生产地的自然地理条件（气候、土壤、水文）和经济地理条件决定的。生产氯化钠的原料可分为两大类：液体矿床和固体矿床。但不论哪种资源，其生产过程（除电渗析法外）都是以相变化或其他物理过程为主，均不包含复杂的化学过程。这是氯化钠生产工艺过程的一个突出的特点。

通常将湖水含盐量达 50g/L 以上的湖泊称为盐湖。盐湖水（或称盐湖卤水）含有大量盐类，是重要的无机盐资源。大多数具有开采价值的盐湖，其卤水早已达到氯化钠饱和，并在湖底沉积有固体 NaCl，湖盐矿床多为这种固相和液相两种矿体共存。原来就存在的固体盐叫原生盐。开采原生盐后留下的空间，被渗出的卤水所充满，由于天然的蒸发作用，从卤水中还会继续结晶析出食盐，这种新结晶出的盐，叫做再生盐。湖盐的生产包括原生盐的开采、再生盐的开采和它们的精制，以及修滩建池，由盐湖卤水天然蒸发生产食盐。

原生盐通常利用各种采盐机械开采，可以使用挖掘机、联合采盐机或联合采盐船开采。联合采盐船可在湖面上行驶，也可固定在某一位置上，它具有盐层破碎、吸入、清洗、脱卤等功能，采盐效率很高。开采出的湖盐一般经破碎、洗涤、脱水、干燥后即成为粉洗精盐。湖盐常含有石膏、泥沙等杂质，有时湖盐晶体中还会包有腐烂植物的残屑。为提高其质量，必须进一步精制。石膏、泥沙等不溶性杂质，可在饱和卤水中分级脱除。若这类杂质过多，处理就比较麻烦。可用淡水溶解、过滤、蒸发结晶（采用真空蒸发器）、分离脱水、干燥，获得真空精制盐。也可以将溶解后的饱和卤水在盐田中靠天然蒸发而获得再制精盐。对于含石膏特别多的湖盐，可采用焙烧法来除去石膏：在 210 ～ 260℃下加热焙烧后，石膏脱水转变成半水硫酸钙而粉化，经淡水或卤水浸泡、搓碾，靠粒度差而分级，使石膏和盐分离。此法消耗热能，需注意经济效益问题。

盐湖都是形成于气候干燥地区，因而在湖区建造盐田靠天然蒸发方法生产食盐，是相当经济的。卤水中含有的其他盐类对生产的食盐质量有不利的影响，但通过天然蒸发生产食盐后，共存的其他组分在剩余卤水中得到富集，又对进一步分离提取这些盐类有利。由盐湖卤水天然蒸发生产食盐，与海水天然蒸发法生产食盐相似。但盐湖区气候干燥，一般降雨量很少。因此，盐田工艺与海盐日晒工艺也有些差别。盐湖卤水天然蒸发多采用大面积深水盐田。从灌水到收盐和再灌水，一般要以一年为周期。由于盐田中卤水较深、面积大，起风时波浪也大，对池埝的冲击很厉害。因此必须具有足够强度的不渗漏的池埝和池底。此外，为了分离其他盐类的需要，在蒸发池、结晶池的面积比、走水方式等方面也多有不同。

美国大盐湖矿物和化学品公司在大盐湖东北部修建有面积达 56.7km^2 的盐田，依靠天然蒸发从湖水中分离各种盐类。每年从 9 月起开始收盐，至 11 月结束。为了随后获得有利于进一步加工的含钾混合盐，须严格控制蒸发在一定的动态平衡条件下进行，还要调节卤水的组成，使其析出较高品位、符合要求的混合盐。而海水日晒生产食盐，则无须特别注意此类问题。

2021 年中国食用盐出口数量最多的国家为韩国；食用盐进口数量最多国家为澳大利亚。

相比于锂离子电池，钠离子电池在成本方面具有显著优势，钠元素在地壳中含量丰富占比约 2.75%（质量分数），而锂离子仅占 0.002%（质量分数），钠不会与铝箔发生反应，因此可构造双极性钠离子电池，即将正极和负极材料涂布在同一张铝箔上，极片在固体电解质的隔离下可进行周期性堆叠。相同的电极材料组成的对称钠离子电池通过使用相同的电极材料有效抑制了电极材料的体积膨胀，产生更高电压，在有效提高电极材料的安全性和稳定性的同时还可大幅降低制造成本。此外，和锂离子电池相比，钠离子界面去溶剂化能力更优异，且具有较小的斯托克斯直径，这就导致含有低浓度钠盐的电解液的离子电导率更高。钠与锂作为同一主族元素具有相似的化学性质，因此钠离子电池与锂离子电池也很类似，可以参考锂离子电池的工作原理及研究方法加快推动钠离子电池材料的进一步发展。相信在未来，钠离子电池一定会成为规模化的商用电池之一。

目前钠离子电池正极材料主要分为过渡金属氧化物类（包括层状结构和隧道结构）、聚阴离子化合物类、普鲁士蓝类似物类和有机化合物类。其中层状过渡金属氧化物、聚阴离子化合物以及普鲁士蓝类似物这三种正极材料产业化前景较好。层状过渡金属氧化物材料制备简单、成本较低且具有较高的能量密度和比容量，但是大多数的层状材料容易吸水或者常温下易与空气反应，进而降低了材料的电化学性能和结构稳定性。大多数聚阴离子化合物正极材料具有较好的倍率性和优异的循环性能，还具有开放性的三维骨架等优势，但是其导电性较差，需要通过纳米化、碳包覆的方法来提高聚阴离子化合物的导电性。普鲁士蓝类似物正极材料具有低成本化潜力，但因其结晶水去除困难，压实密度低，因此形成规模化应用困难。同时，钠离子电池存在很多问题，如钠离子电池能量密度低，在电极材料中进行脱嵌时会损坏材料，从而破坏电极完整性影响整个电池性能。为解决以上问题，有学者通过对电极材料的形貌调控、界面工程、价态调节，利用掺杂与包覆、复合材料的协同效应等改性手段，有效地抑制其不可逆相变，提高了钠离子电池能量密度。总之，由于钠离子电池独特的优势，其在储能领域具有广阔的应用前景。

18.2.3 盐湖镁资源的战略需求和利用

镁（Mg）被誉为新世纪最具开发与应用潜力的绿色工程材料，中国陆地镁资源总量居世界第一位，目前已探明储量占世界总储量35%以上。其中，菱镁矿资源储量31.45亿吨，契合炼镁要求的一、二级矿占78%；白云石资源储量在40亿吨以上。2019年，全球总的原镁产销量100万吨，其中有约85%原镁是由中国产销，剩余少部分由俄罗斯、以色列产出。中国原镁产地主要在陕西、山西、宁夏等地。目前，全球约有45%的镁资源用于生产镁合金，其中有70%用于汽车行业，其余30%分别用于军工、建筑材料以及飞行器等领域。镁合金被称为“21世纪的绿色环保结构材料”，其具有耐腐蚀性好、密度小、无生物毒性、比强度高、减振性好、比刚度大、耐冲击性能良好、电磁屏蔽性能优异、资源易得等优势。随着镁合金研发技术不断发展，制备出的镁合金性能不断提高，应用范围不断扩大，市场需求持续增加。为此，镁合金产业发展对我国国民经济增长及国防科技发展具有重大战略意义。

由于镁合金密度小，但其比强度远高于铁合金和铝合金，替代应用时能显著节能减排效果和使构件轻量化。因而镁合金在汽车、修建、3C、军工、能源、轨道交通等产业都有重要应用。此外，镁合金还具备良好的功能特性，镁合金具备较高的阻尼减振性能，其主要阻尼机制是位错阻尼，阻尼性能普遍是铝合金的15倍、钢的60倍。镁合金具备较强的传热能力，室温下纯镁的热导率为158W/（m·K），Mg-Zn系和Mg-Mn系变形镁合金的热导率可达110～140W/（m·K），其总体散热性能优于铝合金。镁合金具备优良的电磁屏蔽性能，常规商用镁合金在30～1500MHz频率范围内的电磁屏蔽效能可达50dB以上，尽管低于铜合金，但明显优于相同厚度的部分铝合金。镁合金具备良好的能源特性，纯镁具有储氢功能，其理论储氢量高达7.6%，作为电池负极材料可使电池的理论比容量达到222A·h/g，因此镁合金在储氢材料和电池负极材料方面同样展现出较大的潜力。镁作为生命必需元素之一，可以在体内降解，具备良好的生物相容性，是理想的生物仿生材料。同时镁的标准电极电位很低，容易发生腐蚀，具备一定强度且降解速率可控的镁合金在石油开采领域具有良好应用前景。

目前青海盐湖镁资源的开发利用主要集中在氢氧化镁、氧化镁等产品上，且存在产品品质不高、工艺技术不够先进、附加值低等缺陷，远没有发挥出青海镁资源的优势，对地方经济的贡献度有待进一步提升。虽然不少企业都开发出了基于盐湖镁资源的氢氧化镁产品，但是普遍存在颗粒形状不规则、平均粒径大且粒径分布宽等缺陷，与国外的同类产品相差甚远，缺乏竞争力。以盐湖资源为基体的钾肥的生产过程中氯化镁总是作为副产物产生，每生产1t氯化钾就会伴随8～10t氯化镁产出，但这些氯化镁作为废物并未进行下游

产品再利用，多年积累下来，盐湖地区氯化镁排放量达到数亿吨。这些氯化镁废料不仅对生态环境造成严重破坏，还对钾、锂及稀有元素等其他资源的开采造成严重影响。此外，青海盐湖镁锂比较高，其中察尔汗盐湖镁锂比最高达 1400 以上，青海西台吉乃尔盐湖卤水镁锂比也超过了 40，镁锂难以分离问题一直是限制锂产量的重要原因，大幅降低了提锂效率，流失了大量锂资源。

未来青海盐湖镁资源的开发利用，应将重点放在新型镁基功能材料，如镁基插层材料、无水碳酸镁、高纯镁砂等方面，以提高镁产品的经济价值。应进一步加强基础研究，特别是重点研究氢氧化镁结晶过程的动力学和热力学，探明影响氢氧化镁晶体生长的各种因素，从而实现对氢氧化镁形貌和尺寸的可控制备，开发出高品质氢氧化镁产品。此外，应加大对高纯氯化镁、高纯硫酸镁的研究和开发力度，以扩大青海盐湖镁资源在医药、催化、有机合成、食品以及保健品等高附加值领域的应用。

盐湖资源是西部的优势资源，也是我国重要的无机盐战略资源之一。由于盐湖开发长期重钾轻镁，致使盐湖卤水中巨量的镁资源造成“镁害”。值得欣喜的是，近年来，我国科技工作者进行了大量水氯镁石脱水、半脱水电解生产镁砂、电解镁以及镁合金、镁稀土合金等下游高值化产品的开发与研究，已取得了一定的进展。针对我国盐湖开发战略，我们认为：一是国家和地方政府要进一步加大盐湖科技研究与开发的投入，重视基础研究和技术研发并重，促进盐湖化工产业发展；二是要改变观念，重视现代盐田分离技术的研究和技术升级；三是重视化学、化工、冶金、环保、地质多学科联合科技攻关，加强盐湖、天然气、煤、水泥化工的循环经济建设，节能减排，促进镁盐产品产业链的延伸和发展，提升我国盐湖镁产业国际竞争力，以期为我国国民经济建设注入新的驱动力。在变废为宝利用镁渣方面，李颖等利用盐湖共存元素如钾、钠、硼和氯的助烧结作用，在 1200℃以下煅烧提锂镁渣、外掺硼的轻烧镁粉与水氯镁石的热解产物制备低活性氧化镁和磷酸镁水泥（MPC），解决了现行工艺生产死烧氯化镁与 MPC 高成本、高能耗和设备周转低效率的难题。杨佳亓、唐志雷等利用盐湖提锂副产 $Mg(OH)_2$，分别与可溶性铝盐和 $MgSO_4 \cdot 7H_2O$ 成功制备带有 SO_4^{2-} 和 CO_3^{2-} 插层的镁基层状复合金属氢氧化物（LDH）与表面光滑、分散性好、长径比大、纯度佳的 153 型碱式硫酸镁晶须。上述两种制备工艺绿色、经济，不仅降低了锂盐生产成本，提升了“镁害”高值化研发水平，还对实现盐湖镁锂资源综合高效利用提供了一种有效途径。毕秋艳等在 180℃水热条件下，利用氯化镁 / 硫酸镁为镁源、抗坏血酸 / 尿素为碳源，分别制备出粒径均一、形貌多样的无水碳酸镁和具优良分散性的立方体状、球状无水碳酸镁，该方法极大缩短了反应时间、提升了反应效率，为大规模制备无水碳酸镁、高值化利用盐湖镁资源提供了新的研究思路。

镁基储氢材料具有储氢量大、安全稳定性高、价格便宜等优点，受到科技界高度重视。但其较高的吸放氢温度和较差的动力学性能严重阻碍了其在储氢方面的应用。目前，镁基储氢材料的研究热点主要集中在通过优化改性的方法获得低成本、小颗粒、稳定性高、产量大的纳米 MgH_2，并取得了阶段性成果。但是要想获得具有理想储氢性能和实际应用价值的镁基储氢材料仍需进一步研究。展望 Mg 基储氢材料未来的研究，其重点将集中于四个领域：

① 优化纳米镁基储氢材料的制备方法，使其制备更加简单且材料的颗粒尺寸可控，并进一步降低其制备成本；

② 深入探讨镁基储氢材料的储氢机理，并通过理论计算、模型构建等方式从原子化角度探究 Mg-H 键的断裂机理；

③ 在耗费较少的科研资源的前提下，依靠理论研究和模拟仿真探索镁元素与其他元素组合来制备新的镁基储氢材料，使得其储氢性能更优异，成本更低；

④ 寻找镁基储氢材料新的行业领域和应用模式，更好地发挥其特点及优势。

随着相关研究的进一步推进，有理由相信镁基材料必然会在未来的工业、科技和生活等领域的储氢系统中得到广泛的应用。

18.2.4 盐湖锂资源的战略需求和利用

锂（Li）在能源储备与清洁核能开发中占有一席之地，是“21 世纪战略元素”的关键组成部分之一，锂已经成为支撑战略性新兴产业发展的“关键材料”，在军事、核工业、航空航天、新能源等高科技产业中具有广泛应用。

20 世纪中叶以来，从含锂固体矿中提取锂产品成本越来越高，世界制取锂盐的原料逐渐由锂矿转向含锂高的盐湖卤水。盐湖卤水中的锂资源约占锂工业储量的 79%。锂是储能领域的战略物资，更是未来社会发展中的主要新能源材料。锂具有许多优异的物理及化学特性，功能强大且用途广泛，因此被誉为“促进世界进步的能源金属”。锂产品最初主要用于军事，但随着冶金、航空航天、新能源、玻璃制造业的不断发展，人们对锂的需求逐年增加，锂提取技术的发展也受到越来越多的关注。我国锂资源丰富，其中 79% 的锂资源以盐湖卤水的形式存在，主要分布在青海和西藏等地。全世界 60% 左右的锂资源位于南美洲，特别是智利、玻利维亚和阿根廷。一般来说，这些锂资源要么是矿床，要么是含锂盐湖。盐湖卤水浓度较大且组成复杂，含有许多金属和非金属元素，而其中镁一直是限制盐湖卤水提锂产量的关键因素。青海和西藏的盐湖以高镁锂比型为主，其中青海柴达木盆地盐湖的镁锂比甚至高于 500。由于镁和锂的物理化学性质非常接近，而且盐湖卤水中镁的含量远高于锂，因此镁锂分离问题是决定最终锂产品纯度的关键问题，这成为盐湖卤水锂资源大规模开发的技术瓶颈。要高度重视锂资源的高效利用与高质量发展，锂矿资源产业的发展离不开产业链精细加工环节的延伸以及产业技术的创新，应当建立起循环经济的资源型产业集群，对产业创新系统进行构建，从而不断提高青海锂矿资源开发效益。确立经济发展同生态环境保护之间的关系，树立保护生态环境就是保护生产力、改善生态环境就是发展生产力的理念，实现盐湖资源科学开发利用和可持续发展。

锂是支撑新能源行业发展的重要基础性资源，根据 2022 年美国地质调查局（USGS）调查显示，全球已探明锂资源储量为 8900 万吨左右。2021 年中国矿产资源报告表明，我国已探明锂资源储量为 234.47 万吨（以氧化锂计），其中青海省锂资源储量占全国储量的 64.7%，为 151.8 万吨。2021 年青海盐湖产业碳酸锂的产量为 5.12 万吨，目前，青海盐湖产业基地已成为我国新能源行业的主要原料产地。锂产品广泛用于锂电池、玻璃和陶瓷工业、锂润滑脂、空气处理、药物和聚合物生产、钢铁工业助熔剂、原铝及铝锂合金生产、光学材料和功能材料、核工业等。随着新能源变革，锂电池领域对锂产品的需求持续快速增加，全球对锂资源越来越关注。锂产品市场需求量大、价格高、项目投资效益逐步显著。2018 年 Albemarle 公司总结了高盛、瑞银、SQM、FMC 等多家机构的预测，预测 2025 年全球锂盐需求量将从 2017 年的 24 万吨 LCE 增加至 83 万吨 LCE（碳酸锂当量），仅运输领域需求量 2025 年就将达到 55 万吨。中国具有丰富的盐湖锂资源，主要存于青海和西藏的盐湖中。为支撑国家新能源汽车战略和青海经济社会发展，青海盐湖工业股份有限公司与相关单位联合攻关，年产一万吨碳酸锂工业装置技改成功，标志着低含量高镁锂比卤水提锂技术已经成熟。由于盐湖卤水提锂是在提钾后的老卤中进行，因此锂产品生产规模不仅与提锂工艺路线、原卤含锂量及其组成有关，还与钾肥规模生产采卤量及其开采方式密切相关。尤其是察尔汗盐湖利用钾资源时实施了大规模固液转化开采方式，采出卤水锂含量相较原地质勘探时原始卤水发生了较大变化，故不能简单地以原始卤水含锂资源量及其浓度来评估锂资源的生产规模。如何根据盐湖锂资源量和禀赋特征，结合现有矿区开采系统和锂资源加工利用技术参数来合理确定锂产品生产规模，是盐湖锂资源开发过程中迫切需要研究解决的重要问题。

镁和锂具有十分相似的物理及化学性质，镁锂分离问题一直是困扰提锂技术的主要问题，镁锂比越高，锂的提取就越困难。我国盐湖卤水中的镁锂比普遍较高，这显著增大了盐湖提锂的技术难度和生产成本。另外，青海盐湖主要分布在柴达木盆地一带，地处偏远，交通不便，同样严重阻碍了盐湖锂资源的开发。而随着社会不断发展，锂的市场需求量也不断增加，为此，因地制宜地开发适用于我国盐湖卤水的锂提取分离技术势在必行。目前我国盐湖卤水提锂技术主要是先将原始卤水蒸发浓缩后再将锂从卤水中分离出来，最后得到纯度较高的锂产品。从浓缩卤水中提取锂的工艺主要基于以下两个基本原理：一种是吸附、萃取等平衡分离技术，另一种是纳滤、电渗析等速率分离技术。吸附法提锂技术较适用于高镁锂比且锂浓度低的卤水，具有良好的发展前景，但是吸附材料获得困难、成本较高、循环稳定性差、易损坏等问题限制了其规模化应用。而溶剂萃取法由于需要大量对环境有害的有机溶剂且工艺条件苛刻也未实现广泛应用。此外，纳滤和电渗析分离技术都受限于其膜材料的镁锂分离系数低，相较于吸附法和溶剂萃取法，分离效果较差。现如今，青海柴达木盐湖每年的碳酸锂产量为 1100t 左右，产量低，成本高，未达到工业化水平。青海东台吉乃尔盐湖卤水镁锂比约为 37，属于硫酸镁亚型盐湖。青海锂业通过电渗析法和沉淀法生产碳酸锂，其纯度可以达到工业级和电池级。青海察尔汗盐湖镁锂比较高，可达 1577，蓝科锂业通过盐田浓缩法、沉淀法、反渗透法和树脂吸附法结合的方式提取碳酸锂。西台吉乃尔盐湖卤水的镁锂比约为 61，同样属于硫酸镁亚型盐湖，青海中信国安通过煅烧法达到镁锂分离目的，但煅烧法会产生大量氧化镁废渣难以处理，且产生的盐酸酸性环境容易腐蚀回转炉等设备，因此限制了其规模化应用。恒信融锂业有限公司设计了产能为几万吨的以纳滤法为主要技术的镁锂分离工艺，以西台吉乃尔盐湖卤水为原料提锂，当前还处于试产阶段，由于该工艺淡水消耗量大、锂提取率低且纳滤膜等关键材料依赖进口，致使其产业化应用困难。青海博华、兴华等企业在大柴旦盐湖通过溶剂萃取法实现锂的少量提取，但是萃取工艺过程不稳定、萃取体系对设备腐蚀严重、萃取剂破坏盐湖生态环境，这些问题使得目前锂产量难以达到目标产值。盐湖提锂技术不断推陈出新，并相继有文献对盐湖提锂的技术进行了归纳总结。特别是我国研究学者们通过归纳开发新材料、优化新技术、强化提取过程等进行多学科、多领域的交叉融合，针对我国盐湖卤水的特点提出新的提锂思路，期望创建盐湖提锂的高效途径，打破技术壁垒，进一步解决限制盐湖提锂规模化、产业化的突出问题。在制锂方面，Yang 等采取了以中性配体三烷基氧化膦（Cyanex923）和离子液体 1- 羟乙基 -3- 甲基咪唑双（三氟甲基磺酰基）酰亚胺（OHE-MIMNTf2）为萃取剂，从碱性卤水中提取锂离子的萃取新工艺，在最优条件下该方法锂的单级萃取率≥ 93%，具有良好的碱性卤水提锂应用前景。在提硼与铷方面，陈康等采取酸化 - 氨法沉镁 - 碳化联合工艺对东台吉乃尔盐湖分离析钾后的老卤提取硼酸，经一次重结晶后获得了纯度达 99.52% 的高质硼酸（硼浸出率达 95.52%），该方法成本低、易操作，除将钾硼有效分离提取外，还能将老卤中大量镁元素分离纯化制备高纯氧化镁，实现了更好的分离提取效果与较优的经济效益。

锂是锂电池最常用的高能量密度电极材料。自 1991 年进入市场以来，它已广泛应用于便携式电子设备、新能源汽车和其他领域。作为一种理想的负极材料，金属锂具有非常高的理论质量比容量（$3860mA \cdot h \cdot g^{-1}$）和最大的负电势（−3.04V 比标准氢电极）。近年来，随着全球石油能源的不断消耗和环境恶化问题凸显，以及电动汽车、移动电子设备和能量存储领域快速发展，锂离子电池和锂金属电池得到了前所未有的快速发展，是储能领域最火热的研究和工程化方向。

Zhang 等首先通过太阳蒸发进行盐湖晶间卤水的自然蒸发和浓缩，然后通过结晶分离钠、钾、镁盐。用 Li_2CO_3 和 LiOH 与 Mg^{2+} 反应生成沉淀，沉淀不再需要加热和蒸发，改变的沉淀剂可以消除这一步骤。电解产物制成锂离子电池的阳极和电解液后，可作为电解实验的动力源。

当前，锂电池仍存在一定的安全隐患，其在充电过程中可能出现析出锂、内短路、单体电芯和电池热失控现象。锂电池存在的安全隐患和电池散热问题是制约新能源汽车发展的重要问题。目前商业化应用锂电池的电解液存在两大问题：一方面是液态电解液容易自燃，另一方面是液态电解液容易与正负极电极材料产生化学反应。短期来看，是通过电池系统优化、快充、热管理设计及策略优化等方法来解决液态电池热难以控制的问题。长远来看，应开发能量密度高和安全性能优的固态锂电池，即用固态电解质代替液态电解液，从根本上解决锂电池热失控，实现锂电池技术阶段性发展。固态锂电池技术具有良好的发展前景，其在提高电池能量密度、增强电池安全性能及扩大工作温度范围等方面均具有较大提升空间：

① 固态锂电池用固态电解质取代液态电解液，通过采用高质量比容量（1000mA • h/g）或高压（5V）的正极材料和金属锂负极材料的 SSLB 有望获得高的能量密度（> 500W • h/kg，> 700W • h/L）和功率密度（> 10kW/kg）；

② 不同于液态锂电池的电解液和隔膜，固态锂电池具有更好的热稳定性和更强的环境适应性，且减少了不必要的辅助散热结构，进一步提高了电池能量密度；

③ 固态电解质不会发生电解液泄漏、燃烧、热失控等问题，从根本上解决了锂电池的安全问题。

因此，固态锂电池将是解决锂电池安全性、能量密度问题的较优方案，已经成为电池领域最热门的研究方向。在固态锂电池的探索上，我们应该综合考虑四个因素：电解质和电极之间的稳定化学界面、可持续的制造过程、用于表征的有效工具以及可回收性设计。目前已有许多固态锂电池的试样被设计制造出来，但仍存在许多问题限制了其规模化应用。在基础研究方面，存在固-固界面相容性差、易形变、产生副反应等问题。在工程化层面，材料开发、生产方法、工艺技术等问题均需探究。在量产推广方面，成本、材料、工艺设备等需要提前布置。在整车应用方面，快充性能、循环性能、环境温度适应性能及脉冲功率均需进一步探索与开发。展望锂电池未来发展趋势，从液态锂电池一步跨到全固态锂电池是较为困难的，中间以半固态锂电池和准固态锂电池作为过渡是更为合理的。在包括科研单位、材料设备供应商、电芯企业、汽车行业在内的各界人士通力协助及共同努力下，固态锂电池产业一定会获得蓬勃发展。

氯化锂是一种工业原料，用来生产锂化合物，特别是金属锂。为了使氯化锂的额外加工更经济和有效率，有必要使原材料尽可能纯净。金属锂中的钠是非常有害的，即使少量的钠（约 0.01%）也会使它具有高度的反应性，并且在性质上与纯金属锂有很大的不同。因此，生产氯化锂的原料，除钠是必须要考虑的问题。锂天然地与钠、钙、镁等多种矿物质共存。许多学者对盐湖锂提取工艺进行了研究和探索，对常用的分离方法包括溶剂提取法、盐析法、离子交换法、共沉淀法、纳滤法等方法进行了优化。盐湖卤水净化的探索主要集中在锂的提取上，而忽视了 Mg^{2+} 的分离与回收。考虑到盐湖卤水主要含有镁和锂，对这两种元素的分离、提纯和制备进行了深入的研究。Li 等采用离心萃取的方法研究了从含硼盐湖卤水中提取锂的工艺，并对工艺进行了优化。Ma 等通过分子动力学模拟，进一步研究了钠和镁杂质离子对二氧化锂晶体成核和生长速率的影响，钠离子减慢了二氧化锂晶体的成核和生长，而镁离子加速了二氧化锂晶体的成核和生长，这与它们的浓度有关。镁离子也参与了 Li_2CO_3 的结晶（$MgCO_3$），而钠离子没有结晶，也没有钠盐的沉淀，这有利于从卤水中提取锂。截至目前，没有一种单一的技术可以满足所有的要求，因此必须根据卤水的成分设计一系列相互关联的技术。郑绵平等根据近年来在青藏高原进行的大量水化学调查的资料，对青藏高原含锂盐湖的水化学类型进行了分类。此外，对各水化学类型区盐湖的锂提取方法进行了分析和总结，为今后同一水化学类型含锂盐湖的锂提取工艺选择提供了参考，应根据不同盐湖的水化学类型，选择高效、经济、环保相结合的工艺。今后，不同盐湖应重点研究从原盐水中直接提取锂的技术。

18.2.5 盐湖铷铯资源的战略需求和利用

铷、铯是非常重要的碱金属，在军事、经济、战略上有着重要的作用。随着世界能源日趋紧缺，铷、铯在世界能源界的需求量将会不断加大，因此，开发从固体矿石资源和液体矿藏中高效分离提取铷、铯的技术具有非常重要的意义。长期以来，利用盐湖卤水提取铷、铯并未得到充分重视，造成资源的严重浪费。

目前全球铷、铯资源储量非常丰富，但铷、铯浓度很低，又因其具有较强的化学活性，自然界中很少有单独铷、铯矿物资源存在，主要与其同族其他碱金属元素矿物伴生共存。铷、铯都是第一主族元素，最外层只有一个电子，极易失去，失去最外层电子之后，与无机盐的阴离子结合以离子形式存在。因此，铷、铯除了以共存组分的形式存在于固体矿物资源中以外，还可以以离子形式存在于液态资源当中。目前所发现的铷、铯资源主要以两种形式存在：

① 以固体盐的形式存在，其中含铷矿物例如钾长石（$KAlSi_3O_8$）、光卤石 [$KMgC_{13}\cdot 6(H_2O)$]、铯榴石 [$(Cs,Na)_2Al_2Si_4O_{12}\cdot 2H_2O$]、白云母 [$KAl_2(AlSi_3O_{10})(F,OH)_2$]、锂云母 [$KLi_2Al(Al,Si)_3O_{10}(F,OH)_2$]、黑云母 [$K(Mg,Fe)_3AlSi_3O_{10}(F,OH)$]、花岗伟晶岩等，大多存在于钾含量高的硅酸盐矿物中。然而，在以上这些富钾矿物中以类质同相形式存在的铯含量相对较低，主要是因为铯不像铷那样容易取代矿物中的钾，但是铯具有独立矿物，主要存储于铯榴石 [$(Cs,Na)_2Al_2Si_4O_{12}\cdot 2H_2O$]、铯绿柱石 [$Cs(Be_2Li)Al_2Si_6O_{18}$]、硼氟钾石 [$(K,Cs)BF_4$] 和光卤石矿中，其中真正具经济价值的只有铯榴石，大多数铯榴石含有约 5% ～ 32% 的 Cs_2O。

② 以无机盐溶液的形式存在于盐湖卤水、地热水、温泉水、油气田水、海水等液态资源中。铷、铯资源的存在形式具有含量丰富，类型齐全的特点。

据美国地质调查局统计，全球花岗伟晶岩中铷储量与铯榴石中铯储量主要集中在津巴布韦、纳米比亚、加拿大三个国家。国外花岗伟晶岩中 Rb_2O 资源储量约 17 万吨，这三个国家 Rb_2O 总量为 16.2 万吨，共占国外铷资源的 95%，其中津巴布韦所占比例最大，约占 58%（约 10 万吨），其次为纳米比亚，约占 29%（约 5 万吨），最后为加拿大，约占 7%（约 1.2 万吨）。全球（不包括中国）铯资源储量为 2615 万吨的 Cs_2O，其中加拿大、津巴布韦和纳米比亚三国的矿石储量占全球的 64%。加拿大曼尼托巴的伯尼克湖花岗伟晶岩矿拥有世界上最大的铯资源，也是铯榴石矿最丰富的地区，储量达 35 万吨。我国也有极其丰富的铷、铯资源，且遍布全国，资源类型齐全，储量位居世界前列。我国的铷、铯资源主要分布在新疆、四川、江西、江苏、河南和湖南等地的花岗伟晶岩和锂云母矿以及青海和西藏的盐湖中。此外，河南的铌钽矿中大量的锂云母，自贡盐卤中大量的锂、铷，西藏富铯的热泉硅华矿床也是宝贵的铷、铯资源。近年来，在内蒙古发现的花岗岩型铷矿和广东发现的两处铷矿的 Rb_2O 储量分别高达 87 万吨和 360 万吨。我国以固态形式存在的铯矿资源非常缺乏，部分铯以化合物形式赋存在矿石中，但是液态铯资源比较丰富，在盐湖和地下卤水中储量很多。液态铷、铯矿床分布集中，主要分布在我国西藏北部高原盐湖、青海柴达木盆地盐湖、油田水以及湖北、四川等地的地下卤水中，具有很大的工业开发价值。如果按照盐湖水中铷的浓度和湖水体积来计算青海察尔汗盐湖的 Rb_2O 储量，至少有 62155 万吨，其中并没有包括光卤石及干涸盐的沉积物。在西藏地区存在着世界罕见的地热水液体矿床，其平均铯含量达到甚至超过工业提取的标准。在石油天然气勘探过程中发现的四川平落坝构造海相卤水是地层深部储量非常丰富的氯化物型卤水，其中富含大量的硼、钾、钠、溴、碘、锂、镁、铷和铯等组分，含量均已超过单独开采工业品位的数倍。该卤水中铷、铯含量分别为 32.55mg•L^{-1} 和铯 3.4mg•L^{-1}，其中铷含量已超越国家单独开采工业品位的 1.6 倍，是综合利用工业品位的 3.2 倍。30 多年来，对铷、铯在新领域的应用性开发研究，特别是在高新技术领域获得的成果，加速了全球铷、铯工业发展。长久以来，全球金属铷、铯的年产量及消费量在几百千克至几吨之间，其中铷盐的年产量和消费量约 200t。日本、德国和美国是全世界较大的铷、铯产品的消费国，绝大部分铷、铯产品应用于有机催化剂领域和高科技领域。近年来，随着盐湖资源的不断开发和综合利用，稀散元素的分离提取受到人们越来越多的关注和重视。青海察尔汗盐湖卤水中铷、铯的浓度不高，平均浓度分别为 10.8mg • L^{-1}、0.034mg • L^{-1}，含量较低，且通常和大量化学性质相似的锂、钠、钾共存，给工业开发利用带来困难。因此，目前对于盐湖卤水中铷、铯资源的开采利用工艺尚未成熟，需要进一步深入研究和探索。但随着科学技术的发展，对铷、铯开采工艺和应用的研究对国民经济、国家战略有着重要意义。

因此，合理开发利用盐湖中铷、铯资源成为了目前我国盐湖界的研究热点。盐湖卤水中铷、铯的含量较低，又常与其他碱金属和碱土金属元素共生，此外铷、铯伴生的其他碱金属元素无论是物理还是化学性质都与铷、铯十分接近，直接取样分析时基体的背景干扰严重，给分离分析带来了很大困难，而且传统的分析方法的灵敏度一般也达不到要求，因此测定之前必须进行分离、富集。目前对铷、铯分离提取技术的研究虽然取得了一定进展，但大多数仍处于实验阶段，尚无较成熟的大规模工业应用技术。随着高新技术的发展以及某些新兴工业的兴起，铷、铯的商业化应用必将得到进一步的发展，对于新的分离提取技术的探索及开发仍然势在必行。

由于隶属于同一主族，铷、铯的特性极为相似，为此所选用的吸附剂基本相同。目前用于吸附铷、铯的吸附剂主要有无机和有机两类，其中无机吸附剂有天然（人造）沸石、（亚）铁氰化物、天然无机矿物、杂多酸盐、钛硅酸盐等。有机材料吸附剂包括有机树脂、冠醚、杯芳烃等。天然的无机铷铯吸附剂，以天然斜发沸石为主。天然沸石是一类具有三维骨架的硅酸盐矿物，具有较大的比表面积、孔体积及较大的吸附容量，由于其来源丰富，成本低，也曾在铷、铯分离方面受到关注。2002 年，王雪静等利用沸石对西藏地热水中铷、铯进行过吸附分离。叶秀深在其基础上针对沸石进行了进一步研究。上述研究发现沸石的选择性不够高，可从稀溶液中分离富集的 K^+、Cs^+、Rb^+，还不适用于富含碱、碱土金属的复杂溶液中铷、铯的分离提取。除了天然沸石之外，其他无机矿物，如黏土、花岗岩、磁铁矿对铷、铯也有一定的吸附能力。有文献报道，黏土矿物可以有效吸附铷、铯，如蛭石、蒙脱石、伊利石等，但这些天然黏土矿物吸附铷、铯的量比较低。天然无机吸附材料选择性不高是影响其在卤水中应用的关键问题，但是像斜发沸石可以应用在相关产品的纯化或者一些共存干扰离子较少的体系中的铷、铯富集方面。无机合成吸附剂，目前国内外研究较多的人工合成铷、铯吸附剂主要有杂多酸盐、铁氰化物、钛硅酸盐等。

用于吸附铷、铯的吸附剂机理一般分为两种，即离子交换作用和络合作用。大部分无机材料吸附剂的机理为离子交换作用，这类吸附剂由阴、阳离子基团组成，其中阴离子基团容易与铷、铯发生静电吸引作用，这就导致吸附剂的阳离子基团与铷、铯发生离子交换作用。大部分有机材料吸附剂的机理为络合作用，这类有机吸附剂上的官能团可与铷、铯产生络合作用。但是负载 t-BAMBP 的吸附剂对铷、铯的吸附机理为阳离子交换作用。进行天然无机吸附剂和人工合成吸附剂的吸附容量比较，发现对于铷、铯，效果最好的还是人工合成的无机吸附材料。但是吸附剂一般为粉状，在实际应用中固液分离困难。通过各种形式进行粉状吸附剂的负载是当前研究的热点。负载型复合吸附剂的制备在一定程度上改善了材料的形貌，提升了应用的可行性，但是材料的稳定性还需进一步通过技术的革新得以提升，或者将其他技术与吸附联用。

高丹丹等通过对含铷察尔汗盐湖卤水体系 $NaCl+KCl+RbCl+MgCl_2+H_2O$ 中含固溶体关键子体系的相平衡研究及上述体系多温固液相平衡性质预测热力学模型构建，明确了制约卤水微量铷进入固相的关键矿物 - 钾光卤石基固溶体，设计了向氯化钾中加水—浸出液蒸发浓缩—浸出液调碱萃取提铷的流程并进行了定量化模拟、千克级小试和吨级放大试验，确定了较佳的工艺操作条件并较好地满足了从察尔汗盐湖氯化钾中浓缩铷资源开发所需的经济性前提。刘泽宇等分别采用溶剂萃取法、沉淀法和吸附法研究模拟卤水以及实际卤水体系中铷、铯的分离提取情况，通过比较各方法的优缺点，确定适合的方法与技术或多方法联用的工艺路线。采用溶剂萃取法主要是对 t-BAMBP 萃取盐湖卤水中的铷的基础研究，考察萃取剂的循环利用性等工作，明确萃取工艺路线，并从量子化学的热力学角度解释萃取剂 t-BAMBP 对铷、铯特异性萃取的机理。同时对磷钨酸对铷的沉淀进行初探，为沉淀法应用于实际生产中提供理论基础，期望其对工业提取铷具有一定的应用价值和重要意义。此外，以沉淀铷、铯的沉淀剂为基体制备了几种凝胶球形复合吸附剂，对其形貌及形态进行表征，考察吸附性能、吸附机理以及实际应用情况等，分析其对盐湖卤水中铷、铯的分离提取的适用性，也为制备出吸附迅速、吸附能力强、选择性强、脱附容易和循环再生性能良好的铷、铯吸附剂奠定理论基础，并指导吸附剂应用于实际盐湖卤水体系。对于溶液中高浓度铷、铯的分离提取，采用萃取法、沉淀法和吸附法等单一方法即可达到预期目标。然而，由于实际盐湖卤水中的铷、铯的浓度极低，并且与大量理化性质相似的锂、钠、钾、镁、钙等碱金属、碱土金属元素共生，因此，往往需要预先排除这些大量共存离子的干扰后再进行铷、铯的分离提取。关于萃取法分离提取铷、铯，主要是针对除镁后的碱性溶液，具有可实现操作连续化、反应迅速和生产周期短等优点，可以较大限度地排除共存离子的干扰，达到分离提取铷、铯的目的。萃取法虽然选择性强，但是在满足高萃取率的同时，富集倍数却达不到要求。而沉淀法一般要求在预先排除可能影响沉淀过程的干扰离子的情况下，还需要铷、铯富集到一定浓度后才可应用。吸附法分离提取铷、铯的可应用浓度范围较广，并且可通过吸附 - 洗脱操作适当富集和纯化铷、铯。以三种沉淀铷、铯的沉淀剂为基体制备的球形复合吸附剂对铷、铯具有特异性，克服了用沉淀法分离提取铷、铯的弊端。因此，以溶剂萃取法预先排除共存干扰离子的影响，降低干扰离子与铷、铯的浓度比，以吸附法分离、富集和纯化铷、铯，或以沉淀法从铷、铯的富集液中分离提取铷、铯。采用萃取法与吸附法从盐湖卤水中分离提取低浓度铷、铯，或与沉淀法联合，或三者联合，在一定条件下应用于从盐湖卤水中分离提取低浓度铷、铯的研究，对高效率、高回收率地从实际盐湖卤水中分离与提取铷、铯具有一定的价值和重要的理论指导性。盐湖卤水中低浓度铷、铯的分离提取研究，应针对上述难点深入分析讨论其内在机理，提出可行的解决方案。另外，还需提出多方法联用综合回收实际卤水中铷、铯及其他多种有价值元素的建议工艺路线，为今后的工业应用提供理论依据。盐湖卤水中铷、铯的分离提取的研究会继续开展以下多个方面的工作：

① 对于萃取剂 t-BAMBP 与稀释剂 SK 体系萃取实际盐湖卤水中的铷、铯，优化工艺路线，延长萃取剂的循环使用寿命以及粗产品的纯化，期望以最少的成本得到最大的收益。此外，还需加强分析萃取机理的研究，从分子水平深入分析萃取机理，优化并提高萃取剂萃取铷、铯的选择性，为其在实际盐湖卤水中萃取分离铷、铯提供理论依据。

② 对于磷钨酸（PWA）沉淀法沉淀模拟卤水中的铷、铯，此法在模拟卤水中有较好的沉淀效果，但是此法需要铷、铯的浓度在中等或更高的条件，这就要求将铷、铯的浓度提高到一定程度，因此需要富集铷、铯的操作，然后进行沉淀及粗产品的回收及纯化。此外，还需开展溶解度及沉淀机理的深入研究，为磷钨酸（PWA）沉淀法在实际应用中分离提取铷、铯提供可行性提取路线。

③ 对于硅钨酸 - 聚丙烯腈（STA-PAN）复合吸附剂，在模拟卤水中表现出较好的吸附选择性，但是吸附量并不大，因此需要进一步考察和探究，为其在实际应用中分离富集铷、铯提供理论指导和可行性工艺路线。

④ 对于四苯硼钠 - 聚丙烯腈（TPB-PAN）复合吸附剂，在模拟卤水中有较好的吸附效果，但是目前尚未探索到合适的脱附剂，因此下一步可开展 TPB-PAN 吸附剂的脱附研究工作，并期望能够应用到实际盐湖卤水体系中。

⑤ 对于制备的磷钼酸铵 - 聚丙烯腈（AMP-PAN）复合吸附剂而言，该吸附剂对从水溶液中分离提取 Rb（Ⅰ）和 Cs（Ⅰ）具有选择性高，灵敏度高，制备简单，操作容易，反应迅速，吸附量高，吸附剂可再生及循环使用等优点，初步判断可应用于实际盐湖卤水体系中。但是由于实际盐湖卤水体系复杂，铷、铯的浓度较低，因此可考虑去除大量其他离子后采用此吸附方法。

下一步可开展的研究工作包括：初步除杂；铷、铯的蒸发富集；粗产品的纯化等。关于萃取法分离提取盐湖卤水中铷、铯的研究，还需同时考虑综合回收卤水中的锂、硼等资源，确定各自工艺路线。

18.3 当前存在的问题、面临的挑战

18.3.1 生产要素保障不高

与东部沿海发达省份相比，中西部地区在基础设施方面仍有较大差距。例如，地处青藏高原与黄土高原交汇处的青海，地形地貌复杂多变且海拔较高，公路、铁路与航空网络密度远远低于东部地区，交通运输能力与“建设世界级盐湖产业基地”的身份不相匹配。国内盐湖卤水提锂生产碳酸锂成本约为 5850 美元 / 吨，而境外拉丁美洲“锂三角”卤水提锂生产碳

酸锂的成本仅是国内成本的 76.92%。同时，青海盐湖企业对地下水与电的依赖程度较大，而青海省内电网超 95% 的电量优先供应具有“面积大投入大、电量小产出小、成本高亏损高（两大两小两高）”特点的藏区。此外，在盐湖资源共伴生多元元素综合利用与新兴产业培育方面，与东部省份相比，中西部地区与企业重大科技专项支撑不足，盐田精控分离、卤水资源可持续开采模型建立、未来镁资源化合物提取与合金材料应用等关键技术和重大装备研发投入较大，亟须国家给予重大科技专项支持。

18.3.2 科技创新能力不强

在盐湖卤水的资源开发中，某些企业目前仍比较局限于粗放型盐湖初级产品的生产。例如，国内惯用钾肥种类偏少，现有钾肥品种相对单一，目前主要的钾肥品种仅有氯化钾、硫酸钾、硝酸钾、磷酸二氢钾、硫酸钾镁等。而受重钾轻镁综合利用和着眼当前经济效益的影响，政府部门和相关企业暂未引起对铷、铯这类高价值稀散元素资源利用的足够重视。同时，因产业化项目科技创新能力不强、技术储备不足、关键技术尚未破题，致使高精尖深加工技术研发缺乏前瞻性系统布局，深层次的盐湖资源开发尚未高值化、精细化与规模化，直观表现为除钾锂镁外的盐湖中其他伴生高附加值铷铯硼溴等有益组分未得到有效开发和利用。

18.3.3 开发利用水平较低

长期以来，因传统生产工艺流程较长、中间环节较多及部分企业管理不当，在以提钾为主的盐湖资源开发利用中极易造成盐田采收、选冶回收总体效率偏低以及尾矿含钾丰富，一定程度上造成了资源的闲置浪费。受自然地理环境与地质条件等多因素影响，盐湖化工产业多以钾锂钠硼元素的化合物等产品体系为主，产品单一且主要集中于初级矿产品，产业链短，高精尖深加工工艺普遍滞后，长期处于价值链底端，市场竞争力弱，严重制约了盐湖产业升级和良性发展。因此，亟须对高附加值产品进行技术与工艺研发投入，从而解决国内盐湖市场低端产品供大于求，高品质高科技产品供不应求的尴尬局面。

18.4 对策和建议

18.4.1 加强资源利用管理

盐湖是重要的战略性综合资源，应在保护生态环境的前提下加强顶层设计，制定正确合理的资源战略并搞好开发利用。建议从国家层面总体负责全国盐湖资源科学开发与综合利用的规划协调，以及相关规章制度的组织编写和制定实施。通过加强现有盐湖资源储量核实与勘查、重要矿种储备、化工产业布局及可持续发展规划等市场要素的统筹部署与整体推进，积极助推盐湖产业深度融入国家重大发展战略与新发展格局。

18.4.2 ／提高资源利用效率

严格执行国家部委相关规定要求，引导、鼓励企业推广应用“低品位固体钾矿浸泡式溶解转化、尾盐溶解转化制取钾石盐 - 热溶结晶工艺回收利用成套技术与装备、吸附 - 纳滤膜耦合法高镁锂比盐湖卤水提锂产业技术”等先进的采选冶矿技术和综合回收工艺，降低资源开发能耗与“三废”排放，努力提高资源和尾矿总体利用率。清理整顿与淘汰停产采选冶工艺技术水平难达标、装备落后、产品单一且能源资源、浪费严重的盐湖开发企业。通过设置同时满足资金、技术、资源采收率与环境评价有保证的“四有保证”底线，筛选、提高开发盐湖资源的企业与厂矿的准入门槛。因地制宜，引进、研发适合自身特点的盐湖资源综合利用的关键技术和相关生产工艺，改进设备效率，努力提高盐湖资源开发利用水平，尽早实现资源由粗放型开采到多元素无损提取效益型综合开发利用的转变。

18.4.3 ／加大战略资源储备

我国盐类资源总量巨大，但钾资源严重不足。近年来，国内钾盐资源多处于高强度开发态势，长此以往必将影响国内钾肥供给结构及全国粮食安全。建议国家根据钾盐资源储量、农业生产对钾肥的长期需求及钾资源匮乏的实际国情，对国内盐湖钾盐资源开发实行总量控制，合理设计与确定企业钾肥生产建设规模，杜绝过度超量开发造成的资源浪费。此外，加大政府部门对盐湖及配套资源的调查评价，进一步摸清家底。加强对盐湖各类资源的地质勘查与评价，组织专业技术力量对湖区矿产资源典型地段开展详细地质勘探，提升盐湖钾锂等重点矿种勘探等级并摸清其实际储量。同时，发布政策措施，鼓励具有核心竞争力与强大技术研发能力的企业赴中国典型湖区，借鉴国外找盐经验，开展深层地下卤水风险勘探和综合评价，通过增加矿产资源储量，提升资源保障能力并形成一批新的盐湖资源储备基地。

18.4.4 ／强化生产要素保障

围绕盐湖产业发展实际，系统梳理其对生产要素的需求。采取政策支持为主、市场配套为辅的方式，积极争取国家、地方和民间资本对水库、电站及各类交通运输道路等基础设施的投入，增强生产要素的保障能力。同时，通过技术创新改造、两化融合促进盐湖产业绿色数字化转型升级等途径，降低企业生产成本，增强企业生产要素使用效能。

18.4.5 ／构建领先产业体系

盐湖开发涉及地质勘探、能源、资源、环境、冶金、建材、装备制造等诸多行业，涵盖从上游原材料矿石、中游元素化合物制造到下游工农业和国防军工等终端应用全流程，产业链长、产品种类多、工艺技术复杂。因此，应以资源综合开发利用为重点，聚焦钾锂镁产业做强做优做大，充分利用国内外两种资源与两个市场，优化延伸钾、锂、镁、硼、钠等矿产资源利用产业链条，注重盐湖铷、铯、溴、碘等稀散元素开发提纯利用，鼓励推进盐湖产品向高精尖与精加工（新能源、新材料、现代农业等）领域拓展，积极开发氯化钾、硫酸钾、碳酸锂、氢氧化锂、氧化镁、金属镁、硼酸等高值化产品，推动盐湖生态“镁锂钾”园建设，构建形成全球领先的现代盐湖资源梯度开发和绿色高效综合利用化工产业体系。

18.4.6 推动产业跨界合作

加强企业、行业协会、科研院所与高等院校的学术交流、科技攻关、技术研讨联动，共同开展盐湖资源综合开发利用基础理论研究与小中型科研实验、行业研究和市场分析，不断探索开发新技术新工艺，打造盐湖资源“政产研学用”紧密型跨界合作团队。同时，借助对外沟通交流方式，与国外建立更加长期广泛的稳定合作关系，通过在矿产资源地质勘查、尾矿清洁整理与高效利用、关键技术工艺优化实验等方面开展深度跨界合作，带动国内盐湖技术输出与国外资源导入。聚焦制约中国盐湖资源综合开发利用的重大关键共性技术瓶颈，大力支持盐湖资源基础科学研究与应用示范，逐步开展稀散元素提取、氯平衡技术提升等科技攻关，增强盐湖资源综合开发利用潜力。

18.5 未来发展

（1）不断研发钾盐综合利用新工艺、提高钾盐利用率、延伸钾盐产业链 青海地区盐湖产业先后采用浮选法、冷结晶法、兑卤法、重结晶法等多种工艺方法，均实现了我国钾肥加工技术的产业化，跻身了世界一流水平。同时，随着不断深入对钾资源综合利用和循环技术的研究，钾盐的综合回收利用率也在不断提高。低品位固体钾矿的开采是非常困难的，但溶解转化试验的成功使得固体钾矿可以实现贫富兼采，同时实现了老卤的循环利用，节约了大量水资源。通过采用镁钠型溶剂作为溶解固体钾矿的主要溶剂，开发新型钾矿开采技术，并构建相应模型和公式，获得开发固体钾矿工艺技术参数和溶解转化开采法所需的钾矿最低钾含量，计算出固体钾的溶解率，这对推动我国钾资源开采技术、钾盐工业可持续发展具有重要意义。开发新型优质氯化钾生产技术，将光卤石原料的品位要求从 17% 降到 8% 以下，不断推进“废物利用”技术，突破从废弃浮选尾盐中提取氯化钾的再利用技术，对“高硫酸钙喷淋重溶解再利用技术”进行更加深入研究，真正对盐湖钾资源做到不浪费一丝一毫。在氯化钾产品基础上，积极推动下游钾产品的发展，如氢氧化钾、碳酸钾、高纯度氯化钾等产品，实现钾资源高值化利用，延长钾资源产业链，提高企业知名度，增强市场竞争力。

（2）大力发展盐湖镁资源的规模化开发利用，创建突出盐湖特色的镁盐产业链，推动循环经济发展，为青海打造新的经济增长点 青海的优势在盐湖资源，而盐湖主要优势在于丰富的钾、镁资源。以盐湖卤水为原料生产钾肥（氯化钾），以氯化钾为原料采用电解或复分解技术制备碳酸钾和氢氧化钾，提钾后的“废液”再通过电解法制备金属镁和镁合金，形成镁盐产业。后通过吸附法或萃取法制备碳酸锂，形成锂盐产业。在电解法制备金属镁的过程中会副产氯气，通常采用乙烯乙炔联合技术进行平衡。通过甲醇共裂解技术制备乙烯，将乙烯与氯气反应生成二氯乙烷，二氯乙烷可以作为生产聚氯乙烯的原材料，其反应过程会产生副产物氯化氢，再用乙炔和氯化氢反应制备氯乙烯，氯乙烯可通过聚合反应生产 PVC。乙炔通常采用电石法获得，即石灰石煅烧制得石灰，石灰与焦炭反应生成电石，电石与水反应生成乙炔。而在石灰的生产过程会伴随大量 CO_2 产生，这些 CO_2 气体经压缩和提纯可以和氯化钠反应，以氨碱法制备纯碱，副产物氯化钙也可继续生产下游产品。而其中甲醇则由焦煤在发电过程中产生的焦炉煤气置换产生，产生的焦油还进一步加工成焦炭用于电石的生产制备和余热回收。整个工艺流程实现了资源多级组合，形成一条完整的稳固的产业链，极大地减少了资源浪费，形成了典型的循环经济模式。以提钾老卤为原料、循环经济理念为基础，创建完整的镁盐产业链。电解法制备金属镁，副产物氯气用于 PVC 生产，既解决了制镁工艺的副产物处理问题，又解决 PVC 生产的原料问题。在现有 PVC 产品的基础上，积极开展 CPVC、SPVC、EPVC、EPC 等一系列生产技术及装备的研究，石灰石用于生产电石的同时产生的二氧化碳还可用于制碱工艺，制碱过程中产生的碱水用于调节卤水或进一步提取氯化钙。镁盐产业链实现了原料、副产物、废弃物循环利用，比单一制镁、制碱，单一氯碱工业、煤化工等在能源消耗、资源利用率方面均有显著改善。各种资源实现了综合利用、梯级利用和循环利用，使得附加产业群有了新的跨越。

（3）加强产学研合作，坚持引进与消化吸收再创新并重 区别于国外各大盐湖，我国盐湖卤水的矿物种类、元素组成有着显著的地域特征，因此我们不能盲目参照国外盐湖开发工艺技术，必须依托自我研发走出一条中国特色的盐湖资源开发道路，可持续、循环、综合地利用盐湖资源，做到高效开发和环境保护两不误，这是盐湖产业集群的共同目标。我们必须加强产学研合作，坚持引进吸收与创新并重，全面发展具有适应性、先进性、集成性、的本地技术。我们必须继续加大研发投入，不断优化各工段工艺技术，例如针对电解法制备金属镁的工艺方法，要根据我国盐湖资源特点进行再创新：一是以氯化镁代替菱镁矿作为原料，二是以天然气直接加热取代电加热，三是将氯气用于聚氯乙烯生产而非闭路循环，四是发展延长产品镁及其合金的下游加工产业链，五是加强基础研究深入探究水氯镁石的脱水机理。企业要加强与国内参与盐湖研究的高校及科研院所的合作，做到产学研结合，时刻保持盐湖资源开发利用技术的先进性，坚定沿国产化研究这条主线实现设备、技术的创新，关键技术形成自主知识产权体系。

（4）以钾为主盐湖资源综合利用，建成三大工业基地和五大产业群 青海察尔汗盐湖是以钾为主，富含镁、锂等其他具有高附加值元素的综合性盐湖，坚持以开发钾资源为主，综合利用其余资源的方针政策是非常正确的。通过资源的综合利用，促进循环经济的发展，建成钾、镁、氯三大工业基地和钾、钠、镁、锂、氯五大产业群，这些产业的产值大、关联紧密、技术含量高、可提供的就业岗位多、社会效益好，可以大幅度提高企业总产值。此外，加速推动钠离子电池、锂离子电池、镁基储氢材料的基础应用研究。企业要发展就必须适应市场的经济规律，即不断压缩成本、提升效率、节约资源。而循环经济具有“资源化、减量化、再利用”的特点，大力发展循环经济可以顺利地达到降低成本、提升效率、节约资源的目的，实现企业的可持续发展。企业的发展离不开创新，但盐湖资源开发技术研发周期长、通用性差、工作量大，实现大范围创新困难，因此我们要对其“拆解”，依据不同原材料、不同工艺、不同产品的特性，坚持原始创新、集成创新、分门别类进行针对性的创新、引进与再创新结合等方式，降低投资风险，提高投资收益，快速实现技术突破后获得优异经济效益。

参考文献

作者简介

铁生年，教授，博导，青海大学新能源光伏产业研究中心常务副主任，青海省先进材料与应用技术重点实验室主任。享受国务院政府特殊津贴专家。主要从事研究生和本科生教学科研工作。主要研究领域为盐湖资源高值化综合利用、相变材料、无机材料等。主持完成了国家“863 计划”项目、青海省科技攻关项目、国家自然科学基金项目、国际合作横向项目。获得授权国家专利 30 余项。鉴定青海省科技成果 20 余项。获得青海省科技成果进步奖 1 项，青海省自然科学优秀论文奖 1 项；获得中国侨界贡献创新成果奖 1 项。著作 1 部。撰写核心科技论文 100 余篇。

第19章

废锂电池材料的绿色回收与资源化循环利用

李 丽 林 娇 陈人杰 吴 锋

19.1 概述

自2000年以来，在各二氧化碳排放领域中，运输一直是二氧化碳排放的主要来源。使用可再生能源发电的电气化运输具有降低温室气体排放的巨大潜力。作为从消费电子产品到电动汽车和电网等应用中最受欢迎的能源存储器件，预计2025年全球锂离子电池市场需求将超过1000亿美元。如此巨大的电池需求将导致大量用于其制造的资源的消耗。考虑可持续使用这些资源的必要性，回收废旧锂电池势在必行。

目前，无论是实验室研究还是工业应用，国内外对于废旧锂离子电池的回收利用主要分为基于高温热解的火法冶金技术和基于低温溶液化学反应的湿法冶金技术。实验室研究与工业应用相比，其流程较复杂，但是回收率较高，回收产品纯度较高。国外的回收企业通常采用高温冶金的方式，回收产物大多为金属合金。为了进一步提高产物纯度或获得单一的金属产品，仍需采用湿法冶金的方法对残渣和合金进行再处理。而我国企业主要采用基于低温溶液化学反应的湿法冶金技术对废旧锂离子电池进行回收处理。

19.1.1 预处理技术

由于锂离子电池成分较为复杂，无论是采用高温转化或低温溶液提取的回收技术，处理废旧锂离子电池之前，都需先根据其正极材料对电池进行分类，以便于后续回收处理及再利用。通常报废的锂离子电池中仍含有部分残留电量，在进行破碎及后续回收处理前，应先将废旧锂离子进行预处理，否则残留的电量极有可能在拆解及破碎过程中集中释放，同时将伴随热量的释放，严重时有可能引发爆炸，这无疑将会给操作人员及环境带来严重的安全隐患。如何安全有效地分离组分是预处理过程的主要目标。预处理过程按照规模大小可分为工业应用规模和实验室研究规模，主要包括失活处理、拆解和筛分或分离（图 19-1）。为了最大限度地降低电池组件高电压和高反应活性带来的风险，首先应对电池进行失活处理，主要包括溶液放电、液氮冷冻拆解或在惰性气氛中处理电池。由于溶液放电处理烦琐且消耗宝贵的资源，后两种方法被广泛应用于工业规模的预处理中。但是，这两种方法忽略了存储和运输废旧电池过程中的潜在危险。因此，建议在回收处理废旧锂离子电池之前，将存储的电池完全放电，释放其存储的电化学能量，使电池失去反应活性。建议的电池放电方法是使用外部电阻器或浸入盐电解质溶液中。

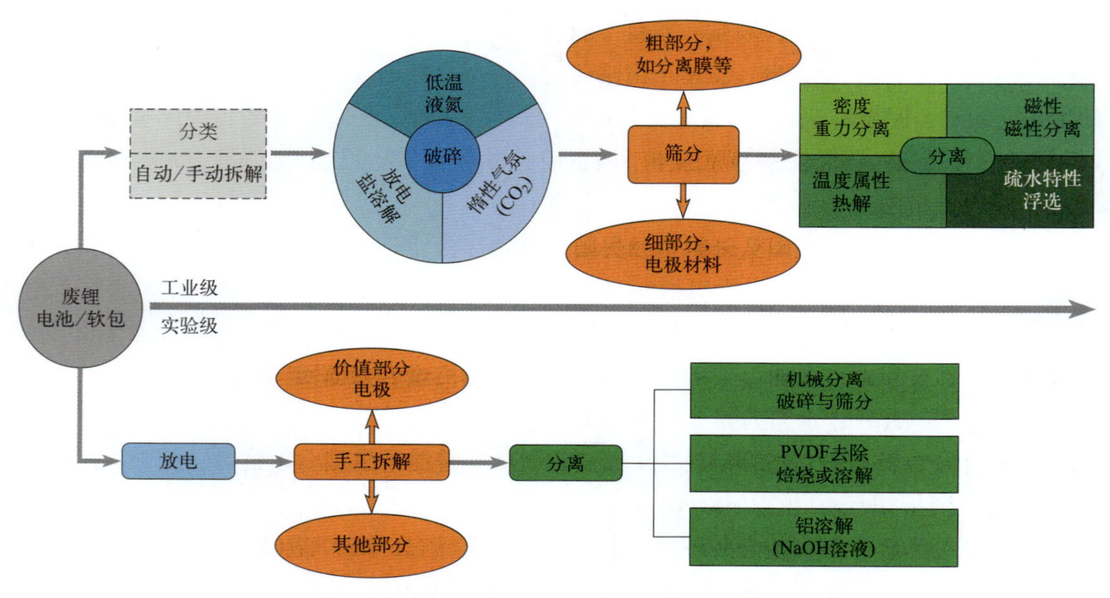

图 19-1　从工业应用规模和实验室研究规模的角度分析 LIB 的预处理工艺

19.1.1.1　手工预处理技术

拆卸分离通常分为两种形式：手工预处理和机械预处理。在实验室研究中，拆卸通常是使用刀和锯等简单方便的工具手工进行的。同时，出于安全原因，必须戴上安全防护眼镜、口罩和手套等。电池拆卸后，通过分离不同的组件以进行单独的回收处理。通常，在手工拆卸之后，正极材料附着在铝箔上。而正极材料与铝箔快速有效的分离，以及有机黏合剂的去除，在预处理过程中也很重要，影响着后续的回收处理工艺。拆解后的正极材料可通过有机溶剂溶解、NaOH 浸出、超声辅助分离和热处理等方法将正极材料和铝箔分离。

有机溶剂溶解法是基于“相似相溶”的原理，采用较强极性的有机溶剂溶解黏合剂 PVDF 等，从而实现正极活性物质与集流体铝箔的分离。常用的有机溶剂有 NMP 和离子液体等，由于其黏度较大以及溶解后得到的活性物质颗粒细小，难以使固液完全分离，增加了后续对有机溶剂回收再利用的难度。而且有机溶剂成本较高且用量大，回收系统投资大，对生态环境和生产人员的身体健康都有一定的危害。废旧锂离子电池的正极材料一般是涂覆在铝箔上。作为一种两性金属，铝能够与强碱溶液反应，使铝箔溶解进溶液，而正极材料不溶于碱，全部残留在碱浸渣中，从而达到将正极废极片的铝箔除去的目的。该法虽然操作容易、工艺简单，易于使正极材料和集流体分离，但在碱浸过程中会产生大量的碱性废液，而且后续沉铝过程较复杂，难以回收纯度较高的金属铝。鉴于正极材料的分解温度高于黏合剂PVDF和杂质碳，因此也可通过加热到一定温度，使黏合剂分解，从而使正极活性物质从集流体上脱落，同时烧掉杂质。该分离方法虽然简单，但剥离率较低且高温能耗大以及产生污染性气体。手工预处理的分离过程可以最大限度地减少杂质对回收材料的影响，但低的加工产量不适合工业应用。

19.1.1.2 工业预处理技术

工业预处理大量的废旧锂离子电池时，机械预处理比手工预处理更可行，特别是针对大型的车用动力锂离子电池，需要将其拆卸成较小的电池模块或单个电池，以便进一步处理。由于锂离子电池种类繁多及组分复杂，因此初步分类可以减少来自不同组件的负面影响，并便于后续回收。由于铝箔、铜箔、钢、隔膜、正极和负极的物理性质的差异，很容易通过粉碎、筛分以及重力分离或浮选法进行分离。重力分离的原理是具有不同尺寸大小和密度的混合物在某些分离介质中具有不同的运动状态。基于密度差的重力分离，可以有效地对通过筛分和分选后具有相同粒径的不同组分的物料进行分离。低密度部分主要包括隔膜、塑料和铝箔等组分。正极粉末和负极粉末可以通过基于润湿性差异的浮选法分离，即石墨具有疏水性，而正极材料具有亲水性。

19.1.2 高温热解转化技术

基于高温热解的火法冶金工艺，其目的是在高温下通过物理或化学转化从废旧锂离子电池中回收或精炼有价值的金属。早期的火法冶金工艺需达到1000℃以上的高温条件，并且常见回收产品是Co、Fe和Ni基合金；锂金属在该冶金过程中落入渣相，须进一步浸出和提取。目前的火法冶金技术主要可分为三类：还原焙烧、熔融盐辅助焙烧和直接再生。还原焙烧技术是指在真空或惰性气氛中，通过添加还原剂，将高价金属化合物转化为低价物质的分离和回收方法，近年来受到广泛关注。熔融盐辅助焙烧技术是指基于中高温度，在熔融盐（例如硫酸盐、氯化盐等）的催化作用下将金属化合物转化为可溶性金属盐。直接再生技术主要涉及在补充锂源后对废旧正极材料进行高温修复或再生，该技术不会破坏其晶体结构，直接对材料的晶体结构进行修复再生。

19.1.2.1 碳热还原技术

在传统的焙烧过程中，形成金属合金需要极高的温度，锂金属落入炉渣中并需进一步浸出和萃取。然而，近年来，作为Li和其他金属再循环的高温冶金方法，还原焙烧法引起了广泛的关注。通过还原焙烧的废旧锂离子电池的电极材料可以转化为金属氧化物、纯金属和锂盐。上海交通大学Xu等首先提出了一种新颖的环保方法，该方法涉及无氧焙烧和湿磁分离，以从废LCO/石墨电池中原位回收Li_2CO_3、Co和石墨。将混合后的材料在N_2气氛中于

1000℃直接煅烧 30min，可转化为 Li_2CO_3、Co 和石墨。基于 Li_2CO_3 的微溶性和 Co 的铁磁性，通过湿磁分离出混合产物。Co、Li 和石墨的回收率分别为 95.72%、98.93% 和 91.05%。热力学分析证实石墨粉在焙烧过程中用作还原剂。

为了进一步降低煅烧温度，他们随后开发了一种集成工艺，通过真空冶金原位回收废旧锰酸锂电池中的金属。在真空条件下于 800℃焙烧 45min 后，将包括 $LiMn_2O_4$ 和石墨的混合电极材料原位转化为 Li_2CO_3 和 MnO。然后通过水浸，以固液比 $10g \cdot L^{-1}$ 回收 91.3% 的 Li 资源，再生为 Li_2CO_3。最后通过在空气中燃烧以除去石墨，得到残余物 Mn_3O_4，其纯度为 95.11%。如图 19-2 所示，机理研究表明，在封闭的真空条件下，混合的 LMO/ 石墨粉末的转化机理表现为立方形尖晶石 LMO 的坍塌过程，其中 Li 元素填充到 O- 四面体中并以 Li_2CO_3 的形式原位释放。此外，该研究还证实了在封闭的真空条件下从包括 LCO 和 NCM 电池在内的其他废旧的锂离子电池中回收 Li_2CO_3 的可行性。

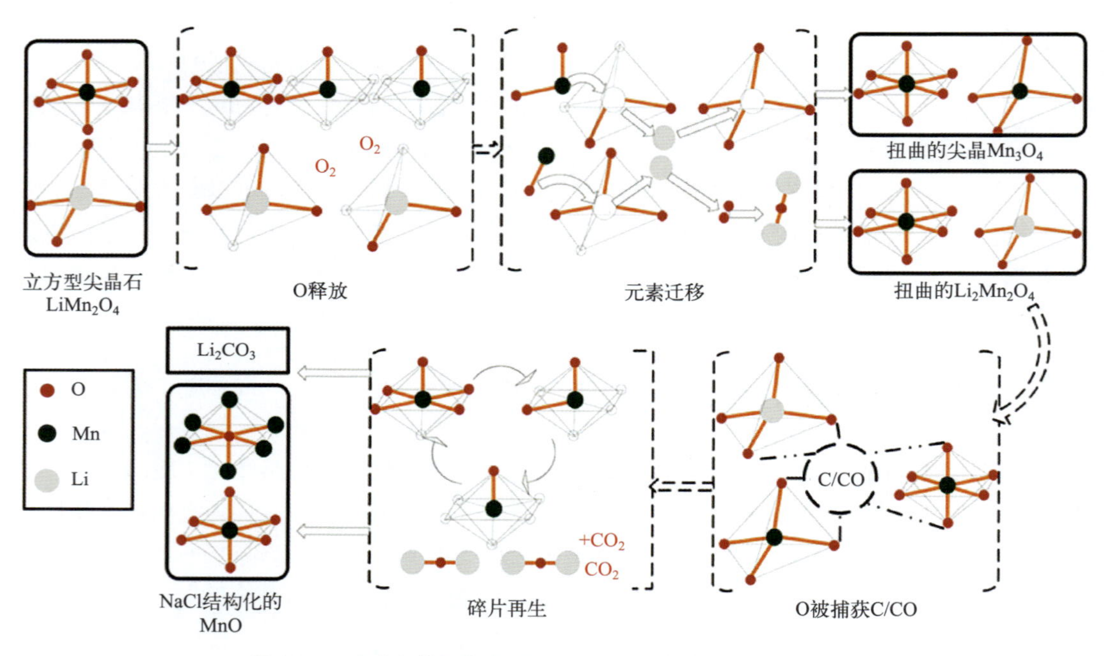

图 19-2 真空条件下废旧 $LiMn_2O_4$ 电池的混合粉末的转化路径

19.1.2.2 熔融盐辅助焙烧技术

由于相对较低的煅烧温度和较高的回收效率，熔融盐在火法冶金回收技术中开始受到关注。熔融盐辅助焙烧，主要包括硫酸盐焙烧、氯化焙烧和苏打焙烧，已被广泛用于矿石的火法冶金中。其主要原理是通过在熔融盐的作用下焙烧金属氧化物，将金属氧化物转化为水溶性盐，以便循环利用。例如，Wang 等开发了硫酸盐焙烧法，从废旧 LCO 电池中回收 Li 和 Co，以获得硫酸锂和硫酸钴。在 600℃下焙烧 LCO 和 $NaHSO_4 \cdot H_2O$ 的混合物 0.5h，焙烧产物中的 Li 元素以 $LiNaSO_4$ 的形式存在，而 Co 的形式与 $NaHSO_4 \cdot H_2O$ 在混合物中的比例密切相关。随着 $NaHSO_4 \cdot H_2O$ 含量的增加，Co 元素演变过程为：$LiCoO_2 \rightarrow Co_3O_4 \rightarrow Na_6Co(SO_4)_4 \rightarrow Na_2Co(SO_4)_2$。

此外，他们研究了 $NaHSO_4 \cdot H_2O$ 和 NCM 混合焙烧的转化机理，如图 19-3 所示。研究发现在 $NaHSO_4 \cdot H_2O$ 分解形成的 SO_3 的气氛中，NCM 中的 Li^+ 开始脱出并生成 Li_2SO_4，导致了层状结构稳定性下降，结构进一步被破坏。随着层状结构的坍塌，镍、钴、锰元素在 SO_3 的气氛中生成相应的硫酸盐，随后与酸式盐分解形成的 Na_2SO_4 在高温下反应形成了双金属硫酸盐。煅烧产物硫酸盐可以通过水浸和化学沉淀进一步分离和再循环。在熔融盐类辅助焙烧作用下，使得可以在相对较低的温度下破坏正极材料的结构，因此该工艺显示出巨大的工业应用潜力。此外，中国科学院过程所 Sun 等开发的硫酸焙烧法，采用硫酸和钴酸锂材料混合焙烧，选择性提取钴酸锂中的金属，缩短回收流程，提高金属回收效率，为高温热解转化技术提供了新的思路。

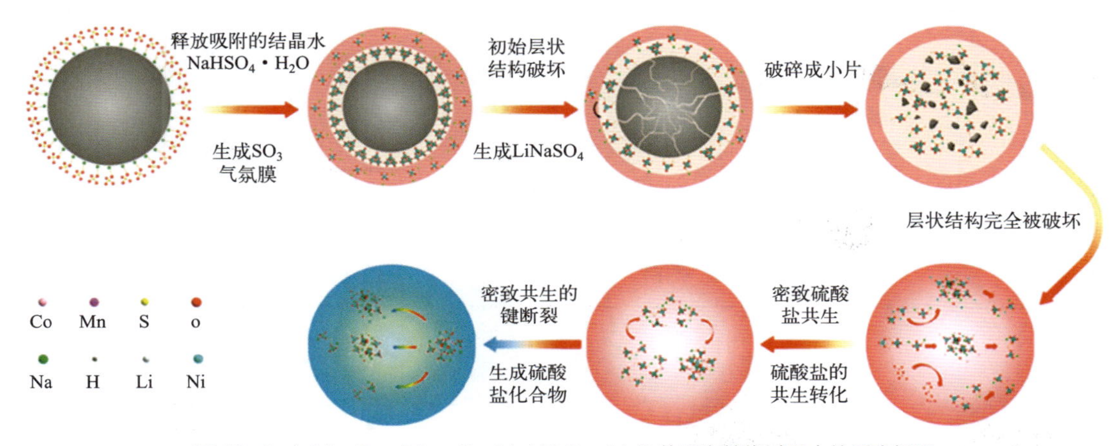

图 19-3 $LiNi_{1/3}Co_{1/3}Mn_{1/3}O_2$–$NaHSO_4 \cdot H_2O$ 体系在焙烧过程中的反应机理

19.1.2.3 晶体结构修复再生技术

晶体结构修复技术，作为一种无损修复技术，又称直接再生技术，是指不经浸出处理，由高温修复晶体结构，恢复材料的电化学活性。与前两种高温提取回收技术相比，直接再生的主要优点是可以降低回收成本，使回收材料的价值最大化，实现锂离子电池电极材料的闭环回收。在正极材料的无损修复中，常用的方法有热处理或熔盐法与热处理相结合。锂离子电池正极材料失效的主要原因之一是在多次充放电循环过程中锂缺乏引起的不可逆相变。对于这种失效的锂离子电池，一些研究者考虑用不同的方法补充锂源来修复正极材料。此外，针对工业生产中产生的正极废料 LCO、LFP 和 NCM 等，其尚未用于充放电循环，因此无须补充锂盐，使用固相煅烧法即可修复这些正极废料的晶体结构，提高材料的电化学性能。此外，加州大学 Chen 等采用水热法补锂后进行热处理，以及高温固相煅烧的补锂方式对废旧的钴酸锂和三元材料进行高温修复。该方法简单有效，但是由于水热法补锂的过程中需要大量的氢氧化锂，会造成大量锂盐的浪费，因此可通过经济评价来优化该过程，从而将其应用到实际的工业处理中。

Sun 等开发了一种通过表面涂层 V_2O_5 改善废旧 NCM 正极材料电化学性能的新方法［图 19-4（a）］。这种简单且绿色的再生工艺为重新利用废旧锂离子电池的废料提供了一种新思路。此外，北京理工大学 Li 等证实了铝箔和正极材料的分离方法以及煅烧温度对再生 NCM 材料的电化学性能有重要影响。研究者采用高温热处理、碱液浸出后热处理、有机溶剂 NMP 溶解后热处理三种方式，从废旧的三元正极片上剥离三元材料，并在高温的情况下对三元材料表面进行了修复。该方法简单有效，可以对工业上未经过充放电的废旧极片进行修复。研究表明，经 NMP 溶剂溶解分离和 800℃煅烧再生的废料具有最高的放电容量。这主要是由于聚偏氟乙烯（PVDF）黏合剂溶解在 NMP 溶剂中，LiF 生成较少，Li^+ 活性较高。经 600℃直接煅烧再生后的材料在 0.2C 速率下循环 100 次，循环性能最好，最大容量保持率为 96.7%，其电化学性能的提高主要归功于 PVDF 的完全分解，引入了更多的 LiF，保护活性物质免受电解质的副作用。但值得注意的是，杂质是直接再生过程中需要考虑的主要问题。

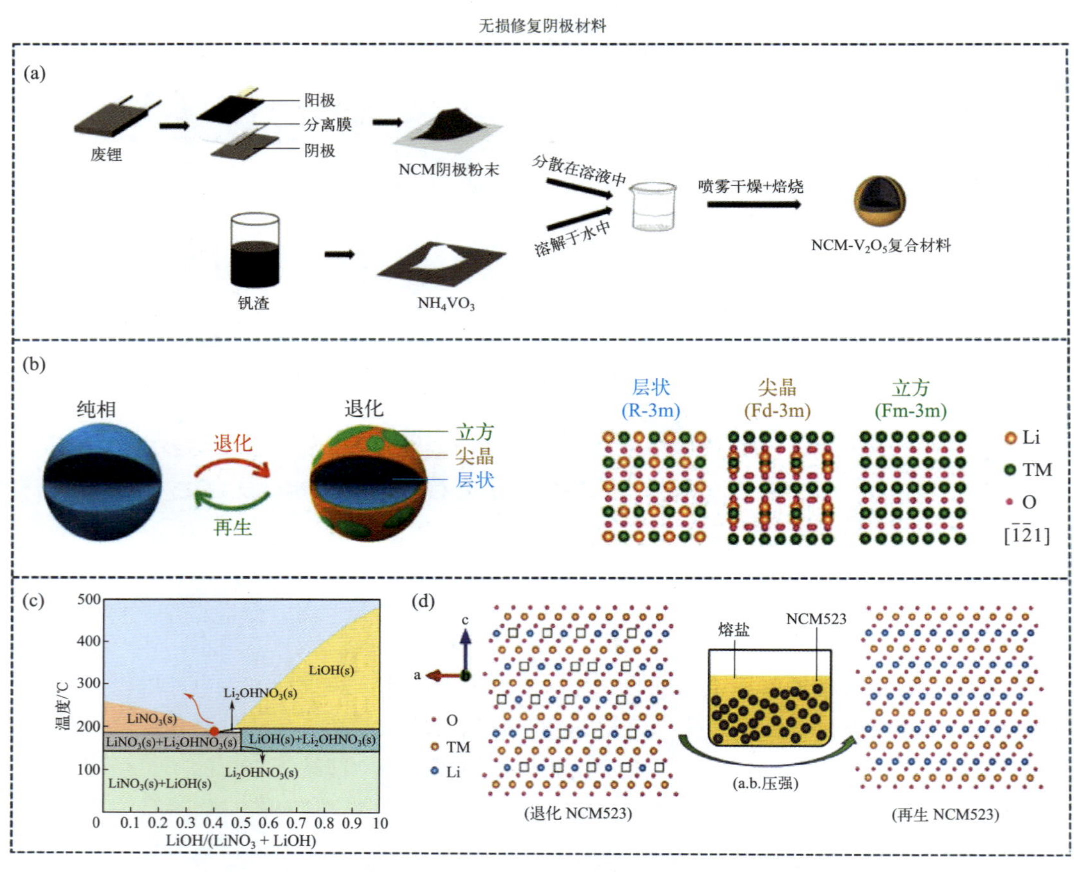

图 19-4 （a）废旧 NCM 正极材料再生过程示意图；（b）循环再生后 NCM523 晶体结构的变化；（c）$LiNO_3$ 和 LiOH 的相图；（d）通过共晶熔盐法回收的再结晶过程的示意图

Chen 等系统地研究了层状 NCM 颗粒的失效机制，提出了一种直接再生失效的 NCM 的无损修复技术。经过多次充放电循环后，NCM523 正极材料表面出现了分散的岩盐相和尖晶石相，并伴有 Li 的损失，其通过锂化和热处理恢复到层状相［图 19-4（b）］。通过这种直接再生方法，再生后的 NCM 颗粒具有较高的相纯度和较低的阳离子混排度。再生材料提供了更高的质量比容量、更好的循环稳定性和更高的速率能力，类似于原始材料。随后，他们提出了一种利用共晶 Li^+ 熔盐溶液［图 19-4（c）、（d）］再生废旧 NCM523 颗粒的低温再生工艺。

这项工作可为进一步研究开发环境友好和经济可行的材料提供基础再生综合策略。

19.1.3 低温溶解提取技术

低温溶解提取技术，亦为湿法冶金技术，通常需要低温浸出、分离或再合成来回收废旧锂离子电池。该技术因其回收效率高、能耗低、有害气体排放有限、产品附加值高等优点，具有较大产业应用的潜力。然而，这种方法还必须克服复杂的操作程序和废水处理等困难，才能实现工业应用。湿法处理总体可以概括为两个步骤：

① 金属离子的浸出：将金属氧化物中的金属溶解到溶液中，使之成为金属离子。浸出剂可以选择有机酸、无机酸，或采用碱浸出或生物淋滤等。

② 电极材料的回收：将溶解的材料提取出来再次制成可用的电池材料，通常采用的方法有选择性沉淀法、溶剂萃取法、电沉积法、材料再生法等。

19.1.3.1 低温溶液提取技术

酸浸因其浸出效率高、成本低而备受关注。无机强酸浸出剂，如 HCl、H_2SO_4 和 HNO_3，可以溶解几乎所有的金属，然而会产生有毒气体和酸性废水。为了解决与无机酸浸出有关的环境问题，本课题组首先提出了一种用于回收废旧锂离子电池的环境友好型有机酸浸出剂。与无机酸相比，有机酸具有良好的生物相容性和生物降解性，不仅能减少废气排放，而且能有效缓解对环境的不利影响，同时有机酸的浸出效率与无机强酸相似。有机酸的浸出效率主要由其酸度决定，而酸度由其酸离解常数（pKa）和有机酸的官能团决定。此外，有机酸独特的螯合配位性能便于浸出液后续再利用。例如，柠檬酸、苹果酸、乙酸和马来酸等有机酸可用作浸出剂，也可以用作溶胶凝胶法再生正极材料的螯合剂。抗坏血酸可以作为溶解金属的浸出剂和还原剂来还原高价金属。鉴于草酸相对较强的酸性和还原性，也被用于浸出和回收废旧锂离子电池。由于草酸盐的溶解性不同，草酸锂以溶液形式回收，而其他金属离子，如镍、钴和锰等可以作为沉淀回收，这种方法称为选择性浸出。

在传统浸出过程中，为了保证较高的浸出效率，通常采用过量的高浓度酸，导致大量酸性废水产生。为了减少酸的用量，缩短回收工艺流程，提高金属回收效率，选择性浸出、机械化学法、超声波处理、电化学法等新方法被提出用于回收废旧锂离子电池。常用的选择性浸出剂有草酸、磷酸、H_2SO_4 和乙酸等，用于选择性回收废旧 LCO 和 LFP 电池中的锂元素。例如，Li 等使用接近化学计量比的 H_2SO_4 作为浸出剂和 H_2O_2 作为氧化剂，选择性地将 Li 提取到溶液中，而 Fe 和 P 作为 $FePO_4$ 留在浸出残渣中。这是因为 H_2O_2 的加入增强了浸出效果，将 $LiFePO_4$ 中的 Fe^{2+} 氧化为 Fe^{3+}，从而形成 $FePO_4$ 沉淀。为了进一步验证选择性浸出对 NCM 材料的实用性，Zhang 等开发了草酸浸出再生 NCM 的创新应用，草酸浸出 10min 后，在废旧 NCM 表面形成了草酸盐沉淀，回收了 98.5% 以上的 Ni、Co 和 Mn，锂仍溶解在溶液中。加入一定量的 Li_2CO_3，与未反应 NCM 和草酸盐沉淀混合煅烧，从而得到再生的 NCM 正极材料。浸出后再生的 NCM（OA-10）在 0.2C 下，具有较高的初始放电容量 168mA·h·g^{-1}，这是由于在再生过程中形成了亚微米级的颗粒，并保留了最佳的元素组成。机械化学法是指在机械力的作用下，添加共研磨试剂，对正极粉末进行机械共研磨处理，然后采用水或酸等试剂浸出回收金属离子。目前已研究的共磨试剂包括乙二胺四乙酸（EDTA）、乙二胺四乙酸二钠盐（EDTA-2Na）、聚氯乙烯（PVC）、Al_2O_3、Fe 和有机酸等。经过机械球磨后，即使在室温下，金属离子也容易被浸出或形成可溶性螯合物。在机械力的作用下，粒径减小、局部温度升高等因素促进了晶体结构的破坏，加速化学反应的进行，从而提高了浸出效率，改善了浸出条件，也可以减少酸浸过程中酸的用量。

与酸浸不同，碱浸不能将所有的金属都溶解在溶液中，这是因为碱浸的机理是铵根离子与金属离子之间的螯合作用，但并不是所有的氨络合物都能溶于水。目前提出的碱浸试剂包括氨（NH_3）、碳酸铵［$(NH_4)_2CO_3$］和硫酸铵［$(NH_4)_2SO_4$］。除了直接酸浸外，生物淋滤是另一种浸出金属离子的手段，它主要通过微生物代谢产生的酸，将不溶性金属氧化物转化为可溶性金属离子。目前已发现一些细菌具有产生无机酸的能力，而一些真菌的代谢产物为有机酸。例如，化学营养性和嗜酸性氧化亚铁硫杆菌可以利用元素硫和 Fe^{2+} 作为能源，在浸出过程中产生 H_2SO_4 和 Fe^{3+}。黑曲霉通过产生有机酸，包括草酸、柠檬酸、酒石酸和苹果酸，可以溶解废旧锂离子电池中的金属。尽管生物浸出在节能和环保方面具有相当大的优势，但与直接酸浸相比，其浸出效率低，培养微生物速度慢，限制了其工业应用。此外，还有一些具有相同酸性的物质被用于从废旧锂离子电池中浸出回收金属。例如，Liu 等使用亚临界水和聚氯乙烯（PVC）作为浸出试剂，从废旧锂离子电池中回收金属 Co 和 Li。研究发现，在 350℃、PVC/$LiCoO_2$ 质量比 3:1、30min、固液比 16g · L^{-1} 的最佳条件下，95% 以上的 Co 和近 98% 的 Li 可以被浸出。废旧的 PVC 可以在转化为化工原料的同时，不释放有毒的氯化有机物。

综上所述，有机酸的浸出效率可以达到无机酸浸出的相同效果。但部分有机酸价格相对于无机酸较高，如果用于工业上回收处理废旧锂离子电池，还需将酸用量、还原剂用量、浸出温度、时间等都考虑在材料的消耗和能量的消耗内，进行经济评价。图 19-5（a）～（e）比较了酸浓度、温度、时间、固液比和还原剂含量等浸出参数对金属离子浸出效率的影响。值得注意的是，虽然选择柠檬酸作为代表性有机酸，但该值范围对于其他有机酸的浸出是通用的。一般来说，由于 Li 在层状结构中的自由状态和 Co^{3+} 的不溶性，Li 的浸出比其他过渡金属更容易。添加还原剂 H_2O_2，H_2SO_4 的浸出性能明显提高。图 19-5（f）从浸出效率、环境、成本、能源消耗、材料消耗和操作等方面对无机酸、有机酸以及生物浸出进行了对比分析。所有的浸出方法都有明显的优势和局限性。无机酸浸具有化学试剂消耗少、固液比高、成本低等优点。有机酸浸和生物浸出在环境友好性方面明显优于无机酸浸。生物浸出处理废旧锂离子电池的成本低，常温常压下操作方便、耗酸量少，但是存在培养周期长、菌种不易培养、易受污染且浸出液分离困难等缺点。目前生物淋滤回收处理废旧电池还只处于研究阶段。

19.1.3.2 溶液分离回收技术

废旧正极材料中可能存在铝、铜、铁等杂质，这是在锂离子电池的制备过程，或废旧锂离子电池的预处理和浸出回收过程中所产生的。因此，有必要对浸出液进行净化处理，以提高回收产品的纯度。这些杂质通常通过化学沉淀法去除，其机理是基于金属化合物在不同 pH 值溶液中的溶解性的差异。金属离子杂质通常在相对较小的 pH 值下沉淀，而过渡金属在较

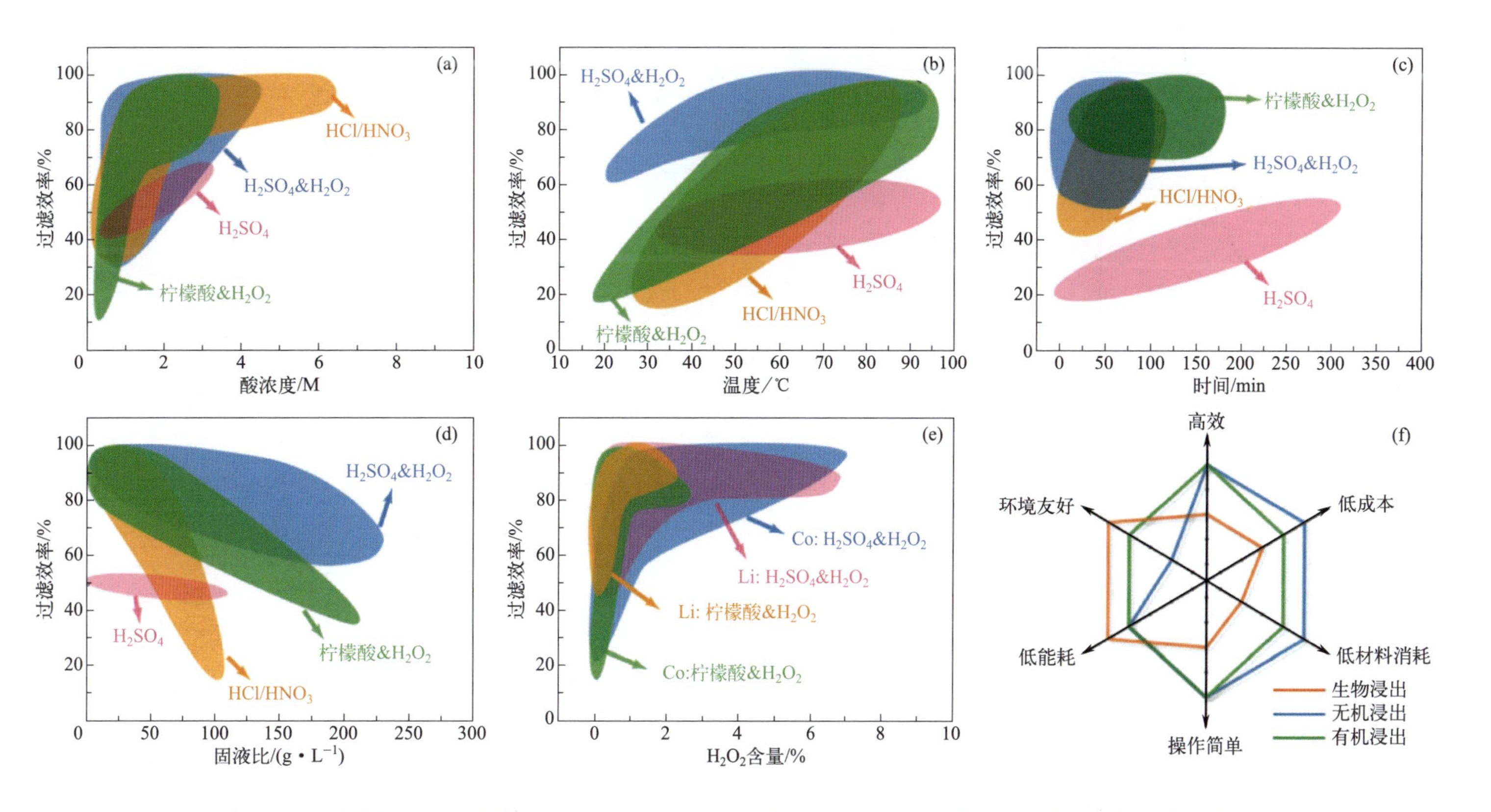

图19-5 在使用不同类型酸的情况下：（a）酸浓度，（b）温度，（c）时间，（d）S/L比对Co浸出效率的影响，和（e）H_2O_2含量对Co和Li浸出效率的影响；（f）在效率、成本、材料消耗、操作、能源消耗和环境方面比较有机酸浸出、无机酸浸出和生物浸出

大的 pH 值下沉淀（图 19-6），因此可首先去除杂质离子，以避免后续目标金属回收过程受到污染。此外，由于重新合成的正极材料对杂质金属敏感，通常使用溶剂萃取去除杂质以达到满意的纯度水平。溶剂萃取的机理是基于金属或金属化合物在两相体系（通常是有机相和水相）中的溶解度不同。

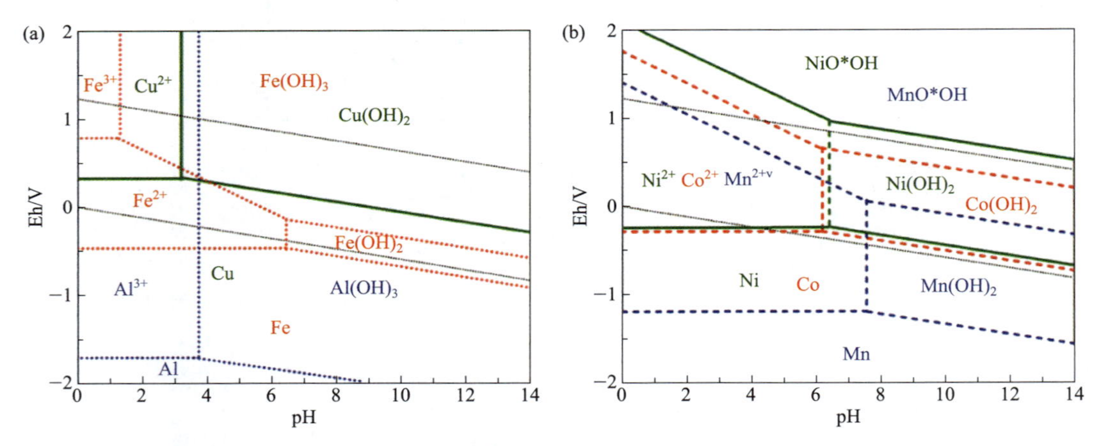

图 19-6 （a）Al-H_2O、Cu-H_2O 和 Fe-H_2O 系统的 Eh-pH 图；（b）Ni-H_2O、Co-H_2O 和 Mn-H_2O 系统的 Eh-pH 图

净化后三元材料的浸出液中金属离子主要为 Li^+、Ni^{2+}、Co^{2+} 和 Mn^{2+}，磷酸铁锂材料的浸出液中含有 Li^+、Fe^{2+} 和 PO_4^{3-}。为了获得纯金属或金属化合物，通常采用化学沉淀和溶剂萃取法分离回收金属离子。化学沉淀法的原理是改变溶液的酸碱度和沉淀剂的添加量等因素，沉淀溶液中的 Co^{2+} 或 Co^{3+} 及其他金属元素，得到含不同金属元素的产品。可根据 Li^+ 和过渡金属离子的不同物化性质，先沉淀过渡金属离子，再沉淀回收 Li^+。最常用的过渡金属离子沉淀剂是氢氧化钠（NaOH）、草酸（$H_2C_2O_4$）、草酸铵 [$(NH_4)_2C_2O_4$]、硫化钠（Na_2S）和碳酸钠（Na_2CO_3），可以形成不溶性沉淀，如过渡金属氢氧化物、草酸盐、硫化物或碳酸盐等。碳酸钠（Na_2CO_3）、磷酸（H_3PO_4）、磷酸钠（Na_3PO_4）和氟化钠（NaF）等可用作 Li^+ 的沉淀剂，以形成碳酸锂、磷酸盐或氟化物等沉淀。然而，由于正极材料中的过渡金属离子具有相似的化学性质，常规沉淀法很难将其从浸出液中按顺序分离。为了避免共沉淀的形成，一种方法是选择性沉淀。例如，通过与次氯酸钠（NaClO）的氧化沉淀反应，可以将 Co^{2+} 氧化为 Co^{3+}，并选择性地沉淀为 $Co_2O_3 \cdot H_2O$。此外，Mn^{2+} 与高锰酸钾（$KMnO_4$）发生氧化还原反应，生成 Mn^{4+}，并选择性沉淀为 MnO_2。这些方法可以用 E-pH 图中 Ni^{2+} 和 Co（OH）$_3$ 稳定区的重叠来解释，它们可能会随着温度的变化而变化。采用丁二酮肟试剂（DMG，$C_4H_8N_2O$）将 Ni^{2+} 以镍 - 丁二酮肟螯合物的形式从 Ni、Co 和 Mn 混合浸出液中选择性沉淀分离出来。沉淀法操作比较简单、效果好，关键是要选取合适的沉淀剂和沉淀条件。

另一种方法是基于过渡金属离子在水相和有机相中溶解度的差异，通过逐步溶剂萃取分离提取金属离子。目前的研究主要集中在过渡金属离子的提取上。针对 Co、Mn 和 Ni 的提取，常用的溶剂萃取剂有 2- 乙基己基磷酸单 -2- 乙基己基酯（PC-88A）、双（2,4,4- 三甲基戊基）膦酸（Cyanex 272）和二（2- 乙基己基）磷酸（D2EHPA），最常用的剥离剂是硫酸。然而锂离子独特的化学性质使得溶剂萃取难以实现。更重要的是，萃取剂可在不同的添加剂存在下，或在不同的萃取条件下萃取不同的物质。此外，萃取条件，包括平衡 pH 值、萃取剂浓度、有机相与水相体积比（O/A）、温度、时间、萃取体系等，都会影响萃取效率。多萃取剂的组合可以通过协同作用，提高复杂浸出液系统的选择性和萃取效率。然而，对于复杂系统，需要多级萃取阶段和剥离阶段，以分离化学性质相似的过渡金属离子。近年来，为了避免 Ni、Co 和 Mn 复杂的萃取分离，Yang 等开发了一种新的 NCM 浸出液金属离子的共萃取方法。结果表明，在煤油中加入 D2EHPA，可使 Mn、Co 和 Ni 的提取效率分别达到 100%、99% 和 85%。经剥离、调整元素配比后，采用共沉淀法制备了 $Ni_{1/3}Co_{1/3}Mn_{1/3}(OH)_2$ 前驱体，再经煅烧，制备出新的 NCM 正极材料。这种方法代表了一种提取多个金属元素的新策略。采用萃取法对废旧锂离子电池进行回收具有操作简单、能耗低、条件温和、分离效果好等优点，回收的金属纯度也较高。但化学试剂和萃取剂的大量使用会对环境造成一定的负面影响，溶剂在萃取过程中也会有一定的流失，而且一些溶剂和萃取剂的价格较高，所以在工业生产中处理成本会很高，使得该方法在废旧电池的回收利用方面有一定的局限性。因此，寻找绿色环保且价格较低的溶剂和萃取剂是工业化应用的前提。

除了传统的化学沉淀法和溶剂萃取法外，其他方法包括吸附法、离子交换法和电沉积法也被用于金属离子的萃取分离。尖晶石锂锰氧化物制备的锰氧化物是一种很有前途的锂吸附剂，可以通过酸处理和表面包覆来提高锂的吸附能力。近年来，人们提出了一种中间海绵 γ-Al_2O_3 单体作为吸附剂，在低浓度（约 3.05×10^{-8}M.206）下对废旧锂离子电池中的 Co^{2+} 离子进行快速检测、选择性萃取和回收，对 Co^{2+} 离子的吸附量可达 196mg · g^{-1}。吸附剂还可以用盐酸作为剥离剂进行再生，从而完全释放和回收吸附的 Co^{2+}。电沉积法是指金属离子在浸出液中的电化学沉积，它依赖于两个电极提供的额外能量来诱导氧化还原反应的发生。然而，由于电能的高消耗，电沉积技术并没有被广泛应用于废旧锂离子电池的回收。

19.1.3.3　直接材料再生技术

与分离废旧锂离子电池金属的回收方法相比，材料再合成技术被认为是一种更有效的回收方法，可避免复杂的分离过程，最大限度地回收阴极材料，实现锂离子电池的回收。更重要的是，根据生命周期评估（life cycle assessment，LCA）分析，这种闭环回收方法可以通过生产高附加值产品来降低锂离子电池的能耗和生产成本。浸出液再生是指用溶胶 - 凝胶法或共沉淀法从浸出液中重新合成阴极材料。其主要问题是如何选择合适的再合成方法。溶胶 - 凝胶法是采用金属盐作为母体，在螯合剂的作用下形成溶胶，通过蒸发操作形成凝胶，最后通过煅烧得到产品。共沉淀技术是凭借金属离子与试剂的沉淀反应，在沉淀剂的作用下形成共沉淀的前驱体，再通过添加锂盐，进行煅烧从而得到产品。

由于浸出效率高，最常用的浸出剂是有机酸和无机酸。对于有机酸浸出液，再生阴极材料的最佳方法是溶胶 - 凝胶法，因为有机酸也可作为螯合剂，而不仅仅是浸出剂，特别是柠檬酸、乳酸和苹果酸。然而，有机酸的络合作用可能会改变金属离子的沉淀性能，使其难以在该体系中沉淀。因此，利用共沉淀法从有机酸浸出体系中再生阴极材料的研究很少。如 Li 等在最佳条件下，用柠檬酸对混合废旧正极材料进行浸出后，将浸出液中 Li:Ni:Co:Mn 的摩尔比调整为3.15:1:1:1，总金属离子与螯合剂的摩尔比调整为2:1。然后将溶液在80℃蒸发形成非晶态凝胶前驱体，再通过两步热处理形成新的NCM。重新合成的NCM比原盐溶液合成的NCM具有更好的电化学性能，归因于在重新合成的材料中掺入杂质铝，这种材料形成了强大的Al—O键，在锂的插入/提取过程中保持了结构的稳定性。溶胶-凝胶法可以均匀地混合所有金属离子（包括锂离子），达到原子级别的混合，合成材料的均匀性较好，但缺点在于凝胶的黏性不适合工业生产。

对于非有机酸浸出溶液，溶胶-凝胶法和共沉淀法均可用于再生阴极材料。然而，通过溶胶-凝胶法进行再合成需要额外的螯合剂，使得这些方法不适合大规模应用。共沉淀法可以实现溶液中多种金属离子分子水平上的混合和共沉淀，其在工业上得到了广泛的应用。共沉淀后，根据Li和过渡金属化学性质的不同，溶液中残留的Li^+需要通过连续浓缩和沉淀分离回收。因此，共沉淀法不适合回收含有两种主要金属的锂离子电池，如LCO、LMO和LFP电池。NCM浸出液的共沉淀通常在稳定pH值为8～11、过渡金属离子浓度为$2mol \cdot L^{-1}$的氢氧化物或碳酸盐体系中进行，因此，可以通过蒸发浓缩过渡金属的低浓度浸出液。此外，微量的Cu（2.5%）和Mg杂质均改善了材料的电化学性能，这是由于Cu占据了Mn位点，而Co位点掺杂Mg，从而导致Li的插入/提取过程中晶格参数略有变化。因此在实际的工业应用中，除杂是最关键的一步。

除了直接合成正极材料外，许多研究人员还研究合成了其他高附加值产品，如金属-有机骨架（MOF）、催化剂CO_3O_4和CoS及钴铁氧体前驱体（$CoFe_2O_4$）等。Perez等开发了一种通过沉淀从模拟锂离子电池回收的浸出溶液中合成金属-有机骨架（MOF）的创新方法。金属-有机骨架（MOF）是由金属离子和有机配体合成的一类独特的多孔晶体材料。MOF材料在催化、气体储存、气体分离、传感器、污染物控制、电子器件等领域具有广阔的应用前景。作者以1,3,5-苯三膦酸为有机配体，在有机溶剂（DMF）中，80%的Mn在150℃下沉淀2天，可选择性沉淀为Mn-MOF，溶液中只剩下Co和Ni离子。这项工作为废旧锂中金属的回收利用提供了新的策略。

19.1.4 工业回收现状

面对大量即将处理的退役车用动力电池，汽车企业、梯次利用储能企业和回收企业之间出现了新的合作。例如，2018年宝马公司（BMW）宣布与Umicore和Northvolt组建联合回收技术联盟，以促进欧洲电动汽车动力电池的可持续使用。同年，奥迪宣布完成了与Umicore在电池回收战略方面的第一阶段合作，并正在致力于开发一款可重复使用锂离子电池，特别是其中有价值原材料的闭环回收系统。中国铁塔与一汽、东风、比亚迪等11家新能源汽车厂商签署了动力电池回收系统建设意向书。此次合作将有助于建立动力电池溯源管理平台，实现废旧电池梯级利用和闭环回收。目前主流的工业回收技术可分为三类：火法冶金、湿法冶金以及火法与湿法相结合。早期，由于火法工艺操作简单，许多公司采用该工艺回收废旧锂离子电池。然而，在最初的工艺设计过程中，只有镍、钴和铜以合金的形式被回收，而锂则在熔渣中流失。后来对电池中所有贵重金属的需求不断增加，因此许多公司开发了湿法冶金工艺来回收锂，并获得高纯度的钴。如图 19-7 所示，目前整个工业循环过程通常包括电池失活处理、机械拆卸、磁选和火法冶金或湿法冶金处理。下面将详细讨论具有代表性的回收过程。

Accurec Recycling GmbH（Accurec）在传统火法冶金技术的基础上开发了一种真空热解回收技术，用于从不同的电池系统中回收金属元素，包括镍镉电池、镍氢电池、锂离子电池和碱性电池，回收能力为 7000 吨 / 年。真空热解回收工艺的原理是根据金属和有机溶剂的熔点不同而定。电子、塑料和钢结构由自动拆卸机拆卸。有机溶剂在 250℃或更低的温度下进行真空热处理，并根据有机溶剂在电解液中的熔点进行冷凝。电池的其他部分被送入冲击磨机。铜箔、铝箔和铁基合金通过物理分离。其他电极材料在真空中蒸发并冷凝以回收锂。其他金属通过现有的工业过程进行浓缩和回收。

Umicore Val'Eas 工艺将火法冶金和湿法冶金技术相结合回收锂，实现了从电池到电池的闭环。回收工艺可以处理不同类型的电池，无论其原材料、规格和形式如何。具体来说，电池系统直接放置在竖炉中进行冶金处理，无须进行预处理。在热处理步骤中，材料变化可分为三部分：电解液在大约 300℃下蒸发；塑料在 700℃下热解；其余进料在 1200 ～ 1450℃下煅烧。熔炉配有气体净化系统，确保有毒二噁英或挥发性有机化合物零排放，同时收集粉尘和固体颗粒。与其他火法冶金工艺相比，一个明显的优点是燃烧碳材料释放出的能量和有机物可以在一定程度上降低能耗，实现能源的循环利用。含铝、锂的安全无毒滤渣可作为建筑材料的添加剂。随着锂的价格持续上涨，Umicore 表示有兴趣通过额外的湿法冶金工艺回收锂。含镍和钴的合金进一步精炼，并通过湿法冶金工艺（包括酸浸、溶剂萃取和沉淀）转化为电池阴极的原材料。

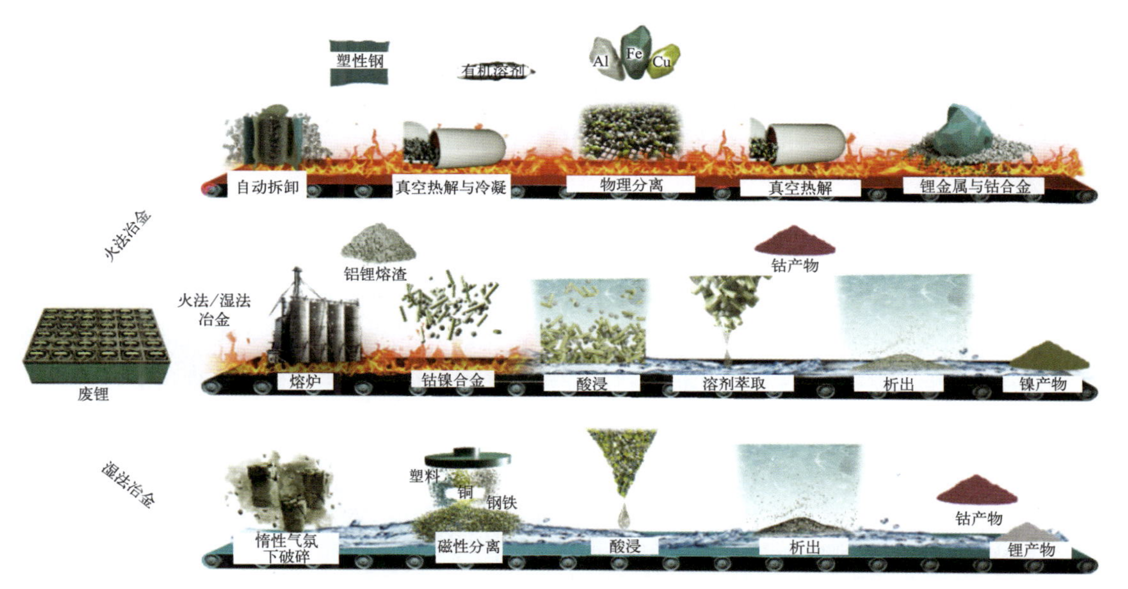

图 19-7　废旧锂离子电池回收工艺流程图：Accurec 开发的火法冶金技术，Recupyl 开发的湿法冶金技术，以及 Umicore 开发的火法和湿法冶金技术

Retriev Technology（前身为 Toxco）成立于 1984 年，从事电池回收业务已有 20 多年。根据各种电池的结构和组件，公司开发了一整套回收技术，确保每种类型的电池都能高效回收，

对环境影响小。回收利用技术是利用湿法冶金技术回收废渣中的有价金属。电池组首先通过机械方法分解，并分成电池、部件和电子电路。为了降低单个电池的反应性并防止废气排放，将单个电池冷冻并放置在 −200℃低温下的液体 N_2 环境中。粉碎的产品分为三部分：富含金属的液体混合物、塑料和含有元素的金属固体混合物，如铜、铝和钴，通过连续向溶液中添加 NaOH 和 Na_2CO_3，以 Li_2CO_3 的形式回收富金属液体混合物。塑料可以直接回收，金属固体混合物可以作为生产电池的原料。

此外，Recupyl 采用高效的湿法冶金工艺回收废 LiB，包括机械分离和化学处理。首先，电池在保护性惰性气体环境中破坏。经过磁选分离，塑料、钢和铜可以直接回收。其余物料依次用 LiOH 和 H_2SO_4 浸出，之后沉淀。通过添加 NaClO 和通入惰性气体 CO_2，Co 和 Li 分别以 $Co(OH)_2$ 和 Li_2CO_3 形式回收。

目前国内的公司主要以湿法回收为主，例如深圳市格林美高新技术股份有限公司通过回收处理电子废旧物和废旧电池等，循环再造出各种高技术产品，其回收处理工艺以湿法为主，通过酸浸、萃取分离和纯化等步骤获得超细钴粉和超细镍粉等高附加值产品。首先经过拆解，将废旧锂离子电池分为了不锈钢外壳、正极和负极 3 个部分，将拆解得到的废旧电极材料经过酸浸变成溶液，经过萃取分离和膜分离等技术，最后生成各种金属粉末。该湿法工艺相对复杂，流程较多，但可以得到高纯度和高附加值的产品，具有更高的经济效益，且可以实现锂离子电池的闭路循环再生和利用。湖南邦普循环科技有限公司以废旧的数码电池和车用电池为回收处理的对象，采用湿法高效回收电池中的镍、钴、锰、锂等金属元素，并通过调节多元素的成分配比，辅以对合成溶液进行热力和动力 pH 调控，生成锂电池材料的前驱体，实现从废旧电池到电池材料的“定向循环”，从而将电池从制造、消费到回收整个流通环节进行有机整合，实现锂电池的循环利用。

19.2 对新材料的战略需求

锂离子电池主要由正极材料、负极材料、隔膜、电解质和电池外壳几个部分组成。正极材料是锂离子电池电化学性能的决定性因素，直接决定电池的能量密度及安全性，进而影响电池的综合性能。正极材料在锂电池材料成本中占比最大，所占比例达 45%，其成本也直接决定了电池整体成本的高低，因此正极材料在锂离子电池中具有举足轻重的作用，并直接引领了锂离子电池产业的发展。在电动车成本构成中，动力系统占比最大，接近 50%，动力系统主要由电池、电机和电控构成，其中电池最为核心，成本占比 76%，电机占比 13%，电控占比 11%；在电池系统成本构成中，正极在电池中成本占比约为 45%，负极在电池中成本占比约为 10%，隔膜在电池中成本占比约为 10%，电解液在电池中成本占比约为 10%，其他成分占比约为 25%。

正极材料的主要原材料包括硫酸镍、硫酸锰、硫酸钴、金属镍、电池级碳酸锂、电池级氢氧化锂，主要辅料包括烧碱、氨水、硫酸等，原辅材料主要为大宗化学制品。锂电池按照正极材料体系来划分，一般可分为钴酸锂（LCO）、锰酸锂（LMO）、磷酸铁锂（LFP）、三

元材料镍钴锰酸锂（NCM）和镍钴铝酸锂（NCA）等。其中，磷酸铁锂主要应用于新能源汽车及储能电池市场，三元材料则在新能源汽车、电动自行车和电动工具电池市场具有广泛应用。不同的正极材料具有不同的优缺点，钴酸锂正极材料具有较好的电化学性能和加工性能，以及质量比容量相对较高，但钴酸锂材料成本高（金属钴价格昂贵）、循环寿命低、安全性能差。锰酸锂相比钴酸锂，具有资源丰富、成本低、无污染、安全性能好、倍率性能好等优点；但其较低的质量比容量、较差的循环性能，特别是高温循环性能，使其应用受到了较大的限制。磷酸铁锂价格低廉、环境友好，具有较高的安全性能、较好的结构稳定性与循环性能，但其能量密度较低、低温性能较差。三元材料综合了钴酸锂、镍酸锂和锰酸锂三类材料的优点，存在明显的三元协同效应。相较于磷酸铁锂、锰酸锂等正极材料，三元材料的能量密度更大、新能源汽车续航里程更长。

19.2.1 磷酸锰铁锂

随着未来对锂电性能要求不断提升，正极材料将迎来一轮新的技术迭代和升级，磷酸锰铁锂和高镍化三元为代表的两条技术路径最为明确，磷酸锰铁锂电池预计很快开始商业应用，高镍三元在三元电池中的占比也将持续提升。磷酸铁锂电池的能量密度已经接近“天花板”。磷酸锰铁锂（LMFP）是磷酸铁锂的升级版。磷酸锰铁锂（$LiMn_xFe_{1-x}PO_4$）是在磷酸铁锂（$LiFePO_4$）的基础上掺杂一定比例的锰（Mn）而形成的新型磷酸盐类锂离子电池正极材料。通过锰元素的掺杂，一方面使得铁和锰两种元素的优势特点能够有效结合，而另一方面锰和铁的掺杂不会明显影响原有的结构。高能量密度是磷酸锰铁锂相较磷酸铁锂的核心优势。磷酸铁锂和磷酸锰铁锂理论质量比容量（170mA·h/g）一样，但放电平台却不同。磷酸锰铁锂中锰离子开路电压放电平台为4.1V，磷酸锰铁锂总体放电平台3.8～4.1V；磷酸铁锂理论放电平台是3.4V，实际水平3.2～3.3V。磷酸锰铁锂对比磷酸铁锂具有更高的电压平台，能量密度可以比其高出15%左右，且保留了磷酸铁锂电芯的安全性及低成本特性。

磷酸锰铁锂过去受限于其较低的导电性能与倍率性能，商业化的进程缓慢。随着碳包覆、纳米化、补锂技术等改性技术的进步，一定程度上改善了其导电性，磷酸锰铁锂产业化进程开始加速。磷酸锰铁锂制备工艺与现有磷酸铁锂生产体系区别不大，主要需要通过包覆、掺杂、纳米化等改性技术来解决其电导率较低的问题，两者成本差异也在可接受范围之内。

19.2.2 高镍化三元材料

Ni元素比例在60%及以上的称为高镍化三元材料。高镍化三元材料将持续成长为长续航车型的主流技术，随着相关技术发展以及整车平台功能整合，未来新能源汽车将持续向更高能量密度、更长续航里程发展，高镍化三元锂电池的发展趋势愈加明显。根据上海有色金属网数据，2021年国内三元正极材料仍以高电压Ni5系产品为主，占比46%，其次为Ni8系高镍产品，占比为36%，Ni6系产品占比为16%。

从技术端来看，高镍化三元材料相较于其他正极材料技术壁垒更高，不仅需要较高的研发技术门槛，还需要更高效稳定的工程技术能力及更精细的生产管理水平。从能量密度端来看，在导入超高镍正极材料后，电芯的能量密度已达到 300 ～ 400W · h/kg，拉大了与磷酸铁锂电极的差距，可以更好地满足新能源汽车轻量化、智能化的发展要求。从市场端来看，众多跨国车企选择高镍动力电池技术路线作为实现高端应用场景、长续航里程的商业化方案，加快了高镍动力电池技术路线的推广和普及。宝马、大众、戴姆勒、现代、通用、福特等国际主机厂加速电气化转型，纷纷推出多款中高端乘用车车型，电池技术路线向高镍动力电池倾斜，进而对高镍动力电池产生强劲需求。从成本端来看，高镍化三元材料使用更少的钴金属，降低了原材料成本，带来高镍化三元锂电池单位成本下降，有利于新能源汽车的普及。

19.2.3 其他正极材料

富锂锰基正极材料具有能量密度高、成本低和环境友好等特点，是未来可能的一种正极材料发展方向，其质量比容量高达 300mA · h/g，远高于当前商业化应用的磷酸铁锂和三元材料等正极材料，是动力锂电池能量密度突破 400W · h/kg 的技术关键。同时，富锂锰基材料以较便宜的锰元素为主，贵重金属含量少，与常用的钴酸锂和镍钴锰三元系正极材料相比，不仅成本更低，而且安全性更好。

高电压镍锰酸锂的平台电压约为 4.7V（负极为锂），比磷酸铁锂高约 40%，比三元材料高约 25%，理论质量比容量为 146.7mA · h/g，可逆比容量可达 140mA · h/g，能量密度达 650W · h/kg。并且它不含钴，主要是锰和镍，且镍的含量也较低，具有低成本的优势。高电压镍锰酸锂三维的锂离子通道和稳固的尖晶石结构，使其具有优异的低温性能、倍率性能和安全性能，可满足动力电池快速充放电和全天候使用条件的要求。在锂资源利用率方面，镍锰酸锂在充电态锂离子几乎完全脱出，锂离子利用率接近 100%，以其取代目前动力市场上应用的第二代的磷酸铁锂和三元动力电池将为全球分别节省 30% 和 50% 的锂资源。因此镍锰酸锂是理想的下一代安全、低成本、高比能量的动力电池正极材料。

19.3 当前存在的问题、面临的挑战

当前回收行业存在的问题主要包括以下几方面：

（1）行业早期规范程度较低，退役电池来料不足 目前回收行业处于早期阶段，回收不规范导致实际回收比例低。根据 EVTank 数据，2021 年国内锂电池理论回收量达 59.1 万吨，实际回收量不足理论回收量的 40%，纳入统计范围的实际回收量远小于理论回收量，大量废旧电池被缺乏相关资质的“小作坊”回收。动力电池回收方面，由于退役动力电池供给量不足，正规回收企业多数产线不饱和运行。目前国内拆解回收有效产能为年处理废旧电池 60 万吨左右，实际回收废旧锂电池共 23.5 万吨，产能存在一定程度的不匹配。国家鼓励电池回收行业发展，早期政策以软性引导类为主。

（2）拆解回收经济性不足，前端环节粗糙导致锂回收率低 2022 年前，三元电池以回

收钴、镍为主要目标。三元电池中可供回收的主要金属为钴、镍、锂。在 2022 年前，钴、镍价格处于高位而锂价偏低，因此三元电池中以回收钴、镍为主要目标，行业对锂回收重视程度不足。镍、钴降价，导致电池回收企业收入急剧减少。自 2022 年 5 月起，镍、钴金属价格中枢振荡下行。镍价由高点 5 万美元 / 吨降至 2 万美元 / 吨中枢；钴价格由前期 60 万元 / 吨高点降至 30 万元 / 吨左右，进而导致回收企业收入大幅下降。由于电池供给不足，电池回收行业成为强卖方市场，直接抬高电池的回收成本。2022 年，由于锂价上涨迅猛带动废旧电池价格上涨，电池回收企业的成本大幅增加。目前行业中锂回收率在 85% 左右（从黑粉开始计算），回收率偏低。从增加回收经济性角度，提高锂回收率是行业发展的必然趋势。从工艺端看，核心问题在于前端拆解、破碎环节较为粗糙，影响了后端金属回收率。电池包拆解方面，国内主要通过人工和机械辅助的方式进行拆解，拆解效率较低，且精细度较差，混入铜、铝、塑料等杂质。破碎方面，由于早期动力电池退役量偏少，行业内公司缺乏专用破碎设备，因此多数破碎设备为矿山对辊破碎机改造而成，其破碎精度差，破碎后粉末粒径方差较大。

19.4 未来发展

在动力电池回收产业链各个环节依然存在不少亟待解决的问题，技术挑战与市场机制挑战并存，动力电池回收市场的健康发展仍需宏观政策规范引导和产业链各参与方的共同努力。动力电池回收将进入高速增长期，未来回收行业的健康发展需要从以下方面考虑：

（1）政策加码，形成“车企—电池企业—回收企业”产业闭环 整个电池回收行业主体为整车生产商、电池生产商、销售者、消费者、梯次利用者、回收利用者。国外发达国家动力电池回收体系中由生产者主导回收。如美国按联邦法、州立法、地方法律三个层次构建“金字塔式”电池回收法律框架。在废旧电池的回收工作上，欧洲各国确立了以生产者责任延伸为原则的回收体系，并借助法律法规得到落实。我国近年废旧动力电池回收政策趋严，生产者责任制路径越发明确。早期电池回收行业虽初步形成上下游联动，但体系尚不完善，回收责任尚未具体落实导致回收行业格局较不清晰。2017 年，国务院办公厅印发《生产者责任延伸制度推行方案》，推动以整车企业携手电池生产商共同承担废旧电池回收处理责任。2021 年，由工业和信息化部、科学技术部、生态环境部、商务部和国家市场监督管理总局五部门联合颁布的《新能源汽车动力蓄电池梯次利用管理办法》，规定梯次利用企业应履行主体责任，落实生产者责任延伸制度，保障本企业生产的梯次产品质量，以及报废后的规范回收和环保处置。整车厂和电池制造企业具备回收渠道优势，而回收企业具备技术和规模优势，成本有望继续下降，形成产业闭环将是三赢局面。2019 年，工业和信息化部颁发了《新能源汽车动力蓄电池回收服务网点建设和运营指南》，要求新能源汽车生产企业应在本企业新能源汽车销售的行政区域（至少地级）内，建立收集型回收服务网点。废旧电池回收渠道是整个回收链条中最重要的环节，掌握上游资源将大大提升产业链话语权，从资源角度看，整车厂和电池制造企业具备天然优势。近年国内车企与电池制造企业、回收企业绑定趋势愈发明显。

（2）退役潮至、废料高增、正规回收比例提升，来料进入高增期 来料的增量主要来自动力电池退役量增加、电池厂装机量持续增加，其生产所剩余边角废料持续增加及我国动力电池回收“正规军”队伍正积极扩大，正规回收比例有望提升三部分。随动力电池批量退役潮开启，按动力电池平均使用寿命5～6年测算，我国2022年退役动力电池量为31.4万吨，2026年有望达到96.8万吨，2030年总量将达到300万吨。生产动力电池时有一定不良率，剩下的废料可被用作回收。

（3）前端设备破局，锂回收率提升 设备环节改进有望提升锂回收率。我国后端湿法冶金工艺较为成熟，提升空间不大。反观目前，国内多数的前端拆解、破碎环节较为粗糙。早期退役多以圆柱锂电池为主，体积小、破碎相对简单。但是动力电池体积更大、结构更为复杂，拆解、破碎难度更大，必须使用专用前端设备，前端中主要可提升的点在于拆解和破碎。市场上的电池包种类繁多，导致电池完全自动化生产较为困难，电池包CTP、CTC技术更增加电池拆解难度。目前拆解环节主要依赖人工和半机械方式拆解电池包，存在效率偏低和拆解不彻底问题，增加后端萃取杂质，降低正极材料回收率。破碎端目前电池破碎设备多为经过改造的对辊矿石破碎设备，电解液多数无法得到有效回收。电解液占锂离子动力电池质量的12%～15%，多数电解液在破碎过程中蒸发。另外，通过矿石破碎设备破碎电池的粉末粒径方差大，在后一步浮选工序中，正负极不能完全分离，导致部分正极入渣未回收，也造成锂损失。前端破碎设备改进有望提升锂回收率，进而提升经济性。前端有望通过以下方法实现锂回收率提升：

① 电解液固化　通过固化电解液的工艺，解决传统矿山破碎设备电解液无法回收的问题，回收电解液中的锂，提升锂回收率。

② 高精度破碎气浮法分选　在破碎环节通过实现破碎电池粉末粒径均一化，将黑粉尺寸方差控制在一定的较小范围内。后续使用气浮法分选减少正极入渣损失，提升正极材料回收率。批量电池退役，产线产能受到限制。必须减少人工环节，提升自动化水平。

③ 精细化拆解　精细化拆解是把裸电芯拆解出来后，把极卷反卷拆开正负极，然后单独对正极和负极进行破碎。通过精细化拆解，可以将电芯中正极、负极、隔膜分离，再将正极极片破碎。此工艺下，产物杂质含量少，只有少量铝杂质，湿法成本可大幅降低，镍、钴、锰、锂的回收效率将对应提升。

④ 合作设计配套产线　市场上动力电池包种类繁多，难以设计标准化拆解产线；CTP、CTC等车身一体化技术未来将增加拆解难度，因此回收企业与车厂合作设计配套回收产线会是未来长期发展方向。

⑤ 带电破碎　破碎前放电降低拆解效率，带电破碎后可以提升一定的锂回收率。目前行业内使用惰性气体避免燃烧，但痛点在于整体成本偏高。

电池结构特性的差异决定了电池报废后的回收利用方式、价值及其市场空间，磷酸铁锂电池的梯次利用发展受现行条件制约，未来回收市场预计将以营利性更高的三元电池拆解回收为主。随技术更新突破，三元电池中的石墨、铜、铝、电解液等在回收中无法回收或无法完全回收的有价值材料均有望得到回收处理，提升电池回收的经济性。

参考文献

作者简介

李丽，北京理工大学材料学院教授，博士生导师，英国皇家化学学会会士。主要研究方向为退役电池绿色高效回收与资源循环、绿色二次电池衰减机理与失效分析、新型钾 / 锌离子电池、能源材料结构理论与量化计算等。作为项目负责人，先后主持了国家高技术“863 计划”、国家重点基础研究“973 计划”、国家自然科学基金、北京市重大成果转化、国家重点研发计划等项目 20 余项。在 *Chem. Rev*. 等期刊发表 SCI 论文 200 余篇。申请国家发明专利 30 余项，其中 16 项获授权。

陈人杰，北京理工大学教授，博士生导师，前沿技术研究院先进能源材料及智能电池创新中心主任，现任国家部委能源专业组委员。主要从事新型电池及关键能源材料的研究。主持承担了国家自然科学基金委、科技部重点研发计划、科技部“863 计划”、科技部国际科技合作、中央在京高校重大成果转化、北京市重大科技等项目课题。研制出能量密度从 300W · h/kg 到 600W · h/kg 不同规格和性能特征的锂二次电池样品，先后在高容量通信装备、无人机、机器人、新能源汽车等方面开展应用。在 *Chemical Reviews* 等期刊发表 SCI 收录论文 300 余篇。申请发明专利 120 项，获授权 50 余项。获批软件著作权 10 余项，出版学术专著 2 部（《先进电池功能电解质材料》《多电子高比能锂硫二次电池》，科学出版社）。获得国家技术发明奖二等奖 1 项、部级科学技术奖一等奖 5 项。

吴锋，中国工程院院士，国际欧亚科学院院士，亚太材料科学院院士，现为北京理工大学教授。长期从事新型二次电池及其关键材料的研究与产业化开发。主持了多项国家和国防科研项目。近年来发表 SCI 论文 500 余篇。获发明专利授权 100 余项。主编出版学术著作 2 部，参编多部。作为第一完成人，获国家技术发明奖二等奖、国家科技进步奖二等奖各 1 项，还获得何梁何利科学与技术进步奖和国家科委、原国防科工委联合颁发的 863 计划重大贡献奖一等奖、科技部授予的 863 计划突出贡献奖等 12 项省部级科技奖；获国际电池材料学会（IBA）科研成就奖、国际车用锂电池（IALB）首次颁发的终身成就奖等 4 项国际奖。

第 20 章

大宗工业固废资源综合利用

赵庆朝　李　勇　李学亮

20.1 大宗工业固废综合利用技术发展的背景需求及战略意义

20.1.1 大宗工业固废概述

大宗工业固废是指我国各工业领域在生产中产生量在 1000 万吨 / 年以上，且对土壤、水体以及大气等环境和人类健康安全影响较大的固体废弃物，主要包括尾矿、煤矸石、粉煤灰、冶金渣、工业副产石膏和赤泥等。产量巨大的工业固废倘若不能进行合理的处置和综合利用，势必将对环境和人类安全带来巨大隐患。开展大宗工业固废资源综合利用工作，不仅能有效缓解环境污染和消除安全隐患，而且能够提高矿产资源的综合利用率，实现社会可持续发展。

20.1.2 大宗工业固废综合利用技术发展的背景需求

在我国社会经济快速发展，人民生活水平明显提高的同时，环境污染问题也逐渐受到公众的关注。近年来，在党中央的坚定领导下，通过全国人民的努力，我国在环境治理、环境保护等方面取得巨大的进步。但产业进步和消费升级，对资源的消耗也随之增加，导致大宗工业固废产生量仍逐年上升。

目前，大宗工业固废综合利用尚存在许多技术瓶颈，尤其缺乏规模化消纳、高附加值利用且具有带动效应的核心技术和重大装备，多数企业研发能力较弱，技术装备落后，缺少研发投入的积极性。现有技术、装备水平、相关政策等不能为大宗工业固废产业发展提供有效支撑，制约了综合利用产业发展。因此，对大宗工业固废资源综合利用的研究、技术应用、产业推广显得尤为重要。

20.1.3 大宗工业固废综合利用技术发展的战略意义

我国资源严重短缺，大宗工业固废综合利用技术发展的意义不仅是固体废弃物减量化，而且是发展循环经济的一个重要环节。大宗工业固废综合利用技术高效、健康、绿色、规模化发展是助力我国实现“碳达峰”“碳中和”的重要因素，是节能环保战略新兴产业的重要组成部分，是为发展资源节约型、环境友好型工业城市提供资源和技术保障的重要途径，也是解决大宗工业固废处置不当与历史堆存问题所带来的环境污染和安全隐患的治本之策。大宗工业固废资源综合利用是当前实现工业转型升级的重要举措，更是确保我国工业可持续发展的一项长远战略方针。

20.2 大宗工业固废综合利用技术发展现状

我国大宗工业固废已从“以储为主”逐步转变为“以用为主”。据统计，2021 年，我国大宗工业固废产生量约为 40.38 亿吨，同比 2020 年 37.87 亿吨增长了 6.6%，2021 年我国大宗工业固废综合利用量约为 23.28 亿吨，较 2020 年的 21.55 亿吨增长了 1.73 亿吨，综合利用率达到了 57.65%，较 2020 年提高了 1.3%。“十四五”期间，我国大宗工业固废年均产生量预计维持在 35 亿吨左右。

2021 年 3 月，国家发展和改革委等十部门联合印发《关于“十四五”大宗固体废弃物综合利用的指导意见》，对大宗固体废弃物综合利用的原则、目标、效率、绿色发展、创新发展及资源的高效利用作出了部署。在“十四五”期间，大力推进大宗工业固废从源头减量、高值化利用和规模化处置，强化全链条治理，着力解决突出的矛盾和问题，推动资源综合利用产业实现新的发展。

我国高度重视大宗工业固废综合利用技术的开发工作。目前，已经在有价组分提取、建筑材料生产、矿井充填、改良土壤等技术研发与应用方面取得了一定的成绩。尾矿用于矿山充填技术、微晶陶瓷技术、尾矿分级分质全组分利用技术、磷石膏生产硫酸联产水泥技术等 1000 多项技术获得国家发明专利授权，其中部分技术已在局部地区实现了产业化生产。利用工业副产物石膏生产建材的技术水平也紧跟国外先进水平，突破了国外技术垄断，形成了脱硫石膏、磷石膏等制备水泥缓凝剂、高强石膏等关键技术，实现了脱硫石膏的工业化应用。除此之外，高掺比煤矸石、粉煤灰等制砖技术已达到国际领先水平，尾矿、冶金渣等再选提取有价金属元素的核心技术也有了很大提高，利用尾矿、粉煤灰、煤矸石、冶金渣等建材化利用设备制造也逐步实现了国产化。大宗工业固废资源综合利用正在向精细化、高值化利用方向发展，如生产微晶玻璃、发泡陶瓷、高档墙砖等产品，应用前景和发展势头迅猛。

20.2.1 尾矿综合利用技术发展概况

尾矿是选矿作业中产生的有用组分含量低且目前无法用于工业生产的部分。尾矿的主要矿物成分为石英、长石、角闪石等脉石矿物，主要化学成分为硅、铝、钙、镁等元素的氧化物和硅酸盐，具有潜在胶凝活性，在化工、建筑、农业等领域具有极大应用潜力。

我国 2011—2021 年尾矿产生量和资源综合利用率变化如图 20-1 所示。十多年来，我国年平均新增尾矿量 15.29 亿吨，然而尾矿年平均利用率仅 24.0%，与发达国家 60% 以上的尾矿综合利用率相比还有很大差距。此外，尾矿堆积量仍在逐年上升，如图 20-2 所示，2021 年尾矿堆积量增长到 235.1 亿吨。尾矿的堆积不仅占用大量的土地资源，而且会造成土壤及地下水污染。此外，自 2020 年起，应急管理部等要求全国尾矿库只减不增，尾矿的处置问题已经成为限制矿冶行业发展的重要因素。因此尾矿的资源化、减量化、无害化利用势在必行。

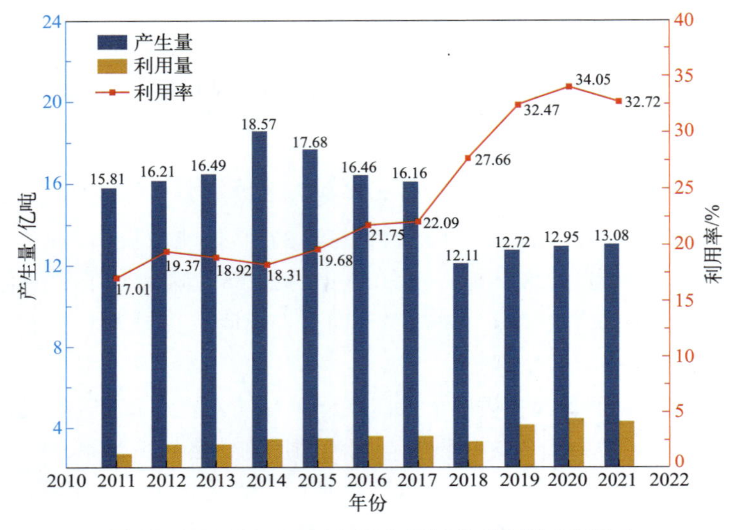

图 20-1　2011—2021 年尾矿产生量和资源综合利用量

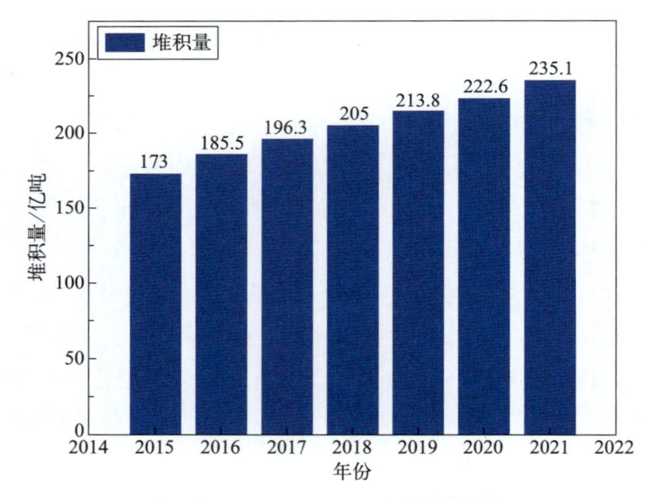

图 20-2　2015—2021 年尾矿堆积量

目前尾矿利用方式主要有：尾矿充填地下采矿区、有价组分回收、制备建筑材料、公路路基材料及土地复垦等。

20.2.1.1 尾矿充填地下采空区

尾矿充填地下采空区是通过往尾矿中添加水泥等胶结材料，从而提高尾矿的固结时间和固结力，再通过充填站将尾砂送至矿山的采空区进行充填。近些年来，矿产资源的地下开采留下了大量采空区，特别是一些不明采空区，是影响矿山安全生产的主要危害源之一。尾矿充填技术是一项简单有效的处理地下采空区的方法。尾矿充填不仅可以降低尾矿的排放堆积问题，还能为企业带来良好的社会效益，尤其适用于受矿山地形影响而无法建设尾矿库的企业。

研究表明，尾矿细度和级配对充填体孔隙结构和硬化具有显著影响，细度和级配良好的尾矿可以对充填体强度起到良好的作用，从而提高固结性能。Ercikdi 等研究表明，尾矿中硫含量过高将使充填体中形成石膏和钙矾石等膨胀性产物，对充填体的长期强度产生不良影响，因此，高硫尾矿在尾矿充填利用过程中，应先利用脱硫工艺将硫含量降低到一定范围再利用；付豪等研究表明，灰砂比和料浆浓度对充填体强度影响非常明显，提高灰砂比或料浆浓度能够明显增大充填体强度（表 20-1）。

表 20-1 尾矿充填体强度

料浆浓度 /%	灰砂比	平均抗压强度 /MPa		
		3d	7d	28d
65	1:6	2.02	3.43	3.94
	1:8	1.76	2.12	2.26
	1:10	0.73	1.45	1.28
70	1:6	2.61	4.06	5.02
	1:8	1.72	2.87	2.97
	1:10	1.00	1.70	1.64

20.2.1.2 有价组分回收

矿石中大量有用组分因开采时选矿技术落后、装备性能差及工艺不完善等因素而损失在尾矿中，造成尾矿伴生有价成分较多，因此可以通过二次浮选、磁选及酸浸等工艺回收尾矿中的有价组分，提高尾矿的经济价值。

从铁尾矿中富集铁的方法有直接还原、磁化焙烧和浮选。但尾矿的组分复杂，在实际应用中需要采用不同的工艺组合以便提高有价组分的回收率。Deng 等研究了生物质作为还原剂在磁化焙烧过程中对铁尾矿转化为磁铁矿的影响，结果表明，生物质废弃物还原焙烧赤铁矿向磁铁矿完全转化的最佳温度为 650℃，通过磁选，获得了铁品位 62.04%、铁回收率 95.29% 的精矿，其饱和磁化强度由 0.60emu/g 提高到 58.03emu/g；Sun 等采用预选—悬浮磁化焙烧（SMR）—磁选—浮选新工艺，对铁矿尾矿中铁的回收进行了中试研究，获得含铁量为 58.67%、铁回收率为 57.82% 的铁精矿；Tang 等提出了一种磁选预富集—流态化焙烧—弱磁选相结合的尾矿铁回收创新工艺方法，工艺流程见图 20-3，获得含铁量为 65.91%、回收率为 94.60% 的优质铁精矿。

Chen 等利用生物浸出法回收铜尾矿中的铜，铜回收率提高 5.46%。李文辉等对高硫铅锌浮选尾矿采用图 20-4 所示的磁 - 浮选联合工艺流程对经磁选抛尾得到的粗精矿进行浮选，获得了含硫量 0.14%、全铁品位 65.42%、铁回收率 78.85% 的合格铁精矿；顾兆云等对某铅锌浮选尾矿采用一段弱磁—粗精矿再磨—再磁选工艺，获得产率 5.20%、全铁品位 62.72%、磁性铁品位 61.14% 的铁精矿产品；王建英等对弱磁性白云鄂博稀土尾矿采用磁化焙烧—弱磁选工艺回收铁，在焙烧温度 800℃、磁选粒度在 −45 ～ +74μm 时，实现了铁回收率 76.8% 的指标。

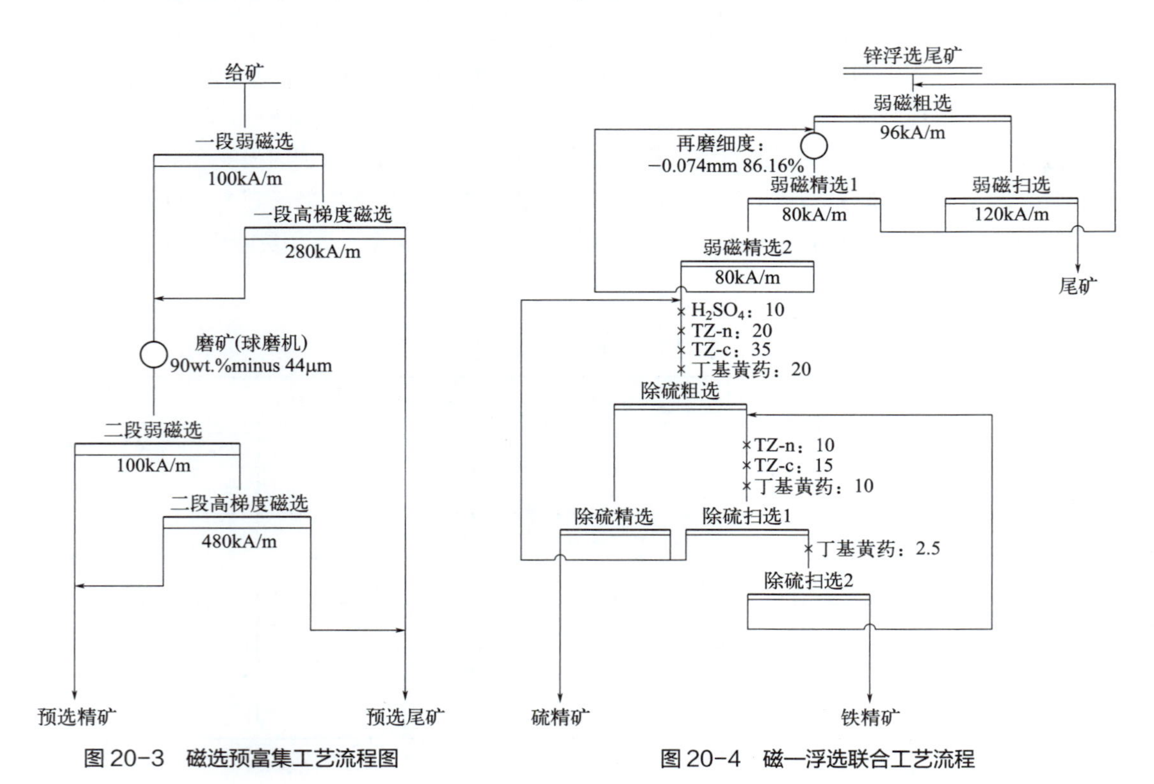

图 20-3　磁选预富集工艺流程图

图 20-4　磁—浮选联合工艺流程

综上，铁尾矿的二次选别工艺较为成熟，回收效果较好，精矿产品的指标很高；铜、铅锌尾矿，稀土尾矿的二次选别工艺较多，既有传统的浮选、磁选工艺，也有磁化焙烧 - 磁选、生物浸出等新工艺，回收指标均较高。总体来说，尾矿的二次选别可以实现尾矿有价组分的回收，为尾矿的规模化消纳处置提供了重要方向。

20.2.1.3　制备建筑材料

尾矿化学成分主要包括 SiO_2、Al_2O_3、Fe_2O_3、CaO、MgO 等，与建筑原材料成分相似，因此可以将尾矿用作建筑原料来实现尾矿的规模化消纳。例如通过一定的改性技术，提高尾矿活性来制备水泥熟料；或者将铁尾矿作为骨料制备砂浆或混凝土材料。或是利用尾矿制备各类建材制品，如建筑砌块、墙材、瓷砖等，或制备陶粒、微晶玻璃等，此外，尾矿也被用于公路工程等。

（1）制备水泥熟料　尾矿中的主要成分 SiO_2 能够满足生产硅酸盐水泥的需求，同时其微量元素 Mn、Cr、Ti 等还具有矿化效果，因此可以用尾矿代替原有黏土配料来生产水泥熟料。徐庆荣将磨细后的铁尾矿、石灰石和钢渣按 17%、70%、13% 的比例在 1400℃煅烧 25min，得到了性能较好的硅酸盐水泥熟料；Li 等利用铁尾矿代替黏土作为硅酸盐铝原料生产硅酸盐水泥熟料，发现含铁尾矿的生料比含黏土的生料具有更高的反应活性和易烧性，还可以提高熟料的可磨性，降低硅酸盐水泥的水化热，且不影响硅酸盐水泥熟料特征矿物学相的形成，尾矿制备水泥熟料的工艺流程图如图 20-5 所示。但目前尾矿用于生产水泥熟料的掺量只有 15% 左右，因此亟需开发新技术、新装备来提高尾矿掺量的同时保证水泥熟料的质量。

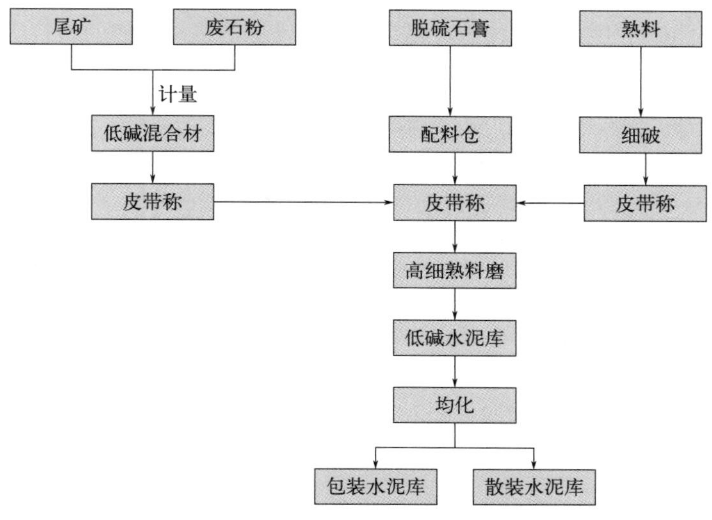

图 20-5　尾矿制备水泥熟料工艺流程图

（2）**制备砂浆或混凝土**　尾矿粒度接近天然河砂，因此可以作为骨料掺入砂浆或混凝土中，同时可以通过活化改性，激发尾矿火山灰活性，将其等量替代活性矿物掺合料掺入混凝土中提高混凝土性能。Kuranchie 等利用铁尾矿作为混凝土骨料的替代品，比常规骨料混凝土抗压强度提高了 11.56%；Quan 和 Chen 等分别利用钼尾矿、石墨尾矿替代河砂作混凝土骨料，均达到上述效果。但是目前我国尾矿在高性能混凝土中替代细骨料的最佳比例为 30% ～ 50%，无法实现大掺量应用，主要受限于尾矿掺量过高影响材料的流动性、力学性能等。

Yang 等对河北迁安的尾矿进行梯级粉磨后等量替代水泥制成胶砂试件，发现随着尾矿比表面积的增大，胶砂抗压强度先增后减，当尾矿粉磨细度达 469m^2/kg 时，活性指数最高，为 76.82%；高敏等采用机械活化、机械 - 化学复合活化、机械 - 热活化复合活化等三种活化方法活化铁尾矿，结果表明粉磨时间 30min，尾矿掺量 30%，有机助磨剂和化学激发剂分别为尾矿的 0.05%、3.0% 时，其活性指数最高，达 76%，而机械 - 热活化复合活化方法对尾矿活性提升不明显，且成本高。

（3）**制备陶瓷**　尾矿中的化学组分类似于陶瓷业中使用的黏土，因此将尾矿替代黏土用于制备陶瓷，可实现尾矿的高附加值利用。张翱等将铝土矿磨细过 200 目筛后，将粉末置于钢模中利用压片机压制成形，将其在 1100℃下烧制两小时，获得的陶瓷产品抗压强度为 225MPa，体积密度为 2.73g/cm^3，显气孔率为 0.24%；张国涛等将铜尾矿、黑泥、石英石、铝矾土、发泡剂按约 85%、5%、4%、6%、0.25% 的比例，在 1170℃保温 40min，制成产品密度 437.52kg/m^3，抗压强度 9.77MPa，产品外观孔径 0.5 ～ 1.5mm 的发泡陶瓷墙板；Uribe 等认为尾矿制备泡沫陶瓷时，烧结时间比烧结温度对泡沫材料性能的影响更大，且时间与孔隙率、孔径、体积膨胀率呈正相关关系，与表观密度、机械强度呈负相关。

（4）制备砖 刘俊杰等以铁尾矿为原料，掺入适量标准砂、熟石灰和水泥等制备免烧砖，其中铁尾矿与熟石灰、标准砂、水泥、石膏质量比为100:25:22:15:2，水固比为10%，成形压力为20MPa条件下制备的免烧砖，其7d抗压强度达到12.14MPa；夏溢等以铁尾矿粉为原料，膨胀珍珠岩为造孔剂，Na_2CO_3、竹炭粉和玻璃粉等为辅助材料制备烧结透水砖，结果表明，Na_2CO_3 具有良好的助熔效果，竹炭粉可提高烧结透水砖的透水性能，制备的烧结透水砖抗压强度为26.1MPa、抗折强度为3.6MPa、透水系数为0.014cm/s；Liu等以钢渣和石英砂尾矿为原料，研究了不同烧结温度下透水砖的性能变化，在1320℃下烧结1h的透水砖表现出良好的渗透性（3.65×10^{-2}cm/s）、高机械强度（抗压强度34.1MPa，抗折强度5.2MPa）和优异的化学稳定性（99%以上），目前制备透水砖烧结温度高，需较大能耗，在后续发展中可以将透水砖工艺向免烧方向延伸，进一步降低铁尾矿利用成本和扩大应用范围。

（5）制备陶粒 陶粒作为一种表层坚硬、强度高的特殊材料，可代替混凝土中的碎石骨料用于建筑领域。利用尾矿制备陶粒，有望成为尾矿资源化利用的有效方式之一。李国峰等以铁尾矿为主料，煤矸石为辅料烧制陶粒，在焙烧温度1100℃、焙烧时间20min、铁尾矿用量75%时，可以得到筒压强度8.78MPa、堆积密度0.87g/cm^3、表观密度1.57g/cm^3、吸水率7.93%的陶粒；Li等按60%铁尾矿、30%膨润土和10%铝土矿的比例在1120℃下烧制陶粒，其圆筒抗压强度为10.53MPa，体积密度为917.84kg/m^3，1h吸水率为9.9%，气孔率为14.33%。

（6）制备微晶玻璃 表20-2列出了我国部分金属尾矿的氧化物组成及含量，与微晶玻璃基础组分体系相符合，因此可以通过现有工艺体系将尾矿制备成微晶玻璃。Jiang等以金尾矿为原料，利用一步直接冷却法制备高晶态微晶玻璃，发现尾矿掺量较高（65%～80%，质量分数，下同）的微晶玻璃样品的晶相为镁铝尖晶石相（$Ca_2MgSi_2O_7$），60%及以下尾矿掺量样品的主相为透辉石（$CaMgSi_2O_6$）晶相；Luo等研究二氧化钛对花岗岩尾矿建筑微晶玻璃析晶动力学的影响，结果表明，添加 TiO_2 促进了 R_2O-CaO-MgO-Al_2O_3-SiO_2 系基础玻璃的析晶，并导致主析晶相由钙长石向角闪石转变，此外，随着 TiO_2 含量的增加，晶化机理逐渐由表面晶化转变为体积晶化，当 TiO_2 ≥含量为3%时，微晶玻璃颗粒细小，显微结构致密，当 TiO_2 含量为4%时，微晶玻璃的抗弯强度和维氏硬度分别提高到273.3MPa和8.6GPa。

表20-2 我国部分金属尾矿氧化物组成及含量（%）

金属尾矿	SiO_2	Al_2O_3	CaO	MgO	Fe_2O_3	Na_2O+K_2O	其他
铁尾矿	68.58	2.69	3.68	4.98	13.81	0.36	5.90
铜尾矿	73.87	11.81	2.90	0.66	2.66	5.81	2.29
金尾矿	66.28	12.79	2.63	2.21	3.18	2.72	10.19
钨尾矿	58.23	16.76	4.57	1.60	6.21	0.56	12.07
铅锌尾矿	45.77	5.16	28.99	0.79	5.83	0.90	12.56
钛尾矿	21.3	8.9	35.2	9.5	2.5	0.5	22.1
钼尾矿	70.63	11.65	2.27	2.30	5.19	5.47	2.49

20.2.1.4 农业生产

尾矿在农业方面的应用主要有三种，分别为制作化肥、制作土壤改良剂和土地复垦。

（1）制作化肥 尾矿中 Zn、Mn、Cu、Mo、V、B、Fe 和 P 等元素是植物生长所需要的微量元素，因此可以经过工艺处理将尾矿制成化肥，改善土壤结构实现农业增产。郑建国等利用磷酸萃取活化磷尾矿中的钙、镁、磷元素，之后料浆经过浓缩、干燥、煅烧使磷酸根离子聚合，生成聚磷酸钙镁新型肥料，聚合度在 1 ～ 4，磷的聚合率为 80% 左右，产品结构为多孔隙的球状结构。

（2）制作土壤改良剂 尾矿制备土壤改良剂的原理是尾矿含有的组分可以与土壤中的有害物质发生反应，阻止土壤中的有害物质迁移。Mu 等对铜尾矿酸浸后，按尾矿渣 :CaO:Na_2CO_3:$NaOH$=1:0.4:0.4:0.2 的比例在 1150℃下热活化 30min，制备硅铁改良剂，该改良剂对污染土壤中 Cd、Cr 和 Pb 有良好的植物稳定作用。

（3）土地复垦 尾矿复垦常采用生物法和微生物法，使用这两种方法来降低土壤中的重金属。Li 等利用生物炭 / 凹凸棒石作为土壤改良剂，用龙葵对尾矿进行植物修复，发现土壤改良剂与植物协同作用对土壤重金属的稳定性具有显著促进。Li 等采用正交试验，通过植物、微生物、改良剂的联合应用，有效将铜、锌、铅、镉、锰固定。

20.2.2 粉煤灰综合利用技术发展概况

粉煤灰是煤在高温燃烧后产生的一种银灰色或灰色的粉状颗粒物，由细小实心或空心无定型玻璃微珠及少量炭组成。不同种类的燃煤及不同的燃烧方式会得到具有不同物理性质的粉煤灰。粉煤灰作为燃煤后的主要固体废弃物，其占用了大量的土地资源，2015—2021 年我国粉煤灰产生量、利用量和利用率如图 20-6 所示。近年来，我国在粉煤灰综合利用取得较大突破，粉煤灰综合利用率不断上升，2021 年粉煤灰综合利用率达到 79.26%。但由于我国粉

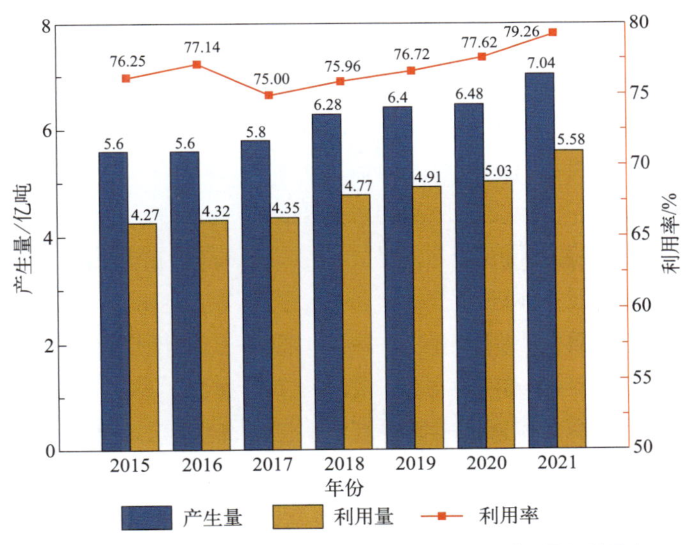

图 20-6　2015—2021 年我国粉煤灰产生量、利用量和利用率

煤灰历史堆存量大，截止到2021年我国粉煤灰累计堆积量仍高达31亿吨。粉煤灰中的有害元素会对周围水资源和土壤环境造成严重的影响，其扬尘也会对大气造成严重污染。而粉煤灰由于其独特的物化性质及富含多种有价元素，具有极高的综合利用价值，在解决环境问题的同时还能获得良好的经济效益。目前我国粉煤灰主要用于有价组分回收、建筑、环保及农业生产领域。

20.2.2.1 有价组分回收

粉煤灰中的富含空心微珠、磁珠、残炭、氧化铝和稀有金属元素等有用组分，可采用相应的分离方法，将有价组分进行回收，剩余部分二次资源化利用在建材方面。

（1）提取空心微珠 空心微珠是从粉煤灰中提纯出来的一种球形漂珠，具有原料易得、耐高温、质轻、流动性好的特性，因此被广泛应用在塑料、人造革、航天器等领域。空心微珠的分选研究和工业实践大多基于粒度和密度的差异性来开展，分离的方法主要分为湿法和干法分离，但是湿法分离需要大量的水，容易造成环境污染，且分离的微珠烘干消耗大量能源，而干法分离时需要使粉煤灰颗粒保持良好的分散状态，且分级力场强且稳定，粉煤灰颗粒粒度细小，比表面积增加，在流场中运动时，不仅受到重力、介质阻力的作用，还会受到表面力的作用，导致颗粒的有序运动发生变化，从而降低分级精度。因此，在粉煤灰空心微珠的分离中，应该考虑多种选矿工艺结合的方式来分离空心微珠。

（2）提取磁珠 粉煤灰中的磁珠具有较强的磁性，又具有特殊的多孔微珠结构，因而拥有较高的资源化利用价值。目前，磁选是磁珠分级的主要方法，磁选工艺操作简单、成本低廉。

（3）提取稀有金属元素 粉煤灰中除含有Al、Fe外，还含有少量的Ge、Ga、U等稀有金属元素。刘汇东等采用碱法烧结-分步浸出法，对粉煤灰中Ga、Nb、REE等稀有金属进行了联合提取实验，实验流程图见20-7。结果表明，粉煤灰加无水碳酸钠在860℃下烧结

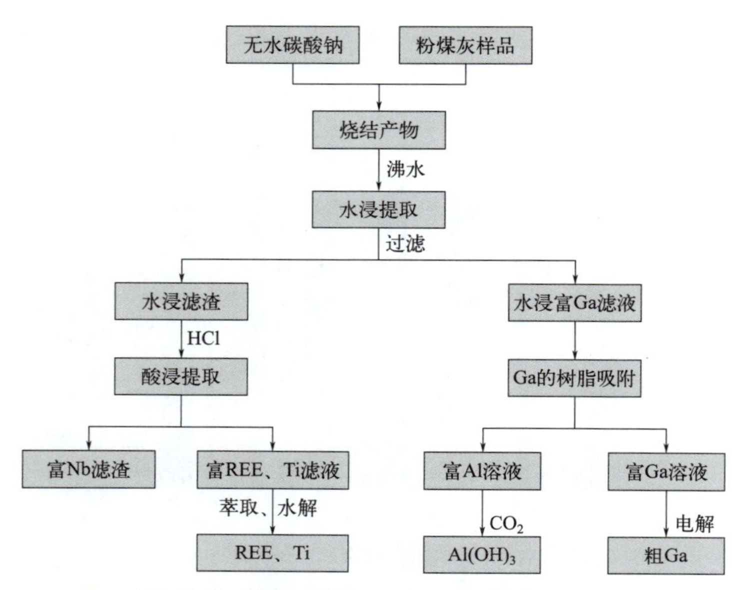

图20-7 稀有金属REE-Ga-Nb联合提取流程

30min，采用水浸法提取 Ga，采用酸浸法提取 REE，Ga、REE 的提取率分别达到 84.70% 和 80.07%，Nb 在两步浸出实验中的浸出率均低于 1%，但在酸浸滤渣中得到富集。齐德娥对粉煤灰中的稀有金属元素采取焙烧 - 浸出实验，分别用 Na_2CO_3 和 NaOH 为焙烧助剂，试验结果表明，Na_2CO_3 助剂的最佳焙烧 - 浸出条件为：焙烧温度 900℃，Na_2CO_3 添加量 60%，焙烧时间 60min，浸出温度 90℃，盐酸浓度 4mol/L，液固比 20mL/g，浸出时间 120min。Li 浸出率达到 97.1%，Ga98.7%，Rb78.4%，Cs27.6%，REE83.4%。NaOH 助剂的最佳焙烧 - 浸出条件：焙烧温度 600℃，NaOH 添加量 60%，焙烧时间 60min，浸出温度 150℃，盐酸浓度 4mol/L，液固比 20mL/g，浸出时间 120min，Li 浸出率达到 80.0%，Ga80.1%，Rb69.1%，Cs48.6%，REE74.1%。目前，从粉煤灰中提取稀有金属元素的工艺还难以大规模应用于工业生产，存在现有技术成本高、稀有金属元素难富集、技术不成熟等问题。

20.2.2.2 建筑材料领域应用

粉煤灰中有大量活性 Si、Al 组分，具有较高的胶凝活性，可以将其应用于建筑材料应用领域，这也是目前粉煤灰最主要的利用途径，主要有水泥、混凝土、免烧类产品、烧结类产品、沸石类环保材料等。

（1）生产水泥 目前，水泥是粉煤灰最大的利用途径，粉煤灰中的 SiO_2、Al_2O_3 和 CaO 等组分与黏土组分相似，可以替代黏土用于生产水泥。Dong 等在磷酸铵镁水泥（MAPC）中添加球形硅灰和球形粉煤灰，结果如图 20-8 所示，球形硅灰和球形粉煤灰均能降低 MAPC 的塑性黏度、延长凝结时间、改善 MAPC 的流动性、提高 MAPC 的后期强度和保留率、降低干燥收缩。崔靖俞等研究了粉煤灰掺量对水泥土渗透性能的影响，利用水玻璃激发粉煤灰活性，在水泥土中加入粉煤灰明显提高抗渗透性能。林家旭等针对掺粉煤灰水泥早期强度低、凝结时间长的问题，将三种早强剂复合掺入粉煤灰体系中，在 3d、7d、28d 抗压强度较基准组分别提升 81.3%、52.3%、25.5%。利用粉煤灰制备水泥不仅实现了粉煤灰的规模化处置消纳，还降低了水泥生产成本，提升了水泥的综合性能。

（2）制备混凝土矿物掺合料 粉煤灰中含大量活性 SiO_2 和 Al_2O_3，可以参与水泥水化反应，增加混凝土孔隙密实性，提高强度。Behl 等在水泥混凝土中掺入 20% 的粉煤灰，可在 7 ～ 28d 内达到可接受的抗压强度；Hansen 等在混凝土中掺入一定比例的粉煤灰和再生石膏粉，结果表明，仅用石膏部分替代水泥对强度不利，但将粉煤灰和石膏结合在一起有利于以后的龄期，当粉煤灰掺量达到 50% 时，混凝土的 90d 抗压强度仍能满足要求；Haustein 等研究了粉煤灰微球粒径对混凝土性能的影响，研究表明，微球的使用减少了间隙，增加了 C-S-H 相，掺入粒径小于 200μm 的飞灰微球可提高混凝土的长期强度；张明等研究了粉煤灰掺量对混凝土耐久性影响，研究发现，粉煤灰对混凝土的早期强度不利，各项耐久性指标也较差，但对硬化后期混凝土的耐久性有明显改善。

（3）生产免烧类产品 多孔陶粒是一种性能优异的无机保温材料，可将多孔陶粒运用到保温、隔热材料领域。传统陶粒采用高温焙烧，焙烧陶粒具有技术成熟、产品强度高等优势，但存在能耗高、投资大、工艺复杂等缺点，因此开发免烧陶粒技术势在必行。周治州在蒸压养护制度为 130℃、12h 下，膨胀珍珠岩掺量为 10%，双氧水发泡剂的掺量为 7.5% 时，制得 600 级的免烧粉煤灰陶粒，其筒压强度为 2.23MPa，吸水率为 27.14%，总孔隙率为 63.35%，

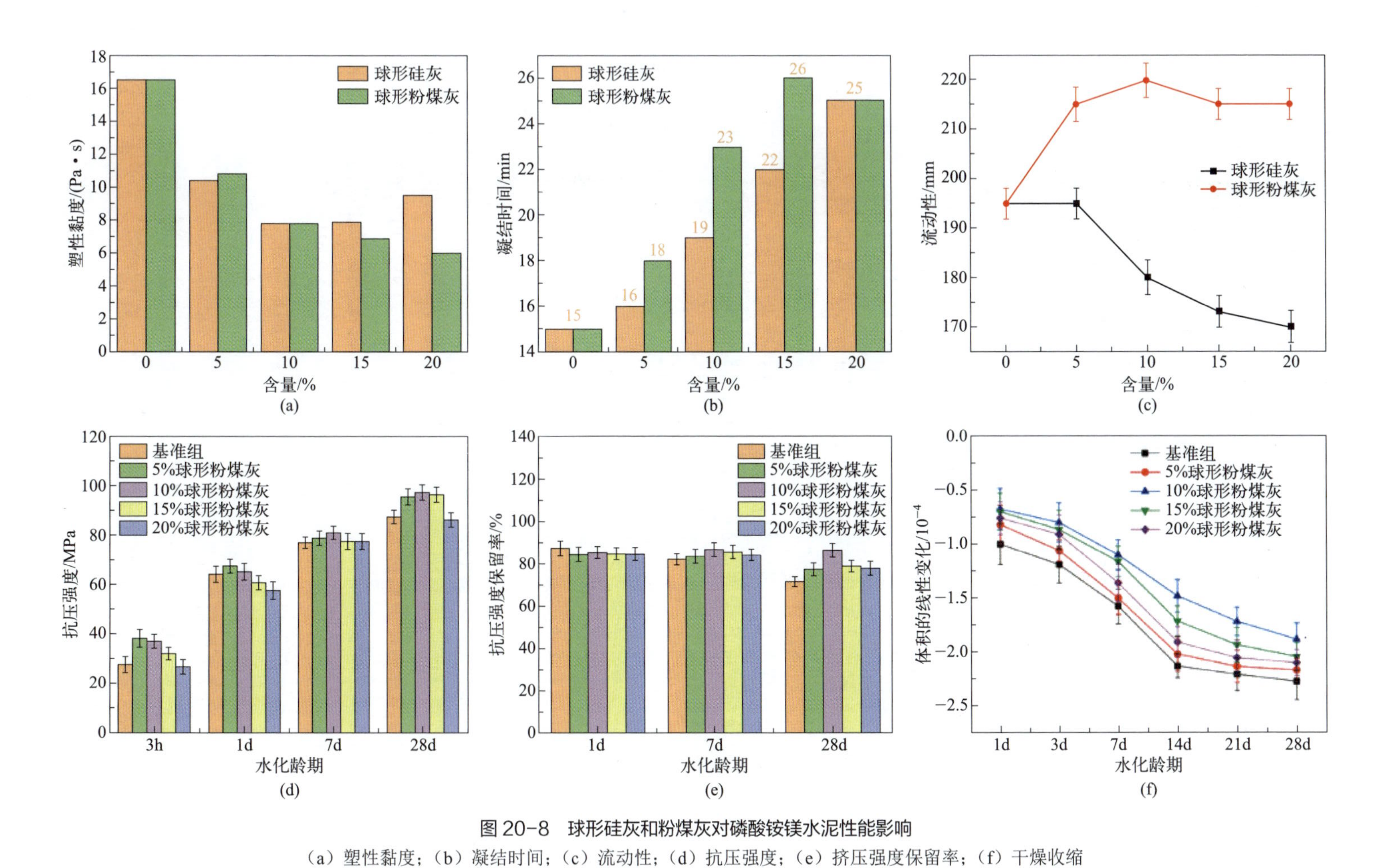

图 20-8 球形硅灰和粉煤灰对磷酸铵镁水泥性能影响

（a）塑性黏度；（b）凝结时间；（c）流动性；（d）抗压强度；（e）挤压强度保留率；（f）干燥收缩

热导率为 0.128W·(m·K)$^{-1}$；Shi 等利用赤泥、电石渣和粉煤灰制备出可替代天然碎石的陶粒样品，制备工艺如图 20-9 所示。

图 20-9　陶粒的原材料加工、陶粒制备及固化过程

免烧砖是以水泥为结合固化剂，以砂子、石子、矿渣、炉渣、煤矸石、粉煤灰、页岩、建筑垃圾等为原料，经压制成形，自然养护固化即可使用。季文君等以赤泥及粉煤灰为原料，

并添加石膏、石灰、骨料和水泥等辅助材料制备赤泥 - 粉煤灰免烧砖，在成形压力 20MPa，陈化时间 7h，保压时间 30s 时免烧砖抗压强度可达 26.76MPa；Xu 等利用赤泥和粉煤灰制备免烧砖，发现当 CaO/SiO_2 质量比为 1.23 时，免烧砖的耐久性能和力学性能最佳，且对原料中的重金属固化良好。

（4）生产烧结类产品 粉煤灰的组分与黏土相似，可直接替代黏土制备陶瓷，不仅降低了黏土的消耗，还能节约成本，同时粉煤灰在形成过程中，原煤中黏土类物质经燃烧向玻璃质转变，使得粉煤灰成为优越的陶瓷生产原料。目前粉煤灰主要制备传统陶瓷、发泡陶瓷、泡沫陶瓷、陶瓷玻璃。

张帆等以粉煤灰和 K_2CO_3 为主要原料，采用两步烧结法的工艺流程制备粉煤灰陶瓷复合材料，当烧结温度 925℃，保温 5h，所得复合陶瓷材料晶粒分布均匀、细小，晶粒尺寸为 0.4 ～ 0.5μm，陶瓷样品的体积密度、吸水率、硬度分别为 $2.62g/cm^3$、0.05%、6.5GPa。王辉等以粉煤灰为基体材料，用碳酸钠为造孔剂，氢氧化钠做助熔剂，混合均匀后经压片成形，在马弗炉中经高温煅烧得多孔陶瓷，煅烧温度为 800℃，造孔剂含量为 15%，所制备的粉煤灰多孔陶瓷的孔隙率为 40.28%，抗压强度为 8.1MPa。Mi 等以 70%（质量分数，下同）废玻璃粉和 30% 粉煤灰为主要原料，以 15% 硼砂和 0.5% 碳化硅作为助熔剂和发泡剂，在 680 ～ 780℃烧结制备超轻泡沫陶瓷，其体积密度为 0.14 ～ $0.41g/cm^3$，气孔率为 82.9% ～ 94.1%，抗压强度为 0.91 ～ 6.37MPa，热导率为 0.070 ～ 0.121W/（m·K）。Wang 等以粉煤灰和废玻璃为主要原料，加入 $2\%CaSO_4$ 为发泡剂，在 1200℃下制备了泡沫微晶玻璃保温材料，其体积密度和抗压强度分别为 $0.98g/cm^3$ 和 9.84MPa。

（5）制备沸石 粉煤灰主要化学组分为 SiO_2 和 Al_2O_3，与沸石具有相似的组分、结构和火山灰活性，因此可以将粉煤灰作为合成沸石的主要原料。粉煤灰作为硅源和铝源合成的常见沸石为方钠石、X 型、P 型、Y 型等。贺框等以粉煤灰为原料，采用碱熔超声水热法制备 Na A 型沸石，在单一重金属体系条件下，沸石分子筛对 Pb^{2+}、Cu^{2+}、Cd^{2+}、Ni^{2+}、Mn^{2+} 的吸附容量分别为 65.75mg/g、56.06mg/g、52.12mg/g、34.40mg/g、30.89mg/g。曹丽琼以高铝粉煤灰为原料，通过水热法制备 Na P1 型沸石，比表面积为 $50.88m^2/g$，平均孔径为 8.01nm。合成沸石分子筛是粉煤灰高值化利用的有效途径，产品工艺简单，能耗低，具有广阔前景。

20.2.2.3 环保领域应用

（1）废水处理 粉煤灰的形貌结构、比表面积、气孔率、化学成分等理化特性，使其具有作为废水中重金属廉价吸附剂的潜力。Lekgoba 等采用间歇式和固定床柱研究了粉煤灰对废水中铜、镍的吸附性能，研究表明，飞灰是一种从二元混合物中选择性分离铜和镍的有效吸附剂；胡剑泉等以粉煤灰为原料，通过磁选法制备高铁粉煤灰，用于强化厌氧生物处理造纸废水的效能，结果表明，添加高铁粉煤灰后，厌氧反应器处理废水的 COD 平均去除率较未添加时增加 22.3%，甲烷产量提高 145%，B/C 由进水的 0.07 提高至 0.42。

（2）废气治理 煤不充分燃烧时生成的粉煤灰含有大量多孔炭粒，充分燃烧后煤粉颗粒变成多孔性玻璃体，炭粒和玻璃体的比表面积大，因此，粉煤灰具有较强的吸附性能，可应用于对烟气的处理。崔同明等采用煅烧 - 水热化合法对粉煤灰进行改性，改性后的粉煤灰对 SO_2 最大吸附率达 93.5%，平均吸附率达 85.2%，吸附效果较好；Zhang 等利用固定床反应器研究了四种粉煤灰对气态砷的吸附行为，分析了不同吸附温度下粉煤灰对气态砷的吸附与其物理化学性质的相关性，结果表明，在 200 ～ 400℃的温度范围内，以物理吸附为主，在更高的温度下，以化学吸附为主，保持高砷捕集效率的最佳温度为 600℃左右。

综上，用粉煤灰处理废气，可以达到以废止废、变废为宝的目的，同时粉煤灰的吸附能力需要一定的改性技术来激发，通过各类改性手段，粉煤灰的比表面积、气孔率、表面活性得以提高。

20.2.2.4 农业生产领域应用

（1）生产肥料 粉煤灰中含有一定量的 N、P、K 等植物生长所必需的和 Zn、Mn、Fe 等促进植物增产的微量元素，可以加工制作成肥料。Su 等通过水热 - 碱处理烧结法制备出具有疏松多孔结构的粉煤灰，同时以乙基纤维素为溶剂型黏合剂，制备的新型缓释粉煤灰微生物肥料可显著提高矿山土壤肥力，促进废弃矿山复绿。

（2）改善土壤 粉煤灰由于其含有植物生长所必需的元素及自身酸碱度，可以在丰富土壤营养成分的同时改善土壤酸碱度，促进植物生长。Dhindsa 等将粉煤灰掺入黏性土壤和沙质土壤，发现粉煤灰可以明显改善土壤的物理性质，当粉煤灰掺量为 50% 时，黏性土的渗透性由 0.54cm/h 提高到 2.14cm/h，而沙土的渗透性由 23.80cm/h 降低到 9.67cm/h；Hu 等采用新型改性飞灰和有机肥对土壤重金属进行修复，实验证明，混合使用对重金属的去除效果优于改性粉煤灰单独使用，加入 0.4% 有机肥和 4% 新改性粉煤灰处理可使土壤中的 Cd、Cu 和 Pb 分别降低 49.0%、53.5%、67.83%，同时土壤脲酶和碱性磷酸酶活性较对照分别提高了 2.21 倍和 3.2 倍。

20.2.3 煤矸石综合利用技术发展概况

煤矸石是采煤和洗煤过程中排放的固体废物，是成煤时期与煤伴生的低碳岩石，主要包括巷道掘进矸石，洗煤作业时洗选出来的煤层顶板、底板及煤层夹层中的矸石。煤矸石主要化学成分是 SiO_2、Al_2O_3 及少量的 MgO、Na_2O、Fe_2O_3、CaO、K_2O、SO_3 和稀有元素等微量成分。2015—2021 年我国煤矸石综合利用情况如图 20-10 所示。2021 年我国煤矸石综合利用

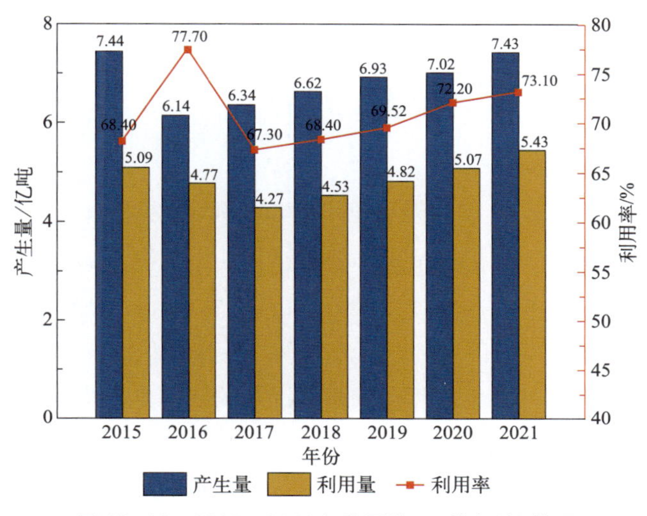

图 20-10 2015—2021 年我国煤矸石综合利用情况

率达到 73.10%，煤矸石综合利用率不断上升，综合利用水平不断提高。但我国煤矸石累计堆积量仍超过 70 亿吨，煤矸石的大量堆放，不仅占用大量土地，而且还会污染周围空气和地下水源，甚至引发山体滑坡和自然火灾等灾害，给当地的生态造成了极大的压力，因此，煤矸石资源综合利用成为亟须解决的重要问题。目前，煤矸石主要用于提取有用组分、制备化工产品、制备建筑材料、用于农业生产、回填采空区等几个领域。

20.2.3.1 提取有用组分

煤矸石是在成煤化时期与煤层伴生的一种低碳岩石，除了本身含有一定的可燃碳以外，还含有丰富的有价元素和非金属矿物。对于含碳量较高的煤矸石可以回收煤炭。针对煤矸石不同的组分，分别采用不同的工艺去回收有价金属元素或者非金属矿物，且提取后的煤矸石更有利于后期在建材方面的资源综合利用。

（1）回收煤炭 从煤矸石中回收煤炭是对煤矸石的二次资源利用，不仅减少了煤矸石的堆存，为当地环境减轻压力，同时为企业带来经济效益。杨盛炜等以贵州六盘水某煤矸石为研究对象，通过图 20-11 所示的一粗、一精、一扫选闭路工艺，在磨矿细度为 −0.075mm 粒级占 75%，调整剂石灰和硅酸钠用量分别为 3kg/t 和 1kg/t，捕收剂柴油总用量为 450g/t 的条件下，得到了碳精矿品位达到 62.75%，回收率达到 83.18%。许泽胜等发现煤矸石破碎后煤向细粒级富集，而矸石向粗粒级富集。因此，采用选择性破碎和分级分质加工利用是实现对煤矸石中煤炭高效回收利用的关键技术。

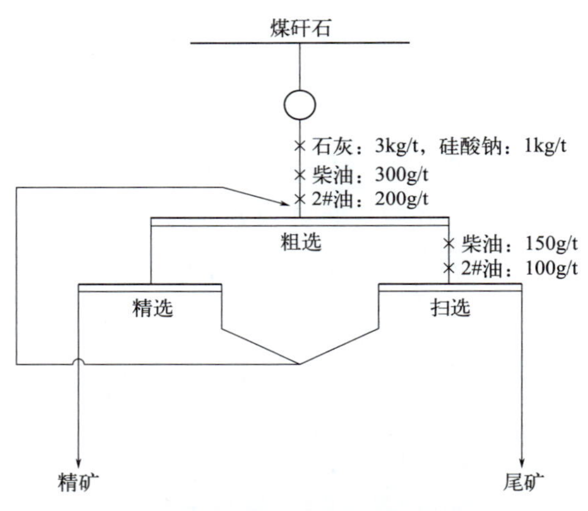

图 20-11 煤矸石中固定碳的闭路回收流程图

（2）提取 SiO_2 和 Al_2O_3 目前我国煤矸石堆积量达 70 亿吨，而 SiO_2 和 Al_2O_3 是煤矸石的主要化学成分，通过适当的方法提取 SiO_2 和 Al_2O_3，可以在一定程度上满足国民经济增长对铝、硅资源的旺盛需求，保障国家矿产资源安全。目前国内外大多采用酸浸法提取煤矸石中的 Al_2O_3 资源，但对 SiO_2 和其他有用矿物的联产却关注很少。Dong 等采用酸浸法对煤矸石中的 SiO_2 和 Al_2O_3 共提物进行了研究，研究发现，利用酸浸法提取煤矸石中 Al_2O_3 的最佳浸出条件为反应温度 90℃，浸出时间 120min，酸料比 10:1，同时通过优化工艺投加量，可提取 68.04% 的二氧化硅，表明煤矸石酸浸可生成多种有用矿物；Han 等也提出了一种从超临界水活化煤矸石中提取铝和硅的新方法，在超临界水中加入碱对煤矸石进行活化，将煤矸石中的高岭石相转化为水滑石、方钠石和钾硅石，采用酸碱结合法制备了 SiO_2 和 Al_2O_3，对 Al^{3+} 和 Si^{4+} 的萃取率分别高达 78.9% 和 69.2%，产品中 SiO_2 和 Al_2O_3 的纯度分别为 96.2% 和 99.3%，工艺流程如图 20-12 所示。因此，在后续研究中应优化煤矸石的活化和酸浸工艺，增强煤矸石的活化效率，提高 SiO_2 和 Al_2O_3 的转化利用率。

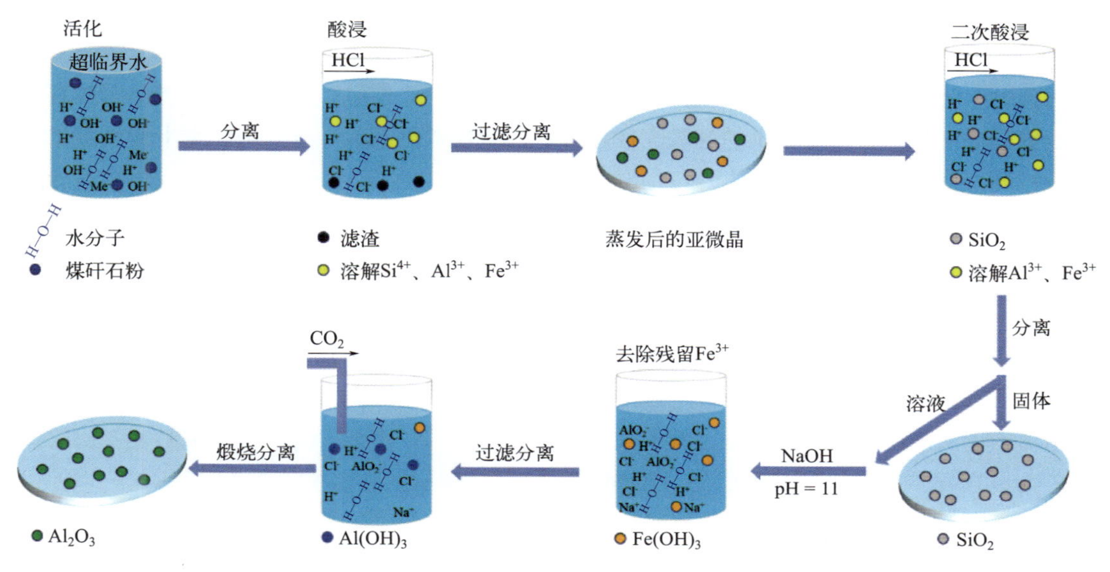

图 20-12　超临界水活化煤矸石制备 SiO_2 和 Al_2O_3 工艺示意图

（3）提取有价金属　煤矸石中除了含有 Si、Al、Fe 等常规元素外，还含有 Ga、Li 等稀有元素。Shao 等采用热活化 + 硝酸浸出法从煤矸石中提取有价元素，将煤矸石热活化后，利用硝酸浸出有价元素，在 150℃、液固比 5:1、时间 2h 的最佳条件下，铝、镓、锂的萃取率分别为 95.2%、56.4%、80.5%；Zhang 等研究了焙烧 - 酸浸法对煤矸石中稀土元素及钴、锰、锂等关键金属浸出回收率的影响，结果表明，在适当的温度（600 ～ 800℃）下焙烧后，大部分不溶性轻稀土（LREE）转化为可溶的形式，用焙烧 - 酸浸法可以实现稀土与钴、锰、锂等关键金属的共萃取。

综上，目前对煤矸石中有价元素的提取主要采用酸浸法，但煤矸石中有价金属含量偏低，提取技术成本偏高，故仍在实验室阶段。除此之外，溶出物中组成复杂，如何实现多金属分离也是技术难点和研究热点。

20.2.3.2　制备化工产品

（1）制备分子筛　高岭石是煤矸石的主要成分，属于硅铝酸盐矿物，是合成沸石分子筛的理想原材料。煤矸石合成沸石分子筛的方法主要有：一步水热合成法、碱溶法、碱溶 - 水热合成法、微波辐射合成法。根据硅铝比的不同，合成的沸石分子筛通常可以分为 A、X、Y 等不同型号，硅铝比不仅决定了沸石的化学组成，还极大程度影响了吸附种类的选择性。陈亿琴等以煤矸石为主要原料，采用传统水浴加热与微波辅助加热的方法，合成 4A 型沸石分子筛与 P 型沸石分子筛，且发现制备沸石分子筛的煤矸石需要高岭石含量较高、有害杂质含量较低及有较为合适的粒径（3 ～ 50μm）；Li 等以煤矸石为原料，采用 CO_2 活化法和水热合成法成功合成了沸石 / 活性炭复合结构，在煤矸石中加入一定量的煤粉作为外加碳源，可提高复合材料的综合吸附性能，所制备的复合沸石的比表面积为 669.4m^2/g，远大于纯 Na A 型沸石的比表面积 249.3m^2/g，结果表明，沸石活性炭对 Cu^{2+} 和 RhB 的吸附效率分别为 92.8% 和 94.2%。煤矸石中碳物质含量较高不利于沸石分子筛合成，如何低能耗地去除煤矸石中碳物质将成为合成沸石分子筛的一个关键问题。

（2）制备催化剂　根据目前研究，煤矸石对重金属离子有一定去除效果，但吸附能力普遍较低，因此需要对煤矸石改性来提高吸附效率。Shang 等采用 3- 巯丙基三甲氧基硅烷对煤矸石进行改性，制备了低成本的巯基改性煤矸石，使巯基作为活性位点去除水中的重金属阳离子，结果表明，巯基改性煤矸石对 Pb^{2+}、Cd^{2+} 和 Hg^{2+} 的最大吸附容量分别为 332.8mg/g、110.4mg/g 和 179.2mg/g；张凤娥等以煤矸石和氧化钙为原料，通过热碱改性方式，制备改性煤矸石吸附剂，结果表明，在煅烧温度为 1073K，煤矸石与氧化钙比例为 1:0.5 条件下，对 10mg/L 磷酸盐去除率超过 95%。

20.2.3.3　制备建筑材料

（1）水泥　不同产地的煤矸石化学组分存在一定差异，但主要成分 SiO_2、Al_2O_3 和 Fe_2O_3 与黏土相近，因此，可替代黏土来制备水泥熟料。苏文君以煤矸石为硅铝质原料制备出的熟料矿物组成与传统黏土制备出的熟料相同，主要为 C_3S、C_2S、C_3A 和 C_4AF，且各矿物相比例合理；Guo 等研究了不同煅烧制度下煅烧煤矸石对水泥性能的影响，发现采用 800℃煅烧 2h、水冷常温的煤矸石粉可以细化后期（28d）硬化水泥浆体的孔结构，降低硬化水泥浆体中的有害孔隙含量（>100nm），增加无害孔隙含量（<100nm）。煤矸石制备水泥熟料对煤矸石的化学组分含量要求较高，且煤矸石的活化程度对后期熟料的性能有较大影响，因此研究煤矸石的活化方式是煤矸石制备水泥的前提条件。

（2）混凝土骨料或混凝土掺合料　煤矸石作为大宗工业固废具有制备混凝土骨料的潜在前景，但煤矸石骨料的结构、物理性能与天然骨料有较大差异，因此需要通过煅烧来改变其性能，同时去除煤矸石中煤和有机杂质等成分。朱源源等研究煅烧煤矸石骨料对砂浆性能的影响，研究发现，未煅烧煤矸石细骨料中杂质含量和棱角较多、强度低，制备的水泥砂浆 28d 抗压强度仅有 27.1MPa，经 750℃煅烧煤矸石细骨料砂浆的 3d、28d 抗压强度分别较未煅烧煤矸石砂浆提高了 64.7% 和 92.6%，强度已超天然河砂砂浆。

煤矸石化学成分富含 SiO_2 和 Al_2O_3，使其具有作矿物掺合料的可能。大量研究证明，煤矸石经一定温度煅烧后可以生成高活性的偏高岭土，将其掺入水泥混凝土中可以明显改善混凝土综合性能。祝小靓等研究高、低钙煤矸石煅烧后对水泥砂浆性能的影响，发现提高煤矸石中氧化钙含量可以显著提高其活性，高钙煤矸石在 28d 活性指数达到 101.5%，低钙煤矸石在 28d 活性指数达到 75.0% 以上。

煤矸石作为骨料和矿物掺合料是一个经济环保的利用途径，在对煤矸石规模化处理的同时，还能缓解砂石骨料短缺的难题，适合大规模工业化使用。但是煤矸石直接作砂石骨料和矿物掺合料会导致混凝土性能降低，需要通过煅烧活化后才能使用，因此，探索低能耗的煤矸石预处理活化方式是未来煤矸石大宗利用的研究重点。

（3）砖和新型墙体材料　煤矸石的主要矿物组成及化学组成使其既可以代替黏土制备砖，也可以作为铝硅系原料制备陶瓷等新型墙体材料，同时煤矸石中的碳质还能在煅烧过程中产生热量，降低能耗（图 20-13、表 20-3、表 20-4）。目前，煤矸石可以制备烧结砖、免烧砖、多孔砖、透水砖、陶瓷墙砖、保温砖及多孔陶瓷、发泡陶瓷、玻璃陶瓷、陶粒等新型墙体材料。

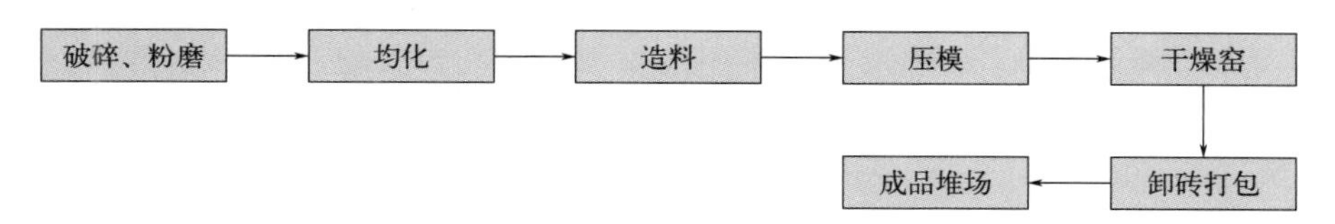

图 20-13　煤矸石制备透水砖工艺流程图

表 20-3　煤矸石制备砖

原料	实验条件	产品	性能
煤矸石	1200℃，2h	烧结砖	吸水率 3.65%，抗压强度 45.61MPa
煤矸石、水泥、天然砂、粉煤灰及添加剂	成形压力 20MPa	免烧砖	常温养护 28d，抗压强度和抗折强度分别 52.70MP 和 4.93MPa
20% 尾矿、60% ～ 70% 煤矸石、10% ～ 20% 废陶瓷	1180 ～ 1200℃，45min	透水砖	渗透率约 0.03cm/s，抗压强度超 30MPa
55% 煤矸石、20% 石英、20% 长石和 5% 膨润土	湿磨—干燥—压制成形，1220℃烧结	陶瓷砖	线性收缩、吸水率、密度和抗弯强度分别为 6.18%、0.16%、2.45g/cm^3、92.0MPa
60% 煤矸石、10% 粉煤灰和 30% 膨润土	烧成温度 950℃，成形压力 8MPa	保温砖	抗压强度 5.69MPa，热导率 0.23W/（m·K）

综上，煤矸石制砖已有大量的实践工作，制取砖的种类丰富，可应用于不同场景，未来煤矸石制砖应该朝低能耗、高掺量、高强度方向发展。

表 20-4　煤矸石制备新型墙体材料

原料	实验条件	产品	性能
酸浸煤矸石	1200℃	多孔堇青石陶瓷	气孔率 76.40%，抗压强度 3.16MPa；酸浸煤矸石较未处理煤矸石制备的陶瓷性能好
煤矸石废渣为原料，碳化硅废弃物为发泡剂	1200℃、30min	高闭孔泡沫陶瓷	密度、抗压强度、气孔率、热导率和吸水率分别为 0.22g/cm^3、1.51MPa、91.38%、0.11W/（m·K）和 0.68%
75% 煤矸石、25% 黏土	1370℃、30min	高性能玻璃陶瓷	强度达 187.67MPa，密度 1.83g/cm^3
70% 煤矸石、30% 污泥为原料，适量黏土和发泡剂	烧成温度 1120℃	轻质陶粒	平均单颗粒强度、表面密度、圆筒抗压强度和吸水率平均值分别为 2.07MPa、1.22g/cm^3、6.1MPa 和 6.28%

新型墙体材料的制备，为煤矸石高值化应用开辟了路径，但受高成本、技术复杂的制约，目前还没有在工业上大范围实行，因此应该在该方面加大研发投入。

20.2.3.4 用于农业生产

煤矸石中富含有机质和N、P、K等无机营养元素，可以通过添加煤矸石来改善土壤环境，提高土壤肥力，促进植物生长。或者利用煤矸石制作化肥。煤矸石中含有大量碳质页岩或碳质粉砂岩，有机质含量为15%～20%，富含植物生长所必需的Zn、Cu、Co、Mn等微量元素，因此可将煤矸石作为原料直接制备化肥。

20.2.4 冶金渣综合利用技术发展概况

冶金渣是金属冶炼过程中产生的各种固体废弃物，主要包括钢铁冶金渣（高炉渣、钢渣、铁合金渣、含铁尘泥等）、有色冶金渣（铜渣、铅渣、锌渣、镁渣等）、电解锰渣和赤泥。因赤泥产生量巨大，本节仅针对前3种冶金渣进行讨论。冶金渣应用领域主要包括水泥、混凝土掺合料、骨料以及其他建材产品，其综合利用情况与基础设施建设息息相关。我国2015—2021年冶金渣的综合利用情况如图20-14所示，2021年的综合利用率超过73%，长期以来，冶金渣的综合利用率都维持在较高水平，这主要是因为大部分冶金渣具有较高胶凝活性，有利于其综合利用。

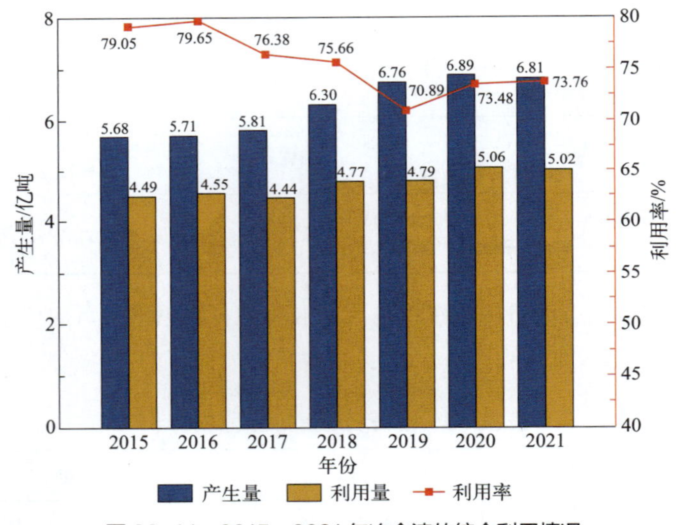

图20-14　2015—2021年冶金渣的综合利用情况

20.2.4.1 钢铁冶金渣综合利用

（1）高炉渣　高炉渣通常由CaO、MgO、SiO_2、Al_2O_3等组成，它的化学组成与硅酸盐水泥相似，可作为性能良好的硅酸盐原料，替代生产水泥的原材料及天然岩石。此外，还可以制备混凝土骨料、砖、高炉矿渣棉（图20-15）、微晶玻璃和硅肥等。

（2）钢渣　钢渣是由冶炼材料、冶炼过程中掉落的炉体材料，修补炉体的补炉料及各种金属等混合形成的高温固溶体，其产量为粗钢产量的15%～20%。目前钢渣主要用于回收有价材料（图20-16），替代石灰石烧结配料、路基材料、钢渣微粉（图20-17）、机制砂、混凝土掺合料，制备陶瓷，制备化工产品，在农业生产中制备硅钙肥、参与土壤改良、改善水体环境等领域。

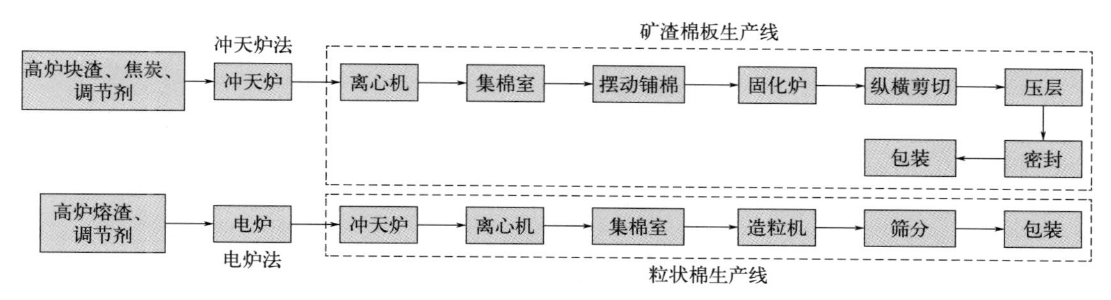

图 20-15 矿渣棉生产工艺流程图

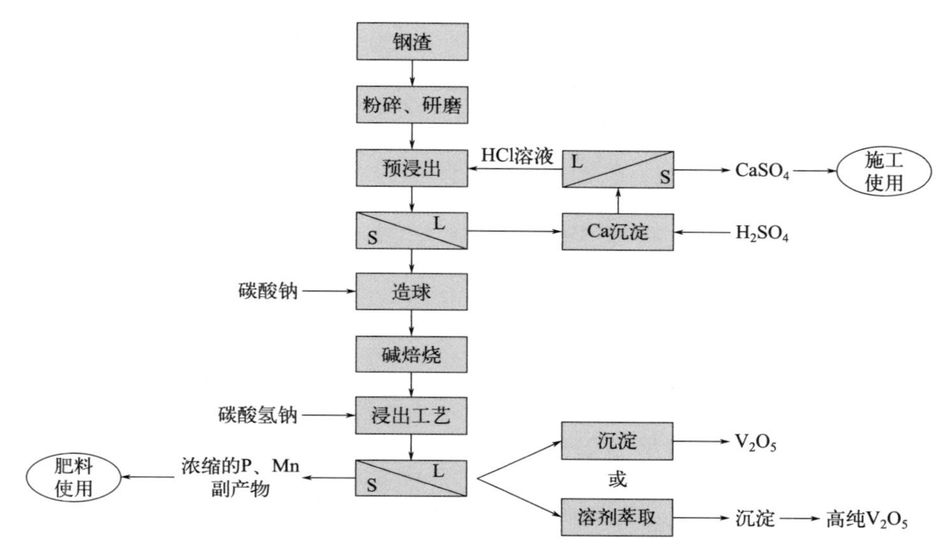

图 20-16 钢渣回收钒及有价材料的工艺流程图

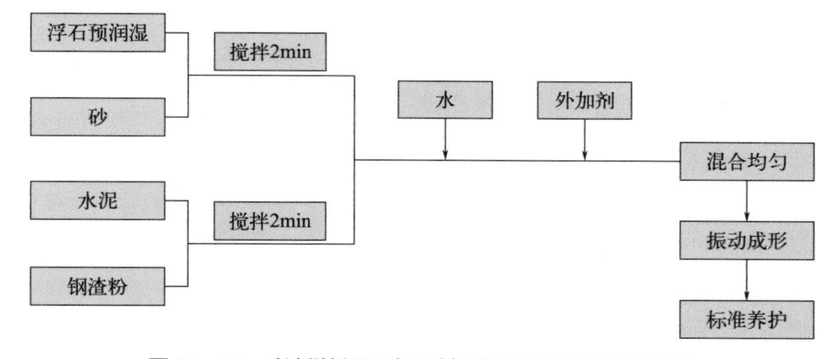

图 20-17 矿渣微粉浮石轻骨料混凝土的制备工艺流程图

（3）铁合金渣 铁合金是由一种、多种金属或者非金属元素与铁元素组成的合金物质，在钢铁工业中一般将炼钢过程中所使用的中间合金（不管是否含有铁元素）统称为铁合金。铁合金渣（硅锰渣、镍铁渣和铬铁渣）的综合利用研究较多体现在传统建筑材料方面，比如水泥、混凝土，随着技术的发展，许多研究人员也在不断地关注具有高附加值的新型材料领域，如地质聚合物、无机矿物纤维、微晶玻璃、人造轻骨料、耐火材料、新型墙体材料以及特色功能陶瓷等（图 20-18、图 20-19）。

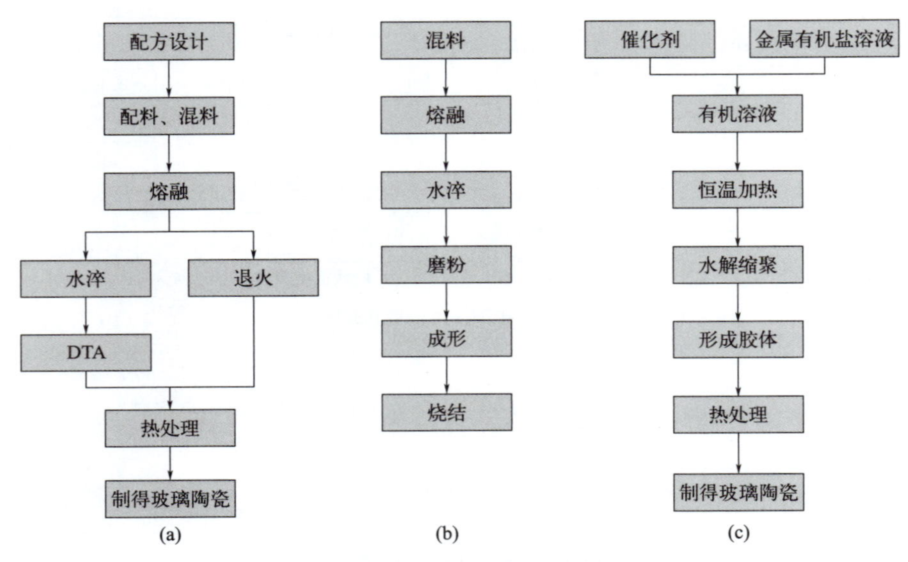

图 20-18 玻璃陶瓷制备工艺流程图

（a）熔融法；（b）熔融烧结法；（c）溶胶凝胶法

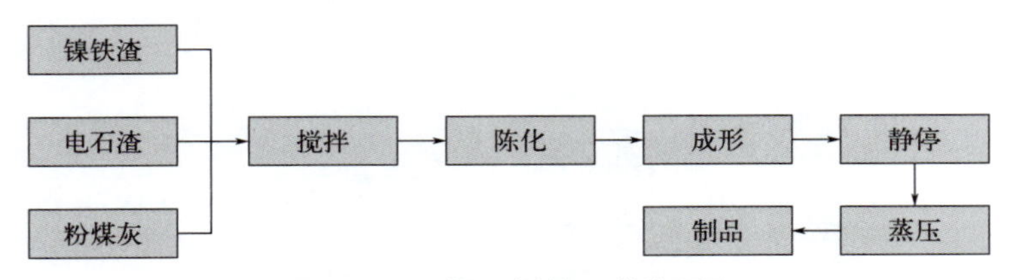

图 20-19 蒸压砖制备工艺流程图

（4）含铁尘泥 冶金企业含铁尘泥主要是在钢铁冶炼轧制过程中产生的一种含铁较高的固体物质。含铁尘泥的综合利用主要是通过各种选矿工艺直接还原回收其中的 Fe、Zn、Pb 等有价元素。

20.2.4.2 有色冶金渣综合利用

有色冶金渣是指有色矿物冶炼过程中产生的废渣，如冶炼镍铁合金时产生的镍铁渣、冶炼铜过程中产生的铜渣等。有色冶金渣综合利用途径主要有：利用选矿、湿法冶金、火法冶金和选冶联合等技术提取有价金属，制备建筑材料（用于水泥和混凝土，制作砖、路基材料、微晶玻璃），矿山充填，制作环保材料等。

有色冶金渣的种类繁多，在综合利用时对不同理化性质的有色冶金渣采用不同的资源利用方式，同时在资源综合利用过程要防止“以废产废”，例如在提取有价金属过程中产生废气、废水等，要争取“以废治废”，实现各种固废的综合协同利用（图 20-20）。

20.2.4.3 电解锰渣综合利用

金属锰是通过碳酸锰矿粉（Mn 的质量分数为 20% ～ 23%）与硫酸进行反应，所得溶液再通过氧化、中和、净化、电解、成品处理等工序得到。电解锰渣的综合利用主要有：回收锰，制作肥料，制作建筑材料（水泥、混凝土）、墙体材料（免烧砖、烧结砖、陶瓷砖、蒸压砖和保温砖等）、玻璃陶瓷、陶粒材料、公路路基材料和地质聚合物（图 20-21、图 20-22）。

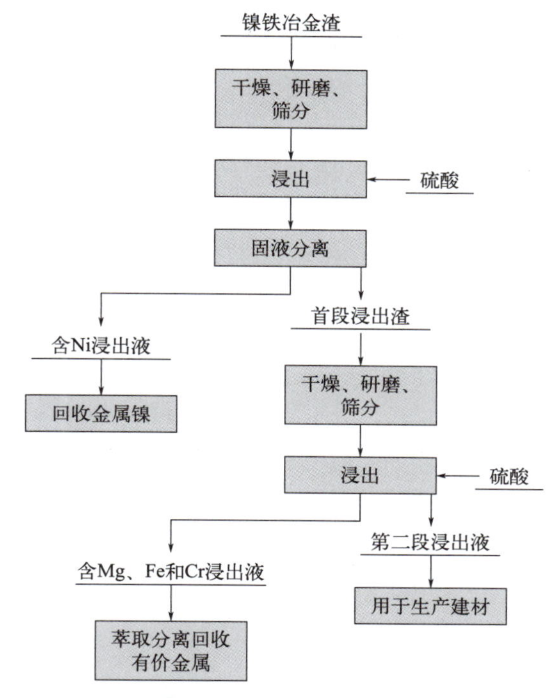

图 20-20 镍铁冶金渣回收有价金属工艺流程图

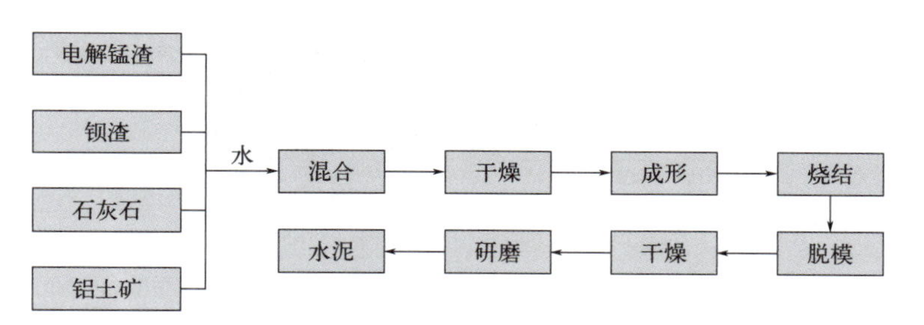

图 20-21 电解锰渣制备水泥工艺流程图

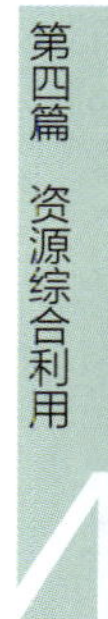

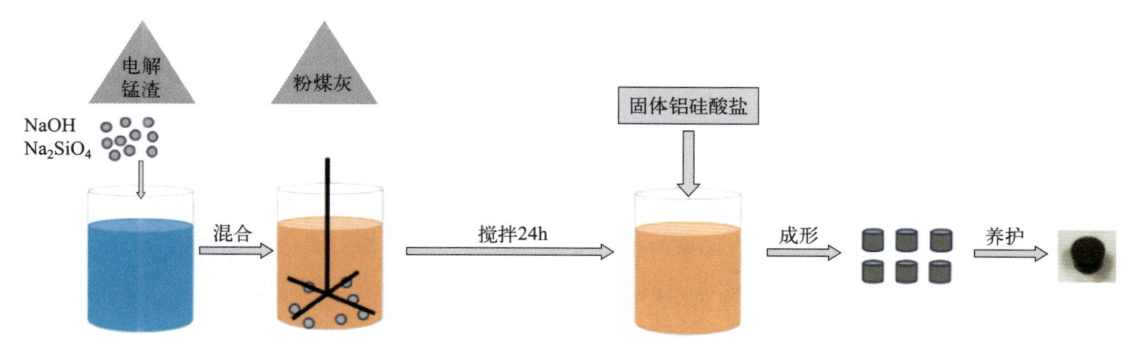

图 20-22 电解锰渣制备地质聚合物工艺流程图

20.2.5 工业副产石膏综合利用技术发展概况

工业副产石膏是指工业生产中因化学反应生成的以硫酸钙为主要成分的副产品或废渣，也称化学石膏或工业废石膏，主要包括脱硫石膏、磷石膏、柠檬酸石膏、氟石膏、盐石膏、味精石膏、铜石膏、钛石膏等。随着电力、钢铁、磷肥等行业快速发展，工业副产石膏的产出急剧增加，据统计，目前我国磷石膏堆积量达 7 亿吨，且每年以 8000 万吨的速度增加。工业副产石膏的堆积不仅占用了大量空间，还污染了土壤，对周边环境造成严重的破坏，对工业副产石膏的资源化利用，不仅能够变废为宝，改善环境，还能为企业带来社会和经济效益。2015—2021 年我国工业副产物石膏的综合利用情况如图 20-23 所示。近年来，我国工业副产物石膏产生量较为平缓，但工业副产物石膏综合利用率不断提高，2021 年石膏综合利用率超过 57%。目前，工业副产石膏主要利用在以下几个方面：水泥工业、建筑石膏材料、化工行业、农业方面。

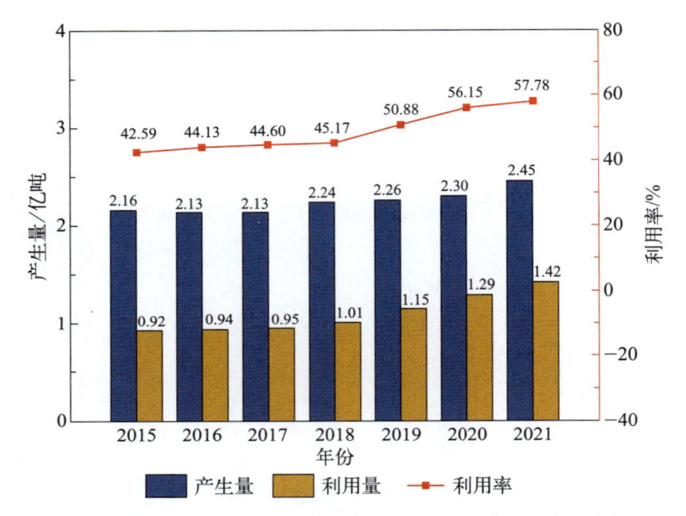

图 20-23　2015—2021 年我国工业副产物石膏的综合利用情况

20.2.5.1　水泥工业

（1）水泥缓凝剂　在水泥的生产过程中，通常需要加入 3% ～ 5% 天然石膏，它不仅对水泥起到缓凝作用，而且可以提高水泥强度。而磷石膏和脱硫石膏的主要成分和天然石膏一样，均为 $CaSO_4 \cdot 2H_2O$，因此可以将工业副产石膏替代天然石膏作水泥缓凝剂。周维等以烧结脱硫石膏和天然石膏配置不同类型水泥，在 4% 石膏掺量下，烧结脱硫石膏配制的各种硅酸盐水泥性能均达到或优于天然石膏配制的水泥性能；Li 等利用电石渣、循环流化床（CFB）粉煤灰等固体废物对磷石膏进行综合改性，对比研究改性磷石膏、原状磷石膏和天然石膏对硅酸盐水泥性能的影响，结果表明，掺入 6% 电石渣和 4%CFB 粉煤灰能有效降低磷石膏中可溶磷和可溶氟的含量，提高 pH 值，改性磷石膏与未改性磷石膏及天然石膏相比，改性磷石膏制成的硅酸盐水泥凝结时间明显缩短，同时早期强度较高，与减水剂的相容性较好。

综上，工业副产石膏完全可以替代天然石膏来制备水泥缓凝剂，在保护环境的同时还能带来经济效益，但工业副产石膏中存在一些与天然石膏不同的杂质，如磷、氟、有机物等，这些杂质对其应用性会产生不利影响。因此，工业副产石膏的改性及除杂方法的研究，对促进工业副产石膏的综合利用具有重要意义。

（2）硫酸联产水泥 工业副产石膏制备硫酸联产水泥工艺主要是将其高温分解，生成的 SO_2 用于生产硫酸，CaO 用于生产水泥。工业副产石膏烘干脱水成半水石膏，与焦炭、黏土等辅料按一定配比混合、粉磨均匀后制得生料，经焙烧成为水泥熟料，再与石膏、高炉矿渣等共同粉磨制成水泥（图 20-24）。

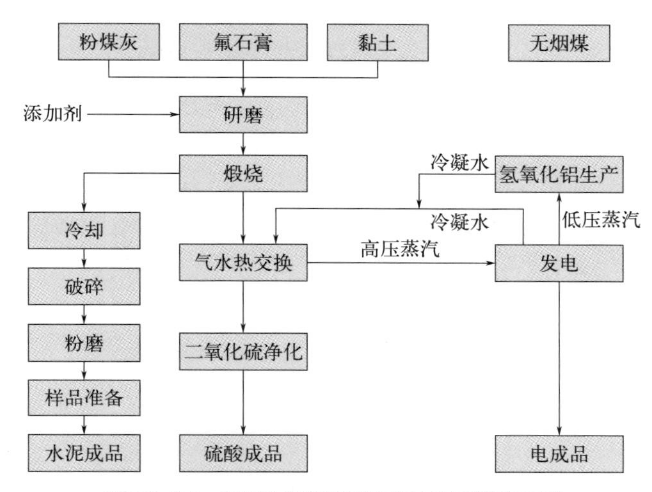

图 20-24 氟石膏制备硫酸联产水泥工艺流程图

20.2.5.2 建筑石膏材料

工业副产石膏的主要成分 $CaSO_4 \cdot 2H_2O$ 可以在不同温度和压力下制得多功能建材。石膏建材种类繁多，主要有 α- 高强石膏、建筑石膏、石膏砌块、粉刷石膏、纸面石膏等。

（1）α－高强石膏 α- 高强石膏通常是在加压蒸汽或水热条件下溶解析晶形成。制备的方法主要有蒸压法和水溶液法，水溶液法可分为加压水溶液法和常压盐溶液法。陈锋等以磷石膏为原料，采用常压盐溶液法制备 α- 高强半水石膏，通过调节实验条件得到短柱状、长径比为 1.4 的半水石膏，其绝干抗压强度可达到 80MPa；晏波等利用单因素实验研究磷石膏中 H_3PO_4、$H_2PO_4^-$、HPO_4^{2-}、$Ca_3(PO_4)_2$、F^- 和有机质对转晶制备的 α- 高强石膏物理性能的影响，H_3PO_4 对 α- 高强石膏的影响最大，其含量越高，α- 高强石膏凝结时间越长、比表面积越大、标准稠度越大、抗折强度和抗压强度越低、晶体粒径越小（图 20-25）。

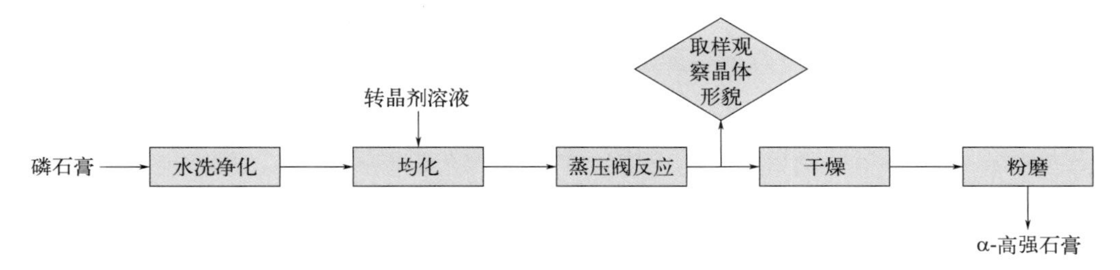

图 20-25 磷石膏制备 α－高强石膏工艺流程图

（2）建筑石膏 建筑石膏主要是通过使二水石膏失去一个半结晶水而获得，工业生产中通常将二水石膏煅烧加工成β-半水石膏，再根据不同的要求及工艺制作成其他石膏制品。郝建英等以电厂脱硫石膏为原料，添加氧化锌为转晶助剂，通过热处理调控脱硫石膏煅烧产物的晶体结构，从而制备出高性能的建筑石膏，研究发现氧化锌助剂的添加拓宽了脱硫石膏煅烧成β-半水石膏的温度范围，在120～220℃均能得到β-半水石膏，还改善了煅烧产物的结晶度，脱硫石膏中添加0.6%氧化锌（以质量分数计），在180℃煅烧2h制备的建筑石膏抗折和抗压强度分别为3.8MPa和9.2MPa。此外，还研究了添加CaO作晶型改性剂的脱硫石膏煅烧制备的高性能建筑石膏，结果与添加ZnO相似。

（3）石膏砌块 石膏砌块是一种以建筑石膏或无水硬石膏为主要原料，掺加适量水泥、矿渣、粉煤灰、外加剂等制成的新型轻质内墙材料。它具有耐火、环保、隔热、减噪等特点。骆真等以新排含水磷石膏为原料，采用“先成形，再蒸压，后湿养”工艺制备石膏砌块，当满足工艺条件（α-半水石膏与预处理磷石膏质量比为20:80、8%泡沫、5%玻纤、蒸压温度为140℃、保温时间为3h、湿放养护为7d）时，制备的轻质石膏砌块表观密度为784kg/m^3，断裂载荷300N，软化系数0.81，热导率0.16W/（m·K）（图20-26）。

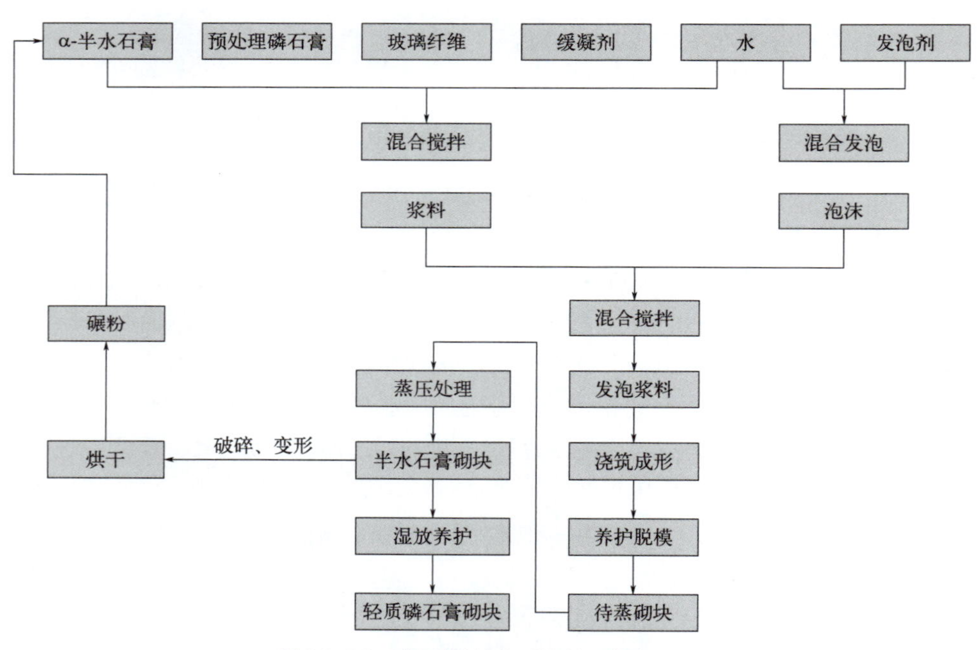

图20-26 磷石膏制备轻质砌块工艺流程图

（4）粉刷石膏 粉刷石膏砂浆是一种有利于人居环保的绿色建筑材料，其是以建筑石膏作为主要胶凝材料，掺入轻骨料和外加剂制成的粉刷材料。钱利姣等先将脱硫石膏在200℃煅烧2h，面层粉刷石膏，水膏比0.5，聚羧酸减水剂 : 柠檬酸 : 甲基纤维素醚 : 木质纤维=0.07%:0.15%:0.1%:0.1%的条件下，干抗压强度为7.03MPa，干抗折强度为3.2MPa；底层粉刷石膏在水膏比0.6，膏砂比1:1.5，聚羧酸减水剂 : 柠檬酸 : 甲基纤维素醚 : 木质纤维=0.07%:0.15%:0.1%:0.1%的条件下，干抗压强度为6.71MPa，干抗折强度为3.27MPa。

20.2.5.3 化工行业

工业副产石膏也应用于化工行业，比如制备硫酸铵、硫酸钾、硫酸钙晶须等。

（1）制备硫酸铵、硫酸钾 磷石膏可与碳酸铵反应制备硫酸铵和碳酸钙，将合格的硫酸铵母液与氯化钾进行反应则可以得到硫酸钾。

（2）制备硫酸钙晶须 硫酸钙晶须作为特殊的晶体材料，具有高强度、高模量等优异性能，广泛应用于造纸、橡胶和塑料等领域。传统硫酸钙晶须生产方式以天然石膏为原料，开采、生产成本高。工业副产石膏与天然石膏成分相似，因此将工业副产石膏代替天然石膏来制备硫酸钙晶须是可行的。Jing 等以脱硫石膏为原料，采用常压酸化法 - 水热法结合工艺，在研磨时间 3.5h，料浆浓度 2%，反应温度 75℃，硫酸浓度 2.5mol/L 的条件下制备了硫酸钙晶须，其平均长径比为 150，平均直径为 2.1μm。

工业副产石膏制备硫酸钙晶须，为其高值化利用开辟了路径，硫酸钙晶须具有高强度、高韧性、高绝缘性、耐磨耗、耐高温、耐酸碱等特点，被广泛应用于树脂、塑料、橡胶、涂料、油漆、造纸等行业，应用前景广阔。

20.2.5.4 农业方面

工业副产石膏含有植物生长所必需的硫、钙、铁、锌、锰和硅等，对植物生长有促进作用，使植物酶活化，作物品质改善，抗病和抗旱能力增强。

20.2.6 赤泥综合利用技术发展概况

赤泥是氧化铝生产行业在提取氧化铝过程中产生的强碱性废渣，呈浆状，因主要成分氧化铁呈红色所以称之为赤泥。据统计，每生产 1t 氧化铝就会附带产生 1.5 ～ 2.0t 赤泥，2015—2021 年赤泥的综合利用情况如图 20-27 所示，近年来，我国的赤泥年产量超过 1 亿吨，是世界

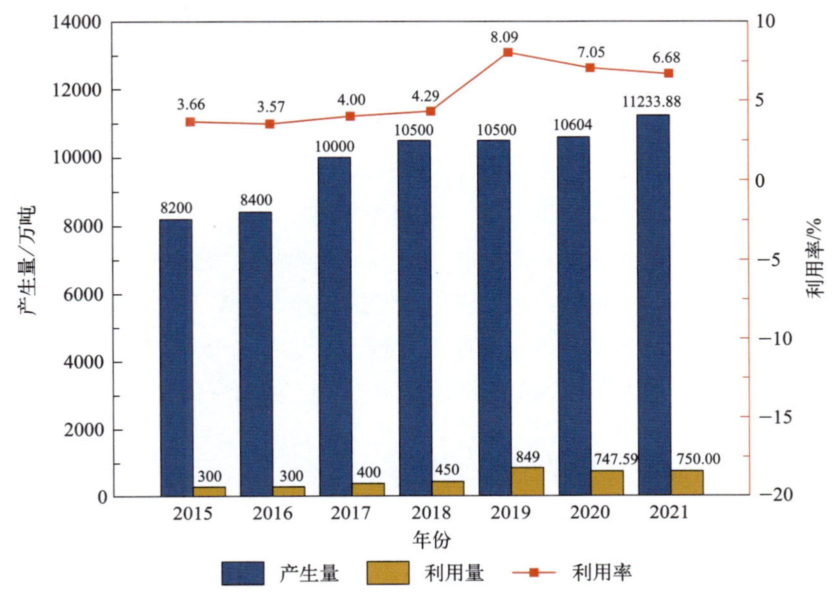

图 20-27 2015—2021 年赤泥的综合利用情况

上赤泥产量最大的国家。但我国赤泥的利用率低，2021 年赤泥的综合利用率仅为 6.68%，导致赤泥的大量堆积，不仅占用了土地，还对周边环境造成极大破坏，因此赤泥的处置利用问题亟须解决。目前，赤泥的综合利用主要集中在三个方面：有价组分回收、制备建筑材料、制备环保材料。

20.2.6.1 有价组分回收

赤泥中 Al_2O_3 和 Fe_2O_3 含量丰富，且含有部分稀有金属元素，因此赤泥中有价组分的回收具有广阔前景。

（1）回收 Fe、Al 赤泥中的铁主要以 Fe_2O_3 的形式存在，另外还有少量的针铁矿和磁铁矿。对于赤泥中铁的回收主要有三种方法：还原磁选法、直接物理分选法和湿法提取法。赤泥中氧化铝含量随拜耳法流程工艺指标不同而有所差异，一般为 15% ～ 25%，相对于赤泥提铁的广泛研究，针对赤泥中氧化铝组分的回收利用研究较少，主要方法有亚溶盐法（碱石灰）、烧结法、高压水化法等。

崔石岩等以拜耳法赤泥为原料，以山东高炉灰（SG）为还原剂，采用还原磁选法回收 Fe，研究发现，添加 30% 的 SG 为还原剂，在还原温度 1200℃、还原时间 60min、磨矿细度为 -74μm 占 62% 的条件下获得铁品位为 92.05%、铁回收率为 92.14% 的直接还原铁；Pepper 等研究了硝酸、盐酸、硫酸和磷酸 4 种无机酸对赤泥中铁的溶出情况，结果表明，4 种酸（5mol/L，24h）对赤泥中铁的提取率顺序是磷酸＞盐酸＞硫酸＞硝酸，而浸取 7 天后（5mol/L），对铁的溶解率顺序是硫酸＞磷酸＞盐酸＞硝酸；Li 等采用 45% 的 NaOH 溶液在 170 ～ 200℃下对赤泥进行浸出研究，经过 2 ～ 3h，可回收赤泥中 87.8% 的 Al_2O_3 和 96.4% 的 Na_2O，残渣碱含量低。以上方法都是单独提取 Fe 或 Al，工艺流程简单。何瑞明等研究了熔融态深度还原烧结协同提取赤泥中铝、铁的工艺。在较佳条件下，铁精矿品位为 73.97%，回收率达到 90.27%，铝溶出率达到 96.28%，铝硅酸盐矿物转化为铝酸钠，碱浸得到铝酸钠溶液，后续可用于制取聚合氯化铝产品，赤泥中的含铁复杂矿物转化成具有磁性的磁铁矿和单质铁，磁选回收含铁矿物，实现了赤泥中铁、铝的协同回收。

（2）回收稀有金属 对于稀有金属的回收以浸出萃取为主，在回收稀有金属时，对于浸出后的液相环境需要进行分离、除杂、萃取等操作，最后再对萃取后的液相环境富集回收，所以主要关注工艺的最佳浸出和萃取条件。柯胜男等研究了拜耳法赤泥硫酸浸出镓的过程，利用硫酸浸出镓后与氢氧化钠反应生成沉淀，再用盐酸溶解沉淀提取镓，该方法比单纯用盐酸浸出镓的浸出率高；李望等利用钛白废液浸出赤泥提取其中的 V 和 Sc，在液固比 6mL/g、搅拌速率 400r/min、浸出温度 75℃和浸出时间 1h 的条件下，V、Sc 浸出率分别为 75% 和 80%；Zhu 等以酸浸渣为原料，采用高压 NaOH 浸出法制得品位为 62% 的富钛材料 TiO_2，采用硫酸溶液老化法，得到纯度为 99.5% 的白炭黑，其工艺流程图见图 20-28。

20.2.6.2 制备建筑材料

赤泥中含有大量 Al_2O_3、SiO_2 和 CaO，因此可以用来制备水泥、免烧砖、免烧陶粒等建筑材料。将赤泥建材化，不仅可以降低赤泥堆积量，还可以减少水泥等的用量，减少能耗、降低碳排放。

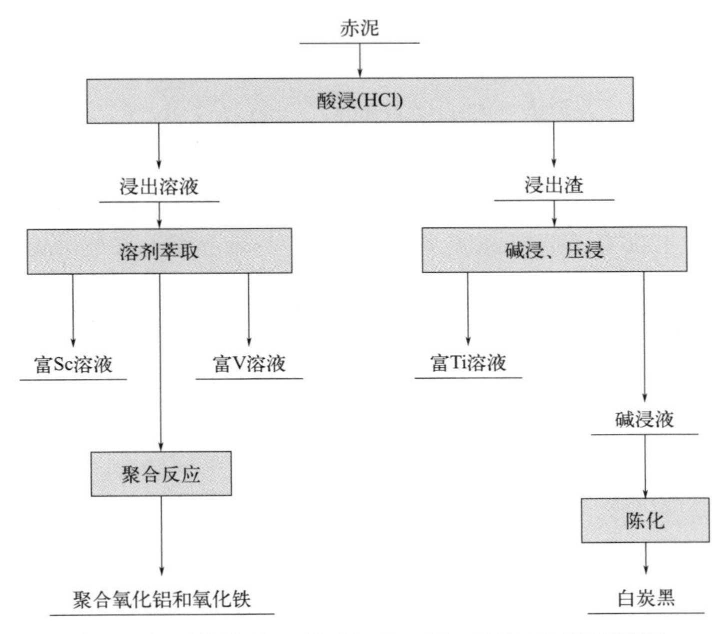

图 20-28　赤泥中 Fe、Al、V、Sc、Ti、Si 的回收提取流程图

（1）水泥及胶凝材料　赤泥的主要化学成分为 Al_2O_3、SiO_2 和 CaO，均为凝胶成分，可替代部分黏土配制水泥和混凝土，不仅消耗大量赤泥，减少了赤泥对环境的污染，而且减少了因水泥和混凝土行业开采石灰石等传统资源带来的高污染、高排放和高能耗。夏瑞杰等以赤泥、脱硫石膏和石灰石等为原料，通过添加一定量的砂岩和高铝石，在 1280℃煅烧 30min 制备了高贝利特硫铝酸盐水泥熟料，在 28d 时强度可达 48.2MPa；Anirudh 等将赤泥等量替代水泥制备赤泥基砂浆，按水泥 + 赤泥：砂：水 =1:1.5:0.52 的比例制备，研究发现，28d 时，10% 赤泥砂浆比纯水泥砂浆强度提高 23.68%；Ma 等提出了一种赤泥作为磷酸镁钾水泥矿物掺合料再利用的新方法，当镁磷质量比为 2.7 ～ 3.1，赤泥掺量为 10% ～ 15% 时，试件 3h、7d 和 28d 的抗压强度分别达到 33.4MPa、53.6MPa 和 75.2MPa，此外，适量赤泥还可以增加磷酸镁钾水泥浆体的流动性，延长其凝结时间。在以赤泥为原料制备水泥时，由于赤泥中钠钾元素含量高，会导致水泥出现泛碱现象，因此在实际应用时应先对赤泥脱碱。

（2）烧结 / 免烧砖　赤泥的化学组分与黏土相似，可以代替黏土制备多孔砖、免烧砖、空心砖、透水砖、陶瓷墙砖、保温砖等。Zhao 等将赤泥和硫铝酸钙（CSA）水泥混合制备免烧砖，随着二元体系中赤泥含量的增加，浆体的流动性降低，稠度用水量增加，凝结时间缩短，抗压强度增加，对于 70% 生料的免烧砖，抗压强度满足 GB/T 5101—2017 的要求；Wang 等以回收赤泥和高岭土为原料，添加 6%$(NH_4)_6Mo_7O_{24}$ 为催化剂，采用反应烧结法制备了钙长石 - 莫来石结构陶瓷地砖，1180℃时的抗折强度为 185.6MPa，体积密度为 1.45g/cm^3，吸水率为 5.5%；Wang 以赤泥、高岭土、α-Al_2O_3、β-Al_2O_3、γ-Al_2O_3 和 Al（OH）$_3$ 为氧化铝原料，AlF_3 和 V_2O_5 为催化剂，制备了不同表面形貌的莫来石陶瓷地砖，结果表明，α-Al_2O_3、β-Al_2O_3、γ-Al_2O_3、Al（OH）$_3$ 与 SiO_2 反应能力和反应活性依次增加，在 1230℃烧成的

$Al(OH)_3$ 陶瓷地砖具有最佳的性能，体积密度为 1.83g/cm^3，抗折强度为 185.46MPa，气孔率为 18.56%，吸水率为 7.37%。

（3）新型墙体材料 赤泥中含有大量的 Al_2O_3、SiO_2 和 CaO 等，它们都是铝硅酸盐玻璃和陶瓷的主要成分，因此赤泥具有生产这些材料的潜力。目前，赤泥主要用于制备多孔陶瓷、发泡陶瓷、玻璃陶瓷、陶粒等新型墙体材料。Li 以赤泥、铬铁矿矿渣和二氧化硅为原料，在乙醇中均质后，在 1200℃下焙烧 2h 制备微晶玻璃，发现赤泥不仅是微晶玻璃的原料之一，还起到了助熔剂和晶核剂的作用，大大降低了微晶玻璃的综合能耗和生产成本；Pei 以赤泥和木屑为原料，在 1075 ～ 1175℃范围内烧结制备陶粒，结果表明，赤泥中 Fe_2O_3 的存在是产生超轻陶粒的主要原因，当赤泥含量为 50%，木屑与 Fe_2O_3 的质量比为 0.3 时，在 1125℃下烧成 5min，可获得膨胀指数为 185%、体积密度为 385kg/m^3、吸水率为 9.9%、圆筒抗压强度为 1.10MPa 的超轻质陶粒。

20.2.6.3 制备环保材料

（1）污水治理 赤泥由于比表面积大、吸附能力强，可作为吸附剂用于水处理领域，吸附重金属离子、非金属离子和放射性物质等，达到固废资源化利用的目的。Chen 等利用赤泥作为碱性吸收剂，用于绿色超临界水氧化系统中的污水污泥处理，结果表明，这种方法可将超临界水氧化系统中的污水污泥中的 CO_2、SO_2 和氮氧化合物的含量分别降低 800ppm、

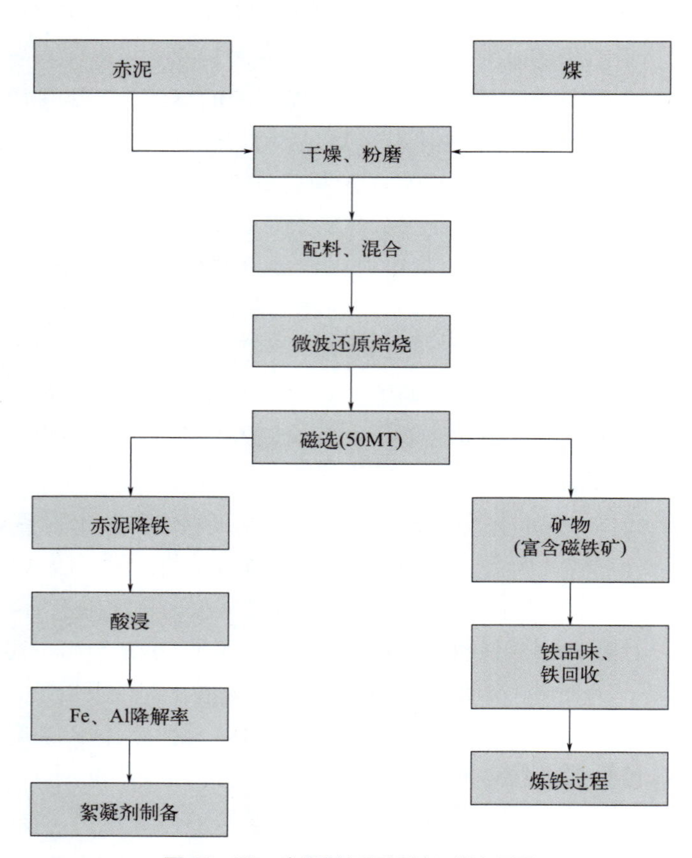

图 20-29 赤泥制备絮凝剂工艺流程图

15ppm 和 12ppm；Zhang 等提出了一种以赤泥为原料制备铁铝系絮凝剂的新方法（图 20-29），利用微波选择性碳热还原 - 磁选 - 酸浸技术，使铁和铝浸出率分别达到 81.24% 和 28.55%，所制得的铁铝系絮凝剂对污水的浊度去除效率达到 88.17%。

（2）废气治理 赤泥碱度高、表面积大和粒径小，适用于吸收 SO_3、SO_2、H_2S、NO_x 等酸性气体。竹涛等以赤泥为原料，利用单因素脱硫实验来研究其脱硫效率，研究表明，当反应温度 20℃、液固比 12:1 时，赤泥粒度为 0.178mm 以上、pH 值在 4.5 以上，脱硫率均在 95% 左右。

（3）土壤修复 赤泥碱度高，吸附能力强，含有多种植物生长所需的元素，使其有利于土壤改良和农业生产。谢国雄等研究了赤泥与石灰施用对酸性土壤中重金属的钝化效果，及对土壤理化性质和蔬菜生长的影响，结果表明，石灰和赤泥均可明显降低土壤中重金属的生物有效性和蔬菜中重金属的积累，且赤泥的效果要明显优于石灰，但赤泥的施用会增加土壤盐分的积累、降低土壤磷的有效性，因此用赤泥治理污染土壤时应适当控制其施用量，防止土壤积盐，同时应适当增加磷素的投入。

将赤泥资源化利用于污水处理和改良土壤时，应该结合重金属赋存状态，避免赤泥重金属的浸出，确保在二次资源利用时不产生二次污染。

20.3 我国大宗工业固废综合利用存在的主要问题及主要发展任务

20.3.1 存在的主要问题

我国大宗工业固废综合利用技术经过几十年的大力发展，目前已经初步形成了一定规模，但是由于我国大宗工业固废新增产量高、历史堆存量大、区域分布不均衡、成分性质复杂等原因，目前仍存在利用率低、产品附加值不高、市场结构不完善、区域发展不平衡、技术储备不足、法律法规不完备等问题。具体问题包括以下几个方面：

① 从固废本身的角度来看：固废产量高、历史堆存量大，综合利用任务十分艰巨。截至 2021 年，我国大宗工业固废总堆存量已超过 300 亿吨，储存、处置占地多，已经对生态环境和社会可持续发展造成了严重影响。

② 从处理技术的角度来看：现阶段固废处理技术主要集中在实验室阶段，真正能够产业化应用的成熟技术不足，尤其是高附加值规模化利用技术的应用、产业化较少。

③ 从综合利用产业的角度来看：目前综合利用企业规模小、数量少，产业集中度低，缺乏自主创新能力和先进核心技术，产业支撑能力不足，难以驱动产业高速、高质量发展。

④ 从产品市场的角度来看：技术、产品的标准和市场监管滞后，法规标准尚不完善。综合利用产业缺少规范，产品的市场认可度低，难以规模化推广；产品市场空间小，综合利用产品市场占有率低，受到地域的严重制约。

⑤ 从投资的角度来看：固废综合利用固定资产投资较大，企业资金筹备难度大，投资周期长，产业盈利能力不足，产业政策制度不完备，政府财政支撑不足，产业的社会资本关注程度较低。

20.3.2 主要发展任务

大宗工业固废资源综合利用技术的开发是确保我国工业可持续发展的一项长远战略方针，要想切实提高大宗工业固废综合利用水平，不仅需要夯实的技术积累，也需要因地制宜选择适当的工业固废处置和利用方式。随着国家出台大宗工业固废资源综合利用相关政策的支持，科研单位和相关企业要进一步加强技术创新和模式创新，探索工业固废跨行业的协同处置和利用方法，调动工业固废综合利用企业的项目建设积极性，逐步实现大宗工业固废资源综合利用的规模化和高值化发展，进一步提高我国的大宗工业固废资料综合利用水平。

20.4 推动我国大宗工业固废综合利用技术发展的对策和建议

目前，我国大宗工业固废综合利用率不断提高，但仍然存在产量高、历史堆存量大、区域性发展不均衡、法律法规不完备、高附加值利用技术不足等诸多问题。针对大宗工业固废综合利用行业发展所存在的问题，提出以下对策和建议：制定分级分质梯级减量和综合利用统筹规划，推动大宗工业固废综合利用技术的绿色低碳发展；加强科技创新，加大大宗工业固废规模化、高值化利用技术的开发，提高各类大宗工业固废的综合利用效率；创新构建大宗工业固废综合治理模式，拓展工业固废综合利用产品市场空间；增强区域协同处置大宗工业固废的能力，形成产、学、研、供、销的联动格局，实现重点区域固废综合利用率整体提升；建立健全长效推进保障体制机制，促进体制和政策的协调与互补，增强政策措施的联动性和有效性。

参考文献

作者简介

赵庆朝，博士，高级工程师，矿冶科技集团有限公司矿冶固废资源化研究室主任。长期致力于矿冶固废资源综合利用研究，包括冶炼渣、中和渣、化工渣、冶炼污泥等危废的无害化处置及资源综合利用，抛尾废石、选矿尾矿、赤泥等一般固废的规模化增值消纳和材料化高值利用，构建了“固废梯级分离 - 多尺度相态设计 - 产品精深调控”一体化绿色技术体系。主持参与国家重点研发计划 3 项，省部级课题 2 项，集团科研基金项目 4 项。申请授权发明专利 30 余项，多项技术成果在湖南、安徽等地实现工程化应用。

李勇，矿冶科技集团有限公司矿冶固废资源综合利用研发工程师。主要从事矿冶固废资源综合利用的技术开发工作，包括尾矿、赤泥、钢铁冶金渣、煤基固废、工业副产石膏、垃圾焚烧飞灰等固废的材料化利用。先后在北京科技大学、矿冶科技集团有限公司参与相关课题研究。2021 年任中国硅酸盐学会固废与生态材料分会理事会青年委员，安徽省“115”产业创新团队核心骨干。至今在 JHM、JCLP、CBM 等国内外学术期刊发表论文 10 余篇。已授权发明专利 10 件。

李学亮，矿冶科技集团有限公司矿冶固废资源综合利用研发工程师。主要从事危险废物无害化处置及一般工业固废资源综合利用的技术研究工作，针对氰化尾渣、中和渣、冶炼废水污泥、酸浸渣、铍冶炼渣等冶金、化工废渣开辟了多途径无害化处置技术路线，可实现危险废物的化学稳定化、聚合物固化、玻璃 - 微晶化固化等高效处置。入选安徽省第十五批“115”产业创新团队核心骨干，国家发改委固废资源综合利用骨干企业技术研发核心成员。